# FORTSCHRITTE DER BOTANIK

UNTER ZUSAMMENARBEIT MIT MEHREREN FACHGENOSSEN

HERAUSGEGEBEN VON

FRITZ VON WETTSTEIN
BERLIN-DAHLEM

ZEHNTER BAND

BERICHT ÜBER DAS JAHR 1940

MIT 39 ABBILDUNGEN

BERLIN
SPRINGER-VERLAG
1941

ISBN-13: 978-3-642-90568-1 e-ISBN-13: 978-3-642-92425-5
DOI: 10.1007/978-3-642-92425-5



Softcover reprint of the hardcover 1st edition 1941

# Inhaltsverzeichnis.



[1] Der Beitrag folgt in Band XI.

# A. Morphologie.

## I. Morphologie und Entwicklungsgeschichte der Zelle.

Von LOTHAR GEITLER, Wien.

Mit 2 Abbildungen.

**Protisten; allgemeine Bedeutung der Thymonukleinsäure.** Nachdem der Nachweis der Thymonukleinsäure in der Bakterienzelle überhaupt gelungen war, schien es zunächst, daß sie nicht an individualisierte per-

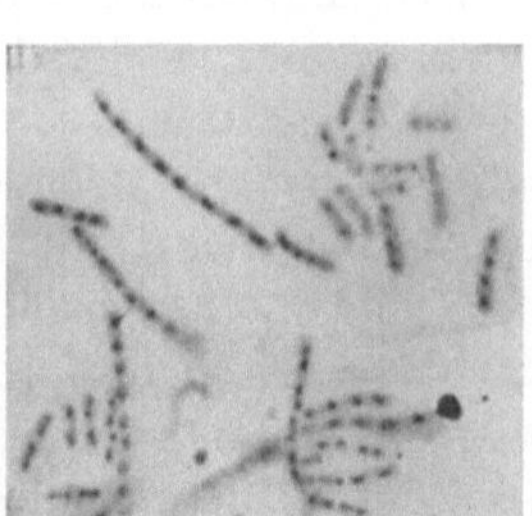

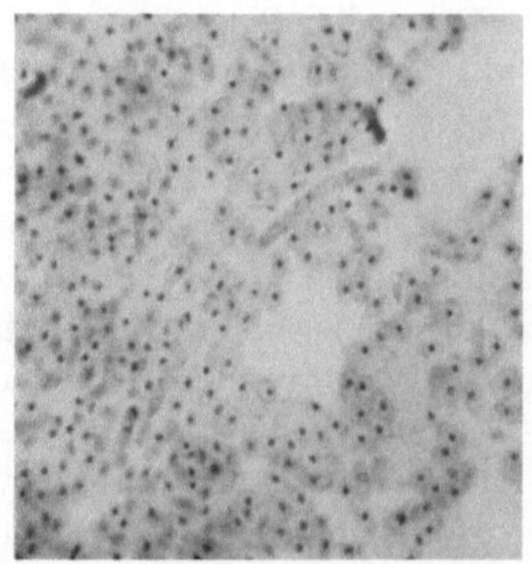

Abb. I. *Bacillus mycoides.* Links: normale vegetative Zellen mit typischer Zahl und Anordnung der Nukleoide; rechts: Sporen, auf frischem Nährboden leicht gequollen, in jeder ein Nukleoid. — Nukleal-reaktion; Photo, 1080fach. (Nach PIEKARSKI.)

manente Strukturen oder Organellen der Zelle gebunden, sondern in $\pm$ diffuser Verteilung vorhanden wäre. STILLE und PIEKARSKI fanden dann, daß die diffuse Verteilung durch unzureichende Methodik nur vorgetäuscht wird, und daß in Wirklichkeit individualisierte nukleal-positive Körper, die sog. Nukleoide, auftreten (vgl. Fortschr. Bot. 7, I; 8, I). Neuerdings erbringt PIEKARSKI diesen Nachweis in allen Einzelheiten für den oft, aber mit verschiedenem Erfolg untersuchten *Bacillus mycoides.* Dadurch erscheinen insbesondere auch die neuen Angaben SCHAEDES überholt, der bei dieser Art in verschiedenen Entwicklungsstadien teils diffuse Verteilung, teils Ausbildung von Nukleoiden annahm. PIEKARSKI konnte die Nukleoide während der ganzen Entwicklung und auch in den Sporen, wo ihr Nachweis bisher nicht gelungen war, auffinden (Abb. 1). Dadurch wird die Bedeutung der Nukleoide als im physiologischen Sinn kernartiger Organellen oder „Kernäquivalente“ wesentlich gestützt; als Kerne können sie, wie schon früher betont wurde und auch PIEKARSKI hervorhebt, nicht angesehen werden, da sie sich nicht aus Chromosomen aufbauen. Daß ein lokalisiertes „Steuerungszentrum“ in der Bakterienzelle vorhanden ist, scheinen auf indirektem Weg auch die Strahlungsexperimente JORDANS u. a. bzw. ihre rechnerische Auswertung auf dem Boden der Treffertheorie zu zeigen.

PIEKARSKI nimmt an, daß alle Bakterien im eigentlichen Sinn Nukleoide besitzen. Bei den Actinomyceten läßt sich allerdings auch mit kritischer Methodik nur eine diffuse nuklealpositive Substanz auffinden (SCHAEDE, PLOTHO). Die Nukleoiduntersuchungen können jedenfalls noch nicht als abgeschlossen angesehen werden. Es ist auch schwer verständlich, weshalb die Nukleoide der echten Bakterien mit dem Elektronenmikroskop nur in manchen und nicht in allen Fällen nachweisbar sind (FRÜHBRODT u. RUSKA).

Hier wird vielleicht die Anwendung des verfeinerten Nachweises der Thymonukleinsäure durch CASPERSSON weiterführen. Schon jetzt ist es aber auf Grund des Vorkommens der Thymonukleinsäure möglich, gewisse hypothetische Vorstellungen allgemeinster Art — die sich auch auf die Viren beziehen — zu entwickeln, wie dies CASPERSSON neuerdings in übersichtlicher Form tut. Er geht dabei von folgender Auffassung aus: „Es ist eine Aufgabe des Zellkerns, das wichtigste Zentrum für den Eiweißstoffwechsel in der Zelle zu bilden. Für jegliche biologische Eiweißsynthese ist die Gegenwart von Nukleinsäuren notwendig. Diese sind vom Ribosetyp, außer im Spezialfall des Gens, welcher durch Bindung an eine strenge Linearstruktur gekennzeichnet wird, wo die Nukleinsäuren vom Desoxyribosetyp sind.“ Der Desoxyribosetypus ist durch die Thymonukleinsäure dargestellt. Ihr Auftreten bei allen, auch den kernlosen Organismen, bildet die Brücke zwischen den im übrigen so verschiedenen Organisationen. Bei den Viren — die nicht selbständig lebensfähig sind — findet sich dagegen nicht Thymonukleinsäure, sondern nur Nukleinsäure vom Ribosetypus. Die Thymonukleinsäure ist offenbar nötig zur Selbstreproduktion verschiedener Eiweißkörper, während sonst (im Fall der Viren) mit Hilfe der Ribosenukleinsäuren nur einheitliches Eiweiß vermehrt wird.

Die hierüber hinausgehenden Gedankengänge CASPERSSONS erscheinen allerdings, so fesselnd sie auch sind, in mancher Hinsicht anfechtbar. So stellt CASPERSSON die Bakterien- und Hefezelle auf eine Stufe, obwohl letztere einen Zellkern besitzt; der Hefezellkern soll aber von den sonst in Kernen vorhandenen Komponenten, Eu- und Heterochromatin, nur ersteres enthalten, während das Heterochromatin außerhalb des Kerns lokalisiert wäre[1]. Die Auffassung des Heterochromatins als im ganzen Organismenreich vorhandener und in bestimmter Weise an der Eiweißsynthese der Zelle beteiligter Körper ist zumindest vorläufig eine kaum zulässige Verallgemeinerung vereinzelter und auch anders deutbarer Beobachtungen (Steigerung der Nukleinsäuremenge im Eiplasma von *Drosophila* nach Einführung eines überzähligen — heterochromatischen — Y-Chromosoms); jedenfalls steht das starke Schwanken der Heterochromatinmengen nächstverwandter Formen (*Drosophila*-Rassen, *Gerris lateralis* und *lacustris*) mit dieser Auffassung nicht im Einklang; auch gibt es Angiospermen, die außer im winzigen Trabanten gar kein Heterochromatin besitzen. Schließlich ist „Heterochromatin" im morphologischen und noch mehr wahrscheinlich im chemischen Sinn ein Sammelbegriff. Nichtsdestoweniger bilden die Untersuchungen CASPERSSONS einen wichtigen, ganz neuartigen Ansatz zur fruchtbaren Behandlung allgemeiner zyto-physiologischer Probleme auf chemischer Grundlage.

Der Nachweis einer sehr zarten, lichtoptisch nicht erkennbaren Membran der Bakterienzelle gelang FRÜHBRODT u. RUSKA mit Hilfe des Elektronenmikroskops. Ekto- und Entoplasma erscheinen unscharf voneinander abgegrenzt; das Ektoplasma ist nicht, wie bisher meist angenommen, dichter, sondern weniger dicht als das Entoplasma. Die sog. Kapseln pathogener Bakterien stellen wasserlösliche Ausscheidungen, nicht aber verquollene Membranschichten dar.

Für *Chlamydomonas*-Arten aus der *Eugametos*-Gruppe teilt MOEWUS Ergebnisse umfangreicher experimenteller Untersuchungen mit. Es wird die Erblichkeit von Zellmerkmalen in großem Maßstab festgestellt und näher untersucht. Es handelt sich um Zellform und -größe, Membranbeschaffenheit, Geißelbau, Ausbildung der Chromatophoren, Pyrenoide, Augenflecke u. a. m. Bemerkenswert ist der Nachweis, daß die Merkmalsausbildung der Pyrenoide von Genen geregelt wird, obwohl die Pyrenoide durch einfache Durchschnürung übertragen werden; es wird also nur die Pyrenoidsubstanz als solche weitergegeben. Zur Bildung von Pyrenoiden überhaupt sind bei *Chlamydomonas* mindestens vier Gene nötig.

Zum Typus der eigenartigen, im allgemeinen seltenen Ausbildung von Algen als Filarplasmodien (vgl. Fortschr. Bot. 1, 1) beschreibt PASCHER drei neue Fälle.

**Zellteilung und Wandbildung.** MÜHLDORF setzt seine eingehenden im Vorjahr besprochenen Untersuchungen über die Wandbildung bei der Mikrosporogenese der Angiospermen auf breiter Grundlage (an rund 300 Arten) fort und behandelt darüber hinaus die Zellteilung überhaupt.

[1] Bei der Hefesprossung konnte BEAMS neuerdings keine Mitose, sondern nur eine Amitose auffinden; da sich der Hefekern aber in der Meiose offenbar wie ein typischer Kern verhält, ist anzunehmen, daß die „Amitose" nur eine maskierte Mitose ist, wie sich dies auch bei anderen Protisten herausgestellt hat.

Das Hauptergebnis ist die Feststellung, daß in fast allen Fällen, wo man bisher gewohnt war, von einer Furchung zu sprechen, also im besonderen auch bei der simultanen Pollenentstehung der Dikotylen, eine solche nicht vorhanden ist. Vielmehr entstehen zunächst zytoplasmatische Scheidewände, die sich von typischen Zellplatten nur dadurch unterscheiden, daß sie nicht in Phragmoplasten angelegt werden (was aber z. B. bei der Kammerung eines nuklearen Endosperms auch nicht der Fall ist); ob sie allerdings wie typische Zellplatten zentrifugal wachsen, konnte nicht sichergestellt werden, obwohl einzelne Anzeichen hierfür vorhanden sind. Im übrigen gleichen diese Scheidewände Zellplatten grundsätzlich darin, daß in beiden Fällen Entmischungsvorgänge vorliegen, die zur Bildung einer einfachen Wandanlage führen. Erst nachträglich wird beidseitig Membransubstanz angelagert, und zwar in zentripetaler Richtung, wodurch der Eindruck einer Furchung entsteht. Tatsächlich erscheint die Mikrosporenbildung nunmehr zwanglos mit einer gewöhnlichen Metaphytenteilung vergleichbar, da der primäre Vorgang immer eine Scheidewandbildung ist. Diese Scheidewände (Zytoplasmaplatten), die später zu den Mittellamellen der Mikrosporenkammerwände werden (vgl. Fortschr. Bot. 9, Abb. 1), wurden bisher infolge unzureichender Methodik meist übersehen; MÜHLDORF selbst konnte sie nur in kaum 15% der Fälle nicht beobachten, was aber sekundäre Gründe hat. Nach allem erscheint als das ursprüngliche Verhalten die sukzedane Pollenbildung, die sich von einer somatischen Zellteilung am wenigsten unterscheidet; der simultane Typus leitet sich davon im wesentlichen dadurch ab, daß der Ablauf der meiotischen Teilungen schneller ist, so daß es nicht oder nur vorübergehend zur Bildung einer Scheidewand nach der ersten Teilung kommt. Durch diese Untersuchungen wird der Teilungsablauf bei der Pollenbildung grundsätzlich in das für Kormophyten typische Teilungsschema eingegliedert. Von einer Furchungsteilung als phylogenetisch ursprünglichem Vorgang kann hier auf keinem Fall die Rede sein; Einzelfälle, die bei getrennter Betrachtung einen derartigen Eindruck machen können, erweisen sich bei Vergleichung mit klareren Fällen als bloße Varianten des Typus.

Die gewonnenen Erfahrungen nimmt MÜHLDORF zum Anlaß, um den Gegenstand der Furchungsteilung bei Pflanzen und Tieren überhaupt zu behandeln, wobei auch auf die früheren Untersuchungen über Blaualgen zurückgegriffen wird (vgl. Fortschr. Bot. 8, 2). MÜHLDORF will als Furchung nur eine ringförmige Einsenkung ohne Neubildung von Hautsubstanz verstanden wissen. In diesem Sinn gibt es allerdings überhaupt keine oder nur ausnahmsweise, nämlich bei extrem seichter Furchenbildung, eine Furchungsteilung. Denn auch bei der Teilung einer nackten Flagellatenzelle ist eine völlige Durchtrennung, ohne daß neues Plasma an die Oberfläche kommt und unter Entmischung eine

Haut bildet, nicht möglich; je enger die Furche ist, desto größer muß der Anteil der Hautneubildung sein. MÜHLDORF spricht deshalb hier von „Zelldurchschnürung" und lehnt die übliche Bezeichnung als Furchungsteilung, die dem Vorkommen aller Übergänge Rechnung trägt, ab; erst recht wird die zentripetale Ringleistenbildung (*Spirogyra*, Blaualgen u. a.) ausgeschlossen. MÜHLDORF betont demnach vor allem den Unterschied zwischen Einfaltung ohne („Furchung") oder mit („Durchschnürung") Hautbildung einerseits und Scheidewandbildung — gleichgültig ob zentripetal oder -fugal — andererseits. Tatsächlich bestehen aber hier alle Übergänge. So beginnt die Metazoenzellteilung in der Regel mit einer Furchung, geht in einer Durchschnürung über und endet mit der Spaltung einer im Phragmoplast gebildeten Zellplatte, d. h. die Furche schneidet am Ende ihrer Entwicklung in eine schon vorhandene entmischte Zone ein. Bei der Richtungskörperbildung tierischer Eier bestimmen vielfach Raumverhältnisse und die Festigkeit der Eihaut, ob der Richtungskörper als Knospe durch Furchung und Durchschnürung oder auch mittels einer Zellplatte abgegliedert wird. Offenbar kann allgemein eine Einfaltung mit zwei durch Entmischung gebildeten Oberflächen, wenn sie entsprechend eng wird, in die Bildung einer einfachen Scheidewand übergehen. In diesem Sinn spricht z. B. LAUTERBORN bei der Plasmateilung der Diatomeen von einer „Ringfalte", obwohl primär eine einheitliche plasmatische Entmischungszone entsteht, die sich dann „spaltet"; die plasmatische Scheidewand und der Spalt rücken aber zentripetal vor, und es ist unter den bei den Diatomeen gegebenen Verhältnissen gar nicht möglich, daß sich eine „Ringfalte" auf andere Weise als durch Entmischung entlang einer solchen Zone entwickelt. Ist ein derartiger Vorgang mit Membranbildung verbunden, so wird der Ringleistentypus erreicht, wie er eben bei *Spirogyra* und Blaualgen verwirklicht ist (bei den letzteren beginnt übrigens dank der Elastizität der Längswände die Teilung mit einer Furchung im eigentlichen Wortsinn). Es ist somit nicht so sinnlos, wie es MÜHLDORF hinstellt, den Begriff der Furchungsteilung weiter zu fassen, als er es tut; denn wir wollen ja nicht bei der Aussage stehenbleiben, daß die Scheidewandbildung mit Plasmaentmischung einhergeht. Jedenfalls aber zwingt das Untersuchungsmaterial MÜHLDORFS, vergleichende Betrachtungen gründlicher als bisher anzustellen.

WIELER weist für Blütenpflanzen darauf hin, daß die „Innenhaut", welche die sekundären Wandschichten gegen das Zellinnere abgrenzt, sehr frühzeitig entsteht, also keine tertiäre Wandschichte darstellt; die sekundären Verdickungsschichten müssen, da die Innenhaut bei ihrer Bildung schon vorhanden ist, durch Intussuszeption wachsen.

**Mitosemechanik.** In den Pollenmutterzellen von *Trillium Smallii* und *Lilium tigrinum* läßt sich das Verhalten der Centromeren (Leitkörperchen) während der Meiose gut verfolgen (IWATA [2]). In der zweiten Anaphase sind je Chromosom zwei Centromeren vorhanden (bisher wurde nur eines nachgewiesen); die Chromosomen lassen also bereits die Spaltung für die nächste Mitose erkennen. Die Centromeren sind nuklealpositiv, wie auch PROPACH in der Pollenkornmitose von *Tradescantia gigantea* und COLEMAN (2) in der Meiose von *Veltheimia* fanden. Im Gegensatz zu IWATAS Befunden ist bei *Tradescantia gigantea* je Chromosom nur ein einziges Centromer vorhanden; die Chromosomenspaltung kann also früher oder später sichtbar werden. Von Interesse sind spontane Fragmentationen im Bereich des Centromers, die eine gewisse Ähnlichkeit mit den von DARLINGTON u. LA COUR beschriebenen „falschen Teilungen" des Centromers zeigen (vgl. Fortschr. Bot. 9, 6). PROPACH meint, daß die Annahme eines Bruches (einer falschen Teilung) durch das Centromer selbst wenigstens für die von ihm untersuchten Fälle nicht nötig ist. DARLINGTON gibt dagegen wieder falsche Teilungen des Centromers für die Meiose diploider und triploider Fritillarien an; es entstehen dabei „Isochromosomen" mit zwei identischen Armen, die allerdings nur eine beschränkte Lebensfähigkeit zu besitzen scheinen.

Für die im Pollenschlauch der Angiospermen ablaufende Mitose des generativen Kerns wurde vielfach das Fehlen einer Spindel angegeben (zuletzt RAGHAVAN, VENKATASUBBAN u. WULFF). Dies ist aus allgemeinen Gründen unwahrscheinlich genug, und es war zu vermuten, daß es sich im Zusammenhang mit den Raumverhältnissen im Pollenschlauch nur um eine schwierige Nachweisbarkeit der Spindel handle; in entsprechend geräumigen Pollenschläuchen wurden Spindeln wiederholt nachgewiesen (zuletzt BEATTY). Das Vorhandensein der Spindel ließ sich nun auch indirekt durch Colchicinbehandlung beweisen (SUITA, EIGSTI): die Mitose wird genau so gestört wie in anderen Fällen durch Inaktivierung der Spindelmechanik.

Ein bemerkenswertes Verhalten findet sich beim Mais, wo ein rezessiver Faktor homozygot bewirkt, daß die Spindelfasern in der ersten meiotischen Teilung nicht an den Polen konvergieren (CLARK). Dies hat zur Folge, daß sich die Anaphasechromosomen nicht zu einem Kern sammeln, sondern Teilkerne (Karyomeren) bilden. Weiterhin entstehen in der zweiten Teilung zahlreiche Spindeln; nichtsdestoweniger können sich Mikrosporen normal entwickeln, wenn sie nur einen vollständigen Chromosomensatz enthalten. Die bei diesem abweichenden Teilungsvorgang entstehenden Kernfragmente sind lebensfähig, benehmen sich also entgegen dem gewöhnlichen Verhalten von aus Chromosomen oder Chromosomengruppen gebildeten Teilkernen in gestörten Mitosen. Der Grund liegt offenbar darin, daß die Chromosomen in diesem Fall an ihrer normalen Stelle, nämlich an den Spindelpolen zur Rekonstruktion gelangen; das Verhalten gibt eine Stütze für die Auffassung ab, daß die Spindelpole in die Tochterkerne einbezogen werden und umgekehrt die Spindel zum Teil aus dem Kern entsteht. Die Spindelentstehung aus dem Kern weist WADA für das Prothallium von *Osmunda japonica* nach; die Spindel bleibt hier dauernd vom Zytoplasma abgeschlossen, so daß keine Mischung zwischen Spindelsubstanz und Zytoplasma möglich ist. An diesem Objekt läßt sich auch infolge der Geräumigkeit der Zellen gut verfolgen, wie der Phragmoplast im Lauf der Zellplattenbildung das Lumen der Zelle quer durchwandert.

Bei haploidem *Phleum pratense* bilden sich aus den Pollenmutterzellen frühzeitig Syncytien (Plasmodien), wobei die Kerne verschmelzen und hoch polyploide Synkarien bilden; es können bis zu 30 Kernen miteinander verschmelzen (LEVAN [4]). Diese Riesenkerne machen dann eine annähernd normale erste Meta-, Ana- und Telophase durch, wobei sich keine vielpolige, sondern eine normal zweipolige Spindel ausbildet. Dies bedeutet, daß die virtuellen Spindelpole oder Teilungszentren zu einem als Einheit wirkenden Organell sich vereinigen. Das Verhalten stimmt zu den Fällen endomitotisch entstandener polyploider Kerne, die wieder in Mitose eintreten: auch hier entsteht, sofern die Zahl der Chromosomensätze nicht allzu hoch ist, eine zweipolige Spindel.

Eine Beeinflussung der Mitosemechanik durch den Genotypus ist bei unbalancierten Typen polyploider Tulpen, Hyazinthen, Tradescantien und Fritillarien in der Pollenkornmitose nachweisbar (UPCOTT). Die normale Synchronisierung der Centromerenteilung wird verändert, die Chromatidenarme spreizen frühzeitig, und statt einer Äquatorialplatte entsteht ein Chromosomenring bzw. eine „hohle“ Spindel. Außerdem kann die für die Pollenkornmitose bezeichnende in bezug auf das Achsensystem der Mikrospore konstante Lage und Asymmetrie der Spindel (vgl. Fortschr. Bot. 5, 5, 6) abgeändert werden.

Die Beeinflussung der Mitosemechanik durch Colchicin bei *Colchicum* selbst behandelt LEVAN (1). Es zeigt sich, daß *Colchicum* auf Colchicin nicht anspricht; dies ist aber nicht im Wesen der *Colchicum*-Mitose als solcher begründet, sondern ist der Ausdruck einer spezifischen Immunität: denn auf Acenaphthen, das grundsätzlich in gleicher Weise wie Colchicin die Mitosemechanik beeinflußt, spricht *Colchicum* normal an. Der Vergleich der Colchicin- und Acenaphthen-Wirkung bei *Allium* ergibt im übrigen, daß Acenaphthen — offenbar wegen seiner geringeren Wasserlöslichkeit — langsamer wirkt. Dabei lassen sich deutlicher als nach Colchicinbehandlung die einzelnen Phasen der Inaktivierung der Spindelmechanik verfolgen: es wird zuerst die geordnete Spindeltätigkeit ausgeschaltet, aber die Centromerenspaltung und die Abstoßung der Tochterchromosomen gehen noch weiter. Das Ergebnis ist, daß nicht sofort und regelmäßig tetraploide Kerne, sondern auch Kerne mit unregelmäßigen Chromosomenzahlen entstehen.

Bei asynaptischem *Allium amplectens* (vgl. weiter unten) ordnen sich die Univalenten in der ersten meiotischen Metaphase in den Äquator ein, es unterbleibt aber die Centromerenspaltung, und es erfolgt Umbildung der Chromosomen zu einem Interkinesekern; dieser macht dann eine normale zweite Teilung durch, so daß Pollendyaden mit regelmäßig diploider Chromosomenzahl entstehen (LEVAN [2]).

**Meiose.** Die früher besprochenen Untersuchungen über die Überführung der Meiose in eine Mitose durch Einwirkung höherer Temperaturen bei *Trillium kamtschaticum* (Fortschr. Bot. 7, 9) werden von MATSUURA u. HAGA fortgesetzt. Statt der normalen Bildung von Chromosomentetraden in Paaren können unter Aufhebung der Paarung Einzelchromosomen (Univalente) oder Einzelchromatiden oder sogar Halbchromatiden auftreten. Es sind also in der ersten meiotischen Metaphase statt der normalen 5 Chromosomentetraden 10 Univalente (mitotischer Typus) oder 20 Chromatiden (supramitotischer Typus) oder 40 Halbchromatiden (ultramitotischer Typus) vorhanden. Abb. 2 gibt diese Verhältnisse schematisch wieder, wobei noch zwischen einem gewöhnlichen und einem „frühreifen" Verhalten zu unterscheiden ist. Es läßt sich hieraus unter anderem schließen, daß das Wesen der Meiose im physiologischen Sinn nicht — wie DARLINGTONS Precocity-Theorie annimmt — in einer Beschleunigung, sondern in einer Verlangsamung der meiotischen Prophase im Vergleich zu einer mitotischen Prophase besteht. Das Auftreten von Halbchromatiden wird im Zusammenhang damit, daß die Temperatureinwirkung vor Beginn der Meiose erfolgte, dahin gedeutet, daß die Chromosomen schon im Ruhekern 4 Chromonemen enthalten. Daß auch im Pollenkorn von *Bellevalia romana* die Chromosomen 4 Chromonemen enthalten, schließt MARQUARDT (1) aus dem Auftreten von Halchromatidenbrüchen in der Pollenkornmitose nach Röntgenbestrahlung. Auch für den männlichen Gametophyten anderer Liliaceen fand MARQUARDT (2) entsprechende Anhaltspunkte (vgl. auch weiter unten).

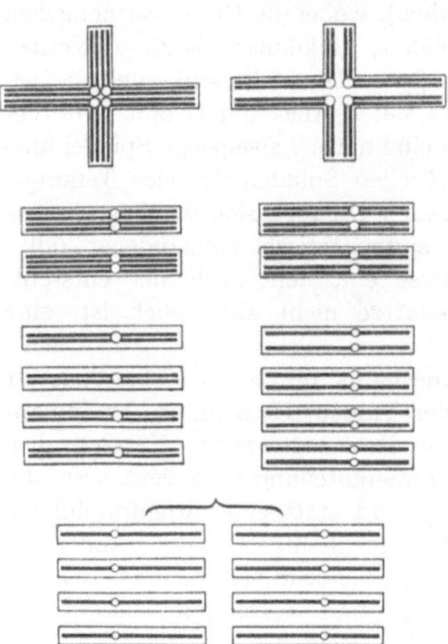

Abb. 2. Schema der Chromosomenausbildung in der Meiose verschiedener Pflanzen von *Trillium kamtschaticum*. Es ist jeweils ein Paar von Homologen dargestellt (Striche = Chromosomen, Kreise = Centromeren, Umrißlinie = Matrix). (Nach MATSUURA.)

Bei dem apomiktischen *Hieracium robustum* findet im sporogenen Gewebe an Stelle der Meiose eine zweimalige Zweiteilung der Chromosomen ohne Kernteilung statt, wodurch tetraploide Kerne entstehen (GENTSCHEFF u. GUSTAFSSON).

Über den Mechanismus des Crossing over entwickelt MATSUURA auf Grund von Untersuchungen an *Trillium kamtschaticum* völlig neue Vorstellungen. Den Ausgangspunkt bildet die Beobachtung, daß in der frühen ersten meiotischen Metaphase die „Spalthälften" (Chromatiden), die aber zufolge früherer Untersuchungen MATSUURAS in einem gewissen Prozentsatz Konjugationspartner (also nicht Schwesterspalthälften) sind, spiralig umeinandergewickelt sind, in der späten Metaphase aber Parallellagerung der Spiralen eintritt. Diese Parallellagerung wird — da eine Rotation der Enden ausgeschlossen ist — zufolge der Annahme durch Stückaustausch hergestellt; dabei muß auf jeden halben Schraubenumgang ein Austausch fallen. Diese Auffassung kann eine große Zahl bisher unverständlicher Erscheinungen erklären, steht aber andererseits nicht im Einklang mit anderen Tatsachen, so mit der Chiasmabildung (hierüber werden weitere Mitteilungen angekündigt). Der Segmentaustausch würde somit nach MATSUURA in der Metaphase — bei manchen Objekten sogar erst in der Anaphase — erfolgen, und die Chiasmen wären anders als in der bisher üblichen Weise zu deuten. Eben hat aber OEHLKERS einen wichtigen Hinweis dafür erbracht, daß die Chiasmen die Stellen des erfolgten Stückaustausches sind[1] [2].

Über die Beziehung von Chiasmenbildung und Paarung lassen sich an *Allium* interessante Aufschlüsse gewinnen (LEVAN [2]). Bei *Allium amplectens* gibt es Formen mit genotypisch bedingter Asynapsis, d. h. Ausfall der Chiasmenbildung; die Paarung im Zygotän und Pachytän erscheint aber völlig normal; die enge Parallellagerung der Partner zieht also nicht notwendigerweise die Chiasmenbildung nach sich. Damit steht es im Zusammenhang, daß bei dem tetraploiden *Allium porrum* (LEVAN [3]) in der meiotischen Prophase zwar Viererpaarung erfolgt und Quadrivalente entstehen, in der Metaphase aber fast keine mehr vorhanden sind, weil keine entsprechenden Chiasmen gebildet wurden.

Für *Phleum pratense* zeigen MÜNTZING u. PRAKKEN, daß trotz Autopolyploidie keine polyvalente Paarung zustande kommt, sondern daß fast regelmäßig wie in Diploiden nur Bivalente gebildet werden. Der Grund hierfür, daß trotz Vorhandensein von mehr als zwei Homologen nur Paarlinge entstehen, liegt nicht, wie man annehmen könnte, in einer zu niedrigen Chiasmahäufigkeit, sondern im Vorhandensein einer entsprechenden genetischen Kontrolle der Bivalentbildung. Ein grund-

[1] Hier sei der Vollständigkeit halber auch auf die Untersuchungen OEHLKERS', WIEBALCKS und ZÜRNS über die Physiologie der Meiose im allgemeinen hingewiesen (vgl. auch die früheren Berichte); ihre Besprechung gehört nicht an diese Stelle.

[2] Bei *Drosophila virilis* läßt sich infolge besonderer cytologischer Verhältnisse (ein schwächer färbbares 6. Chromosom) der Austausch und seine Stelle unmittelbar morphologisch nachweisen (S. FUJII, Cytologia, 10, 1940).

sätzlich gleiches Verhalten läßt sich auch bei anderen Arten beobachten (wahrscheinlich gehört hierher auch die — nicht erwähnte — *Paris quadrifolia*). Die allgemeine Bedeutung der Erscheinung liegt darin, daß mit der Polyvalentenbildung verbundene Störungen der Meiose und damit die Herabsetzung der Fertilität mit einem Schlag wegfallen; nicht nur allopolyploide, sondern auch autopolyploide Formen können in dieser Hinsicht diploiden gleichwertig werden. Im übrigen zeigt es sich, daß bloß aus dem Fehlen von Polyvalentenbildung nicht auf Allopolyploidie geschlossen werden kann.

Über das Verhalten des Heterochromatins in der Meiose von *Oenothera* macht JAPHA bemerkenswerte Feststellungen. Das Heterochromatin liegt bei *Oenothera* in den proximalen Chromosomenabschnitten. Vom Pachytän bis zur ersten Metaphase tritt in den euchromatischen Abschnitten eine Verkürzung auf $^1/_{25}$, in den heterochromatischen nur auf $^1/_5$ ein. Das Heterochromatin ist bzw. bleibt offenbar von Anfang an stärker kontrahiert (spiralisiert) als das Euchromatin. Es zeigt ferner eine geringere Paarungsintensität und scheint, wie sich aus dem Vergleich mit anderen Objekten, die ähnlich lokalisiertes Heterochromatin besitzen, ergibt, mit der Terminalisation in ursächlicher Beziehung zu stehen. — Ähnliche Kontraktionsverhältnisse fand COLEMAN (2) bei *Veltheimia*, wo ebenfalls proximale heterochromatische Abschnitte vorhanden sind (im Unterschied zu *Oenothera* allerdings nicht in allen, sondern nur in den kleineren Chromosomen des Satzes). Die Paarung beginnt bei dieser Pflanze, entgegen den älteren Angaben MARQUARDTS für *Oenothera* und GRAFLS für *Sauromatum*, nicht im Heterochromatin, sondern im Euchromatin (die Angabe MARQUARDTS wird — ohne stichhaltigen Grund — als unrichtig hingestellt, die Beobachtungen GRAFLS waren dem Verf. nicht bekannt).

**Chromosomenbau.** Die theoretische physikalisch-chemische Seite des Chromosomenbaus behandelt zusammenfassend WADDINGTON. Das Chromonema wird in bekannter Weise als Polypeptidkette aufgefaßt. Die Aufknäuelung bzw. Streckung der Eiweißkettenmoleküle ist wahrscheinlich zum Teil am Formwechsel des Chromonemas — der im übrigen ja auch durch die mikroskopisch sichtbare Spiralisierung und Entspiralisierung bestimmt wird — beteiligt. Im Bereich der Chromomeren dürfte das Chromonema infolge der Einlagerung der Thymonukleinsäureketten immer gestreckt sein. FRIEDRICH-FREKSA entwickelt auf Grund dieser Auffassung bestimmte Vorstellungen über das Auftreten elektrostatischer Kräfte, welche über molekulare Entfernungen hinausreichen und die Anziehung der Homologen in der Meiose bewirken können. Solche Kräfte können auch in der Längsrichtung des Chromosoms wirken und die mikroskopische Spiralisierung bzw. Entspiralisierung hervorrufen. Auch über die Verdoppelung der Proteinketten, die der Chromosomen„teilung“ zugrunde liegen muß, läßt sich eine bestimmte Anschauung gewinnen.

Die sog. somatischen Chromomeren, deren Natur noch ungeklärt ist, beschreibt erneut SWESCHNIKOWA an Wurzelspitzenmitosen von *Vicia*; diese Chromomeren zeigen spezifisch konstante Ausbildung und lassen sich daher für vergleichend systematische Untersuchungen verwenden.

Unsere Kenntnisse des meiotischen Spiralbaus erweiterte mit ausgezeichneter Methodik IWATA (1) an *Trillium Smallii*. Groß- und Kleinspiralen sind in der ersten und zweiten Teilung vorhanden; eine Spaltung der Chromatiden (tertiärer Spalt) ist schon in der Diakinese erkennbar (hiermit im Einklang steht die oben berichtete Tatsache des Auftretens gespaltener Centromeren in der zweiten Teilung). Die Spiralen lassen sich, wie schon bekannt, künstlich zum Abrollen bringen; SHIGENAGA gelingt dies durch Behandlung mit Neutralsalzlösungen (NaCl, $KNO_3$).

Die Stärke der Spiralisierung und damit die Chromosomenform ist vom Genotypus abhängig (UPCOTT). So geht bei unbalancierten Typen von Tulpen u. a. in der Pollenkornmitose die durch Spiralisierung bewirkte Kontraktion weiter als im Normalfall, die Chromosomen sind also kürzer und dicker. — Für somatische Chromosomen bestätigt COLEMAN (1) mit exakter Methodik an mehreren Liliaceen DARLINGTONS und meine Befunde des Vorhandenseins von einer Spirale je Anaphasechromosom. Die angeblich umeinandergeschlungenen Doppelspiralen, die fast alle anderen Autoren sahen (neuerdings KOSTOFF), werden erneut als Artefakt nachgewiesen[1]. Trotz Vorhandensein einer einzigen Spirale kann diese natürlich längsgespalten sein, und ist es auch vielfach; COLEMAN bringt als Anhaltspunkt den vierteiligen Bau des Trabanten in der Pro- und Metaphase von *Gasteria trigona*. Auch RESENDE (2) kommt eindeutig zu dem Schluß, daß je Chromatide zwei Chromonemen, die aber eine einzige Spirale bilden, vorhanden sind.

Besonders eingehend ist MARQUARDT (2) der Frage nach der Zahl der Chromonemen in den Mitosen im männlichen Gametophyten von Liliaceen nachgegangen. Es fanden sich Bilder, die in Bestätigung der älteren Angaben NEBELS anzeigen, daß je Chromatide vier Chromonemen vorhanden sind, die Metaphasechromosomen also achtteilig sind. Die Deutlichkeit dieses Aufbaus ändert sich allerdings im Lauf des Chromosomenformwechsels, tatsächlich sind meist nur ein oder zwei Spiralen nachweisbar, was aber nicht allein in der schwierigen optischen Auflösbarkeit seinen Grund hat, sondern offenbar realen Veränderungen des Spiralbaus (verschieden starke Ineinanderschiebung der Tochterspiralen) entspricht. Im ganzen ist der mitotische Formwechsel hinsichtlich der Art der Spiralisierung und des Zeitpunkts der Chromonemenspaltung nach MARQUARDT noch nicht eindeutig beschreibbar; es bleiben vielmehr vier Möglichkeiten offen, zwischen welchen eine sichere Entscheidung noch nicht durchführbar ist. — Zur gleichen Auffassung bezüglich

[1] Offenbar auf einem Mißverständnis beruht auch die von ABRAHAM geäußerte Auffassung des Spiralbaus.

der Zahl der Chromonemen kommen auch KUWADA u. NAKAMURA auf Grund experimenteller Untersuchungen an den Staubfadenhaaren von *Tradescantia*. Wichtig ist die Feststellung, daß im Lauf des Formwechsels engere oder loserere Aneinanderlagerung der Spiralchromonemen erfolgen kann, wodurch verschiedene Bilder entstehen; hierdurch erklärt sich ein großer Teil der bisherigen Widersprüche im Schrifttum[1].

Bei *Trillium grandiflorum* fand COLEMAN (1) an einem Chromosomenpaar in der Wurzelspitze konstant, aber nur in einer Präparation, ein auffallend abweichend spiralisiertes Ende. Das Aussehen gleicht völlig dem von DARLINGTON u. LA COUR für *Paris polyphylla* beschriebenen, und es handelt sich zweifellos um die gleiche Erscheinung des Auftretens terminaler „Spezialsegmente", die sich gegenüber den anderen Chromosomenabschnitten durch eine abweichende Reaktion bezüglich der Spiralisierung unterscheiden (vgl. Fortschr. Bot. 8, 5). Beobachtungen über die Ursachen konnten nicht gemacht werden. In dieser Hinsicht führten Untersuchungen an *Adoxa* weiter (GEITLER [1]), die ergaben, daß es sich um eine Reaktion auf niedrige Temperaturen handelt: die Spezialsegmente treten nur bei Temperaturen nahe dem Nullpunkt auf (was sich bei der jahreszeitlich frühen Entwicklung der Pflanze am natürlichen Standort häufig ereignet), bei höheren Temperaturen treten sie dagegen nicht in Erscheinung; die Ausbildung ist reversibel und läßt sich an derselben Pflanze beliebig hervorrufen und rückgängig machen.

Demgegenüber bezweifelt RESENDE (2) das Vorkommen von Spezialsegmenten überhaupt und meint, daß es sich um Verwechslungen mit Trabantenfäden oder anderen sekundären Einschnürungen handle. Da solche Einschnürungen nicht immer fadenförmig entwickelt sind, spricht RESENDE von „SAT-Zonen" bzw. „Nicht-SAT-Zonen". Sie können bei der gleichen Pflanze bald nuklealpositiv, bald -negativ sein, zeigen manchmal auch eine Art von Chromomerenbau und lassen auch den Spiralbau erkennen. Daß Spezialsegmente — die ebenfalls variable Ausbildung zeigen — mit diesen Zonen verwechselt werden können, läßt sich demnach nicht bestreiten; in den von DARLINGTON u. LA COUR und mir beschriebenen Fällen spricht ihre hohe Zahl dagegen, daß es sich um SAT-Zonen handelt; „Nicht-SAT-Zonen" in terminaler Stellung wären aber ein Novum. Im allgemeinen sind auch SAT- und Nicht-SAT-Zonen in jeder beliebigen Präparation sichtbar, was für die Spezialsegmente eben nicht gilt. Demnach kann eine Identifizierung dieser Strukturen nicht vorgenommen werden. Gemeinsam ist beiden nur, daß sie eine bestimmte autonome Längsdifferenzierung des Chromosoms darstellen. Bezüglich der SAT-Differenzierung zeigt dies besonders RESENDE (1) und widerlegt damit die gelegentlich geäußerte Meinung, daß die Länge der SAT-Zone bloß durch den wachsenden Nukleolus in der Telophase

[1] Auf weitere spekulative Ausführungen kann hier nicht eingegangen werden, da sie sich einer näheren Beurteilung noch entziehen.

bestimmt wird und inkonstant ist. Im übrigen hält RESENDE an der Ubiquität der SAT-Zonen fest. Dagegen findet LEVAN (2) bei *Allium amplectens* keine eigentlichen SAT-Chromosomen, sondern bis zu zwölf Nukleolen — bei einer Chromosomenzahl von $2n = 14$ —, die terminal entstehen. Auch SATÔ nimmt die Annahme MATSUURAS (Fortschr. Bot. 8, 3, 4), derzufolge die Bildung von Nukleolen an einer SAT-Zone nur ein Sonderfall ist, auf, da er bei *Tricyrtis*- und *Brachycyrtis*-Arten neben typischen SAT-Chromosomen auch nukleolenbildende Chromosomen ohne Trabanten findet; die nicht sehr günstigen zytologischen Verhältnisse dürften einer endgültigen Entscheidung aber wohl hinderlich sein.

Über ontogenetische Schwankungen der Spiralisierungsstärke berichtet GERASSIMOWA bei *Crepis tectorum* im Zusammenhang mit dem Auftreten einer Translokation, die in der Anheftung eines sehr langen Chromosomenstücks an den Trabantenfaden des SAT-Chromosoms besteht. In den Wurzelspitzen, wo die Spiralisierung mäßig ist, ist das neue Chromosom nicht vollkommen manövrierfähig, das große translozierte Stück reißt ab und geht als centromerenloses Fragment zugrunde. In der oberen Region der Pflanze bestehen dagegen keine mechanischen Schwierigkeiten, weil die Chromosomen und damit der Trabantenfaden stärker verkürzt sind; die Kontraktion geht hier so weit, daß der eigentliche kleine Trabant als solcher nicht mehr sichtbar ist.

**Heterochromatin.** Bei *Narcissus juncifolius* stellt FERNANDES an drei Wurzelspitzen, die wahrscheinlich der gleichen Pflanze angehörten, ein überzähliges Chromosom fest, das mit keinem Chromosom des normalen Satzes übereinstimmt und besonders durch seine Heterochromasie auffällt; im normalen Satz ist nur äußerst wenig Heterochromatin (im Bereich des Trabanten) vorhanden. Es handelt sich also offenbar um eine frisch erworbene Heterochromasie, die vielleicht im Zusammenhang mit einer Inaktivierung dieses Chromosoms steht. Eine genauere Verfolgung des Verhaltens war leider nicht möglich, da die Pflanzen zugrunde gingen. Bemerkenswert ist, daß das Chromosom verschiedenes Heterochromatin besaß, nämlich im distalen Abschnitt dichtes, das im Ruhekern unverändert erhalten blieb, im proximalen aber lockeres, das während der Kernruhe $\pm$ verändert wurde. Die beiden Heterochromatine dürften nach FERNANDES mit den bei *Sauromatum* festgestellten identisch sein (Fortschr. Bot. 8, 9). — An *Oenotheren*-Bastarden fand JAPHA, daß die Heterochromatinausbildung genetisch beeinflußbar ist: bei Anwesenheit des *Stringens*-Komplexes ist der Färbungsunterschied zwischen Eu- und Heterochromatin deutlich verringert[1].

**Ruhekern.** Die Veränderungen des generativen Kerns im Pollenkorn von *Antirrhinum maius* von seiner Entstehung bis zur Pollenreife untersuchten MARQUARDT u. ERNST auf direktem Wege und mit Hilfe

[1] Über die hypothetischen Vorstellungen CASPERSSONS vom Heterochromatin vgl. S. 2.

der Reaktion auf Röntgenbestrahlung. Der Kern besitzt, wie auch bei anderen Pflanzen, im reifen Pollen eine vergröberte chromatische Struktur, die den Eindruck einer Prophase macht (in der embryologischen Literatur werden diese Strukturen auch vielfach als erstes Anzeichen der Pollenschlauchmitose aufgefaßt). In Wirklichkeit täuscht der Eindruck insofern, als sich der Kern, wie auch das Plasma, in einem stark entquollenen, anabiotischen Zustand, also unter Verhältnisse, die dem Ablauf einer Mitose durchaus entgegengesetzt sind, befinden; dementsprechend ist der generative Kern im reifen Pollen auch viel unempfindlicher gegenüber Röntgenbestrahlung als im jungen. Allerdings erfahren auch in der Prophase die Chromosomen eine Entquellung; es könnte also die Ähnlichkeit trotz der im allgemeinen anderen physiologischen Situation tiefere Gründe haben, als es zunächst scheint; außerdem kann ja eine Prophase in einem früheren Zustand angebahnt, dann aber durch den eintretenden Wassermangel modifiziert werden. Unter diesen Gesichtspunkten ist die Untersuchung MARQUARDTS (2) an *Allium*- und *Lilium*-Arten zu beurteilen. Der generative Kern des reifen Pollens besitzt hier auffallend spiremartige Struktur. Die nähere Untersuchung zeigt allerdings, daß diese Chromosomen durch ihre andersartige Spiralisierung und durch das Sichtbarbleiben heterochromatischer Abschnitte nicht mit wirklichen Prophasechromosomen identisch sind (die Verfolgung der Entwicklung solcher Kerne ergibt übrigens, daß für die Art des Chromosomenformwechsels im allgemeinen nicht ausschließlich Quellungs- und Entquellungsvorgänge verantwortlich sind — was ja auch das verschiedene Verhalten von generativem und vegetativem Kern zeigt). MARQUARDT gelangt im ganzen zu der Auffassung, daß der generative Kern im reifen Pollen ein Ruhekern mit spiremartigem Aussehen ist. Demgegenüber läßt sich darauf hinweisen, daß in anderen Fällen, z. B. bei *Fritillaria*, die mit *Lilium* nahe verwandt ist, der generative Kern im reifen Pollen das Aussehen einer typischen Spiralprophase zeigt, wobei auch die Chromozentren völlig verschwunden sind; die Ähnlichkeit mit einer gewöhnlichen Prophase ist hier also wesentlich größer als bei *Lilium*. Ferner haben HEITZ u. RESENDE (Bol. Soc. Brot.,II. Ser. 11 [1936]) im reifen Pollen von *Impatiens Balsamina* den generativen Kern in Metaphase gefunden; bei *Impatiens parviflora* geht diesem Zustand eine typische prophasische „Zerstäubung" der Chromozentren voraus, außerdem fehlt — wie auch sonst vielfach — der Nukleolus. Im reifen Pollen von *Bulbine caulescens* befindet sich der generative Kern in einer typischen Prometaphase mit völlig durchgetrennten Chromatiden! Nach allem ergibt sich die Auffassung, daß der generative Kern mit einer Mitose beginnt, die auf einem verschiedenen Stadium — meist der Prophase — vorübergehend abgestoppt und „konserviert" wird, wobei allerdings die Chromosomen Strukturveränderungen erfahren können; ein ähnlicher, wenn auch anders verursachter Vorgang ist es, wenn in tierischen Eiern die erste Metaphase als „Ruhezustand" erscheint, d. h. so lange erhalten bleibt, bis das Ei besamt wird. Weitere Untersuchungen sind angezeigt[1].

**Geschlechtschromosomen.** Die Zytologie des bekannten X-Y-Chromosomenmechanismus von *Melandrium* wurde erneut von ONO und besonders ausführlich von WESTERGAARD mit Hilfe von diploiden und polyploiden Pflanzen untersucht. Entgegen der bisherigen fast allgemeinen Auffassung stellte es sich heraus, daß das Y-Chromosom das größere, das X-Chromosom das kleinere des heteromorphen Paares ist (in der Regel, von der aber auch *Drosophila* eine Ausnahme bildet, ist es umgekehrt). Das Y-Chromosom hat zwei gleich lange Arme, das X-Chromosom ist deutlich ungleicharmig. Aus dem Paarungsmodus in der Meiose ergibt sich, daß die Partner nur in einem gewissen Abschnitt homolog, im andern aber verschieden sind, also ein Differentialsegment im Sinne DARLINGTONS besitzen. Im Gegensatz zu den Verhältnissen bei *Drosophila* und *Rumex acetosa* (vgl. Fortschr. Bot. 5, 8), wo das Y-Chromosom in dieser Hinsicht genetisch leer ist, enthält es bei *Melandrium* Geschlechtsrealisatoren; dies geben auch BLAKESLEE u. WARMKE für *Melandrium dioicum* an. Bei *Melandrium album* sind demnach Pflanzen folgender Konstitution Männchen (A bedeutet einen haploiden Chromosomensatz):

| | |
|---|---|
| 2A+XY | 3A—1+XXY |
| 3A+XXY | 3A—2+XXY |
| 4A+XXYY | 4A—1+XXXY |
| 4A+XXXY | |

und Weibchen Pflanzen von der Konstitution:

| | |
|---|---|
| 2A+XX | 3A—1+XXX |
| 3A+XX | 3A—2+XXX |
| 3A+XXX | 3A—2+XXXX |
| 4A+XXXX | 3A—3+XXX |
| 3A—1+XX | 3A—4+XXX. |

Es ist ersichtlich, daß 1 Y selbst gegen 3 X „aufkommt". Die Mitteilung WESTERGAARDS enthält auch eine lesenswerte kritische Besprechung der Geschlechtschromosomenverhältnisse bei Tieren und Pflanzen überhaupt[2].

**Kernwachstum, Polyploidisierung der Gewebe, Chromosomengröße.** WIPF findet bei 31 Leguminosen in den infizierten Zellen der Wurzelknöllchen tetraploide Kerne; die Entstehung durch innere Polyploidisierung ist zwar nicht bewiesen, die Annahme aber naheliegend. ARARATIAN beschreibt bei *Hippophae rhamnoides* das Auftreten tetraploider Kerne

[1] Zusatz bei der Korr.: vgl. GEITLER in Planta **32**, 1941.

[2] Zusatz bei der Korr.: A. LÖVE, Bot. Notiser **1941**, 155, gibt an, daß sich *Rumex acetosella* hinsichtlich der Geschlechtsbestimmung nicht wie *Rumex acetosa* (und *Drosophila*), sondern wie *Melandrium* verhält; die oktoploide Form z. B. hätte folgende Konstitution: ♀ 8 **A** +8 X, ♂ 8 **A** + 7 X + Y.

in einiger Entfernung von der Wurzelspitze; sie entstehen sicher nicht durch Kernverschmelzung, die manchmal vorhandene „Paarung" der Chromosomen zeigt so gut wie sicher an, daß innere Teilung vorliegt; die großen Kerne der Spiralgefäße von *Ricinus communis* sind dagegen nach SCOTT nicht polyploid, die Volumzunahme beruht vielmehr auf Kernsaftbildung (die Begründung aus der geringen Größe der Nukleolen ist allerdings nicht stichhaltig, da zwischen Chromatin- und Nukleolusmasse keine einfache Korrelation besteht; vgl. z. B. GRAFL: Fortschr. Bot. 9, 7). Das Vorkommen innerer Polyploidisierung bestätigt nunmehr auch WULFF für ältere Gewebe von Aizoaceen-Wurzeln; das Beisammenliegen der Tochterchromosomen bleibt hier bis in die Metaphase hinein bestehen[1]. Zum Gegenstand der inneren Teilung gehört auch die doppelte Chromosomenspaltung ohne Kernteilung im sporogenen Gewebe von *Hieracium robustum* (GENTSCHEFF u. GUSTAFSSON). — Über verschiedene Chromosomenvolumina bei nahe verwandten Arten bringt LEWITSKY neues Material; eine Deutung wird nicht versucht.

Eine Zusammenfassung des gesamten Tatsachenmaterials (GEITLER [2]) zeigt die allgemeine Bedeutung, die der inneren Polyploidisierung zukommt. Als in diesem Sinn hochpolyploid lassen sich z. B. auch die Riesenkerne des Endospermhaustoriums von LUPINUS erkennen; wahrscheinlich ist dies für Organe mit ähnlich gesteigerter trophischer Funktion typisch. Die älteren Befunde EMMY STEINS (Fortschr. Bot. 5, 5; 6, 10) über „somatische Reduktionsteilungen" in den krebsigen Entartungen von *Antirrhinum* dürften wahrscheinlich als innere Polyploidisierung umzudeuten sein; das gleiche gilt für Angaben „somatischer Diakinesen" überhaupt (die „Partner" sind endomitotisch entstandene Tochterchromosomen). — Daß keineswegs alle polyploiden Kerne endomitotisch entstehen, läßt sich erneut für das Tapetum von *Adoxa* zeigen (GEITLER [1]), wo tetra- und oktoploide Kerne sich durch Mitosehemmung bilden.

**Verschiedenes.** In den Plastiden von Pteridophyten findet YUASA (1) ein „Netzwerk", in dem die Chlorophyllgrana eingebettet sind (vgl. dazu aber die Schilderung des lamellaren Baus in Fortschr. Bot. 9, 121); bei der Teilung tritt — wie schon bekannt — eine strukturlose, farblose Querzone in Erscheinung. — Daß Plastiden und Chondriosomen verschiedene Gebilde sind, weist YUASA (2) erneut für Polypodiaceen nach.

---

[1] Auf S. 402 sind die Befunde GRAFLS über innere Polyploidisierung (vgl. Fortschr. Bot. 9, 9) wesentlich unrichtig wiedergegeben: „im Wundgewebe ... werden unter mehrfacher Längsspaltung der Chromosomen im Ruhekern neben tetraploiden auch oktoploide Kerne direkt aus diploiden gebildet". Die Kerne werden nicht im Wundgewebe, sondern im Lauf des normalen Gewebewachstums polyploid, die Mitosen im Wundgewebe machen den Ablauf nur offenbar; auch kommen 16-ploide Kerne vor.

## Literatur[1].

ABRAHAM, A.: Ann. of Bot., N. S. 3 (1939). — ARARATIAN, A. G.: C. r. Acad. Sci. URSS., N. S. 27 (1940).

BEAMS, H. W., L. W. ZELL u. N. M. SULKIN: Cytologia 11 (1940)*. — BEATTY, A. V.: Genetics 25 (1940).

CASPERSSON, T.: Naturwiss. 29, 33 (1941). — CLARK, F. J.: Amer. J. Bot. 27 (1940). — COLEMAN, L. C. A.: (1) J. Bot. 27, 638 (1940). — (2) Ebenda 887.

DARLINGTON, C. D.: J. of Genet. 39 (1940).

EIGSTI, O. J.: Amer. J. Bot. 27 (1940).

FERNANDES, A.: Scientia Genet. 1 (1939). — FRIEDRICH-FREKSA, H.: Naturwiss. 29 (1940). — FRÜHBRODT, E., u. H. RUSKA: Arch. Mikrobiol. 11 (1940).

GEITLER, L.: (1) Chromosoma 1, 554 (1939/40). — (2) Erg. Biol. 1940/41. — GENTSCHEFF, A., u. A. GUSTAFSSON: Hereditas (Lund) 26 (1940). — GERASSIMOWA, H.: Bull. Acad. Sci. URSS, Cl. Sci. Biol. 1940.

IWATA, J.: (1) Jap. J. Bot. 10, 365 (1940). — (2) Ebenda 375.

JAPHA, BRIGITTE: Z. Bot. 34 (1939). — JORDAN, P.: (1) Naturwiss. 26 (1938). — (2) Arch. f. Virusforsch. 1 (1939).

KOSTOFF, D.: Cellule 48 (1939). — KUWADA, Y., u. T. NAKAMURA: Cytologia 10 (1940).

LEVAN, A.: (1) Hereditas (Lund) 26, 262 (1940). — (2) Ebenda 353. — (3) Ebenda 454. — (4) Ebenda 27, 243 (1941). — LEWITSKY, G. A.: J. Bot. URSS. 25 (1940).

MARQUARDT, H.: (1) Z. Bot. 36 (1941). — (2) Planta (Berl.) 31 (1941). — MARQUARDT, H., u. H. ERNST: Z. Bot. 35 (1939/40). — MATSUURA, H.: Cytologia 10 (1940). — MATSUURA, H., u. T. HAGA: Ebenda. — MOEWUS, F.: Z. ind. Abst. 78, 418 (1940). — MÜNTZING, A., u. R. PRAKKEN: Hereditas (Lund) 26 (1940).

OEHLKERS, F.: Z. ind. Abst. 78 (1940). — ONO, T.: (1) Bot. Mag. Tokyo 53 (1939). — (2) Ebenda 54 (1940).

PASCHER, A.: Arch. Protistenkde 94 (1940). — PIEKARSKI, G.: Arch. Mikrobiol. 11 (1940). — PLOTHO, O. v.: Arch. Mikrobiol. 11 (1940). — PROPACH, H.: Chromosoma 1 (1939/40).

RAGHAVAN, T. S., K. R. VENKATASUBBAN u. D. D. WULFF: Cytologia 9 (1939). — RESENDE, F.: (1) Planta (Berl.) 29 (1939). — (2) Chromosoma 1 (1939/40).

SATO, D.: Cytologia 10 (1939). — SCHAEDE, R.: Arch. Mikrobiol. 10 (1939). — SCOTT, F. M.: Bot. Gaz. 101 (1939)*. — SIGENAGA, M.: Jap. J. Bot. 10 (1940). — SUITA, N.: Jap. J. Gen. 15 (1939). — SVESHNIKOVA, J. N.: C. r. Acad. Sci. URSS. 30 (1941).

UPCOTT, M.: Chromosoma 1 (1939/40).

WADA, B.: Bot. Mag. Tokyo 54 (1940). — WADDINGTON, C. H.: Amer. Naturalist 73 (1939)*. — WARMKE, H. E., u. A. F. Blakeslee: Science (N. Y.) 89 (1939)*. — WESTERGAARD, M.: Dansk Bot. Ark. 10 (1940). — WIEBALCK, UTE: Z. Bot. 36 (1940). — WIPF, LUISE: Bot. Gaz. 101 (1940)*. — WIELER, A.: Protoplasma (Berl.) 34 (1940). — WULFF, D. D.: Ber. dtsch. bot. Ges. 1940, 400.

YUASA, A.: (1) Jap. J. of Gen. 15 (1939). — (2) Jap. J. of Bot. 10 (1940).

ZÜRN, K.: Z. Bot. 34 (1939).

[1] Mit * versehene Arbeiten konnten nicht im Original gelesen werden.

## 2. Morphologie einschließlich Anatomie.

Der Beitrag folgt in Bd. XI.

## 3. Entwicklungsgeschichte und Fortpflanzung.

Von **Ernst Gäumann**, Zürich.

Mit 1 Abbildung.

### I. Allgemeine Entwicklungsgeschichte.

Bekanntlich sagen biochemische Merkmale, so der Besitz bestimmter Farbstoffe, über entwicklungsgeschichtliche Zusammenhänge manchmal mehr aus als morphologische Eigenschaften, die ja auf Konvergenz beruhen können. Die Algologen erstrebten deshalb seit langem eine möglichst vollständige Bestandesaufnahme namentlich der Carotinoide in den einzelnen Gruppen; doch führten die während mehrerer Jahrzehnte von vielen Forschern mit verschiedenen Untersuchungsmethoden und namentlich mit einer oft wenig einheitlichen Nomenklatur angestellten Untersuchungen an niedern und höhern Pflanzen allmählich zu einer weitgehenden Unübersichtlichkeit des ganzen Gebietes. Kylin (1) versucht, die Ergebnisse zu ordnen und die für gleiche Farbstoffe synonymen Bezeichnungen nebeneinander zu stellen; so betrachtet er einige seiner bei Algen gefundenen Carotinoide als identisch mit solchen, die unter anderer Bezeichnung für die Blätter höherer Pflanzen angegeben werden: Kylins Bezeichnungen Xanthophyll, Phyllorhodin und Phylloxanthin sind den Strainschen Bezeichnungen Lutein, Zeaxanthin und Violaxanthin b gleichzusetzen.

Hauptergebnis: Die Farbstoffe der Grünalgen kommen teilweise auch bei höhern Pflanzen vor, während die Rot-, Braun- und Blaualgen neben den üblichen Carotinoiden eine Reihe von spezifischen Farbstoffen besitzen:

Chlorophyceae: $\alpha$-Carotin, $\beta$-Carotin, Xanthophyll (Lutein), Zeaxanthin (Phyllorhodin), Violaxanthin b (Phylloxanthin). Alle diese Farbstoffe wurden auch in den Blättern höherer Pflanzen festgestellt. Heilbron, Parry und Phipers fanden bei den Chlorophyceen indes noch Taraxanthin, das in höheren Pflanzen bisher noch nicht beobachtet wurde.

Rhodophyceae: $\alpha$- und $\beta$-Carotin, Lutein, Zeaxanthin, Taraxanthin. Carotinoide, die sich (wie z. B. Violaxanthin b) bei Zusatz von HCl grün färben, fehlen.

Phaeophyceae: Carotin, Lutein, Violaxanthin b, Fucoxanthin (nach SEYBOLD und EGLE in 2 Isomeren vertreten) und Zeaxanthin. KYLINS Fucoxanthin b erwies sich als ein postmortales Oxydationsprodukt des Fucoxanthins a. Die Xanthophylle sind bei den lebenden Braunalgen stets in geringen Mengen vertreten.

Cyanophyceae: Sie enthalten nach SEYBOLD und EGLE neben $\beta$-Carotin noch einige weitere, gelbe bis rötliche Carotinoide. HEILBRON und LYTHGOE haben in *Oscillatoria rubescens* neben $\beta$-Carotin und Xanthophyll (Lutein) als neue Farbstoffe Myxoxanthin und Myxoxanthophyll nachgewiesen. Ersteres zeigt ein einziges, ziemlich diffuses Absorptionsband und wäre vom Carotin abzuleiten; Verf. nehmen an, daß es für die Cyanophyceen ebenso charakteristisch sei wie Fucoxanthin für die Phaeophyceen. Neue carotinoide Farbstoffe fand TISCHER in der Blaualge *Aphanizomenon flos aquae*: neben $\beta$-Carotin und kleinen Mengen von $\alpha$-Carotin, Flavacin, sodann Aphanin, Aphanicin und Aphanizophyll. Aphanin und Aphanicin sind miteinander verwandt und müssen wohl vom $\beta$-Carotin abgeleitet werden. TISCHER vermutet, daß sich das Aphanicinmolekül aus zwei Molekülen Aphanin aufbaut. Aphanizophyll zeigt im Absorptionsspektrum drei Bänder. So ergeben sich für die Cyanophyceen an Carotinoiden: $\alpha$- und $\beta$-Carotin, Xanthophyll (Lutein), Flavacin, Myxorhodin (= Phycoxanthin) und Calorhodin) (KYLIN nimmt an, daß die Bezeichnungen Myxoxanthophyll und Aphanizophyll mit Myxorhodin identisch seien), Calorhodin a und b, Myxoxanthin, Aphanin und Aphanicin.

## II. Spezielle Entwicklungsgeschichte.

Cyanophyceae. Mittels vielgestaltiger Färbetechnik kommt DELAPORTE zu der Auffassung, daß die Bakterien und Blaualgen in dem Feinbau ihrer Zellen weitgehend übereinstimmen. Beide enthalten innerhalb einer Membran einen wenig gegliederten Protoplasten, in dessen zentralem Teil stets eine Substanz mit typischen Kerneigenschaften nachzuweisen ist. Unter diesen wird der positiven FEULGENschen Reaktion, welche jede tierische und pflanzliche Chromatinsubstanz kennzeichnet, besondere Bedeutung beigemessen. Das Chromatin zeigt sich bei Bakterien und Blaualgen nicht in einem individualisierten Kern; es tritt vielmehr diffus auf: stäbchenförmig und in der Längsachse der Zellen gelegen bei den Bacteriaceen und Spirillaceen, als kugeliges Gebilde bei den Coccaceen und bei den Cyanophyceen. Da die FEULGENsche Reaktion offenbar auf die Thymonukleinsäure der chromatischen Substanz, also auf den in besonderem Maße charakteristischen Kernbestandteil, wirkt, und diese Reaktion bei allen Bakterien und Blaualgen positiv verläuft, so muß dem Chromatin der Schizophyten wohl typische Kernfunktion zugeschrieben werden. Zymonukleinsäure, die in vielen Pflanzenzellen vorhanden ist, scheint außerhalb des Chromatins im Zellplasma zu liegen. In diesem letzteren wurden Lipoide, Glykogen und zahlreiche mit metachromatischer Substanz gefüllte Vakuolen nachgewiesen.

Dank dieser weitgehenden zytologischen Ähnlichkeit der Bakterien- und Blaualgenzellen, den einzigen Organismen, die eines individualisierten Zellkerns entbehren, will DELAPORTE phylogenetisch die Schizomycetes von den Schizophyceae herleiten. Der Verlust der Assimilationsfarbstoffe wird durch den Übergang von der autotrophen zur saprophytischen bzw. parasitischen Lebensweise gedeutet. In *Oscillospira* und *Anabaeniolum*, die sich durch das Fehlen von Assimilationspigmenten und durch endogene Sporenbildung an die Bakterien anlehnen, in ihrer Zellstruktur aber mit den Blaualgen weitgehend übereinstimmen, sieht Verfasserin Zwischenglieder, durch welche Schizomycetes und Schizophyceae miteinander verbunden sind.

Volvocales. MOEWUS (1) analysierte an *Chlamydomonas*zellen zahlreiche Unterscheidungsmerkmale verschiedener Arten und Formen. Zellgröße und -form, Membranbeschaffenheit, Papille, Pyrenoid, Augenfleck, Geißellänge und -anordnung und eine Reihe physiologischer Eigenschaften sind durch eine große Zahl von Genen erblich festgelegt. Unter den Diplontenmerkmalen, deren 8 an Zygoten untersucht wurden, verdient die Zygotenfarbe besondere Beachtung. Während die *Eugametos*-Zygoten stets grün bleiben, vermögen sich andere Formen, offenbar durch die Fähigkeit, Carotinoide auszubilden, rot zu färben. Auch die Bildung von Zysten und Palmellen ist erblich. Kreuzungen zwischen *Chlamydomonas eugametos* f. *macrostigmata, Chl. dresdensis* f. *typica* und *Chl. Braunii* f. *typica* ergaben, daß alle untersuchten 42 Gene in 10 Koppelungsgruppen entsprechend den 10 Chromosomen aller untersuchten Arten geordnet sind. MOEWUS hat darüber eine Koppelungs-Gruppenkarte aufgestellt.

Sucht MOEWUS die erbliche Verankerung der auffallendsten Eigenschaften einiger *Chlamydomonas*-Arten zu ergründen, so ist GERLOFF bestrebt, durch die Prüfung ihrer Variabilität einige dieser Merkmale als Grundlage für die Umgrenzung der Arten und die Gliederung der Gattung *Chlamydomonas* nutzbar zu machen. Die Ergebnisse sind indes nicht eben ermutigend. Die Variabilität einiger untersuchter Arten ist nicht groß. Doch stellen manche Arten Sammelarten dar, die aus morphologischen und physiologischen Rassen gebildet werden. Diese Formenschwärme lassen sich jedoch nur schwer auseinanderhalten da sie durch alle Übergänge verbunden sind. Es scheint dies darauf hinzudeuten, daß die Gattung *Chlamydomonas* sich noch in voller Entwicklung befindet. Eine scharfe Abgrenzung der Arten gegeneinander erscheint fast unmöglich. Im Bau des Chromatophors sieht Verf. indes ein brauchbares Mittel zur Abgrenzung von Untergattungen, und als weiteres, bisher zu wenig berücksichtigtes Unterscheidungsmerkmal wird die bei den untersuchten Arten stets konstante Zahl der kontraktilen Vakuolen herbeigezogen. Zahl und Lage der Pyrenoide ergeben eine weitere Gliederung, und schließlich sind es Eigentümlichkeiten, wie Beschaffenheit der Papille, Lage des Kerns, Geißellänge usw., welche zur Umgrenzung der Arten führen.

Ulvaceen. Entwicklungsphysiologische Untersuchungen von MOEWUS (2) an *Monostroma Wittrockii* führten zu Ergebnissen, die wegen des morphologischen Verhaltens einiger niedriger Pilze aufschlußreich sind. Bei dieser Alge ist der Sporophyt, im Gegensatz zu *Ulva* und *Enteromorpha*, auf die stark vergrößerte Zygote beschränkt, aus der normalerweise durch 5 Teilungsschritte 32 große, viergeißelige, haploide Zoosporen hervorgehen, die nicht kopulationsfähig sind.

Werden Gametophyten in einen Extrakt zerriebener Gametophyten gebracht, so entstehen statt der normalen viergeißeligen Zoosporen doppelt so viele (64) kleinere, zweigeißelige, kopulationsfähige Gameten. Verdünnter Gametophytenextrakt ist wirkungslos. Werden dagegen Sporophyten aus einem verdünnten in einen unverdünnten Extrakt gebracht, so entstehen 32 große, zweigeißelige, kopulationsfähige Schwärmer. Aus sehr stark verdünnter Extraktlösung in unverdünnte Lösung verbracht, ergeben dieselben Sporophyten 32 große, viergeißelige, kopulationsfähige Schwärmer. Aus Sporophyten, die normalerweise nichtkopulationsfähige Zoosporen liefern, konnten demnach sowohl zoosporenartige Schwärmer mit Kopulationsvermögen als auch gametengleiche Schwärmer mit Kopulationsvermögen gewonnen werden. Das wirksame Prinzip wurde noch nicht ermittelt. Im Sporophytenextrakt scheint ein anderes Prinzip bei der Ausbildung der Schwärmer wirksam zu sein. Während die Gameten (dank erblicher Anlagen) bei ihrer Bildung zur Ausscheidung von Gamonen befähigt sind, erlangen die Zoosporen, welche dieselbe genetische Konstitution besitzen müssen wie die prädestinierten Gameten, diese Fähigkeit und damit das Kopulationsvermögen erst durch die Behandlung mit Gametophytenextrakt.

Durch diese Befunde werden mancherlei bisher unsichere Beobachtungen von Zoosporen-Kopulationen bei verschiedenen Algen und Pilzen (*Allomyces*) verständlich.

Heterokonten. MOEWUS (3) zeigt, daß *Botrydium granulatum* diözische Rassen mit genotypischer (f. *heteroica*) und monözische Rassen (f. *synoica* und f. *stigmata*) mit phänotypischer Geschlechtsbestimmung enthält. Unter den ersteren scheiden die männlichen Gameten Androtermon, die weiblichen Gameten Gynotermon aus. Die Gameten der monözischen Rassen bilden beide Termone gleichzeitig. Lassen sich morphologisch die Gametensorten nicht voneinander unterscheiden, so sind sie doch durch diese erblich bedingten Ausscheidungen verschieden.

Androtermon läßt sich durch Behandlung mit zehntel normal Schwefelsäure, Gynotermon durch Ultraviolettbestrahlung zerstören.

Phaeophyta. Mit Rücksicht auf ihre isogame Befruchtung stellt Kylin (2) die Chordariales an die Basis der haplostichen Heterogeneratae (s. Fortschr. Bot. **8**, 16) und faßt in dieser formenreichen Ordnung 8 Familien zusammen: Chordariaceae, Spermatochnaceae, Acrotrichaceae, Chordariopsidaceae, Splachnidiaceae, Myrionemaceae, Corynophlaeaceae und Elachistaceae. Die beiden erstgenannten Familien erfuhren eine morphologische Bearbeitung, aus der hervorgeht, daß sie verschiedene Entwicklungsrichtungen in sich schließen; sie unterscheiden sich wesentlich dadurch, daß die Chordariaceae durch ein interkalares Meristem in der Sproßspitze, die Spermatochnaceae dagegen durch eine besondere Scheitelzelle in die Länge wachsen. Die Chordariaceae sind primitiver; sie dürften an Formen, die den Corynophlaeaceae einigermaßen entsprechen, anschließen.

Auch innerhalb der Familie der Chordariaceae stellt Kylin verschiedene Entwicklungsäste fest, bei deren Wertung der Bau des interkalaren Meristems den Ausschlag gibt. Bei der *Mesogloea*-Gruppe (Abb. 3a) sind bestimmte Zellen des Zentralfadens sowohl im Gebiete der Verzweigungen als oberhalb derselben teilungsfähig, bei der *Sphaerotrichia*-Gruppe (Abb. 3c), welche die Mesogloea-Gruppe direkt weiterführt, kommen dagegen Zellteilungen nur oberhalb der Verzweigungszone des Zentralfadens vor. Trotz mancherlei Parallelen mit den *Mesogloeae* stellt die Gruppe der *Myriogloeae* (Abb. 3b) eine höhere Entwicklungsstufe dar. Typische Phaeophyceenhaare fehlen ihr. — Zu den beiden vorgenannten stellt die *Cladosiphon*-Gruppe eine Parallelreihe dar, in der mehrere sympodial aufgebaute Zentralfäden die Achse bilden. In der *Chordaria*-Gruppe (Abb. 3d), bei der mehrere monopodial aufgebaute Zellfäden die Achse bilden, ist das interkalare Meristem beinahe subterminal und es scheint, als ob die Zellen, welche schon Anlagen zu Seitenästen abgespaltet haben, ihr Vermögen, sich quer zu teilen, verloren haben.

Die *Sphaerotrichia*- und die *Chordaria*-Gruppe sind wohl die am höchsten entwickelten. *Sphaerotrichia* hat sich aus Formen mit einem einzigen monopodial aufgebauten, *Chordaria* aus Formen mit mehreren monopodial aufgebauten Zentralfäden entwickelt.

In der Familie der Spermatochnaceae sind zwei Entwicklungslinien erkennbar, eine erste mit *Nemacystus*, *Spermatochnus* (Abb. 3e) und *Stilopsis*, auf einen einzigen Zentralfaden aufgebaut, und eine zweite mit *Stilophora* (Abb. 3f) und *Halorhiza* mit 4—5 Zentralfäden. Die Familie der Acrotrichaceae zeigt gegenüber den Spermatochnaceae im Zentralfaden einen trichothallischen Zuwachs, während sich

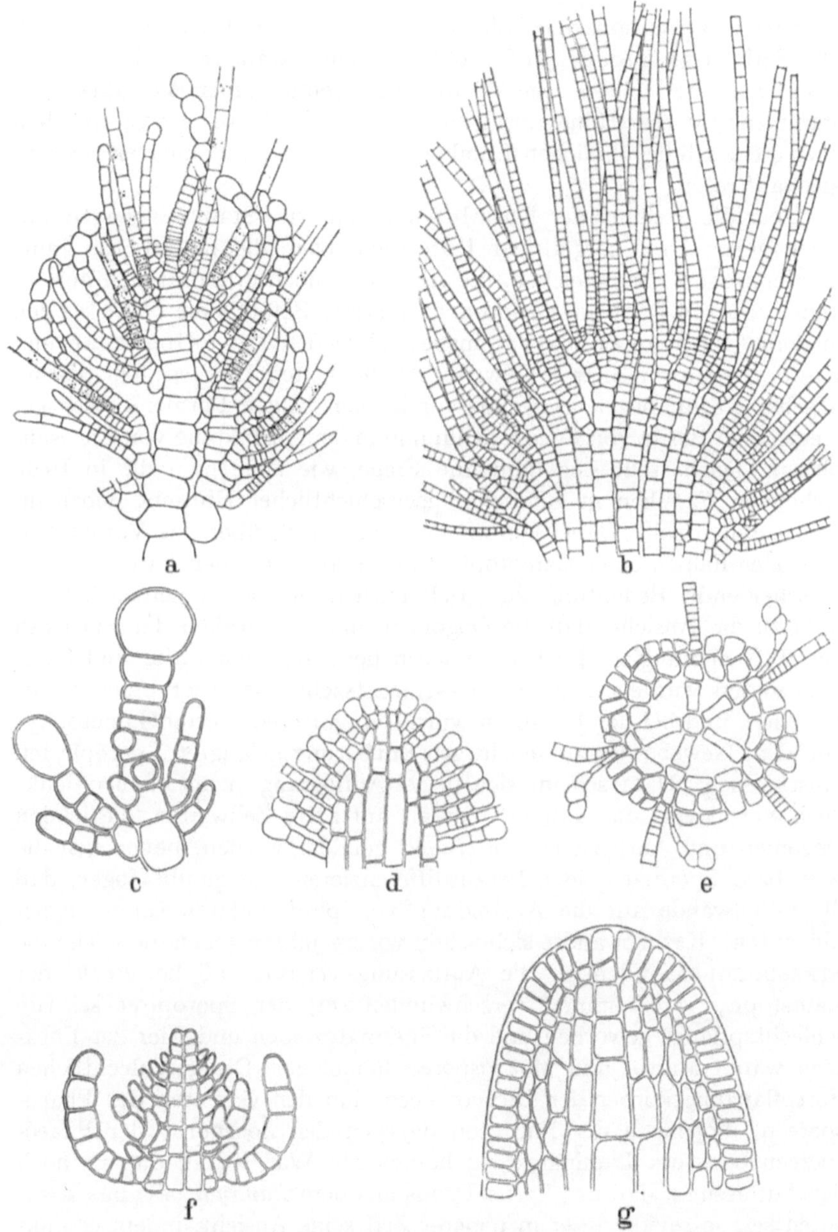


Abb. 3. Die wichtigsten Typen des Vegetationskörpers der Chordariales. a *Mesogloea vermiculata*. b *Myriogloea sciurus*. c *Sphaerotrichia divaricata*. d *Chordaria flagelliformis*. e *Spermatochnus paradoxus*. f *Stilophora rhizodes*. g *Chordariopsis capensis*. a—b Vergr. 140, c 640, d 180, e 160, f 340, g 220. (Nach Kuckuck u. Kylin.)

*Spermatochnus* mittels einer Scheitelzelle verlängert. Die Chordariopsidaceae (Abb. 3g) sind gekennzeichnet durch eine dreischneidige

Scheitelzelle; Assimilationsfäden treten erst im fertilen Stadium auf. Die Splachnidiaceae sind wohl als eine Parallelreihe der vorigen Familie zu betrachten. Sie dürften von gemeinsamen Vorfahren abstammen; für eine Höherentwicklung der Splachnidiaceae sprechen aber die scaffidienähnlichen Gebilde, in denen die unilokulären Sporangien auftreten.

Über die Stellung der Fucales innerhalb des Stammes der Braunalgen gehen trotz sorgfältiger Untersuchungen, die bis auf die Jahrhundertwende zurückreichen, die Ansichten noch grundsätzlich auseinander. So will DELF auf Grund anatomischer Befunde die Fucales den niederen Heterogeneratae, insbesondere den Mesogloeaceae und Encoeliaceae nähern. Gewisse Ähnlichkeiten, namentlich biochemischer Natur, liegen zweifellos vor in dem beiden Formenkreisen gemeinsamen Besitz von Fucoxanthin und in der Ausbildung von Fucosanblasen. Doch stellt sich dann die Frage, wie nahe man die in Rede stehenden Familien in entwicklungsgeschichtlicher Hinsicht nebeneinander stellen soll. Dabei kommt der Auffassung über das Vorhandensein oder Fehlen einer Gametophytengeneration bei den Fucales eine entscheidende Bedeutung zu. Bekanntlich vertrat seinerzeit STRASBURGER die Ansicht, daß die Oogonien und Antheridien der Fucaceen den Tetrasporangien der Dictyotaceen homolog seien. Eier und Spermatozoiden würden dann den Geschlechtszellen der Dictyotaceen entsprechen, und bei den Fucaceen würde ein ganz reduzierter Gametophyt von dem Gewebe des zu mächtiger Entfaltung gelangten Sporophyten umschlossen. DELF scheint sich dieser Auffassung anzuschließen, lenkt doch Verfasserin die Aufmerksamkeit auf zarte Zellwände, die in den Oogonien und Antheridien von *Fucus* gebildet werden, bevor sich die Eier bzw. Spermatozoiden herausdifferenzieren; sie glaubt sogar, daß diese Zellwände auf die Ausbildung von plurilokulären Gametangien hindeuten. KYLIN wandte sich schon vor 25 Jahren gegen diese Theorie STRASBURGERS, indem er die Auffassung vertrat, daß bei *Fucus* der Gametophyt vollkommen verschwunden sei; der Sporophyt sei Geschlechtspflanze geworden und die Spermatozoiden und Eier der Fucaceen wären Mikro- und Makrosporen homolog. „Die geschlechtlichen Fortpflanzungskörper der Dictyotaceen sind den Gameten der Phaeosporeen, diejenigen der Fucaceen dagegen den Zoosporen der Phaeosporeen oder der Laminariaceen homolog.“ War KYLIN damals noch der Auffassung, daß der *Fucus*-Typus aus dem *Laminaria*-Typus abzuleiten sei, so revidierte er in neuerer Zeit seine Ansicht, indem er nunmehr annimmt, daß sich die Fucaceen ohne einen sich stark reduzierenden Gametophyten entwickelt hätten, daß somit in ihrer phylogenetischen Entwicklung überhaupt nie ein Gametophyt vorhanden gewesen sei, daß also schon ihre Vorfahren diploid waren.

Nach seiner neuesten Ansicht (KYLIN [3]) lassen sich auch die Oogonien und Antheridien der Fucaceen nicht aus den unilokulären Sporangien ableiten und die Fucaceen haben sich nicht aus den Phaeosporeen entwickelt. Die Fucaceen stehen vielmehr den übrigen Phaeophyceen in phylogenetischer Hinsicht ziemlich fern. Offenbar haben sie sich frühzeitig von dem gemeinsamen Phaeophyceenstamm abgezweigt, und zwar bedeutend früher als die Klassen der Isogeneratae und der Heterogeneratae herausdifferenziert wurden. Die Entwicklungsgeschichte einer niederen Fucacee, *Ascoseira mirabilis*, scheint tatsächlich für diese Auffassung zu sprechen.

Nachdem seinerzeit NIENBURG gezeigt hatte, daß die Ausbildung der Konzeptakel innerhalb der Fucaceae verschiedenartig verlaufen kann, prüft MASATO TAHARA (1, 2) die Entwicklung in verschiedenen Gattungen. Er fand bei *Coccophora* und *Cystophyllum* Verschiedenheiten, innerhalb der Gattung *Sargassum* sogar ein verschiedenes Verhalten der einzelnen Arten. In jedem Falle ergibt bei der Teilung der Initialzelle das peripher gelegene Stück die sog. Zungenzelle, während die innerhalb derselben gelegene Tochterzelle durch radiale Teilungen die Innenwand des Konzeptakels liefert. Bei *Sargassum enerve* wandert die Zungenzelle in die Konzeptakelöffnung, wodurch sie den Hohlraum abschließt, bei *Sargassum Horneri* füllt sie denselben völlig aus. Bei *Coccophora Langsdorfii* bleibt die Zungenzelle an der inneren Konzeptakelwand sitzen und wird, ähnlich wie die Wandzellen selbst durch Querteilungen zu einer in den Hohlraum hineinragenden Paraphyse. Zeigen sich verschiedene Arten der Gattung *Sargassum* im Verhalten der Zungenzelle auch verschieden, so ist dasselbe doch einheitlich bei Arten innerhalb der einzelnen Untergattungen. So findet bei den in der Untergattung *Bactrophycus* zusammengefaßten Arten eine Wanderung der Zungenzelle statt, während sie in den Untergattungen *Phyllotricha*, *Schizophycus* und *Eusargassum* unterbleibt. Die Zungenzelle bleibt dabei an der Konzeptakelinnenwand kleben und degeneriert frühzeitig. Verf. wertet die Verlagerung der Zungenzelle als eines der bedeutungsvollsten Merkmale der höheren Gruppen innerhalb der Gattung *Sargassum*.

Rhodophyta. Die bisherige Auffassung, daß die dorsiventralen Rhodomelaceen von radiär gebauten *polysiphonia*artigen Formen herzuleiten seien, gewinnt noch an Wahrscheinlichkeit durch die Befunde von SUNESON, wonach die Sexualpflanzen von *Pterosiphonia parasitica* ähnlich wie *Polysiphonia* Trichoblasten ausbilden und die Spermatangien tragenden Äste radiäre Struktur annehmen, während der übrige Thallus vollkommen dorsiventral gebaut ist. Bekanntlich wies KYLIN bei den weiblichen Ästen von *Falkenbergia capensis* ebenfalls radiären Bau nach.

Der bisher als eigene Gattung unter die Ceramiales gestellte Thallus von *Hymenoclonium* gehört als Tetrasporenpflanze in den Entwicklungskreis von *Bonnemaisonia asparagoides* (J. und G. FELDMANN). In derselben Weise stellt *Falkenbergia rufolanosa* (Rhodomelaceae) die Tetrasporenpflanze von *Asparagopsis armata* dar. In beiden Fällen ist die erste Teilung des Zygotenkerns eine Reduktionsteilung; die Karposporen sowie die aus diesen hervorgehenden Tetrasporenpflanzen sind demnach haploid. Diese letzteren unterscheiden sich morphologisch sehr stark von den zugehörigen Gametophyten. Somit handelt es sich bei den Bonnemaisoniaceae nicht um gewöhnliche haplobionte Rhodophyceen, sondern es liegt ein hier zum erstenmal beobachteter eigenartiger Generationswechsel vor, indem bei diesen Rotalgen die haploiden Karposporen- und haploiden Tetrasporenpflanzen getrennt und morphologisch verschieden ausgebildet sind.

Fungi. a) Phycomycetes. Der homothallische *Rhizopus sexualis* bildet nach CALLEN sowohl normale als Nebensporangien. Seine Gametangien scheinen, wie die der übrigen homothallischen Mucoraceen, bisexuell zu sein; läßt man die Kopulationsäste vegetativ auswachsen, so entsteht wieder ein homothallisches Myzel; es scheint denn auch, daß die Kerne, die sich in der jungen Zygote paaren, nicht unbedingt von den zwei konträren Gametangien herstammen müssen.

b) Ascomycetes. Protascineen. Die Spermophthoraeen, die sich durch ein coenocytisches haploides Myzel, durch den Besitz von membranumgebenen Sporangiosporen, durch einen antithetischen Generationswechsel und durch somatogame Kopulationen zwischen den Keimschläuchen der Sporangiosporen auszeichnen, werden von GÄUMANN (1), im Gegensatz zu GUILLIERMOND und NANNFELDT, nicht als Anfangsgruppe einer besonderen diplobiontischen Entwicklungsreihe gedeutet, sondern als Endglieder einer deuterogamen Rückbildungsreihe, die von den Dipodascaceen ausgeht und, ähnlich wie gewisse Saccharomyceten, in diplobionten Typen ausklingt. Es ist dies dieselbe Kontroverse, die bei den diplobiontischen Braun- und Rotalgen nie verstummen will.

Desgleichen wird von GÄUMANN (1) die GUILLIERMONDsche Ableitung der Taphrinaceen (Exoascaceen) von den Spermophthoreen (und von den Protascineen überhaupt) abgelehnt; denn die Dikaryophase der Taphrinaceen ist nicht wesensgleich mit der simplen Diplophase der Spermophthoreen und der höhern Saccharomyceten (und von *Allomyces*); die Aufspaltung des Geschlechtsvorganges in eine Plasmogamie und eine zeitlich und räumlich von ihr getrennte Karyogamie setzt vielmehr eine ganz besondere Entwicklung voraus, die mit *Endogone* und *Dipodascus* beginnt und sich in den ascogenen Hyphen der Euascomyceten fortsetzt. Freilich sind zur Zeit keine Euascomyceten bekannt, deren Dikaryont sich, wie das Paarkernmyzel der Basidiomyceten, selbständig zu ernähren vermag; man wird sie aber wahrscheinlich bei inoperculaten tropischen Ascomyceten von der Entwicklungshöhe der Gattung *Ascocorticium* finden. Die *Taphrina*-Arten vom Typus der *Taphrina potentillae*, die keine Stielzelle besitzen, würden sich zu diesen Stammformen verhalten wie *Exobasidium* zu den Corticieen; die Stielzelle ist in diesem Falle erst innerhalb der Taphrinaceen neu entstanden und ist homolog mit der Zeugite von *Brachybasidium* unter den Auto- und von *Iola* und *Cystobasidium* unter den Protobasidiomyceten (GÄUMANN [2]). Die Taphrinaceen sind somit überhaupt keine Protascineen, sondern sie stellen eine von diesen unabhängige Rückbildungsreihe dar, die von den Pezizales ausgeht und nur äußerlich (morphologisch) starke Anklänge (Konvergenzerscheinungen) an die höheren Protascineen zeigt.

Euascomyceten. Bei *Morchella* finden die Geschlechtsvorgänge nach GREIS sehr spät, erst nach der Fruchtkörperanlage, statt, also ähnlich wie bei *Tuber*. *Morchella conica* und *Morchella esculenta* sind somatogam: Im Hypothecium, seltener im Stielgrund, kopulieren unmittelbar nach der Streckung des Stieles je zwei benachbarte vegetative Hyphen, wobei aus den mehrkernigen Zellen nur je ein Kern beansprucht wird, der mit seinem Partner zu einem Dikaryon zusammentritt, das in die sich bildende ascogene Hyphe hinauswandert und sich konjugiert weiterteilt. Bei *Morchella esculenta* kann die Kopulation ausnahmsweise erst im Hymenium erfolgen, wodurch die Dikaryophase auf zwei Zelllängen verkürzt wird. *Morchella elata* ist dagegen autogam: Im Innern von irgendwelchen vegetativen Zellen des Hutes oder des Subhymeniums treten je zwei Kerne zu einem Paar zusammen, während die überzähligen degenerieren; die ascogenen Hyphen enthalten dementsprechend anfangs mehrere Kernpaare, die erst später durch Querwände voneinander getrennt werden.

Die Vorstellung der „Spermatien"-Befruchtung der Euascomyceten (z. B. von *Neurospora*) und die daraus sich ergebende Unklarheit wird von GÄUMANN (1), im Anschluß an seine frühere Darstellung (2), erneut abgelehnt. Es handelt sich bei der „Spermatien"-Befruchtung um eine Kopulation des konträren Geschlechtes mit gewöhnlichen Konidien, ähnlich wie sie bei den Hymenomyceten durch Oidien erfolgen kann, also nicht um eine Parallelerscheinung zu den Spermatien der Rotalgen. Wir haben in diesen Typen vielmehr eine Rückbildungsstufe der deuterogamen (Ersatz-) Sexualität vor uns, bei welcher, statt der frühern Antheridien, irgendwelche Organe des konträren Geschlechtes die Kopulation vollziehen und den konträren Kern liefern: Mikrokonidien, Makrokonidien, Ascosporen, gewöhnliche vegetative Hyphen. Von den genannten Sporenarten sind denn auch keine als Geschlechtszellen spezialisiert und auch keine männlich determiniert, sondern sie sind gewöhnliche Sporen und wachsen auf Nährböden in üblicher Weise zu neuen Vegetationskörpern heran.

Man ist bei den „Spermatien" der Ascomyceten derselben historisch bedingten Vorstellung zum Opfer gefallen wie bei den „Spermatien" der Rostpilze; hier wie dort hat man einen bestimmten Fall herausgegriffen und verselbständigt. Gewiß können die Pyknosporen (die vermeintlichen Spermatien) der Rostpilze in manchen Fällen die Dikaryophase einleiten, sei es, daß sie mit den Periphysen der Pyknidien des konträren Geschlechtes oder mit Hyphen, die durch die Spaltöffnungen oder zwischen den Epidermiszellen hindurch ins Freie dringen, kopulieren, oder daß sie zu einer haploiden Hyphe auswachsen, die sich durch die Spaltöffnungen oder durch die Epidermis in die Tiefe bohrt und dort offenbar mit den Hyphen des konträren Geschlechtes somatogam kopuliert, oder daß sie (die Pyknosporen) unmittelbar selbst paarweise verschmelzen, wobei dann die Paarkernhyphe in die Tiefe wächst. Doch ist diese Kopulation der Pyknosporen oder der aus ihnen entstandenen Keimschläuche bzw. Hyphen nur ein Weg unter mehreren anderen; denn die Befruchtung kann, außer durch die bekannten somatogamen Hyphenkopulationen nach dem CHRISTMANschen Schema, auch durch Uredosporenmyzelien erfolgen, also durch Myzelien aus Sporen, die ganz gewiß nicht als Geschlechtszellen prädestiniert waren. Die Pyknosporen sind also auch hier nicht Spermatien, nicht prädestinierte Geschlechtszellen, sondern rückgebildete haploide Konidien, die in der Regel keine selbständige Infektion mehr auszulösen, wohl aber noch somatogam zu kopulieren vermögen.

Die Frage nach der Wanderungsgeschwindigkeit der Kerne, die bei den somatogamen Kopulationen in die Hyphen des konträren Geschlechtes übertreten, ist durch DOWDING und BULLER für *Gelasinospora tetrasperma*, eine Sordariacee aus der Verwandtschaft von *Neurospora*, beantwortet worden. *Gelasinospora* ist, wie *Neurospora*, selbststeril; die Kopulation erfolgt somatogam, wobei der Wanderkern in den Hyphen des konträren Geschlechtes mehrere Zentimeter weit vordringt, bis er in ein Primordium gelangt und dort die Fortsetzung der Entwicklung auslöst. Die beiden selbststerilen Rassen, sie seien als *A* und *B*, bezeichnet, sind nicht gleichwertig; unter normalen Kulturbedingungen treten vielmehr die Kerne stets von *A* nach *B* hinüber. Diese Polarität ist jedoch nicht der Ausdruck einer genetischen Konstitution; verdunkelt man nämlich die Kultur *B* und läßt *A* im Lichte wachsen, so erfolgt der Kernübertritt von *B* nach *A*. Die Polarität muß also durch Stoffe bedingt sein, die im Lichte gebildet werden und normalerweise bei der Rasse *B* im Übermaß vorhanden sind.

Wie rasch dringt nun der Wanderkern in den Hyphen des konträren Geschlechtes auf dem Wege zu den Primordien vor? Durch eine geistvolle Versuchsanordnung haben DOWDING und BULLER die Geschwindigkeit zu 4—5 mm je Stunde bestimmt. Dies entspricht aber nach GÄUMANN (3) im CGS-System einer Geschwindigkeit von 1,1—1,4

$10^{-4}$ cm/s, also der Größenordnung der Wanderungsgeschwindigkeit der Ionen und Ultramikronen. Man muß somit annehmen, daß die kolloidchemischen Voraussetzungen auf dem vom Wanderkern zurückgelegten Wege ähnlich liegen wie bei der Wanderung der Ultramikronen bei der Kataphorese. Dies führt zur Schlußfolgerung, daß der Wanderkern das ihm fremde Plasma vor sich her verflüssigt, daß er somit streng polar agiert und daß eben diese Plasmaverflüssigung am vorderen Pol die treibende Kraft ist, die den Kern durch das ihm fremde Plasma mit der Geschwindigkeit der Ultramikronen vorwärtszieht.

c) Basidiomycetes. Uredinales. Die Diploidisierung mittels Keimmyzelien aus Uredosporen, die bis jetzt bei der *Puccinia helianthi* bekannt war, ist nun auch beim *Uromyces trifolii hybridi* gelungen (Brown). In den Versuchen des gleichen Autors erschienen bei Einsporkulturen des *Uromyces fabae* auf *Lathyrus*-Arten nach Diploidisierung mittels Pyknosporen unmittelbar neben den Aecidien drei Tage später schon Uredolager, in einem andern Falle sogar beide durcheinander. Man muß wohl annehmen, daß sich hier die Kernpaarungen nicht nur in den Aecidienprimordien, sondern auch schon vorher irgendwo in den Hyphen draußen abspielten, und daß die auswachsenden dikaryontischen Hyphen, unabhängig von den Aecidien, gleich zur Anlage von Uredosori schritten. Die Aecidienbildung kann denn auch beim *Uromyces fabae* völlig unterdrückt werden; in diesem Falle spielen sich die Kernpaarungen offenbar nur in den Hyphen draußen ab, und es erscheinen nach der Diploidisierung mittels Pyknosporen sogleich die Uredolager. Die Tendenz zur Verkürzung des Entwicklungsganges, die ja bei manchen Rostpilzen bekannt ist, erhält auf diese Weise eine ungezwungene Erklärung; sie beruht darauf, daß der Ort der Kernpaarung nicht mehr in den Aecidienprimordien fixiert, sondern labil geworden ist.

Ustilaginales. Bei *Ustilago nuda*, dem Flugbrand der Gerste, können bekanntlich die einkernigen Promyzelzellen unmittelbar miteinander kopulieren; sie können aber auch zu haploiden Hyphen auswachsen, die erst später irgendwo somatogam miteinander kopulieren und dadurch der Dikaryophase den Ursprung geben. Wie erfolgt nun die Teilung der neu entstandenen Kernpaare? Thren stellte einen komplizierten Mechanismus fest; ähnlich wie bei den Schnallenbildungen der Asco- und Hymenomyceten führt die Teilung des Kernpaares zunächst zur Bildung einer paarkernigen Zelle, an die sich apikal und basal je eine einkernige Zelle anschließt; diese beiden letztern kopulieren wieder miteinander, und zwar mittels einer Brücke über die zentrale paarkernige Zelle hinweg, wodurch die beiden getrennten Kerne nachträglich wieder zusammengeführt werden. Der Verf. zieht aus seinen überraschenden Beobachtungen mit Recht den Schluß, daß sie die bisherigen

Versuche zur Deutung der Schnallenbildung der höhern Pilze als zu simpel erscheinen lassen.

Angiospermen. Innerhalb der Gattung *Potentilla* nimmt die Untergruppe der *Collinae* nach WOLF eine Mittelstellung zwischen den Argenteae und den Aureae-vernae ein, die zu charakterisieren schwer fällt. „Wenn man auch mit großer Wahrscheinlichkeit annehmen kann, daß die meisten von ihnen ursprünglich aus Kreuzungen zwischen Spezies der genannten zwei Gruppen hervorgegangen sind, also sekundär zu Spezies gewordene Bastarde vorstellen, so lassen sich doch die Stammarten in den meisten Fällen nicht mit genügender Sicherheit bezeichnen. Im Habitus schließen sich einige mehr an Argenteae, andere mehr an Aureae an. Bei einigen Spezies findet man unvollkommene Sternhaare. Bei diesen darf man mit Recht annehmen, daß sie aus irgendeiner Kreuzung mit *Potentilla arenaria* hervorgegangen sind, da Sternhaare außerhalb dieser kleinen Untergruppe, die zu den Aureae-vernae gehört, noch an keiner andern Potentille der Erde beobachtet worden sind." Wenn sie aber hybridogenen Ursprunges sind, sollte man sie synthetisieren können; die entsprechenden Versuche von MÜNZING sind seinerzeit gescheitert, haben aber zur Entdeckung geführt, daß diese Gruppe ein geeignetes Objekt für Pseudogamiestudien wäre; diese wurden nun von GENTCHEFF und GUSTAFSSON aufgenommen.

Bei der pentaploiden *Potentilla collina* entwickelt sich der Embryo autonom-apomiktisch; das zeigen die embryologischen Untersuchungen junger Samenanlagen nichtbestäubter Blüten; doch kommt es ohne Bestäubung nicht zur Bildung keimfähiger Samen; die Embryonen kastrierter Blüten erreichen etwa das 200-Zellstadium und sterben dann ab; denn im Falle der Nichtbestäubung wird kein Endosperm angelegt, der Embryo besitzt somit kein Nährgewebe. In Embryosäcken bestäubter Blüten entwickelt sich dagegen das Endosperm nach der üblichen Befruchtung des sekundären Embryosackkernes; durch Heterauxin oder ähnliche Wuchsstoffe konnte die Endospermbildung nicht ausgelöst werden. Die Pseudogamie besteht also in diesem Falle aus einer Kombination von autonomer Apomixis (Parthenogenese) der Eizelle und normaler Befruchtung des sekundären Embryosackkernes.

Anders liegen die Verhältnisse bei einer hexaploiden *Potentilla collina*-Form. Diese verlangt ebenfalls die Befruchtung des sekundären Embryosackkernes; die Teilung der Eizelle und die Bildung des Embryos ist aber nicht autonom, sondern wird durch die Endospermentwicklung stimuliert. Embryonen findet man nämlich nur in Embryosäcken bestäubter Blüten nach der Befruchtung des Zentralkernes. Daß aber die Eizelle nicht befruchtet wird, ergibt sich daraus, daß eine Befruchtung nie beobachtet wurde und daß die Nachkommen auch in der Chromosomenzahl streng metromorph sind.

Bei der gleichen Gattung ist noch eine weitere Art von Pseudogamie bekannt. Bei *Potentilla argyrophylla* wurden selten unmittelbar vor dem Blühen fertige Embryosäcke beobachtet, wogegen nach der Bestäubung fast in jeder Samenanlage Anzeichen von Embryosackbildung zu erkennen waren. Die normalen Embryosackmutterzellen degenerieren nämlich meistens frühzeitig; an die Stelle der normalen Embryosäcke treten solche von aposporer Herkunft, deren Bildung durch das Pollenwachstum stimuliert worden sein muß. Der Pollenschlauch, der bei normalsexuellen Verwandten von einem fertig ausgebildeten Embryosack erwartet wird, muß also hier erst den Anstoß zur Bildung eines (aposporen) Embryosackes geben. Damit hat der Pollen seine Aufgabe abgeschlossen: Die Bildung des Embryos aus der Eizelle erfolgt autonom.

Diese Tatsachen machen eine strengere Fassung des Pseudogamiebegriffes notwendig. Die ursprüngliche Definition von FOCKE, Pseudogamie ist die Embryobildung nach Bestäubung, doch ohne Befruchtung, genügt nicht mehr ganz; denn bei den Potentillen findet eine der für die Angiospermen typischen zwei Befruchtungen statt, nämlich die Endospermbefruchtung. Sie ist sogar obligat und läßt sich nicht durch Reizwirkungen ersetzen. Es ist also nicht mehr ganz richtig, Pseudogamie als Embryobildung ohne Befruchtung schlechthin zu bezeichnen, sondern man muß den Ausschluß der Befruchtung auf die Initialzelle des Embryos beschränken: Pseudogamie ist eine durch Bestäubung induzierte apomiktische Embryobildung.

Stammesgeschichtlich ist sie wohl eine Übergangsform zwischen Amphimixis und autonomer Apomixis. Den Übergang von normalsexuellen Formen her bilden offenbar Typen wie *Leontodon hispidus*, welche somatisch-apospore Embryosäcke neben normalsexuellen entwickeln (BERGMANN); die somatisch-aposporen sind jedoch nicht zur Embryoentwicklung befähigt und der Embryo entsteht immer als Folge von Befruchtung aus reduzierten Eizellen normalsexueller Embryosäcke. Aber das Auftreten von Embryosäcken mit somatischer Chromosomenzahl und aposporer Herkunft, denen nur die Möglichkeit der Entwicklung fehlt, zeigt doch eine Tendenz zur Apomixis, insbesondere zur Pseudogamie. Man hat das Gefühl, daß es bei einer Schwächung der Sexualität nur einer sehr kleinen Veränderung der genetischen Konstitution bedarf, um dieser Apomixistendenz zum Durchbruch zu verhelfen.

Dann gibt es ja auch wirklich pseudogame Formen mit Reminiszenzen früherer sexueller Fortpflanzung; hierher gehören jene Formen, bei welchen die Eizelle noch sexuelle Möglichkeiten besitzt. Eine solche Art hat NOACK 1939 in *Hypericum perforatum* gefunden; diese ist vorwiegend, aber nicht ausschließlich, pseudogam. Endospermbefruchtung ist obligat. Die Entwicklung des Endosperms induziert im Falle von

Apomixis die Entwicklung der Eizelle. Daneben ist aber trotz der nichtreduzierten Chromosomenzahl, wie Kreuzungen beweisen, eine Befruchtung der Eizelle möglich. *Hypericum perforatum* hat 32 Chromosomen, ist tetraploid. Als Mutter liefert es nach Bestäubung mit Pollen eines diploiden Verwandten eine Nachkommenschaft, die morphologisch von der Mutterpflanze nicht zu unterscheiden ist; NOACK schloß daher auf Pseudogamie. Die Chromosomenuntersuchungen zeigten aber, daß in vielen Fällen eine Befruchtung stattgefunden haben muß; denn es lagen in der $F_1$ nicht immer die erwarteten 32 Chromosomen vor, sondern deren 40. In diesen Fällen muß eine Befruchtung der nichtreduzierten Eizelle mit 32 Chromosomen durch einen reduzierten Pollen mit 8 Chromosomen stattgefunden haben. Die große Mutterähnlichkeit der $F_1$-Pflanzen erklärt sich aus dem Umstand, daß ihre Kerne vier Genome von der Mutter und nur eines vom Vater erhielten. Die nichtreduzierten Eizellen von *Hypericum perforatum* sind also befruchtungsfähig, nicht aber befruchtungsbedürftig.

Daran schließen sich zwanglos jene Potentillen, bei denen die Befruchtung des sekundären Embryosackkernes die Bildung des Embryos auslöst. Sie unterscheiden sich von *Hypericum perforatum* nur dadurch, daß sie die Möglichkeit zur Befruchtung der Eizelle nicht mehr haben.

Ein kleiner Schritt weiter in dieser Entwicklung ist jene *Potentilla*-Form, bei der die Endospermbefruchtung noch erfolgt, diese aber nur die Bildung des Endosperms einleitet und nicht zugleich die Entwicklung des Embryos stimulieren muß. Letzterer entwickelt sich hier autonom. Diese pseudogame Stufe nimmt die Mitte ein zwischen normaler Doppelbefruchtung und autonomer Apomixis; denn die Endospermbefruchtung ist obligat und die Embryoentwicklung autonom.

Die meisten pseudogamen Angiospermen sind in ihrer phylogenetischen Entwicklung noch etwas weiter, indem bei ihnen auch die Endospermbefruchtung nicht mehr stattfindet. Da Bestäubung aber doch notwendig ist, muß irgendeine stimulierende Wirkung von ihr ausgehen (z. B. *Alchemilla arvensis*).

Auf ähnliche Probleme der Embryo-Endosperm-Relation sind BRINK und COOPER beim Studium der ersten Entwicklungsvorgänge in den Samenanlagen von *Medicago sativa* gestoßen. Der Prozentsatz der absterbenden befruchteten Samenanlagen ist hier nach Selbstbestäubung um ein Mehrfaches (34,4%) größer als nach Fremdbestäubung (7,1%). Dabei erwiesen sich die ersten Stadien der Endosperm- und Embryoentwicklung als entscheidend für das Schicksal des jungen Sporophyten. Nach erfolgter Befruchtung vollzieht der primäre Endospermkern Teilungen, denen Zellwandbildungen folgen und schon nach 144 Stunden ist das Endosperm im basalen Teil der Samenanlage bis zum inneren Integument vorgedrungen. In diesem zeigen sich bei absterbenden Anlagen die ersten krankhaften Erscheinungen, indem es statt zweischichtig mehrschichtig wird; von hier aus geht ein Schrumpfungsprozeß, der schließlich zum Absterben der Samenanlage führt. Während bei *Medicago sativa* im Embryo die Zahl der Kerne nach Fremd- wie nach Selbstbestäubung zunächst in arithmetischer Reihe zunimmt, vermehrt sie sich im Endosperm in geometrischer Progression. Das Endosperm wächst also wesentlich schneller, und überdies ist seine Entwicklung nach Fremdbestäubung stets im Vorsprung gegenüber seinem gleichalterigen Zustand nach Selbstung. Der Hybrid-Embryo ist daher immer von einem weiter fortgeschritteneren Endosperm umgeben als zu gleicher Zeit ein aus Selbstung hervorgegangener Embryo, was wohl auf den in die Konstitution des Endosperms eingeführten männlichen Kern zurückzuführen ist. So erklärt sich der größere Prozentsatz der nach Selbstung absterbenden Samenanlagen als eine Folge geringerer Endospermbildung, ein Ergebnis, das mit den von BOYES und THOMPSON an *Triticum* und *Secale* erzielten Befunden übereinstimmt.

Bei den zur Zeit der Befruchtung reservestoffarmen Samenanlagen der Angiospermen ist also der Embryo offenbar in weitgehendem Maße auf die Übernahme von Nährstoffen aus den anstoßenden Geweben angewiesen. Dem Endosperm kommt dabei, namentlich in den ersten Entwicklungsstadien, eine besondere Bedeutung zu und die physiologischen Vorteile der Fremdbestäubung scheinen sich bei *Medicago sativa* in erster Linie auf die Bildung des Endosperms und damit auf die Ernährung des jungen Embryo auszuwirken.

## Literatur.

BRINK, R. A., u. D. C. COOPER: Bot. Gaz. **102**, 1—25 (1940). — BROWN, A. M.: Canad. J. Res., C. **18**, 18—25 (1940).

CALLEN, E. O.: Ann. of Bot., N. S. **4**, 791—818 (1940).

DELAPORTE, B.: Rev. génér. de bot. **51**, 615—643, 689—708, 748—768; **52**, 40—48, 75—87, 112—153 (1938—40). — DELF, M.: New Phytologist **38** (1939). — DOWDING, E. S., u. A. H. R. BULLER: Mycologia (N. Y.) **32**, 471—488 (1940).

FELDMANN, J. u. G.: Chronica bot. **6**, 313—314 (1941).

GÄUMANN, E.: (1) Z. Bot. **35**, 433—513 (1940). — (2) Vergl. Morphologie der Pilze. Jena: Fischer 1926. — (3) Ber. dtsch. bot. Ges. **59** (1941). — GENTCHEFF, G., u. A. GUSTAFSSON: Bot. Notiser **1940**, 109—132. — GERLOFF, J.: Arch. Protistenkde **94**, 311—502 (1940). — GREIS, H.: Jb. Bot. **89**, 245—253 (1940).

HEILBRON, I. M., u. B. LYTHGOE: J. chem. Soc. Lond. **1936**. — HEILBRON, I. M., E. G. PARRY u. R. F. PHIPERS: Biochemic. J. Lond. **29** (1935).

KYLIN, H.: (1) Kungl. Fysiogr. Sällsk. Lund Förhandl. **9**, Nr. 18, 1—19 (1939). — (2) Lunds Univ. Arskr., N. F., Avd. 2 **36**, Nr. 9; Kungl. Fysiogr. Sällsk. Handl., N. F. **51**, Nr. 9, 1—67 (1940). — (3) Svensk bot. tidskr. **34**, 301—314 (1940).

MOEWUS, FR.: (1) Z. ind. Abst. **78**, 418—522 (1940). — (2) Arch. Protistenkde **92**, 485—526 (1939). — (3) Biol. Zbl. **60**, 484—498 (1940).

NOACK, K. L.: Z. ind. Abst. **76**, 569—601 (1939).

SEYBOLD, A., u. K. EGLE: Jb. Bot. **86** (1938). — SUNESON, Sv.: Svensk bot. tidskr. **34**, 315—331 (1940).

THREN, R.: Z. Bot. **36**, 449—498 (1941). — TISCHER, J.: Z. physiol. Chem. **260** (1939).

# B. Systemlehre und Stammesgeschichte.

## 4. Systematik.

Von JOH. MATTFELD, Berlin-Dahlem.

### Wesen der Sippen (Definition, Umgrenzung, Entstehung).

**Definition. Begriffe.** Ein Symposium der amerikanischen botanischen Gesellschaft behandelt den Gattungsbegriff. BARTLETT gibt eine Geschichte des Gattungsbegriffes (in den Volkssprachen schon angedeutet; von BRUNFELS 1532 wissenschaftlich benützt; von TOURNEFORT und LINNÉ endgültig begründet). In den Referaten von GREENMAN, SHERFF und CAMP geht es dann hauptsächlich um die Fragen der großen und kleinen Gattungen, Vereinigung oder Spaltung von Gattungen, Konservative und Radikale, alte konservative oder neue phylogenetische Schule, Typenmethode, der nomenklatorischen Folgen von Änderungen usw. GREENMAN, der besonders darauf hinweist, daß die einzelnen Gattungen sehr verschieden aufgebaut sind und also auch nicht gleichmäßig behandelt werden können, und SHERFF äußern sich im ganzen in konservativem Sinne; CAMP hält kleine Gattungen für phylogenetisch natürlichere Einheiten. Daß die Erhebung von Sektionen und Untergattungen zu Gattungen nur eine vertikale Verschiebung der Kategorienwerte ist und keine phylogenetische Bedeutung hat, wird nicht bemerkt. ANDERSON als Zytogenetiker betont, daß Zytologie und Genetik vorläufig zur Klärung des Gattungsproblems nichts beitragen können. Er hat aber durch Rundschreiben fünfzig (fast ausschließlich amerikanische) Systematiker befragt, ob sie die Gattung oder die Art für die natürlichere Einheit halten, ob beide auf gleiche oder auf verschiedene Art und Weise entstehen, ob ihre Unterschiede wesensgleich oder wesensverschieden seien, und ob Gattungsunterschiede aus Artmerkmalen zusammengestellt sein könnten. Die meisten Antworten stimmten darin überein, daß Gattungen im allgemeinen natürlichere Einheiten seien als Arten, daß sie auf dieselbe Art und Weise entstehen wie Arten, und daß Gattungsunterschiede aus Artunterschieden zusammengesetzt sein können. ANDERSON wendet dagegen ein, daß die Ansicht, individuelle Unterschiede würden allmählich und nacheinander zum Rang von Varietäten, Arten, Gattungen aufgebaut, ihre Allgemeingültigkeit verloren hat, seitdem mehrere verschiedene Modi der Artentstehung bekannt geworden sind. — Entgegen gleichmachenden Tendenzen in Nordamerika setzt FERNALD sich energisch für die Beibehaltung von subspecies und varietas als übergeordnete Begriffe für verschiedenwertige Kategorien etwa im Sinne von HACKEL und HAYEK ein.

**Entstehung der Sippen.** F. v. WETTSTEIN erörtert die Bedeutung der Polyploidie als Artbildungsfaktor. An einem Beispiel, dem Vergleich der Zellgrößen durch umfangreiche Messungen, zeigt er, daß die Hauptwirkung der Polyploidie die Erhöhung der Variabilität ist, wodurch — neben der hauptsächlichen, durch Genmutation entstandenen Variabilität — die Grundlage für Selektionsprozesse noch vergrößert wird. — Auch KOSTOFF (1) erörtert die morphologischen und physiologischen Eigenschaften der Polyploiden, ihre erhöhte Variabilität als Grundlage für Selektionsprozesse und die Bedeutung der Polyploidie für die Evolution. Auch die Größe der Chromosomen spielt dabei eine Rolle: Tetraploide mit kurzen Chromosomen haben eine höhere Fertilität als solche mit langen Chromosomen. — JOHANNES KRAUSE gibt eine zusammenfassende Übersicht über die Probleme des Saisondimorphismus.

In der Gattung *Stachys* sind nach den experimentellen und zytogenetischen Untersuchungen von LANG Genmutation und strukturelle (kaum dagegen numerische) Chromosomenänderungen und daneben etwas auch Bastardierung die hauptsächlichen Entwicklungsfaktoren gewesen, während in den verwandten Gattungen *Betonica, Lamium, Salvia* und besonders *Galeopsis* außerdem Polyploidie eine größere Rolle gespielt hat. Innerhalb von *Stachys* subsect. *Genuinae, Rectae* und *Olisiae* sind die Arten stark differenziert, und zwar offenbar auf chromosomaler Basis. Für die Abschätzung ihrer Verwandtschaftsverhältnisse sind die karyotypische und morphologische Ähnlichkeit am wichtigsten, während die Kreuzbarkeit ein nur bedingt brauchbarer Indikator ist, der besonders bei negativem Ausgang keine Schlüsse zuläßt. Die Arten verschiedener Sektionen lassen sich nicht kreuzen. Innerhalb der Gruppen ist die Kreuzbarkeit sehr verschieden; sie hängt ab von der karyotypischen Ähnlichkeit und nicht von der Chromosomenzahl (vgl. unten S. 40). Andererseits sind auch verwandte Arten dann nicht kreuzbar, wenn sie sich z. B. in der Größe der Blüten oder der Samen unterscheiden, oder die Kreuzung gelingt dann nur in einer Richtung. — Die Arten der *Germanicae* (*St. germanica* L., *St. lanata* Jacq., *St. alpina* L.) sind sehr nahe miteinander verwandt und lassen sich leicht kreuzen; ihre Merkmalsunterschiede beruhen auf mendelnden Genen. Die Bastarde zwischen *St. lanata* und *St. alpina* sind intermediär; dagegen überwiegen ihre Merkmale in ihren Bastarden mit *St. germanica.* Letztere steht chromosomenstrukturell zwischen *St. alpina* und *St. lanata* in der Mitte. Manche Bastardformen zwischen *St. alpina* und *St. lanata* gleichen Formen von *St. germanica* völlig. *St. alpina* und *St. lanata* sind durch Genmutation differenziert. Durch Bastardierung, die wahrscheinlich im Frühdiluvium in der nördlichen Balkanhalbinsel stattfand, entstand aus ihnen *St. germanica*. Die Formen dieser polymorphen Art sind durch Auslese übriggebliebene Kombinationstypen aus dem reichen Formengemisch der beiden Stammeltern.

LEHMANN stellt einige von ihm und seinen Schülern an den einzelnen Artgruppen gewonnene Ergebnisse für die Gattung *Veronica* zusammen und versucht, ein Bild von dem Entwicklungsgang der Gattung zu gewinnen. Der phylogenetische Zusammenhang zwischen den Sektionen ist kaum noch zu ermitteln, wie meist. Bei der Artdifferenzierung hat Genmutation die größere Rolle gespielt; Bastardierung war in geringerem Maße beteiligt. Polyploide Reihen sind vorhanden. Polyploide Arten sind formenreicher. Vielfach haben polyploide Arten, besonders Ackerunkräuter, große Areale erlangt; andererseits aber sind auch viele nichtpolyploide Arten, und zwar sowohl Unkräuter wie auch Arten natürlicher Standorte, großräumig geworden und z. B. auch bis in die Arktis hinein verbreitet.

## Phylogenetische Beziehungen der Sippen.

**Stämme.** COPELAND erörtert die natürlichen Systeme und die Phylogenie der Angiospermen (JUSSIEU, DE CANDOLLE, ENGLER, HUTCHINSON usw.) und die in neuerer Zeit neu gewonnenen Merkmale aus dem Bündelverlauf in den Blüten, der Embryologie, Holzanatomie und Serologie. Danach müsse man die Angiospermen für monophyletisch halten, und zwar aus ausgestorbenen Cycadineen; die primitivste Gruppe sind die *Ranales*, aus denen die übrigen Gruppen sich teils parallel teils nacheinander entwickelt haben.

***Chytridiales.*** *Woroninaceae. Olpidiopsis Achlyae* sp. n. bildet nach Untersuchungen von McLARTY in einsporigen Kulturen sexuelle und asexuelle Dauersporen und rauhe und glatte Zoosporangien. Diese Merkmale können daher nicht mehr als Gattungsmerkmale benutzt werden, und *Pseudolpidium* A. Fischer muß daher zu *Olpidium* Cornu gezogen werden.

***Phaeophyceae.*** KYLIN untersucht die Phylogenie der *Fucales* im Anschluß an die Arbeit von DELF (vgl. Fortschr. Bot. 9, 57). Er vertritt die Ansicht, daß in den Oogonien und Antheridien der *Fucaceae* nicht die Reste eines Gametophyten vorliegen, sondern daß in ihrer phylogenetischen Entwicklung nie ein Gametophyt vorhanden gewesen sei, und daß schon ihre Vorfahren — ähnlich wie bei den Tieren — diploid gewesen seien. Die *Fucales* (lange Zilie der Spermien nach hinten gerichtet; Antheridien mehrfächerig) können — entgegen DELF — nicht direkt von den *Ectocarpales* (Phaeosporeen) abgeleitet werden (längere Zilie der Zoosporen nach vorn; Sporangien einfächerig). Beide haben verwandtschaftliche Beziehungen, aber die *Fucales* müssen früher von dem gemeinsamen Phaeophyceenast abgezweigt sein, bevor sich dieser in die *Isogeneratae* und die *Heterogeneratae* differenzierte.

***Ascomycetes.*** GÄUMANN stellt die neueren Erfahrungen über die Entwicklungsgeschichte der Ascomyceten in einem Sammelreferat übersichtlich zusammen und weist dabei auch auf die sich für das System und die Ansichten über die phylogenetischen Beziehungen der Gruppen ergebenden Folgerungen hin.

***Equisetaceae.*** Die von MILDE durch die Unterschiede im Bau der Spaltöffnungen charakterisierten sect. *Euequisetum* und *Hippochaete* sind nach H. WOLF natürliche Einheiten; denn sie unterscheiden sich auch in der Sproßgestaltung. Bei *Euequisetum* erkennt er drei Gruppen: *Regionalia*, Sproß gleichzeitig assimilierend und fruktifizierend, mit *E. limosum* und *E. palustre*; *Temporalia*, Sproß erst fruktifizierend, später auch assimilierend, mit *E. silvaticum* und *E. pratense*; und *Totalia*, Sprosse meist nur fruktifizierend oder assimilierend, mit *E. arvense* und *E. telmateia*. Bei der sect. *Hippochaete* fehlen diese Gestaltungstendenzen.

***Coniferae.*** Durch vergleichende Untersuchungen zeigt FLORIN, daß die heute so stark gesonderten Koniferen der nördlichen und südlichen Halbkugel schon seit dem Paläozoikum ihre Sonderentwicklung gehabt haben, und daß nur selten und spärlich ein Austausch durch Wanderungen stattgefunden hat. Die Differenzierung muß sehr früh erfolgt sein.

***Gramineae.*** Nach LANGHAM unterscheiden sich *Zea* und *Euchlaena* erheblicher nur in etwa 5 Merkmalen (Photoperiode, Anordnung der Ährchen und Kolben, Bau der Spelzen und Samen), von denen die drei ersteren monohybrid spalten. Bei diesen geringen Unterschieden hält er es für durchaus möglich, daß *Zea* durch Genmutation aus *Euchlaena* entstanden ist. — Aus karyologischen Gründen folgert BEADLE, daß *Tripsacum* ($n = 18$; Bastarde mit *Zea* sind pollensteril) nicht als Stammpflanze von *Zea* in Frage kommen könne. *Zea* sei vielmehr durch allmähliche Auslese (Puffmais) aus *Euchlaena mexicana* (beide $n = 10$; Bastarde fertil) entstanden (vgl. Fortschr. Bot. **8**, 56).

***Anonaceae.*** Nach eingehenden Monographien der amerikanischen *Anonaceae* (vgl. Fortschr. Bot. **9**, 70) erörtert R. E. FRIES die Verwandtschaftsverhältnisse der Gattung *Anaxagorea* (keulenförmige, nach unten stielartig verschmälerte Einzelfrüchte mit zwei fast basalen Samen), die mit 20 Arten im tropischen Amerika (Narbe sitzend; Samenanlagen mehr oder weniger über der Basis inseriert; Blüten achselständig) vorkommt und ein zweites Teilareal im tropischen Asien (Ceylon bis Philippinen; mit Griffel; Samenanlagen grundständig; Blüten blattgegenständig) hat. Die amerikanischen Arten lassen sich vielleicht auf *Xylopia*-ähnliche Vorfahren (Blüten achselständig) zurückführen, nicht aber die asiatischen Sippen der Gattung. Diese haben die wichtigen Merkmale mit der tropisch altweltlichen Gattung *Artabotrys* (Samenanlagen 2, grundständig; Blüten blattgegenständig; Griffel vorhanden) gemeinsam; daher können beide von gleichen Vorfahren abstammen. Die Gattung *Anaxagorea* wäre dann diphyletisch.

***Dilleniaceae.*** CROIZAT hat die als Gattung der *Magnoliaceae* beschriebene *Austrobaileya* C. T. WHITE genauer untersucht und stellt sie als eigene neue Unterfamilie *Austrobaileyeae* (Blätter gegenständig; Blüten axillär; Perianth mehrreihig; Stamina 5 petaloid, Staminodien petaloid; Karpelle 8 frei mit 10—14 Samenanlagen in zwei kollateralen Reihen) zu den *Dilleniaceae*.

***Gesneriaceae.*** OEHLKERS zeigt durch Kreuzungsversuche, daß innerhalb der Gattung *Streptocarpus* die ostafrikanischen kauleszenten Sippen ($n = 15$) als Gruppe den zu vereinigenden rosulaten und unifoliaten südafrikanischen Arten ($n = 16$) gegenüberstehen. Kreuzungen sind nur innerhalb der Gruppen möglich. Aber beide Gruppen müssen phylogenetisch zusammenhängen; denn in einer Kreuzung innerhalb der zweiten Gruppe trat ein kauleszentes Individuum auf. Die rosulaten und unifoliaten Sippen unterscheiden sich nur dadurch, daß bei den ersteren auf dem heranwachsenden Keimblatt am Grunde adventiv ein neues Blatt entsteht (und so fort), bei den unifoliaten aber nicht.

***Compositae.*** Im Verfolg von BABCOCKS systematischen und phylogenetischen Untersuchungen an *Crepis* und den *Crepidineae* findet STEBBINS (1) innerhalb der *Cichorieae* besonders primitive Verhältnisse in Merkmalen der Blütenanatomie, des Ovars, des Baues der Pollenkörner und des Karyotypus in der indisch-chinesischen Gattung *Dubyaea* DC.; er hält sie für den Rest von Vorfahrensippen, aus denen sich die Gattungen *Prenanthes, Lactuca, Crepis, Ixeris, Youngia* und *Hieracium* differenziert haben. Eine nahe verwandte, jüngere Deszendente von *Dubyaea* ist *Soroseris* Stebbins (= *Crepis* § *Glomeratae*).

## Auswertung von Einzelmerkmalen für das System.

**Anatomie.** ZIEGENSPECK führt seine Untersuchungen über die Mizellierung der Spaltöffnungen weiter zu phylogenetischen Erörterungen. — *Gymnospermae.* BERTRAND folgert aus anatomischen Übereinstimmungen, daß die Keimpflanzen der Gymnospermen in ihrem Bau verschiedene Strukturtypen karbonischer und permischer Pteridophyten und Pteridospermen bewahrt haben und schließt daraus auf mehrere parallele phylogenetische Zusammenhänge. — *Lauraceae.* DADSWELL und ECKERSLEY beschreiben die Holzanatomie der australischen Lauraceen und geben einen anatomischen Schlüssel für die Arten. Die *Lauroideae* und *Perseoideae* unterscheiden sich auch im Bau des Holzes. — *Anacardiaceae.* Nach HEIMSCH unterscheiden sich die auch als Gattungen gewerteten *Rhus*-Gruppen *Rhus, Cotinus, Toxicodendron, Metopium, Malosma* und *Actinocheita* auch im Bau des Holzes und in der Form des Pollens. — *Labiatae.* RISCH gibt eine analytische Übersicht über die Pollenkörner der in Deutschland vorkommenden Labiaten. — RECORD und HESS beschreiben die Holzanatomie der amerikanischen *Bignoniaceae* und geben einen anatomischen Schlüssel für die Gattungen.

**Embryologie.** Besonders beachtenswert ist MAURITZONS kritische Würdigung der systematischen Bedeutung embryologischer Merkmale, die ihren großen Wert hervorhebt, aber vor übereilten Schlüssen aus Einzeluntersuchungen eindringlich warnt. Er bespricht die einzelnen Merkmale und untersucht an zahlreichen Beispielen vergleichend, was an ihnen und in welchem Umfange sie systematisch brauchbar sind. Auch die embryologischen Merkmale verhalten sich in den einzelnen Verwandtschaftskreisen verschieden; es ist daher stets eine sorgsame Abwägung des gesamten „embryologischen Diagramms“ und ein Vergleich mit den anderen Merkmalsgruppen nötig. Im speziellen Teil der Arbeit zeigt MAURITZON an vielen größeren Verwandtschaftskreisen, wie die Gesamtheit der embryologischen Merkmale und embryologische Besonderheiten für eine Klärung der Verwandtschaftsverhältnisse benutzt werden können. — *Gymnospermae.* BUCHHOLZ untersucht die *Torreya*-Arten vergleichend embryologisch. — *Cyperaceae.* Bei der Teilung der Pollenmutterzellen, die wie bei den übrigen Cyperaceen nur eine funktionsfähige Mikrospore ergibt, findet bei *Fimbristylis* nach TANAKA keine Wandbildung statt. Er sieht darin einen primitiven Zustand. — *Polemoniaceae.* In der Entwicklung des Embryos zeigt *Polemonium coeruleum* nach SOUÈGES klare Verwandtschaft mit den Solanaceen und Boraginaceen und nicht mit den *Geraniales.*

**Karyologie.** GYÖRFFY gibt eine Liste der colchicininduzierten tetraploiden Pflanzen und bespricht auch ihre Unterschiede von den Diploiden.

***Musci.*** *Buxbaumiaceae. Buxbaumia aphylla* L., *B. indusiata* Bridel und *Diphyscium sessile* (Schmid.) Lindb. haben nach TARNAVSCHI die gleiche Chromosomenzahl ($2n = 16$) und einen fast gleichen Karyotypus, was die nahe Verwandtschaft der *Buxbaumiaceae* und *Diphysciaceae* bestätigt.

***Gramineae.*** KRISHNASWAMY untersucht einige *Paniceae* und *Chlorideae* zytologisch und findet als Grundzahlen 9 und 10 (mit Polyploiden). Da die *Festucoideae* die Grundzahl 7, die *Panicoideae* die Grundzahlen 9 und 10 haben, versetzt er die bisher meist zu den *Festucoideae* gestellten *Chlorideae* zu den *Panicoideae.* — In der Gattung *Alopecurus* haben die Artgruppen nach STRELKOWA (1) einheitliche Chromosomenzahlen: *Annuae* $2n = 14$ (*A. geniculata* $2n = 28$), *Pratenses* und *Ventricosae* $2n = 28$, *Vaginatae* $2n = 56$, *Alpinae* $2n = 70$, 98—105. Für die Artbildung lassen sich Polyploidie, Mutation und Bastardierung als Faktoren annehmen. — KIHARA gibt eine zusammenfassende Übersicht über die Karyotypen und die Ergebnisse der Genomanalysen der Gattung *Aegilops*. Die untersuchten Arten verteilt er im Anschluß an frühere Arbeiten auf 6 Sektionen.

***Cyperaceae.*** TANAKA fand bei *Fimbristylis* $n = 5, 8, 10, 12, 22$. Neben der bekannten Aneuploidie sind jetzt auch bei *Carex* und *Heleocharis* polyploide Serien bekannt geworden. Die Grundzahl der Cyperaceen ist vielleicht 5.

***Araceae.*** WULFF fand für *Acorus gramineus* $2n = 24$ und für fertilen *Acorus Calamus* $2n = 24$ und 48; der sterile *A. Calamus* ist triploid ($2n = 36$).

***Liliaceae.*** RESENDE (2) fand bei *Haworthia tesselata* Haw. ($2n = 14$) 2-, 4-, 6- und 8-ploide Formen, die sich morphologisch nicht als polyploid erkennen lassen; aber innerhalb jeder Stufe gibt es morphologische Varietäten.

***Primulaceae.*** Für die in Süditalien endemische *Primula Palinuri* Petagna fand CHIARUGI $2n = 44$. Da 11 als primitive Grundzahl für die Gattung anzusehen ist, während die sect. *Auricula* sonst die Grundzahl 9 hat, hält CHIARUGI diese Art für einen palaeogenen Endemiten.

***Labiatae.*** LANG gewinnt durch sorgsame zytogenetische und Kreuzungsanalysen neue Gesichtspunkte für die Verwandtschaftsverhältnisse der Sektionen und Subsektionen in der Gattung *Stachys*. Er fand die Chromosomenzahlen $n = 5, 9, 10, 12, 15, 17, 33, 40, 51$, die sich uneinheitlich über die systematischen Gruppen verteilen. Es ergaben sich aber vier Gruppen, die sich durch einen für jede einheitlichen Karyotypus und auch durch einheitliche Wuchsform so scharf voneinander unterscheiden, daß ihre Beziehungen zueinander experimentell nicht mehr prüfbar sind; es sind die systematischen Gruppen sect. *Eriostemum* subsect. *Germanicae* Boiss., sect. *Eustachys* subsect. *Genuinae* Briq., subsect. *Rectae* Briq., und subsect. *Olisiae* Briq. Von den übrigen Subsektionen können auf Grund des Karyotypus, der Kreuzbarkeit und ihrer Morphologie als phylogenetisch abgeleitet angeschlossen werden die *Micranthae* an die *Germanicae*, die *Calostachydes* an die *Genuinae* und die *Infrarosulares* an die *Rectae*. Die nur zwei Arten enthaltende sect. *Chilostachys* Benth. muß als uneinheitlich aufgelöst werden: *St. menthaefolia* gehört zu den *Rectae*, und *St. persica* zu den *Germanicae*. Am stärksten weicht die sect. *Betonica* (mit Einschluß von *Alopecurus*) in der Zahl der Chromosomen ($n = 8, 16$) und im Karyotypus (stark gegliederte, sehr große Chromosomen) ab und sollte als eigene Gattung gelten. — Die Chromosomenzahl steht in der Gattung *Stachys* in keiner Beziehung zu den verwandtschaftlichen Verhältnissen. (Vgl. auch oben S. 35.)

***Solanaceae.*** KOSTOFF (2) erörtert eine Gruppierung der *Nicotiana*-Arten auf zytogenetischer Grundlage.

***Plantaginaceae.*** *Plantago maritima* hat nach GREGOR in Amerika und Europa meist $2n = 12$, aber in den Alpen gibt es neben diesen diploiden auch tetraploide Populationen mit $2n = 24$.

***Compositae.*** Nach STEBBINS (1) haben *Soroseris* Stebbins und *Dubyaea* DC. $2n = 16$ und auch ähnliche Karyotypen mit primitiven Merkmalen (gleich große Chromosomen mit submedianen Einschnürungen). *Lactuca* dagegen hat nach STEBBINS (2) ungleich große Chromosomen mit subterminalen Einschnürungen. Die Himalayaarten von *Lactuca* haben $2n = 16$, während die mediterran-indischen Arten der Gattung $2n = 18, 36$ haben.

**Chemie.** Nach MIWAS Untersuchungen unterscheiden sich die Phaeophyceen (Alginsäure) und Rhodophyceen (Polysaccharidsulfat) chemisch im Bau der Zellmembran; das Polysaccharidsulfat ist bei den *Bangiales* razemische Galaktose (Zellulose fehlt ihnen), bei den *Florideae* aber rechtsdrehende Galaktose.

## Gesamtdarstellungen, Monographien, Übersichten.

***Chlorophyceae.*** *Trentepohliaceae.* PRINTZ veröffentlicht kritische Vorarbeiten zu einer Monographie der *Trentepohliaceae* mit sorgfältigen Artschlüsseln; hinzugekommen gegenüber seiner Bearbeitung in den Natürlichen Pflanzenfamilien sind *Stomatochroon* (epiphyll in den Tropen) und provisorisch *Rhizothallus* Dangeard.

***Rhodophyceae.*** *Corallinaceae.* MANZA gibt eine Monographie der *Corallinaceae* mit gegliedertem Thallus. Er unterscheidet 12 Gattungen, die sich in der Stellung der Konzeptakeln, der Struktur der Genikula und Intergenikula, der Art der Verzweigung und der Form der Glieder unterscheiden; Schlüssel für die Gattungen und Arten; 20 Tafeln.

***Eumycetes.*** *Phycomycetes.* S. H. OU behandelt die Phycomyceten von China, mit Schlüsseln für die Gattungen und Arten. — *Basidiomycetes. Ustilaginaceae.* HIRSCHHORN revidiert die 39 *Ustilago*-Arten Argentiniens (mit Schlüssel). — *Clavariaceae.* REMSBERG fördert die Kenntnis der Gattung *Typhula* und gibt eine Übersicht über 14 Arten nach Merkmalen der Sklerotien.

***Lichenes.*** LETTAU setzt seine Studien über mitteleuropäische Flechten fort (*Thelidium, Verrucaria, Dermatocarpaceae, Caliciaceae*). — *Graphidaceae.* REDINGER revidiert die brasilianischen Arten der Gattung *Opegrapha* Humb., mit einer analytischen Übersicht der 36 Arten. — *Stictaceae.* MAGNUSSON stellt eine kleine Gruppe *Crocata* (10 Arten, südliche Hemisphäre) von *Pseudocyphellaria* Wain. monographisch dar. — *Cladoniaceae.* MATTICK gibt eine Übersicht über die Arten der Gattung *Cladonia* in neuer systematischer Anordnung. — ABBAYES gibt eine eingehende Monographie von *Cladonia* subgen. *Cladina*, das in 3 Sektionen gegliedert wird.

**Bryophyta.** *Jungermanniaceae acrogynae.* FULFORD revidiert die vier amerikanischen *Thysananthus* (*Lejeuneeae-Holostipae*). — *Pottiaceae.* CHEN revidiert die *Pottiaceae* von Ostasien kritisch und gewinnt neue Gesichtspunkte für das System der Familie. Zwei Arten werden als neue Gattungen *Reimersia* Chen und *Bellibarbula* Chen abgetrennt. — *Hypnaceae.* SAKURAI revidiert die *Isopterygium*-Arten Japans.

**Polypodiaceae.** TAGAWA revidiert die Arten der Gattung *Polystichum* Roth in Japan, Korea und Formosa und gliedert sie nach der Ausgestaltung der Rhachis, der Berandung und Form der Fiedern und der Stellung der Sori in 8 Sektionen.

**Gramineae.** Eine ganz umfassende Gattungsmonographie der *Gramineae* bringt PILGER in der 2. Auflage der Natürlichen Pflanzenfamilien heraus. Bisher erschien die den Schluß der Familie bildende 3. Unterfamilie der *Panicoideae.* Gegenüber der ebenfalls ausgezeichneten Darstellung von HACKEL in der ersten Auflage bringt diese Bearbeitung wesentliche Fortschritte. Das Material ist erheblich angewachsen, aber auch im Aufbau des Systems und in seiner inneren Gestaltung haben sich bedeutende Änderungen als notwendig erwiesen. Die Unterfamilie (175 Gattungen) enthält die vier Tribus der *Paniceae* (85 Gattungen), *Arthropogoneae* (Ährchen einzeln in Rispen, zweigeschlechtig; 4 Gattungen), *Andropogoneae* (78 Gattungen) und *Maydeae* (8 Gattungen). Die *Andropogoneae* und *Paniceae* sind weiter in Subtribus gegliedert. Sehr sorgfältige und eingehende Gattungsdiagnosen sind ein besonderer Vorzug dieser Monographie. Auch die innere Gliederung jeder Gattung ist gebührend herausgearbeitet. Zahlreiche Habitusbilder und Analysen sind beigegeben.

**Cyperaceae.** KÜKENTHAL setzt seine verdienstvollen Vorarbeiten zu einer Monographie der *Rhynchosporoideae* fort mit Monographien der bisher zum Teil wenig geklärten Gattungen *Mesomelaena* Nees (2 Arten, Australien), *Gymnoschoenus* Nees (2 Arten, Australien), *Oreobolus* R. Br. (6 Arten, südliche Halbkugel; 2 Sektionen mit schuppenförmigem und borstigem Perianth), *Tetraria* Pal. de Beauvois (35 Arten, Süd- und Ostafrika, Westaustralien, mit den früher auch als Gattungen gewerteten Untergattungen *Epischoenus* [C. B. Clarke] Kükenth., *Elynanthus* [Nees] Kükenthal und *Eutetraria* [C. B. Clarke] Kükenthal, letztere mit 3 Sektionen nach vegetativen Merkmalen, der Form der Deckschuppen, Antheren und Früchte). — GILLY fördert die Kenntnis der Gattung *Everardia* Ridley (*Cryptangieae*; Inflorenszenz terminal, Blüten ohne Hüllborsten, Stamina 6; Südvenezuela; 7 Arten) und stellt sie monographisch dar.

**Palmae.** DUGAND revidiert die Palmen von Colombia, mit Schlüsseln für die Gruppen und die 55 Gattungen.

**Araceae.** BUCHET vereinigt die madagassischen Gattungen *Arophyton*, *Synandrogyne*, *Carlephyton* und *Colletogyne*, bei denen das Ovar von einem becherförmigen Synandrodium umgeben ist, zu der neuen Tribus *Synandrodieae* der *Aroideae.*

***Liliaceae.*** SCHLITTLER hat die Gattung *Dianella* Lam. (25 Arten, Maskarenen, Malesien, China, Australien, Neukaledonien, Pazifische Inseln, Südamerika) sehr eingehend studiert und ihre morphologischen und anatomischen Verhältnisse bis ins einzelne geschildert. Er gliedert die Gattung in drei Untergattungen *Ruacophila* (Blume) Schlittler, *Excremis* (Willd.) Schlittler und *Diana* (Comm.) Schlittler und mehrere Sektionen und Subsektionen. Die Grenzen zwischen den meisten Sippen sind gleitend. Mehrere Arten sind sehr formenreich. — Eine sehr eingehende Monographie widmet MAEKAWA der ostasiatischen Gattung *Hosta,* die jetzt 39 teilweise noch formenreiche, teilweise offenbar aber auch kleine Arten enthält. Monotypisch bleibt die Untergattung *Niobe,* während die Untergattung *Bryocles* nach der Form der Deckblätter, der Beblätterung und Beschaffenheit der Schäfte, der Blätter, der Form der Blüten weiter in Sektionen und Subsektionen gegliedert wird.

***Iridaceae.*** WEIMARCK revidiert die Gattung *Nivenia* Vent. (8 Arten, Südafrika); 2 Sektionen mit einzeln und paarweise genähert stehenden Blüten; er gibt Aufrisse der Blütenstände. — PONZO sucht durch weitere Untersuchung der Keimpflanzen den Gattungsumfang von *Iris* zu klären.

***Orchidaceae.*** SCHWEINFURTH und CORELL revidieren die Gattung *Palmorchis* Rodr. (6 Arten, tropisches Amerika; einschließlich *Jenmania* Rolfe, *Rolfea* Zahlbr., *Neobartlettia* Schlechter).

***Santalaceae.*** Innerhalb der bisherigen Gattung *Dendrotrophe* Miquel (*Henslowia* Blume; Südasien bis Neuguinea) gibt es so große Unterschiede im Bau der Früchte (besonders im Endokarp), daß DANSER die Arten auf 4 Gattungen verteilt: *Dendromyza* Danser gen. nov., *Cladomyza* Danser gen. nov., *Hylomyza* Danser gen. nov. und *Dendrotrophe* Miq.

***Fagaceae.*** BERNATH widmet den chilenischen *Nothofagus*-Arten eine reich illustrierte Abhandlung.

***Portulacaceae.*** v. POELLNITZ (2) revidiert die ostafrikanischen und (5) die südwestafrikanischen Portulacaceen: *Portulaca, Talinum, Montia,* mit Artschlüsseln.

***Caryophyllaceae.*** ROSSBACH gibt eine sorgfältige Monographie der nord- und südamerikanischen *Spergularia*-Arten (37 Sippen).

***Ranunculaceae.*** HANDEL-MAZZETTI hat die schwierigen chinesischen *Aconitum*-Arten kritisch revidiert und gibt eine analytische Übersicht über die 76 Arten nach dem Bau der Rhizome und Wurzeln, der Teilung der Blätter usw.; die Anatomie der Wurzeln erwies sich als systematisch nicht brauchbar. — Ferner gibt er kritische Übersichten über die 39 chinesischen *Ranunculus*-Arten und die 78 *Clematis*-Arten Chinas.

***Papaveraceae.*** v. POELLNITZ (3) revidiert *Corydalis* sect. *Radix-cava* subsect. *Leonticoides* Ser. *Rutaefoliae* Popov.

***Cruciferae.*** ROLLINS revidiert die Gattung *Physania* (Nutt.) A. Gray; 14 Arten im westlichen Nordamerika (3 untersuchte Arten haben $n = 4$).

***Crassulaceae.*** v. POELLNITZ (1) revidiert *Cotyledon* sect. *Paniculatae* subsect. *Graciles* Schönland und subsect. *Caryophyllaceae* Schönland und gibt eine neue Einteilung der Gattung *Adromischus* Lem. in 2 Sektionen und Untersektionen nach dem Blütenstand und der Behaarung der Blätter. — Auch C. A. SMITH revidiert die Gattung *Adromischus* Lem. und teilt sie in die 2 Sektionen *Oppositifolii* und *Alternifolii* und jede in je eine Subsektion mit flachen und stielrunden Blättern; vgl. dazu v. POELLNITZ (4).

***Saxifragaceae.*** GUILLAUMIN revidiert die Saxifragaceen von Neukaledonien (*Argophyllum, Quintinia, Polyosma*).

***Leguminosae.*** H. A. SENN revidiert die 31 nordamerikanischen Arten von *Crotalaria.* — DUCKE (1) revidiert die Gattung *Eperua* (11 Arten, Amazonas, Guiana), mit Schlüssel. — Ferner stellt DUCKE (2) die Leguminosen des brasilianischen Amazonasgebietes (785 Arten) zusammen, mit Schlüsseln für die Gattungen.

***Guttiferae.*** KIMURA revidiert die *Hypericum*-Arten von Formosa.

***Violaceae.*** SKOTTSBERG fördert die Kenntnis der *Viola*-Arten der Hawaii-Inseln (sect. *Nosphinium* Becker) durch eingehende morphologische (Aufbau der Sprosse und Blütenstände) und anatomische Untersuchungen. Er hält sie für eine alte Sektion, die kaum mit einer anderen Gruppe der Gattung in eine nähere Beziehung gebracht werden kann. — KALELA (2) klärt die ostpatagonischen Arten von *Viola* Gruppe *Sparsifoliae* durch ausführliche Beschreibungen.

***Myrtaceae.*** Die große Sammelgattung *Myrtus* L. wird von BURRET (2) revidiert und auf 16 Arten (Mittelmeergebiet, Westindien, Bahamas, Florida) beschränkt; die übrigen gehören zu den Gattungen *Psidium* L., *Mitropsidium* Burret gen. nov. (9 Arten, Süd- und Mittelamerika), *Lophomyrtus* Burret gen. nov. (2 Arten, Neuseeland), *Uromyrtus* Burret gen. nov. (9 Arten, Neukaledonien), *Neomyrtus* Burret gen. nov. (1 Art, Neuseeland), *Myrtastrum* Burret gen. nov. (1 Art, Neukaledonien), *Myrteola* Berg (Peru), *Rhodomyrtus* Reichenb. (15 Arten, Südasien, Australien, Neukaledonien), *Rhodamnia* Jack, *Fenzlia* Endl. (4 Arten, Australien, Neuguinea), *Austromyrtus* (Niedenzu) Burret gen. nov. (Australien, Neukaledonien), *Ugni* Turczan. (Südamerika), *Myrrhinium* Schott (4 Arten, Südamerika), *Pimenta* Lindl., *Pseudocaryophyllus* Berg (Südamerika), *Aspidogenia* Burret gen. nov. (1 Art, Chile), *Luma* A. Gray (54 Arten, Südamerika), *Blepharocalyx* Berg, *Mitranthes* Berg, *Paramitranthes* Burret gen. nov. (7 Arten, Brasilien), *Calyptrogenia* Burret gen. nov. (5 Arten, Haiti, Brasilien), *Stereocaryum* Burret gen. nov. (2 Arten, Neukaledonien), *Pilidiostigma* Burret gen. nov.

(Australien). — GUGERLI stellt die Gattung *Xanthostemon* F. Muell. in einer sehr eingehenden monographischen Studie dar, wobei auch die morphologischen und anatomischen Verhältnisse eingehend berücksichtigt werden. Er gliedert die Gattung (etwa 40 Arten, Neukaledonien, Nordaustralien, Neuguinea bis zu den Philippinen) hauptsächlich nach dem Bau des Rezeptakulums in 4 Sektionen; innerhalb der Sektionen finden weitere Differenzierungen statt in der Zahl der Stamina (Spaltung und teilweise auch Reduktion), der Einsenkung des Ovars und in der Blattnervatur, ferner in anatomischen Merkmalen (Hypoderm, Öldrüsen, Kristalldrüsen). Nach ihren Merkmalen hält er *Xanthostemon* für eine sehr alte Myrtaceen-Gattung.

***Ericaceae.*** SLEUMER (2) klärt die Gattungen der *Vaccinioideae* kritisch. Die Unterfamilie zerfällt in die zwei Triben der *Gaylussacieae* Reichenb. (1 Gattung *Gaylussacia*; zehnfächerige Steinbeeren) und *Vaccinieae* (DC.) D. Don (mit Einschluß der *Thibaudieae*; fünffächerige Beeren; 33 Gattungen). Die Gattungen sind nicht immer scharf getrennt; sie unterscheiden sich in der Form und Konsistenz der Korolle, Flügelung und Rippung der Kelche, Zahl und Verwachsung der Stamina und besonders in der Form und Öffnungsweise der Theken und in der Ausbildungsform der Früchte. *Vaccinium* nimmt eine Zentralstellung ein, indem in den einzelnen Sektionen Merkmale auftreten, die sonst für andere Gattungen bezeichnend sind. Es werden Gattungs- und für mehrere Gattungen auch Artschlüssel gegeben. Besonders eingehend wird *Vaccinium* behandelt und nach der Art und Weise der Sproßverkettung (Laub und Blüten an getrennten oder am gleichen Trieb, gleichzeitig oder nacheinander) und in zweiter Linie nach den Blättern, den Blütenständen und Blüten- und Fruchtmerkmalen neu in 33 Sektionen gegliedert, für die ein eingehender Schlüssel gegeben wird. Monographisch werden die zahlreichen indisch-ostasiatischen *Vaccinium*-Arten dargestellt. Schließlich werden die genetisch-geographischen Verhältnisse der *Vaccinioideae* erörtert. — Weiter analysiert SLEUMER (1) die *Ericaceae* von Borneo: *Rhododendron, Gaultheria, Diplycosia, Pernettyopsis, Costera, Vaccinium.*

***Myrsinaceae.*** WALKER stellt die ostasiatischen *Myrsinaceae* eingehend monographisch dar: *Maesa, Aegiceras, Ardisia* (sehr artenreich), *Embelia, Myrsine, Rapanea*; mit Beschreibungen und Schlüsseln.

***Convolvulaceae.*** OOSTSTROOM setzt seine Revision der malesischen Convolvulaceen fort und gibt eine sorgfältige Bearbeitung der Gattung *Ipomoea* L. (40 Arten im Gebiet; System nach HALLIER; Artschlüssel).

***Boraginaceae.*** JOHNSTON revidiert amerikanische *Cordia*-Arten mit analytischer Übersicht über die Sektion *Pilicordia*.

***Verbenaceae.*** MOLDENKE gibt eine Monographie der Gattung *Bouchea* Cham., 13 Arten in Mittel- und Südamerika.

***Labiatae.*** M. G. POPOV stellt die Gattung *Eremostachys* Bunge

(63 Arten, Zentral- und Vorderasien) eingehend monographisch dar; Gliederung nach der Form des Kelches, der Form, Farbe, Behaarung und Stielung der Blüten, den Blättern, Brakteen usw. Die sect. *Phlomoides* Bunge teilt sie in 13 und die sect. *Metaxoides* Briq. in 2 Artgruppen, die sect. *Moluccelloides* Bunge enthält eine Artgruppe. — HANDEL-MAZZETTI (2) gibt kritische Revisionen und analytische Übersichten über die chinesischen Arten der Gattungen *Elsholtzia* Willd. und *Plectranthus* L. — RECHINGER (2) revidiert *Phlomis* sect. *Gymnophlomis* Benth. (23 Arten, Vorderasien), die er in 4 neue Sektionen aufteilt.

***Scrophulariaceae.*** MELCHIOR revidiert die Gattung *Alectra* Thunb. (43 Arten, davon 40 in Afrika, eine bis Ostasien, 2 in Südamerika) mit Einteilung in 2 Sektionen mit grünen Laubblättern oder Schuppenblättern und 2 Untersektionen nach der Form der Antheren.

***Pedaliaceae.*** Sehr eingehend beschreibt GLÜCK die 2 Arten der Gattung *Trapella* Oliv. (China, Mandschurei, Japan), Land- und Schwimmblattformen, chasmogame und kleistogame Blüten.

***Rubiaceae.*** Die Gattung *Urophyllum* Wall. (zweihäusig, Fruchtknoten mehrfächerig) ist nach BREMEKAMP (1) auf Asien und Neuguinea beschränkt. Die bisher zu ihr gestellten afrikanischen Arten (Blüten zweigeschlechtig, Fruchtknoten zweifächerig, mit falschen Scheidewänden) gehören größtenteils zu *Pauridiantha* Hook. (25 Arten), einzelne zu *Empogona* Hook. f., *Pentas* Benth., *Pentaloncha* Hook. f., teils stellen sie neue Gattungen dar: *Pamplethantha* Bremek. gen. nov. (Blütenstand terminal), *Stelechantha* Bremek. gen. nov. (kauliflor), *Commitheca* Bremek. gen. nov. (Fruchtknoten vierfächerig, Samenschale mit Harzgummi), *Poecilocalyx* Bremek. gen. nov. (Infloreszenz einblütig, Narben frei), *Rhipidantha* Bremek. gen. nov. (Infloreszenz fächerförmig). Ferner gibt BREMEKAMP (2) eine monographische Übersicht über die vier Arten der wegen der röhrig vereinten Antheren von *Urophyllum* abgetrennten neuen Gattung *Antherostele* Bremek. (Philippinen). — Weiter gibt er (3) analytische Übersichten über die auf den Philippinen vorkommenden Arten der Gattungen *Urophyllum* Wall., *Pleiocarpidia* K. Schum. und *Praravinia* Korth. — In einer weiteren Arbeit erörtert BREMEKAMP (4) die Merkmale der asiatischen Sippen der *Urophyllum*-Verwandtschaft und gibt eine analytische Übersicht über die Gattungen, in die er *Urophyllum* aufteilt: *Antherostele* Bremek. (Philippinen), *Didymopogon* Bremek. gen. nov. (1 Art, Sumatra), *Maschalocorymbus* Bremek. gen. nov. (4 Arten, Malesien), *Pravinaria* Bremek. gen. nov. (2 Arten, Borneo), *Praravinia* Korth. (Borneo, Celebes, Philippinen), *Rhaphidura* Bremek. gen. nov. (1 Art, Borneo), *Leucolophus* Bremek. gen. nov. (3 Arten, Malesien), *Lepidostoma* Bremek. gen. nov. (1 Art, Sumatra), *Crobylanthe* Bremek. gen. nov. (1 Art, Borneo), *Pleiocarpidia* K. Schum. (Malesien), *Urophyllum* Wall. (Ceylon bis Neuguinea) und *Stichianthus* Val. (2 Arten, Borneo). — Im Anschluß daran stellt BREMEKAMP (5) die 26 Arten der Gattung *Pleiocarpidia* K. Schum. monographisch dar und ebenso (6) die 30 *Praravinia*-Arten von Borneo und Celebes. — Die Beschaffenheit der Früchte, ob trocken oder saftig, ist nach BREMEKAMP (4) kein Merkmal von systematischem Wert. Die dadurch unterschiedenen Tribus *Hedgotideae* und *Mussaendeae* bilden vereinigt eine natürliche Gruppe (Ovarfächer mit vielen Samenanlagen an axiler Plazenta, klappige Ästivation, skulpturierte Samen). — CUFODONTIS revidiert die 26 teilweise formenreichen *Galium*-Arten Chinas; mit analytischer Übersicht.

***Campanulaceae.*** McVAUGH revidiert die nordamerikanischen Lobelioideen-Sippen „*Laurentia*" und verteilt sie auf die Gattungen *Hippobroma* G. Don, *Diastatea* Scheidweiler, *Lobelia* sect. *Isotoma* R. Br. und *Posterella* Torrey.— EWAN revidiert die Gattung *Githopsis* Nutt. (7 Arten, westliches Nordamerika). Die Arten lassen sich durch geographische Isolierung auf G. *specularioides* Nutt. zurückführen.

***Compositae.*** STEBBINS gibt sehr sorgfältige Monographien der als neue Einheiten erkannten Gattungen *Dubyaea* DC. (bisher teils zu *Crepis*, teils zu *Lactuca* gestellt) und *Soroseris* Stebbins gen. nov. (*Crepis* sect. *Glomeratae*). *Dubyaea* (9 Arten, Indien, China) wird nach der Wuchsform, Behaarung, Form der Blätter und Hüllkelche in 3 Sektionen geteilt. *Soroseris* (8 Arten, Himalaya, China) enthält 2 Sektionen (vgl. auch oben S. 38). — KITAMURA bringt den zweiten Teil seiner monographischen Bearbeitung der japanischen Compositen (*Vernonieae*, *Mutisieae* und *Anthemideae*). Reich entwickelt sind *Ainsliaea* und besonders *Chrysanthemum* und *Artemisia*.

## Polymorphe Formenkreise.

**Klimarassen.** KALELA (1) hat die in der Literatur bisher mitgeteilten Untersuchungen über Klimarassen der Waldbäume übersichtlich und ausführlich zusammengefaßt und durch eigene Beobachtungen in Finnland erweitert; das Klima der Herkunftsgebiete wurde dabei exakter berücksichtigt als bisher. Es ergibt sich dabei übereinstimmend, daß die Sippen aller untersuchten Waldbäume (mit Ausnahme von *Abies alba*?) aus verschiedenen Klimagebieten (kalt — warm, kontinental — maritim, arid — humid) sich physiologisch und meist auch morphologisch unterscheiden. Die Klimarassen gehen bei großen zusammenhängenden Arealen der Arten allmählich ineinander über, sind aber bei zerstückelten Arealen stärker getrennt. Über die erbliche Konstanz ist noch wenig bekannt; in der zweiten Generation scheinen die Klimarassen aber ihre Eigenschaften zu behalten. — HELMQVIST macht auf Klimarassen von *Fagus silvatica* aufmerksam (Unterschiede in der Keimung, Laubentfaltung, im Laubfall, in der Stammform).

Das Problem des Saisondimorphismus wird von JOHANNES KRAUSE ausführlich erörtert.

***Hepaticae.*** KARL MÜLLER (1) begründet die vier Arten *Riccia fluitans* L., *R. rhenana* Lorbeer, *R. canaliculata* Hoffm., und *R. duplex* Lorbeer, in die LORBEER teilweise auf Grund verschiedener Chromosomenzahlen (8, 16) die alte *R. fluitans* L. aufgespalten hatte, auch morphologisch.

***Gramineae.*** FREISLEBEN (1, 2) untersucht die Gerstensippen der Deutschen Hindukusch-Expedition und (3) bespricht zusammenfassend die geographischen und genetischen Probleme der Formbildungsprozesse der Kulturgersten. Die Entdeckung einer mehrzeiligen Wildgerste mit brüchiger Spindel (*Hordeum agriocrithon* Åberg) in Osttibet schafft dem Verständnis der Entstehung der Kulturgersten neue Möglichkeiten, die ÅBERG erörtert. Nach FREISLEBEN kann die mehrzeilige Kulturgerste *Hordeum vulgare* L. jetzt auf *H. agriocrithon* zurückgeführt werden. Bei der Wanderung nach Westen traf *H. vulgare* auf die Ostgrenze der Wildgerste *H. spontaneum* C. Koch (zweizeilig, brüchig) und bildete durch Bastardierung mit ihr die zweizeilige Kulturgerste *H. distichum* L. Die heutigen Mannigfaltigkeitszentren der Kulturgersten decken sich nicht mit diesem Entstehungsgebiet. Weiter bespricht FREISLEBEN (3) den ausschließlich auf Genmutation beruhenden Formenreichtum von *Hordeum vulgare* unter Berücksichtigung von Bastardkombinationen und parallelen Variationen. — Auch NIKOLITSCH untersucht die Entstehung der Hauptgerstenarten, die er von drei (zum Teil hypothetischen) Wildformen *Palaeohordeum hexastichum* —➤ *Hordeum tetrastichum* —➤ *Hordeum distichum* ableiten möchte; aus diesen Wildformen sollen durch Mutationen die Kulturformen entstanden sein und heute noch entstehen. SCHIEMANN (2) zeigt aber, daß die von NIKOLITSCH beobachteten „Mutationen" eher als Aufspaltungen zu deuten sind. — CIFERRI gibt analytische Übersichten über die Varietäten von *Hordeum vulgare, H. intermedium, H. distichum* und *H. deficiens* und bespricht die Entstehung und Ausbreitung der Gersten; besonders sind die äthiopischen Sippen berücksichtigt.

In der Frage nach der Abstammung der hexaploiden Saatweizen (*Triticum aestivum* L.), zu denen keine Wildform bekannt ist, wendet sich SCHIEMANN (1) aus zytologischen und pflanzengeographischen Gründen gegen die von BERTSCH angenommene Entstehung des Binkelweizens *compactum* aus der Kreuzung *monococcum* × *dicoccum*. Vielmehr stimmen auch die zytologischen Befunde mit der zuerst von PERCIVAL aus morphologischen Gründen angenommenen Entstehung von *Tr. aestivum* aus der Kreuzung *Tr. dicoccum* × *Aegilops cylindrica* überein. — LANGE-DE LA CAMP bearbeitete die von der Deutschen Hindukusch-Expedition mitgebrachten Weizensippen.

TERAO und MIDUSIMA untersuchen zahlreiche Formen von *Oryza sativa* genetisch. Die morphologische Differenzierung, auf die bisher Varietäten begründet wurden, geht mit der sexuellen Affinität der

Sippen nicht parallel. — In F 2 der Kreuzung *Bromus arduennensis* × *B. grossus* erhielt A. DE CUGNAC Formen, die als spontane Varietäten der beiden Arten bekannt sind. In der einen, *Br. grossus* var. *nitidus*, kündet sich heute noch die frühere Anwesenheit von *Br. arduennensis* an Orten an, von denen sie jetzt verschwunden ist. — Nach Kulturversuchen STRELKOVAS (2) sind *Alopecurus pratensis* und *A. ventricosus* in den einzelnen Teilgebieten ihres Areals (Tundra, Waldgebiet, Steppe, Kaukasus, Westsibirien, Ostsibirien, Altai) in Ökotypen differenziert, die sich in der Wuchshöhe, Form der Blätter und Blütenstände und der Behaarung der Spelzen unterscheiden.

***Fagaceae.*** Durch Kreuzungsversuche stellte DENGLER fest, daß *Quercus Robur* und *Qu. petraea* (= *sessilis*) nur sehr schwer kreuzbar sind, und daß Bastarde in der Natur nur selten vorkommen können.

***Rosaceae.*** FAGERLIND prüft die Ansichten, daß die *Canina*-Rosen apogam (agamosperm) seien, und daß ihre Formen sehr konstant seien, experimentell und literarisch nach und findet, daß sie auf sehr schwachen Füßen stehen. Kastrierte Rosen setzen keine Samen an; es muß Befruchtung vorhergehen. Angaben über natürliche und experimentelle Bastarde sind vorhanden. FAGERLIND kreuzte *R. rubrifolia* mit 2-, 4- und 6-ploiden Rosen und erhielt reife Samen, deren Keimlinge aber in den einzelnen Fällen verschiedene Vitalität haben. Die *Caninae* sind also nicht agamosperm, sondern sie pflanzen sich bei eigentümlicher Meiosis durch balancierte Heterogamie fort. Zytologisch liegt kein Grund vor, die *Caninae* als Artbastarde anzusprechen. — RÖDER hat die Variabilität der Merkmale von etwa 130 Sorten von *Prunus domestica* (einschl. *Pr. insititia*) variationsstatistisch untersucht; besonders konstante und wichtige Merkmale für die Sortenunterscheidung liefert der Fruchtstein, neben anderen schon früher benutzten Merkmalen des Fruchtfleisches, der Blüte und der Zweige. Er gliedert den Formenkreis in 4 Unterarten mit 6 Varietäten.

***Gentianaceae.*** STERNER studiert das formenreiche *Centaurium vulgare* Rafn. (*Erythraea littoralis* Fries; Filamente am Gipfel der Röhre), von der er *C. glomeratum* (Wittr.) Druce (Filamente in der Mitte der Röhre) als Art abtrennt. Die Varietäten haben teilweise eigene Areale; sie unterscheiden sich in quantitativen Merkmalen, die variationsstatistisch untersucht werden.

***Labiatae.*** LANG schildert den Formenreichtum von *Stachys germanica* (mit *St. cretica*), *St. lanata* und *St. alpina* (vgl. oben S. 35, 40). Die Rassen von *St. germanica* schließen sich geographisch aus, sind aber an den Grenzen durch hybridogene Übergänge miteinander verbunden. Auch die drei Arten bastardieren in der Natur miteinander, bleiben aber selbständig. — KLOKOV und SHOSTENKO geben eine Gliederung und analytische Übersicht der *Thymus*-Sippen des europäischen Rußland.

***Plantaginaceae.*** J. W. GREGOR setzt seine experimentellen und variationsstatistischen Untersuchungen an *Plantago maritima* fort. Er faßt *Pl. maritima* L., *Pl. alpina* L., *Pl. carinata* Schrad., *Pl. juncoides* Lam., *Pl. decipiens* Barnéoud und *Pl. oliganthos* R. et S., da sie interfertil sind, zu einer Coenospezies *Plantago coeno-maritima* zusammen. Er unterscheidet in ihr weiter Ökospezies (Genaustausch nur in geringem Grade noch möglich), Topotypen (durch den Besitz besonderer Merkmale und eigene Areale charakterisiert; so sind die amerikanischen Sippen selbstfertil und haben viersamige Kapseln; die europäischen sind selbststeril und haben zweisamige Kapseln), Clinen (graduelle Unterschiede in quantitativen Merkmalen) mit Topoclinen und Ökoclinen, und ferner Ökotypen, Mikrotopotypen und Exotypen.

***Cucurbitaceae.*** MOHAMMED HASSIB bearbeitet die in Ägypten wild und kultiviert vorkommenden Cucurbitaceen mit besonderer Berücksichtigung der Formen und Rassen.

## Bemerkenswerte neue Sippen.

***Schizomycetes.*** *Phycobacteriaceae.* *Sideronema* BEGER gen. nov. (1 Art, Deutschland) ist ein Eisenbakterium mit kokkenartigen Zellen in perlkettenartigem Verband mit Gallerthülle.

***Chrysophyceae.*** PASCHER (2) beschreibt mehrere neue Gattungen rhizopodialer Chrysophyceen.

***Chlorophyceae.*** *Tetrasporaceae.* PASCHER (1) beschreibt als neue Gattungen *Polychaetochloris* (mit 16 Geißeln) und *Chloremys* (mit flachen, brotlaibartigen Gehäusen). — *Volvocaceae.* *Hyalobrachion* SWINDELL gen. nov. (1 Art, England) ist saprophytisch; Chloroplasten fehlen, dadurch unterscheidet sie sich von der sonst ähnlichen *Brachiomonas*; von *Polytoma* ist sie durch ihre vierarmigen Zellen verschieden.

***Rhodophyceae.*** *Rhodomelaceae.* *Amplisiphonia* HOLLENBERG gen. nov. (1 Art, Kalifornien) ist verwandt mit *Placophora*, trägt aber die Tetrasporangien auf etwas modifizierten, flachen Thalluslappen.

***Ascomycetes.*** KIRSCHSTEIN beschreibt mehrere neue Gattungen. — *Hypocreaceae.* *Acrospermoides* MILLER et THOMPSON gen. nov. (1 Art, Nordamerika, auf *Morus rubra L.*) unterscheidet sich von *Acrospermum* durch kegelförmig zugespitzte Perithezien.

***Hemibasidii.*** *Pucciniaceae.* *Tegillum* MAINS gen. nov. (1 Art, Britisch Honduras, auf *Vitex*) gehört zu den *Oliveae* in die Verwandtschaft von *Olivea* Arthur, aber die Pykniden, Uredolager und Teleutolager sind subkutikular. — *Ypsilospora* CUMMINS gen. nov. (1 Art, Sierra Leone, auf *Baphia nitida*) ist verwandt mit *Sphenospora* Dietel. — *Cronartiaceae.* *Kweilingia* TENG gen. nov. (1 Art, China) ist verwandt mit *Chrysomyxa*, hat aber gefärbte Sporen und wachsartige Lager.

***Fungi imperfecti.*** *Mucedinaceae* (*Moniliaceae*). *Tritirachium* LIMBER gen. nov. (3 Arten; die Leitart auf *Yucca*-Wurzeln, Cuba) ist verwandt mit *Verticillium*, hat aber knickig hin und her gebogene Konidienäste.

***Bryophyta.*** *Jungermanniaceae-anacrogynae.* *Allisonia* HERZOG gen. nov. (1 Art, Neuseeland) gehört zu den *Haplolaenaceae*, deren systematische Verhältnisse HERZOG eingehend erörtert. — *Jungermanniaceae-acrogynae.* *Byssolejeunea* HERZOG gen. nov. (1 Art, Java) gehört zu den *Lejeuneaceae* in die Verwandtschaft von *Microlejeunea*, von der sie durch die einfachen, kleinen Amphigastrien abweicht. — *Heterolejeunea* SCHIFFNER gen. nov. (1 Art, Java) ist verwandt mit *Homalolejeunea*. — *Dicranaceae*. *Bryohumbertia* POTIER DE LA VARDE et THER. gen. nov. (1 Art, Afrika, Kivu) stimmt im Gametophyten mit *Metzlerella* Hag. überein, unterscheidet sich aber durch diözische Infloreszenzen, geschlitzte Haube, gekrümmte Kapsel und bis zur Hälfte ungeteilte Peristomzähne. — *Polytrichaceae*. *Pseudatrichum* REIMERS gen. nov. (1 Art, China) vermittelt zwischen *Atrichum* und *Pogonatum*; Ventrallamellen niedrig, $^1/_3$ der Lamina deckend, dorsal gezähnt.

***Butomaceae.*** *Elattosis* GAGNEPAIN gen. nov. (1 Art, Tonkin) ist bemerkenswert durch das Fehlen der Petalen und die Reduktion der Stamina auf 5 und der Karpelle auf 3—4.

***Gramineae.*** *Neesiochloa* PILGER (2) gen. nov. (1 Art, Brasilien) aus der Verwandtschaft von *Munroa* Torrey und *Tridens* R. et S.; Vorspelze seitlich zusammengedrückt, gekrümmt, mit zwei Haarbüscheln, Embryo groß, Hilum klein.

***Palmae.*** *Symphyogyne* BURRET (1) gen. nov. (1 Art, Malaiische Halbinsel) schließt sich an *Nannorhops* und *Livistona* an, aber Karpelle verwachsen, Spathen und Spathellen fehlen. — *Parascheelea* DUGAND (1) gen. nov. (1 Art, Colombia) unterscheidet sich von *Scheelea* durch verwachsene Petalen und 6 Stamina mit gedrehten Antheren.

***Caryophyllaceae.*** *Diaphanoptera* RECHINGER FIL. (1) gen. nov. (1 Art, Iran) ausgezeichnet durch einen dünnhäutigen, breit geflügelten Kelch, gehört zu den *Silenoideae-Diantheae*, wohl verwandt mit *Acanthophyllum*.

***Hippocrateaceae.*** LOESENER beschreibt drei neue Gattungen aus Kamerun. *Tristemonanthus* Loes. vermittelt einen Übergang zu den *Celastraceae*; sie ähnelt in mancher Beziehung *Campylostemon*. *Salacighia* Loes. und *Thyrsosalacia* Loes. sind mit *Salacia* verwandt.

***Icacinaceae.*** *Villaresiopsis* SLEUMER (3) gen. nov. (1 Art, Peru) unterscheidet sich von *Villaresia* R. et P. durch halbverwachsene Filamente und den Blütenstand.

***Sterculiaceae.*** *Veeresia* MONACHINO et MOLDENKE gen. nov. (1 Art, Mexiko) ist verwandt mit der asiatischen Gattung *Reevesia*, besitzt aber Staminodien.

***Apocynaceae.*** *Domkeocarpa* MARKGRAF gen. nov. (1 Art, Kamerun) mit synkarpen Früchten, sonst mit *Conopharyngia* D. Don verwandt.

***Acanthaceae.*** *Sciaphyllum* BREMEKAMP (7) gen. nov. (1 Art, nur aus der Kultur bekannt) gehört zu den *Odontonemeae* und ist charakterisiert durch die Form der Blüte.

## Nomenklatur.

Eine Liste von Gattungsnamen, die durch ältere Homonyme gefährdet sind und daher auf die Liste der Nomina generica conservanda gesetzt werden, veröffentlicht SPRAGUE. — MANSFELD (2) revidiert weiter die Nomenklatur der Farn- und Blütenpflanzen Deutschlands. In einem Verzeichnis der Farn- und Blütenpflanzen des Deutschen Reiches hat er (1) die nunmehr gültigen Namen der Gattungen und Arten zusammengestellt. — RESENDE (1) will systematisch-phylogenetische Gesichtspunkte in die Nomenklatur hineinbringen. Das haben alle Regeln bisher auf das ängstlichste vermieden, weil dann alle Pflanzennamen einer hoffnungslosen Unsicherheit anheimfallen würden.

## Systematische Floren. Abbildungswerke.

**Europa.** HUBER-PESTALOZZI, Das Phytoplankton des Süßwassers: Chrysophyceen, farblose Flagellaten, Heterokonten; mit Schlüsseln, Beschreibungen und vielen Abbildungen. — In RABENHORSTS Kryptogamenflora: GEMEINHARDT, *Oedogoniales* (abgeschlossen); KOLKWITZ und KRIEGER, *Zygnemales*; KEISSLER und

Köfarago-Gyelnik, *Lichenes-Cyanophili*; Müller (2), Lebermoose (Ergänzungsband). — Jensen, Laubmoosflora von Skandinavien. — Mansfeld, Verzeichnis der Farn- und Blütenpflanzen des Deutschen Reiches. — Komarov, Flora Rußlands, Bd. 10 bringt den zweiten Teil der *Rosaceae* (die *Rosoideae* und *Prunoideae*); von großen Gattungen sind enthalten: *Rubus* mit 42 Arten, *Potentilla* mit 148 Arten, *Alchemilla* mit 151 Arten, *Rosa* mit 64 Arten, Prunus wird in 8 Gattungen geteilt mit insgesamt 54 Arten. Die *Rosoideae* sind von Juzepczuk bearbeitet, die *Prunoideae* von Schischkin, Kovalev, Linczevski, Fedorov, Pojarkova, Komarov, Kostina und Kryshtofovicz. — Bordzilowskij und Lavrenko, Flora der Ukraine, Bd. 1 Pteridophyten und Gymnospermen, Bd. 2 Monocotyledonen bis zu den Cyperaceen. — Vavilov, Flora der kultivierten Pflanzen, Bd. 5 Die Faserpflanzen.

**Asien.** M. Nagai, Die marinen Algen der Kurilen. — Bornmüller, Symbolae ad floram Anatolicam: *Lythraceae* bis *Dipsacaceae*.

**Südamerika.** Pulle, Flora von Surinam, einige Familien der *Parietales*.

**Abbildungswerke.** In A. Schmidts Atlas der Diatomaceenkunde läßt Hustedt die Tafeln 433—448 nach Mikrophotographien erscheinen. — Die Pilze Mitteleuropas: eine Lieferung von Neuhoff und Knauth. — Pilat, *Polyporaceae* (*Trametes*, *Gloeophyllum*, *Fomes*). — Lange, Flora Agaricina Danica, Tafeln mit *Lactarius*, *Russula*, *Cantharellus* usw. — Ogata, Icones Filicum Japoniae, Bd. 8, Taf. 351—400. — Sugawara, Illustrierte Flora von Sacchalin, bringt in vier Bänden Habitusbilder mit Analysen. — Keller und Schlechter, Monographie und Iconographie der Orchideen Europas und des Mittelmeergebietes, 1 Heft Nachträge und Register, 4 Hefte Abbildungen. — Herter, Illustrierte Flora von Uruguay, zwei Hefte Habitusbilder ohne Beschreibungen.

## Literatur.

Abbayes, H. des: Bull. Soc. Sci. Bretagne **16**, Fasc. hors série no. 2, 156 S., 2 Taf., 49 Textabb. — Anderson, Edgar: Bull. Torrey bot. Club **67**, 363—369 (1940).

Bartlett, H. H.: Bull. Torrey bot. Club **67**, 349—362 (1940). — Beadle, G. W.: J. Hered. **30**, 245 (1939). — Beger, H.: Zbl. Bakter. II **103**, 321—325 (1941). — Bernath, E. L.: Las hayas australes o antarcticas de Chile, 43 S., 26 Abb., 11 Taf. Santiago de Chile 1940. — Bertrand, P.: Bull. Soc. bot. France **87**, 1—11 (1940). — Bordzilowskij, E., u. E. Lavrenko: Flora RSS UCR (Flora Reipublicae Sovieticae Socialisticae Ucrainicae) **1**, Kioviae 1938, 200 S.; **2**, Kioviae 1940, 589 S. — Bornmüller, J.: Feddes Repert. spec. nov. Beih. **89**, 2. Lief. 6, mit 4 Taf. Berlin 1941. — Bremekamp, C. E. B.: (1) Englers bot. Jb. **71**, 200 bis 227 (1940). — (2) J. Arnold Arboretum **21**, 25—31 (1940). — (3) Ebenda **21**, 32—47 (1940). — (4) Rec. Trav. bot. néerl. **37**, 171—197 (1940). — (5) Ebenda **37**, 198—236 (1940). — (6) Ebenda **37**, 237—278 (1940). — (7) Ebenda **37**, 293 bis 300 (1940). — Buchet, S.: Bull. Soc. bot. France **86**, 278—280 (1939). — Buchholz, J. T.: Bull. Torrey bot. Club **67**, 731—754, 44 Abb. (1940). — Burret, M.: (1) Notizbl. bot. Gart. Mus. Berlin-Dahlem **15**, 316 (1941). — (2) Ebenda **15**, 479—550 (1941).

Camp, W. H.: Bull. Torrey bot. Club **67**, 381—389 (1940). — Chen, Pan-Chieh: Hedwigia (Dresden) **80**, 1—76 (1941). — Chiarugi, A.: N. Giorn. Bot. Ital., n. ser. **47**, 519 (1940). — Ciferri, R.: Ebenda **47**, 424—434 (1940). — Copeland, H. F.: Madroño **5**, 209—218 (1940). — Croizat, L.: J. Arnold Arboretum **21**, 397—404 (1940). — Cummins, G. B.: Bull. Torrey bot. Club **68**, 47 (1941). — Cugnac, A. de: Bull. Soc. bot. France **86**, 409—419 (1939). — Cufodontis, G.: Österr. bot. Z. **89**, 211—251 (1940).

Dadswell, H. E., u. A. M. Eckersley: The wood anatomy of some Australian Lauraceae. Bull. **132**, Council for Sci. and Ind. Research, Melbourne 1940, 48 S., 8 Taf. — Danser, B. H.: Nova Guinea, n. ser. **4**, 133—150 (1940). — Dengler, A.: Mitt. Hermann-Göring-Akad. dtsch. Forstwiss. **1**, 87—102 (1941). — Ducke, A.: (1) Tropical Woods **62**, 21—28 (1940). — (2) As Leguminosas da Amazonia brasileira. Rio de Janeiro 1939. Minist. Agric., Serv. Florest., 170 S. — Dugand, A.: (1) Caldasia (Bogota) **1**, 10—13, Fig. 4—5 (1940). — (2) Ebenda **1**, 20—84, Fig. 6—13 (1940).

Ewan, J.: Rhodora **41**, 302—313 (1939).

Fagerlind, F.: Sv. bot. Tidskr. **34**, 334—354 (1940). — Fernald, M. L.: Rhodora **42**, 239—246 (1940). — Florin, R.: Kungl. Sv. Vet. Akad. Handl., 3. ser. **19**, Nr. 2, 1—107 (1940). — Freisleben, R.: (1) Kühn-Archiv **54**, 295—368 (1940). — (2) Angew. Bot. **22**, 105—132 (1940). — (3) Der Züchter **12**, 257—272 (1940). — Fries, R. E.: Sv. bot. Tidskr. **34**, 400—408 (1940). — Fulford, M.: Bull. Torrey bot. Club **68**, 32—42 (1941).

Gagnepain, F.: Bull. Soc. bot. France **86**, 301 (1939). — Gäumann, E.: Z. Bot. **35**, 433—513 (1940). — Gemeinhardt, K.: In: Rabenhorsts Kryptogamenfl. von Deutschland und der Schweiz **12**, Abt. 4, Lief. 3 (1940). — Gilly, Ch.: Bull. Torrey bot. Club. **68**, 20—31 (1941). — Glück, H.: Englers bot. Jb. **71**, 267—336, 2 Taf. (1940). — Gregor, J. W.: New Phytologist **38**, 293—322 (1939). — Greenman, J. M.: Bull. Torrey bot. Club **67**, 371—374 (1940). — Gugerli, K.: Monographie der Myrtaceengattung Xanthostemon. In: Feddes Repert. spec. nov. Beih. **120**, 149 S., 16 Taf. Berlin 1940. — Guillaumin, A.: Bull. Soc. bot. France **86**, 275—278 (1939). — Györffy, B.: Der Züchter **12**, 139—149 (1940).

Handel-Mazzetti, H.: (1) Acta Horti Gotoburg. **13**, 64—132, 136—167, 183—219 (1940). — (2) Ebenda **13**, 353—380 (1940). — Hassib, Mohammed: Fouad Univ. Publ. **3**, 1—173, 65 Textfig. (1938). — Heimsch, Ir., Ch.: J. Arnold Arboretum **21**, 279—291 (1940). — Helmqvist, Hakon: Studien über die Abhängigkeit der Baumgrenzen von den Temperaturverhältnissen unter besonderer Berücksichtigung der Buche und ihrer Klimarassen, 247 S. Lund 1940. — Herter, G.: Flora illustrada del Uruguay, 48 Taf. Montevideo 1940; auch in Feddes Repert. spec. nov. Beih. **118**, Berlin 1939—1940. — Herzog, Th.: Hedwigia (Dresden) **80**, 77—86 (1941). — Hirschhorn, E.: Darwiniana **3**, 347—418, 6 Taf. (1939). — Hollenberg, G. I.: Bot. Gaz. **101**, 380—390 (1939). — Huber-Pestalozzi, G.: Das Phytoplankton des Süßwassers, Systematik und Biologie, 2. Teil, 1. Hälfte; in A. Thienemann, Die Binnengewässer **16**, 366 S. Stuttgart 1941.

Jensen, C.: Skandinaviens Bladmossflora, 535 S. København 1939. — Johnston, M.: J. Arnold Arboretum **21**, 336—355 (1940).

Kalela, Aarno: (1) Zur Synthese der experimentellen Untersuchungen über Klimarassen der Holzarten. Comm. Inst. Forest. Fenniae **24**, 5, 445 S. Helsinki 1937. — (2) Ann. Acad. Sci. Fennicae, Ser. A **54**, Nr. 5, 6—35, 9 Abb. (1940). — Keissler, K. v., u. V. Köfarago-Gyelnik: In Rabenhorsts Kryptogamenfl. von Deutschland und der Schweiz **9**, Abt. II, Teil 2, Lief. 1—2 (1940). — Keller, G., u. R. Schlechter: Feddes Repert. spec. nov. Sonderbeih. **A 5**, Bd. **2**, Lief. 11—12 (1940); Bd. **5**, Lief. 7—10 (1940), Lief. 11—14 (1941). — Kihara, H.: Der Züchter **12**, 49—62 (1940). — Kimura, Y.: Tokyo Bot. Mag. **54**, 79—88 (1940). — Kirschstein, W.: Hedwigia (Dresden) **80**, 119—137 (1941). — Kitamura, Siro: Mem. Coll. Sci. Kyoto Imp. Univ., Ser. B **15**, Nr. 3, 285—446, 11 Taf. (1940). — Klokow, M., u. N. Shostenko: Proc. Bot. Inst. Univ. Kharkow **3**, 107—157 (1938). — Kolkwitz, R., u. H. Krieger: In Rabenhorsts Kryptogamenfl. von Deutschland und der Schweiz **13**, 2. Abt., Lief. 1—2 (1941). — Komarov, V. L.: Flora URSS. (Flora Unionis Rerumpublicarum Sovieticarum Socialisticarum) **10**, Mosqua 1941, 673 S., 38 Taf. — Kostoff, D.: (1) Polyploidy and its Role in Evolution and Plant Breeding, 85 S. Sofia 1941. — (2) Genetica ('s-Gravenhage)

22, 215—230 (1940). — KRAUSE, JOHANNES: Beitr. Biol. Pflanz. 27, 1—91 (1940). — KRISHNASWAMY, N.: Bot. Zbl. A 60 (Beih.), 1—56 (1940). — KÜKENTHAL, G.: Feddes Repert. spec. nov. 48, 49—72, 195—250 (1940). — KYLIN, H.: Sv. bot. Tidskr. 34, 301—314 (1940).

LANG, A.: Bibl. Bot. 118, 94 S. Stuttgart 1940. — LANGE, J. E.: Flora Agaricina Danica 5, Copenhagen 1940—41, 105 S., Taf. 161—200. — LANGE-DE LA CAMP, M.: Landw. Jb. 88, 14—133 (1939). — LANGHAM, D. G.: Genetics 25, 88 (1939). — LEHMANN, E.: J. Bot. 89, 461—542 (1940). — LETTAU, G.: In Feddes Repert. spec. nov. Beih. 119, 2—3, 45—202. Berlin 1940. — LIMBER, D. P.: Mycologia (N. Y.) 32, 23—30 (1940). — LOESENER, TH.: Feddes Repert. spec. nov. 49, 226 (1940).

MAEKAWA, F.: J. Fac. Sci. Imp. Univ. Tokyo Sect. III Bot. 5, Part 4, 317 bis 425, 110 Abb. (1940). — MAGNUSSON, A. H.: Acta Horti Gotoburg. 14, 1—35 (1940). — MAINS, E. B.: Bull. Torrey bot. Club 67, 705—709 (1940). — MANSFELD, R.: (1) Ber. dtsch. bot. Ges. 58 a, 1—323 (1940). — (2) Feddes Repert. spec. nov. 48, 257—267; 49, 41—51 (1940). — MANZA, A. V.: Philippine J. Sci. 71, 239—316, Taf. 1—20 (1940). — MARKGRAF, FR.: Notizbl. bot. Gart. Mus. Berlin-Dahlem 15, 421 (1941). — MATTICK, F.: Feddes Repert. spec. nov. 49, 140—168 (1940). — MAURITZON, J.: Lunds Univ. Årsskr., N. F. Avd. 2 35, Nr. 15, 70 S. (1939). — MCLARTY, D. A.: Bull. Torrey bot. Club 68, 49—66 (1941). — MCVAUGH, R.: Ebenda 67, 778—798 (1940). — MELCHIOR, H.: Notizbl. bot. Gart. Mus. Berlin-Dahlem 15, 423—447 (1941). — MILLER, J. H., u. G. E. THOMPSON: Mycologia (N. Y.) 32, 12 (1940). — MIWA, T.: Jap. J. Bot. 11, 41—127 (1940). — MOLDENKE, H. N.: Feddes Repert. spec. nov. 48, 16—29; 49, 91—139 (1940). — MONACHINO, J.: Bull. Torrey bot. Club 67, 620—21 (1940). — MÜLLER, KARL: (1) Hedwigia (Dresden) 80, 90—102 (1941). — (2) In RABENHORSTS Kryptogamenfl. von Deutschland und der Schweiz 6, Erg.-Bd. (1940).

NAGAI, MASAJI: J. Fac. Agric. Hokkaido Imp. Univ. 46, 1—137 (1940). — NEUHOFF, W., u. B. KNAUTH: Die Pilze Mitteleuropas 2, Lief. 10. Leipzig 1940. — NIKOLITSCH, M. D.: Entstehung der Hauptgerstenarten, 102 S., 42 Abb. Neudamm und Berlin 1939.

OEHLKERS, F.: Ber. dtsch. bot. Ges. 58, 76—91 (1940). — OGATA, M.: Icones Filicum Japoniae 8. Tokyo 1940. — OOSTSTROOM, S. J. VAN: Blumea 3, 481—582 (1940). — OU, S. H.: Sinensia 11, 33—57 (1940).

PASCHER, A.: (1) Bot. Zbl., Abt. A 60 (Beih.), 135—156 (1940). — (2) Arch. Protistenkde 93, 331—349 (1940). — PILAT, A.: Polyporaceae. In CH. KAVINA u. A. PILAT: Atlas des Champignons de l'Europe, Ser. B, Fasc. 22—27. Praha 1940—41. — PILGER, R.: (1) Gramineae III. In ENGLER-PRANTL: Die Natürlichen Pflanzenfamilien, 2. Aufl. 14e. Leipzig 1940. 208 S., 106 Fig. — (2) Feddes Repert. spec. nov. 48, 119 (1940). — POELLNITZ, K. v.: (1) Ebenda 48, 80—113 (1940). — (2) Ebenda 48, 174—195 (1940). — (3) Ebenda 48, 293—296 (1940). — (4) Ebenda 49, 58—65 (1940). — (5) Ebenda 49, 215—224 (1940). — PONZO, A.: N. Giorn. Bot. Ital., n. ser. 47, 468—473 (1940). — POPOV, M. G.: Nouv. Mém. Soc. Nat. Moscou 19, 1—166 (1940). — POTIER DE LA VARDE, R.: Bull. Soc. bot. France 86, 422—424, m. Abb. (1939). — PRINTZ, H.: Nytt Magas. Naturvidensk. 80, 137—210 (1939). — PULLE, A.: Flora of Suriname III, 1. Amsterdam 1941.

RECHINGER, FIL., K. H.: (1) Feddes Repert. spec. nov. 48, 41—43 (1940). — (2) Österr. Bot. Z. 89, 257—299 (1940). — RECORD, S. J., u. R. W. HESS: Tropical Woods 63, 9—38 (1940). — REDINGER, K.: Arkiv för Bot. 29 A, Nr. 19, 1—52 (1940). — REMSBERG, R. E.: Mycologia (N. Y.) 32, 52—96, 58 Abb. (1940). — REIMERS, H.: Notizbl. bot. Gart. Mus. Berlin-Dahlem 15, 399 (1941). — RESENDE, F.: (1) Feddes Repert. spec. nov. 48, 113—116 (1940). — (2) Bol. Soc. Broteriana, 2. sér. 14, 189—201 (1940). — RISCH, R.: Verh. bot. Ver. Prov. Brandenburg 80, 21—36 (1940). — RÖDER, K.: Kühn-Archiv 54, 1—131, 155 Abb.

(1939). — ROLLINS, R. C.: Rhodora **41**, 392—415 (1939). — ROSSBACH, R. P: Rhodora **42** (1940).

SAKURAI, K.: Tokyo bot. Mag. **54**, 167—177 (1940). — SCHIEMANN, E.: (1) Englers bot. Jb. **71**, 1—31 (1940). — (2) Ebenda Lit. S. 10—12. — SCHIFFNER, V.: Hedwigia (Dresden) **80**, 87—89 (1941). — SCHLITTLER, J.: Monographie der Liliaceengattung Dianella Lam. Mitt. bot. Mus. Zürich **163**, 283 S., 35 Taf. Zürich 1940. — SCHMIDT, A.: Atlas der Diatomaceenkunde, H. 109—112 (1940). — SCHWEINFURTH, CH., u. D. S. CORRELL: Bot. Mus. Leaflets Harvard Univ. **8**, 109—119 (1940). — SENN, H. A.: Rhodora **41**, 317—367 (1939). — SHERFF, Earl E.: Bull. Torrey bot. Club **67**, 375—380 (1940). — SKOTTSBERG, C.: Acta Horti Gotoburg. **13**, 451—528 (1940). — SLEUMER, H.: (1) Englers bot. Jb. **71**, 138—168 (1940). — (2) Ebenda **71**, 375—510 (1940). — (3) Notizbl. bot. Gart. Mus. Berlin-Dahlem **15**, 232 (1940). — SMITH, C. A.: Bothalia **3**, 613 (1939). — SOUÈGES, R.: Bull. Soc. bot. France **86**, 289—297 (1939). — SPRAGUE, T. A.: Kew Bull. **1940**, 81—134. — STEBBINS, G. L.: (1) Mem. Torrey bot. Club **19**, 1—76 (1940). — (2) Indian Forest Rec., new ser., Bot. **1**, 243 (1939). — STERNER, R. Acta Horti Gotoburg. **14**, 109—142 (1940). — STRELKOVA, O.: (1) Trudy petergof. biol. Inst. **16**, 135 (1938); Der Züchter **12**, 99 (1940). — (2) Ebenda 154 bzw. 103. — SUGAWARA, SHIGEZO: Illustrated Flora of Saghalien, 4 Bde, 892 Taf. 1937 bis 1940. — SWINDELL, NELLIE: New Phytologist **38**, 335—339 (1939).

TAGAWA, MOTOZI: Acta Phytotaxon. et Geobot. Kyoto **9**, 119—138 (1940). — TANAKA, N.: Tokyo bot. Mag. **53**, 480—488 (1939). — TARNAVSCHI, J. T.: Acad. Roumaine Bull., Sect. Sci. **23**, 383—394 (1941). — TENG, S. C.: Sinensia **11**, 124 (1940). — TERAO, H., u. U. MIDUSIMA: Jap. J. Bot. **10**, 213—258 (1939).

VAVILOV, N. J.: Flora of cultivated Plants. V. Fiber Plants, 315 S. Moskow 1940.

WALKER, E. H.: Philippine J. Sci. **73**, 1—258 (1940). — WEIMARCK, H.: Sv. bot. Tidskr. **34**, 355—372 (1940). — WETTSTEIN, F. VON: Ber. dtsch. bot. Ges. **58**, 374—388 (1940). — WOLF, H.: Verh. naturhist.-med. Ver. Heidelberg **18**, 362—440. — WULFF, H. D.: Planta (Berl.) **31**, 478—491 (1940).

ZIEGENSPECK, H.: Feddes Repert. spec. nov. Beih. **123**, 56 S., 14 Taf. Berlin 1941.

# 5. Paläobotanik.

Von **Max Hirmer**, München.

Mit 27 Abbildungen.

**Vorbemerkung.** Der diesjährige Bericht umfaßt die Arbeiten der Jahre 1936—1941, soweit sie sich auf die Pflanzen des Paläozoikums erstrecken. Dabei sind lediglich die die Morphologie und Systematik der paläozoischen Pflanzen betreffenden Abhandlungen berücksichtigt, während auf die pflanzengeographischen und stratigraphischen Arbeiten, insoweit diese nicht bereits in Fortschr. Bot. 7 zum Referat gelangt sind, im nächsten Band dieser Fortschritte zurückzukommen sein wird. Wie die Darstellung zeigt, hat die Morphologie der paläozoischen Pflanzen durch die Arbeiten der letzten 5 Jahre nach allen Seiten hin wesentlichen Ausbau erfahren. In erster Linie sind hervorzuheben die Arbeiten über die primitiven Lycopodiales sowie über Sigillaria, die Funde an Protoarticulates und Protofilicales des Devons sowie an den unter den paläozoischen Farnen so eigentümlichen Coenopteridineen, die Erkenntnis der neuen Filicalesgruppe der Noeggerathiineen und ihrer Oberdevonvorläufer, und schließlich die Klärung der Morphologie der paläozoischen Koniferenblüten.

## Pteridophyta.

Vorausgreifend ist auf das von Verdoorn (1938) herausgegebene Manual of Pteridology zu verweisen. Das Werk umfaßt auch eingehendere Darstellungen über fossile Pflanzen. Über die allgemeine Morphologie und Anatomie der lebenden wie der fossilen Pflanzen berichten zwei von Schoute (1938 A u. B) bearbeitete Abschnitte. Die *Psilophytales* und die von ihnen aus zu den höheren Pteridophyten-Gruppen überleitenden Formen hat Kräusel, die *Lycopodiales* Walton bearbeitet; die Darstellung der Abschnitte über die *Articulatales*, *Ficiales*, *Pteridophyta incertae sedis*, sowie über die allgemeine Geographie und zeitliche Verbreitung der fossilen Pteridophyten ist von Hirmer (1938 B—D u. 1938 A) durchgeführt; desgleichen auch die Bearbeitung der lebenden *Psilotales* und ihrer Beziehungen zu den übrigen Pteridophyten. Den Abschluß des Werkes bildet der Abschnitt über die Phylogenie der Pteridophyten von Zimmermann. Im Ganzen ist das Werk in der umfassenden Bearbeitung aller Peridophyten-Probleme, nicht nur der systematischen, morphologischen und pflanzengeographischen, sondern auch der physiologischen und zytologischen eine begrüßenswerte Bereicherung der Literatur. Der Wunsch des Herausgebers, den Umfang des Werkes mit nur 618 Seiten Text so knapp wie möglich zu halten, hat freilich zu einem bedauernswerten Verzicht von Abbildungen in vielen Kapiteln geführt, insbesondere die Abschnitte über die fossilen Pflanzen leiden unter dem gänzlichen Mangel an Abbildungen.

## Psilophytales.

Eine knappe systematische Übersicht gibt KRÄUSEL (1938) im Manual of Pteridology. Eine gute Darstellung der morphologischen Probleme, die die *Psilophytales* und die primitivsten und ältesten *Lycopodiales*, sowie *Articulatales* und *Filicales* betreffen, hat HØEG (1937) veröffentlicht. In ähnlicher Richtung bewegt sich der Vortrag von KRÄUSEL (1936) über rheinische Devon-Floren.

Von Spezialuntersuchungen und Neufunden sind folgende hervorzuheben.

LANG (1937) macht aus dem britischen Downtonian, d. i. den die ältesten Landpflanzenreste enthaltenden Schichten Europas, die, wenn auch schon bis an das älteste Unterdevon heraufreichend, doch zum guten Teil noch prädevonisch sind, die neue Gattung ***Cooksonia*** LANG mit zwei Arten bekannt. Es handelt sich um Pflanzen mit gabelig verzweigten Lichtsprossen, die in der Art derer von *Rhynia* völlig nackt sind und mit einem endständigen Sporangium abschließen. Tracheiden im Zentralzylinder der Sprosse nachgewiesen. Für die eine Art, *C. Pertoni* LANG, sind die in Tetraden entwickelten, mit dreistrahliger Keimnarbe versehenen Sporen bekannt; Durchmesser 25—37,5 $\mu$. Längere und mehr eiförmige Sporangien hat *C. hemisphaerica* LANG, während *C. Pertoni* durch auffällig kurze und breite, in der Seitenansicht fast umgekehrt dreieckig erscheinende Sporangien ausgezeichnet ist. Damit erinnern die Sporangien dieser Art sehr an die nunmehr gleichfalls als Sporangien gedeuteten endständigen Bildungen an den Achsen von *Sciadophyton* STEINMANN (vgl. KRÄUSEL [1936 u. 1938]). Gleichfalls aus dem britischen Downtonian sind Reste bekannt, die mit ***Zosterophyllum*** DAWSON verglichen werden.

In den Verwandtschaftsbereich gewisser Psilophytales dürften auch die im einzelnen noch recht ungeklärten *Pectinophyton* HØEG (Mitteldevon) und *Barinophyton* WHITE (Oberdevon) gehören, worüber HØEG (1935A), KRÄUSEL u. WEYLAND (1938B u. 1941) sowie ARNOLD (1939A) berichten. Es handelt sich allem Anschein nach um fruktifizierende Teile, bei welchen die einzelnen sporangientragenden Abschnitte (vielleicht sind es nur Sporangien) entweder dicht gedrängt alternierend-zweizeilig (so bei *Barinophyton*) oder zufolge sympodialer Verkettung mehrfacher Gabelteilungen nur nach der einen Seite hin fiedrig übereinandergestellt getragen werden (*Pectinophyton*). Eine Form, bei der die betreffenden Organe allseitig an der Achse entstehen, die aber sonst dem *Barinophyton* sehr ähnelt, ist *Barinostrobus* KRÄUSEL u. WEYLAND (1941) (Oberdevon).

In Hinblick auf das Zusammenvorkommen von *Pectinophyton* mit den nackten *Hortimella*- wie den bedornten *Thursophyton*teilen des „*Asteroxylon*" *elberfeldense* KR. und WLD. liegt nahe, es als dessen sporangientragenden Teil anzusprechen.

Aus dem unteren Mitteldevon von Elberfeld beschreiben KRÄUSEL u. WEYLAND (1938B) ***Psilophyton pubescens*** **KR.** u. **WLD.** Erhalten ist eine starke fein bedornte Achse, die gabelteilen kann und außerdem in monopodialer Stellung schmälere, ihrerseits mehr minder gabelig verzweigte dünnere Achsensysteme trägt; diese selbst schließen an den Enden ihrer feinsten Gabelzweige mit Sporangien ab. Referent kann sich der Ansicht der Autoren, daß die starken Achsen Rhizome seien, nicht anschließen, sondern hält die Pflanze für aufrecht wachsend und ausgezeichnet durch starke Verzweigung, wobei gabelige und monopodiale Verzweigung zusammen auftreten.

Eine Nachuntersuchung von ***Sporogonites exuberans*** HALLE aus dem Unterdevon von Norwegen (Röragen) gibt HALLE (1936A). Die Streifung an der Kapseloberfläche ließ vermuten, daß es sich nicht um ein einzelnes Sporangium, sondern um eine synangiale Sporangienzusammenfassung in der Art des von *Yarravia* (vgl. Fortschr. Bot. 5, 72/73) Bekannten handle. Dem ist aber nicht so. *Sporogonites* besitzt ein einfaches endständiges Sporangium. Das Eigentümliche ist, daß etwa die unteren $^2/_5$ des Sporangiums aus sterilem Gewebe bestehen und im fertilen Sporangiumteil die Sporen anscheinend, ohne daß es zu einer Columellabildung käme, gegen die Sporangiumperipherie und unter Freilassung eines leeren Mittelraumes gehäuft sind. Dieses kann aber rein durch die Fossilisation bedingt sein und braucht keine primäre Erscheinung sein, genau so wie sich im Falle schlechter Fixierung bei lebenden Sporangien in der Mitte des Sporangiums leicht ein leerer Raum bildet und die Sporen sich gegen den Rand zu drängen.

***Arachnoxylon Kopfi*** (ARNOLD) beschreibt READ (1938A) aus dem Mitteldevon von Buffalo, USA.; anatomisch mag sie eine Übergangsbildung zwischen der Psilophytale *Asteroxylon* und primitiven Farnen wie *Zygopteris* und ähnlichen sein.

Unter ***Orestovia Petzii*** ERG. und ***O. devonica*** ERG. beschreibt ERGOLSKAYA (1936A u. B) aus den angeblich mitteldevonischen Barzaskohlen des Kusnetzk-Beckens Pflanzen, die *Taeniocrada* sehr nahe stehen, insbesondere *T. dubia* KR. u. WLD.

Nomenklatorisch ist zu erwähnen, daß nach BARGHOORN u. DARRAH *Hornea* in ***Horneophyton*** **BARGH.** u. **DARRAH** umzunennen ist.

## Lycopodiales.

Eine zusammenfassende Darstellung der fossilen Formen gibt WALTON (1938) im Manual of Pteridology.

### Älteste Typen:

Über primitive Angehörige dieser Gruppe, die zum Teil noch in Beziehung zu manchen der bedornten *Psilophytales* zu stehen scheinen, berichten eine Anzahl Autoren. Mangels Kenntnis der Sporophyll- bzw. Blütenbildung ist noch ziemlich unklar ***Blosenbergia*** **GALLW.** u. **GOTH.** aus dem Oberdevon des Vogtlandes (vgl. GALLWITZ u. GOTHAN [1939]) und ***Protolepidodendropsis*** **GOTH.** u. **ZIMMERM.** (vgl. GOTHAN u. ZIMMERMANN [1937]); gleiches gilt für ***Gilboaphyton*** **ARNOLD** aus dem Mitteldevon von New York (vgl. ARNOLD [1937A]); letztere Gattung steht nach Auffassung des Referenten, zum mindesten habituell, der *Archaeosigillaria Vanuxemi* (GOEPPERT), die noch bis ins Unterkarbon geht, nahe.

Bezüglich ***Protolepidodendron*** KREJCI liegen die Dinge seit KRÄUSEL u. WEYLAND (1932) (vgl. Fortschr. Bot. 2, 84) klar. Das Wesentliche ist, daß die Blätter (bei den einzelnen Arten verschieden nahe der Spitze) gabelgeteilt sind und daß in den oberen Teilen der an Rhizomen entspringenden Lichtsprosse ähnlich gebaute (aber nicht zu

Blüten zusammengefaßte) Sporophylle stehen, die in annähernd der Mitte zwischen Sporophyllbasis und Gabelungsstelle das flächenständig aufsitzende, wohl isospore Sporangium tragen. Die ursprünglich aus dem Unter- und Mitteldevon Mitteleuropas bekannte Gattung ist mittlerweile von HALLE (1936B) an Hand von *Pr. Scharyanum* KREJCI in sehr wohl erhaltenen Resten auch aus dem Mitteldevon von Yunnan und in neuester Zeit auch durch KRÄUSEL u. WEYLAND (1940) aus dem Devon von Queensland bekannt geworden. Im ganzen kennt man von dieser zufolge der Gabelteilung der Blätter interessanten Gattung sonst noch lediglich das unterdevonische bisher nur im Rheinland gefundene *P. wahnbachense* KR. u. WLD.

Alles was sonst in der Literatur unter *Protolepidodendron* geht, gehört nicht hierher. Dies gilt auch für den von SZE (1936A) aus dem Devon von Hunan (China) beschriebenen verhältnismäßig dicken Stammrest. Bedauerlich ist, daß JONGMANS (in JONGMANS, GOTHAN und DARRAH [1937]) die Gattung noch mit *Lepidodendropsis* LUTZ in Beziehung zu bringen erwägt, was gar nicht in Frage kommt, indem die Blätter von *Lepidodendropsis* einfach und ungeteilt sind.

Dagegen gehören in den engeren Verwandtschaftsbereich von Protolepidodendron noch ***Eleutherophyllum*** STUR und ***Prolepidodendron*** ARNOLD. Für *Eleutherophyllum* haben GOTHAN u. ZIMMERMANN (1936) erwiesen, daß die Pflanze gleichfalls gegabelte Blätter hat. Für *Prolepidodendron* gilt nach ARNOLD (1939A), daß die Blätter dieser aus dem Oberdevon der östlichen USA. stammenden Gattung, doppelte Blattspur besitzen und gegen die Spitze hin keilförmig verbreitert sind, was noch als Rest einer Gabelteilung anzusehen sein dürfte. Bezüglich des Besitzes einer Ligula ist für diese Pflanzen nichts bekannt. Eine solche soll möglicherweise vorhanden sein bei ***Lepidophloeum*** DAWSON, einer Gattung, die in zwei Arten, eine im Oberdevon Nordamerikas (Perry-Becken) (vgl. KRÄUSEL u. WEYLAND [1941]), eine im Paläozoikum von Queensland bekannt ist. Die Blätter haben annähernd Schildform und in Seitenansicht erscheinen sie T-förmig. Sie konnten offenbar die Sporangien tragen, aber ohne daß es zu eigentlicher Blütenbildung gekommen wäre.

Die bereits oben gestreifte Gattung ***Lepidodendropsis*** LUTZ ist ursprünglich auch dem Unterkarbon Nordbayerns beschrieben, nunmehr jedoch durch JONGMANS, GOTHAN und DARRAH (1937) in einer Anzahl Arten aus dem Unterkarbon (Pocono-Schichten) der östlichen USA. festgestellt. In diese Gattung gehört *Heleniella Theodori* ZALESSKY, womit hinwiederum auch *Helenia similis* Zal. und *H. bellula* Zal. aus dem Oberdevon des Donetz-Beckens ident sind. Die übrigen von ZALESSKY beschriebenen *Helenia*-„Arten" sind unbestimmbare subepidermale Erhaltungszustände; seine übrigen *Heleniella*-„Arten" gehören zur *Rhytidolepis*-Gruppe der Gattung *Sigillaria.*

Die Organstellung vieler der obengenannten Formen folgt zweifellos den Schraubelwirtelstellungen, über die in Fußnote 1 S. 62 eingehender berichtet ist. Eine primitive Lycopodiale haben endlich noch

KRÄUSEL u. WEYLAND (1937) aus dem untersten Oberdevon der Eifel beschrieben. Es ist ***Lycopodites oosensis*** **KR. u. WLD.** Wie schon der Name andeutet, ähnelt die Pflanze weitgehend lebenden Lycopodiumarten. Stämmchen gabelig verzweigt, bis 1,5 mm dick; Blätter schraubig gestellt, spatelförmig und an der Basis verdickt, mit zentralem Gefäßbündel. Außer sterilen Laubsprossen sind fertile Sprosse bekannt. Sporophylle mit einem achselständig aufsitzenden, höchstwahrscheinlich isosporen Sporangium. Sporen zu Tetraden vereinigt, 90—120 $\mu$ im Durchmesser.

Um reichlich unklare, wenn auch wohl lycopodialesartige Reste handelt es sich bei den von MÄGDEFRAU (1936) aus dem Oberdevon von Thüringen unter *Cyclostigma spec. div.* sowie *Heleniella Theodori* ZAL. beschriebenen Resten. Sie dürften (vgl. diesbezüglich auch GOTHAN in GALLWITZ u. GOTHAN (1939) nichts mit *Heleniella* und auch keinesfalls etwas mit *Cyclostigma* zu tun haben.

## Lepidophyta.

***Sigillaria*** **BRONGNIART.** BOCHENSKI (1936 u. 1939) hat einige Arten von *Sigillaria*-Blüten (***Sigillariostrobus*** **SCHIMPER**) untersucht und dabei eine Anzahl von noch im betreff dieser Blüten schwebender Fragen geklärt, bzw. zum mindesten für die von ihm bearbeiteten Arten exakte Unterlagen gegeben. Es handelt sich um Material aus dem Oberkarbon (Westfal) von Oberschlesien. Alle drei untersuchten Arten haben unisexuelle Blüten: es finden sich entweder nur völlig männliche oder völlig weibliche Blüten. Für mindestens eine der drei Arten: *S. rhombibracteatus* KIDSTON ist auch so gut wie sichergestellt, daß männliche und weibliche Blüten auf verschiedenen Bäumen getragen wurden, die Art also diözisch war. Alle drei untersuchten Arten: *S. Czarnockii* BOCHENSKI, *S. rhombibracteatus* KIDSTON und *S. ciliatus* KIDSTON sind durch lange (bei *S. rhombibracteatus* über 20 cm lange), schlanke, an mehr minder langen Stielen etwas hängend getragene Blüten ausgezeichnet und erreichen bei *S. ciliatus* bis gegen 25 cm Länge. Die Mikrosporangien der männlichen Blüten besitzen jeweils eine große Anzahl von Mikrosporen, indes die Megasporangien der weiblichen Blüten aller drei Arten jeweils nur drei Megasporentetraden aufweisen.

Die Größenverhältnisse sind folgende:

*S. Czarnockii*: Mikrosporen 50—70 $\mu$
Megasporen 1,1—2,7 mm (meist 2,2) (Typ *Triletes*)

S. *rhombibracteatus*: Mikrosporen 35—50 $\mu$
Megasporen 0,5—0,9 mm

*S. ciliatus*: Mikrosporen 50—70 $\mu$
Megasporen 1,2—2,9 (meist 1,5) mm (Typ *Triletes*).

Fällt schon die beträchtlich schwankende Größe der Megasporen auf, so gilt vor allem noch weiterhin, daß sich noch abortive Megasporen, die das Normalmaß unterschreiten, in beträchtlicher Anzahl finden und zwar sowohl derart, daß innerhalb einer der drei Tetraden des Sporangiums die eine oder andere Tetrade 1—3 abortive Megasporen haben kann oder daß sogar die ganze Tetrade abortiert. Besonders auffällig ist die enorme Größenschwankung bei *S. ciliatus*, wo die Durchschnittsgröße von 1,5 mm mit Sporen von 2,9 mm Größe um nahezu das Doppelte übertroffen wird. Derartige Sporen erreichen ihre abnorme Größe vermutlich unter Degenerierung der übrigen drei Tetradengonen. Es werden auf diese Weise also Verhältnisse angebahnt, die dahin abzielen, daß innerhalb der Tetrade nur noch eine der 4 Gonen zur Reife gelangt, was BOCHENSKI (1936) z. B. für *Lepidostrobus maior* (BGT.) (vgl. Fortschr. Bot. 6, 71, 72) nachwies, wo allerdings im Megasporangium überhaupt nur noch eine Tetradenanlage vorhanden ist. Im ganzen zeigen die genannten Schwankungen, daß die Megasporenbildung bei den genannten Sigillariostroben noch nicht zu einem völligen Ausgleich gekommen ist und die Dinge sich noch in Hinblick auf eine weitere Reduktion der Megasporenbildung innerhalb eines Sporangiums in Fluß befinden.

Die Skulptur der Megasporenoberfläche ist bei den einzelnen Arten verschieden; während die Megasporen von *S. Czarnockii* nahezu glatt sind und als einzige Skulptur nur die große dreistrahlige Keimnarbe, zwischen deren Eintiefung sich die Mikrosporen wohl gut fangen konnten, zeigen, haben *S. rhombibracteatus* und *S. ciliatus* stark bedornte Exinen.

Die Untersuchungen von BOCHENSKI (1939) haben auch Aufschluß gebracht über das in der Literatur umstrittene und mißdeutete Verhalten der Megasporangien von *Sigillariostrobus* im ganzen. Es ist so, daß die Megasporangienwände mit beginnender Reife der Megasporentetraden sich mehr und mehr auflösen, so daß die reifen Megasporen in der hier badewannenartig eingetieften Megasporophyllbasis mehr minder frei zu liegen kommen. Die primäre Stellung der Sporangien ist wie bei der rezenten *Selaginella* eine rein achselständige und nicht wie bei *Lepidostrobus* eine auf dem proximalen Sporophyllteil flächenständige. Weiterhin ist geklärt, daß die bisher in Beziehung zu *Sigillaria* gebrachten, strukturbietend erhaltenen, unter *Mazocarpon* BENSON beschriebenen Blüten n i c h t zu *Sigillaria* gehören, sondern eher in Beziehung zu *Lepidostrobus* zu bringen sind; endlich noch, daß der als *Cantheliophorus* BASSLER beschriebene Fruktifikations„typ" überhaupt nicht existiert, sondern ein Phantasieprodukt war.

Hinsichtlich der S t e l l u n g d e r S p o r o p h y l l e von *Sigillariostrobus* herrschte bisher die Auffassung, daß sie in alternierenden Quirlen angeordnet seien. Dies trifft jedoch nicht immer zu. So sicher nicht bei den drei von BOCHENSKI untersuchten Arten. Doch handelt es sich auch nicht um die übliche der häufigen Limitdivergenz von rund $137^{1}/_{2}{}^{0}$ folgende Schraubenstellung, wie dies BOCHENSKI meint, sondern es handelt sich dabei offensichtlich um jenen Typ von Organstellungen, den man als Schraubenwirtelstellungen[1] bezeichnet und die bei den *Lycopodiales* in einer sehr weitgehenden Häufigkeit vertreten zu sein scheinen.

Gänzlich anders als die von BOCHENSKI bearbeiteten Arten von *Sigillariostrobus* ist der von LECLERCQ (1938) aus dem Oberkarbon (Westfal B) Englands beschriebene *Sigillariostrobus sphenophylloides* LECL. Schon in der ausgesprochenen alternierend quirligen Tragung der Sporophylle ist ein deutliches Unterscheidungsmerkmal gegeben, dann auch darin, daß der Zapfen heterospor ist. Die Megasporangien enthalten mindestens 10 Megasporen von 1—1,5 mm Durchmesser. Die Mikrosporangien mit Mikrosporen von 35—80 $\mu$ werden im oberen Zapfenteil gebildet.

***Lepidodendron*** **STERNBERG**: Blüten (***Lepidostrobus*** **BGT.**) dieser Gattung sind mehrere untersucht worden.

MATHEWS (1940) berichtet außer über den aus dem Oberkarbon (Pottsville) der mittleren USA. stammenden homosporen *Lepidostrobus Coulteri* JONGMANS noch über den heterosporen *Lepidostrobus Noei* MATHEWS. Diese Blüte soll aus dem Oberdevon von Kentucki (Gorrand County) stammen. Höchstwahrscheinlich handelt es sich natürlich um ältestenfalls Unterkarbon, immerhin geht mit dem vermutlich beträchtlicheren Alter des Zapfens Hand in Hand, daß der Zapfen, trotzdem er zwar schon wie gesagt heterospor ist, doch noch in den Megasporangien reichlich primitive Verhältnisse zeigt, indem die Megasporen, welche mit nur 275—330 $\mu$ im Durchmesser den der Mikrosporen nur um ein $5^1/_2$—$6^1/_2$faches übertreffen, noch in außerordentlich großer Zahl vorhanden sind; derart, daß auf einem einzigen Querschnitt durch ein Megasporangium gegen 70 Megasporen zu sehen sind, was auf eine geradezu unerhört große Zahl schließen läßt. Im Gegensatz zu den Mikrosporen, die in Tetraden zusammen sind, liegen die Megasporen einzeln. Ihre Entwicklung (d. h. ob nur eine Tetradengone oder alle 4 zur Reife kommen) ist unklar. Stellenweise ist das Megasporangium von Platten sterilen Gewebes durchsetzt.

Im untersten Namur des Karbons bei Chemnitz gelang es HARTUNG (1938), außer verschiedenen andern *Lepidodendron*-Blüten, auch die des (für das Unterkarbon und auch noch für das untere Namur charakteristischen) *L. Volkmannianum*

---

[1] Bezüglich der Schraubenwirtelstellungen ist zu vergleichen E. BILHUBER (Bot. Archiv. **35**, 207ff. [1933]). Es handelt sich bei diesen Stellungen, die seinerzeit unter Leitung des Referenten untersucht worden sind, „um bijugate Systeme, d. h. um Stellungen, bei welchen die Organe in zwei zueinander parallellaufenden Schraubenumgängen angeordnet sind, wobei die Divergenzen auf jeder der beiden Schraubenumgänge gleich sind". Insbesondere da, wo die Divergenzwinkel verhältnismäßig groß sind, wie etwa $^1/_2$, $^1/_3$, $^1/_4$, $^1/_5$ usw., nähern sich diese Stellungen erscheinungsmäßig sehr stark reinen alternierenden Quirlstellungen; erst wenn die Divergenzen kleiner werden, fällt die Tatsache der Schraubenstellungen mehr ins Auge. Auf die Bedeutung dieser Stellungen gerade für die fossilen *Lycopodiales* muß hier mit Nachdruck hingewiesen werden. Eine genauere diesbezügliche Untersuchung dürfte ergeben, daß ein Gutteil wenn nicht alle *Sigillaria*-Stämme und auch manche *Lepidodendron*-Arten (wie z. B. *L. Volkmannianum*) und andere Gattungen sowie auch manche der primitiven *Lycopodiales*-Typen (vgl. das S. 59 Gesagte) diese Stellung besitzen.

STERNBERG zu entdecken: Große, gegen 22 cm lange, im unteren Teil $6^1/_2$ cm dicke Blüten mit sehr starker (bis 2 cm Durchmesser!) Achse. Die einzelnen Sporophylle sind durch die schmale Spreitenentwicklung auffällig. Die Blüte dürfte heterospor gewesen sein oder allenfalls die Pflanze heterospor-diözisch. Ostasiatische Karbon-Lepidophyten behandelt KOIWAI (1937). Unter den 7 beschriebenen Arten findet sich auch *Lepidodendron oculus-felis* (ABBADO); sonst sind 5 neue Arten der Gattungen *Lepidodendron* (nebst *Lepidostrobus*) sowie *Lepidophloios* aufgeführt.

Von den durch verschiedene Autoren aus der Kohle mazerierten Sporen wird ein Gutteil den *Lycopodiales*, genauer gesagt den *Lepidophyta* zuzuweisen sein. In erster Linie sind diesbezüglich die verschiedenen Arbeiten von ZERNDT (1937, 1938A u. B, 1940) zu nennen, von denen die von 1937 und 1940 durch besonders schöne Sporenphotos ausgezeichnet sind. Weitere Arbeiten über Megasporen des Karbons haben W. BERRY (1937), sowie SCHOPF (1936A u. B, 1938C) gegeben; RAISTRICK (1937) berichtet über karbonische Mikrosporen.

### Samenbildende Lepidophyten.

***Lepidocarpon*** **SCOTT.** Hierüber haben mehrere Autoren berichtet (ARNOLD [1938B], REED [1936], SCHOPF [1938B]), ohne daß diesbezüglich wesentlich Neues an den Tag gekommen wäre. Unter der neuen Gattung ***Illiniocarpon*** **SCHOPF** werden von diesem Autor *Lepidocarpon*-ähnliche Fruktifikationen beschrieben, bei welchen die aus dem Sporangium hervorgehende Samenbildung nicht wie bei *Lepidocarpon* atrop dem Sporophyll aufsitzt, sondern zufolge der Ausbildung eines Stieles und entsprechender Wendung des Samens gegen die Blütenachse zu halb anatrop ist; Vorkommen Oberkarbon (Pennsylvanian) von Illinois, USA.

### Krautige Lycopodiales.

***Selaginellites*** ZEILER. DARRAH (1938C u. D) berichtet über Prothalliumzustände von *S. Amesiana* DARRAH aus dem Oberkarbon von Mazon Creek, Illinois. Die gefundenen verhältnismäßig jungen Entwicklungszustände des Megaprothalliums stimmen hinsichtlich der Konzentrierung des eigentlichen Prothalliumgewebes gegen die durch die Keimnarben vorgebildete Sporenaufrißstelle im wesentlichen mit dem der lebenden Selaginellen überein. Zustände mit Archegonien sind nicht gefunden. Bemerkenswert ist, daß die Entwicklung einsetzt, während die Sporen noch innerhalb der Megasporangien und diese noch an den Megasporophyllen und im Blütenverband sind. Damit liegen also hier Verhältnisse vor, wie sie fakultativ, d. h. falls das Ausschleudern der Sporen versagt, auch bei einzelnen lebenden *Selaginella*-Arten (z. B. *S. Apus* und *S. rupestris*) bekannt sind. Wie bei *Selaginella* enthält das einzelne Megasporangium nur noch eine Megasporentetrade. Die Erhaltung des Protalliumgewebes ist eine so hervorragende, daß nicht nur Kern und Nukleolus sondern auch Kernteilungsfiguren deutlich erkennbar sind. Da der Besitz einer Ligula nicht erwiesen ist, möchte Referent das Fossil nicht wie ARNOLD zu *Selaginella* stellen, sondern noch vorsichtshalber bei *Selaginellites* belassen.

Als Anhang zu den *Lycopodiales*, jedoch mit allem Vorbehalt hinsichtlich der näheren Verwandtschaft damit, geschweige denn der engeren Zugehörigkeit dazu, ist ***Duisbergia*** KRÄUSEL u. WEYLAND zu nennen (Abb. 4). Ihre Autoren haben darüber in mehreren Abhandlungen zuletzt wieder 1938 A berichtet. Im ganzen steht bei diesem äußerst interessanten, dem rheinischen Mitteldevon entstammenden Fossil fest, daß es sich um dicke, an der Basis etwas keulenförmig verbreitete, nach oben rasch an Stärke abnehmende, unverzweigte oder ein- bis höchstens zweimal gabelgeteilte Stämme mit ringsum, offenbar in schraubiger Anordnung dicht gedrängt stehenden blattartigen Bildungen handelt. Diese besitzen bei vergleichsweise beträchtlicher Größe eine mehr minder stark zerschlitzte gabelnervige Spreite. Abwechselnd mit diesen blattartigen Bildungen werden an den Sprossen kurzgestielte, keulen- bis birnförmige Körper, die wohl als Sporangien zu deuten sind, getragen. Die ebenso interessante als nach wie vor rätselhafte Pflanze, die über 1 m Höhe erreicht hat, mag in mehr minder enger Beziehung stehen zu einem Teil der Formen, deren Blätter sich im ganzen jüngeren Paläozoikum verschiedentlich finden und unter *Psygmophyllum* gehen. Auch an Beziehungen zu *Barrandeinia* STUR (vgl. Fortschr. Bot. 3, 39/40, Abb. 8) ist zu denken. Anatomisch scheint *Duisbergia* Beziehungen zu *Cladoxylon* UNGER (vgl. diesbezüglich HIRMER, Handb. S. 475—483, HIRMER [1938 D] sowie Fortschr. Bot. 6, 88/93) zu haben.

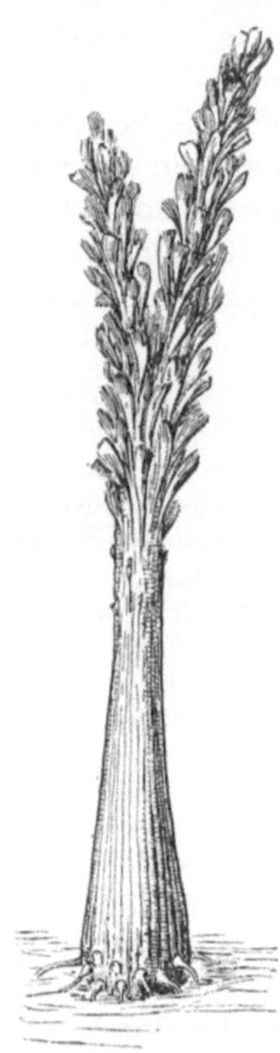

Abb. 4. *Duisbergia mirabilis* KR. u. WLD. Unteres Mitteldevon von Elberfeld. Lebensbild, etwa 1/12 nat. Gr. (Nach KRÄUSEL u. WEYLAND.)

## Articulatales.

Eine allgemeine Übersicht über die fossilen *Articulatales* im ganzen findet sich bei HIRMER (1938 B) im Manual of Pteridology.

Im einzelnen haben in den letzten Jahren insbesondere die primitivsten Formen: die als Vorläufer zu wertenden *Protoarticulatineae* eingehendere Untersuchung erfahren, so daß unsere Kenntnisse darüber um ein Wesentliches bereichert sind.

### Protoarticulatineae.

Von ***Hyenia elegans*** KR. u. WLD. hatte bereits KRÄUSEL (1932) die Art der Rhizombildung finden können und LECLERCQ (1940 A u. B) hat auf Grund sehr schöner Funde im untersten Mitteldevon von Eupen nunmehr eine genaue Rekonstruktion der Pflanze geben können (Abb. 5).

Es handelt sich um derbe, bis über $2^1/_2$ cm starke, an ihrer dem Boden zugekehrten Seite mit zahlreichen Wurzeln besetzte Rhizomsprosse, von welchen sich zenithwärts Laub- bzw. Sporophyll-tragende bis etwa 20 cm lange, gelegentlich nahe der Basis gabelgeteilte Lichtsprosse erheben. Offenbar bildet die Pflanze in periodischem Wechsel Serien von Laub- und Sporophyll-tragenden Sprossen. Hinsichtlich des sterilen Laubes ist dem bisher bekannten nichts hinzuzufügen. Die Blätter

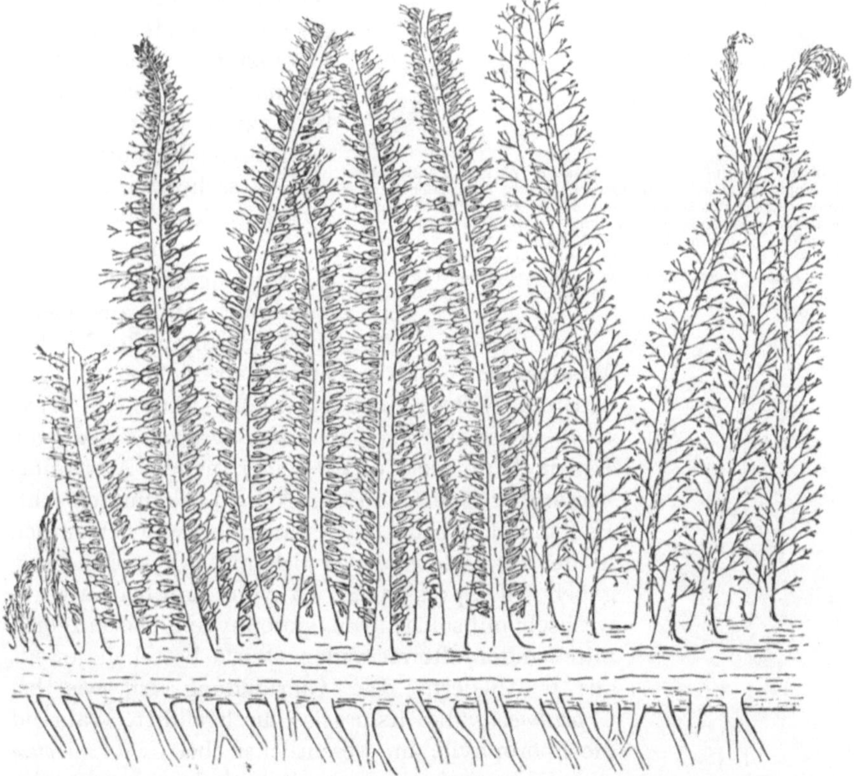

Abb. 5. *Hyenia elegans* KRÄUSEL u. WEYLAND. Aus dem Unteren Mitteldevon von Eupen. Halbschematische Rekonstruktion der Pflanze. An dem substratwärts bewurzelten Rhizom entstehen im periodischen Wechsel beblätterte bzw. sporophylltragende Lichtsprosse. Etwas unter $^1/_2$ nat. Gr. (Aus LECLERCQ [1940 A u. B].)

sind in der Regel 2—3fach gabelgeteilt, und annähernd in alternierenden dreigliedrigen Quirlen angeordnet. Wenn schon, wie wir hervorheben möchten, bei *Hyenia* wohl noch kaum von ganz exakten Quirlen im Sinne der höher entwickelten Articulaten gesprochen werden kann, so ist immerhin eine quirlförmige Zusammenfassung der Sproßbeblätterung auch hier bereits deutlich angebahnt. Die gleiche quirlartige Stellung zeigen auch die Sporophylle. Für die Gestaltung der Sporophylle ergibt sich, daß sie eine wesentlich komplexere ist, als dies bisher an Hand der Untersuchungen von KRÄUSEL u. WEYLAND (Abh. Senckenberg. naturforsch. Ges. 40, 2 [1926] und 41, 7 [1929]), die sich diesbezüglich auf ein ungünstig und unvollständig erhaltenes Material stützten, absehen ließ. Wesentlich ist, daß es sich um mehrfach gabelgeteilte Blätter (Abb. 6) handelt, bei welchen ein Teil der Gabelabschnitte endständig ein Sporangium oder zufolge abermaliger Gabelteilung deren zwei trägt. Auf die theoretische Bedeutung dieser Tatsache wird unten noch zurückzukommen sein.

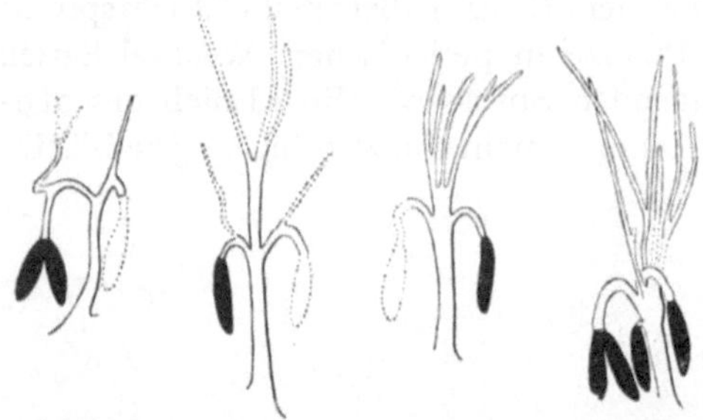

Abb. 6. *Hyenia elegans* KRÄUSEL u. WEYLAND. Einzelne Sporophylle. Die im einzelnen verschieden gestalteten Sporophylle haben das Gemeinsame, daß sie aus mehrfach hintereinander erfolgender Gabelteilung der Sporophyllanlage entstanden sind und an den in der Regel äußersten und untersten Gabelenden ein oder (zufolge abermaliger Gabelung) zwei Sporangien tragen. Sämtliche 3fach vergr. (Nach LECLERCQ [1940 B].)

Gleichfalls aus dem unteren Mitteldevon von Eupen, mehr noch aber aus gleich alten Schichten des Vesdre-Massives bei Pepinster (Belgien) hat LECLERCQ (1940 A u. B) außer Resten des schon von KRÄUSEL u. WEYLAND bekanntgemachten *Calamophyton primaevum* KR. u. WLD. solche von einer neuen Art: ***Calamophyton Renieri*** LECL. (Abb. 7) bekanntgemacht. Es handelt sich um eine Pflanze, bei welcher an den in der für *Calamophyton* bekannten Weise fächerig gabelnden Sprossen Serien von Laubblättern abwechseln mit solchen von Sporophyllen. Die einzelnen miteinander alternierenden Quirle bestehen jeweils aus 6 Gliedern. Die Quirlbildung ist wie bei *C. primaevum* bereits präzise durchgeführt. Während die Sporophylle im wesentlichen bei *C. primaevum* und *C. Renieri* gleichgestaltet sind und nach einmaliger Gabelung an den kurzen Gabelenden, zwischen welchen sich als Rest stärkerer Gabelteilung (vgl. *Hyenia*, Abb. 6) eine leichte Höckerbildung erhalten und damit eine schildartige Verbreiterung herausgebildet hat, jeweils ein Sporangium tragen, sind die Laubblätter bei *C. Renieri* im Gegensatz zu den an der Spitze nur einmal leicht eingeschnittenen und im übrigen etwas keilförmigen Blättern von *C. primaevum* dreimal durchgeteilt und ihre einzelnen Abschnitte schmalbandförmig.

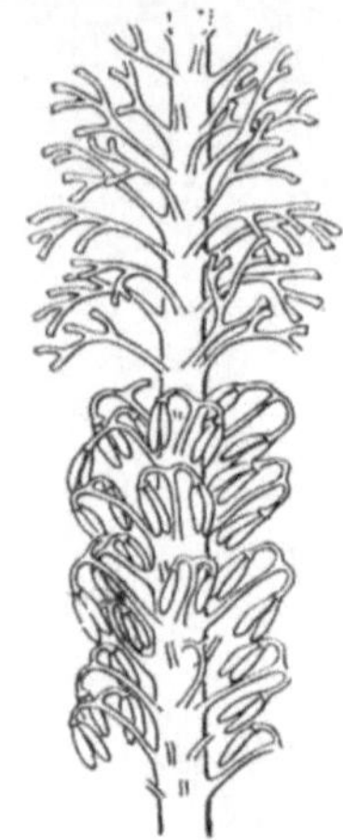

Abb. 7. *Calamophyton Renieri* LECLERCQ. Aus dem unteren Mitteldevon von Belgien. Halbschematische Wiederherstellung eines Zweiges; in seinem unteren Teil eine Anzahl in alternierenden Quirlen gestellter Sporophylle, im oberen Teil ebenso gestellte mehrfach gabelgeteilte Laubblätter. Etwas über $1^1/_2$fach vergr. (Nach LECLERCQ [1940 A u. B].)

Die Entdeckung, daß die sterilen Blätter von *Calamophyton Renieri* ähnlich durchgespalten wie die von *Hyenia* sind, und mehr noch die Tatsache der starken und mehrfachen Gabelteilung der Sporophylle von *Hyenia elegans* ist in theoretischer Hinsicht von Bedeutung; sind doch eine Anzahl Autoren, nicht zuletzt auch der Referent der Auffassung gewesen, daß innerhalb der Archegoniaten zwischen mikrophyllen und makrophyllen Pflanzenstämmen zu unterscheiden sei und daß zu den Mikrophyllen auch die *Articulatales* zu rechnen seien. Dem widersprechen die obengenannten Funde, die beweisen, daß die ältesten Articulatalen kein mehr minder dornartiges, mikrophylles Blatt, sondern vielmehr ein flächiges und mehrfach geteiltes Laub besessen haben. Die Tatsache gewinnt um so mehr Bedeutung, wenn man bedenkt, daß selbst innerhalb der späteren *Articulatales* und bis ins Perm herein Formen existierten, bei welchen die Beblätterung mehrfach oder wenigstens noch einfach gabelteilig oder vergleichsweise groß entwickelt war. So außer bei *Sphenophyllum* auch bei der Charaktergattung des Unterkarbons *Asterocalamites* SCHIMPER und dann auch noch bei der bis ins höhere Oberkarbon heraufgehenden Gattung *Autophyllites* GRAND'EURY. Erwägt man des weiteren, daß sich auch unter den ältesten *Lycopodiales* einige Gattungen finden, bei welchen die Blätter einfach gegabelt sind (vgl. S. 58/59), so ergibt sich die Frage, ob nicht zweckmäßigerweise die Begriffe Mikro- und Makrophylle fallen zu lassen seien. Dies wird um so nähergelegt, als sich auch die einzigen anscheinenden Mikrophyllen im Bereich der Gymnospermen, nämlich die *Coniferales*, offenbar als gleichfalls nicht mikrophyll herausstellen. Hat sich doch, worauf unten (S. 109) im einzelnen einzugehen ist, ergeben, daß gerade die ältesten Koniferentypen nahezu durchgängig geteiltes Laub besitzen oder wenigstens solches bei ihnen zusammen mit ungeteiltem auftritt. Damit nähern sich die an Hand der Funde der letzten Jahre aufgedeckten Tatsachen den Vorstellungen, die ZIMMERMANN (1938) rein theoretisch und ohne Kenntnis der obengenannten Befunde in dem diesbezüglichen Abschnitt seines Artikels Phylogenie im Manual of Pteridology bereits entwickelt hat.

Nach diesem Autor wäre letzten Endes sogar die dornenartige Beblätterung der *Psilophytales* als Reduktionsbildung aus ehedem komplexer gebauten Laub aufzufassen. Dieses erscheint vielleicht zu weitgehend und diesbezüglich ergibt sich doch die Frage, ob die dornenartige Belaubung gewisser Psilophyten wie *Psilophyton*, *Asteroxylon* und ähnlichen nicht eher als eine sekundäre, aus Emergenzen entwickelte aufzufassen ist. Es ist ja letzten Endes bei diesen Formen so, daß mit dieser „Beblätterung" nirgends wie bei den übrigen Pflanzenstämmen Sporanientragung gekoppelt ist, vielmehr entstehen die Sporangien bekanntlich bei den einfachsten Formen wie *Rhynia*, *Psilophyton* und ähnlichen endständig an den Sprossen (ZIMMERMANNS Telome) oder aber es wird da, wo es wie bei *Asteroxylon Mackiei* (NB. andere Formen dieser Art gibt es gar nicht!) zu einer engeren Zusammenfassung der sporangientragenden Achsen und ihrer Zurseitewerfung zu einer Art Seitensproßbildung kommt, mit diesen seitenständigen Bildungen überhaupt gleich die Urform des Farnwedels erreicht. Wenn daneben noch an den Sprossen, soweit sie vegetativ sind, dornenartige Blättchen bleiben, so sind das schließlich eben wohl gar keine Blätter im normalen Sinne, schon eben weil sie, wie gesagt, ihrerseits nie irgendwie mit der Bildung der Sporangien verknüpft sind und diese nirgends aus ihnen hervorgeht. Es sind Bildungen, die den Rahmen der Emergenz nicht überschreiten, auch wenn zu ihnen bis zu einem gewissen Grade eine Leitbündelversorgung erfolgt. Vergleichbar sind sie, worauf HIRMER (Handbuch der Paläobotanik S. 690) bereits hingewiesen hat, den Aphlebien gewisser primitiver paläozoischer Farne, in erster Linie denen mancher *Coenopteridineae*, bei welchen diese Aphlebien gleichfalls neben den da schon typisch ausgeprägten Wedeln existieren und sogar noch eine eigene Leitbündelversorgung besitzen; letzten Endes sind sie den Spreuschuppen an den Spindeln vieler unserer heute lebenden Farne zu vergleichen, nur daß diese eben noch reduziertere Emergenzen sind.

## Sphenophyllineae.

Eine zusammenfassende Darstellung der Morphologie der Blüten von ***Sphenophyllum*** BGT. und der primären Serialteilung ihrer Sporophylle hat HIRMER (1936) gegeben. Vgl. auch Fortschr. Bot. 3, 37/38.

Im einzelnen und in Ergänzung zu obigem ist zu berichten über die Klärung der Sporophyllgestaltung von ***Sphenophyllum fertile*** SCOTT durch LECLERCQ (1935/1936A u. B) (Abb. 8). Entgegen den Angaben von SCOTT, auf die sich auch die Darstellung bei HIRMER mehrfach (auch noch 1936) bezieht, hat sich ergeben, daß die Sporophyllstruktur hier eine noch komplexere ist als dies SCOTT geglaubt hat. Nach SCOTT sollte das in einen ad- und einen abaxialen Abschnitt geteilte Sporophyll in beiden Abschnitten, die ihrerseits zufolge doppelter Gabelteilung in 4 kollatarale Teilstücke zerteilt sind, fertil sein; die so entstehenden insgesamt 8 Abschnitte sollten jeweils bisporangiate schildförmige Sporangienträger sein. Dem ist nicht so. Vielmehr ist der seinerseits nur zweigeteilte abaxiale Abschnitt steril und der an seiner Basis einheitliche adaxiale Abschnitt nach vornezu aufgelöst in eine ganze Anzahl (wohl zufolge vierfacher Gabelteilung durchschnittlich bis zu 16) bisporangiater Sporangienträger. Diese ihrerseits sind ganz ähnlich peltat wie das schon SCOTT angegeben hat, nur daß zwischen der schmalen, die Sporangien tragenden Schildplatte und den Sporangien selbst jeweils noch ein mehr minder langes Sporangienstielchen ausgebildet ist.

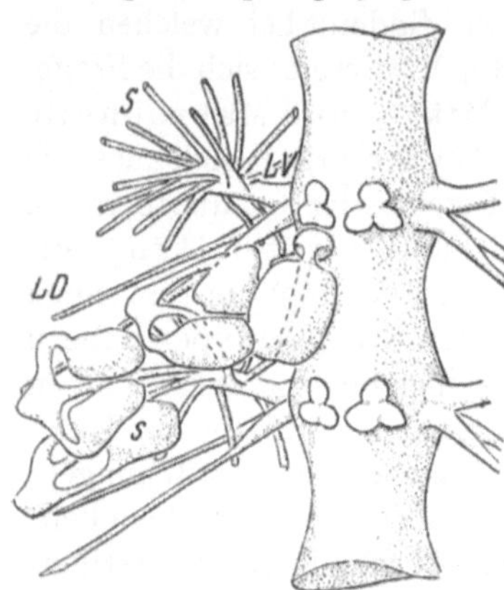

Abb. 8. *Sphenophyllum fertile* SCOTT. Westfal A des Oberkarbons. Teil einer Blüte, zwei Sporophyllquirle zeigend. Zu jeder Sporophylleinheit gehört eine bis zur Basis gabelgeteilte Braktee (*LD*) und ein aus bis zu 16 bisporangiaten, peltaten Sporangiophoren gebildeter fertiler Abschnitt (*LV*). Stärker vergr. (Nach LECLERCQ.)

Damit greift diese Form der Sporangienträgerbildung, die ihrerseits wieder sehr an die Sporophyllform von *Calamophyton* erinnert, zurück auf die primitivste Sporophyllfassung, wie sie nunmehr für *Hyenia elegans* festgestellt worden ist: Der Höcker in der Mitte des Schildes von *Sphenophyllum fertile* oder von *Calamophyton* ist wohl nichts anderes als der Rest des Apikalsteiles des bei *Hyenia* noch mehrfach geteilten Sporophylls; die Bildung ist zu betrachten als hervorgegangen aus einer doppelten Gabelteilung, wobei die beiden äußersten Gabelabschnitte links und rechts in Sporangien enden, die beiden inneren reduziert und zu der höckerartigen Bildung verschmolzen sind.

Diese Feststellung ist von Belang, weil sie ein Licht wirft auf das Zustandekommen der schildförmigen Bildungen im ganzen. Man braucht sich nur die sich noch in einer einzigen Ebene vollziehende Schildbildung von *Calamophyton* und des Sporangienträgers von *Sphenophyllum fertile* in der oben skizzierten Weise allseits radiär entwickelt denken, um zur radiären Schildbildung zu gelangen. Diese gilt ja für eine ganze Anzahl verschiedener Sporophylle der *Articulatales*, für die Mikrosorus-Gestaltung vieler *Pteridospermales* (z. B. *Crossotheca*, die Formen des *Whitlesseya*-Kreises u. a.; vgl. Fortschr. Bot. 3, 42/43, Abb. 12), die Mikrosporophylle mancher *Coniferales* (*Taxus* u. a.) sowie die Megasporophyllabschnitte der Pteridosperme *Lepidopteris* (vgl. Fortschr. Bot. 2, 93/94, Abb. 11) und ist auch als Grundform des fertilen Abschnittes (Fruchtschuppe) am Megasporophyll der moderneren *Coniferales*-Typen von HIRMER (1936) (vgl. auch das S. 108 Gesagte) angenommen.

Die hier vorgetragenen Gedanken über das Zustandekommen der schildförmigen Sporophylle decken sich prinzipiell mit denen von ZIMMERMANN (1938), der hierzu auch einige hier wiederzugebende Skizzen (Abb. 9 A—D) veröffentlicht hat.

Von Ausgangsstadien, wie denen der Abb. 9 A und E, leitet er auch die Koppelung des scheinbar mehr minder achselständigen Sporangiums zum Sporophyll bei den *Lycopodiales* ab.

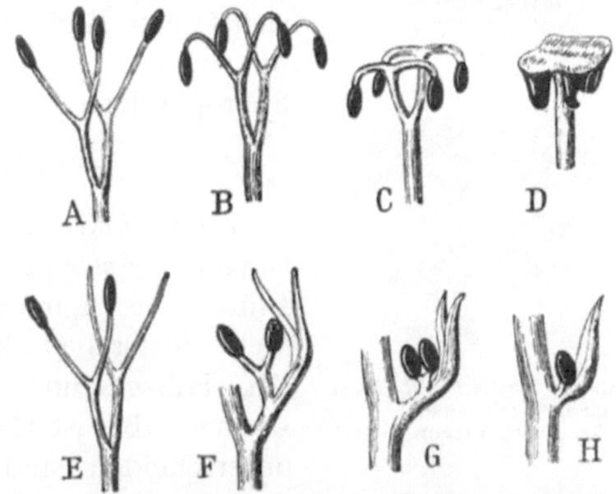


Abb. 9 A—D. Darstellung des Zustandekommens des schildförmigen Sporophylls (bzw. Sporophyllabschnittes) aus mehr und mehr kongenitaler Verwachsung gabelgeteilter, endständig mit Sporangien besetzter Achsen (Telome). — E—H: Darstellung des Zustandekommens des Sporophylls des *Lycopodiales* aus mehrfach gabelgeteilten, zum Teil endständig mit Sporangien besetzten, zum Teil sterilen Achsen. (Nach ZIMMERMANN [1938].)

Aus dem untersten Namur (des Oberkarbons) der Gegend bei Chemnitz beschreibt HARTUNG (1938) als eine neue Art ***Sphenophyllum stimulosum*** HTG. Die Art ist schon insofern interessant, als sie in der Form ihrer im ganzen keilförmigen aber in 4—8 Zipfel zerteilten und im einzelnen ziemlich variablen Blätter zwischen den altertümlichen bis ins Oberdevon herabreichenden Arten mit stark zerschlitztem Laub und den jüngeren Formen mit mehr flächigem Laub vermittelt; sodann noch darin, daß an den unteren Sproßteilen die Blättchen in hakenförmige Bildungen reduziert sind, Bildungen, die höchstwahrscheinlich dem Klettern gedient haben, was beachtenswert ist, insofern die Spenophyllen jetzt ja bekanntlich allgemein als Lianen aufgefaßt werden. Die Blüten gleichen im ganzen denen des *Sph. Dawsoni*, doch scheinen die Brakteen gelegentlich gabelgeteilt zu sein. Sporangien isospor.

Einen eigenartigen und bemerkenswerten Fund einer in gewisser Hinsicht zwischen *Sphenophyllum* und *Calamites* vermittelnden Pflanze hat LILPOP (1937) aus dem Karbonoperm von Karnowitz (westlich Krakau) unter ***Tristachya Raciborskii*** LILPOP bekanntgemacht. Die Pflanze (Abb. 10) gleicht in ihren vegetativen Teilen, sowohl in der Stengelfassung wie auch im Hinblick auf Beblätterung, völlig *Spenophyllum*. In ihren fertilen Abschnitten indes kommt sie in der Form der Blüten und deren Sporophylle nahe an *Equisetum* heran. Während die vegetativen Achsenteile sechsgliedrige superponierte Blattquirle tragen, besitzen die fertilen Sproßabschnitte nur drei Blätter im Quirl und über deren jedem befindet sich je eine Blüte mit wie bei *Equisetum* in alternierenden Quirlen gestellten schildförmigen Sporophyllen.

Abb. 10. *Tristachya Raciborskii* LILPOP. Karbonoperm. $^1/_2$ nat. Gr. (Nach LILPOP [1937].)

## Calamitineae.

Eine Klärung der zur unterkarbonischen Gattung *Asterocalamites* SCHIMPER gehörenden Blüten, die, da man einen exakten Artbezug noch nicht feststellen kann, zweckmäßigerweise in der Hilfsgattung ***Pothocites*** PATERSON zusammenfaßt, ist HARTUNG (1938) zu danken. Zu unterscheiden sind Blütenformen, bei welchen die Blüte durchgängig aus tetrasporangiaten schildförmigen, in superponierten Quirlen gestellten Sporophyllen gebildet ist, und anderseits Formen, bei welchen die aufeinanderfolgenden Sporophyllquirle gelegentlich durch Einschaltung eines sterilen Laubblattquirls unterbrochen sind, so daß Serien von Sporophyllquirlen jeweils mit einem Laubblattquirl vertikal abwechseln. Das Ende dieser Blüten ist gewöhnlich aus mehreren Quirlen nur steriler Blätter gebildet. Zum ersteren Formenkreis gehören *P. maior* Htg., *P. pachystachyus* Bureau und *P. Grand'Euryi* Bureau, sämtliche aus dem Namur des Oberkarbons. Zum zweitgenannten Formenkreis gehören die unterkarbonischen *P. Grantonii* Paterson und *P. spaniophyllus* Feistmantel sowie die namurische *P. minor* HTG., bei welch letzterer die Blüten gelegentlich noch gabelgeteilt sind.

Strukturbietende Reste eines ***Calamites*** nebst Beblätterung beschreibt REED (1938A) aus einer Dolomitknolle des Oberkarbons von Illinois. Die Art soll angeblich eine von den übrigen Calamiten abweichende Struktur besitzen. Dies läßt sich an Hand der dürftigen Abbildungen nicht nachweisen. Fest steht aber, daß der Autorin die über die Anatomie der oberkarbonischen Calamiten grundlegende Abhandlung von KNOELL (1935; vgl. Fortschr. Bot. **6**, 74—76) überhaupt nicht bekannt ist. Dies wieder ein Beispiel des so häufigen Nichtbeachtens der europäischen Literatur durch die amerikanischen Autoren!

Strukturbietend erhaltene Calamitenblätter beschreibt FLORIN (1939E) aus dem mittleren Rotliegenden von Chemnitz. Er vergleicht sie auch mit den von REED (1939A) (vgl. oben) beschriebenen. Im ganzen schlägt er für derartig isoliert bekannte und strukturbietend erhaltene Calamitenblätter den Gattungsnamen ***Dicalamophyllum*** STERZEL vor.

## Filicales.

### Protofilicineae.

Die Bezeichnung *Protofilicineae* möchte Referent vorschlagen für diejenigen primitivsten farnartigen Gewächse, bei welchen noch die Beziehungen zu den *Psilophytales* dermaßen enge sind, daß eine Grenze zwischen *Psilophytales* und *Filicales* zu ziehen schwer fällt. Über derartige, in den letzten Jahren entdeckte Formen hat HIRMER bereits in Fortschr. Bot. **2**, 85, an Hand von *Aphlebiopteris* GOTHAN u. F. ZIMMERMANN, und **3**, 34, Abb. 7, an Hand von *Protopteridium hostimense* KREJCI berichtet und gerade Typen wie die letztgenannte Pflanze können als Grundtypus der *Protofilicineae* angesprochen werden.

Von der Gattung ***Protopteridium*** KREJCI haben KRÄUSEL u. WEYLAND (1938B) aus dem Mitteldevon von Elberfeld zwei weitere Arten gut geklärt. Bei der einen Art: *Pr. Thomsoni* (DAWSON) KR. u. WLD. handelt es sich um Pflanzen mit bis zu 1 cm starker aufrechter Hauptachse, an der allseits abgehend und in unregelmäßiger Folge längere Seitenzweige 1. Ordnung getragen werden; an diesen dann mehr minder regelmäßig gabelig verzweigte kürzere Achsen letzter Ordnung oder an ihrer Stelle fertile Systeme, die in fiedriger Anordnung Büschel schmaler, nahezu fadenförmiger, bis $^1/_2$ cm langer Sporangien tragen. Von der gleichen Pflanze hat in neuester Zeit LECLERCQ (1940B) ein sehr schön erhaltenes Material aus dem unteren Mitteldevon Belgiens bekanntgemacht, dessen Rekonstruktion die Abb. 11A wiedergibt.

Einen dem *Pr. Thomsoni* nahestehenden fertilen Achsenrest hat noch LECLERCQ (1940B) aus dem unteren Mitteldevon von Eupen bekanntgemacht. Das Stück entspricht offensichtlich im Wesentlichen den fertilen Teilen des *Pr. Thomsoni*, nur daß die Verzweigung der einzelnen fertilen Abschnitte mehrfach hintereinander stattfindet, ehe es zur Bildung der im übrigen auch ganz wie bei *Pr. Thomsoni* büschelig zusammengefaßten schmalen und langen Sporangien kommt (Abb. 11B).

*Pr. pinnatum* (LANG) KR. u. WLD. (Abb. 12) ist eine weitere der von KRÄUSEL u. WEYLAND (1938B) beschriebenen *Protopteridium*-Arten. Diese unterscheiden sich von Formen wie *Pr. hostimense* und *Pr. Thomsoni* dadurch, daß größere fertile und sterile Wedelstücke bekannt sind; ob beide für sich einzeln dem Sproß der Pflanze angesessen haben oder zusammen einen möglicherweise großen Wedel gebildet haben, steht dahin. Die fertilen Stücke bestehen aus bis zu 2 mm dicken Achsen, daran alternierend zweizeilig gestellte Spindeln entspringen, an denen dicht fiedrig gestellt insgesamt 6—10 etwa 7 mm lange Sporangien stehen. Die sterilen Stücke zeigen eine auffällig doppelgabelteilige Grundform der einzelnen Abschnitte; diese sind abermals doppelt gefiedert; zum mindesten hiervon konnten mehrere in gleichfalls alternierend zweizeiliger Anordnung zu einer Einheit vereinigt sein.

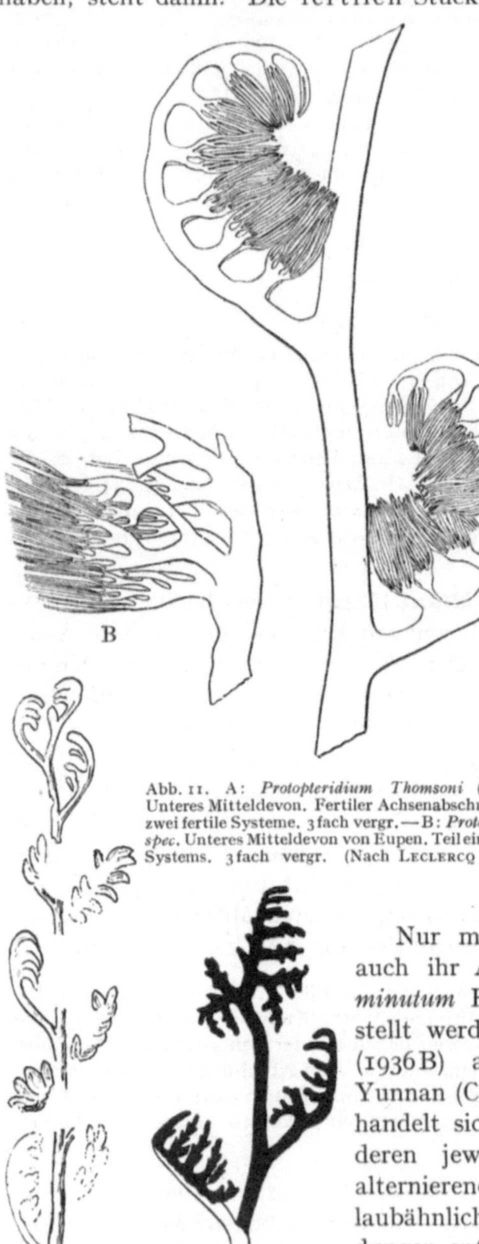


Abb. 11. A: *Protopteridium Thomsoni* (DAWSON). Unteres Mitteldevon. Fertiler Achsenabschnitt, daran zwei fertile Systeme, 3fach vergr. — B: *Protopteridium spec.* Unteres Mitteldevon von Eupen. Teil eines fertilen Systems. 3fach vergr. (Nach LECLERCQ [1940 B].)

Abb. 12. *Protopteridium pinnatum* (LANG). Unteres Mitteldevon. A: steriles, B: fertiles Wedelstück. (Nach KRÄUSEL u. WEYLAND [1938 B].)

Die Spindelstrukturen der beiden von KRÄUSEL u. WEYLAND (1938 B) beschriebenen *Protopteridium*-Arten sind zu mangelhaft erhalten, als daß diesbezüglich ein Urteil sich abgeben ließe.

Nur mit Vorbehalt kann, wie das auch ihr Autor betont, *Protopteridium minutum* HALLE zu dieser Gattung gestellt werden. Die Art ist von HALLE (1936 B) aus dem Unterdevon von Yunnan (China) geschrieben worden. Es handelt sich um verzweigte Achsen, an deren jeweiligen unteren Partien in alternierend zweizeiliger Anordnung laubähnliche zweimal gabelgeteilte Bildungen entspringen, während nahe dem Achsenende in gleichfalls fiedriger Anordnung Spindeln stehen, die am Oberende kurz hintereinander doppelt gegabelt, jeweils mit einem endständigen Sporangium abschließen. Die Form ist von besonderem Interesse, weil sie in ihrem Gesamtbau einerseits besonders klar zwischen den einfachen *Psilophytales* (wie *Rhynia* und ähnlichen) und Formen wie *Protopteridium hostimense* oder *Pr. Thomsoni* vermittelt, anderseits darüber hinausgehend bereits die laubigen Bildungen, wie sie in stärkerer Ausprägung *Protopteridium pinnatum* zeigt, vorbereitet. Man könnte sich gut vorstellen, daß letztgenannte Art in ihrem oben beschriebenen fertilen und sterilen Stücken entsprechend dem für *Pr. pinnatum* Gesagten zu rekonstruieren ist.

Eine kurze zusammenfassende Übersicht über die fossilen *Filicales* im engeren Sinn gab HIRMER (1938C) im Manual of Pteridology.

Anläßlich der Bearbeitung der *Noeggerathiineae* (vgl. S. 80 ff.) gibt HIRMER (1940B) eine neue Gliederung der *Filicales* im ganzen. Sie beruht entgegen der Fassung in dem Handbuch der Paläobotanik auf der Betonung der Tatsache, daß zweifellos die *Marattiaceae* mit den *Filices Leptosporangiatae* enger verknüpft sind als etwa mit den übrigen Eusporangiaten Filices, den *Coenopteridineae* und den *Ophioglossineae*. Die seinerzeit in den Vordergrund gerückte Tatsache der Eusporangie fällt sicher weniger für die Beurteilung der verwandtschaftlichen Verhältnisse im ganzen ins Gewicht als die Tatsache, daß Marattiaceen und Leptosporangiate Filices gestaltungsmäßig doch engstens aneinander anschließen und die Verschiedenheit ihres Sporangienbaus auch noch durch die vermittelnden protoleptosporangiaten *Osmundaceae* überbrückt wird.

Unter Einbeziehung der obengenannten Protofilicineen und der unten zu erörternden Noeggerathiineen ergibt sich somit folgende Gliederung der Filicales im ganzen:

*Filicales*
- A. *Protofilicineae*
- B. *Coenopteridineae*
- C. *Ophioglossineae*
- D. *Noeggerathiineae*
- E. *Eu-Filicineae*
  - a) *Eusporangiatae* (*Marattioideae*)
  - b) *Protoleptosporangiatae*
  - c) *Leptosporangiatae*

## Coenopteridineae.

*Zygopteridaceae*[1]: ***Rhacophyton incertum*** (**DAWSON**) ist an Hand eines reichen Materiales aus dem Oberdevon von Elkins, Westvirgi-

[1] Die hierher zu stellenden Farne gingen bisher (vgl. HIRMER, Handb. d. Paläobot. 1, 493—517) unter *Etapteridaceae*. Da sich aber auf Grund der Untersuchungen von SAHNI (1932) (vgl. Fortschr. Bot. 2, 86) ergab, daß die unter *Etapteris* RENAULT gehenden Formen in die alte Gattung *Zygopteris* CORDA einzureihen sind, hat auch der Familienname nicht mehr *Etapteridaceae* sondern ***Zygopteridaceae*** zu sein.

nien, durch KRÄUSEL u. WEYLAND (1941) untersucht worden. An den sterilen Wedeln ist die Hauptachse fiedrig verzweigt, während die auf diese Weise alternierend zweizeilig gestellten Seitenspindeln mehrfach hintereinander gabeln. Alle Spindeln sind gänzlich nackt. Die Wedelhauptspindel (Rhachis) ist auch hinsichtlich ihrer Anatomie bekannt. Es handelt sich im Primärholzkörper um eine im Querschnitt elliptische Bildung mit jeweils einer nahe den Schmalseiten liegenden mesarchen Protoxylemgruppe. Ringsum den Primärholzkörper ein stärkerer Mantel von Sekundärxylem. Wichtig für die Beurteilung der verwandtschaftlichen Verhältnisse ist die Feststellung, daß bei den Abgängen der Seitenspindeln jeweils deren ein Paar abgeht und jede dieser Spindeln ihrerseits den Bau des Primärholzkörpers wiederholt und an den Flanken wieder je eine mesarche Protoxylemgruppe besitzt. Damit ist erwiesen, daß zum mindesten die Rhachisverzweigung in der für die Zygopteridaceen charakteristischen Weise erfolgt ist, nämlich derart, daß die Seitenspindeln erster Ordnung an ihrer Ursprungsstelle quer zur Ebene der Wedelgesamtverzweigung gabelgeteilt waren. Es ist nicht ausgeschlossen, daß dieses sogar auch noch für die Spindeln 2. Ordnung zutrifft. Bei den fertilen Wedeln findet zufolge oft hintereinander erfolgender Gabelteilung eine dichtbüschelige Drängung der mit endständigen, an der Spitze lang ausgezogenen Sporangien abschließenden Gabeläste statt. Auch hier ist wahrscheinlich, daß die Ebenen der aufeinander folgenden Teilungen jeweils quer zueinander standen. *Rhacophyton* ist mehrfach in Beziehungen zu *Cephalopteris mirabilis* NATHORST aus dem Oberdevon der Bäreninsel gebracht worden. Davon hat HIRMER (Handb. Abb. 623) bereits eine Rekonstruktion gegeben. Sie stützt sich auf die bei NATHORST mitgeteilten Bilder, ist aber bezüglich der zygopteridenhaften Gabelteilung an der Basis der Seitenspindeln 1. Ordnung (die übrigens auch an den NATHORSTschen Bildern deutlich zu sehen ist) von KRÄUSEL u. WEYLAND hinsichtlich ihrer Richtigkeit angezweifelt worden. Mit Unrecht, denn gerade der anatomische Befund an dem mit *Cephalopteris* nahe verwandten *Rhacophyton*, den KRÄUSEL u. WEYLAND allerdings gar nicht entsprechend erkannt haben, spricht eindeutig dafür, daß auch die *Rhacophyton*-Wedel zygopteridisch verzweigt waren. Der Hauptunterschied beider Gattungen liegt offenbar nur darin, daß *Rhacophyton* sterile und fertile Wedel besessen hat, indes bei *Cephalopteris* nur ein Wedeltyp entwickelt war und von den Gabelästen der Spindeln 1. Ordnung nur der unterste Teil fertil, der übrige Teil steril entwickelt war. Die büschelige Verzweigung der sporangientragenden Abschnitte ist da wie dort die gleiche.

Im besonderen ist *Rhacophyton* bemerkenswert, insofern an seiner Wedelrhachis die Bildung von Sekundärxylem statthat, eine Erscheinung, die nur noch bei so primitiven und alten Formen, wie es eben diese oberdevonische Zygopteridacee ist, verständlich ist: das Verhältnis von Sproß und Wedel ist nicht nur morphologisch, sondern auch anatomisch noch nicht präzisiert.

Die Wedelreste verschiedener Zygopteridaceengattungen behandeln zwei Arbeiten von NEMEJC (1937B u. 1938B). Diesem Autor war es bereits 1930 (Palaeontogr. Bohem. 14; vgl. auch HIRMER, Ber. dtsch. bot. Ges. 51 [1933]) gelungen, ausgezeichnet erhaltene Wedelstücke von *Corynepteris Sternbergi* (ETTINGSH.) ausfindig zu machen und (die früher nur an strukturbietend erhaltenen Stücken nachgewiesene) Eigentümlichkeit, daß die Fiedern 1. Ordnung an ihrer Ursprungsstelle an der Rhachis bereits gabeln und die Gabelverzweigung senkrecht zur Ebene der Gesamtwedelverzweigung steht, auch an inkohltem bzw. im Abdruck erhaltenen Material nachzuweisen. Nunmehr hat er in der von ihm eingeleiteten Revision der Karbon- und Permfloren des mittleren Böhmens die Coenopteridineenreste in ihrer Gesamtheit einer Untersuchung zugeführt und die erwähnte Fiederngabelung für eine ganze Anzahl Formen nachweisen können; so für folgende aus dem genannten Gebiet festgestellte Arten: *Zygopteris pinnata* GRAND'EURY, *Corynepteris coralloides* GUTB., *C. angustissima* STBG., *C. Essinghi* ANDRAE, *C. similis* STBG.; *C.* (*Alloiopteris*) *cristata* GUTBIER-GEINITZ, *C.* (*A.*) cf. *Winslovii* D.WHITE, *C.* (*A.*) *tenussima* STBG.; *Desmopteris longifolia* STBG., *D. alethopteroides* ETTINGSH.; *Brittsia problematica* D. WHITE; *Rhodeites Gutbieri* ETTINGSH. Besonders hervorzuheben sind dabei die Feststellungen an den Formgattungen ***Desmopteris*** **STUR**, ***Brittsia*** **D. WHITE** und ***Rhodeites*** **NEMEJC**. Die Stellung von *Desmopteris* war ja lange unklar, und es bestand vielfach die Auffassung, daß sie in den Formenkreis der Alaethopteriden gehöre. Davon kann aber keine Rede sein, und eben NEMEJC ist es gelungen, eindeutig die zygopteridische Fiederngabelteilung festzustellen wie auch das Ansitzen von Aphlebien an den Basen der Fiederngabeläste. *Brittsia* war bisher lediglich aus dem Oberkarbon von Missouri bekannt und hinsichtlich ihrer systematischen Stellung ein Problematikum. Nunmehr hat NEMEJC auch für diese ehedem rätselvolle Form den Nachweis der zygopteridischen Fiederngabelung und Aphlebientragung erbracht. Die Feststellung, daß die Gattung und Art auch im mitteleuropäischen Karbon vorkommt, mag die amerikanischen Fachgenossen erneut auf die engen Beziehungen der fossilen Floren von Europa und Amerika hinweisen und sie veranlassen, in gegebenen Fällen das europäische Material stärker in Vergleich zu ziehen, als dies im allgemeinen bei ihren meist recht autarktischen Namensgebungen der Fall ist. *Rhodeites* endlich ist eine von NEMEJC neu aufgestellte Gattung, die sich auf die bekannte sogenannte *Rhodea subpetiolata* H. POTONIÉ bezieht. Die Art muß aber *Rhodeites Gutbieri* ETTINGSH. heißen, und auch für sie ist nachgewiesen, daß die Fiedern 1. Ordnung an der Rhachis paarweise stehen. Lediglich die sonst bei den Zygopteridaceen üblichen Basalaphlebien fehlen hier. Mit diesen Feststellungen von NEMEJC ist unsere Kenntnis dieser außergewöhnlich interessanten paläozoischen Farnfamilie um ein gutes Stück vorwärtsgebracht worden. Es ist zu wünschen, daß es gelingt, auch noch die Fruktifikationen der letztgenannten drei bisher nur in Laubwedelresten bekannten Gattungen zu finden.

*Clepsydraceae*: Über einen ausgezeichnet erhaltenen Stammrest einer neuen *Ankyropteris*-Art aus dem Unterkarbon von Oklahoma: ***Ankyropteris Hendricksi*** **READ** berichtet CH. B. READ (1938 B).

CORSIN (1937) berichtet in einer umfänglichen, reichbebilderten Abhandlung über einige der coenopteridischen Farne, die er als **„*Inversicatenales*"** bezeichnet. Es sind folgende Familien und Gattungen: *Botryopteridaceae* mit *Botryopteris*, *Anachoropteridaceae* mit *Anachoropteris* und *Grammatopteris*, *Tubicaulidaceae* mit *Tubicaulis*. Die hier zusammengefaßten Gattungen besitzen, soweit bekannt, im Stamm eine Protostele, die primitiveren mit endarchem, die etwas fortgeschritteneren mit exarchem Protoxylem. Das Leitbündel der Wedelrhachis ist durch eine mehr minder starke Krümmung ausgezeichnet, wobei — soweit bekannt — die konvexe Seite die abaxiale ist. Die adaxiale Konkavseite ist in vielen Fällen reichlicher skulptiert. Die Bearbeitung bezieht sich bedauerlicherweise nur auf französisches Material; einerseits auf solches aus dem Unterkarbon von Esnost bei Autun, andererseits auf jüngeres Material teils aus dem Mittelstefan von Saint Etienne und dem nahe beiliegenden Grand'Croix sowie aus dem oberen Rotliegenden von Autun. Nicht berücksichtigt sind demgemäß die einschlägigen Formen, die aus dem Westfal des Oberkarbons, vor allem aus Deutschland und England, sowie aus dem Unterkarbon von Schottland und dem Rotliegenden von Sachsen bekannt sind. Außerdem ist offenbar auch französisches Material, das ehedem RENAULT zur Verfügung stand, nicht mit berücksichtigt. Dadurch besitzt die sonst sorgfältige und schöne Arbeit unangenehme Lücken.

Die einfachsten Verhältnisse zeigt die Gattung ***Botryopteris*** **RENAULT**, insbesondere was die unterkarbonischen Formen betrifft. Von diesen letzteren be-

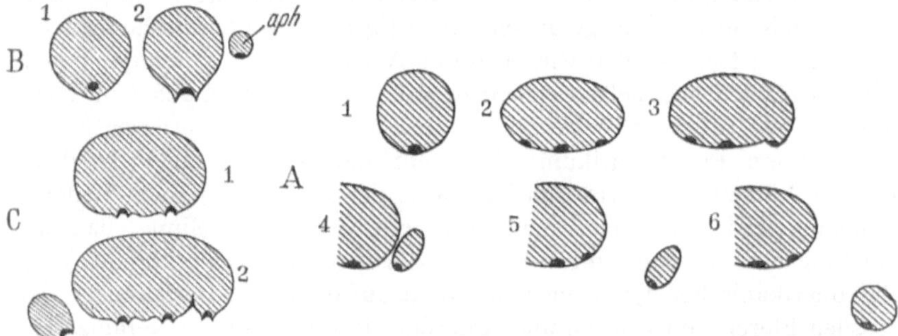


Abb. 13. A: *Botryopteris „antiqua"* CORSIN, aus dem Unterkarbon von Esnost. Schema der Entstehung und Ausbildung des Rhachisbündels und des Abgangs der Fiedernspindel 1. Ordnung. Alles im Querschnitt. (Nach CORSIN [1937].) — B u. C: *Botryopteris antiqua* KIDSTON, aus dem Unterkarbon von Schottland. — B: Ursprüngliche (1) und endgültige Fassung (2) des monarchen Rhachisbündels; bei aph. das zugehörige Aphlebienbündel. — C: Diarches Rhachisbündel (1) und Abgang der Fiedernspindeln erster Ordnung von diesem (2). Alles im Querschnitt. (Im Anschluß an BENSON aus HIRMER: Handb. [1927].)

schreibt CORSIN eine Form aus dem Unterkarbon von Esnost, die er jedoch zu Unrecht mit *B. antiqua* KIDSTON identifiziert. Bei der CORSINschen Form, von der übrigens der Sproß nicht bekannt zu sein scheint, beginnt das Bündel der

Wedelrachis mit einfachem, medianen Protoxylem, das bald dreigeteilt wird, wobei die damit entstehenden Seitenbündel jeweils mit der Abgabe der Bündel der Fiedernspindel 1. Ordnung betraut werden, wie dies Abb. 13A zeigt. Bei der echten, aus dem Unterkarbon von Schottland stammenden früher von KIDSTON und BENSON bearbeiteten *B. antiqua* KIDSTON (vgl. HIRMER Handb. S. 537) liegen die Dinge anders: an dem Sproß mit exarcher Protostele werden zwei verschiedene Blattpypen (Abb. 13B u. C) jeweils aufeinanderfolgend gebildet; der eine (Abb. 13C) (normale) mit diarcher Blattspur, der andere (Abb. 13B) mit monarcher (ursprünglich mesarcher) Blattspur und außerdem mit Aphlebie. Beide dieser unterkarbonischen *Botryopteris*-Arten sind für das Verständnis der jüngeren oberkarbonischen und permischen Formen wichtig.

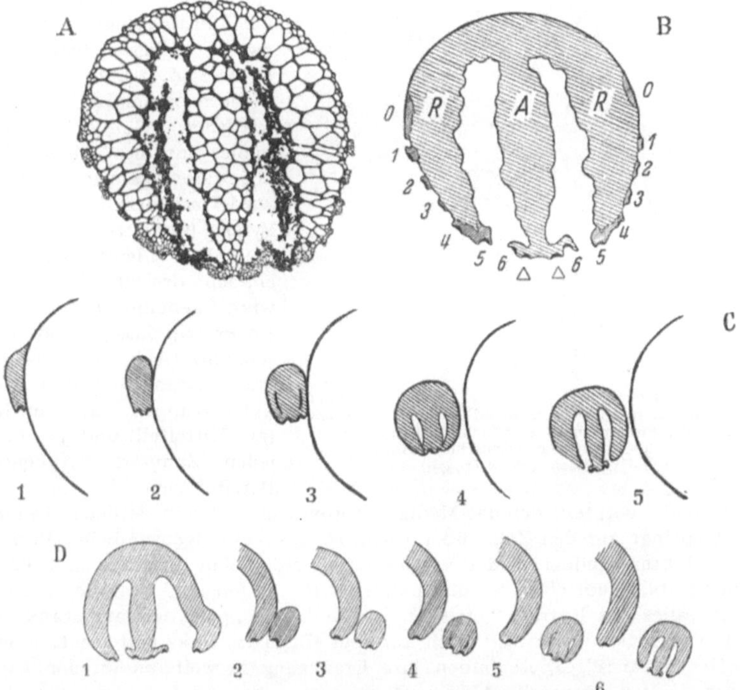


Abb. 14. *Botryopteris forensis* RENAULT. Mittleres Stefan des Oberkarbons von Grand'Croix. A u. B: Querschnitt durch das Rhachisbündel, schematisch (B) und mit Eintragung der Xylemelemente (A). A: Mittelarm, R: die beiden Seitenarme; △: Hauptprotoxylembündel („poles fôndamentaux") 0—6 Nebenprotoxyleme („pôles sortants"). Aus 0 bildet sich bereits das abgehende Fiedernspindelbündel (vgl. Abb. C). Über das Nachrücken der übrigen vgl. das im Text S. 78 Gesagte. — C: Beginnender Abgang des Seitenspindelbündels und dessen Entwicklung. — D: Fertiges Seitenspindelbündel und Abgabe eines Bündels für eine Seitenspindel 2. Ordnung. Alles im Querschnitt. (Aus CORSIN [1937].)

Von der CORSINschen Art, etwa dem Zustand der Abb. 13A, leiten sich die Oberkarbon-Westfal-Arten, z. B. *B. ramosa* WILLIAMSON und andere ab, wo die drei Protoxylemstelen zahnförmig vorgezogen sind. Das Extrem in dieser Richtung bilden Formen wie *B. forensis* RENAULT (mittleres Stefan von Grand'Croix) (Abb. 14), wo der Mittelzahn vergrößert und an der Spitze verbreitert ist und insgesamt 4 Protoxylemgruppen trägt und die Seitenzähne nicht nur an der Spitze sondern bis weit nach hinten hin eine Anzahl Protoxylemgruppen besitzen (Abb. 14A und B). Sozusagen eine Zusammenfassung des bei den beiden Unterkarbonarten (vgl. Abb. 13A, Zustand 3, und Abb. 13C, Zustand 1) Verwirklichten, bildet *B. Renaulti* C. E. Bertrand u. F. Cornaille (Abb. 15). Hier sind Mittel- und Außenpartie fast ständig getrennt. Die Mittelpartie mit 3, die Zähne der Außenpartie mit je einer Protoxylemgruppe.

Rang und Bedeutung der Protoxylemgruppen ist eine verschiedene. In Fällen, wie dem diarchen Bündel des schottischen *B. antiqua* (Abb. 13 C) liegen die Dinge am einfachsten: jede der beiden Gruppen muß, wenn es zur Abgabe der Fiedernspindel 1. Ordnung kommt, sich teilen und ihr Außenteil wird zum Protoxylem des Fiedernspindelbündels. In der gleichen Richtung bewegt sich *Grammatopteris* (Abb. 16), worauf unten zurückzukommen ist. Komplizierter und spezialisierter verhält sich schon Corsins *B. „antiqua"* von Esnost (Abb. 13 A). Hier gibt das unmittelbar über dem Ursprung der Blattspur noch einfache Protoxylem (Abb. 13 A, 1) zwei seitliche Stränge ab (Abb. 13 A, 2 und 3). Mit der Fiedernspindelabgabe sind die seitlichen Bündel (Corsins „pôles sortants") beschäftigt; aber diese ergänzen sich immer wieder aus dem Median-Protoxylem (Corsins „pôle fondamental"). Gleiches gilt für die einfach dreizähnigen Formen wie die genannte *B. ramosa* u. a. Im Prinzip dasselbe gilt für *B. Renaulti* (Abb. 15). Der Ausgangszustand hat drei Protoxylemgruppen, eine mediane (am Mittelteil) und je eine an jedem Zahn des Außenteils. Bereitet sich die Abgabe der Fiedernspindel vor, teilt sich das Median-Protoxylem und sein seitliches Teilungsprodukt springt auf den Zahn über (Abb. 15, 3) — ein eigentümlicher Vorgang, da ja die hintergründlichen Metaxyleme miteinander ohne Kontakt sind, es sich also buchstäblich um einen Sprung handelt. Bei *B. forensis*, wo, wie schon angedeutet, alles ins Extrem getrieben ist, sind zwei „pôles fondamentaux" entwickelt, und neben ihnen liegt noch auf dem Mittelarm links und rechts je einer der „pôles sortants". Diese finden ihre Ergänzung in weiteren an den Armen liegenden „pôles sortants" (Abb. 14 B, jeweils 5—0). Auch hier ist die Merkwürdigkeit, daß die Protoxyleme jeweils immer wieder überspringen müssen. Die Bündelbildung der Fiedern 1. Ordnung geschieht nämlich aus dem pôle sortant 0; in dem Grad, als dieses Protoxylem sich aus dem Rhachisbündel löst und mit dem Fiedernspindelbündel abrückt, rücken die im ganzen an den Zahnflanken schräg sitzenden übrigen „pôles sortants" 1—6 nach, wobei 1 zu 0, 2 zu 1 usf. wird und die beiden pôles fondamentaux wieder neuerdings die pôles sortants 6 abgeben. Im ganzen handelt es sich um eine auf die Spitze getriebene Komplikation; aber sie mag wieder ein Beispiel dafür sein, daß nicht alle Entwicklung eine Reduktion ist, wie das so vielfach behauptet wird. Die jüngsten Formen von *Botryopteris* sind offensichtlich die mehr und mehr komplizierten. Vergleicht man die Oberkarbon-Westfal-Formen noch mit den hier vornehmlich genannten Unterkarbonischen einerseits und den Oberkarbon-Stefan-Formen andererseits, wird der Entwicklungsgang noch klarer.

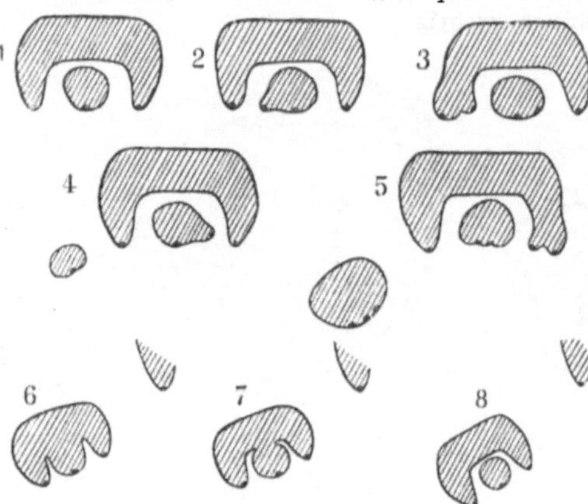

Abb. 15. *Botryopteris Renaulti* C. E. Bertrand u. F. Cornaille, aus dem mittleren Stefan von Grand'Croix. Rhachisbündel und Abgabe der Fiedernspindel 1. Ordnung (letztere in 6 bis 8 nur noch allein) in schematischer Darstellung. Alles im Querschnitt. (Nach Corsin [1937].)

In betreff des von Corsin bearbeiteten *Botryopteris*-Materiales ist bedauerlich, daß von *B. forensis* nicht das Material der Stämmchen, der Befiederung und der

Sporangien bearbeitet worden ist, das RENAULT (1896) und mindestens zum Teil sogar noch SCOTT (1920) vorgelegen haben muß, von dem es aber keine guten Abbildungen gibt.

Wertvoll, da nahezu gänzlich Neues bringend, sind die Untersuchungen von CORSIN über ***Grammatopteris*** **RENAULT** Es handelt sich um Farne mit dichtgestellter, schraubiger (der Limitdivergenz von 77° 57′ 19″ folgender) Wedeltragung. Der Sproß hat eine Protostele mit exarchem, mantelförmigem Protoxylem und etwas Sekundärxylem. Die Wedelspurbündel (Abb. 16) sind denkbarst einfach, nur mit zwei seitlichen Protoxylemgruppen, aus deren Teilung jeweils die Fiedernbündelprotoxyleme entstehen. Die Fassung des Rachisbündels ist also primitiv wie bei dem unterkarbonischen *Botryopteris antiqua* Schottlands. Dies gilt sowohl für *Gr. Bertrandi* CORSIN aus dem Unterkarbon von Esnost als auch für *Gr. Rigolloti* RENAULT aus dem Rotliegenden von Autun.

Zum mindesten formal ist hier die von CORSIN in eine eigene Familie gestellte Gattung ***Tubicaulis*** **COTTA** anzuschließem. Die 4 hierhergehörigen Arten sind durchwegs wenig genau bekannt. In der Sproßstele, die wieder eine exarche Protostele ist, stimmt, von dem fehlenden Sekundärxylem abgesehen, *Tubicaulis* ebenso mit *Grammatopteris* überein als in der ungefähren Form der im Querschnitt leicht gebogenen Wedelspurbündel. Die Protoxylemlage ist aber hier nicht bekannt. Ein Unterschied gegenüber *Grammatopteris* dürfte vorwiegend sein, daß nach dem — allerdings nur mangelhaft — bekannten Material, die Fiederspindel 1. Ordnung unmittelbar an der Basis gabelgeteilt ist und die Teilungsebene quer zu der der Rhachisverzweigung steht, also Verhältnisse wie bei den *Zygopteridaceae* vorliegen.

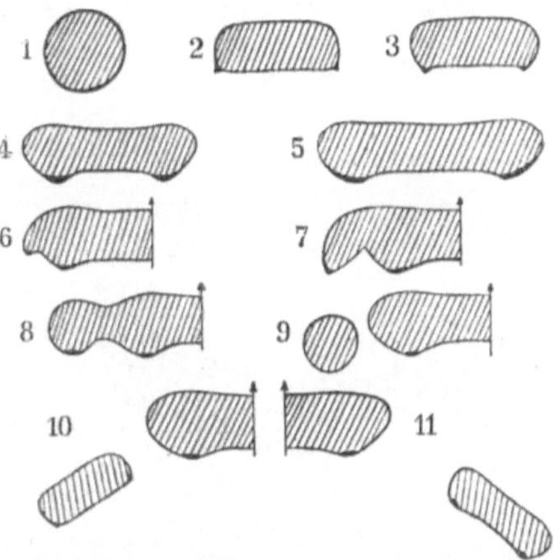

Abb. 16. *Grammatopteris Rigolloti* RENAULT, Rotliegendes von Autun. Schematische Darstellung der Entwicklung und Gestaltung des Rhachisbündels sowie der Abgabe und Entwicklung eines Fiedernspindelbündels. (Aus CORSIN [1937].)

In nächste Verwandtschaft mit *Grammatopteris* bringt **CORSIN** die Gattung ***Anachoropteris*** CORDA. Von dieser Gattung sind zwar eine ganze Anzahl (insgesamt 7) Arten bekannt, aber keinerlei Stamm- sondern nur Wedelreste. Es ist also gänzlich unbekannt, wie die vergleichsweise kompliziert gebaute Wedelspur orientiert war. Die von CORSIN angenommene Familienverwandtschaft von *Grammatopteris* und *Anachoropteris* ist also in gar nichts exakt begründet.

Am einfachsten liegen die Dinge bei *A. circularis* CORSIN (Abb. 17A). Das nur einfach gebogene Rhachisbündel hat zwei Hauptprotoxyleme (CORSINS „pôles fondamentaux“) und seitlich davon je ein Nebenprotoxylem, der Innervierung der Fiedelspindel dienend (CORSINS „pôles sortants“). Es ist diejenige Art, die man, wenn es sein muß, noch bis zu einem gewissen Grade in Beziehung zu *Grammatopteris* bringen kann. Ähnlich verhält sich *A. Williamsoni* KOOPMANS, aus dem Oberkarbon-Westfal. Komplizierter in der Außenerscheinung sind die an den Rändern stark eingekrümmten Arten, wie *B. involuta* HOSKINS aus dem mittleren Stefan von Grand'Croix (Abb. 17B). In der Protoxylemgestaltung schließt diese Art sich den Vorgenannten an. Etwas komplizierter, nämlich mit 4 statt 2 „pôles sortants“ ist das Bündel von *A. robusta* CORSIN (Abb. 17C u. D), gleichfalls aus dem mittleren Stefan von Grand'Croix. Mutatis mutandis ergeben sich hier natürlich in Hinblick auf Protoxylem- und Fiedernspindelbildung Vergleiche mit Formen wie *Botryopteris forensis* (Abb. 14), nur daß eben die Gesamtbündelform doch eine recht andere ist.

Wenn CORSIN Formen wie *Anachoropteris* seinen *Inversicatenales* einreiht, ist nicht verständlich, wieso er die unterkarbonische *Gyropteris* **GOEPPERT** nicht in diesen Verwandtschaftskreis bringt; auf Beziehungen hat schon HIRMER (Handb. S. 544) hingewiesen.

Überhaupt leidet die ganze Abhandlung von CORSIN darunter, daß sie zwar in nahezu undurchfindbarer Menge Details bringt, daß aber zu wenig eine Synthese der in Rede stehenden Formen im ganzen gegeben ist. Wenn CORSIN eingangs

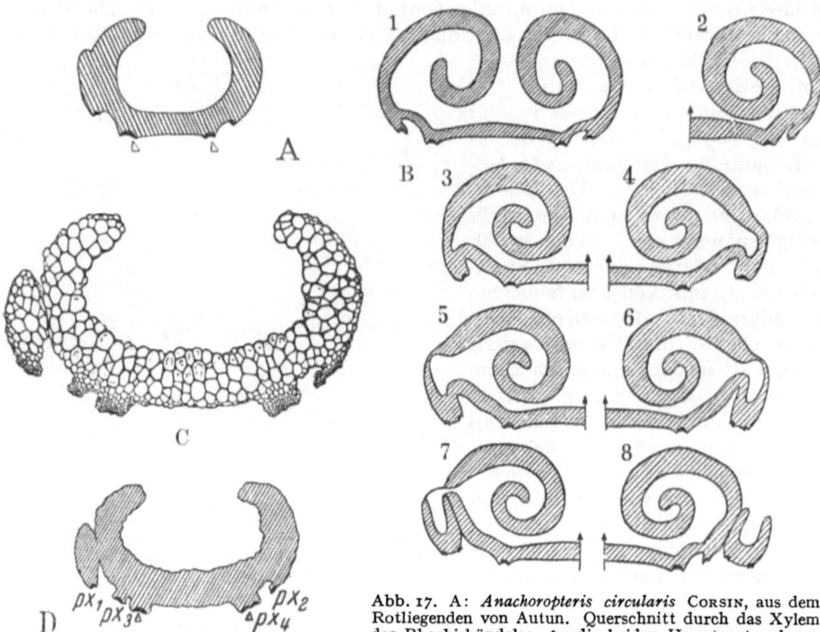


Abb. 17. A: *Anachoropteris circularis* CORSIN, aus dem Rotliegenden von Autun. Querschnitt durch das Xylem des Rhachisbündels; △: die beiden Hauptprotoxyleme; *p x*: die beiden Nebenprotoxyleme, rechts der Abgang eines Fiedernspindelbündels. (Aus CORSIN [1937].) — B: *Anachoropteris involuta* HOSKINS, aus dem mittleren Stefan des Oberkarbons von Grand' Croix. Schematische Darstellung der Entwicklung und Gestaltung des Rhachisbündels und der Abgabe eines Fiedernspindelbündels; alles im Querschnitt; von 2 ab Rhachisbündel nur noch halb dargestellt. (Aus CORSIN [1937].) — C u. D: *Anachoropteris robusta* CORSIN, aus dem mittleren Stefan des Oberkarbons von Grand' Croix. Rhachisbündel im Querschnitt; in C mit Eintragung der Xylemelemente; in D in schematischer Darstellung; △: die beiden Hauptprotoxyleme, $px^1$—$px^4$: die 4 Nebenprotoxyleme. (Beide aus CORSIN [1937].)

seiner Abhandlung sagt, daß die Durchsicht der einschlägigen Handbücher, auch noch dessen von HIRMER, zeige, daß noch „grandes incertitudes“ bestehen, so kann man nur sagen, daß trotz des vielen schönen Details, das CORSIN bringt, die incertitudes noch weiter bestehen bleiben, weil er sich eben nur an das französische Material und nicht an das Gesamtmaterial gehalten hat. Gerade das wäre aber bei einer großen Monographie wichtig gewesen.

## Noeggerathiineae.

Diese Gruppe von echten Farnen ist von HIRMER (1940B) aufgestellt worden. Ihre primitivste, eine Anzahl Arten umfassende Gattung *Noeggerathia* STERNBERG ist schon seit mehr als einem Jahrhundert bekannt, aber morphologisch wie systematisch reichlich umstritten und mißverkannt worden. Auch die schönen Untersuchungen von NEMEJC (1928) über den Bau des sterilen Wedels als insbesondere über die feinere Struktur des Sporophylls und dessen Sporangien (worüber bereits in Fortschr. Bot. 1, 89/90 kurz berichtet wurde), haben daran nicht viel geändert, ebensowenig wie die Klärung der Sporophylle von *Discinites* C. FEISTMANTEL ebenfalls durch NEMEJC (1937 A). Über die Zusammengehörigkeit dieser Formen sowie weiterer neuerdings im Oberkarbon von Holland und des Saargebietes gefundener Typen hat erst die monographische Bearbeitung von HIRMER (1940) (vgl. hierzu auch HIRMER [1941]) Klarheit geschaffen. Es hat sich ergeben, daß es sich um eine ebenso harmonische und klare als gegen die übrigen Farneinheiten wohl abgegrenzte *Filicales*-Gruppe handelt. Im ganzen kennt man derzeit von den *Noeggerathiineae* folgende Gattungen:

***Noeggerathia*** **STERNBERG,** bekannt in Laubwedeln und Sporophyllen (letztere ursprünglich als *Noeggerathiostrobus* O. FEISTMANTEL beschrieben); 7 Arten, vom unteren Teil (oberes Westfal A) des Oberkarbons bis ins Rotliegende.

***Discinites*** **C. FEISTMANTEL,** bekannt in Sporophyllen; 3 Arten im mittleren Oberkarbon (Westfal B und C); die wahrscheinlich zugehörigen Laubwedel gehen unter ***Palaeopteridium*** **KIDSTON,** 2 Arten im mittleren Oberkarbon (oberes Westfal A bis Westfal C).

***Saarodiscites*** **HIRMER,** bekannt in Sporophyllen; die sicher zugehörigen Laubwedel führen den Hilfsgattungsnamen ***Saaropteris*** **HIRMER**; je eine Art im oberen Westfal C.

Das Hauptcharakteristikum der Gruppe der Noeggerathiineen ist in der Gestaltung der Sporophylle zu suchen. Am einfachsten liegen die Verhältnisse bei *Noeggerathia*, wesentlich komplizierter bei den untereinander verhältnismäßig ähnlichen Gattungen *Discinites* und *Saarodiscites*.

Den Schlüssel zum Verständnis bilden die Verhältnisse bei *Noeggerathia*; zwecks deren Erörterung ist auch noch ein Blick auf die sterilen Wedel dieser Gattung zu werfen. Die einfach gefiederten Laubwedel dieser Gattung zeigen die breit ei- und keilförmigen mit vielfacher Gabelnervatur und Randzähnelung versehenen Fiedern nicht den Flanken der Wedelspindel seitlich ansitzend, sondern mit ihrer Basis der sie tragenden Spindel schräg angeheftet. Dabei deckt, sofern man den Wedel von der Oberseite betrachtet, der Oberrand des jeweils tiefer stehenden Fiederblattes den Unterrand des jeweils nächsthöheren. Die nicht ganz gewöhnliche Tragung der Fiedern hat lange Zeit immer wieder dazu geführt, das *Noeggerathia*-Laub nicht als Wedel, sondern als Sproß mit sekundär zweizeiliger Blattanordnung aufzufassen. Insbesondere durch NEMEJC ist aber neuerdings wieder klargestellt worden, daß dem nicht so ist.

Abb. 18.

Die Schrägstellung der Fiedern am sterilen Wedel findet ihre konsequente Weiterführung am fertilen Wedel (Abb. 18A u. B), bei welchem die Fiedern rein quergestellt sind und mit ihrer morphologischen Unterseite, auf der die mehr minder zahlreichen, bei allen *Noeggerathia*-Arten flächenständig entwickelten, bei allen Arten in mehr minder vielen Querreihen übereinander angeordneten Sporangien getragen werden, der sie tragenden Spindel annähernd anliegen. Abgesehen von der etwas außergewöhnlichen Insertion der Fiedern ist offensichtlich die Sporophyllgestaltung von *Noeggerathia* typisch *filicales*haft.

Wie die Untersuchungen von NEMEJC an Hand der häufigst gefundenen Art, *N. foliosa* STBG. ergeben haben, befinden sich am Sporophyll Mikro- und Megasporangien, erstere im oberen, letztere im unteren Sporophyllteil; beide annähernd gleich groß (4 × 3 mm). Die Mikrosporangien mit viel (256, wenn nicht sogar 512) Mikrosporen von vergleichsweise beträchtlicher Größe (90—130 $\mu$); die Megasporangien mit einer größeren Anzahl (mindestens 16) Megasporen von 1 mm Durchmesser. Unklar ist, ob aus den Sporenmutterzellen sich sämtliche Gonen entwickelt haben oder ob aus den von jeder Sporenmutterzelle zunächst hervorgegangenen 4 Gonen nur je eine zur Megasporenreife kam. Megasporenoberfläche völlig glatt, Mikrosporen fein granuliert. Sporangienwand allem Anschein nach mehrschichtig, Sporangien somit eusporangiat. Sporangienwände ohne vorgebildeten Öffnungsmechanismus. Erst durch Verfaulen der Wände der offenbar mit dem ganzen Sporeninhalt abfallenden Sporangien dürften die Sporen frei geworden sein.

Für die Kenntnis der Gesamtgestalt von *Noeggerathia* sind die Funde von *N. zamitoides* STERZEL (mittleres Rotliegendes) von Wichtigkeit. Bei dieser Art entstehen Laubwedel und Sporophylle — wohl in periodischem, serienweisem Wechsel — schraubig an gelegentlich gabelgeteilten längeren Achsen, und es ist anzunehmen, daß diese mindestens zu einem

Abb. 18. A u. B: *Noeggerathia foliosa* STBG., aus dem Oberkarbon (Westfal C) von Böhmen. A: Nahezu ganz erhaltenes Sporophyll; im oberen Teil sind die einzelnen fertilen Fiederchen vollständig vorhanden und daher die auf ihrer morphologischen Unterseite, d. i. an der der Achse zugekehrten Seite erfolgende Sporangientragung wenig deutlich zu sehen; im unteren Sporophyllteil dagegen ist sie zurfolge des Auseinanderreißens der einzelnen Sporophyllfiedern gut zu erkennen. Auf den Fiedern sitzen flächenständig und in mehreren Reihen übereinander (wie auch zu mehreren nebeneinander) die vergleichsweise großen Sporangien. — B: Teil eines Sporophylls derart längs gebrochen, daß die eine Serie der alternierend-zweizeilig gestellten Sporophyllfiedern in ganzer Fläche zu sehen ist. Besonders im oberen Bildteil ist die Anheftung der in mehreren Reihen übereinander und in Anzahl nebeneinander befindlichen Sporangien zu erkennen. Teilweise, so besonders auf der zweit- und drittobersten Fieder sind außer den Ansatzstellen auch noch die Sporangien selbst erhalten. Beide nat. Gr. (Nach NEMEJC aus HIRMER [1940].) — C u. D: *Discinites bohemicus* C. FSTM., aus dem Oberkarbon (Westfal C) von Böhmen. C: Teil eines Sporophylls halbschräg von der Seite. Die einzeln übereinandergereihten, die Sporophyllspindel rings umgreifenden Fiederschalen sitzen an der (im Bild nicht sichtbaren) Sporophyllspindel dicht übereinandergereiht. Auf der (ihrer morphologischen Unterseite entsprechenden) Schaleninnenseite sind die Ansatzstellen der (bereits abgefallenen) in einer Anzahl annähernd konzentrischer Reihen angeordneten Sporangien deutlich zu erkennen. — D: Aufsicht auf einen Teil einer der fertilen Fiedernschalen; ihre ganze Fläche ist mit zahlreichen, in vielen konzentrischen Kreisen gestellten Sporangien dicht besetzt. Beide nat. Gr. (Nach NEMEJC [1937] aus HIRMER [1940 B].) — E u. F: *Discinites Jongmansi* HIRMER, aus dem Oberkarbon (unteres Westfal B) von Holländisch-Limburg. E: Teil eines Sporophylls in Ansicht schräg von unten. Die Übereinanderreihung der wieder schalenartig ausgebildeten Sporophyllfiedern ist deutlich zu erkennen; desgleichen in der unteren Bildhälfte auch die Sporophyllspindel. — F: Ansicht zweier Sporophyllschalen von unten (d. i. von der morphologischen Oberseite her). Man erkennt gut den langgezähnten Schalenrand sowie die in der Schalenmitte durchgehende Sporophyllspindel. An den sichtbaren Schalenflächen sind die Eindrücke der wieder in konzentrischen Kreisen angeordneten Sporangien der jeweils nächst tiefer inserierten Sporophyllschale zu erkennen. Beide $1^1/_2$ nat. Gr. (Aus HIRMER [1940 u. 1941].)

guten Teil über das Substrat hervorragten, es sich also bei *Noeggerathia* um Pflanzen mit aufrechten Stämmchen gehandelt hat.

Für die morphologischen Beziehungen von Laubwedeln und Sporophyllen von *Noeggerathia* ist belangvoll, daß für *N. foliosa* bereits durch STUR festgestellt worden ist, daß die Basalpartie der Sporophylle noch mit sterilen Fiedern beginnen, die in Form und Stellung denen am sterilen Laubwedel entsprechen.

Aus der Tatsache der Querstellung der fertilen Fiedern am Noeggerathia-Sporophyll wird die wesentlich kompliziertere Gestaltung der Sporophylle von *Discinites* und *Saarodiscites* verständlich, nur daß hier die einzelnen fertilen Fiederblättchen nicht mehr wie bei *Noeggerathia* frei an der Sporophyllspindel sitzen, sondern diese vielmehr völlig mittels beider Flanken umgreifen, wodurch aus jedem einzelnen fertilen Fiederchen eine letzten Endes annähernd schalenförmige, in ihrer Mitte von der Sporophyllspindel durchbohrte Bildung hervorgeht. An den so gebildeten Schalen ist zu unterscheiden zwischen der eigentlichen Schalenfläche, die in einer Anzahl konzentrischer Reihen von vielen Sporangien bedeckt ist, und einer distalen Randpartie, die bei *Discinites* entweder glattrandig (*D. bohemicus* C. FSTM. [Abb. 18 C u. D] und *D. maior* NEMEJC) oder gezähnt (*D. Jongmansi* HIRMER [Abb. 18 E u. F]), bei dem sonst noch durch beträchtlichere Größe und konische (statt walzenförmige) Sporophyllgestaltung sowie durch die *Saaropteris*-Beblätterung ausgezeichneten *Saarodiscites* (Abb. 19) dagegen mit langen bandförmigen Fransen, die wie ein Gewirr feiner Bänder über die Außenpartie des Sporophylls hinweggehangen sind, versehen ist.

Hinsichtlich der Sporangienfassung und ihres Inhaltes konnten die Dinge nur für *Discinites maior* geklärt werden (NEMEJC [1937 A]). Hier trägt das Sporophyll wieder wie bei *Noeggerathia foliosa* Mikro- und Megasporangien, aber hier derart, daß die Fiedern aller Sporophyllteile überwiegend nur mit Mikrosporangien besetzt sind und unter diese nur gelegentlich Megasporangien gemischt sind. Die Mikrosporangien enthalten nicht sehr viele (64 oder höchstens 128) Mikrosporen von wieder wie bei *Noeggerathia* beträchtlicher Größe (95—125 $\mu$). Im Megasporangium ist nur noch eine einzige Megaspore von 1—1 $^1/_3$ mm. Zellüberbleibsel, die daneben noch festgestellt sind, können einer Tapetenschicht, möglicherweise aber auch Resten von degenerierten Sporenmutterzellen entsprechen; letzteres ist in Hinblick auf die Vielzahl der Megasporen bei *Noeggerathia* nicht unwahrscheinlich. Da wie bei *Noeggerathia* den Sporangien jeder vorgebildete Öffnungsmechanismus fehlt, gilt hinsichtlich des Freiwerdens der Sporen das oben bei *Noeggerathia* Gesagte.

Bezüglich der sehr eigentümlichen Randbefransung der Schalen des *Saarodiscites*-Sporophylls könnte der Gedanke einer besonderen biologischen Bedeutung naheliegen. Es mag aber diese Bildung weniger als eine im Sinne der Fortpflanzungsbiologie funktionell bedingte Erscheinung zu betrachten sein, als daß ihr Zustandekommen vielmehr als im Wesen der Gesamtgruppe konstitutionell gegeben erscheint. Findet sich doch Zähnelung des Fiedernrandes schon bei den sterilen Fiedern am Laubwedel der *Noeggerathia*-Arten, wieder bei den Schalen

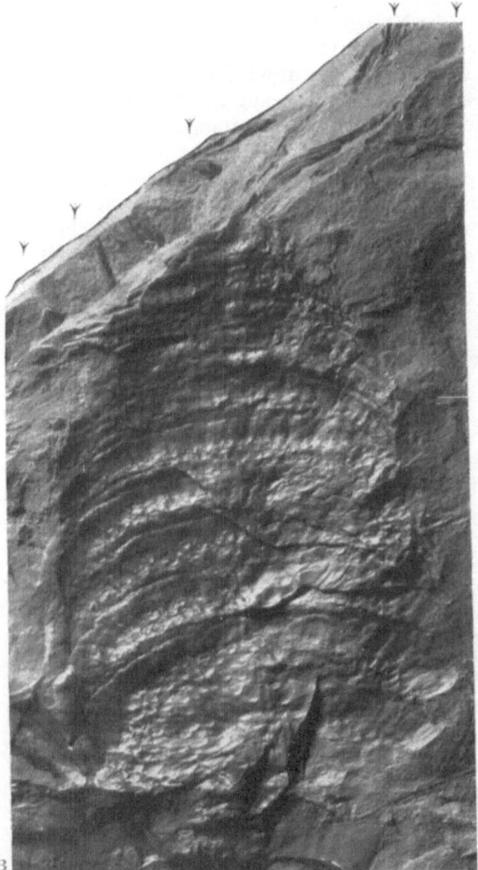


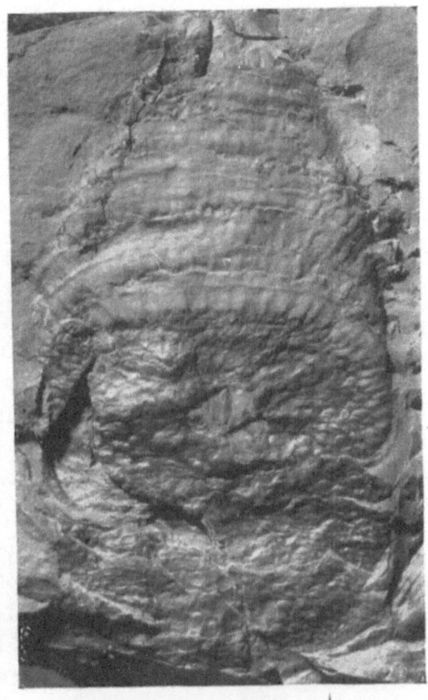

Abb. 19. *Saarodiscites Guthoerli* KIRMER, aus dem Oberkarbon (oberes Westfal C) des Saargebietes. A u. B: Teil eines Sporophylles in Druck und Gegendruck. Beide Stücke sind in der Abbildung so gestellt, daß sie sich in ihrer Höheneinstellung genau entsprechen. A: An diesem Stück sind 10 übereinandergereihte Sporophyllschalen jeweils schräg von unten zu erkennen. Die untersterhaltene zeigt die Durchdrücke der auf der Schalenoberfläche (d.i. der morphologischen Unterseite) in konzentrischen Kreisen getragenen Sporangien. An den Schalenrändern sind deutlich die Abbruchstellen der langen, für *Saarodiscites* charakteristischen Bandfransen zu erkennen. — B: An dem Stück sind außer den Gegendrücken der in A sichtbaren 10 Sporophyllschalen noch deren weitere 5 zu erkennen. Von der obersten der hier erhaltenen Sporophyllschalen geht — deutlich sichtbar — eine ihrer Randfransen (deren Fortsetzung nach oben im Bild weggeschnitten ist) ab. Eine Anzahl weiterer im Gestein erhaltener Randfransen von tiefer inserierten Schalen sind durch die weiteren Pfeile gekennzeichnet. Da die Ränder der sichtbaren Schalen — vom Betrachter aus gesehen — sich von obenher nach unten zu überlagern, liegen ihre Außenränder gegen das Gestein zu, und ihre Randfransen sind daher in dieses eingesenkt. Beide nat. Gr. — C: Teil der untersten Fiedernschale des Stückes der Abb. A, etwa 13fach vergr. Es handelt sich um die in A durch die beiden Pfeile lagemäßig bestimmte Stelle; doch ist das Bild in C um 90 gedreht, so daß der in C obere Bildrand der Partie nahe dem rechten Bildrand in A entspricht. Sichtbar ist ein kleiner Teil der sporangientragenden Schalenfläche in zum Teil noch inkohlter Substanz, zum größeren Teil ist der Abdruck dieser Schalenfläche gegen das darüber befindliche Gesteinszwischenmittel sichtbar. Daran sind die kurz-ovalen Abdrücke der Sporangienansatzstellen zu erkennen. Sporangien selbst nicht mehr erhalten. (Sämtliche aus HIRMER [1940 B u. 1941].)

von *Discinites* und an den Fiedern der wohl zu *Discinites* gehörigen *Palaeopteridium*-Laubwedel, ist also im ganzen eine in dieser Gruppe weitgehend auftretende Eigentümlichkeit.

Für die Fortpflanzungsökologie der Noeggerathiineen im Ganzen läßt die Tatsache, daß ihre Sporangien keinen vorgebildeten Öffnungsmechanismus hatten und wohl im ganzen abgefallen sind und die Sporen erst durch Faulen der Sporangienwände frei wurden, verständlich werden, daß die Sporangienwände ihrerseits glatt waren und somit keinerlei Skulpturen zum Zweck des Auffangens der Mikrosporen besessen haben. Wenn sich aus dem letzteren Umstand eine Erschwerung der Fortpflanzungssicherung zu ergeben scheint, so ist dieses eben dadurch kompensiert bzw. kann überhaupt nicht in Erscheinung treten, daß bei den Noeggerathiineen die annähernd gleich großen und gleich schweren und auch am gleichen Sporophyll gebildeten Mikro- wie Megasporangien beim Abwurf von Sporophyll gleich wenig weit gefallen sein werden. Mikro- und Megasporen werden bei der Keimung und Prothallienbildung dicht nebeneinander gelegen haben, und die Befruchtung kann sich somit leicht auf dem Weg über das den Mikro- und Megaprothallien anhaftende Wasser der Bodenoberfläche vollzogen haben.

Was endlich die systematischen Beziehungen der Noeggerathiineae zu den übrigen *Filicales*-Untergruppen betrifft, so ist so gut wie sicher, daß es sich bei ihnen um *Eusporangiate Filicales* handelt. Und innerhalb dieser sind zweifellos die Beziehungen zu den *Eu-Filicineae* und unter diesen zu den *Marattioideae* am stärksten. Doch erschiene es unrichtig, den Formenkreis um *Noeggerathia* noch in diese Gruppe mit einzubeziehen; vielmehr sind *Noeggerathiineae* und *Eu-Filicineae* in der S. 73 angedeuteten Weise zu koordinieren.

Hinsichtlich der speziellen Beziehungen der Noeggerathiineen zu anderen bekannten *Filicales*-Formen hat sich eine verhältnismäßig enge Bindung zu der bisher unter die *Filicales incertae sedis* gestellten oberdevonischen Gattung ***Archaeopteris*** **DAWSON** ergeben. Die Beziehungen zu dieser Gattung, die in neuester Zeit sowohl durch ARNOLD (1939 A) als durch KRÄUSEL u. WEYLAND (1941) an Hand nordamerikanischen Materiales erforscht worden ist, sind durch HIRMER (1940 und insbesondere 1941) gezeigt worden. Sowohl die Gestaltung des Wedels im ganzen als insbesondere die Tragung der fertilen Fiedern und nicht zuletzt der Bau der Sporangien, ihre Heterosporie und selbst die Gestaltung der Megasporen sprechen für engste Verwandtschaft, und zwar nicht nur in formal-morphologischer, sondern auch in systematischer Hinsicht.

Abb. 20. A—G: *Archaeopteris hibernica* (FORBES) DAWSON, aus dem Oberdevon des östlichen Nordamerika. A: Fertile Fieder erster Ordnung mit ihrem unteren Ende noch an der Wedelhauptspindel (*h*—*h*) ansitzend. An der Fiedernspindel die schmalen, gegenüber der Ebene der Gesamtwedelverzweigung um $90^0$ gegen die Fiedernspindel gedrehten Fiedern zweiter (letzter) Ordnung. Daran beiderseits randständig die Mikro- und Megasporangien; diese beiden nicht selten an ein- und demselben Fiederchen. Nat. Gr. — B: Einzelne fertile Fieder (gleich der in Abb. A mit Pfeil bezeichneten). Beiderseits der schmalen Fiedernfläche die randständigen Sporangien, davon die 3 oberen Mikrosporangien, die beiden unteren Megasporangien; deren linkes besser erhalten als das rechte. Fiedernspitze zufolge Gabelteilung in zwei ungleich lange Enden zerspalten. 6fach vergr. — C: Sporeninhalt eines einzelnen Mikrosporangiums. 15fach vergr. — D: Einzelne Mikrosporen daraus 60fach vergr. — E u. F: Inhalt zweier etwas verschieden großer Megasporangien mit vermutlich 24 bzw. 12 Megasporen, 15fach vergr. — G: Einzelne Megaspore, $67^1/_2$fach vergr. (Sämtliche nach ARNOLD [1939 A] aus HIRMER [1941].) — H: Fertile Fieder von *Archaeopteris* cf. *macilenta* LESQUEREUX aus dem Oberdevon von Südostkanada, in besonders instruktiver Weise die *Noeggerathia*-ähnliche Tragung der Sporangien zeigend; allerdings sind hier wie bei allen *Archaeopteris*-Arten die Sporangien noch randständig und noch nicht wie bei *Noeggerathia* flächenständig getragen. 2fach vergr. (Nach KRÄUSEL u. WEYLAND [1941] aus HIRMER [1941].)

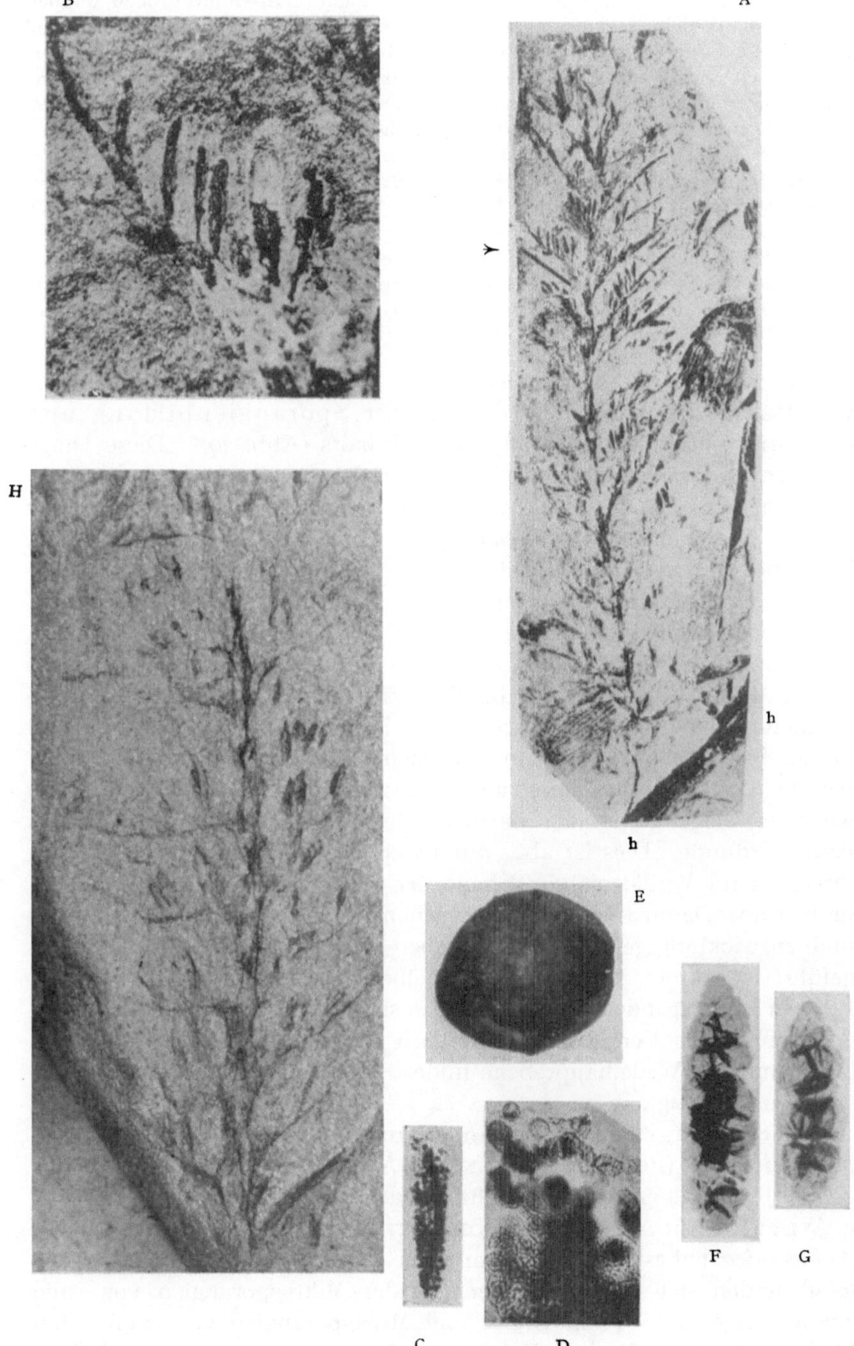
B
A
H
h
h
E
F
G
C
D

Im einzelnen handelt es sich bei *Archaeopteris* um Pflanzen mit großen, doppelt gefiederten Wedeln mit einer Art von Nebenblattbildung an der Basis und Zwischenfiederung zwischen den Spindeln erster Ordnung, habituell und in vielem sehr ähnlich den Wedeln von *Palaeopteridium*. Die Fiederchen letzter Ordnung sind mehr minder keil-eiförmig, bei der Mehrzahl der Arten mit feinen Randzähnchen und immer mit fächerförmig ziehender Gabelnervatur. Die Wedelzwischenfiederung von *Archaeopteris* findet ihre Parallele in der anadromen Förderung der Basalfiedern an den Spindeln des *Palaeopteridium*-Wedels und der Basalpartie an den Fiedern des *Saaropteris*-Wedels. Daß bei den eigentlichen Noeggerathiineen Differenzierung in Laubwedel und Sporophylle herrscht, bei *Archaeopteris* dagegen nur ein Wedeltyp entwickelt ist, in dem die fertilen Fiedern an den Spindeln erster Ordnung der unteren Wedelhälfte getragen werden, ist kein fundamentaler Unterschied, sondern entspricht nur der größeren Primitivität dieser ja auch wesentlich älteren Gattung.

Das Wichtigste und Maßgebendste für die Beurteilung der Verwandtschaftsbeziehungen ist die Art der Sporangienbildung und -tragung und die Gestaltung ihres Inhalts (Abb. 20). Diese Dinge konnten an Hand amerikanischen Materiales gut von ARNOLD (1939 A) und von KRÄUSEL u. WEYLAND (1941) aufgeklärt werden. Wie sehr eng die Beziehungen von *Archaeopteris* zu den Noeggerathiineen sind, hat HIRMER (1941) aufgedeckt.

Bei den fertilen Fiedern von *Archaeopteris* ist die Spreitenentwicklung nur eine ganz geringfügige. Ihre Fläche ist auf eine schmale, von wenigen Nerven durchzogene, am Vorderende meist ein- bis mehrfach gabelgespaltene Bildung beschränkt. An ihrem Rande sitzen die länglich-ovalen kurz- bis ungestielten Sporangien, je nach Art zu 5 bis 20. Sie bilden mit der schmalen Fläche der sie tragenden Fieder einen rechten Winkel, liegen damit also insgesamt in der Ebene der Gesamtwedelverzweigung wie auch natürlich der der Verzweigung der Fiedern erster Ordnung. Dies ist aber nur möglich, indem die fertilen Fiedern ihrerseits im Verhältnis zur Ebene der Wedelverzweigung um 90° gedreht sind. Damit findet sich aber schon — gleichgültig, ob dies primär und entwicklungsgeschichtlich gegeben oder erst nachträglich durchgeführt ist — bei *Archaeopteris* dieselbe Querorientierung der fertilen Fiedern zur tragenden Spindel, wie sie sich bei allen eigentlichen Noeggerathiineen im Verhältnis der fertilen Fiedern zur Sporophyllspindel und damit zur Wedelhauptebene findet. Und dies ist zweifellos von besonderer Wichtigkeit.

Der Sporangieninhalt ist am genauesten von ARNOLD für *Archaeopteris hibernica* (FORBES) DAWSON (bei ARNOLD als *A. latifolia* ARNOLD geführt) (Abb. 20 A—G) erforscht worden; ferner noch von KRÄUSEL u. WEYLAND für *A. halliana* (GOEPPERT) DAWSON sowie bei einer der *A. hibernica* nahestehenden Form. Bei *A. hibernica* (ARNOLDS *A. latifolia*) finden sich an der gleichen Fieder Mikrosporangien von rund 3 mm Länge und $^1/_4$ mm Breite und Megasporangien von rund 4 mm Länge und $^3/_4$ mm Breite. Die Mikrosporangien dürften 128 Mikrosporen von rund 35 $\mu$ Durchmesser enthalten, die Megasporangien etwa 12—24 Megasporen von etwa $^1/_3$ mm Durchmesser. Prinzipiell gleich liegen die Dinge bei *A. halliana*, nur daß die Sporen kleiner sind (Mikrosporen 24—33 $\mu$, Megasporen 262—270 $\mu$). Dagegen sind bei der dritten, in Hinblick auf ihren Sporeninhalt untersuchten Form (aus dem *A. hibernica*-Formenkreis) die Sporengrößen noch stärker schwankende, indem die Durchmesser der Mikrosporen 30—45 $\mu$, die der Megasporen 200—360 $\mu$ betragen. Insbesondere in dieser letzteren Größenschwankung darf man wohl den Hinweis erblicken, daß die Heterosporie noch nicht völlig ausgeprägt entwickelt ist. Im ganzen ist aber offensichtlich, daß es sich bei *Archaeopteris* um heterospore Formen handelt.

An ihrer Farnnatur ist ebensowenig zu zweifeln wie bei den *Noeggerathineae*, als deren ursprünglichste Form man sie wohl zu betrachten hat. Wenn bei den Noeggerathiineen die Sporangientragung schon eine flächenständige, bei *Archaeopteris* dagegen noch eine randständige ist, so entspricht letzteres nur dem wesentlich höheren Alter von *Archaeopteris* und unseren Vorstellungen über das Verhältnis flächenständiger zu randständiger Sporangientragung.

Was endlich noch die Oberflächengestaltung der Megasporen von *Archaeopteris* betrifft, so dürfte ihre Glattwandigkeit wie auch der Mangel eines vorgebildeten Öffnungsmechanismuses an den Sporangien ganz im Sinne des für die Noeggerathiineen Gesagten (vgl. S. 86) zu begreifen sein; auch dieses ist wieder ein Beweis für die engen Beziehungen von *Archaeopteris* zu den Noeggerathiineen.

Über die Systematik der Gattung *Archaeopteris* im ganzen ergibt sich nach den umfassenden Untersuchungen von KRÄUSEL u. WEYLAND in betreff aller bekannten Arten und ihrer äußerst verwickelten und verfahrenen Synonymik folgendes: Bekannt sind im ganzen nur 5 Arten; die zahlreichen andern Artnamen sind nur als Synonyma aufzufassen. Bei einem Teil der Arten sind die sterilen Fiederchen ganzrandig bis höchstens wellig gebuchtet oder eingeschnitten, aber stets mit glatten Seitenrändern: *A. obtusa*, *A. hibernica* und *A. halliana*; bei den übrigen Arten sind die sterilen Fiederchen zerschlitzt und auch ihre Seitenränder aufgespalten: *A. macilenta* und *A. fissilis*. Weitere Unterschiede finden sich in der Stellungsdichte wie Form der sterilen Fiederchen und in der Spitzenbildung der fertilen Fiederchen und der Zahl und Gestieltheit der von ihnen getragenen Sporangien.

Sämtliche *Archaeopteris*-Arten sind auf das Oberdevon beschränkt. Geographisch verteilen sie sich folgendermaßen:

*A. obtusa* LESQUEREUX: Amerika, Eurasien, Arktis.
*A. hibernica* (FORBES) DAWSON: Amerika, Europa (Abb. 20A—G).
*A. halliana* (GOEPPERT) DAWSON: Amerika, Eurasien, Arktis und (?) Australien.
*A. macilenta* LESQUEREUX: Amerika, Arktis (Abb. 20H).
*A. fissilis* SCHMALHAUSEN: Europa, Arktis.

## Eu-Filicineae.

### *Marattiaceae.*

Über Stämme von ***Psaronius*** **COTTA**, die in Illinois an sekundärer Lagerstätte gefunden sind und deren Alter (ob karbonisch oder permisch) daher fraglich ist, berichtet GILETTE (1937). Bei ausgezeichneter Erhaltung auch der Stammoberfläche, die sogar noch die *Caulopteris*-Struktur zeigt, lassen sich mehrere Arten feststellen. Einerseits: *Psaronius Giffordi* POT. mit Wedeln zu je sechsen in jedem der untereinander alternierenden Quirle (Gruppe der Polystichi verticillati); andererseits *Psaronius septangulatus* GIL. und *Ps. peoriensis* GIL.; diese gehören bei schraubiger Wedelstellung zu den Polystichi spirales und zeigen bei dichter Wedeldrängung im Stammquerschnitt an der Stammperipherie je 7 Wedelabgänge, woraus sich ergibt, daß die Stellung dieser Wedel der Limitdivergenz von rund $99^{1}/_{2}{}^{0}$ gefolgt ist.

Der Familie der *Marattiaceae* dürften auch die in der Gattung ***Zeilleria*** **KIDSTON** vereinigten Formen nahestehen. Darauf weisen die synangienhafte Zusammenfassung ihrer an den Enden der Fiedern letzter Ordnung getragenen Sporangien hin. Mit Recht wehrt sich auch HARTUNG (1938) gegen die ursprüngliche KIDSTONsche Auffassung, daß es Pteridospermen mit bisher nur bekannten männlichen Organen seien, wogegen bereits HIRMER (Handb.) Stellung genommen hat. Über diese Gattung haben zuletzt NEMEJC (1937A) und HARTUNG (1938) gearbeitet. Letzterer konnte die Synangien der *Z. minima* (MAYAS) mazerieren; sie haben tetraedrische Sporen von 40—50 $\mu$ im Durchmesser. Sporen weiterer Arten hat FLORIN (1937) untersucht; sie sind alle kugeltetraedrisch. Möglicherweise gehört in den Verwandtschaftskreis von Zeilleria auch ***Hymenotheca*** **H. POTONIÉ.** Sicher gehören in den Verwandtschaftskreis von Zeilleria auch gewisse Arten der Gattung ***Crossotheca*** **ZEILLER.** So sicher die bereits von HIRMER (1930; Abh. Bayer, Acad. Wiss. math.-naturwiss. Abt., N. F. 5) eingehend und an Hand besonders schönen Materials studierte *Cr. pinnatifida* (GUTB.) über die in neuester Zeit NEMEJC (1937A) berichtet. Gleichfalls aus Böhmen nennt NEMEJC *Cr. nyranensis* NEM. und *Cr. Crepini* STUR. Erstere Art, die in ihren sterilen Zuständen der *Zeilleria Frenzli* gleicht, hat am Ende der Fiederchen letzter Ordnung Synangien von etwas elliptischem Querschnitt und steht damit formal der *Cr. Crepini* nahe, bezüglich letzterer es allerdings fraglich ist, ob sie nicht zu den Pteridospermen gehört.

## Proleptosporangiatae.

Paläozoische Farne, die nicht in lebende Familien einzureihen sind, sind eine ganze Anzahl bekannt. Von diesen hat NEMEJC (1937B) verschiedene aus dem Oberkarbon von Böhmen bearbeitet. Wir möchten unserseits jedenfalls den Standpunkt vertreten, daß ein Gutteil dieser Gattungen eigene Familien repräsentieren und im ganzen wohl noch primitivere Verhältnisse in der Sporangiengestaltung zeigt, als das selbst für die *Osmundaceae* gilt. Im ganzen dürften es Vorläufertypen unsrer mit Annulus am Sporangium versehenen Osmundaceen und der Leptosporangiaten filices sein. Es empfiehlt sich, sie als *Proleptosporangiatae* zusammenzufassen.

Ein Teil dieser Formen entbehrt jedenfalls noch völlig der Annulusbildung und die Sporangiumwand scheint aus einheitlichen und gleichmäßig gearteten Zellen gebildet zu sein, wobei es bestenfalls zu mehr oder minder deutlicher Differenzierung eines längslaufenden Stomiums kommt. Eine solche Form ist sicher ***Renaultia*** **ZEILLER**, über deren Sporangien in neuester Zeit auch wieder NEMEJC (1937B) berichtet.

Ein schöner Befund hat sich an dem bisher unter *Pecopteris aspera* BGT. bekannten Farn hinsichtlich ihres Sporangienbaues ergeben. HAR-

TUNG (1938) hat für die Sporangien dieses Farns, den er in die neue Gattung ***Dyotheca*** HARTUNG bringt, nachweisen können, daß die zu je zweien zusammenstehenden, nahe der Spitze auf der Fiedernfläche getragenen länglichen Sporangien offensichtlich primitivsten Bau zeigen; ihre Sporangienwand besteht aus völlig gleichartig gestalteten Zellen, womit also ähnlich wie bei *Renaultia* ein denkbar primitiver Sporangientyp vorliegt.

Von derartigen Formen, wie *Dyotheca* und *Renaultia*, ist auszugehen, wenn man sich das Zustandekommen der Annulusbildung der moderneren Farntypen klarmachen will. Man kann sich vorstellen, daß ursprünglich die Sporangienwand aus lauter Zellen mit nur mäßig verdickten Radial- und inneren Tangentialwänden bestand, und daß es dann eben zwecks Herausbildung eines Öffnungsmechanismuses zur streckenweisen Zellwandverstärkung kam, wie diese ja für den Annulus der moderneren Farntypen bekannt ist. Die Homogenität der Sporangienoberfläche so primitiver Formen wie *Dyotheca* und *Renaultia* macht verständlich, daß, wenn bei avanzierteren Formen ein Annulus entwickelt wird, dieser entweder quer und scheitelständig bzw. nahe dem Sporangiumoberende bzw. nahe seiner Mitte entwickelt wird (*Osmundaceae* — *Schizaeaceae* — *Gleicheniaceae* und *Matoniaceae*), bald schräg gestellt (*Dicksioniaceae* usw.), bald längsgestellt (*Polypodiaceae*) erscheint. Diese Dinge sind bereits von HIRMER (Handb. S. 683/5) dargelegt worden. Sie sind aber nunmehr dank der Klärung der Strukturen an *Renaultia* und vor allem an *Dyotheca* wesentlich fester untermauert.

## Leptosporangiatae.

*Schizaeaceae.* Eine Nachuntersuchung der bisher unter *Dactylotheca plumosa* (ARTIS) gehenden Wedel durch RADFORTH (1938) hat in

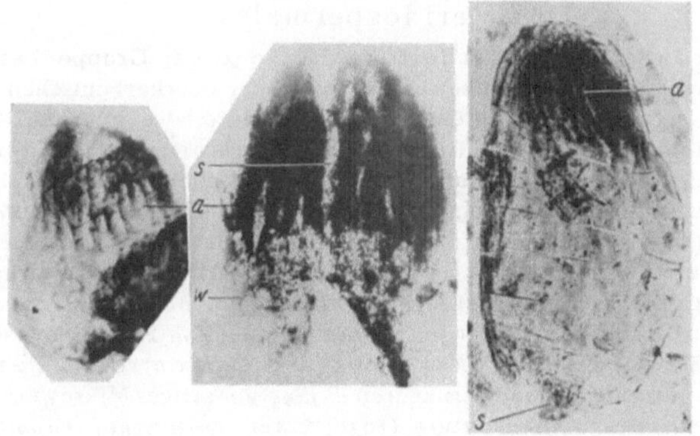


Abb. 21. *Senftenbergia plumosa* (ARTIS). Oberkarbon. Einzelne Sporangien. *A*: Annulus, *S*: Stomium, *W*: übriger Wandteil. 100fach vergr. (Nach RADFORTH [1938].)

Hinblick auf deren Sporangienstrukturen ergeben, daß die Art zur Gattung ***Senftenbergia*** CORDA und damit zu den Schizaeaceen gehört. Abgesehen davon, daß der Annulus des Sporangiums aus mehreren (2—4) Zellreihen übereinander gebildet ist (Abb. 21), hat das Sporangium eine verblüffende Ähnlichkeit mit dem der lebenden Gattung *Aneimia*. Aber in der Stomiumgegend ist der sonst einzellreihige Annulus auch des *Aneimia*-Sporangiums gleichfalls noch mehrreihig und bei dem rezenten *Lygodium* ist die Annulushöhe überhaupt noch eine variable. Wie bei den rezenten Schizaeaceen ist der Sporangiumscheitel der *Senftenbergia plumosa* aus einer Platte dünnwandiger Zellen gebildet, und ebenso übereinstimmend ist die Struktur der Sporenoberfläche mit ihren meist in mehrere Spitzen aufgeteilten Dornenden. Die außergewöhnliche Ähnlichkeit der Struktur von Sporangium und Sporen zeigen, wie altertümlich die Familie der Schizaeaceen ist. Nur die Wedelgestalt hat sich im Laufe der Erdepochen gewandelt, denn die oberkarbonische *Senftenbergia* besitzt bei ihren verschiedenen Arten stets große, mindestens dreifach gefiederte Wedel, und *S. plumosa* ist mit einigen verwandten Formen noch durch den Besitz eigentümlicher mehr minder zerschlitzter Aphlebien an den Abgangsstellen der Fiedern 1. Ordnung (vgl. z. B. Abb. 803—805 und 808 in HIRMER [Handb.]) ausgezeichnet.

*Gleicheniaceae.* Zu dieser Familie wird auch die oberkarbonische Gattung ***Oligocarpia*** **GOEPPERT** gerechnet, wiewohl, wie bereits HIRMER (Handb.) betont hat, die Klärung des Sporangienbaues bzw. richtiger gesagt des Vergleiches des im ganzen gut aufgeklärten Baues der *Oligocarpia*-Sporangien mit dem der rezenten *Gleichenia*-Sporangien zu wenig geklärt ist, als daß ein durchgreifender Entscheid fallen könnte. Darüber haben auch die neueren Untersuchungen (NEMEJC [1937B] und DARRAH [1938A]) keinen Fortschritt gebracht. Letzterer beschreibt im übrigen ein sehr schönes Material aus dem Oberkarbon (Westfal C) von Mazon Creek (Illinois) und erörtert noch weitere amerikanische Arten.

## Gymnospermophyta.

### Pteridospermales.

Über strukturbietend erhaltene Reste dieser Gruppe liegt eine Anzahl neuer Arbeiten vor. So über die Stämme der oberkarbonischen und unterpermischen Gattung ***Medullosa*** **COTTA** in betreff Materiales aus dem Oberkarbon der USA. durch SCHOPF (1939A u. 1939B) sowie STEIDTMANN (1937). Ferner über die Gruppe der ***Calamopityeae*** und ihre verwandtschaftlichen Beziehungen von READ (1937A) sowie über einzelne Gattungen dieser Gruppe (wie ***Dichnia Read***) durch READ (1936); eine neue Art von ***Calamopitys*** **UNGER** des nordamerikanischen Oberdevon durch D. E. THOMAS (1935); ***Cauloxylon*** **CRIBBS** des Unterkarbons von Missouri (übrigens nach KRÄUSEL sehr ähnlich dem *Medullopitys* aus Deutsch-Südwestafrika) durch CRIBBS (1939). Über ***Stenomyelon*** **KIDSTON** aus dem Unterkarbon von Berwickshire berichtet CALDER (1938). Wedelreste, die mit *Lyginorhachis* verwandt scheinen und Strukturen *Telangium*-artiger Mikrosporophylle darstellen dürften, beschreibt GORDON (1938) unter ***Tetrastichia bupatides*** **GORDON** aus dem Oberkarbon von North-Berwick. Über die hinsichtlich ihrer Zugehörigkeit zu den Pteridospermales noch ungeklärte Gattung ***Callixylon*** **ZALESSKY** berichten mehrere Autoren. So KRÄUSEL u. WEYLAND (1937) über eine Art aus dem Oberdevon der Eifel, W. BERRY (1938 u. 1939) über Material aus dem Oberdevon der USA. und ARNOLD (1938A) über solches aus dem Unterkarbon von Michigan, USA. Auf Einzelheiten über all dieses kann nicht eingegangen werden.

Von Arbeiten über in Kohle erhaltene Wedelreste der Pteridospermen ist hervorzuheben die Monographie von LUTZ (1938) über die Saar-Arten der Gattung ***Mariopteris*** **ZEILLER** sowie die Feststellung von NEMEJC u. AUGUSTA (1937) über das Vorkommen des bisher nur aus dem Perm des Grand Canyon, Arizona, bekannten Gattung *Supaia* D.. WHITE im Rotliegenden Mährens. Die *Sphenopteris*-Arten des Karbons von Mittelböhmen behandelt NEMEJC (1937C, vgl. auch 1938A); die Arten von *Callipteris* BGT. aus dem Karbon von Mähren bringt AUGUSTA (1937); und in betreff der Pteridospermen aus dem untersten Namur von Sachsen ist auf HARTUNG (1938) zu verweisen; vgl. auch unten. Bezüglich weiterer Pteridospermenreste sind hervorzuheben die Funde von GOTHAN u. ZIMMERMANN (1938) im Karbon Niederschlesiens. Hier ist für *Sphenopteris (Heterangium) adiantoides* (SCHLOTH.) eine mehrfache Gabelteilung des dünnen langen Stämmchens sowie die Ausbildung der Gipfelteile der Wedelfiedern als hackenförmig gebogene Organe nachgewiesen. Es handelt sich somit um eine ausgesprochene Kletterpflanze. Für *Lagenopteris Linki* (GOEPPERT) ist ein großes, den Stamm und die ansitzenden Wedel enthaltendes Stück gefunden worden. Die auch unter der Wedelgabelungsstelle befiederten Wedel zeigen an der Rhachisbasis deutliche Gelenkpolster.

Der vergleichenden Morphologie der männlichen Organe des Pteridospermen hat HALLE (1937) eine Abhandlung gewidmet. Die Gedankengänge bewegen sich im wesentlichen in der gleichen Richtung, wie sie bereits in einer Abhandlung von HIRMER (1937) dargelegt und in Fortschr. Bot. 5, 77ff., erörtert worden sind. Beide Abhandlungen sind übrigens der Niederschlag von Vorträgen, die die genannten Autoren zur selben Zeit anläßlich des 6. Internationalen Botanischen Kongresses gehalten haben. Die Basis dafür bilden die wertvollen Untersuchungen von HALLE (1933, vgl. Fortschr. Bot. 3, 42/43), ferner die von HIRMER (1930) über *Crossotheca* sowie die Entdeckung der Synangienartigen Telome der Psilophytale *Yarravia* durch LANG u. COOKSON (vgl. Fortschr. Bot. 5, 72/73).

Von Arbeiten, die einzelne Funde männlicher Organe behandeln, sind zu nennen die von CARPENTIER (1938A). Bei dem beschriebenen *Pterispermostrobus striatus* CARP. aus dem Westfal des Pas-de-Calais handelt es sich vermutlich um Synangien von Art derer von *Potoniea*. Weiterhin werden Beobachtungen über *Crossotheca Crepini* und dessen Sporen mitgeteilt.

DARRAH (1937) berichtet über Mazeration der Synangien zweier Formen aus dem amerikanischen Oberkarbon: *Codonotheca caduca* SELLARDS von Mazon Creek, Illinois, gehört nach Ansicht von DARRAH auf Grund anatomischer Übereinstimmungen zu *Neuropteris decipiens* LESQU. Im ganzen gehört diese Mikrosynangienform zur Gruppe der *Whittleseyinae* (vgl. Fortschr. Bot. 3, 42/43). Der zugehörige Pollen ist groß und elliptisch, was auf Grund der Arbeit von FLORIN (1937; vgl. S. 94) naheliegend ist. Weiterhin wird über *Crossotheca sagittata* (LESQU.) berichtet. Das Sporangium enthält gegen 128 tetraedrische Sporen; vgl. diesbezüglich das S. 90 u. 94 Gesagte.

Bemerkenswert sind die schönen Funde von GOTHAN (1937) von ***Schützia anomala*** GEINITZ und ***Sphenopteris germanica*** WEISS im Rotliegenden (Oberhöfer-Schichten) von Thüringen. Ersteres ist der fertile Wedel der letzteren. Sowohl die fertilen wie die sterilen Wedel sind in der Regel gabelgeteilt, wobei bei den fertilen Wedeln die beiderseits der einfach verzweigten Rhachidengabeln getragenen Mikrosporangien in Form kurzgestielter Synangienkörbchen stehen.

HARTUNG (1938) endlich hat nicht nur die männlichen, sondern auch die weiblichen Organe von ***Lagenopteris (Sphenopteris) bermudensiformis*** (SCHLOTH.) an Hand von Funden im untersten Namur A der Gegend bei Chemnitz geklärt. Bei dem sterilen Wedel dieser Art handelt es sich um einen Wedeltyp, der wie bei allen Formen dieses

Verwandtschaftskreises in seiner oberen Hälfte einmal gabelgeteilt ist. Das ungeteilte Fußstück ist unbefiedert, die Gabelung sehr offen und die tiefsten katadromen Fiedern stark entwickelt. Bei den fertilen entweder männlichen oder weiblichen Wedeln kann die sterile Befiederung mehr minder gänzlich fehlen oder auch noch teilweise vorhanden sein. Jedenfalls sind aber sowohl die männlichen Synangien als die Samen an Stelle der Fiederchen letzter Ordnung entwickelt. Die männlichen Synangien bestehen aus schmal-spindelförmigen Mikrosporangien, die seltener zu zweien, meist zu dreien oder in noch größerer Zahl einander parallel geordnet und mit ihrem spitzen Unterende einander verwachsen sind und im ganzen den entsprechenden Organen von *Telangium* vergleichbar sind, nur daß die bei *Telangium* entwickelte schildartige Platte, über der die einzelnen Mikrosporangien entspringen, bei *L. bermudensiformis* nicht oder doch nur kaum festzustellen ist. Die Mazeration der Sporen ist bedauerlicherweise nicht geglückt. Die Samen zeigen deutliche Rippung und sind von einer in jüngeren Zuständen mehr becherartig geschlossenen, in älteren Zuständen sternartig ausgebreiteten Kupula umgeben. Diese besitzt in der Regel 5, seltener 6 nahe der Mitte einmal gegabelte Sternarme, die an der Außenseite, wie das für die Verwandten *L. Stangeri* und *L. Hoeninghausi* bekannt ist, mit Dörnchen und Auswüchsen bekleidet sind.

Dem Pollen der Pteridospermen ist eine kleine Arbeit von FLORIN (1937) gewidmet, aber sie stützt sich bedauerlicherweise auf ein nicht so schönes Material, wie es dem Autor für den Pollen von *Cordaites* (vgl. Fortschr. Bot. 6, 94/95) vorlag. Lediglich die Bildung zahlreicherer, der Intinen-Innenwand anliegender Wandzellen ist wieder für eine Anzahl der untersuchten Formen festgestellt. Dabei ist hervorzuheben, daß ein Teil der Formen länglich-eiförmige an der einen Seite abgeplattete und mit langer Keimnarbe versehene Sporen hat, während der andere Teil der Formen tetraedrische Sporen bildet. Letztere ohne ausgesprochene Keimnarbe aber wohl an dem dreistrahligen Kamm bei der Keimung aufreißend.

Dem ersteren Typ gehören an die Mikrosporen von *Aulacotheca, Whittleseya, Boulaya, Codonotheca, Goldenbergia, Dolerotheca* sowie die in der Pollenkammer der Samen von *Pachytesta, Aetheotesta* und *Stephanospermum* gefundenen; dem kugeltetraedrischen Typ gehören die Mikrosporen von *Heterotheca* (*Heterangium*), *Telangium, Schuetzia, Potoniea* und ferner wieder die Mikrosporen aus den Pollenkammern der Samen von *Sphaerostoma, Physostoma, Lagenostoma, Conostoma* und *Gnetopsis* an.

Den letzteren Typ zeigen auch die in den Synangien verschiedener *Crossotheca*-Arten gefundenen Sporen. Bezüglich dieser Gattung bestehen nicht nur berechtigte Zweifel hinsichtlich ihrer allgemeinen Zugehörigkeit zu den Pteridospermen, sondern es darf wohl mit Sicherheit angenommen werden, daß mindestens ein Teil der in dieser Sammelgattung vereinigten Arten zu den Farnen, und zwar in nächste Verwandtschaft der *Marattiaceae* gehört. Immerhin hat FLORIN für *Crossotheca Hughesiana* KIDSTON wahrscheinlich gemacht, daß bei den keimenden Sporen eine ähnliche Wandzellenbildung statthat, wie sie eingangs für die ellipsoidischen Sporen der obengenannten Pteridospermen und der Cordaiten geschildert wurde. Dies weist natürlich darauf hin, daß es sich bei *Cr. Hughesiana* wohl um eine Pteridosperme handeln muß. Wie weit dies noch für andere Arten zutrifft, steht, wie gesagt, dahin. Unseres Erachtens nicht zu den Pteridospermen, sondern zu den *Filicales* gehören die Gattungen *Zeilleria* (vgl. S. 90), *Renaultia* (vgl. S. 90), *Urnatopteris*, *Cyclotheca* und *Myriotheca*, für die FLORIN gleichfalls Pollen von Kugeltetraederform nachgewiesen hat; irgendwelche Zellteilungen im Sporeninnern sind dabei nicht beobachtet worden.

Aus den unteren Gondwanaschichten Indiens und Australiens hat VIRKKI (1937 u. 1939) den Pollen der Pteridosperme ***Glossopteris*** BGT. nachweisen können. Es ist ein Pollen mit flügelartigen Fortsätzen, äußerlich an den der Abietineen erinnernd, und geht daher unter dem Namen *Pityosporites* SEWARD; er ist zunächst durch SEWARD im Paläozoikum der Antarktis gefunden worden.

Über Pteridospermen-Samen liegen gleichfalls eine Anzahl Arbeiten vor. So von ARNOLD (1937C) über Samen von ***Alethopteris*** **STBG.** sowie von ARNOLD (1938B) und ARNOLD u. STEIDTMANN (1937) über Pteridospermen-Samen im allgemeinen und von ARNOLD (1939B) über ***Lagenospermum*** **NATHORST**; ferner über ***Trigonocarpales***-Samen durch DEEVERS (1937) und über verschiedene Samengattungen durch REED (1939). ARNOLD (1937B) bringt die aus dem Unterkarbon von Pennsilvania und Virginia beschriebene ***Lagenospermum imparirameum*** **ARNOLD** mit *Calathiops* (vgl. über diese Fortschr. Bot. 5, 83 u. auch 77) in Beziehung. Die amerikanische Art steht im übrigen dem *L. Sinclairi* ARBER aus dem Unterkarbon Schottlands so nahe, daß sie wohl identisch sind. Endlich beschreibt CARPENTIER (1938B) Samen der Gattung ***Gnetopsis*** **RENAULT.** Einzelheiten über diese alle zu geben würde zu weit führen.

## Cycadophytales.

Während die zu den *Bennettitales* gehörende Gattung ***Pterophyllum*** **BGT.** eine Charaktergattung des älteren Mesozoikums ist, nennt SZE (1936B) eine Art: *Pt. cultelliforme* SZE aus den Unteren Shihhotseschichten (= Stefan/Rotliegendgrenze) von Shansi; die Art kommt dort mit *Callipteris conferta* BGT., einer sonst ausgesprochenen Rotliegend-Pteridosperme vor.

## Cordaitales.

Über diesbezüglich wichtigste neueste Feststellung: daß die Blütenstände und Blüten von ***Cordaites*** **UNGER** im Prinzip mit denen der ältesten bekannten paläozoischen Coniferen übereinstimmen, ist S. 105 zu vergleichen.

Bezüglich Einzelheiten, insbesondere auch was Bilder von samentragenden reifen Blütenständen von *Cordaianthus pseudofluitans* KIDSTON aus dem Westfal B von England betrifft, sei auf FLORIN (1939D) verwiesen.

Einer vergleichenden Betrachtung verschiedener Samen von *Pteridospermales* mit denen der *Cordaitales* ist eine Studie von ARNOLD (1938B) gewidmet.

DARRAH (1938E) fand in *Samaropsis* ähnlichen Samen aus dem Oberkarbon von Iowa, USA., einen dikotylen Embryo.

Möglicherweise gehören in den Verwandtschaftskreis der Cordaitales die eigentümlichen mehr minder weitgehend fingerförmig zerlappten Bildungen, die seit längerem unter ***Rhipidopsis*** **SCHMALHAUSEN** aus dem jüngeren Paläozoikum der Angara- und Cathaysia-Florengebiete bekannt sind. Bei dem Material, das P'AN (1936/7) über die neue Gattung ***Pseudorhipidopsis*** **P'AN** veröffentlicht, scheint es sich jedoch um einfach gefiederte Blätter zu handeln, deren einzelne Fiedernabschnitte ähnlich den von Rhipidopsis bekannten und da wohl ganzen Blättern weitgehend fingerförmig zerteilt sind.

## Coniferales.

Die Erforschung der fossilen Coniferen des Oberkarbons und des unteren Perms ist wie die vieler Coniferen der anschließenden Zeitalter bisher sehr im Argen gelegen. Um so dankenswerter ist es daher, daß FLORIN (1938/1939A—C, 1940A) in einer sehr eingehenden und ausgezeichneten Weise einen Teil der oberkarbonischen und unterpermischen Coniferen untersucht hat. Auf Grund eines über 15 Jahre umfassenden Studiums des gesamten einschlägigen Materiales liegt nunmehr eine Monographie vor, die ein für die Phylogenie und Morphologie der Coniferen überaus wichtiges Fossilienmaterial zur Darstellung bringt. Insbesondere erstrecken sich die Studien auf diejenigen Coniferen, die ehedem unter dem Gattungsnamen *Walchia* STERNBERG geführt worden sind.

Schon in einigen früher erschienenen vorläufigen Mitteilungen hat FLORIN auf die Unhaltbarkeit der Gattung *Walchia*[1] hingewiesen. Um das Ergebnis seiner Untersuchungen vorwegzunehmen, liegen die Dinge jetzt so, daß die Gesamtheit der bisher unter *Walchia* gehenden Coniferen in folgender Weise aufgeteilt werden muß:

[1] An der neuen Namengebung bzw. der Auflösung der alten Gattung *Walchia* in eine Anzahl Organ- und Hilfsgattungen, wobei dann letzten Endes *Walchia* doch noch insoweit bestehen bleibt, als darin Formen vereinigt werden, die man nicht mit Sicherheit bei *Lebachia* und *Ernestiodendron* unterbringen kann, wird begreiflicherweise Kritik geübt werden und ist bereits geübt worden von KRÄUSEL anläßlich seiner Besprechung der Abhandlung FLORINS im neuen Jahrbuch für Mineralogie usw. KRÄUSEL schlägt dabei vor, daß man die alte Gattung *Walchia* STERNBERG sozusagen als Sammelbegriff hätte bestehen lassen sollen, und daß man das, was FLORIN als Organgattungen und Hilfsgattungen aufstellt, in Form von Untergattungen der Komplexgattung *Walchia* hätte einordnen sollen. Er meint, daß damit die Klarheit der Namengebung gewonnen hätte, insbesondere vom Standpunkt des Fernerstehenden aus. Das ist richtig; aber daran kann kein Zweifel bestehen, daß die Nomenklaturgebung FLORINS den in neuester Zeit international ausgearbeiteten Regeln, die bei den fossilen Pflanzen eine Unterscheidung von Kombinations-, Organ- und Hilfsgattungen verlangen, völlig gerecht wird. Im übrigen sind die von FLORIN erzielten schönen Ergebnisse von so grundlegendem, stammesgeschichtlichem Wert, daß man ihnen zuliebe schon in den saueren Apfel einer etwas verwickelten Nomenklatur beißen kann.

A. Gattungsgruppe der der alten Gattung *Walchia* nächststehenden Formen:

Hier sind als Kombinationsgattungen zu nennen: ***Lebachia*** FLORIN (begründet auf die frühere *Walchia pinniformis* SCHLOTHEIM [Abb. 22]) und ***Ernestiodendron*** FLORIN (begründet auf die frühere *Walchia filiciformis* SCHLOTHEIM); es sind dies die beiden Gattungen, die den Kern

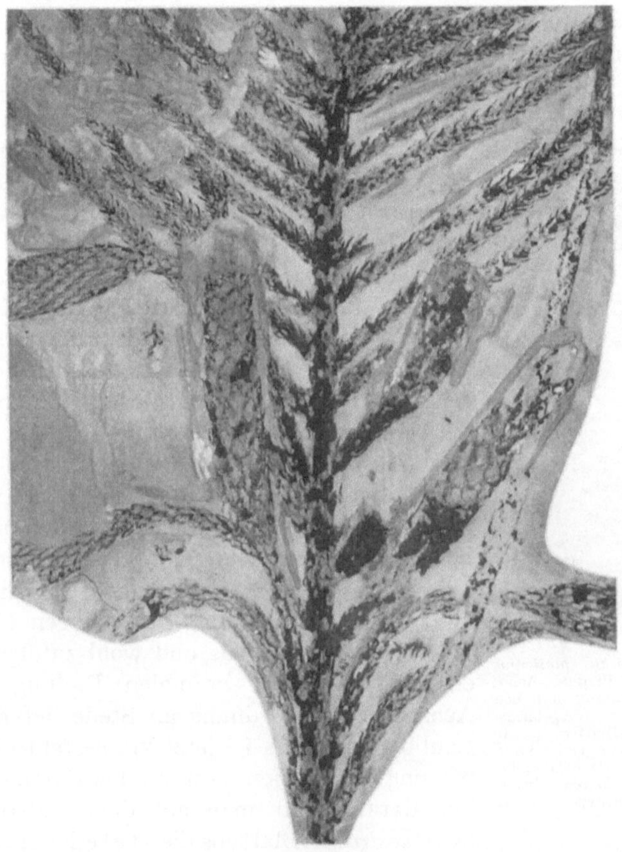

Abb. 22. *Lebachia piniformis* (SCHLOTHEIM) FLORIN, var. *Solmsii* FLORIN, aus dem Unteren Rotliegenden. Seitenzweig vorletzter Ordnung mit ansitzenden Laubzweigen letzter Ordnung. Daran im unteren Teil des Bildes teils weibliche Blütenzapfen (aufwärts gerichtet), teils männliche Blüten (hängend); letztere nur teilweise auf dem Bild sichtbar. $^3/_5$ nat. Gr. (Aus FLORIN [1938].)

der Walchien alten Sinns umfassen. In diesen beiden Gattungen ist die Gesamtheit der auf Grund der Laubsproßcharaktere aufgestellten Arten zusammengefaßt. Ein nicht kleiner Teil der Arten ist so gut bekannt, daß man nicht nur die vegetativen (mehrfach verzweigten) Laubsprosse, sondern auch die zugehörigen männlichen Blüten und weiblichen Blütenzapfen kennt.

B. Organ- und Hilfsgattungen:

Wie das bei Fossilien eben unumgänglich ist, ergibt sich eine Anzahl von Hilfsgattungen.

Als solche dient für männliche Blüten, deren Zugehörigkeit zu vegetativen Zweigsystemen nicht ermittelt ist, die Gattung ***Walchianthus*** FLORIN, für weibliche Blütenzapfen gleicher Art die Gattung ***Walchiostrobus*** FLORIN. Für Stammreste gelten die Gattungen ***Walchiopremnon*** FLORIN, ***Tylodendron*** C. E. WEISS emd., ***Endolepis*** SCHLEIDEN und ***Dadoxylon*** ENDLICHER, für zusammenhangslos gefundene Samen die Gattungen ***Cordaicarpus*** GEINITZ und ***Samaropsis*** GOEPPERT.

Abb. 23. *Lebachia piniformis* (SCHLOTHEIM) FLORIN. Achse vorletzter Ordnung mit den an der Spitze zweigeteilten *Gomphostrobus*-Blättern, in deren Achsel zum Teil die normal, d. i. einfachspitzig-beblätterten Seitenzweige letzter Ordnung entspringen. $^4/_5$ nat. Gr. (Aus FLORIN [1938].)

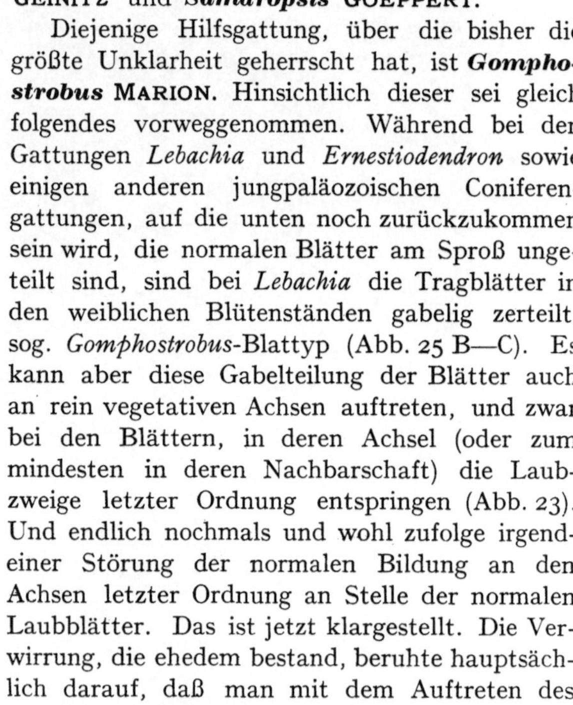

Diejenige Hilfsgattung, über die bisher die größte Unklarheit geherrscht hat, ist ***Gomphostrobus*** MARION. Hinsichtlich dieser sei gleich folgendes vorweggenommen. Während bei den Gattungen *Lebachia* und *Ernestiodendron* sowie einigen anderen jungpaläozoischen Coniferengattungen, auf die unten noch zurückzukommen sein wird, die normalen Blätter am Sproß ungeteilt sind, sind bei *Lebachia* die Tragblätter in den weiblichen Blütenständen gabelig zerteilt, sog. *Gomphostrobus*-Blattyp (Abb. 25 B—C). Es kann aber diese Gabelteilung der Blätter auch an rein vegetativen Achsen auftreten, und zwar bei den Blättern, in deren Achsel (oder zum mindesten in deren Nachbarschaft) die Laubzweige letzter Ordnung entspringen (Abb. 23). Und endlich nochmals und wohl zufolge irgendeiner Störung der normalen Bildung an den Achsen letzter Ordnung an Stelle der normalen Laubblätter. Das ist jetzt klargestellt. Die Verwirrung, die ehedem bestand, beruhte hauptsächlich darauf, daß man mit dem Auftreten des *Gomphostrobus*-Blattyps die stete Koppelung der Blütenbildung bzw. Samentragung vermutete. Dem ist aber nicht so.

Was in der genannten Monographie von FLORIN an weiteren Gattungen von Coniferen, die dem *Walchia*-Formenkreise nur bedingt nahestehen, behandelt wird, sind noch die Gattungen *Paleotaxites* D. WHITE, *Paranocladus* FLORIN, *Lecrosia* FLORIN, *Carpentieria* NEMEJC u. AUGUSTA sowie die besonders interessante Gattung *Buriadia* SEWARD u. SAHNI. Auf sie ist weiter unten noch kurz zurückzukommen.

Zunächst ist einzugehen auf das, was für die untereinander naheverwandten Gattungen *Lebachia* und *Ernestiodendron* bekannt ist. Der Unterschied zwischen beiden Gattungen ist auf die Fassung der Laubblattzweige begründet. Bei beiden Gattungen sind die laubtragenden

Seitenzweige letzter Ordnung an den Achsen vorletzter Ordnung regelmäßig zweizeilig, also fiederartig angeordnet und die Laubblätter an den Seitenzweigen letzter Ordnung — von der obenbenannten bei *Lebachia* auftretenden teratoligischen *Gomphostrobus*-Verbildung abgesehen — stets einfachspitzig. Bei *Lebachia* sind die Laubblätter an den Achsen breit herablaufend und bei den Seitenzweigen letzter Ordnung aufrechtabstehend bis fast gespreizt, bei *Ernestiodendron* dagegen sind die Laubblätter an den Achsen nicht herablaufend und bei den Seitenzweigen letzter Ordnung nur leicht gespreizt bis etwas hängend. Nur bei *Lebachia*, nicht aber auch bei *Ernestiodendron*, tritt der *Gomphostrobus*-Blattyp auf.

Die Spaltöffnungsapparate sind bei *Lebachia* wie bei *Ernestiodendron* haplocheiler Entstehung und mono- bis unvollständig amphizyklisch.

Die Blätter von *Lebachia* haben ihre Spaltöffnungen auf Spaltöffnungsstreifen dicht und unregelmäßig (jedoch meist längsgerichtet) angeordnet. Bei *Ernestiodendron* sind die Spaltöffnungen nicht auf besonderen Streifen, dafür aber in einfachen Längsreihen angeordnet.

Beide Gattungen sind reserviert für diejenigen *Walchia*-artigen Fossilien, von welchen die Epidermisstrukturen bekannt sind. Für die übrigen einschlägigen und ähnlichen Fossilien ist der Name *Walchia* STERNBERG im Sinne einer Hilfsgattung aufrechterhalten. Je nachdem dann hier die Laubblätter an den Achsen breit herablaufen und mehr minder aufrecht abstehend oder nicht herablaufend und gespreizt bis hängend auftreten, ist die Möglichkeit einer Zugehörigkeit zu *Lebachia* bzw. *Ernestiodendron* gegeben; doch glaubt FLORIN im Interesse einer klaren Fassung der beiden Gattungen *Lebachia* und *Ernestiodendron* die nicht mit Epidermisstruktur bekannten Fossilien nicht mit in diese Gattungen einbeziehen zu dürfen, was richtig ist. Blüten bzw. Blütenzapfen sind naturgemäß in erster Linie von *Lebachia* und *Ernestiodendron* bekannt.

Für die Gattung *Lebachia* sind insgesamt 15 Arten festgestellt, wozu wahrscheinlich noch 8 *Walchia*-Arten hinzukommen; von *Ernestiodendron* ist nur eine Art bekannt, sowie 3 wohl zugehörige *Walchia*-Arten. Von den Blütenhilfsgattungen sind 3 Arten von *Walchianthus* und 4 Arten von *Walchiostrobus* ermittelt.

Die Systematik der einzelnen Arten von *Lebachia* gründet sich auf den Grad der Dichtstellung der Blätter an den Achsen vorletzter Ordnung, auf die Tragung (ob aufrecht-abstehend bis angedrückt oder ob abstehend bis gespreizt) der Blätter eben da; weiterhin auf die Größe der Blätter und die Dicke der Achsen vorletzter Ordnung sowie endlich auf die Form der Laubblätter an den Zweigen letzter Ordnung. Unter den gleichen Gesichtspunkten kann die Systematik der *Lebachia*-ähnlichen Arten der Hilfsgattung *Walchia* behandelt werden.

In der Gestaltung sowohl der männlichen Blüten als der weiblichen Blütenzapfen stimmen die Gattungen *Lebachia* und *Ernestiodendron* weitestgehend überein und sind durch keine prinzipiellen Unterschiede voneinander getrennt.

Die männlichen Blüten beider Gattungen sowie auch die der

Hilfsgattung *Walchianthus* unterscheiden sich artspezifisch im einzelnen lediglich äußerlich in der Zapfenform (ob walzen- oder eiförmig) sowie in der Größe bzw. Länge der Zapfen und endlich in der feineren Ausgestaltung der Mikrosporophylle sowie der Form und Größe der Pollenkörner.

Die weiblichen Blütenzapfen werden in systematischer Hinsicht in erster Linie in Hinblick auf die Gestaltung der von ihnen getragenen kleinen weiblichen Blüten (ob annähernd radiär gebaut oder fächerförmig ausgebreitet, und ob eine fertile Schuppe (Megasporophyll) oder deren mehrere tragend unterschieden. Weitere Unterscheidungsmerkmale ergeben sich dann noch aus der Zapfenform und Größe sowie aus der Zahl und Form der sterilen Schuppen in den einzelnen Blüten und der Form der die Blüten tragenden Brakteen usw. Im allgemeinen sind die Samenanlagen aufrecht, lediglich bei *Walchia germanica* FLORIN mag sein, daß sie umgewendet sind.

Damit sei auf das Wichtigste: die Morphologie der männlichen Blüten und der weiblichen Blütenzapfen eingegangen.

Die männlichen Blüten (Abb. 22 u. 24 A) sowohl von *Lebachia* als von *Ernestiodendron* und *Walchianthus* folgen im ganzen dem Gestaltungsschema, das für die Blüten aller Coniferen, auch aller lebenden geläufig ist: an einer mehr minder langen Achse, die in der Regel dem Ende der Laubzweige letzter Ordnung entspricht, sind in schraubiger Anordnung und dicht gedrängt die Mikrosporophylle angeordnet. Diese bestehen aus einem mehr minder stielartigen bis schmal keilförmigen, der Achse annähernd senkrecht ansitzenden proximalen Teil und einem nahezu senkrecht dazu umgebogenen, flächenförmig ausgebreiteten Distalteil. In der Übergangsregion von distalem zu proximalem Teil des im ganzen subpeltatem Mikrosporophylls befinden sich auf der abaxialen Seite die beiden Mikrosporangien. Die Pollenkörner (Abb. 24 B u. C), die in der Flächenansicht eiförmig bis fast rundlich erscheinen, sind an den Polen abgeflacht. Sie besitzen eine feinkörnige Exine, aber keine Tetradennarbe. Ein geschlossener Luftsack umgibt sie und ist nur am distalen Pol vermutlich unterbrochen; ebenda findet sich die Keimfurche.

Die weiblichen Blütenzapfen, die bei der Umstrittenheit der die Morphologie der weiblichen Coniferenblüten betreffenden Probleme und Ansichten naturgemäß das Hauptinteresse beanspruchen, sind eindeutige Blütenstände. Sie sind am besten bekannt von *Lebachia piniformis* (SCHLOTHEIM PARS) FLORIN und den zugehörigen Varietäten: var. *Solmsii* FLORIN und var. *magnifica* FLORIN; sind aber auch noch für eine Anzahl anderer *Lebachia*-Arten bekannt; so für *L. parvifolia* FLORIN, *L. garnettensis* FLORIN, *L. hypnoides* (BRONGNIART) FLORIN, *L. frondosa* (RENAULT) FLORIN, *L. Goeppertiana* FLORIN, sowie für *Ernestiodendron filiciforme* (SCHLOTHEIM PARS) FLORIN und für die wohl zu *Ernestiodendron* gehörigen *Walchia germanica* FLORIN und *W. Arnhardtii* FLORIN, endlich noch in 4 Arten der Hilfsgattung *Walchiostrobus*, von welchen eine wohl auch zur Gattung *Ernestiodendron* gehört.

Bei *Lebachia piniformis* (Abb. 22 u. 25) liegen die Dinge folgendermaßen: die Blütenstände, die bei dieser wie bei den anderen diesbezüglich bekannten Arten in der Regel endständig an den Zweigen letzter

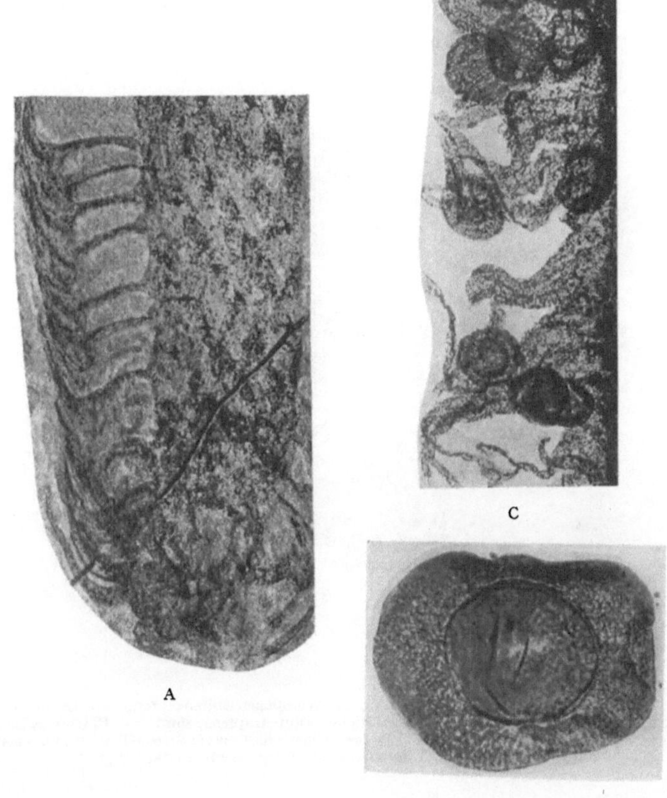


Abb. 24. *Walchianthus* FLORIN, als Beispiel einer männlichen Blüte von *Lebachia* und *Ernestiodendron*. A: *Walchianthus spec.* Blüte im Längsbruch; links an der Achse eine Serie der subpeltaten, je zwei Pollenfächer tragenden Mikrosporophylle. 4fach vergr. — B: *Lebachia hypnoides* (BRONGNIART) FLORIN. Einzelnes Pollenkorn, 400fach vergr. — C: *Walchianthus cylindraceus* FLORIN Pollenkörner zwischen den Haaren des Mikrosporophyllrandes, 75fach vergr. (Alle aus FLORIN [1940 A].)

Ordnung getragen werden und damit in der Tragung mit den männlichen Blüten übereinstimmen, bestehen aus einer längeren Achsenspindel, an der in schraubiger Anordnung zweigeteilte Brakteen von dem schon eingangs erörterten *Gomphostrobus*-Typ (Abb. 25 B u. C) getragen werden. In der Achsel dieser Brakteen sitzen die kleinen weiblichen Blüten (Abb. 26). Sie bestehen aus einer Anzahl schuppenartiger Blättchen, die um eine kurze Achse schraubig angeordnet sind. Während die Mehrzahl von ihnen steril und schuppenblattähnlich ausgebildet ist, ist eine (in seltensten Fällen derer zwei), und zwar der obersten und adaxial liegenden Schuppen, fertil entwickelt. Eine große, von einem einfachen derbfleischigen Integument umgebene Samenanlage ist endständig an dieser fertilen Schuppe entwickelt, nahezu die Gesamtheit dieser bildend (vgl. besonders Abb. 26 C). Wenn es schon bei Formen wie *Lebachia piniformis* gelegentlich vorkommt, daß an Stelle der normal einzigen fertilen Schuppe deren zwei ausgebildet werden oder Samenanlagen-

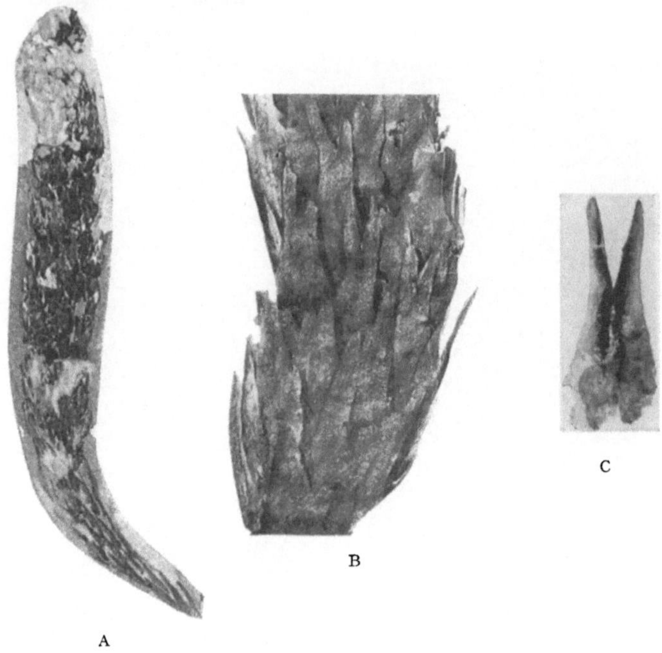


Abb. 25. *Lebachia piniformis* (SCHLOTHEIM) FLORIN. A: Weiblicher Blütenzapfen. Nat. Gr. — B: Teilstück von der noch nicht fertilen Basalpartie eines weiblichen Blütenzapfens; sämtliche Blätter zweigeteilt und von *Gomphostrobus*-Typ; 3fach vergr. — C: Einzelnes Blatt von *Gomphostrobus*-Typ, entsprechend den in B am Blütenzapfen ansitzenden; 5fach vergr. (Aus FLORIN [1938].)

bildung bei einer zweiten wenigstens angebahnt, wenn auch nicht voll entwickelt erscheint, so leitet dies über zu denjenigen Formen, bei welchen innerhalb der einzelnen Blüten jeweils mehrere (häufig 4—5) Blütenschuppen fertil werden. In diesen Fällen ist es dann in der Regel so, daß die zunächst vermutlich gleichfalls um die kurze Blütenachse schraubig gestellten Elemente, und insbesondere unter ihnen die fertilen, fächerartig ausgebreitet werden, wobei die Ebene des Fächers der des Tragblattes am Blütenstand parallel liegt. Als Beispiele dieser Art sind die Blüten von *Walchiostrobus Gothanii* FLORIN (Abb. 27 A), sowie von *Walchiostrobus spec. indet.* (Abb. 27 B u. C) angeführt. Im Prinzip liegen die Dinge aber bei allen Blüten gleich.

Daß die weiblichen Blütenzapfen von *Ernestiodendron* prinzipiell mit denen von *Lebachia* im Aufbau übereinstimmen, ist schon gesagt. Ein äußerlicher Unterschied ist lediglich, daß die Brakteen nicht die *Gomphostrobus*-Form haben, sondern ungeteilt und einfachspitzig sind. So wenigstens bei *E. filiciforme*, der einzigen Art dieser Gattung, von der

Abb. 26. *Lebachia piniformis* (SCHLOTHEIM) FLORIN. Einzelne Blüten aus dem weiblichen Blütenzapfen. A: Blüte von der abaxialen Seite her gesehen; vor ihr noch das gabelgeteilte *Gomphostrobus*-Tragblatt; an der Spitze bei *S* ist die an der Mikropylarregion des Integuments eingeschnittene Samenanlage zu sehen; davor und dahinter noch einige der um die kurze Blütenachse ringsum gestellten Blütenschuppen. — B: Dieselbe Blüte nach Entfernung des *Gomphostrobus*-Tragblattes sowie einer der untersten Blütenschuppen. Man erkennt deutlich die einzelnen Blattschuppen der Blüte und auch daß die einzige fertile, mit endständiger Samenanlage abschließende Schuppe seitlich der Blütenachse nach hinten gestellt ist. — C: Die gleiche Blüte von der adaxialen Seite her gesehen, besonders deutlich die seitenständige Stellung der fertilen Schuppe sowie die Gesamtgestaltung der mit einem dicken Integument versehenen, krassinuzellaten Samenanlage zeigend. — A und B 12fach vergr., C 15fach vergr. (Aus FLORIN [1938].)

Blütenzapfen mit Sicherheit bekannt sind. Die Blüten selber besitzen hier je 3 fertile, je eine endständige Samenanlage tragende Schuppen. Diese sind, ähnlich wie das für die obengenannten *Walchiostrobus spec.* (vgl. Abb. 27 B u. C) gilt, unter jeweils stärkerer Abflachung der Blüte fächerartig ausgebreitet.

Die feinere Struktur der Samenanlagen ist besonders für *Lebachia* gut aufgeklärt. Die abgeflachten Samenanlagen sind krassinuzellat mit einem einfachen, in der Apikalregion median eingeschnittenen Integument, das den Nuzellus völlig umschließt. Der weibliche Gametophyt, der einmal im Falle von *Lebachia piniformis* festgestellt werden konnte, hat zwei einzeln gestellte, d. h. durch Prothalliumgewebe voneinander getrennte Archegonien mit kugeligen Eizellen am mikropylaren Ende. Auf beiden Seiten der Außenfläche des Integumentes finden sich unregelmäßig verstreut oder in kurzen Reihen längsgestellte Spaltöffnungen sowie Haare und kurze Kutikularpapillen.

Abb. 27. A: *Walchiostrobus Gothani* FLORIN. Oberer Teil eines weiblichen Blütenzapfens. Man erkennt deutlich die einzelnen, in den Achseln der sie überragenden Brakteen stehenden Blüten. Sie tragen in ihrem basalen Teil einige wenige Schuppen, im apikalen Teil einen annähernd abgeflachten, in der Flächenansicht ausgebreiteten Schopf aufrecht abstehender Blütenschuppen, deren in der Regel nur eine (meist mittelste) fertil ist und die endständige Samenanlage trägt. Nat. Gr. — B u. C: *Walchiostrobus spec. a* FLORIN. Zwei einzelne weibliche Blüten jeweils 3fach vergr. An allen Bildern ist die fächerartige Ausbreitung der Blütenschuppen deutlich zu erkennen. In Abb. B ist das Verhältnis der sterilen und fertilen Schuppen besonders übersichtlich: die Blüte besteht im basalen Teil aus einer Anzahl steriler Schuppen, in ihrem apikalen Teil aus deren einigen weiteren sowie aus 4 fertilen, mit endständiger Samenanlage abschließenden Schuppen. Wiewohl auch diese ursprünglich wie die übrigen sterilen Schuppen rings um die Blütenachse zur Anlage gelangt sind und ihr Lageverhältnis den der Blütenschuppen in den in Abb. 26 A—C wiedergegebenen Blüten von *Lebachia piniformis* entspricht, sind sie am entfalteten Zapfen jeweils fächerartig und nahezu in einer Ebene ausgebreitet. (Aus FLORIN [1940 A].)

Die Samen, die in mehreren Fällen (so für *Lebachia piniformis* (Abb. 28B) sowie für *Lebachia hypnoides* (BGT.) FL. (Abb. 28A) im Zusammenhang mit Sprossen festgestellt sind, sind platyspermisch, oval und mit einem Randflügel versehen, in dem spitzenwärts ein medianer Einschnitt vorhanden ist. Es handelt sich um Samen, die, falls sie isoliert gefunden werden, ihrer Form nach den Hilfsgattungen *Cordaicarpus* GEINITZ und *Samaropsis* GOEPPERT einzugliedern sind.

Die Klärung der Morphologie der weiblichen Blütenzapfen des *Walchia*-Formenkreises, also von *Lebachia, Ernestiodendron* und *Walchiostrobus* und damit der ältesten bisher im Hinblick auf ihre Blütenmorphologie wirklich und modern aufgeklärten Coniferen ist naturgemäß deswegen von außergewöhnlichem Interesse, weil man erwarten darf, daß diese Formen einen Einblick in Werdegang und Zustandekommen der Gestaltungsverhältnisse der weiblichen Blütenzapfen der Coniferen im ganzen geben. Noch liegt zwar der abschließende Teil des FLORINschen Werkes nicht vor, aber die Dinge liegen bereits so klar und sind im übrigen in einer kurzen, dem Vergleich der weiblichen Blütenzapfen der *Cordaitales* und *Coniferales* gewidmeten Studie FLORINS (1939D) bereits so weitgehend beleuchtet worden, daß es unrichtig wäre, den Lesern dieses Berichtes die Ergebnisse vorzuenthalten.

Zunächst mag einmal die Tatsache, daß die weiblichen Blütenzapfen von *Lebachia, Ernestiodendron* und *Walchiostrobus* ebenso einfach gebaute als restlos

Abb. 28. A: *Lebachia hypnoides* (BRONGNIART) FLORIN. Weiblicher Blütenzapfen in reifem Zustand und mit anhaftenden Samen. Das Bild zeigt deutlich, daß auch die reifen Samen in der gleichen aufrechten Lage verbleiben, wie sie für die jungen an der Blütenschuppe endständig gebildeten Samenanlage charakteristisch ist. $1^1/_2$fach vergr. (Aus FLORIN [1939 B].) — B: *Lebachia piniformis* (SCHLOTHEIM) FLORIN. Einzelner aus einem reifen weiblichen Zapfen herausgelöster Samen. Der ovale, am Grunde breit abgerundete, aber in der Mikropylarregion fast spitze Samenkern, dem seitlich breite Flügel ansitzen, ist deutlich zu erkennen, wenn auch links ein gut Teil des Samenflügels weggebrochen ist. 5fach vergr. (Aus FLORIN [1938].) — C: Isoliert gefundener, wohl zu *Lebachia* zugehöriger Samen vom Typ der Hilfsgattung *Samaropsis*, in allem wesentlichen mit dem Samen der Abb. B übereinstimmend. 3fach vergr. (Aus FLORIN [1940].)

eindeutige Blütenstände sind, diejenigen auf das eindringlichste warnen und auf die normale Forschungsbahn zurückweisen, die glauben, daß man bei Formen, wie den Coniferen. in Hinblick auf ihre weiblichen Blütenzapfen nicht mehr den Maßstab der normalen Morphologie anlegen dürfe, sondern sich damit begnügen müsse, daß es „komplexe Strukturen" seien, bei denen die Frage, ob Blüte oder Blütenstand, eine müßige und den Tatsachen überhaupt nicht mehr gerecht werdende sei. Zu wiederholten Malen ist Referent gegen derartige Vorstellungen angegangen, und die Klärung der weiblichen Blütenstände des *Walchia*-Formenkreises zeigt die Berechtigung dessen. Schließlich ist eben Sinn und Zweck der Morphologie, die Gesetzmäßigkeiten der Gestaltung aufzudecken, und diese Gesetzmäßigkeiten müssen, wenn sie überhaupt einen Sinn haben sollen, immerwährende und durchgreifende sein und nicht da oder dort, etwa im Paläozoikum oder bei den Coniferen gerade einmal aufhören bzw. noch nicht da sein. Wie sehr sie da sind, das zeigen gerade die paläozoischen Coniferen! Gerade diese Coniferen des *Walchia*-Formenkreises bilden einen ganz klar übersehbaren lehrbuchartig einfach gebauten Blütenstand aus.

Damit ist überzugehen auf die Erörterung der Beziehungen der Morphologie der weiblichen Blütenzapfen des Walchia-Kreises zu der der uns von der Gegenwart geläufigen Coniferentypen insbesondere derer, die ausgeprägte Zapfen bilden, wie dies für die *Araucariaceae* und bis zu einem gewissen Grade auch die *Podocarpaceae* und ferner wieder besonders für die *Taxodiaceae*, *Pinaceae* und *Cupressaceae* gilt.

Das Wesentliche bei diesen Formen ist, daß an den weiblichen Blütenzapfen dicht gedrängt und in serialer Koppelung die Samenanlagen-tragenden Fruchtschuppen und die vor ihnen abaxial liegenden Deckschuppen stehen. Die Tatsache dieser serialen Koppelung einerseits und die der dichten Drängung sowie blattartigen Fassung der einzelnen Zapfenelemente andererseits hat seit über einem Jahrhundert zu dem Widerstreit der Erklärungen geführt, so daß die einen das in Rede stehende Gebilde als eine Blüte, die andern als einen Blütenstand gedeutet haben. Zuletzt hat HIRMER (1936) die seriale Koppelung von Deck- und Fruchtschuppe zu erklären versucht aus der Annahme einer serialen Teilung einer ursprünglich einheitlichen Sporophyllanlage, wobei demnach der weibliche Blütenzapfen der Coniferen eine Blüte sein müßte. Tatsächlich ist die Einheitlichkeit der Primitivanlagen bei *Podocarpus* erwiesen und bei andern Familien in hohem Grade wahrscheinlich gemacht worden. Des weiteren konnte insbesondere für *Podocarpaceae*, *Araucariaceae* und *Taxodiaceae* an Hand der diesbezüglich zum guten Teil erstmalig geklärten Entwicklungsgeschichte ein Einblick in die Struktur dieser unter den lebenden Coniferen in Hinblick auf den weiblichen Blütenzapfen aufschlußreichsten Formen gegeben werden. In Hinblick auf die immer durchgreifende Betontheit des Fruchtschuppenabschnittes und seiner je nach Länge des sterilen Teiles mit einer aufrechten oder hängenden Samenanlagengruppe endenden, meist mehr minder schildartig verbreiterten Distalpartie hat HIRMER als die Grundform des Fruchtschuppenkomplexes eine peltate randständige mit mehr minder viel Samenanlagen besetzte, in ihrer abaxialen Hälfte jedoch bis zum völligen Schwund reduzierte Schildbildung angenommen.

Die Befunde FLORINS an den Coniferen des *Walchia*-Kreises wie derer (in FLORIN [1939 D] kurz dargelegten) an *Ullmannia Bronni* GOEPPERT (Abb. 29), *Pseudovoltzia Liebeana* (GEINITZ) sowie einigen Coniferen des älteren Mesozoikums legen jedoch eine andere, wenn auch kompliziertere Erklärung nahe.

Dabei zeigt sich obendrein noch eine außerordentlich enge Beziehung zu den Verhältnissen der weiblichen Blütenstände der *Cordaitales*. Die Betrachtung mag von diesen ausgehen. Die weiblichen Blütenstände von *Cordaites* UNGER (genannt *Cordaianthus*) sind in neuerer Zeit von BERTRAND (1911) und von FLORIN (1939 D) endgültig geklärt worden: in alternierend zweizeiliger Anordnung befinden sich an der Blütenstandachse in der Achsel eines kleinen Tragblattes die einzelnen weiblichen Blüten. In schraubiger Anordnung besitzen diese zu äußerst eine größere Anzahl steriler Schuppen, dann folgen (je nach den Arten verschieden) ein bis drei fertile mit endständiger Samenanlage abschließende Schuppen, und anschließend folgt wieder eine Serie steriler, nunmehr sehr kleiner Schuppen. Schon BERTRAND hat genau nachgewiesen, daß die fertilen Schuppen nicht etwa axilläre Bildungen an den sterilen Schuppen sind, sondern daß vielmehr fertile und sterile Schuppen in einer einzigen durchgängigen Schraubenlinie entstehen.

Abgesehen davon, daß die einzelnen Blüten an der Blütenstandachse in schraubiger Anordnung und nicht alternierend zweizeilig gestellt sind, liegen die Verhältnisse prinzipiell ganz genau so bei den weiblichen Blütenzapfen des *Walchia*-Kreises (*Lebachia*, *Ernestiodendron* und *Walchiostrobus*). Für *Lebachia piniformis* (vgl. Abb. 26) ist gezeigt worden, daß die in der Blüte in der Regel einzige fertile Schuppe, wiewohl sie zusammen mit den übrigen sterilen des Blütchens der einheitlichen schraubigen Organstellung folgt, stets an der der Blütenachse zugekehrten Seite liegt. Bei andern Formen (*Walchiostrobus*, vgl. Abb. 27) konnte gezeigt werden, daß mehrere fertile Schuppen in der Blüte sind und diese, wiewohl zunächst zusammen mit den sterilen Schuppen an der Achse des Blütchens in schraubiger Anordnung entstehend, letzten Endes annähernd zu einer Platte zusammengefaßt und auf die adaxiale Blütenseite beschränkt erscheinen.

Bei *Ullmannia Bronni* (Abb. 29) liegen die Dinge gleichfalls prinzipiell gleich. Das einzelne Blütchen hat wieder nur ein fertiles Element, das wieder auf der

Abb. 29. *Ullmannia Bronni* GOEPPERT. Zechstein (Oberperm). A: Weiblicher Blütenstand im ganzen. Nat. Gr. — B: Teil aus diesem mit einer Blüte; an dieser sind die sterilen Blütenschuppen zu einer Platte verwachsen, vor der die einzige fertile Schuppe steht; sie trägt auf stielartiger Basis die kugelige endständige Samenanlage. $2^1/_2$fach vergr. (Nach FLORIN [1939 D].)

adaxialen Blütenseite steht. Die sterilen Blütenschuppen sind zu einer Platte zusammengefaßt und verwachsen, die insgesamt abaxial vor der fertilen Schuppe liegt.

Das, worauf die Gedankengänge FLORINS abzielen — und sie werden durch diese Befunde eindeutig unterstützt — ist nun die Annahme, daß die Deckschuppe der moderneren Coniferentypen diesen sterilen Blütenschuppen als ihr mehr minder plattenförmiges Verschmelzungsprodukt entspricht, und daß die Fruchtschuppe, wenn sie eine einzige Samenanlage umfaßt, einer fertilen Schuppe oder, sofern sie mehrere Samen umfaßt, mehreren fertilen Schuppen des Blütchens von *Cordaites*, *Lebachia* usw. und *Ullmannia* entspricht.

Und diese Schlußfolgerung wird noch gestützt durch die Zerlappung in mehr minder viele, im oberen Teil freie Abschnitte, welche die mesozoischen Typen, wie z. B. *Voltzia* BRONGNIART, *Cheirolepis* SCHIMPER, *Swedenborgia* NATHORST usw.

und dieser aller Vorläuferform *Pseudovoltzia* FLORIN aus dem oberen Perm zeigt. In der Zerlappung mag man noch die Reste der bei den primitiven Coniferentypen freien sterilen Blütenschuppen sehen.

Wir fügen hinzu, daß die Freiständigkeit der Samenanlagen bei den modernen *Cupressaceae* gleichfalls an die bei *Lebachia* und Verwandten festgestellten Bilder erinnert.

Damit würde also der weibliche Blütenzapfen der Coniferen allgemein ein Blütenstand sein. Der Fruchtschuppenabschnitt wäre hervorgegangen aus einer Samenschuppe bzw. der Verschmelzung von deren mehrerer, der Deckschuppenteil aus der Verschmelzung der sterilen Schuppen der einzelnen Blütchen vom Typus derer von *Cordaites*, *Lebachia* usw. und *Ullmannia*. Daß, wenn schon die Gesamtheit der ursprünglich sterilen Schuppen des Blütchens zu einer mehr minder völligen Einheit zusammengeschweißt wird, auch noch in dieses Verschmelzungsprodukt das Tragblatt bis zur Unauffindbarkeit verschwindet, ist nahezu selbstverständlich.

Die hier dargelegte Ableitung der Gestaltungsverhältnisse der weiblichen Coniferenblütenzapfen steht in offensichtlich prinzipiellem Gegensatz zu der von HIRMER aus der Entwicklungsgeschichte der lebenden Coniferen abgeleiteten Annahme. Die von ihm gegebenen entwicklungsgeschichtlichen Befunde werden damit jedoch nicht angetastet, ebensowenig wie die von HIRMERS Schülerin PROPACH-GIESELER für die Cupressaceae durchgeführten entwicklungsgeschichtlichen Ergebnisse. Nur die Ausdeutung dieser Ergebnisse hat unter dem Eindruck der paläontologischen Befunde eine andere zu werden.

So wie wir heute sehen, ist der weibliche Blütenzapfen der Coniferen ein Blütenstand, wobei es bei vielen der rezenten Formen zu einer in den fertigen Zuständen nahezu vollkommenen Zusammenschweißung der Organe kommt. Aber eben ihre von HIRMER aufgedeckte Entwicklungsgeschichte kann auch im Sinne der FLORINschen Entdeckungen ausgewertet werden: die Feststellung, daß Deck- und Fruchtschuppe einer Primitivanlage entspringen, ist ja auch im Sinne der durch FLORIN gelungenen Erkenntnis geradezu ein selbstverständliches Postulat, denn es ist ja die Primitivanlage der einzelnen Gesamtblüte. Und die scharfe Trennung von Frucht- und Deckschuppe, vor allem die primäre Freiheit der Fruchtschuppenanlage und die Abhängigkeit der Atropie bzw. Anatropie der Samenanlagen von der Länge des sie tragenden Stieles, die HIRMER für *Podocarpaceae*, *Taxodiaceae* und andere so deutlich erweisen konnte, fügen sich auch in die neuen Befunde ein. Und wenn letzten Endes HIRMER den Fruchtschuppenkomplex als eine auf eine peltate Bildung zurückgehende Gestaltung angesprochen hat, so gilt das sogar noch nach wie vor, ist ja letzten Endes, wie das eben ZIMMERMANN rein theoretisch erläutert hat und wie sich insbesondere an Hand der *Articulatales* hat zeigen lassen, das schildförmige Sporophyll nichts anderes als ein Verschmelzungsprodukt von Telom-artigen Bildungen (vgl. Abb. 9). Um Telome handelt es sich aber gerade bei den fertilen Elementen der weiblichen Blütchen der von FLORIN aufgeklärten paläozoischen Coniferen. Das, was HIRMER aus seinen entwicklungsgeschichtlichen Befunden und ohne Kenntnis der fossilen Formen für die Ausdeutung des weiblichen Blütenzapfens der Coniferen im ganzen als eine Blüte abgelesen hat, war irrtümlich. Das von ihm an den Tag gebrachte und zusammengestellte entwicklungsgeschichtliche Tatsachenmaterial jedoch ist auswertbar auch unter den neuen Prämissen, die die Untersuchungen FLORINS für die Erkenntnis des weiblichen Coniferenblütenzapfens als einen Blütenstand ergeben.

Damit sei noch auf die übrigen von FLORIN (1940A) behandelten jungpaläozoischen Coniferengattungen eingegangen.

Von diesen ist ***Paranocladus*** **FLORIN** mit durchgängig einfachspitzigen Blättern an Zweigen aller Ordnungen von nur geringem Interesse. Wichtiger sind ***Paleo-***

*taxites* D. WHITE und *Lecrosia* FLORIN. Bei diesen beiden wie auch bei *Paranocladus* sind im Gegensatz zu *Lebachia, Ernestiodendron* und *Walchia*, wo die Zweige letzter Ordnung regelmäßig zweizeilig, also fiederartig, angeordnet sind, diese unregelmäßig und über die Achsen vorletzter Ordnung ringsum angeordnet getragen. Wichtig ist, daß bei den beiden Gattungen *Paleotaxites* und *Lecrosia* die Blätter an den Achsen vorletzter Ordnung, dem *Gomphostrobus*-Typ folgend, gabelgeteilt sind. Noch interessanter ist in dieser Hinsicht *Carpentieria* NEMEJC u. AUGUSTA (Abb. 30). Bei dieser Gattung, bei welcher die Zweigtragung wieder eine zweizeilig-fiedrige, ähnlich wie bei *Lebachia* und Verwandten, ist, sind sowohl an den Achsen letzter als vorletzter Ordnung (und wohl überhaupt durchgängig an der Pflanze) *Gomphostrobus*-artig an der Spitze gegabelte Blätter entwickelt. Und das Extrem in dieser Richtung stellt *Buriadia* SEWARD u. SAHNI dar, bei welcher die Blätter der Seitenzweige letzter Ordnung einfach gegabelt sind, indes an den Sproßachsen vorletzter Ordnung die mehr minder keilförmigen Blätter ein- bis mehrfach gegabelt und mit entsprechender Gabelnervatur versehen sind.

Abb. 30. *Carpentieria marocana* NEMEJC u. AUGUSTA, aus dem Rotliegenden von Mähren. Teilstück mit einigen Seitenzweigen letzter Ordnung, deren regelmäßig fiedrige Stellung an den Achsen vorletzter Ordnung und die durchgängige Besetzung der Sprosse mit an der Spitze jeweils einmal gegabelten Blättern zeigend. 2fach vergr. (Nach NEMEJC u. AUGUSTA [1937] aus FLORIN [1940].)

Die letztgenannten Gattungen, insbesondere eben *Carpentieria* und *Buriadia*, die nach FLORIN ohne allen Zweifel auf Grund ihrer Epidermalstrukturen zu den Coniferen gerechnet werden müssen, sind theoretisch von hervorragendem Belang in Hinblick auf die durchgängige Gabelteilung ihrer Blätter. Ergibt sich damit doch, daß alte Coniferentypen eindeutig noch gabelgeteiltes Laub besitzen, eine Tatsache, die zweifellos auch in den Fällen noch nachklingt, wo, wie bei den Gattungen *Lebachia, Paleotaxites* und *Lecrosia* wenigstens an den Achsen nichtletzter Ordnung die *Gomphostrobus*-artigen gabelgeteilten Blätter auftreten und diese bei *Lebachia* auch noch an den Basen der weiblichen Blütenzapfen und innerhalb dieser als Brakteen sich wiederfinden, wie letzten Endes — wenn auch wohl teratologisch — an den Achsen letzter Ordnung an Stelle der normalen Laubblätter auftreten können. Der ganze Befund ist deshalb von so außerordentlichem Belang, weil sich — wie das weiter oben S. 67 für die im allgemeinen scheinbar mikrophyll beblätterten Artikulaten gezeigt wurde — nunmehr auch für die in der Regel scheinbar mikrophyll und mehr minder nadelartig beblätterten Coniferen die Tatsache erbracht ist, daß ihre ältesten Glieder Formen mit zerteiltem und damit wohl nichtmikrophyllem Laub sind. Und damit sind gerade diese letztgenannten von FLORIN modern durchuntersuchten bzw. neuentdeckten Coniferengattungen, trotzdem man von ihnen noch keine Blüten kennt, gleichfalls von besonderem theoretischen Interesse.

Anhangsweise sei noch *Walkomia* FLORIN, eine neue Coniferengattung aus dem oberen Paläozoikum des Gondwanagebietes (Oberperm von Neu-Südwales) zu nennen. Die leider nur in sterilen Zweigen bekannte Conifere weicht in Einzelheiten der Epidermstruktur und der Spaltöffnungen sehr erheblich von den anderen bekannten Coniferen ab und ist im ganzen eine der wenigen Coniferen, die man zusammen mit *Buriadia* (vgl. S. 109) aus dem Paläozoikum des Gondwanagebietes kennt.

## Literatur.

ARNOLD, CH. A.: (1937A) Contrib. Mus. Paleontol. Univ. Michigan **5**/**7**, 75—78. — (1937B) Amer. J. Bot. **24**, 743ff. — (1937C) C. r. 2. Congr. p. l'Avanc. d. Etudes de Stratigraphie Carbonif. Heerlen 1935 **1**, 41—45. — (1938A) Pap. Michigan Acad. Sci., Arts and Letters **23** (1937). — (1938B) Botanic. Rev. **4**, 205—234. — (1939A) Contrib. Mus. Paleontol., Univ. Michigan **5**/**11**, 271—314. — (1939B) Bull. Torrey bot. Club **66**, 297—303. — ARNOLD, CH. A., u. W. E. STEIDTMANN: (1937) Amer. J. Bot. **24**, 644—650. — AUGUSTA, J.: (1937) Zbl. Mineralog. **1937 B**, Nr. 5, 223—229.

BARGHOORN, E. S., u. W. C. DARRAH: (1938) Bot. Mus. Leafl. Harvard Univ. **6**/**7**, 142—144 — BERRY, W.: (1938) Proc. geolog. Soc. Amer. f. 1937, 269ff. — (1939) Amer. J. Sci. **237**, 124—129. — BOCHENSKI, T.: (1936) Poln. geolog. Ges., Krakau Jg. **12**. — (1939) Publ. Silésiennes de l'Acad. Polon. d. Sci. et d. Lettr.: Trav. Géolog. Nr. 7, Krakau, 1—28. — CALDER, M. G.: (1938) Trans. roy. Soc. Edinburgh LIX/II/10. 309—331. — CARPENTIER, A.: (1938A) Rev. gén. Bot. **50**, 3—7. — (1938B) Ann. Soc. sci. Brux., II. Sér. Sci Nat. Méd. **58**, 98—100. — CORSIN, P.: (1936) C. r. Acad. Sci. Paris **203**, 104—106. — (1937) Contribution à l'étude des Fougères Anciennes du Groupe des Inversicatenales, 247 S., 42 Taf. Lille. — CRIBBS, J. E.: (1938) Amer. J. Bot. **25**, 311—321. — (1939) Ebenda **26**, 440—449.

DARRAH, W. C.: (1937) Bot. Mus. Leafl. Harvard Univ. **4**/**9**, 153—172. — (1938A) Ebenda **5**/**8**, 145—160. — (1938C) Ebenda **6**/**6**, 113—136. — (1938D) Amer. J. Bot. **25**, Suppl. — (1938E) Ebenda **25**, Suppl. — DEEVERS, CH. L.: (1937) Bot. Gaz. **98**, 572—585.

ERGOLSKAYA, Z. V.: (1936A) Trans. Centr. Geolog. Prosp. Inst. **70**, 1—55. — (1936B) Ebenda **70**, 55—61.

FLORIN, R.: (1937) Sv. bot. Tidskr. **31**/**3**, 305—338. — (1938/1939A—C/1940A) Palaeontographica, Abt. B **85**, 363 S., 166 Taf. — (1939D) Bot. Notiser **1939**, 547—565. — (1939E) K. Svenska Vetenskaps. Akad. Hdlg., 3. Ser. **18**, **4**, 1—18. — (1940B) Ebenda, 3. Ser. **18**, **5**, 1—23.

GALLWITZ, H., u. W. GOTHAN: (1939) Jb. preuß. geolog. Landesanst. f. **1938**, **59**, 755—768. — GILLETTE, N. J.: (1937) Bot. Gaz. **99**, 80—102. — GORDON, W. T.: (1938) Trans. roy. Soc. Edinburgh LIX/II/12, 351—370. — GOTHAN, W.: (1937) Jb. preuß. geolog. Landesanst. f. 1936, 507—513. — GOTHAN, W., u.

F. Zimmermann: (1936) Ebenda f. 1935 **56**, 208—210. — (1937) Ebenda f. 1936 **57**, 489—506. — (1938) Ebenda f. 1937 **58**, 393—400.

Halle, T. G.: (1936A) Sv. bot. Tidskr. **30**/3, 613—623. — (1936B) Palaeontologia Sinica, Ser. A 1/4, 1—26. — (1937) C. r. 2. Congr. p. l'Avanc. d. Etudes de Stratigraphie Carbonif. Heerlen 1935 **1**, 227—234. — Hartung, W.: (1938) Abh. sächs. geolog. Landesamt, H. 18. Freiberg/Sachsen. — Hirmer, M.: (1936) Bibliotheca Botanica H. 114. — (1937) C. r. 2. Congr. p. l'Avanc. d. Etudes de Stratigraphie Carbonif. Heerlen 1935 **1**, 271—289. — (1938A) In: Manual of Pteridology, Kap. XV, S. 474—495. Haag: M. Nijhoff. — (1938B) Ebenda Kap. XIX, S. 511—521. — (1938C) Ebenda, Kap. XXI, S. 551—554. — (1938D) Ebenda Kap. XXII, S. 555—557. — (1940) Palaeontographica, Suppl. **9**, Abt. 3, Lief. 1, 1—44. — (1941) Biol. Generalis (Wien) **15**, 134—171. — Hirmer, M., u. P. Guthörl: (1940) Palaeontographica, Suppl. 9, Abt. 3, Lief. 1, 45—60. — Hoeg, O. A.: (1937) Botanic. Rev. **3**, 563—592.

Jongmans, W. J., W. Gothan u. W. C. Darrah: (1937) C. r. 2. Congr. p. l'Avanc. d. Etudes de Stratigraphie Carbonif. Heerlen 1935 **1**, 423—444.

Koiwai, K.: (1937) J. geolog. Soc. Jap. **44**, 283—303, 341—353. — Kräusel, R.: (1936) Ber. dtsch. bot. Ges. **54**, **5**, 307—328. — (1938) Manual of Pteridology, Kap. XVI, S. 496—499. Haag: M. Nijhoff. — Kräusel, R., u. H. Weyland: (1937) Senckenbergiana **19**, 338—355. — (1938A) Ebenda **20**, 417—421. — (1938B) Palaeontographica, Abt. B **83**, 172—195. — (1940) Senckenbergiana **22**, 6—16. — (1941) Palaeontographica, Abt. B **86**, 1—78.

Lang, W. H.: (1937) Philos. Trans. R. Soc. Lond., Ser. B **227**, Nr. 544, S. 245 bis 291. — Leclercq, S.: (1935/1936A) Ann. Soc. Géolog. Belg. **58**, Bull. u. **59**, Bull., 183—194, 222—248. — (1936B) Ebenda **60 B**, 170—172. — (1938) Ebenda **61** (Bull.), 164—170. — (1940A) Ebenda **63** (Bull.), 113—120. — (1940B) Acad. Roy. Belg. Cl. Sci., Mém. Coll. in 4°, 2. Sér. **12**. — Lilpop, J.: (1937) Bull. Acad. Polon. Sci. et Lettr., Cl. d. Sci. Mathém. et Natur., Ser. B, Sci. Nat. (I), 1—10. — Lutz, J.: (1938) Palaeontographica, Suppl. **9**, Abt. 4, 1—34.

Mägdefrau, K.: (1936) Bot. Zbl., Abt. B **56** (Beih.), H. 1/2, 213—228. — Mathews, G. B.: (1940) Bot. Gaz. **102**. — Nemejc, F.: (1936) Bull. Internat. Acad. Sci. Bohême S. 1—15. — (1937A) Ebenda. — (1937B u. C) Vestn. Kral. Cesk. Spol. Nauk. (II) f. **1936**. — (1938A) Acta Musei Nationalis Pragae **1 B**, Nr. 2; Geolog. et Palaeontolog. Nr. **1**, 11—20. — (1938B) Palaeontographica Bohemiae Prag Nr. **16**, 33—56. — Nemejc, Fr., u. J. Augusta: (1937) Publ. Fac. Sci. Prag **151**.

P'an, C. H.: (1936/37) Bull. Geolog. Soc. China **16**, 261—269.

Radforth, N. W.: (1938) Trans. roy. Soc. Edingurgh LIX/II/14, 385—396. — Read, Ch. B.: (1936) U.S. Geolog. Surv., Profess. Pap. **185**-H, 149—155. — (1937) Ebenda **186**-E, 81—91. — (1938A) Bull. Torrey bot. Club **65**, 599—606. — (1938B) Amer. J. Bot. **25**, 335—338. — Reed, F. D.: (1936) Bot. Gaz. **98**, 307—316. — (1939) Ebenda **100**, 769—787.

Schopf, J. M.: (1938) State Geological Survey, Urbana Illinois, Circ. **28** (Transact. Illinois State Acad. Sci. **30**, 2), 139—146. — (1939A) Amer. J. Bot. **26**/4, 196—207. — (1939B) State Geological Surv. Urbana/Illinois, Circ. Nr. **50** (Transact. Illinois Acad. Sci. **31**), 107—109. — Schoute, J. C.: (1938A) In: Manual of Pteridology, Kap. I, S. 1—64. Haag: M. Nijhoff. — (1938B) Ebenda Kap. II, S. 65—104. Haag: M. Nijhoff. — Steidtmann, W. E.: (1937) Amer. J. Bot. **24**/3, 124—125. — Stockmans, F.: (1939A) Bull. Mus. Roy. d'Hist. Nat. de Belg. **15**/9, 1—6. — (1939B) Ebenda **15**/**15**, 1—4. — (1940) Mém. Mus. Roy. d'Hist. Nat. de Belg., Mém. Nr. **93**, 1—88. — Sze, H. C.: (1936A) Bull. Geolog. Soc. China **15**, 109—118. — (1936B) Ebenda **15**, 467—476.

THOMAS, D. E.: (1935) Bot. Gaz. **97**, 334—345.

VERDOORN, FR.: (1938) Manual of Pteridology. Haag: M. Nijhoff; bezügl. der einzelnen Kapitel, soweit sie fossile Pflanzen betreffen, vgl. unter M. HIRMER, R. KRÄUSEL, J. C. SCHOUTE, J. WALTON und W. ZIMMERMANN. — VIRKKI, C.: (1939) Proc. Indian Acad. Sci. **9**/1, 7—12. — (1937) Ebenda **6**, 428—431.

WALTON, J.: (1938) In: Manual of Pteridology, Kap. XVII, S. 500—506. Haag: M. Nijhoff.

ZIMMERMANN, W.: (1938) Ebenda Kap. XXIII, S. 558—618. Haag: M. Nijhoff.

# 6. Systematische und genetische Pflanzengeographie.

Von EDGAR IRMSCHER, Hamburg.

## I. Rezente Flora.

### 1. Allgemeines.

Die wichtige Frage des Einflusses einer Klimaänderung auf die Pflanzenwelt erörtert ANDREÁNSZKY am Beispiel des europäisch-mediterranen Raumes und des afrikanischen Wüstengebietes. Daß die Sahara eigentlich keine eigene extrem xerophil angepaßte Flora besitzt, kann nur dadurch erklärt werden, daß es immer eine sich oft bewegende, außerordentlich wasserarme Zone gab, die bei ihren Vorstößen die in Entwicklung befindliche Flora gänzlich vernichtete. Allen Anzeichen nach ist die saharische Wüstenzone im Vormarsch gegen Norden begriffen.

DU RIETZ bespricht unter Verwertung bereits bekannter Verbreitungsfälle die Probleme um die bipolaren Areale, worunter er solche versteht, die in der borealen und australen Zone auftreten und außerdem durch Vorkommen in den tropischen Gebirgen verbunden sein können. Vor allem wird die Genese dieser Arealformen behandelt. An Stelle der Auffassung, daß mit Hilfe dieser tropischen Querverbindungen Wanderungen der fraglichen Sippen durch die Tropenzone stattgefunden haben, tritt Verf. für die Annahme von transtropischen Verbindungsarealen ein, bemerkt dabei aber, daß die gegenwärtigen transtropischen Hochlandbrücken für eine solche Erklärung nicht ausreichend sind. Vielmehr sollen nach der Ansicht des Verf. diese Verbindungen bereits vor der Entstehung der Gebirgszüge des alpinen Orogens vorhanden gewesen sein. „Such highland bridges may have existed not only in Africa, but also bordering the transtropical Alpine geosynclines (i. e. the Andean and the Malaysian geosynclines), partly passing over present deep sea bottom" (S. 272).

Für die Deutung von Arealveränderungen ist auch die Kenntnis der biologischen Potenzen, vor allem der Ausbreitungskraft der einzelnen Arten sehr wünschenswert. Einen Beitrag dazu liefert W. KRAUSE durch eine Untersuchung der Ausbreitungsfähigkeit von *Carex humilis* in Mitteldeutschland. Trotzdem die genannte Art hinsichtlich der allgemeinen Bedingungen im fraglichen Gebiete keine sehr speziellen Standortsansprüche stellt und daher in verschiedenen Pflanzenvereinen vorkommt, hat sie ältere und jüngere Brachflächen des Gebietes nicht zu besiedeln vermocht, obwohl die ökologischen Faktoren in diesen nicht wesentlich von denen ihrer heutigen Standorte abweichen. Verf. findet als Ursache ein geringes Verbreitungsvermögen der zu 30% keimfähigen Samen in horizontaler Richtung. — PETTERSSON (2) prüfte experimentell, in welchem Ausmaße eine euanemochore Ausbreitung von Diasporen erfolgt. Einmal wurden Versuche zwecks Nahfang von Sporen im Freien, dann weitere im Laboratorium unter Berücksichtigung des Einflusses der Luftfeuchtigkeit und schließlich als besonders aufschlußreich solche über den Ferntransport angestellt. Es zeigte sich, daß im Gegensatz zu den Windfallen die Niederschlagsfallen unerwartet reiche Ausbeute an Diasporen lieferten. Durch weitere Kultur der aufgefangenen Keime konnten als Ausbeute der Fernfänge u. a. 2 Myxomyceten, 2 Cyanophyceen, 11 Chlorophyceen, darunter 2 Planktonarten und die rote Schneealge, und 18 verschiedene Moosarten bestimmt werden. — Eingehende Forschungen über die Frage der Abhängigkeit der Baumgrenze, vor allem der Buche, von den Temperaturverhältnissen stellte HELMQVIST an. Es zeigt sich, daß auch hier Durchschnittsmittel weniger brauchbar sind als Extremwerte. Zwei Karten geben die Gesamtverbreitung von *Fagus silvatica* und *F. orientalis* sowie die Funde in Schweden wieder.

Nachdem die Sektionen der Gattung *Veronica* in den letzten Jahrzehnten von LEHMANN und seinen Mitarbeitern weitgehend systematisch-geographisch und zytologisch durchgearbeitet worden sind, untersucht dieser im Anschluß an die Gedankengänge von HAGERUP und TISCHLER die Zusammenhänge zwischen Polyploidie und geographischer Verbreitung innerhalb der genannten Gattung. LEHMANN kommt zu dem Ergebnis, daß in gewissen Verwandtschaftsgruppen die Polyploidie zweifellos am Zustandekommen einer die Verbreitung fördernden inneren Disposition beteiligt ist. Daneben sind aber ebenso sicher auch faktorielle Verschiedenheiten der Arten ausschlaggebend. Wenn in einem engeren Verwandtschaftskreis eine polyploide Reihe vorliegt, weisen, auch bei den Ackerunkräutern, in der Regel die Arten mit höherer Polyploidiestufe eine umfassendere Verbreitung auf. — Nach SOKOLOVSKAJA und STRELKOVA nimmt die Zahl der polyploiden Arten in den Höhen des Pamir und Altai-Gebirges bei gewissen Gattungen zu, während andere (*Gentiana*, *Primula* usw.) diploid bleiben. Letztere gehören vielleicht zu einer älteren, im Gebiet schon länger beheimateten Gruppe. — Die Verbreitung der drei asiatischen *Veronica*-Arten der *Biloba*-Gruppe, die eine polyploide Reihe bilden, erörtert ZÜNDORF. Die diploide *V. cardiocarpa* besitzt das kleinste Areal in Mittelasien, während die tetraploide *V. biloba* und die hexaploide *V. campylopoda* von Kleinasien bis Westchina auftreten. — Einen zweiten Nachtrag zu seiner Arbeit über die adventiven Mittelmeerpflanzen der Güterbahnhöfe des rheinisch-westfälischen Industriegebietes liefert SCHEUERMANN. Die Arten sind vor allem als sog. Südfruchtbegleiter in Frostschutzmaterial usw. aufgetreten.

### 2. Arealdarstellungen.

**Niedere Pflanzen.** Die Verbreitung von *Buellia epigaea*, eines seltenen Gliedes der als „bunte Flechtengesellschaft" bezeichneten Vereinigung kalkliebender Krustenflechten auf sonnigen, trockenen Erdflächen Mitteleuropas behandelt ausführlich MATTICK (1 Karte). — SCHINDLER (2) bespricht die Verbreitung von *Lecanora lentigera* in Deutschland (1 Punktkarte für Mitteleuropa), die zu dem gleichen „bunten Flechtenverein" gehört. Verf. möchte sie ebenso wie die ähnlich verbreitete *Caloplaca fulgens* als eurosibirisch-kontinentale Art mit starker südlicher Verbreitung auffassen. — In bryogeographischer Hinsicht ist die Entdeckung von *Orthodontium germanicum* in Brandenburg sehr bemerkenswert (F. u. K. KOPPE). Die 21 bekannten Arten der Gattung sind Bewohner der Tropen und Subtropen. Bis 1931 war die Gattung in Europa noch nicht beobachtet. Im genannten Jahre wurde eine neue Art bei Paris und später in Spanien gefunden. Als Relikt aus präglazialer Zeit kann *O. germanicum*, das am nächsten mit *O. infractum* von Java, Borneo und Ceylon verwandt sein soll, schwerlich aufgefaßt werden, dürfte vielmehr in der Nacheiszeit an seinen Standort gelangt sein.

**Höhere Pflanzen.** Die Areale für sämtliche Angiospermenfamilien entwirft unter Beihilfe von SUESSENGUTH auf 303 Kärtchen VESTER. Ähnliche Areale werden zu Gruppen vereinigt, wodurch sich 12 Arealtypen ergeben, die zum Teil wieder weiter untergeteilt werden. Diese Arealtypen sind I. Ganzwelt-Areale, II. Breitgürtel-A., III. Nordgürtel-A., IV. Südgürtel-A., V. Schmalgürtel-A., VI. Gürtelareale mit einer Lücke, VII. Gürtelareale mit zwei oder mehr Lücken, VIII. Uniregionale A., IX. Biregionale A., X. Bikontinentale A., XI. Trikontinentale A. und XII. Schollen-A. Wenn auch durch diese Arealformen keineswegs alle sonst bekannten Arealtypen wiedergegeben werden, so stellen sie doch einen wertvollen Beitrag zum Ausbau der Arealkunde dar. Außerdem ist diese Kartensammlung eine willkommene Ergänzung zu jedem Lehrbuch der systematischen Botanik. Eine weitere Auswertung der Befunde liegt nicht vor. Immerhin zeigen diese zahlreichen Karten die Gültigkeit der Areal-Sippenzahl-Relation für die meisten Familien als zu Recht bestehend, d. h. die sippenreichsten Familien besiedeln auch die größten Areale.

Die Verbreitung von *Calluna vulgaris* berührt BEIJERINCK in seiner Monographie dieser Gattung (2 Karten). Hinsichtlich des Vorkommens in Nordamerika widerspricht Verf. nicht der Ansicht nordamerikanischer Forscher, daß diese Art hier als alte Adventivpflanze zu betrachten sei. — *Trapa natans* gehört wie z. B. auch *Corylus* zu den Pflanzen, die früher (im Subboreal) weiter nach Norden verbreitet waren. Auch das Aussterben von *Trapa* in historischer Zeit im mitteleuropäischen Gebiet ist bekannt, aber hinsichtlich seiner Ursachen noch keineswegs befriedigend geklärt. APINIS untersucht deshalb eingehend die Standortsverhältnisse und die Verbreitung dieser Gattung in Lettland, wo sie ebenfalls früher reichlich vorkam. Besondere Beachtung hat er dem Einfluß des Menschen auf die Verbreitung geschenkt, da die Früchte zur Stein- und Bronzezeit und später als Nahrungsmittel dienten. Die beiden heutigen Standorte in Lettland fallen auf kontinentalere Gebiete. Die subboreale Verbreitung der Pflanze in lettischen Gebieten, wo heute ein ozeanischeres Klima herrscht, ist wahrscheinlich durch größere Kontinentalität des damaligen Klimas dieser Standorte zu erklären. Doch muß auch der Tätigkeit des Menschen ein beträchtlicher Einfluß auf die Arealveränderung zugestanden werden (1 Karte für Lettland). — Nach K. BERTSCH (1) dürfen wir annehmen, daß während der Jungsteinzeit die wilde Weinrebe im mittleren Neckartal von Stuttgart bis Heilbronn verbreitet war, während sie sich heute in Südwestdeutschland nur in den Auwaldungen der oberrheinischen Tiefebene von Badenweiler bis Mannheim findet. — Aus der eingehenden Monographie der in Afrika endemischen Iridaceengattung *Aristea* von WEIMARCK (1) geht hervor, daß sich die 49 unterschiedenen Arten nach ihrem Areal auf eine Kap-Gruppe, eine Drakensberg- und afromontane Gruppe und eine Madagaskar-Gruppe verteilen. 25 endemische Arten enthält die erste Gruppe, die keineswegs über das ganze Kapgebiet verbreitet sind, so daß Verf. westliche, südliche und litorale Arten unterscheiden kann. Die zweite Gruppe umfaßt einmal Sippen, die in den Drakensbergen endemisch sind, zweitens solche, die hier und außerdem in den zentralafrikanischen Gebirgen vorkommen und drittens die in letzteren endemischen Arten, die südlichen Ursprungs sind. 6 Arten sind in Madagaskar endemisch, die sich auf 3 Sektionen verteilen. Eine dieser Arten (*A. cladocarpa*) steht sehr isoliert, die übrigen haben ihre nächsten Verwandten in den Drakensbergen und den zentralafrikanischen Gebirgen. Auf 49 Punktkarten ist die Verbreitung der Arten und ihrer Unterarten dargestellt. — Nach der neuen Gattungsfassung durch BREMEKAMP ist die Rubiaceengattung *Urophyllum* in Afrika nicht mehr vertreten.

LINDENBEIN zeigt am Beispiel von kultivierten *Andropogon*-Arten, daß sich auch mit Hilfe der Genzentrentheorie und der Kulturstromlehre die Wanderungsgeschichte der tropischen Hirsearten nicht restlos klären läßt. — Wichtig für unsere Kenntnis von der Verbreitung von Wild- und Kulturformen der Gersten und Weizen sind die Arbeiten von FREISLEBEN und LANGE-DE LA CAMP, in denen die von der Deutschen Hindukusch-Expedition 1935 gesammelten zahlreichen Proben eingehend behandelt werden. Das gleiche gilt für die Bearbeitung der Gersten der Expedition SMITH aus dem Hochgebirge von Osttibet durch ÅBERG.

Die Koniferengattung *Acmopyle* (*Podocarpac.*) ist mit 1 Art auf Neu-Kaledonien beschränkt. FLORIN erkannte, daß fossile Funde von der Seymour-Insel und aus Westargentinien zu dieser Gattung gehören, womit ein neues Beispiel für die Großdisjunktion Südamerika-Monsun-Region gegeben ist (Karte). Nach Verf. ist die Antarktis als Bindeglied zwischen diesen beiden Teilarealen anzusehen.

In den Pflanzenarealen erschien eine zweite Folge von Karten für die Gattung *Ononis* (Sect. *Bugrana*) sowie eine Nachtragskarte zu *Onobrychis* von ŠIRJAEV (1, 2).

Die im Berichtsjahr veröffentlichten Arealkarten sowie einige wichtigere Verbreitungsangaben seien im folgenden kurz zusammengestellt.

**Niedere Pflanzen.** Algen. Die Verbreitung von 43 *Chara*-Arten in Gesamtrußland schildert HOLLERBACH (mit 1 Tabelle).

Pilze. 1 Punktkarte der Verbreitung von *Gymnoconia Peckiana* auf der nördlichen Halbkugel sowie der Areale ihrer Wirtspflanzen *Rubus arcticus* und *R. saxatilis* (LEPIK [2]). — 1 Punktkarte für *Schizophyllum commune* in Südschweden (ANDERSSON). — Für eine Anzahl baumbewohnender Polyporaceen Nordamerikas zeichnet OVERHOLTS auf 15 Kärtchen die Areale und stellt diesen auf ebensoviel Kärtchen die Verbreitung der entsprechenden Wirtspflanzen gegenüber.

Flechten. 1 Punktkarte für *Alectoria altaica* in Fennoskandien (AHLNER), die neu für das Gebiet ist. — Auf 23 Verbreitungskarten umreißt ERICHSEN die Areale zahlreicher europäischer Flechten. — Je 1 Punktkarte für *Caloplaca fulgens* und *Lecanora lentigera* in Mitteldeutschland (SCHINDLER [1]). — 2 Punktkarten für *Cetraria Asahinae* und *C. Braunsiana* sowie *Lecanora pachycheila* in Ostasien (OXNER).

Moose. 7 Karten für die *Sphagnum*-Arten des europäischen Rußlands liefert KUDRJASCHOFF und untersucht die Gesetzmäßigkeiten der Verbreitung im genannten Gebiet. — 1 Punktkarte für *Ricciocarpus natans* in Fennoskandien und Dänemark (LOHAMMAR). — Die Verbreitung der europäischen Lebermoose wird von K. MÜLLER (1) nach dem neuesten Standpunkte zusammengestellt. Der bisher erschienene Teil enthält 1 Punktkarte für 2 *Sphaerocarpus*-Arten in Europa, 1 Punktkarte für das Gesamtareal von *Plagiochasma rupestre* und *Targionia hypophylla*, 1 Punktkarte für *Grimaldia fragans* und *G. dichotoma* in Europa und Nordafrika, 1 Punktkarte für die Verbreitung von *Sauteria*, *Peltolepis* und *Clevea hyalina* im Alpenzuge, 1 Punktkarte der Gesamtverbreitung der europäischen Cleveaceen, 1 Punktkarte für *Dumortiera hirsuta* in Europa, 1 Punktkarte für *Corsinia coriandrina* in Europa und 1 Punktkarte für *Riccia ciliifera* und *R. Gougetiana* in Europa. — 1 Punktkarte für *Anastrepta orcadensis* in Skandinavien sowie 1 Karte für *Bryum Blindii* in Europa (PERSSON [1]). — 1 Punktkarte für *Scorpidium turgescens* in Skandinavien (ALBERTSON [2]), wo es einmal im Hochgebirge, dann in den Alvargebieten Ölands, Gotlands und Västergötlands vorkommt. Die skandinavische Hochgebirgspopulation hat mit Sicherheit die Eiszeit in Refugien überdauert, die südschwedische und ostbaltische Population ist allem Anschein nach ein Glazialrelikt. — 1 Punktkarte für *Aulacomnium androgynum* in Schweden unter Scheidung der fertilen und sterilen Funde (PERSSON [2]). — 1 Punktkarte für *Rhytidium rugosum* in Fennoskandien (ALBERTSON [1]). — 1 Punktkarte für *Desmatodon latifolius* und dessen var. *brevicaulis* von Finnland und Ostkarelien (VAARAMA), wo er als Glazialrelikt betrachtet wird. — 1 Karte für einige Steppenheidemoose am Südrande des Kyffhäusers (REIMERS [1]). — 1 Punktkarte für *Pleurochaete squarrosa* sowie eine solche für *Grimaldia fragrans* und *Clevea hyalina* in Nordbayern (GAUCKLER). — 1 Karte mit den Arealen der

3 stenomediterranen Moose *Tortella inflexa, Funaria convexa* und *Clevea Rousseliana* (GIACOMINI).

Farne. 1 Punktkarte für *Osmunda regalis* in Skandinavien (HOLMBOE).

**Höhere Pflanzen.** Gymnospermen. Die heutige Verbreitung der Eibe (*Taxus baccata*) in Württemberg und Hohenzollern, die sich auf die Schwäbische Alb und Oberschwaben beschränkt, untersucht LOHRMANN (1 Karte). — Die Verbreitung von *Pinus silvestris* in rumänischen Gebieten behandeln Arbeiten von GEORGESCU und HARALAMB (Karten).

Angiospermen. Mehrere Erdteile. 2 Karten für *Juncus alpinus* und seine Varietäten in der Holarktis (LINDQUIST). — 1 Punktkarte der Gesamtverbreitung von *Artemisia borealis* sowie eine für deren var. *bottnica* in Fennoskandien (ERLANDSSON [2]). — 2 Karten für *Cypripedium* (MEYER). — Die Verbreitung der Meliaceen bespricht HARMS. — 1 Arealkarte für *Erianthus Ravennae* im Mittelmeergebiet bis Mittelasien und 1 Arealkarte für *Imperata cylindrica* sowie *Saccharum spontaneum* subsp. *aegyptiacum* und subsp. *indicum* in der Alten Welt (OVCZINNIKOV). — 1 Karte für Arten der Irissektion *Pogoniris* in Europa, Nordafrika und Asien (BLASCHY). — 1 Karte des europäisch-asiatischen Areals von *Thalictrum aquilegifolium* (VOLLMAR). — 1 Karte mit den Arealen von *Stachys lanata, St. alpina* sowie *St. germanica* s. l. nebst ihren Untersippen. Der polymorphe Formenkreis von *St. germanica* wird u. a. auf Grund von Kreuzungsversuchen mit den beiden anderen genannten Arten hinsichtlich seiner Entstehung auf Bastardierung zwischen *St. lanata* und *St. alpina* zurückgeführt (LANG).

Europa. Je 1 Punktkarte von Fennoskandien für *Carex capitata* und die neue auch auf Grönland und in Amerika vorkommende *C. arctogena* (SMITH). — Nach Abschluß des mehrbändigen Werkes von LAGERBERG und HOLMBOE über Norwegens Pflanzenwelt sei darauf hingewiesen, daß es für viele nord- bzw. mitteleuropäische Arten Arealkarten enthält. — 1 Punktkarte für *Carex punctata* in Schweden (FRISENDAHL). — Je 1 Punktkarte für *Juncus effusus* und *J. conglomeratus* in Wermland (HÅRD AV SEGERSTAD). — 1 Punktkarte für *Gagea spathacea* in Bohuslän (FRIES). — 1 Punktkarte für *Cirsium acaule* in Bohuslän (NILSSON). — Je 1 Punktkarte für *Utricularia vulgaris* und *U. neglecta* im ostfennoskandischen Gebiet (*Luther*). — 1 Punktkarte für *Ranunculus borealis* in Ostfennoskandien (KALELA). — 1 Punktkarte für *Saussurea alpina* in Fennoskandien und dem Baltikum (ERLANDSSON [1]). — 1 Punktkarte des Vorkommens von *Cuscuta epilinum* in Estland (RATT). — 1 Punktkarte der Verbreitung von *Pulmonaria angustifolia* ssp. *azurea* und *Peucedanum oreoselinum* in Estland (EICHWALD), deren Nordgrenze durch Estland hindurchläuft. — 1 Punktkarte der Verbreitung von *Impatiens parviflora* und *Puccinia Komarowi* in Estland (LEPIK [1]). — Es muß hier auch auf die Arbeit MEUSELS (1, 2) über die Grasheiden Mitteleuropas und ihre Gliederung hingewiesen werden, da Verf. den Arealverhältnissen der behandelten Arten Aufmerksamkeit schenkt. So finden sich für den europäischen bzw. europäisch-asiatischen Raum u. a. Originalkarten für *Corynephorus canescens* und *C. articulatus, Sesleria coerulea* und verwandte Arten, *Carduus defloratus* und verwandte Arten, 3 *Fumana*-Arten, *Stipa stenophylla, Oxytropis pilosa* und verwandte Arten, *Stipa capillata, Astragalus danicus, Scabiosa canescens, Orlaya grandiflora* und verwandte Arten, *Nonnea pulla* sowie für Mitteldeutschland Karten von *Teucrium chamaedrys, Carex ornithopoda* und *Adonis vernalis.* — Zahlreiche Verbreitungskarten mitteleuropäischer Arten enthält die Neubearbeitung der Monokotylen in der Hegischen Flora durch SUESSENGUTH. — 1 Punktkarte für die europäischen Funde von *Orchis Spitzelii*, die von PETTERSSON (1) 1939 auf Gotland (var. *gotlandica*) entdeckt wurde. — Einige Arealkarten zu europäischen *Astragalus*- und *Coronilla*-Arten bringt CHRISTIANSEN. — Die Verbreitungsverhältnisse von *Erica cinerea* (Karte) bespricht BÖCHER. — 5 Punktkarten für *Centaurium vulgare* und seine Varietäten in Europa bzw. Schweden und Dänemark (STERNER). — Verbreitungskarten von Holland für *Radiola linoides, Microcala filiformis, Juncus tenageia, J. pygmaeus, J. capitatus, Illecebrum verticillatum, Digitaria ischaemum, Corrigiola litoralis, Isolepis setacea, Centaurium vulgare, Sagina apetala, Limosella aquatica* und *Cyperus fuscus*, der Arbeit von DIEMONT, SISSINGH und WESTHOFF angefügt; ferner durch SLOFF in Fortsetzung der schon früher mehrfach mit Hilfe der Mitarbeiter des Instituut voor het Vegetatie-Onderzoek van Nederland herausgebrachten Karten solche für *Antennaria dioica, Calluna vulgaris, Cuscuta epithymum, Empetrum nigrum, Genista anglica, G. pilosa, Juniperus communis, Lycopodium complanatum, Nardus stricta, Scorzonera humilis, Drosera rotundifolia, Erica tetralix, Juncus squarrosus, Narthecium ossifragum, Pedicularis sylvatica* und *Trichophorum caespitosum*. — Unter MEUSELS (3) Leitung erschien die 4. Reihe von Verbreitungskarten mitteldeutscher Leitpflanzen, die Punktkarten von *Thalictrum aquilegifolium, Cirsium heterophyllum, Ledum palustre, Erica tetralix, Lysimachia nemorum, Orchis purpureus, Ophrys muscifera, O. apifera, O. aranifera, Carlina acaulis, Leucoium vernum, Scabiosa canescens* und *Anemone silvestris* enthält. — 1 Punktkarte für *Laserpitium prutenicum* (SCHÜTZE) und für *Verbena officinalis* und *Artemisia absinthium* (MILITZER) von der Oberlausitz. — 14 Kärtchen für 45 pannonische Endemismen in Ungarn und Siebenbürgen (MIKLOS). — 1 Karte für *Onobrychis radiata*, die von GREENJ nördlich von ihrem kaukasisch-iranischen Areal in der Ukraine entdeckt wurde. — 1 Karte der Areale der im Mittelmeergebiet beheimateten Arten der Sektion *Polyeides* von *Aegilops* (KIHARA). — 14 Verbreitungskarten für zahlreiche ostmediterrane Arten (MALÉEV). — 5 Karten für die westmediterranen Areale von 9 *Narcissus*-Arten (FERNANDES). — 1 Karte der Arealgrenzen der 3 Betulaarten auf der iberischen Halbinsel, darunter der neuen *B. celtiberica* (ROTHMALER und DE CARVALHO). — 4 Punktkarten für 4 *Paspalum*-Arten in Portugal (PINTO DA SILVA).

Afrika. 4 Punktkarten für die 8 hauptsächlich in der Kapregion vorkommenden Arten von *Nivenia* (WEIMARCK [2]). — 49 Punktkarten für die 49 Arten von *Aristea* (WEIMARCK [1]).

Asien. 1 Karte der 20 orientalischen Arten von *Phlomis* Sect. *Gymnophlomis* (RECHINGER). — 3 Karten für die Verbreitung der 2 Arten von *Trapella* in Japan, Mandschukuo und China (GLÜCK). — In der Monographie der chinesischen Aceraceen von FANG wird auch die geographische Verbreitung der Arten kurz behandelt. — 6 Punktkarten für 13 Lauraceen und eine für 3 Smilaxarten in Korea (NAKAI [1, 2]). — 1 Karte des Gesamtareals der 37 Arten umfassenden Cyperaceengattung *Gahnia* (BENL). — 1 Karte für die 3 *Acanthus*-Arten Niederländisch-Indiens (VAN STEENIS). — 1 Punktkarte für die 5 Sektionen der Myrtaceengattung *Xanthostemon* im Monsungebiet und Australien einschl. Neu-Kaledoniens (GUGERLI). — 1 Karte für die Gattung *Santalum* und ihre Sektionen in Australasien und Polynesien (TUYAMA [1]). — 1 Karte für die Gattung *Halorrhagis* in Australasien und Polynesien (TUYAMA [2]).

Amerika. 1 Karte für die monotypische Gattung *Diplasia*, des einzigen Cyperaceengenus, das wahrscheinlich ausschließlich im tropischen Amerika vorkommt (PFEIFFER).

## 3. Florenkunde.

**Arktis und Antarktis.** Die neueren Forschungsergebnisse der antarktischen Biogeographie bespricht LINDSEY. Nach Verf. ist der 60. Parallelkreis als Grenze zwischen antarktischer und subantarktischer Landprovinz anzunehmen. Die südlichsten bekannten Pflanzen sind 4 Flechtenarten. — Die Verbreitung arktischer Flechten behandelt LYNGE (1) und macht vor allem über die Areale der Nordküstenflechten

Spitzbergens wichtige Angaben. Punktkarten von zahlreichen Arten für Spitzbergen sowie von *Cladonia Delessertii*, *C. cenotea*, *C. carneola*, *C. deformis*, *C. alpicola*, *C. cornuta*, *C. bellidiflora*, *Parmelia centrifuga*, *P. incurva* und *P. omphalodes* auch für Norwegen sind beigegeben. — Nach LYNGE (2) sind von Jan Mayen 144 Flechtenarten, darunter 7 endemische bekannt, die sämtlich sicher erst nach der Eiszeit hier Fuß faßten.

**Europa.** Die Vegetation der Heiden der Faröer beschreibt BÖCHER. U. a. werden die Verbreitungsverhältnisse von *Erica cinerea* (Karte) nebst ihren Begleitpflanzen erörtert. Diese sowie die Pflanzen der Empetrum-Vacciniumheide werden auf drei Gruppen verteilt: nördliche, temperiert-ozeanische und temperierte Arten. Verf. schließt sich der Ansicht an, daß an geeigneten, mikroklimatisch günstigen Oasen südliche Arten die letzte Eiszeit überdauern konnten. — Die Verbreitung des Waldes in einem Teil des Sognefjords untersucht eingehend VE und zeichnet eine farbige Waldkarte des fraglichen Gebietes. — Die marine Algenflora von Blekinge in Südschweden findet durch LEVRING eine gründliche Darstellung. Im allgemeinen Teil werden die Formen auf Regionen, Profile und Assoziationen verteilt und ihre Gesamtverbreitung dargestellt. Subarktische (23 Arten), borealarktische (23 A.), kaltboreale (37 A.), warmboreale (16 A.) und endemische Arten (1 A.) werden unterschieden. Die heutige Algenflora der Ostsee wird als Rest der fast ausschließlich während der Litorinazeit eingewanderten atlantischen Flora betrachtet, wozu noch eine Reihe Süß- oder Brackwasserarten kommen. — Die ungemein reiche, 433 Arten umfassende Flechtenflora der westschwedischen Insel Skaftön schildert DEGELIUS. 52 Flechtengesellschaften werden namhaft gemacht.

Die Laubmoosflora der nordfinnischen Provinz Kuusamo ist sehr artenreich (322 A.), da dies Gebiet topographisch und hinsichtlich des Felsgrundes sehr abwechslungsreich ist, ferner als supraaquatisches, von einer Eisbedeckung freies Land ein hohes Alter besitzt. TUOMIKOSKI macht über die Verbreitung dieser Arten genaue Angaben und unterscheidet Ubiquisten, südliche und nördliche Arten. 19 Punktkarten geben die Verbreitung bemerkenswerter Arten in Ostfennoskandien oder im Untersuchungsgebiet wieder; 14 Abbildungen vermitteln einen guten Eindruck der wechselvollen Landschaft. — In der Bearbeitung der Diatomeenflora Estlands durch MÖLDER findet auch die geographische Verbreitung Berücksichtigung. Auf 8 Punktkarten ist das Vorkommen mehrerer Arten in Estland eingezeichnet. — SCHENNIKOV entwirft eine Einteilung des Nordostens des europäischen Rußlands, der zum Waldgebiet des borealen Eurasiens und hier zur Zone der Nadelholzwälder (Taiga) gehört. Es werden von Norden nach Süden 4 Unterzonen aufgestellt. In meridionaler Richtung wird das Gebiet in die osteuropäische, nordsibirische und westsibirische Provinz geschieden (Karte).

Auf Grund seiner sorgfältigen Untersuchung der Diatomeenflora in den Sedimenten der unteren Ems kommt HUSTEDT zu dem Ergebnis, daß der weitaus größte Teil der in den Schlickablagerungen gefundenen Arten Meeresformen umfaßt, die in der Nordsee teils pelagisch, teils auf den Watten als Bodendiatomeen leben. — Der geographischen Verbreitung der Moose und Flechten im südlichen Harzvorland widmet REIMERS zwei ausführliche Arbeiten. In der einen (1) werden bemerkenswerte Moos- und Flechtengesellschaften geschildert, in der zweiten (2) die Leber- und Laubmoose des Gebietes sowie einige wichtige Flechten mit ihren Standorten nebst vielen kritischen Bemerkungen aufgezählt.

Einen Beitrag zur Geographie der Flechten liefern DUGHI und DUCOS durch Feststellung der pinikolen Flechten der Nieder-Provence. Auf *Pinus halepensis* fanden sie 119 Arten, auf *P. silvestris* 75 Arten und auf *P. laricio* 29 Arten. Im ganzen wurden auf den Kiefern des Gebiets 154 Arten gezählt. Nur auf *P. halepensis*, nicht auf *P. silvestris*, sind 69 Arten, auf *P. silvestris* und nicht auf *P. halepensis* 26 Arten vorhanden. Beiden Kiefern sind 49 Flechten gemeinsam. Die Verbreitung dieser Flechtenformen in anderen Gebieten Frankreichs wird besprochen und für das übrige Frankreich 244 pinikole Flechten ausschl. der auf *P. halepensis* namhaft gemacht. Für ganz Frankreich ergibt sich die Zahl von 305 kiefernbewohnenden Flechtenepiphyten.

Zwecks einer ausführlichen Gliederung der Blütenpflanzenflora des historischen Ungarns hat MÁTHÉ in Fortsetzung früherer Studien von v. Soó und unter Mitarbeit des Genannten 3360 Gefäßpflanzen auf ihren Arealtypus analysiert und auf folgende Elemente verteilt: I. Kontinentale Gruppe, 1. kontinentale Elemente im engeren Sinne, 2. pontische E., 3. pontisch-mediterrane E.; II. Mediterrane Gruppe; III. Atlantische Gruppe; IV. Boreale Gruppe; V. Alpine Gruppe, 1. alpine E., 2. mitteleuropäisch-alpine E., 3. alpin-balkanische E.; VI. Balkanische Gruppe, 1. balkanische E., 2. moesische E. und 3. dazische E. Zu den genannten Elementen werden ausführliche Artlisten gegeben. — Eine Übersicht über die Entwicklung und die heutige Gliederung der pannonischen Flora und Vegetation durch v. Soó stellt das umfangreiche, meist ungarisch abgefaßte Schrifttum zusammen und verarbeitet es zu einem Gesamtbild, in dem manche bisherige unzutreffende Angaben über die ungarische Flora nochmals richtiggestellt werden. So war das ungarische Tiefland, das Alföld, in der neueren Steinzeit wohl klimatische Steppe, dann aber Wald-Moorgebiet mit Steppenresten, später mehr Waldsteppe. Seit der Bronzezeit machten sich Kultureinflüsse geltend, die in den letzten Jahrhunderten die heutige Kultursteppe geschaffen haben. Bei der Einteilung der pannonischen Flora werden 5 Florenprovinzen mit mehreren Bezirken unterschieden; der Übersicht über die Pflanzengesellschaften wird das BRAUNsche System zugrunde gelegt, bei den Steppengesellschaften jedoch einige Abänderungen durchgeführt. — Im vorliegenden allgemeinen Teil seiner Moosflora der Umgebung von Budapest und des

Pilisgebirges entwirft SZEPESFALVI ein anschauliches Bild der Moosvegetation des Gebietes. Infolge der geographischen Lage sind sowohl mediterrane (12%) wie pontische Elemente stark vertreten, aber auch atlantische und arktisch-alpine Formen fehlen nicht. Die wärmeliebenden Arten werden als voreiszeitliche und damit als urheimische betrachtet, während die alpinen und subarktischen Formen zur Eiszeit ins Gebiet gelangten.

Die Vorkommen von mediterranen Pflanzen in Rumänien, von PAPP besprochen, sind in der Mehrzahl wahrscheinlich Tertiärrelikte, die sich an geeigneten Standorten erhalten und zum Teil endemische Formen entwickelt haben. — Die Halophyten Nordrumäniens (82 Arten) zählt ŢOPA auf. Abgesehen von den Endemen (5 Sippen) und zahlreichen kosmopolitischen Arten gehören sie dem irano-turanischen Element an. — In einer zusammenfassenden Betrachtung der rumänischen Flora und Vegetation durch SĂVULESCU ist auch die Einteilung des Gebietes in 7 Provinzen, von denen die dazische die größte ist, behandelt worden. Auf einer der beiden farbigen Karten sind die floristischen Provinzen und Bezirke zur Darstellung gebracht worden.

Die Frage der Grenze zwischen Mittelmeergebiet und Mitteleuropa auf der Balkanhalbinsel fördert in einem zweiten Beitrag REGEL. Es zeigt sich, daß der östlich der Chalkidice liegende Raum zum Mittelmeergebiet gehört. Die Grenze gegen Mitteleuropa ist gezackt und offenbar durch das Relief der Grenzgebirge, des Rhodope- und des Belasica-Gebirges, bestimmt. — Die Herkunft der Mittelmeerflora erörtert BRAUN-BLANQUET. Außer den Elementen der tertiären Mediterranflora finden sich solche aus Südafrika, Zentralasien und den Tropen. Eine große Rolle spielen im Mittelmeerraum auch die Adventivpflanzen. — RIKLI schenkt dem Vorkommen von Vertretern des borealen Elementes in den Mittelmeerländern Beachtung. Die erste Einwanderungswelle im Tertiär brachte boreale Elemente von Osten, d. h. vom Altai über Sibirien, die Kaukasusländer und Vorderasien ins heutige Mittelmeerbecken. Die zweite Invasion während der Eiszeit ging von Mittel- und Westeuropa aus. Das boreale Element tritt heute in der Mediterraneis in Gebieten auf, die in ihren Feuchtigkeitsverhältnissen mit der nördlichen Heimat mehr oder weniger übereinstimmen. Kein anderer fremder Florenbestandteil hat das ganze Mittelmeerbecken so allgemein durchsetzt und vermochte selbst bis in die Wüste hinein so vorzudringen wie das boreale Element. Es findet sich vor allem in der Wasser- und Sumpfflora in den nördlichen Randgebieten der Wüste sowie in der Begleitflora des Buchenwaldes mediterraner Gebirge. Arten, die im Norden Niederungsbewohner sind, werden im Süden mehr und mehr Gebirgspflanzen der montanen und subalpinen Stufe. Rund 40% der Schweizer Flora kommen in Marokko vor, wobei allerdings zu berücksichtigen ist, daß die Mehrzahl dieser Arten auf verhältnismäßig eng begrenzte Gebiete beschränkt ist, ferner, daß nur ein Teil von ihnen als boreal anzusprechen ist. — MALÉEV schlägt in seiner Arbeit über die Vegetation der Küsten des Schwarzen Meeres vor, diese Gebiete zu einer Euxinischen Provinz mit sechs Unterprovinzen zu vereinigen, die noch zum Mittelmeergebiet zu rechnen ist.

Die Reste der ursprünglichen Waldvegetation im Hügelland von Canale d'Alba (Piemont) enthalten nach SAPPA an trockeneren Standorten *Pinus silvestris* und Laubbäume wie *Quercus robur, Qu. sessilis* und *Castanea,* während an feuchteren Standorten ein mesophiler Laubwald mit *Populus, Alnus* und *Quercus robur* entwickelt ist. Die mikrothermen Arten dieser Gemeinschaften stellen wahrscheinlich Eiszeitrelikte dar. — Einen Überblick über die pflanzengeographischen Verhältnisse Korsikas gibt PICHI-SERMOLLI (2). — Die Verbreitung der Flechten nach Zonen an den Küsten Portugals und ihre Abhängigkeit von den Standortsverhältnissen untersucht DAVY DE VIRVILLE. — Die epiphyllen Lebermoose der Azoren behandeln V. und P. ALLORGE. Es zeigt sich, daß von den 18 genannten Arten außer *Colura calyptrifolia* keine ausschließlich epiphyll vorkommt. In der Mehrzahl gehören sie zu atlantischen Elementgruppen.

**Afrika.** Die Moosflora des mediterranen Afrikas unterzieht GIACOMINI unter Berücksichtigung der klimatischen Verhältnisse einer Analyse. Die Arten verteilen sich auf das mediterrane, atlantische, zirkumboreale, orophil boreale, hygrophil boreale, aralokaspische, kosmopolitische und endemische Element. Das mediterrane Element zerfällt in eine stenomediterrane, eurymediterrane, mediterran-montane, mediterran-atlantische, saharo-sindische Gruppe und eine mediterrane Steppengruppe. Die Verbreitung der wichtigsten dieser Gruppen ist auf einer Karte dargestellt, in der auch ihre Wanderwege eingezeichnet sind. — Der Kryptogamenflora des mediterranen Nordafrikas widmet ferner WERNER (1, 2) zwei Arbeiten. Bemerkenswert sind die disjunkten Formen, die vor allem Beziehungen zu Amerika, aber auch zum Kapland und Australien aufweisen. — Zu einer mehrfarbigen Vegetationskarte von Marokko schrieb EMBERGER eine ausführliche Erläuterung, in der die unterschiedenen sechs Zonen nähere Kennzeichnung erfahren. — Die von CEI gesammelten Farne der Bergregenwälder des Galla- und Sidamalandes bearbeitete PICHI-SERMOLLI. Auffallend ist das Fehlen floristischer Beziehungen zum abessinischen Hochland, dagegen bestehen solche zum tropischen und südlichen Afrika. CEI macht dazu allgemeine Angaben über die Waldvegetation (CEI und PICHI-SERMOLLI). — Eine im gleichen Gebiet von SACCARDO zusammengebrachte Sammlung höherer Pflanzen bestimmte FIORI. — PICHI-SERMOLLI (1) schildert ferner auf Grund eigener Beobachtungen die Vegetation des Westabhanges des äthiopischen Hochlandes von Asmara bis Gondar. Auf die Savannen mit *Balanites* und *Acacia* folgen die periodisch grünen

Wälder. Von 1700 m ab schließt sich der immergrüne Tropenwald an, in 2300 m Wälder von *Acacia abyssinica* und von 2400 m ab Matten mit eingestreuten Bäumen. — CHEVALIER (2) beschreibt einen Reliktwald auf dem Berg Goudah in Höhe von 1400 bis 1750 m, 50 km nördlich von Dschibuti. Er stellt eine eigenartige Mischung von mediterranen, tropisch-afrikanischen, arabisch-sokotranischen und sogar südafrikanischen Elementen dar.

Einen kurzen Hinweis verdienen auch ROBERTYS Ausführungen über die französisch-westafrikanische Flora. Vor allem werden der Unterbezirk der Sahara, des Sudan und der Guinea-Unterbezirk besprochen und zahlreiche Assoziationen unterschieden. — Auf Grund der Untersuchung einer Anzahl von Probeflächen in Regenwaldreservaten Nigerias vertritt P. W. RICHARDS den Standpunkt, daß sich in diesen Wäldern drei Stockwerke von Gehölzen von 7,6 m Höhe ab unterscheiden lassen. Die beiden obersten Stockwerke sind nicht sehr scharf getrennt. Die größten Bäume sind bis 40 m hoch. Das oberste Stockwerk ist viel offener als in dem Regenwald von Brit.-Guiana und Sarawak (Borneo) entwickelt. Die floristischen Erhebungen ergeben, daß die Untersuchungsflächen von 1,49 ha 34—70 Baumarten enthalten. Der Nigeriaregenwald ist damit weniger reich an Arten als die besseren Wälder Kameruns und viel artenärmer als die entsprechenden Formationen in Brit.-Guiana und Sarawak. Der Regenwald geht nach Verf. in Nigeria in den „mixed deciduous forest" über, in dem ein großerTeil derArten in der Trockenperiode das Laub abwirft. Von MILDBRAED ist dieser Waldtyp in Afrika nicht unterschieden worden. — Die Vegetation der Insel S. Thomé, vor allem die Reste des ursprünglichen Pflanzenkleides, schildert CHEVALIER (1). — Eine der wichtigsten Veröffentlichungen für das afrikanische Gebiet ist die von GOSSWEILER auf Grund jahrzehntelanger Studien entworfene pflanzengeographische Karte von Angola (GOSSWEILER und MENDONÇA). In der im Maßstab 1 : 2000000 ausgeführten Karte sind 19 Farbtöne für die wichtigsten Vegetationstypen verwandt und durch zahlreiche schwarze Signaturen unterteilt worden. Als Grundlage diente das physiognomisch-ökologische System von BROCKMANN-JEROSCH und RÜBEL, dem auch der ausführliche Text mit den Schilderungen der Vegetationsverhältnisse folgt. 76 Vegetationsansichten bilden eine willkommene Ergänzung, ebenso auch das Register der erwähnten lateinischen Pflanzennamen. — Ferner macht GOSSWEILER die bisher in Angola tätig gewesenen botanischen Sammler namhaft und verzeichnet deren wichtigste Reisen auf einer Karte.

Eine Vegetationskarte von Deutsch-Südwestafrika veröffentlicht RANGE, die sich von den früheren Karten in wesentlichen Punkten unterscheidet. RANGE gliedert das Gebiet in die fast vegetationslose Wüste, die Sukkulentensteppe, die Kleinbuschsteppe, das Grasland der Kalahari, die Dornbusch- und Parksteppe und den Laubbusch- und Trockenwald im nördlichsten Teil. Die Flora des Gebietes umfaßt zur Zeit 3229 bekannte Arten, doch schätzt Verf. die Gesamtartenzahl auf etwa 4500.

**Asien.** Seiner Aufzählung der Blütenpflanzen des Gebietes von Kayseri und des Erciyas dag in Anatolien (über 800 Arten) schickt K. KRAUSE eine allgemeine Schilderung der Vegetationsverhältnisse voraus, die einen guten Überblick über die Pflanzenwelt des genannten Gebietes vermittelt und auch entwicklungsgeschichtliche Fragen anschneidet. Die Endemiten (35 Arten, 12 Varietäten) haben in erster Linie Beziehungen zur Taurus- und Kaukasusflora. Die Einwanderung des boreo-alpinen Elementes ist wahrscheinlich während der Glazialzeit vor sich gegangen; sein heutiges Vorkommen zeigt Reliktnatur. Die Hinweise auf eine Klimaänderung in historischer Zeit verdienen besondere Beachtung. — Auf Grund eigener Reisen behandelt der Geograph LOUIS die Verteilung der wichtigsten Pflanzengesellschaften in Anatolien. Vor allem wird die untere Waldgrenze bzw. die Abgrenzung des Waldes gegen die Steppe ausführlich erörtert sowie eine Einteilung in verschiedene Waldgebiete gegeben (3 Karten).

Nach einer zusammenfassenden Darstellung der Halbwüsten und Wüsten der Sowjetunion von PROSOROVSKY enthalten diese etwa 2000 Arten, wobei Familien wie Compositen, Leguminosen, Cruciferen, Chenopodiaceen und Liliaceen stark vorherrschen. Auf den Karten ist u. a. die floristische Gliederung des Gebietes in vier Provinzen der Halbwüste und drei der eigentlichen Wüste eingezeichnet. Im gleichen Werke hat LAVRENKO die Steppen bearbeitet. — Der japanisch geschriebenen Aufzählung der Gefäßpflanzen der Mandschurei von KITAGAWA ist eine mehrfarbige pflanzengeographische Karte beigegeben.

In der Farnflora Javas von BACKER und POSTHUMUS ist auch der geographischen Verbreitung ein Abschnitt (mit Karte) gewidmet. — Die Vegetationsverhältnisse der Gipfelregion des Mauna Kea, des höchsten Berges von Hawai (4208 m), beschreiben HARTT und NEAL. In der subalpinen Zone herrscht ein lockerer Wald mit *Sophora chrysophylla*. Die artenarme alpine Zone enthält keine ihr eigenen Formen; ihre Besiedelung erfolgte nach der Eiszeit von der montanen Zone aus.

**Amerika.** Einen Beitrag zur Geschichte der botanischen Erforschung Alaskas und des Yukonterritoriums liefert HULTÉN, indem er sämtliche botanische Sammler von 1741 bis 1940 unter Angabe ihrer Sammeltätigkeit und Veröffentlichungen aufzählt. Eine Karte mit den Sammelorten gibt einen guten Überblick über den Stand der Erforschung des Gebietes. — Auf Grund einer Durchquerung der pflanzengeographisch noch wenig behandelten Insel Cuba entwirft SEIFRIZ ein Bild der Vegetationsverhältnisse dieser Insel, deren ganzer mittlerer Teil von den östlichen

Gebirgen bis zur Westspitze von Savanne im Wechsel mit Weide bedeckt ist. — Die Flora von Tristan da Cunha stellt CHRISTOPHERSEN (1) zusammen und bespricht in einer zweiten Arbeit (2) ihre genetischen Beziehungen. Er kommt zu dem Ergebnis, daß eine Besiedelung mit Hilfe von Wind, Wasser und Vögeln für die meisten Blütenpflanzen und Moose abzulehnen ist.

## II. Posttertiäre Flora.

**Allgemeines.** Die Methoden der Pollenanalyse sowie den heutigen Stand der Forschung unter besonderer Berücksichtigung amerikanischer Verhältnisse bespricht CAIN. — Eingehende pollenanalytische Untersuchungen von zahlreichen Oberflächenproben im Wald- und Tundrengebiet Nordfinnlands unternahm AARIO und liefert damit ein wertvolles Vergleichsmaterial für die Beurteilung von Pollendiagrammen. Im Tundrengebiet wurden Pollen von *Pinus* und *Picea* gefunden, und zwar in Anteilen, die denen in Waldspektren zum Teil wenig nachstehen. Ebenso wurden aber auch *Tilia, Ulmus* und *Alnus* festgestellt. Für diese Pollen ist nach Verf. Ferntransport anzunehmen. Er lehnt deshalb die Ansicht, daß beim Eisrückzug in Südfinnland sofort die Wälder folgten, ab und tritt für das Bestehen einer baumlosen Tundra in dieser Zeit ein. — In methodischer Hinsicht sind auch die zweijährigen Beobachtungen des Pollenniederschlags in einem Seitental des Stubaitales in Tirol an 6 Stationen von 1000 m bis 3173 m durch VARESCHI beachtenswert. An den tiefsten Stationen 1 und 2 wirken sich neben den Nahpollen Einwehungen aus tieferen Lagen aus, die in den Stationen 3 und 4 zurückgedrängt werden, dann aber in den höchsten Lagen so weit zur Herrschaft gelangen, daß dabei, je höher man kommt, das Spektrum immer weniger auf das nahe Hochtal und immer mehr auf das stärker Pollen produzierende Hinterland hinweist.

Von der richtigen Erkenntnis ausgehend, daß eine einwandfreie zahlenmäßige Erfassung des Verrottungs- oder Humifizierungsgrades der Torfe in vieler Hinsicht von großer Bedeutung ist, prüfen OVERBECK und SCHNEIDER verschiedene Methoden zur Kennzeichnung der Torfzersetzung in den Schichten des bekannten Gifhorner Moores. Durch Auftreten von zwei seit 1909 bekannten Zersetzungskontakten sind die Profile dieses Moores für eine solche Untersuchung besonders geeignet. Es werden die Humositätsskala v. POSTS, das Farbkartenverfahren, das Azetylbromidverfahren von SPRINGER sowie die kolorimetrische Methode angewandt. Letztere wurde auch für neun Hochmoorprofile Niedersachsens durchgeführt. Bemerkenswert ist, daß das Maximum des Extinktionskoeffizienten immer unterhalb des Grenzhorizontes gefunden wurde und die *k*-Werte bis zum Grenzhorizont oder teilweise bis in den jüngeren Sphagnumtorf hinein abnehmen. Danach muß der ältere

Sphagnumtorf gegen Abschluß seiner Entwicklung nicht eine Verlangsamung, sondern eine Beschleunigung des Wachstums erfahren haben in Anbahnung der raschwüchsigen Bildungsweise des jüngeren Sphagnumtorfes. Auch der Übergang vom älteren zum jüngeren Sphagnumtorf stellt in den Profilen durchweg eine weniger scharfe stratigraphische Grenze dar, als es der üblichen Auffassung vom Grenzhorizont entspricht.

**Pleistozän.** In der Erläuterung zum Blatt Brande der geologischen Karte Dänemarks führt JESSEN in Bestätigung früherer Funde aus, daß die warme Phase des letzten Interglazials, die eine temperierte Flora u. a. mit *Pinus*, *Carpinus*, *Brasenia* und *Dulichium* enthält, durch eine subarktische kalte Phase mit *Betula nana* unterbrochen wurde, die jünger als die Eem-Transgression ist. — Auf Grund der Diatomeenanalyse konnte CLEVE-EULER die Ansicht BRANDERS, daß die fennorussischen marinen Bildungen von Mga-Rouhiala interglazial und mit dem Portlandia-Meer der südlichen Ostsee gleichen Alters sind, bestätigen. Sie werden dem letzten Interglazial zugerechnet. Mit Hilfe der Diatomeenfunde, die nach Verf. den Pollenresten an Beweiskraft überlegen sind, wird die Geschichte des Baltikums vom vorletzten Interglazial bis zum Spätquartär umrissen.

KOLUMBE und BEYLE machen fünf neue Fundorte von interglazialen Mooren aus Schleswig-Holstein und Hamburg bekannt. Nach den Torfanalysen lassen sie sich meist zu Zonen der JESSEN-MILTHERSschen Gliederung des letzten Interglazials in Beziehung bringen. Über zwei Interglazialbildungen bei Eversen (Hannover) berichten WOLFF und SCHRÖDER. Nach den geologisch-stratigraphischen Befunden gehört die untere dem Saale-Warthe-Interglazial, die obere dem Warthe-Weichsel-Interglazial an. Das untere Interglazial ist pollenanalytisch durch die hohe Vertretung der Hainbuche bei völligem Fehlen der Rotbuche und durch die ununterbrochene Fichtenkurve als solches gekennzeichnet, das obere durch eine Fichtenvertretung von 5%, doch ist auf Grund der Pollendiagramme über das Alter nichts Sicheres auszusagen.

Aus dem böhmischen Gebiet konnte LOSERT (2) für Torfprofile aus den Wschetater Urwiesen ein spätglaziales Alter nachweisen. Von den vier unterschiedenen Abschnitten besitzt der unterste eine waldlose oder waldarme Glazialflora. Der arktisch-subarktische Vegetationscharakter kommt neben den Pollendiagrammen auch in der Begleitflora gut zum Ausdruck (z. B. *Selaginella selaginelloides*, *Arctostaphylos*, *Hippophaë*). Im zweiten ebenfalls noch waldarmen Abschnitt wurde Weidendominanz und u. a. *Betula nana* festgestellt. In den zwei folgenden Phasen dominierte der Kiefernwald. Diese Ergebnisse konnten durch Analyse interglazialer Ablagerungen aus der Nähe von Lissa durch LOSERT (3) ergänzt werden, die ebenso wie die von Wschetat der Würmeiszeit angehören. Im ersten waldlosen Abschnitt ist die Birke überlegen, auch Weiden-

und *Hippophaë*-Werte sind hoch, während die Kiefer noch zurücktritt. Die Wiederbewaldung erfolgte vor allem durch Kiefernwälder, doch war mehrfach eine starke Ausbreitung von *Betula nana* zu erkennen. Bemerkenswert ist das zum Teil häufige Auftreten von Artemisiapollen (Hinweis auf Steppen?). Beide Arbeiten liefern also den Beweis, daß im letzten Hochglazial die Wälder auch aus den tiefsten Lagen Innerböhmens weitgehend verdrängt waren.

Ein Moor aus Washington, zum letzten Puyallup-Interglazial gehörend, untersuchten HANSEN und MACKIN. Der Torf entspricht wahrscheinlich nur einem Zeitraum von 8000 Jahren und gehört nach dem Pollengehalt einem frühen Abschnitt dieses Interglazials an. *Pinus contorta* ist am reichsten vertreten, dann folgen *Pinus monticola* und *Picea sitchensis*. *Pseudotsuga* fehlt. — Ein Moor im Staate New York weist in den untersten Schichten reichlich *Abies*- und *Picea*-Pollen auf, während in den oberen Lagen vor allem *Quercus* und *Fagus* überwiegen (MCCULLOCH). — Nach der pollenanalytischen Durchmusterung von Schichten der beiden letzten Interglaziale (Yarmouth- und Sangamon-I.) in Illinois durch VOSS herrschten in dieser Zeit Nadelwälder mit *Abies, Picea, Pinus* nebst *Tsuga*. Nur im Spät-Sangamon wurden *Quercus*- und *Betula*-Pollen gefunden.

**Holozän.** Zahlreiche Karten für vorgeschichtliche Funde von Getreideformen verschiedenen Alters in Europa gibt F. BERTSCH.

Obwohl die Insel Tjörn in Bohuslän bis zu der um 1870 beginnenden Aufforstung fast ganz baumlos war, wird behauptet, daß sie früher bewaldet gewesen sei. ATLESTAM konnte an Mooren pollenanalytisch nachweisen, daß in spätsubatlantischer Zeit eine Eichenvegetation in den heutigen Calluneten verbreitet war und daß auch die Erle und Birke zu dieser Zeit an vielen heute baumlosen Plätzen wuchsen. Die Heideformation ist also hier, wie aus den Ericaceenkurven hervorgeht, eine spätsubatlantische Bildung. — Eine Altersbestimmung für die fossilen Trapafunde im Börjesee bei Upsala unternimmt an Hand zahlreicher Bohrprofile WENNER. Die Pollendiagramme ließen sich mit GRANLUNDS Einteilung in Einklang bringen. *Trapa* trat in der Zone 5d der Eichenmischwaldzeit auf und verschwand in Zone 5a, wobei die Wärmeabnahme als wahrscheinliche Ursache zu betrachten ist.

Mehrfache Befunde weisen nach SOLONEVICZ auf einen Rückgang des Kiefernareals auf der Halbinsel Kola hin. Auf Grund der Pollenanalyse ergibt sich für das Postglazial eine Periode der Birkenherrschaft bis zur Mitte des Atlantikums, dann eine solche der Kiefer bis Ende des Subboreals und schließlich eine der Fichtenausbreitung. — Das nordfinnische Moor Vanhalammensuo bearbeitete pollenanalytisch LUMIALA. Um 1000 v. Z. beginnt die Fichte sich stark auszubreiten, was nach Verf. im ganzen südlichen und westlichen Finnland gleichzeitig vor sich gegangen ist. Die Kiefer zeigt einen deutlichen Anstieg etwas vor der

Ancylusperiode und danach eine allmähliche und recht gleichmäßige Abnahme bis zur Gegenwart. Auch die Birke tritt von ihrem Maximum während des baltischen Eisseestadiums, von einem kleinen Optimum in der Litorinazeit abgesehen, bis in die jüngeren Schichten hinein immer mehr zurück. — Eine gute zusammenfassende Übersicht über die nacheiszeitliche Entwicklung und Waldgeschichte des ostbaltischen Gebietes gibt THOMSON.

Seine Studien über die postglaziale Vegetation Englands setzt GODWIN durch Besprechung der Pollendiagramme aus 34 Bohrprofilen des Fenlandes zwischen Cambridge und Wash fort. Es werden eine spätglaziale Birken-Föhren-Zone, eine Föhrenzone, die eigentliche Eichenmischwaldzone und eine Eichen-Birken-Buchen-Zone unterschieden. In einem anschließenden Abschnitt behandelt Verf. die postglazialen Strandlinienverschiebungen und weist einen mehrfachen Wechsel von Land und Wasser für das Gebiet nach. — Weitere südenglische Moore untersuchte HARDY, wobei die gleichen Zonen wie durch GODWIN festgestellt wurden. Im Hochmoor von Bettisfield wurden ein vom Verf. mit dem Grenzhorizont verglichener Stubbenhorizont sowie zwei Rekurrenzflächen im subatlantischen Sphagnumtorf gefunden. Die Trockenphasen treten deutlich in den NBP-Diagrammen auf, kaum dagegen in den BP-Spektren.

Die „Geschichte des deutschen Waldes" von K. BERTSCH (2) ist eine zweite, wesentlich vermehrte Auflage des 1935 erschienenen Buches „Der deutsche Wald im Wechsel der Zeiten" und zur Einführung gut geeignet. — Über die Waldgeschichte der masurischen Kiefernlandschaft von Allenstein-Neidenburg bis Johannesburg liegt eine ausführliche Arbeit von BREITENFELD und MOTHES vor. Endmoränen und Sandrgebiet tragen heute zwei recht verschiedene Kiefernwaldtypen. Im Bereiche der fruchtbarsten Sandböden der Endmoräne dürfte der Laubholzanteil fast die Hälfte des Bestandes ausgemacht haben, während er heute meist geringer ist. Immerhin zeigt sich, daß früher keineswegs an Stelle der Kiefer ursprünglich überwiegend Edellaubhölzer geherrscht haben. Im Übergangsgebiet ist der Laubholzanteil durch menschliche Wirtschaftsmaßnahmen ebenfalls vermindert. Auf den ärmsten Böden der Sandrlandschaft hat sich niemals Edellaubholz in größerem Prozentsatz an der Bestandsbildung beteiligt, obwohl auch hier ein Absinken der Eichen- und Hainbuchenkurven zu beobachten ist. Im Gebiet gab es nie ausgedehnte Rotbuchenbestände oder regelmäßige Buchenbeimischungen. Darin liegt die wichtigste Ursache für die außerordentliche Entfaltung der Kiefer auch auf den fruchtbaren, lehmhaltigen Sandböden. Der Fichtenanteil zeigt im letzten Jahrtausend eine auffällige Zunahme als Folge der Klimaveränderung in der Richtung größerer Feuchtigkeit und niederer Temperatur. Viele Ergebnisse dieser Arbeit sind für die Forstwirtschaft von Bedeutung.

Nach SELLE sind die Ortsteinbildungen der Lüneburger Heide keine fossil gewordenen Tundraböden, sondern eine Folge der Podsolierung und im Postglazial entstanden. Vergleiche mit Moorprofilen ergaben, daß in den Bleichsanden durch Infiltration und Umlagerungen wesentliche Veränderungen im Pollengehalt eintreten, so daß die Bleichsanddiagramme für die Erforschung der Waldgeschichte ungeeignet erscheinen. — SCHRÖDER konnte auf Grund des Pollendiagramms für einen Bohlenweg in Nordhannover als Alter die frühe Bronzezeit bestimmen. Auch wurde im Diagramm die Getreidepollengrenze scharf erfaßt, wonach es einen spätbronzezeitlichen Abschnitt extensiven Getreidebaues und einen solchen intensiveren Getreidebaues, wohl der frühgermanischen Eisenzeit angehörend, gibt.

In Ergänzung zu dem pollenanalytischen Ergebnis, daß das Ebbegebiet im Sauerland im frühen Mittelalter von Buchenwald bedeckt war, konnte BUDDE (1) durch historische bzw. urkundliche Belege nachweisen, daß der fragliche Raum noch bis Mitte des 17. Jahrhunderts meist Eichen-Rotbuchenwald und reinen Buchenwald enthalten hat. Im 18. Jahrhundert erfolgte die weitgehende Waldverwüstung, an die sich die Aufforstung mit Fichten anschloß und die Herausgestaltung der heutigen ausgedehnten Eichen-Birken-Niederwälder und Eichenwälder nebst Resten alter Buchenwälder. — BUDDE (2) fand ferner in den Diagrammen des Venner Moores als hervorstechendsten Unterschied gegenüber allen anderen münsterländischen Mooren einen von Beginn an herrschenden Eichenmischwald, der auch noch während der Buchenzeit höhere Werte zeigt und schließlich als reiner Eichenwald den Birkenwald wieder an Ausdehnung überflügelt. — SCHIEMANN unterzog die Getreidefunde der neolithischen Siedlung Trebus in der Mark einer sorgfältigen Nachprüfung. Dabei wurde außer den bereits von WERTH bestimmten Formen eine rund- und dickkörnige Gerste als *Hordeum polystichum hexastichum sanctum* erkannt, die für das Neolithikum Norddeutschlands neu ist.

Zwei Profile aus dem Merheimer Bruch, einem vermoorten, alten Rheinarm, untersuchte NIETSCH. Auf die Kiefern-Birken-Zeit folgte eine reine Laubwaldphase, vor allem mit Eichenmischwald. U. a. war ein dem Grenzhorizont WEBERS entsprechender Leithorizont erkennbar. — Die Frage der Waldbesiedelung des Feldberges in früherer Zeit erörtert MÜLLER (2) und kommt zu dem Ergebnis, daß dessen Kuppe waldfrei gewesen ist, unter der sich dann verkrüppelter Fichtenwald angeschlossen hat.

An Hand eines neuen, sehr dichtgezählten Pollenhauptdiagramms aus dem Sebastiansberger Hochmoor konnte SCHMEIDL die Einteilung des Postglazials durch RUDOLPH noch weiter gliedern. Der Grenzhorizont ist in allen Profilen als gleichaltrig anzusehen; die Ausbildung des Grenztorfes mit seiner Stubbenschicht spricht für eine höchstens 200—250 Jahre andauernde Trockenheit, in der das Moor mit Bergkiefern unter Zunahme der Ericaceen bewaldet war. — In Erweiterung von Vorarbeiten RUDOLPHS hat LOSERT (1) im Bereich des ehemaligen Kommerner Sees bei Brüx (Böhmen) pollenanalytisch neun Diagrammzonen festgestellt, die weitgehend mit den von RUDOLPH erkannten waldgeschichtlichen Perioden übereinstimmen. Für *Trapa natans* wurde ein Massenauftreten an der Zonengrenze III/IV, also am Ausgang der Kiefern- Hasel-Zeit gefunden; sie ist bis in die frühe Nachwärmezeit nachzuweisen. Ferner konnten durch Nachprüfung der prähistorischen Funde drei Kulturen im Diagramm festgelegt werden.

GREGUSS bearbeitete die in einem Avarengrabe aus der Nähe von Szeged gefundenen Holzbestandteile. Holzkohlenreste aus gleicher Gegend, der Magdalenienzeit angehörend, stammten von *Abies alba* und *Pinus cembra*. — Holzkohlenreste aus zwei Höhlen des ungarischen Mittelgebirges gehören nach SÁRKÁNY (1, 2) verschiedenen Zeiten an und sind für die spätglaziale Waldgeschichte Ungarns recht wertvoll.

Im Bereiche der nordtiroler Kalkalpen untersuchte v. SARNTHEIN Ablagerungen einer Anzahl Seen, die bis in das Bühl-Gschnitz-Interstadial zurückreichen. Das anschließende Gschnitzstadial wird als eine ganz neu eingeleitete Vereisung aufgefaßt. Pollenanalytisch sind keine Anhaltspunkte für eine klimatische Gschnitz-Daunschwankung gefunden worden. — Eine Anzahl neuer Pollenanalysen aus Südtirol macht DALLA FIOR bekannt. In den Ablagerungen des bronzezeitlichen Pfahlbaues am Ledrosee wurden außer Resten von Kultur- und Wildpflanzen auch mehrere Samen von *Aesculus hippocastanum* gefunden, die wie auch ein früherer Fund vom südlichen Gardasee auf ein spontanes Vorkommen der Roßkastanie in den Südalpen zu dieser Zeit hinweisen. — Einen Überblick der postglazialen Waldgeschichte des Prätigau und seiner Nachbarschaft auf Grund bereits bekannter Pollendiagramme gibt GAMS (in KRASSER). — Eine Zusammenfassung der Ergebnisse seiner Pollenanalysen an Bohrproben aus dem Genfer Seeboden veröffentlicht LÜDI. Wichtig ist der Nachweis einer waldlosen Zeit, auf die eine Birkenzeit, eine Kiefernzeit, ein neuer Birkenvorstoß und schließlich eine Kiefernzeit mit Hasel folgten.

Nach dem Pollengehalt von Mooren im Südwesten von Britisch-Kolumbia beginnt die postglaziale Waldbildung mit *Pinus contorta*, worauf Fichten-Kiefern-Wald und dann Pseudotsuga- und Tsugabestände folgen (HANSEH [2]). — Die Analyse eines 4700 Fuß hoch gelegenen Moores in Zentral-Washington durch HANSEN (1) ergab ebenfalls ein Vorherrschen der Koniferen. *Pinus ponderosa* tritt vom Dreifußhorizont an immer reichlicher auf und kündet wahrscheinlich ein Kühler- und Trockenerwerden des Klimas an. — Für den Staat Indiana liegen drei Arbeiten von OTTO, HOWELL und R. R. RICHARDS vor, die durch die Pollenanalyse die Waldsukzession (boreale Nadelwälder und artenreiche, sommergrüne Laubwälder) aufklären.

## Literatur.

AARIO, L.: Ann. Acad. sci. fenn. Helsinki, Ser. A **54**, Nr. 8, 1—201 (1940). — ÅBERG, E.: Symb. bot. Upsalienses **4**, 2, 1—156 (1940). — AHLNER, S.: Acta phytogeogr. Suecica **13**, 27—38 (1940). — ALBERTSON, N.: (1) Sv. bot. Tidskr. **34**, 77—100 (1940). — (2) Acta phytogeogr. Suecica **13**, 7—26 (1940). — ALLORGE, V. u. P.: Bol. Soc. Broteriana, 2. Ser. **13**, 211—236 (1938/39). — ANDERSSON, O.: Bot. Notiser **1940**, 406—412. — ANDREÁNSZKY, G.: Der Einfluß einer Klimaveränderung auf die Vegetation. Antrittsvortrag, 24 S. Budapest 1939. — APINIS, A.: Acta Horti bot. Univ. Latv. **13**, 7—83 (1940). — ATLESTAM, P. O.: Gothia **5** (Meddelanden geogr. Fören. Göteborg **9**), 1—39 (1940).

BACKER, C. A., u. O. POSTHUMUS: Varenflora voor Java, XLVII u. 370 S. Buitenzorg: 's Lands Plantentuin 1939. — BEIJERINCK, W.: Verh. K. Nederl. Akad. v. Wet. Amsterdam, Afd. Natuurk., 2. Sect. **38**, Nr. 4, 1—180 (1940). — BENL, G.: Bot. Archiv **40**, 151—257 (1940). — BERTSCH, F.: Mannus **31**, 171—224 (1939). — BERTSCH, K.: (1) Veröff. Württ. Landesstelle f. Naturschutz, H. **15**, 41—64 (1939). — (2) Geschichte des deutschen Waldes, VII u. 120 S. Jena: Fischer 1940. — BLASCHY: Bl. Staudenkde **1940**, Lief. 1, 6—13. — BÖCHER, T. W.: Biol. Medd. danske Vidensk. Selsk. **15**, 3. 64 S. (1940). — BRAUN-BLANQUET, J.: Mém. Stat. int. géobot. médit. et alp. Montpellier, Nr. **56**, 8—31 (1937). — BREITENFELD, E., u. K. MOTHES: Schr. physik.-ökon. Ges. Königsberg **71**, 239—299 (1940). — BREMEKAMP, C. E. B.: Bot. Jb. **71**, 200—227 (1940). — BUDDE, H.: (1) Decheniana **98 B**, 165—207 (1939). — (2) Abh. Landesmus. Naturk. Prov. Westfalen **11**, 19—28 (1940).

CAIN, St. A.: Bot. Review **5**, 627—654 (1939). — CEI, G., u. R. PICHI-SERMOLLI: N. Giorn. bot. ital. **47**, 1—23 (1940). — CHEVALIER, A.: (1) Bol. Soc. Broteriana, 2. Ser. **13**, 101—116 (1938/39). — (2) C. r. Acad. Sci. Paris **209**, 73—76 (1939). — CHRISTIANSEN, W.: In Lebensgeschichte der Blütenpflanzen Mitteleuropas, Lief. 60, 177—272 (1940). — CHRISTOPHERSEN, E.: (1) Det Norske Vidensk. Akad. i Oslo Scient. Results of the Norweg. Antarct. Exped. 1927—1928 et sqq., instituted and financed by Consul L. Christensen, Nr. **16**, 19 S. Oslo 1937. — (2) Norsk geogr. Tidsskr. **7**, 106—112 (1939). — CLEVE-EULER, A.: Bot. Zbl., Abt. B **60** (Beih.), 287—334 (1940).

DALLA FIOR, G.: Mem. Mus. di Storia natur. della Venezia Tridentina, Anno 8 Vol. **5**, Fasc. 1, 121—176 (1940). — DAVY DE VIRVILLE, A.: Bol. Soc. Broteriana, 2. Ser. **13**, 123—176 (1938/39). — DEGELIUS, G.: Uppsala Univ. Arskr. **1939**, Nr. 11, 205 S. — DIEMONT, W. H., G. SISSINGH u. V. WESTHOFF: Nederl. kruidk. Archief **50**, 215—284 (1940). — DUGHI, R., u. F. DUCOS: Ann. Fac. Sci. Marseille, 2. Sér. **11**, 181—287 (1938). — DU RIETZ, G. E.: Acta phytogeogr. Suecica **13**, 215—282 (1940).

EICHWALD, K.: Ann. Soc. rebus nat. invest. Univ. Tartuensi constit. **46**, 330 bis 349 (1940). — EMBERGER, L.: Veröff. geobot. Inst. Rübel **14**, 40—157 (1939). — ERICHSEN, C. F. E.: Ann. mycolog. **38**, 16—55 (1940). — ERLANDSSON, S.: (1) Bot. Notiser **1940**, 69—76. — (2) Ebenda 144—156.

FANG, W.-P.: Contrib. biol. Lab. Sci. Soc. China, Bot. Ser. **11**, IX u. 346 S. (1939). — FERNANDES, A.: Bol. Soc. Broteriana, 2. Ser. **13**, 487—544 (1938/39). — FIORI, A.: N. Giorn. bot. ital. **47**, 24—46 (1940). — FLORIN, R.: Sv. bot. Tidskr. **34**, 117—140 (1940). — FREISLEBEN, R.: Kühn-Arch. **54**, 295—368 (1940). — FRIES, H.: Meddelanden Göteborgs bot. Trädgård **14**, 37—40 (1940). — FRISENDAHL, A.: Ebenda **14**, 221—238 (1940).

GAMS, H.: In L. M. KRASSER: Eiszeitliche und nacheiszeitliche Geschichte des Prätigau, 38—42. Gießen 1939. — GAUCKLER, K.: Ber. bayer. bot. Ges. **24**, 67—72 (1940). — GEORGESCU, C. C.: Anal. I. C. E. F. Bucureşti, 1. Ser. **5**,

3—78 (1940). — GIACOMINI, V.: N. Giorn. bot. ital. 47, 624—648 (1940). — GLÜCK, H.: Bot. Jb. 71, 267—336 (1940). — GODWIN, H.: Philos. Trans. Roy. Soc. London B 230, 239—303 (1940). — GOSSWEILER, J.: Bol. Soc. Broteriana, 2. Ser. 13, 283—305 (1938/39). — GOSSWEILER, J., u. F. A. MENDONÇA: Carta fitogeográfica de Angola, 242 S. Lisboa 1939. — GREENJ, F. O.: J. bot. Acad. Sci. Ukraine 1, Nr. 3/4, 301—306 (1940). — GREGUSS, P.: Bot. Közlem. 36, 130—143 (1939). — GUGERLI, K.: Repert. spec. nov. 120 (Beih.), 149 S. (1940).

HANSEN, H. P.: (1) Ecology 20, 563—568 (1939). — (2) Amer. J. Bot. 27, 144—149 (1940). — HANSEN, H. P., u. J. H. MACKIN: Bull. Torrey bot. Club 67, 131—142 (1940). — HARALAMB, A.: Anal. I. C. E. F. Bucareşti, 1. Ser. 5, 79—116 (1940). — HÅRD AV SEGERSTAD, F.: Meddelanden Göteborgs bot. Trädgård 14, 41—59 (1940). — HARDY, E. M.: New Phytologist 38, 364—396 (1939). — HARMS, H.: In Die natürlichen Pflanzenfamilien 19 b 1, 183 S. (1940). — HARTT, C. E., u. M. C. NEAL: Ecology 21, 237—266 (1940). — HELMQVIST, H.: Studien ü. d. Abhängigkeit d. Baumgrenzen v. d. Temperaturverhältnissen unter bes. Berücks. d. Buche u. ihrer Klimarassen, 247 S. Lund 1940. — HOLLERBACH, M. M.: Sowjetskaja Bot. 1940, Nr. 3, 77—86. — HOLMBOE, J.: Acta phytogeogr. Suecica 13, 155—161 (1940). — HOWELL, I. W.: Butler Univ. bot. Studies 4, 9, 117—127 (1938). — HULTÉN, E.: Bot. Notiser 1940, 289—346. — HUSTEDT, F.: Abh. nat. Ver. Bremen 31, 572—677 (1939).

JESSEN, K.: Danmarks geol. Unders., 1. R. 18, 53—143 (1939).

KALELA, A.: Ann. bot. Soc. zool.-bot. fenn. Vanamo 14, Nr. 2, 1—8 (1940). — KIHARA, H.: Züchter 12, 49—62 (1940). — KITAGAWA, M.: Rep. Inst. Scient. Res. Manchoukuo, App. 1, 3, 487 S. Hsinking 1939. — KOLUMBE, E., u. M. BEYLE: Mitt. geol. Staatsinst. Hamburg 17, 59—74 (1940). — KOPPE, F. u. K.: Repert. spec. nov. 121 (Beih.), 40—47 (1940). — KRAUSE, K.: Bot. Jb. 71, 32—137 (1940). — KRAUSE, W.: Planta (Berl.) 31, 91—168 (1940). — KUDRJASCHOFF, L. W.: Trav. Jard. bot. Univ. Moscou 3, 120—162 (1940).

LAGERBERG, T., u. J. HOLMBOE: Vare Ville Planter 5 u. 6, 287 u. 325 S. Oslo 1940. — LANG, A.: Bibl. bot. H. 118, VI u. 95 S. (1940). — LANGE-DE LA CAMP, M.: Landw. Jb. 88, 14—133 (1939). — LAVRENKO, E. M.: Vegetatio URSS. 2, 1—260 (1940). — LEHMANN, E.: Jb. Bot. 89, 461—542 (1940). — LEPIK, E.: (1) Ann. Soc. rebus nat. invest. Univ. Tartuensi constit. 46, 1—11 (1940). — (2) Ebenda 111—118. — LEVRING, T.: Studien ü. d. Algenvegetation von Blekinge, Südschweden. VII u. 179 S. Akad. Abhandl. Lund 1940. — LINDENBEIN, W.: Bot. Jb. 71, 337—374 (1940). — LINDQUIST, B.: Acta phytogeogr. Suecica 13, 121—127 (1940). — LINDSEY, A. A.: Quart. Rev. Biol. 15, 456—465 (1940). — LOHAMMAR, G.: Sv. bot. Tidskr. 34, 464—475 (1940). — LOHRMANN, R.: Veröff. Württ. Landesstelle f. Naturschutz, H. 15, 13—34 (1939). — LOSERT, H.: (1) Bot. Zbl., Abt. B 60 (Beih.), 346—394 (1940). — (2) Ebenda 395—414. — (3) Ebenda 415—436. — LOUIS, H.: Geogr. Abh., 3. R. 1939, H. 12, 132 S. — LÜDI, W.: Ber. geobot. Forsch.-Inst. Rübel f. 1939, 149—152 (1940). — LUMIALA, O. V.: Ann. bot. Soc. zool.-bot. fenn. Vanamo 12, Nr. 3, 16 S. (1939). — LUTHER, H.: Memoranda Soc. Fauna et Flora fenn. 15, 34—49 (1939). — LYNGE, B.: (1) Skrifter norske Vidensk.-Akad. Oslo, I. mat.-nat. Kl. 1938, Nr. 6, 136 S. — (2) Skrifter om Svalbard og Ishavet Nr. 76, 56 S. Oslo 1939.

MALÉEV, V. P.: Acta Inst. bot. Acad. scient. URSS., Ser. 3, Geobotanica, 4, 135—251 (1940). — MÁTHÉ, I.: Acta geobot. hungar. 3, 116—147 (1940). — MATTICK, F.: Ber. dtsch. bot. Ges. 58, 328—345 (1940). — McCULLOCH, W. F.: Ecology 20, 264—271 (1939). — MEUSEL, H.: (1) Bot. Archiv 41, 357—418 (1940). — (2) Ebenda 419—519. — (3) Hercynia 3, 144—171 (1940). — MEYER, F.: Orchis 18, 31—52 (1940). — MIKLOS, T.: Acta Inst. Paedagog. Coll. Debreciniensis 1938, 1—65. — MILITZER, M.: Isis Budissina 14, 45—62 (1940). — MÖLDER, K.: Ann. bot. Soc. zool.-bot. fenn. Vanamo 12, Nr. 2, 64 S. (1939). — MÜLLER, K.:

(1) Rabenhorsts Kryptogamenflora 6, Erg.-Bd., Lief. 2, 161—320 (1940). — (2) Mitt. Naturk. u. Natursch., N. F. 4, 120—136, 145—156 (1939/40).

NAKAI, T.: (1) Flora sylvatica Koreana 22, 1—86 (1939). — (2) Ebenda 87—106. — NIETSCH, H.: Z. dtsch. geol. Ges. 92, 350—364 (1940). — NILSSON, S.: Meddelanden Göteborgs bot. Trädgård 14, 157—175 (1940).

OTTO, I. H.: Butler Univ. bot. Studies 4, 8, 93—116 (1938). — OVCZINNIKOV, P. N.: Sowjetskaja Bot. 1940, Nr. 3, 23—48. — OVERBECK,, F., u. S. SCHNEIDER: Angew. Bot. 22, 321—379 (1940). — OVERHOLTS, L. O.: Mycologia (N. Y.) 31, 629—652 (1939). — OXNER, A.: J. bot. Acad. Sci. Ukraine 1, Nr. 1, 101—109 (1940).

PAPP, C.: Lucr. Soc. Geogr. Cantenier 2, 3—24 (1939). — PERSSON, H.: (1) Bot. Notiser 1940, 262—284. — (2) Meddelanden Göteborgs bot. Trädgård 14, 185—193 (1940). — PETTERSSON, B.: (1) Acta phytogeogr. Suecica 13, 162—185 (1940). — (2) Acta bot. fenn. 25, 103 S. (1940). — PFEIFFER, H.: Repert. spec. nov. 48, 12—15 (1940). — PICHI-SERMOLLI, R.: (1) N. Giorn. bot. ital. 47, 609—621 (1940). — (2) Boll. R. Soc. geogr. ital., Roma, 7. Ser. 5, 617—625 (1940). — PINTO DA SILVA, A. R.: Agronomia Lusitana 2, 5—23 (1940). — PROSOROVSKY, A. W.: Vegetatio URSS. 2, 267—480 (1940).

RANGE, P.: Ber. dtsch. bot. Ges. 58, 226—229 (1940). — RATT, A.: Ann. Soc. rebus nat. invest. Univ. Tartuensi constit. 46, 350—362 (1940). — RECHINGER, K. H.: Österr. bot. Z. 89, 257—299 (1940). — REGEL, C.: Ber. dtsch. bot. Ges. 58, 155—165 (1940). — REIMERS, H.: (1) Hedwigia (Dresden) 79, 81—174 (1940). — (2) Ebenda 175—373. — RICHARDS, P. W.: J. Ecology 27, 1—61 (1939). — RICHARDS, R. R.: Butler Univ. bot. Studies 4, 10, 128—140 (1938). — RIKLI, M.: Vjschr. naturforsch. Ges. Zürich 85, 1—11 (1940). — ROBERTY, G.: Candollea 8, 83—137 (1940). — ROTHMALER, W., u. J. DE CARVALHO E VASCONCELLOS: Bol. Soc. Broteriana, 2. Ser. 14, 139—188 (1940).

SAPPA, F.: Ann. R. Accad. Agric. Torino 82, 3—87 (1939). — SÁRKÁNY, S.: (1) Bot. Közlem.' 35, 221—230 (1938). — (2) Ebenda 36, 329—345 (1938). — SARNTHEIN, R. v.: Bot. Zbl., Abt. B 60 (Beih.), 437—492 (1940). — SAVULESCU, T.: Ann. Fac. Agron. Bucarest 1, 281—330 (1940). — SCHENNIKOV, A. P.: Acta Inst. bot. Acad. scient. URSS., Ser. 3, Geobotanica 4, 35—46 (1940). — SCHEUERMANN, R.: Repert. spec. nov. 121 (Beih.), 131—156 (1940). — SCHIEMANN, E.: Ber. dtsch. bot. Ges. 58, 446—459 (1940). — SCHINDLER, H.: (1) Hercynia 3, H. 5, 141—143 (1940). — (2) Ber. dtsch. bot. Ges. 58, 389—399 (1940). — SCHMEIDL, H.: Bot. Zbl., Abt. B 60 (Beih.), 493—524 (1940). — SCHRÖDER, D.: In G. SCHWANTES: Urgeschichtsstudien beiderseits der Niederelbe, 146—152. Hildesheim 1939. — SCHÜTZE, TH.: Isis Budissina 14, 34—44 (1940). — SEIFRIZ, W.: Bot. Jb. 70, 441—462 (1940). — SELLE, W.: Bot. Zbl., Abt. B 60 (Beih.), 525—549 (1940). — ŠIRJAEV, G.: (1) Pflanzenareale, R. 5, H. 2, 13—16, Karte 11—19 (1940). — (2) Ebenda 17—20, Karte 20. — SLOFF, J. G.: Nederl. kruidk. Archief 50, 398—416 (1940). — SMITH, H.: Acta phytogeogr. Suecica 13, 191—200 (1940). — SOKOLOVSKAJA, A. P., u. O. S. STRELKOVA: Ber. (Doklady) Akad. Wiss. USSR., N.S. 21, 68—71 (1938). — SOLONEVICZ, K. H.: Acta Inst. bot. Acad. scient. URSS., Ser. 3, Geobotanica, 4, 97—133 (1940). — SOÓ, R. v.: Nova Acta Leopoldina, N. F. 9, Nr. 56, 49 S. (1940). — STEENIS, C. G. G. J. VAN: Trop. Nat. Org. Ned.-Ind. Vereen. 26, 202—207 (1937). — STERNER, R.: Meddelanden Göteborgs bot. Trädgård 14, 109—142 (1940). — SUESSENGUTH, K.: Monocotyledones, I., II. In G. HEGI: Illustrierte Flora von Mittel-Europa, 2. Aufl. 1, 168—520 (1936); 2, 532 S. (1939). München: Lehmann. — SZEPESFALVI, J.: Ann. hist.-nat. Mus. nation. Hungarici 33, Pars bot., 1—104 (1940).

THOMSON, P. W.: Baltische Lande 1, 1—14 (1939). — ŢOPA, E.: Bull. Jard. et Mus. bot. Cluj 19, 127—142 (1939). — TUOMIKOSKI, R.: Ann. bot. Soc. zool.-

bot. fenn. Vanamo **12**, Nr. 4, 124 S. (1939). — TUYAMA, T.: (1) J. Jap. Bot. **15**, 697—712 (1939). — (2) Ebenda **16**, 273—285 (1940).

VARAAMA, A.: Ann. bot. Soc. zool.-bot. fenn. Vanamo **11**, Nr. 3, 44—50 (1939). — VARESCHI, V.: Z. ges. Naturwiss. **6**, 62—74 (1940). — VE, S.: Medd. Vestland. Forstl. Fors.station **23**, 224 S. (1940). — VESTER, H.: Bot. Archiv **41**, 203—275, 295—356, 520—577 (1940). — VOLLMAR, F.: Ber. bayer. bot. Ges. **24**, 62—66 (1940). — VOSS, J.: Ecology **20**, 517—528 (1939).

WEIMARCK, H.: (1) Lunds Univ. Årsskr., N. F. Avd. 2, **36**, Nr. 1, 141 S. (1940). — (2) Sv. bot. Tidskr. **34**, 355—372 (1940). — WENNER, C.-G.: Geol. Fören. i. Stockholm Förhandl. **61**, 429—462 (1939). — WERNER, R. G.: (1) Quatr. Congr. Fédér. Soc. Sav. Afrique du Nord 1—26 (1938). — (2) Veröff. geobot. Inst. Rübel **14**, 217—221 (1939). — WOLFF, W., u. D. SCHRÖDER: Jb. Moorkde **27**, 7—19 (1940).

ZÜNDORF, W.: Ber. dtsch. bot. Ges. **58**, 125—130 (1940).

# C. Physiologie des Stoffwechsels.

## 7. Physikalisch-chemische Grundlagen der biologischen Vorgänge.

Von **Erwin Bünning**, Königsberg i. Pr.

Mit 3 Abbildungen.

### I. Struktur und Wachstum plasmatischer Elemente.

**Eiweißstruktur.** Die Eiweiße bauen sich bekanntlich aus Kettenmolekülen auf, die aus einer Zusammenfügung von Aminosäuren bestehen. Die Mannigfaltigkeit der Proteine liegt in der Verschiedenartigkeit und in der Anordnung der einzelnen Aminosäuren innerhalb der Peptidketten begründet (vgl. Rondoni). Zudem kehrt nach Bergmann und Niemann innerhalb der Ketten jeder Aminosäurerest in festen Abständen wieder, so daß auch hierdurch die Spezifität der einzelnen Eiweiße mitbestimmt wird. Beispielsweise scheinen im Seidenfibroin die Glycinreste mit einem, die Alaninreste mit drei und die Tyrosinreste mit fünfzehn Gliedern Abstand wiederzukehren. Im Protein sind nun auch die Polypeptidketten wieder in sehr bestimmter Weise angeordnet. Dabei sollen sich — zum mindesten scheint das häufig der Fall zu sein — jedesmal neun Peptidketten zusammenlegen, von denen acht untereinander gleich sind und gewissermaßen als Träger für die neunte andersgebaute dienen; diese neunte ist als prosthetische Gruppe anzusprechen (vgl. Janssen). Die prosthetische Gruppe ist als Teil des Eiweißmoleküls aufzufassen, auch wenn sie selber, wie im Hämoglobin oder im Nukleoproteid, nicht aus Aminosäuren aufgebaut ist. Mit dieser Auffassung vom Aufbau der Eiweißmoleküle stimmt auch die merkwürdige von Svedberg festgestellte Tatsache überein, daß die Molekulargewichte der Eiweiße immer Vielfache von 17000 (17000, 34000, 68000 usw.) darstellen, also aus aneinandergefügten Einheiten von je etwa 144 Aminosäuren mit einem durchschnittlichen Molekulargewicht von 120 zusammengesetzt sind. Als Beispiel sei hier die Struktur eines aus acht „Svedberg-Einheiten" aufgebauten Eiweißes, das also das Molekulargewicht 140000 hat, wiedergegeben (Abb. 31a, b). Man sieht vorn alle acht prosthetischen Gruppen, die gemeinsam eine Fläche katalytischer Wirksamkeit bilden, nach unten zeigen die aromatischen Aminosäuren und die terminalen $NH_2$-Gruppen der Peptidketten (von diesen Ketten wurde natürlich jeweils nur ein Bruchstück, nämlich der unterste Abschnitt, gezeichnet).

**Vermehrung plasmatischer Substanz.** Nach diesen Ergebnissen über den Bau der Eiweißkörper erscheint das Problem der Assimilation im allgemeinen Sinne, also die Frage der Angleichung von Nahrungsstoffen an den Bau der plasmaeigenen Eiweißstoffe, vorerst nur noch erschwert. Als Fermente spielen bei der Eiweißsynthese zweifellos die Kathepsine eine entscheidende Rolle; BERGMANN und NIEMANN glauben in ihnen sogar die

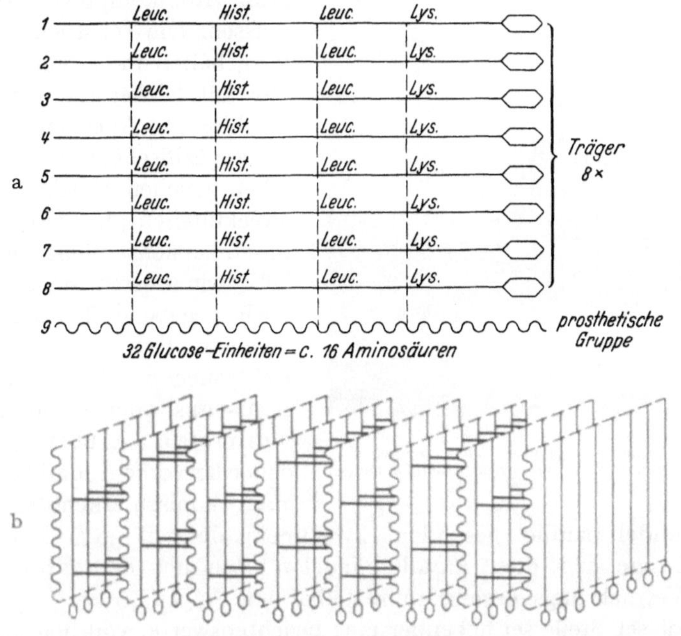


Abb. 31. *a* Struktur einer „Svedberg-Einheit" mit dem Molekulargewicht 17000. (Nach JANSSEN.) b Zusammenfügung von 8 Einheiten zu einem Eiweißmolekül. (Nach JANSSEN.)

Organisatoren dieser komplizierten Synthese sehen zu dürfen. RONDONI möchte eher in den Gittern der polaren Kräfte schon vorhandener Zelleiweiße die Ursache dafür sehen, daß jede Aminosäure in die richtige Lage innerhalb des komplizierten Molekülgerüstes gebracht wird.

Die autokatalytische Wirksamkeit der Zelleiweiße ist uns heute physikalisch-chemisch noch nicht verständlich. Es scheint, daß das analoge Problem der Vermehrung von Genen und von Virusmolekülen geeignetere Ansatzpunkte bietet, wenngleich wir auch hier über Vermutungen kaum hinausgekommen sind.

Zur Erklärung des Genwachstums fordern SOMMERMEYER und DEHLINGER eine innere Genstruktur mit einem periodischen Aufbau, der dem von Kristallen entspricht. Die zur Assimilation verwerteten Stoffe müssen sich schichtweise auf der Oberfläche anlagern.

Einen ausführlicheren Versuch zur molekularphysikalischen Deutung der autokatalytischen Vermehrung von Riesenmolekülen unternimmt JORDAN. Allem Anschein nach haben diese Moleküle in der Zelle die Fähigkeit, kleinere Moleküle bzw. Radikale solcher Art anzuziehen, die einem Teilstück von ihnen gleichen. Da nun, wie die Erfahrung am Beispiel der Viren lehrt, die Vermehrung eines Riesenmoleküls nur in einem sehr bestimmt gearteten Eiweißmilieu möglich ist, folgt, daß die angezogenen Teilstücke, jedenfalls bei der Virusvermehrung, schon recht große Atomkomplexe darstellen müssen. Die Teilstücke werden festgehalten und zu einem neuen Molekül gleicher Art zusammengeschlossen. Allerdings ist uns diese spezifische Anziehung zwischen gleichen Molekülen bzw. Molekülteilen physikalisch-chemisch zunächst nicht verständlich; wir müssen sie als empirisch gegebene Tatsache hinnehmen. JORDAN meint zu den elektronenoptischen Bildern KAUSCHES vom Tabakmosaikvirusprotein (Abb. 32), aus denen hervorgeht, daß die schon mikroskopisch erkennbaren Nadeln Bündel parallel liegender Eiweißmoleküle von 30 Å Dicke und 330 Å Länge sind, diese Parallelbündel führten uns den autokatalytischen Vermehrungsvorgang unmittelbar vor Augen.

Abb. 32. Ammonsulfatgefälltes Tabakmosaikvirusprotein, elektronenoptisch, 16000fach. (Nach KAUSCHE.)

An dieser Stelle sei nebenher eine beachtenswerte, von den uns hier interessierenden Analogien der Vermehrung unabhängige Ähnlichkeit zwischen Virus und Gen erwähnt: PFANKUCH, KAUSCHE und STUBBE beschreiben durch Röntgenstrahlen bedingte Tabakmosaikvirus-Mutationen mit geänderter Löslichkeit und geänderter Hydratation; die mutierten Viren bedingen auch andere Symptome.

**Plasmastruktur.** Ebenso wie der Aufbau der Eiweißmoleküle ist auch deren Anordnung im Plasma weiter untersucht worden. Ein recht einfaches Schema hatte FREY-WYSSLING entworfen (vgl. Fortschr. Bot. 7, 162), indem er einen Aufbau annahm, der mit dem der Zellwand gewisse Ähnlichkeiten aufweist. In beiden Fällen sollen nicht selbständige Korpuskeln existieren, sondern ein retikulares Mizellargerüst, dessen Balken im Protoplasma vornehmlich von molekularer Dimension sind, so daß von einem Molekulargerüst zu sprechen ist. Diese Vorstellung hat auch schon in mancher Hinsicht fruchtbare Anwendung gefunden, darf aber anscheinend doch keine allgemeine Geltung beanspruchen. So können beispielsweise die elektronenmikroskopischen Studien MENKES am Zytoplasma, Kern und Chloroplasten zu Bedenken Veranlassung geben. Überall wurden stäbchenförmige, gelegentlich auch kugelige Teilchen gefunden, Zusammenlagerung zu Ketten ist gelegentlich zu beobachten. MENKE möchte die gefundenen Gebilde als korpuskuläre Eiweißmoleküle und nicht als Bündel von Polypeptidfadenmolekülen im Sinne FREY-WYSSLINGS ansprechen.

Auch HÖFLER sieht eine Grenze der Ansicht FREY-WYSSLINGS, nach dieser Ansicht wäre die quellungsfördernde Wirkung von K und die entquellende Wirkung von Ca so zu verstehen, daß die Haftpunkte, soweit sie quellungsempfindliche heteropolare Kohäsionsbindungen sind, beeinflußt werden. Diese Vorstellung ist aber nur auf schwache Grade der Salzquellung anwendbar. Bei der Kappenplasmolyse jedoch quillt das Plasma auf das Zehnfache und mehr, bleibt dabei aber lebend und entquellbar. Bei so starker Quellung können, wie HÖFLER ausführt, die Haftpunkte nicht erhalten geblieben sein; denn eine Dehnung der Polypeptidketten sei in diesem Ausmaß nicht möglich.

PAECH (2) endlich weist darauf hin, daß die allgemeine Verbreitung von Erscheinungen wie BROWNsche Molekularbewegung, Plasmaströmung und Umlagerungsfähigkeit von Statolithenstärke mit der Vorstellung eines retikulären Baus unvereinbar sei, wenngleich auch PAECH die Vorstellung der Zusammenfügung von Mizellen durch Haftpunkte nicht grundsätzlich ablehnt.

**Fibrilläres Plasma.** Über das häufige Vorkommen einer parallelen Ausrichtung der Fadenmoleküle im Plasma wurde schon in Fortschr. Bot. 7, 160 berichtet. Die Ausrichtung kann lediglich vorübergehender Natur sein, oder aber zu beharrenden Gebilden wie Muskelfasern und Geißeln führen. Die Ansicht, daß die Vorgänge plasmatischer Kontraktion auf abnehmender Streckung, also Faltenbildung, Einrollung usw. von Fadenmolekülen in fibrillären Gebilden entstehen, ist weiter begründet worden. Zur Veranschaulichung seien hier die Fadenmoleküle vom Keratin beschrieben. Im gedehnten Zustand sieht ein Ausschnitt aus diesem Fadenmolekül so aus:

```
 H        H        H        H        H        H
—C—C—N—C—C—N—C—C—N—C—C—N—C—C—N—C—C—N—
 R  O  H  R  O  H  R  O  H  R  O  H  R  O  H  R  O  H
```

Bei der Entspannung macht sich die Anziehung der NH- und CO-Gruppen geltend, so daß folgende Form entsteht:

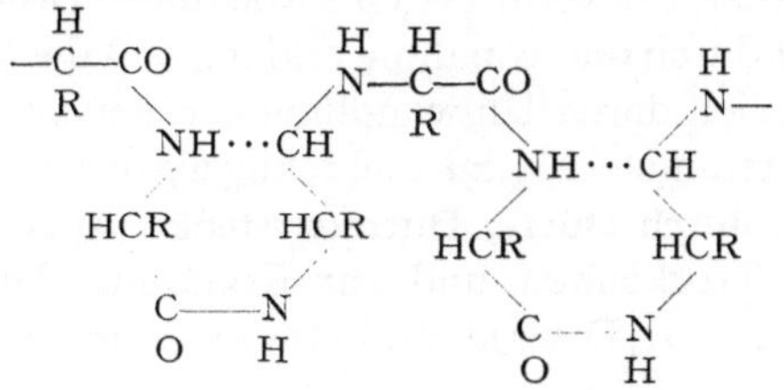

```
 H
—C—CO        H  H
 R   \      N—C—CO             H
      \    /    R  \          N—
      NH···CH       \        /
                     NH···CH
   HCR    HCR      /       \
                 HCR        HCR
    C——N           \        /
    O  H            C··· N
                    O    H
```

SCHMIDT untersuchte das Myonem im Stiel von *Carchesium*. Auf einen Reiz folgt bekanntlich eine Einrollung des Stiels; dabei sinkt die Doppelbrechung erheblich ab und zugleich verkürzt sich das Myonem. Bei der Erschlaffung kehrt, als Ausdruck abnehmender Krümmung der Fadenmoleküle, die Doppelbrechung wieder.

Besondere Aufmerksamkeit ist begreiflicherweise den Muskelkontraktionen gewidmet worden. In den doppelbrechenden Abschnitten der Muskelfibrillen befinden sich achsenparallel ausgerichtete Myosinfadenmoleküle, die zu höheren stäbchenförmigen Einheiten zusammentreten. Schon im ruhenden Muskel sind die Myosinmoleküle gefaltet, bei der Kontraktion wird die Fältelung verstärkt (WEBER). Die Kontraktion wird häufig als Wirkung einer chemischen Veränderung, bedingt durch den Betriebsstoffwechsel, aufgefaßt. WÖHLISCH hat neuerdings eine Entspannungshypothese entworfen, nach der die Myosinmoleküle schon im ruhenden Muskel eine elastische Verkürzungstendenz haben, also einer durch Dehnung gespannten Feder zu vergleichen sind. Danach kommt es somit nicht erst bei der Erregung zum Auftreten von Verkürzungskräften, vielmehr werden die Fibrillen vor der Erregung durch einen noch unbekannten Mechanismus in Spannung gehalten.

Diese Untersuchungen werden zweifellos auch den Ausgangspunkt für entsprechende Studien an Pflanzenzellen bilden. Wir brauchen hier nicht einmal an so spezialisierte Vorgänge wie die Geißelbewegungen zu denken, vielmehr scheint die Fähigkeit zur Kontraktion durch Einrollung von Fadenmolekülen an den verschiedensten Protoplasten auftreten zu können. Zur Ergänzung der früheren Hinweise (Fortschr. Bot. 7, 160) sei noch mitgeteilt, daß isolierte Protoplasten der Staminalhaarzellen von *Tradescantia virginica* Kontraktionsvorgänge zeigen (PFEIFFER [2]).

**Schichtplasma.** Eine andere im Plasma mögliche Anordnung der Eiweißmoleküle ist die schichtweise; sie findet sich nach SCHMIDT bei den Scheiden markhaltiger Nerven, in der Hülle der roten Blutkörperchen, in Plasmagrenzschichten und Kernmembranen.

## II. Änderungen der Plasmastruktur durch äußere und innere Bedingungen.

**Elastizitätsänderung.** Bei Spirogyra wird die Elastizität nach NORTHEN durch Äther, Zuckerlösungen sowie durch Druck herabgesetzt. Die Änderung wird durch die Annahme erklärt, daß die Viskosität strukturbedingt ist und sich durch Umwandlung der netzartig angeordneten fadenförmigen Proteinmoleküle zu mehr kugeligen Gebilden erniedrigt.

**Veränderungen durch Dürre, Dürreresistenz.** Auch zur Erklärung der Einflüsse von Trockenheit und zur Erklärung der Dürreresistenz wird neuerdings (SCHMIDT, DIWALD und STOCKER) von der Annahme eines aus Polypeptidketten gebildeten Plasmagerüstes ausgegangen. Die genannten Autoren fanden, daß sich dürreresistente Sorten gegenüber den weniger resistenten durch ein visköseres Plasma auszeichnen. Ebenso erhöht sich allgemein die Plasmaviskosität, wenn die Pflanzen trocken kultiviert werden. Gleichzeitig erhöht sich, wie auch schon von anderen Forschern mitgeteilt wurde, bei solcher Kultur die Zuckerkonzentration, vor allem aber ändert sich das Verhältnis K : Ca zugunsten des Ca. Dem geänderten Ionenverhältnis wird eine entscheidende Bedeutung zugeschrieben, da nämlich auf Grund der theoretischen Vorstellung über den Bau des Plasmagerüstes so am besten die gefundenen plasmatischen Veränderungen erklärt werden können. Das Gerüsteiweiß ist, da sein isoelektrischer Punkt unter dem $p_H$-Wert der Zwischenflüssigkeit liegt, durch Abdissoziation von Kationen negativ geladen. Die K-Ionen bedingen eine Verstärkung, die Ca-Ionen einen Rückgang der Überschußladung. Erhöhung dieser Ladung hat Abstoßung der Gerüstfäden zur Folge; ihre Verminderung aber führt zur Verdichtung des Gerüstes und damit zur Viskositätserhöhung; denn das bei der Entladung frei werdende Wasser wird unter diesen Versuchsbedingungen naturgemäß der Zelle entzogen. Auch die genetisch bedingte unterschiedliche Resistenz der Sorten ist vielleicht durch eine Verschiedenheit der Ionenverhältnisse bedingt, zum mindesten aber beruht sie wohl auf unterschiedlicher Aufladung des Plasmagerüstes; diese Sortenverschiedenheit könnte etwa auch durch eine unterschiedliche chemische Struktur der Polypeptidketten bedingt sein. Dabei wäre resistentes Plasma durch hohe Überschußladungen und starke Hydratation gekennzeichnet. Dadurch wird der Widerstand gegen Schäden jeglicher Art, also nicht nur die Dürreresistenz, zweifellos erhöht, denn ein solches Plasma wird sich schwerer entladen und koagulieren lassen.

**Änderungen in alternden Zellen.** Nach PAECH (2) besitzt in jüngeren Pflanzenzellen wenigstens ein Teil der Plasmakolloide in hohem Maße die Fähigkeit zur Hydratation. Das Altern der Zellen ist mit einem Rückgang dieser Fähigkeit verknüpft, die bei ganz alten Zellen schließlich völlig verloren geht. Das Absinken der Quellfähigkeit beginnt schon auf einem sehr frühen Stadium der Entwicklung. Die Bedeutung der gleichzeitig ablaufenden und früher vorwiegend untersuchten Verschiebungen des Stoffwechsels wird als sekundär betrachtet. Die im Alter verminderte Quellfähigkeit ist Ausdruck einer allgemein verminderten Anlagerungsfähigkeit der Plasmakolloide und daher wohl auch mit einer allmählichen Verschiebung des Verhältnisses von adsorbiertem zu gelöstem Ferment zugunsten des gelösten verbunden. Da aber die Fermente im absorbierten Zustand Synthesen, im gelösten wohl nur Hydrolysen zu katalysieren vermögen, läßt sich die Umschaltung des Stoffwechsels als Folge des geänderten Plasmazustandes verständlich machen.

Nach Angaben von PFEIFFER (1) scheinen im Muskelgewebe ganz ähnliche Veränderungen während des Alterns abzulaufen. Die Hydratation nimmt durch Annäherung an den isoelektrischen Punkt ab und das führt naturgemäß zu einer Teilchenaggregation. — Wir dürfen danach wohl allgemein den Kolloidzustand alter Zellen mit dem wenig resistenter vergleichen.

**Umkehr des Ladungssinnes.** Neben den physiologischen Verstärkungen oder Abschwächungen der Ladung der Plasmakolloide, für die oben einige Beispiele gegeben wurden, scheint auch eine völlige Umkehr des Ladungssinnes nicht nur, wie schon von früheren Experimentatoren mitgeteilt, unter anomalen, im Versuch aufgezwungenen Bedingungen, sondern auch bei normalphysiologischen Prozessen vorzukommen. Nach HEILBRUNN und DAUGHERTY kann beispielsweise durch die mit Herabsetzung der $CO_2$-Konzentration verbundene Alkalisierung die positive Ladung in eine negative übergehen. Das ließ sich bei Chloroplasten von *Elodea* feststellen. Die Chloroplasten wandern bei behinderter Assimilation, also $CO_2$-Reichtum, zur Kathode, bei voller Assimilationstätigkeit, also geringer $CO_2$-Konzentration, aber oft zur Anode.

## III. Regulierung der Enzymtätigkeit.

In den früheren Berichten wurde mehrfach die Frage aufgeworfen, wie sich die Aktivität der Enzyme und deren Abgestimmtsein auf die jeweiligen physiologischen Notwendigkeiten erklären läßt. Neben den Veränderungen des physikalischen Zustandes — wir haben oben beispielsweise wieder das Umschlagen von synthetisierender Wirkung zu hydrolysierender beim Übergang vom adsorbierten in den freien Zustand genannt — spielen u. a. durch plasmatische Strukturen bedingte räumliche Trennungen eine Rolle. Diese Wichtigkeit der Struktur geht aus einer Untersuchung von NILSSON und ALM hervor. Bei Hefe wird der normale Gärverlauf durch Zusatz von Lipoidlösungsmitteln gestört. Dabei wird auf die Vorstellung von LEATHES hingewiesen, nach der sich nicht nur in den Membranen Lezithinhäutchen finden, sondern diese auch den ganzen Zellinhalt netzartig durchziehen können. Es wäre also denkbar, daß das Abgestimmtsein der einzelnen Prozesse durch eine derartige räumliche Aufteilung des Plasmas mitbestimmt ist.

Eine ähnliche Vorstellung entwickelt auch PAECH (vgl. weiter unten: „Narkose") und er erinnert dabei u. a. an die für Glykoside nachgewiesene räumliche Trennung von Ferment und Substrat sowie deren Aufhebbarkeit durch (auf Lipoidfilme wirkende) Narkotika. Ferner diskutiert er das Verhalten vom Sauerstoff, der offensichtlich schon in die lebende Zelle leicht hineingelangt, dort aber erst nach dem Absterben, also wohl nach der Sprengung sauerstoffundurchlässiger Lipoidhüllen, proteolytische Fermente und Askorbinsäure zu oxydieren vermag.

In diesem Zusammenhang können auch noch Beobachtungen von THREN über die Saponinwirkung auf *Phycomyces* erwähnt werden. Saponin wirkt bekanntlich emulgierend auf Fette und bildet mit unveresterten Sterinen Additionsverbindungen. Saponin (0,1%) verhindert bei *Phycomyces* die Ausbildung langgestreckter Keimschläuche; das Spitzenwachstum ist gehemmt. Es bilden sich nur blasig aufgetriebene Zellen mit ganz vereinzelten Hyphen.

Endlich kann hier noch ein interessantes Beispiel dafür genannt werden, wie ein Ferment durch Bindung an einen anderen Körper inaktiviert und gegebenenfalls durch Freisetzung aktiviert werden kann. Nach KUNITZ und NORTHROP findet sich in Pankreaszellen das Trypsin in inaktiver Form als Trypsinogen, einen Eiweißkörper. Diese Verbindung geht bei neutraler Reaktion und merkwürdigerweise bei der Gegenwart winziger Spuren des freien Enzyms in Trypsin und einen Restkörper über. (Vgl. zu diesen Fragen auch die zusammenfassende Darstellung bei DUSPIVA.)

## IV. Osmo- und Permeabilitätsregulation.

**Salzwasserorganismen.** Die ältere Auffassung, nach der bei niederen Meerestieren der osmotische Druck der Körperflüssigkeit mit dem des umgebenden Wassers übereinstimmt, scheint nach neuen Untersuchungen von COLE zwar häufig, aber doch nicht in allen Fällen zuzutreffen. Gelegentlich wurden nämlich hypertonische Körperflüssigkeiten gefunden. Fernerhin ist es bemerkenswert, daß manche dieser Meerestiere ebenso wie Pflanzenzellen die Fähigkeit besitzen, einige Ionen aus dem Meerwasser bevorzugt aufzunehmen. Beispielsweise kann bei einigen Würmern K mit 40%, Mg mit 20% Überschuß akkumuliert werden, bei anderen die Mg-Konzentration der Körperflüssigkeit 15% unter der des Mediums liegen. Bei Arthropoden wurde ebenfalls eine Unterkonzentration von Mg sowie von Sulfat gefunden, fernerhin ein Überschuß von Ca und K. Es wird darauf hingewiesen, daß diese ungleichen Ionenverteilungen an einen Energieaufwand gebunden sind.

Wasserorganismen, die einen starken Wechsel der Salzkonzentration des Mediums vertragen, zeigen die Fähigkeit der Osmoregulation, sie können ihren osmotischen Wert also unabhängig von dem des Mediums auf einer Höhe halten. Eine sehr weitgehende Anpassung zeigen in dieser Hinsicht nach BEADLE die Larven der Mücke *Aedes detritus*, die ohne Schädigung sowohl in destilliertem Wasser als auch in Wasser mit 10% NaCl leben können. Die Osmoregulation scheint hier durch die Tätigkeit der MALPIGHIschen Gefäße ermöglicht zu werden.

Bemerkenswerterweise zeigen nach den Untersuchungen GESSNERS auch Pflanzen gelegentlich die Fähigkeit, ihren osmotischen Druck unabhängig von dem des Mediums zu erhalten. GESSNER fand, daß der brackwasserbewohnende *Ranunculus Baudotii* durch stark herabgesetzte Salzpermeabilität seine Zellsaftkonzentration von der des Mediums unabhängig halten kann. In diesem Zusammenhang mag erwähnt werden, daß auch der Halophyt *Suaeda maritima* für Salze (NaCl, KCl) nur überaus wenig permeabel und dementsprechend gegen Alkalisalzwirkung sehr resistent ist (HÖFLER und WEIXL-HOFMANN).

**Rolle des Kaliums.** Im allgemeinen schwanken die osmotischen Werte der Pflanzenzellsäfte bekanntlich infolge Salzaufnahme gleichsinnig mit denen der Bodenlösung. Und diese Schwankungen sind ja auch erforderlich, um das notwendige Saugkraftgefälle zu erhalten. Eine besondere Bedeutung scheint dabei dem Kalium zuzufallen; in der Regel wird bei Kalimangel der osmotische Wert verringert (SCHMIDT, DIWALD und STOCKER). Nach KNODEL beruht dieser Einfluß darauf, daß das K sehr leicht eindringt und dadurch schon unmittelbar den osmotischen Druck erhöht, ferner aber auch durch seine permeabilitätserhöhende Wirkung das Eindringen anderer Salze erleichtert.

**Aktive Osmoregulation.** Daß aber andererseits unter normalen Bedingungen die osmotische Konzentration der Zellsäfte eine recht konstante Größe sein kann, und diese Konstanz sich auch nicht etwa nur passiv, durch Hemmung der Aufnahme und Abgabe von Stoffen, erklärt, zeigen in schöner Weise die Versuche MOSEBACHS an den Gelenken von *Phaseolus*. Obwohl hier im Verlaufe der tagesperiodischen Bewegungen ansehnliche Volumenschwankungen stattfinden, lassen sich trotz feiner Methodik doch keine Veränderungen der Zellsaftkonzentration nachweisen. Jeder Zu- oder Abnahme der Wassermenge folgt also in kurzer Zeit eine Vermehrung bzw. Verminderung der Absolutmenge osmotisch wirksamer Substanz; dabei handelt es sich in erster Linie um organische Säuren und um Salze.

**Bedeutung des Sauerstoffs.** Die Vorgänge der Osmoregulation und überhaupt Änderungen der osmotischen Werte sind häufig an die Sauerstoffgegenwart gebunden. Der Sauerstoff kann sowohl die Permeabilität als auch den Permeationsvorgang direkt beeinflussen; er kann aber auch indirekt auf das Permeieren wirken, indem er eine Änderung des osmotischen Gefälles bedingt. Ein Beispiel dafür teilen BRAUNER und HASMAN mit. Untersucht wurde die Wasseraufnahme von Kartoffelknollen und anderen fleischigen Geweben. REINDERS hatte an Kartoffelknollen gefunden, daß die Wasseraufnahme ein an die Sauerstoffgegenwart gebundener Prozeß ist. BRAUNER und HASMAN bestätigen diese Angabe und finden, daß bei Sauerstoffgegenwart Anatonose durch Zuckerbildung stattfindet, daher kann sich unter solchen Bedingungen das Frischgewicht im Wasser liegender Gewebestücke andauernd vergrößern, während unter anaeroben Bedingungen nur vorübergehend eine geringe Gewichtszunahme erfolgt, dann aber sehr bald die Wirkung der

Katatonose erkennbar wird (Abb. 33). Beispielsweise wurde an Kartoffelknollen gefunden:

| | | |
|---|---|---|
| ursprüngliche Zuckermenge . . . . | äquiv. | 0,595 Atm. |
| aerob. nach 72 Stunden . . . . . | ,, | 0,972 ,, |
| anaerob. nach 72 Stunden . . . . | ,, | 0,248 ,, |

Zur Erklärung der Zuckeranhäufung wird u. a. darauf hingewiesen, daß unter aeroben Bedingungen die Resynthese von Zucker aus $C_3$-Verbindungen (im Sinne der PASTEUR-MEYERHOFschen Reaktion) begünstigt ist, denn als Regulator für diese Resynthese ist ein Redoxsystem vom Glutathion-Typ wirksam. Ist dieses System reduziert (Glutathion-SH), so wird die Resynthese gehemmt, bei Gegenwart von oxydiertem Glutathion aber nicht. Die reduzierte Form existiert nur in der Anoxybiose. — Hier ist wohl außerdem noch mit Enzymbeeinflussungen zu rechnen, zumal der Sauerstoff auch die Azidität der Zellsäfte verändert. Der $p_H$-Wert steigt unter aeroben Bedingungen in 24 Stunden von 5,5 auf 7,4, anaerob aber nur auf 6,0. Zwar kann man auf Grund dieser $p_H$-Änderungen und der in vitro ermittelten $p_H$-Abhängigkeit der Amylasewirksamkeit nicht unmittelbar die gefundenen Änderungen der Zuckerkonzentration erklären, jedoch ist auch wohl noch die Möglichkeit einer indirekten Beeinflussung des Enzyms durch Änderung dei Plasmastruktur zu berücksichtigen. Wie leicht durch solche indirekten Beeinflussungen der Zuckergehalt geändert werden kann, das möge durch die Anhäufung schützender Zucker bei niedriger Temperatur veranschaulicht werden. Der Effekt entsteht, weil bei niedriger Temperatur die hydrolytische Wirkung der Invertase überwiegt (KURSANOW, KRJUKOVA und MOROZOV).

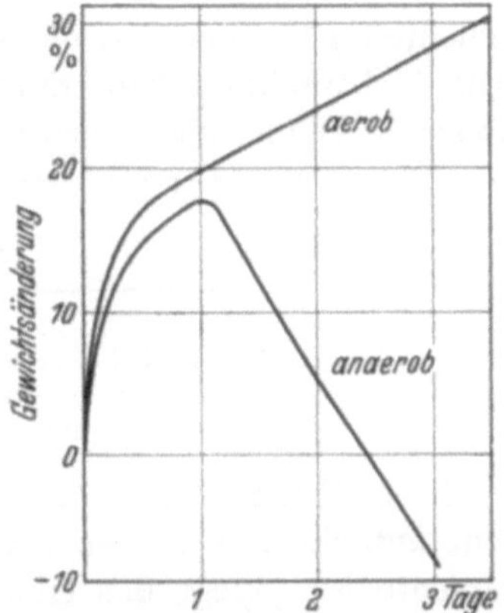

Abb. 33. Wasseraufnahme, gemessen an der Gewichtszunahme, im Gewebe der Kartoffelknolle unter aeroben und anaeroben Bedingungen. (Nach BRAUNER u. HASMAN.)

Neuerdings wurden auch wieder mehrere Permeabilitätsbeeinflussungen durch Sauerstoff beschrieben. Namentlich scheint, wie auch schon früher berichtet wurde, die Erhaltung der Semipermeabilität an Sauerstoffgegenwart gebunden zu sein. BRAUNER und HASMAN fanden, daß Kartoffelgewebe bei Anaerobiose in drei Tagen zehnmal soviel Glucose abgibt wie bei Aerobiose. Bei *Daucus-carota*-Wurzeln beobachtete IRMAK eine Erhöhung der Zuckerpermeabilität während des Sauerstoffmangels.

**Permeabilität und Licht.** Die Erhöhung der Permeabilität durch Licht ist wieder mehrfach festgestellt und — in ganz verschiedenem Sinne — auf Grund der jeweiligen Vorstellungen über die Struktur der

Plasmagrenzschichten interpretiert worden. Eine starke Lichtwirkung fand JACQUES bei *Halicystis*; die Wasser- und Elektrolytaufnahme ist hier im normalen Licht etwa doppelt so hoch wie bei Dunkelheit.

LEPESCHKIN (1), der die Auffassung vertritt, daß für das Zustandekommen der Semipermeabilität Eiweiß-Lipoidkomplexe (Vitaide) wichtig sind, führt die durch Licht, vor allem aber durch Ultraviolettstrahlung bedingte Permeabilitätserhöhung (geförderte Salzexosmose) an Kartoffelscheiben auf eine unbekannte chemische Reaktion jener Komplexe zurück.

Bemerkenswert sind die Ergebnisse und Schlußfogerungen, zu denen L. und M. BRAUNER kommen. Bei *Daucus*-Wurzeln fördert Licht die Wasseraufnahme; nach 20 Minuten dauerndem Versuch haben die beleuchteten Gewebe 8% mehr Wasser aufgenommen als die Kontrollen. Die Lichtreaktion wird durch Elektrolytlösungen beeinflußt, wie aus folgender Übersicht hervorgeht:

| Medium | Förderung der Wasseraufnahme durch Licht |
|---|---|
| Wasser | + 8% |
| n/10 KCl | + 7% |
| n/50 Natriumphosphat | + 4% |
| n/10 Natriumphosphat | — 7% |

Eine Erklärung ist durch die Annahme möglich, daß der lichtempfindliche Faktor der Wasseraufnahme die elektroosmotische Komponente ist. Liegt das Gewebe in destilliertem Wasser, so wird das Medium elektropositiv, weil die negativ geladenen Membranen eine bevorzugte Kationenpermeation aus dem elektrolytreichen Gewebe in das Medium verursachen. Es tritt also eine elektroosmotische Kraft auf, die die Wasseraufnahme verstärkt. Licht erhöht diese Potentialdifferenz und damit die Wasseraufnahme. Die Ioneneinflüsse werden auf Grund früherer Beobachtungen (Fortschr. Bot. 7, 172) über die Wirkung des Lichtes auf die Ionenbeweglichkeit und Membranladung erklärt. So wird beispielsweise in der Phosphatlösung ebenso wie in Wasser durch Licht eine Erhöhung der elektroosmotischen Kraft an den Zellgrenzflächen eintreten. Nun ist aber in der Phosphatlösung die Richtung der elektroosmotischen Kraft der normalen entgegengesetzt, weil ja das diese Kraft bedingende Ionengefälle ebenfalls entgegengesetzt ist. So muß also ein im Grund gleichartiger Lichteffekt zur entgegengesetzten Beeinflussung der Wasserpermeation führen.

## V. Elektrische Polarisation, Membranen, Ionenwirkungen.

**Polarisation, Ruhestrom und Aktionsstrom.** Die Theorien der elektrischen Vorgänge an den Zellgrenzflächen sind infolge der unterschiedlichen Ansichten über den Bau der Plasmamembranen und ihres Einflusses auf die Ionenbewegungen immer noch nicht vereinheitlicht worden.

UMRATH durchströmte *Nitella*-Zellen und untersuchte die dabei auftretenden elektrischen Gegenkräfte, d. h. die Polarisation an der äußeren Plasmagrenzschicht, dem Plasmalemma. Das Studium der Eigenschaften dieser Polarisation soll einen Rückschluß auf die Natur der normalen Potentiale zulassen, als deren Veränderung die Polarisation ja aufzufassen ist. Zunächst wird zur Auffassung Stellung genommen, daß Ionenanhäufungen am Plasmalemma in der Art von Kondensatorenaufladungen so als elektrischer Reiz auf die Zelle einwirken, daß eine Erregung entsteht. Gegen diese Ansicht spricht UMRATHs Befund, daß bei elektrischer Reizung die notwendige Reizzeit nicht von der Art der Durchströmung abhängt, also unabhängig davon ist, ob der Strom die Plasmamembran von außen nach innen oder von innen nach außen passiert. Wäre die obengenannte Auffassung richtig, so müßte jedoch die notwendige Reizzeit bei Durchströmung von innen nach außen viel länger sein. Damit ist, wie UMRATH ausführt, die Kondensatortheorie der elektrischen Erregbarkeit widerlegt.

Die Polarisation beruht zum Teil auf einer kondensatorartigen Komponente, die entsteht, weil das Plasmalemma für viele Ionen nicht oder nur wenig permeabel ist. Ähnlich dürfte — und das stimmt mit den Auffassungen anderer Forscher überein — das normale Plasmalemmapotential mitbedingt sein. Als weitere Komponente kommt allerdings noch hinzu — diese Ansicht hat UMRATH schon mehrfach vertreten —, daß im Plasmalemma polare grenzflächenaktive Molekeln orientiert eingelagert sind. Für die elektrische Erregungsauslösung, die ja als unabhängig von kondensatorartigen Vorgängen erwiesen wurde, werden diese polaren grenzflächenaktiven Molekeln verantwortlich gemacht. Es wird darüber hinaus auch als möglich bezeichnet, daß das Verschwinden oder die Umordnung dieser Molekeln während der Erregung, d. h. während des Aktionsstroms, für den experimentell gefundenen Rückgang des Plasmalemmawiderstandes verantwortlich ist. — Diese Herabsetzung des Widerstandes haben auch COLE und CURTIS gefunden; der Widerstand sank bei ihren Versuchen (ebenfalls mit *Nitella*) von $10^5$ auf $5 \cdot 10^2$ Ohm/cm².

**Temperaturabhängigkeit elektrischer Potentiale.** Auch der Versuch, durch das Studium der Temperaturabhängigkeit elektrischer Potentiale einen Einblick in deren Natur zu gewinnen, ist wiederholt worden. Die BERNSTEINsche Theorie (Fortschr. Bot. **2**, 121) nahm an, daß die elektrischen Ruhepotentiale entstehen, weil die Membranen vermöge ihrer Eigenladung elektiv kationenpermeabel sind. Wenn diese Theorie richtig ist (oder, besser gesagt, wenn sie allein schon die Ruhepotentiale vollständig erklären kann), ist zu erwarten, daß die elektromotorischen Kräfte proportional der absoluten Temperatur steigen. Das trifft aber, wie neuerdings wieder MOTOKAWA (1) an der Froschhaut zeigte, nicht zu; das Ruhepotential wächst stärker als nach jener Theorie zu erwarten ist. Die Abweichungen sind zudem so, daß sie nicht durch die Mitwirkung einer Permeabilitätserhöhung erklärt werden können; denn in diesem Fall müßte ein Sinken der Permeabilität bei steigender Temperatur angenommen werden, was jedoch allen Erfahrungen widerspricht. Die gefundene Temperaturabhängigkeit der elektromotorischen Kraft stimmt hingegen mit der GIBBS-HELMHOLTZschen Gleichung für umkehrbare chemische Ketten überein:

$$\mathrm{EMK} = a + bT$$

($a$ ist eine negative, $b$ eine positive Konstante, $T$ die absolute Temperatur). Danach scheint es, daß neben physikalischen Vorgängen, also wohl Ionendiffusionen, auch chemische Prozesse bei der Elektrizitätsproduktion hervorragend beteiligt sind. — Soweit hat also das Studium der Temperaturabhängigkeit zu ähnlichen Resultaten geführt wie die Analyse der Polarisationserscheinungen.

Auch die Temperaturabhängigkeit der nach Reizungen auftretenden Aktionsströme ist mit den bisherigen Vorstellungen nicht einfach zu vereinbaren. FIRLEY untersuchte die Temperaturabhängigkeit der einzelnen Phasen der Rückenmarksaktionsströme. Wie sich aus der folgenden Übersicht ergibt, sind diese einzelnen Phasen sehr verschiedenartig von der Temperatur abhängig (Latenzzeit: Zeit von der Reizung bis zum Beginn der Potentialänderung; Anstiegszeit: vom Beginn der Potentialänderung bis zur Erreichung ihres Maximums). Die Tabelle gibt die $Q_{10}$-Werte an.

| Temperatur | Latenzzeit | Anstiegszeit | Zeit bis zum Abfall auf 90% des Spitzenwertes |
|---|---|---|---|
| 5—15° | 2,3 | 1,6 | 1,4 |
| 10—20° | 2,2 | 2,0 | 1,6 |
| 15—25° | 1,5 | 1,7 | 1,1 |

Es wird aus diesen Zahlen geschlossen, daß die für die einzelnen Abschnitte des Aktionsstroms verantwortlichen Prozesse voneinander verschieden sind. Das scheint in noch höherem Maße nach Versuchen MOTOKAWAS (2) für die Reizströme an der Froschhaut zu gelten. Für die Vorgänge während des Anstiegs der elektromotorischen Kraft wurde $Q_{10}$ konstant zu 2,6 bestimmt, während für die latente Periode ein allmähliches Absinken der $Q_{10}$-Werte von 6,3 (bei 4°) auf 1,5 (bei 36°) gefunden wurde. Jedoch wird dargelegt, daß an der gemessenen Latenzzeit Korrekturen vorgenommen werden müssen. Nach diesen Korrekturen beträgt auch der Temperaturkoeffizient für die Latenzvorgänge konstant 2,6, so daß den beiden genannten Phasen des Aktionsstroms sehr wohl gleichartige Vorgänge zugrunde liegen können.

**Ionenwirkungen auf elektrische Potentiale.** COWAN hatte auf Grund von Versuchen an Nerven den aus der Zelle nach außen diffundierenden K-Ionen eine bevorzugte Rolle bei der Entstehung der Ruheströme zugeschrieben, weil das Potential durch außen zugesetzte K-Ionen stark gemindert wird. Ähnliche Erfahrungen sind auch an Pflanzenzellen gemacht worden (Fortschr. Bot. 3, 71). Inzwischen ist jedoch festgestellt worden, daß auch andere Ionen, sowie in noch stärkerem Maße Veratrinsulfat einen solchen Einfluß ausüben (HÖBER und Mitarbeiter). Erdalkalien (Ba) hindern in jedem Falle diese Potentialsenkung (GUTTMANN). Dabei handelt es sich nicht eigentlich um einen Antagonismus, vielmehr um eine neutralisierende Wirkung des Ba, dem etwa die Rolle einer Gerbung der Membran zugeschrieben werden kann. Auch bei *Nitella* mindern Erdalkalien ($CaCl_2$ nach OSTERHOUT und HILL) den Einfluß des Kaliums auf das Ruhepotential. Neben der Möglichkeit, daß die Erdalkalien die Porengröße der Membran beeinflussen, wäre auch eine mögliche Änderung der Verteilungskoeffizienten zu beachten.

Nach LUNDEGÅRDH erhöht Mangan bei Weizenwurzeln das normale elektrische Potential, d. h. die gegenüber dem Medium bestehende Negativität. Bei Manganmangel beträgt das Potential 20—34 mV, bei Mangangegenwart aber 40—76 mV; die aerobe Atmung der Wurzeln sei von dieser Potentialdifferenz abhängig, und so wird die vorher gefundene Abhängigkeit der Atmung vom Mangan zu erklären versucht. (Man könnte allerdings wohl daran denken, daß das Mangan auf einem anderen Wege die Atmung beeinflußt und erst von dieser, gemäß den Erfahrungen anderer Forscher, das elektrische Potential erhöht wird, das würde auch mit den hierunter erwähnten Beobachtungen über die Sauerstoffnotwendigkeit bei der Potentialbildung harmonieren.)

**Sauerstoff und Potentialbildung.** Nach Versuchen von BLINKS, DARSIE und SKOW an *Halicystis* sinkt bei Sauerstoffkonzentrationen unter 2% die Höhe der Ruhepotentiale. Außerdem wird durch den Sauerstoffmangel der Einfluß von außen zugesetzter Lösungen (z. B. KCl) auf die Potentialhöhe vermindert, und die auf Grund der Potentiale erschlossenen Beweglichkeitsunterschiede der einzelnen Ionenarten werden geringer. Es scheint also, daß der Sauerstoffmangel, wie in diesem Bericht auch schon aus anderen Beobachtungen geschlossen wurde, auf die Plasmastruktur der Grenzschichten desorganisierend wirkt.

**Temperaturabhängigkeit des Stoffdurchtritts.** Ebenso wie die elektrischen Potentiale scheinen auch die Vorgänge des Stoffdurchtritts durch die Membranen zum Teil darum von der Temperatur abhängig zu sein, weil diese die Membraneigenschaften modifiziert. Schon dadurch werden die Verhältnisse recht kompliziert.

Nicht einmal für die Wasseraufnahme gelten einheitliche Gesetze. Während früher oft $Q_{10}$-Werte zwischen 1,5 und 3,8 ermittelt wurden, fanden jetzt L. und M. BRAUNER nur eine sehr geringe, auf die begrenzende Rolle eines Diffusionsprozesses hinweisende Temperaturabhängigkeit. Der Temperaturkoeffizient betrug nämlich im Bereich zwischen 10 und 30° fast konstant 1,1.

Für die Exosmose von Harnstoff aus Zellen von *Tolypellopsis stelligera* stellte WARTOVAARA eine durch $Q_{10} = 2{,}5$ charakterisierte Temperaturabhängigkeit fest; für die Exosmose von Hexamethylentetramin jedoch betrug der $Q_{10}$-Wert 8,9. Die Temperaturabhängigkeit ist also anscheinend bei großmolekularen Stoffen stärker.

**Elektrische Leitfähigkeit.** Die Messung der elektrischen Leitfähigkeit von Geweben wird häufig benutzt, um aus den gefundenen Widerstandsänderungen Rückschlüsse auf Veränderungen des physiologischen Zustandes, etwa auf Permeabilitätsänderungen, unter der Einwirkung äußerer Faktoren zu ziehen. PAECH (1) widmete dieser Methode eine besondere Untersuchung und verbesserte sie. Der Wechselstromwiderstand ist im lebenden Gewebe frequenzabhängig, offenbar erfolgt also in den Geweben eine Polarisation. Von den Ergebnissen interessiert besonders, daß Chloroformdämpfe den Widerstand erhöhen, und zwar bei geeigneter Konzentration (am Spargel) sogar verdoppeln. Bei zu hohen Chloroformkonzentrationen geht die Widerstandserhöhung nach einigen Stunden zurück. Wir gehen auf diese Chloroformwirkung weiter unten nochmals ein. — Auffällig ist fernerhin, daß sehr oft eine starke Erhöhung des Widerstandes erfolgt, wenn die Interzellularen mit Flüssigkeit gefüllt werden. Die Infiltration hemmt also durch Einwirkung auf das Plasma den Ionendurchtritt; nach diesem Ergebnis bedürfen alle mit der Infiltration arbeitenden Untersuchungsmethoden der Überprüfung.

An Membranen zeigt sich bekanntlich oft die Erscheinung der gerichteten Leitfähigkeit; der Gleichstromwiderstand ist nach beiden Richtungen ungleich hoch. So wie früher BRAUNER an der *Aesculus*-Testa (Fortschr. Bot. 1, 123) findet jetzt MOTOKAWA (3) an der Froschhaut eine starke Beeinflussung oder Aufhebung der Einseitigkeit durch starke Elektrolytlösungen. $AlCl_3$ wirkt besonders stark. Es wird vermutet, daß die normale Einseitigkeit entsteht, weil eine Substanz mit ähnlicher Wirkung wie $AlCl_3$ einseitig in die Membranen gelangt. (Man könnte also wohl auch hier BRAUNERS Vorstellung anwenden, daß die Polarität auf einer elektrostatischen Triebkraft beruht.)

## VI. Wirkung einiger Außenfaktoren.

**Narkose.** Wir berichteten eben schon über PAECHS Befund, daß Chloroform an Pflanzenzellen zunächst eine Erhöhung des elektrischen Widerstandes bedingt. Man darf dem vielleicht die an der Froschhaut gewonnenen Erfahrungen GERSTNERS an die Seite stellen: Durch Chloroform wird die Permeabilität für Rhodamin zunächst herabgesetzt und erst bei höheren Konzentrationen erhöht.

PAECH (2) diskutiert die Narkosewirkung auf Grund der Vorstellung, daß im Plasma, speziell in der Plasmamembran, zwei Arten von Mizellen vorkommen: einfache hydrophile Eiweißmizelle und andere, von einem Lipoidfilm umschlossene. Der normale hohe elektrische Widerstand der Gewebe wird damit erklärt, daß den Ionen nur der Weg durch die Interstitien zur Verfügung steht. Ein großer Teil der zu passierenden Membranfläche entfällt aber auf die umhüllten Micelle. Chloroform sammelt sich in den Lipoidhüllen an, fördert die Quellung (quellungsfördernde Wirkung mäßiger Chloroformkonzentrationen ist bekannt) und bedingt, da die Hydratationssteigerung sich jetzt in erster Linie bei den lipoidumhüllten Mizellen bemerkbar machen muß, eine weitere Verminderung des ionenleitenden Anteils der Membranflächen, also eine Erhöhung des elektrischen Widerstandes.

**Adaptation an Salzmedien.** Zur Analyse der Vorgänge, die zur Anpassung der Organismen an extreme Außenbedingungen führen, liefert DONDOROFF einen Beitrag. Bei der Kultur von *Escherichia coli* in NaCl-Lösungen ließ sich nachweisen, daß die Adaptation aus zwei Teilvorgängen besteht: Selektion und Akklimatisation. Die Akklimatisation stellt einen temperaturabhängigen (bei hoher Temperatur beschleunigt ablaufenden) Vorgang dar. Der Prozeß ist reversibel; im salzfreien Medium geht die Fähigkeit zur Vermehrung in Salzmedien schnell wieder verloren.

**Kältewirkung.** Zur Ergänzung der früheren Angaben über Kälteschäden (Fortschr. Bot. 5, 141) kann noch mitgeteilt werden, daß auch schon bei den über dem Gefrierpunkt eintretenden, oft letalen Schädigungen nicht chemische Zustandsänderungen in der Zelle, sondern Desorganisationen im Plasma für die Schäden verantwortlich sind. Die Schädigung kann z. B. in einer Erhöhung der Salzpermeabilität zum Ausdruck kommen (SEIBLE). GEHENIO und LUYET untersuchten die plasmatischen Veränderungen während des Absterbens von Plasmodien (*Physarum polycephalum*) bei Temperaturen über dem Gefrierpunkt. Der Gefrierpunkt liegt bei $-0{,}17^0$; zwischen 0 und $5^0$ wurde Bewegungsstillstand beobachtet, und bei etwa $0^0$ trat die Plasmadesorganisation ein. Nach 5 Sekunden langer Einwirkung von $0^0$ sind die Plasmodien gestorben. Die Desorganisation besteht in einer Gelbildung aus den Solen und in einem synäretischen Zerfall dieser Gele. Die plasmatischen Veränderungen während dieses Absterbens gleichen völlig den durch andersartige letale Eingriffe bedingten.

**Strahlenwirkungen.** Früher wurde berichtet, daß die Wirksamkeit einzelner Spektralbereiche des Ultraviolett weitgehend mit der Absorptionskurve von Eiweißen und speziell von Nukleinsäuren übereinstimmt (Fortschr. Bot. 7, 171). Eine ähnliche Beziehung fand jetzt auch LEPESCHKIN (2) an Hefezellen (untersuchte Strahlenreaktion: Beeinflussung der Giftresistenz), jedoch war die Parallelität im Bereich zwischen 3500 und 3900 Å gestört. Daher wird vermutet, daß in diesem Bereich auch Lipoide an der entscheidenden Absorption teilhaben.

## VII. Lichtproduktion.

Wir haben in diesen „Fortschritten" wiederholt über Versuche berichtet, die das Auffinden der physikalisch-chemischen Grundlagen bei der pflanzlichen Lichtproduktion zum Ziel haben. Mancher Forscher, der die Unterschiedlichkeit der Lichtqualität bei den verschiedenen Arten der Leuchtorganismen in der freien Natur beobachtet hat, wird gegen eine einheitliche Theorie Bedenken gehabt haben. Diese Bedenken verstärken sich, weil auch exakte Messungen solche Unterschiede aufweisen. So umfaßt das von Leuchtbakterien erzeugte Licht die Spektralbereiche von 442—569 m$\mu$, das der Pilze den Bereich von 449—569 m$\mu$, während bei Tieren Bereiche von beispielsweise 510—696 m$\mu$ gefunden wurden. HANEDA, der über Studien an Leuchtpilzen aus den Gattungen *Pleurotus*, *Mycena*, *Marasmus* und *Polyporus* von den Südseeinseln berichtet, fand sehr verschiedene Farbqualitäten des Lichtes, u. a. blauweiß, blaugrün, gelblich blauweiß und rot. — Die beobachteten Intensitäten lagen zwischen etwa 1 und $100 \cdot 10^{-50}$ Lux.

### Literatur.

BEADLE, L. C.: J. of exper. Biol. **16**, 346 (1939). — BERGMANN, M., u. NIEMANN: J. of biol. Chem. **118**, 301 (1937). — BLINKS, L. R., M. L. DARSIE u. R. K. SKOW: J. gen. Physiol. **22**, 255 (1938). — BRAUNER, L. u. M.: New Phytologist **39**, 104 (1940). — BRAUNER, L., u. M. HASMAN: Rev. Fac. Sci. Univ. Istanbul, Ser. B **5**, 266 (1940).

COLE, W. H.: J. gen. Physiol. **23**, 575 (1940). — COLE, K. S., u. H. J. CURTIS: Ebenda **22**, 37 (1938).

DUSPIVA: Handbuch der Enzymologie **1** (1940).

FINLEY, C. B.: J. gen. Physiol. **96**, 225 (1939).

GEHENIO, P. M., u. B. J. LUYET: Biodynamica **2**, Nr. 55 (1939). — GERSTNER, H.: Naunyn-Schmiedebergs Arch. **193**, 211 (1939). — GESSNER, F.: Protoplasma (Berl.) **34**, 593 (1940). — GUTTMANN, R.: J. gen. Physiol. **23**, 343 (1940).

HANEDA, Y.: Sci. of Southern Islands **1940**. — HEILBRONN, L. V., u. K. DAUGHERTY: Physiologic. Zool. **12**, 1 (1939). — HÖFLER, K.: Ber. dtsch. bot. Ges. **58** 292 (1940). — HÖFLER, K., u. H. WEIXL-HOFMANN: Protoplasma (Berl.) **32**, 416 (1939).

IRMAK, L.: Rev. Fac. Sci. Univ. Istanbul **3**, 4 (1938).

JACQUES, A. G.: J. gen. Physiol. **23**, 41 (1939). — JANSSEN, L. W.: Protoplasma (Berl.) **33**, 410 (1939). — JORDAN, P.: Naturwiss. **29**, 89 (1941).

KAUSCHE, G. A.: Arch. ges. Virusforsch. **1**, 362 (1940). — KNODEL, H.: Jb. Bot. **87**, 557 (1939). — KUNITZ, M., u. Northrop, J. H.: J. gen. Physiol. **19**, 99 (1936). — KURSANOW, A., N. KRJUKOWA u. A. MOROZOV: Bull. Acad. Sci. URSS., Sc. math. et nat. Ser. biol. **1**, 51 (1938).

LEPESCHKIN, W. W.: (1) Protoplasma (Berl.) **34**, 55 (1940). — (2) Ebenda **34**, 353 (1940). — LUNDEGÅRDH, H.: Planta (Berl.) **29**, 292 (1939).

MENKE, W.: Protoplasma (Berl.) **35**, 115 (1940). — MOSEBACH, G.: Jb. Bot. **89**, 20 (1940). — MOTOKAWA, K.: (1) Jap. J. med. Sci., Trans. Biophysics **5**, 95 (1938). — (2) Ebenda **111**. — (3) Ebenda **197**.

NILSSON, R., u. F. ALM: Biochem. Z. **304**, 285 (1940). — NORTHEN, H. T.: Cytologia (Tokio) **10**, 105 (1939).

PAECH, K.: (1) Planta (Berl.) **31**, 265 (1940). — (2) Ebenda **31**, 295 (1940). — PFANKUCH, E., G. A. KAUSCHE u. H. STUBBE: Biochem. Z. **304**, 238 (1940). — PFEIFFER, H. H.: (1) Z. Altersforsch. **2**, 15 (1940). — (2) Protoplasma (Berl.) **35**, 264 (1940).

RONDONI, P.: Verh. 95. Vers. Naturf. Berlin **1939**, 93.

SCHMIDT, H., K. DIWALD u. O. STOCKER: Planta (Berl.) **31**, 559 (1940). — SCHMIDT, W. J.: Protoplasma (Berl.) **35**, 1 (1940). — SCHMITT, F. O.: Physiologic. Rev. **19**, 270 (1939). — SOMMERMEYER u. DEHLINGER: Physik. Z. **40**, 67 (1939). — SVEDBERG, T.: Nature (Lond.) **139**, 1062 (1937).

THREN, R.: Ber. dtsch. bot. Ges. **58**, 471 (1940).

UMRATH, K.: Protoplasma (Berl.) **34**, 469 (1940).

WARTIOVAARA, V.: Biochem. Z. **302**, 277 (1939). — WEBER, H. H.: Naturwiss. **27**, 33 (1939). — WÖHLISCH, E.: Ebenda **28**, 305 (1940).

## 8. Zellphysiologie und Protoplasmatik.

Von SIEGFRIED STRUGGER, Hannover.

Mit 2 Abbildungen.

1. a) **Zytoplasma.** Einen schönen Überblick über die neueren Ergebnisse der polarisationsoptischen Analyse des Zytoplasmas gibt W. J. SCHMIDT. Den ersten Schritt zur direkten mikroskopischen Untersuchung des molekularen Feinbaues des Zytoplasmas hat MENKE mit Hilfe des Elektronenmikroskopes getan. Freilich wurden dabei nur Bruchstücke des toten Zytoplasmas untersucht. Flockige Aggregate bis herunter zum Einzelteilchen konnten beobachtet werden. Nach diesen Befunden erweist sich das Protoplasma aus stäbchenförmigen Einzelteilchen (Länge: 35—45 $\mu\mu$, Dicke: 8—10 $\mu\mu$) zusammengesetzt, die sich zu Ketten anordnen können. Außerdem waren noch kugelige Bausteine (8—10 $\mu\mu$) zu sehen, welche einzeln oder angelagert an Stäbchen in Erscheinung traten. Die Dimensionierung der Stäbchenelemente entspricht der wahrscheinlichen Größe der Eiweißmakromoleküle. Es besteht demnach kein Zweifel, daß hier die Trümmer der ursprünglichen Zytoplasmaarchitektur zum ersten Male direkt gesehen wurden. Diese Befunde lassen sich gut mit den Vorstellungen FREY-WYSSLINGS vereinbaren.

LEPESCHKIN (1, 2) setzte seine Untersuchungen über die Streuung ultraroter Strahlen (Plotnikow-Effekt) durch lebende Zellen fort (vgl. Fortschr. Bot. 9, 116). Sukkulente *Echeveria*-Blattgewebe ergaben mit zunehmendem Alter eine Verminderung der Streuung, was darauf hindeutet, daß die Makromoleküle (von LEPESCHKIN „Vitaide" genannt) wohl mit dem Altern an Größe abnehmen. Bei der Hefe ist nach guter Ernährung eine Verstärkung der Streuung meßbar. Durch die rege Gärungstätigkeit dürfte die nötige Energie geliefert werden, um größere Makromoleküle zu synthetisieren. Dementsprechend zeigt hungernde Hefe eine Abnahme der Ultrarotstreuung. Die Hefeuntersuchungen führten auch zu einer Schätzung des Molekulargewichtes der Makromoleküle im Protoplasma. Sie scheinen etwa die Größenordnung von 17—25 Millionen zu erreichen und sind demnach nicht viel kleiner als die Virusmoleküle.

Mit Hilfe einer rheologischen Apparatur hat PFEIFFER (1) die Fließgeschwindigkeit des Protoplasmas gemessen. Für das nicht-

Newtonsche Verhalten des fließenden Protoplasmas konnten weitere Anhaltspunkte gewonnen werden. Im polarisierten Licht zeigt das fließende Protoplasma eine deutliche zur Fließrichtung negative Doppelbrechung (vgl. Fortschr. Bot. 6, 128). Dies ist nur möglich, wenn fadenförmige Strukturelemente sich beim Fließen parallel ordnen (nematischer Zustand). In diesem Zusammenhange sind die Beobachtungen WEBERS (1) an den zytoplasmatischen Eiweißspindeln in den Epidermiszellen der Blätter von *Valerianella locusta* von Bedeutung. Sie sind doppelbrechend und besitzen fibrillären Bau. Man könnte sich vorstellen, daß sie im strömenden Zytoplasma infolge der Ausrichtung der Fadenmoleküle entstehen. In der Tat lassen vergleichende Beobachtungen zwischen Spindelform und Strömungsrichtung solche Zusammenhänge vermuten. Werden die Zellen mit KCNS plasmolysiert, so verflüssigen sich die Eiweißspindeln. Sie runden sich ab und verlieren ihre Anisotropie.

Am isolierten Plasma der Staminalhaarzellen von *Tradescantia* konnte in Paraffinöl durch PFEIFFER (2) die aktive Kontraktilität des Protoplasmas direkt beobachtet werden. Im Zusammenhange mit den Anschauungen von SEIFRITZ und FREY-WYSSLING ist die Kontraktilität für jedes lebendige Plasma als Grundeigenschaft zu fordern.

STRUGGER (1) konnte an *Allium*-Epidermiszellen, welche in KCNS Kappenplasmolyse aufwiesen, mit Hilfe des Vitalfarbstoffes Acridinorange die äußere Plasmagrenzschicht (Plasmalemma) fluoreszenzmikroskopisch als distinktes Häutchen beobachten. Da diese Grenzschicht den Farbstoff in höherer Konzentration zu speichern vermag als das Mesoplasma, hob sich infolge der Konzentrationsmetachromasie die Plasmagrenzschicht kupferrot fluoreszierend vom grün leuchtenden Mesoplasma ab. Es ist wichtig, daß die HECHTschen Fäden sich gleich verhalten und somit eine nahe Verwandtschaft, wenn nicht eine Identität zur äußeren Plasmagrenzschicht aufweisen. KAISERLEHNER beobachtete an Zellen mit Kappenplasmolyse nach Ca-Behandlung ein Fällungshäutchen, welches nur bei Alkalisalzvorplasmolyse in Erscheinung trat. Hier dürfte dieses vom Ref. beobachtete Grenzhäutchen durch die verdichtende Wirkung des Ca so derb werden, daß es ohne Färbung bei Hellfeldbeobachtung sichtbar wird.

PEKAREK unternahm mit seiner bewährten Methode der mittleren, doppelseitigen Erstpassagezeiten vergleichende Viskositätsmessungen an Epidermiszellen von *Allium cepa*, welche nach längerem Aufenthalt in hypertonischen Alkalisalzlösungen Kappenplasmolyse aufweisen. Im mächtig aufgequollenen Mesoplasma konnte diese Viskositätsmeßmethodik zur Anwendung gelangen. Im Zusammenhange mit der starken Aufquellung des Mesoplasmas ergab sich eine eindeutige Verringerung der Viskosität. So hatte das Plasma im ersten Stadium der Kappenplasmolyse eine rund zehnmal so große Viskosität als destilliertes Wasser. In Zellen mit großen Kappen ergaben sich Werte, die siebenmal so hoch waren und bei stärkster Kappenaufquellung war das Mesoplasma im Vergleich zu Wasser viermal visköser. Es besteht sonach kein Zweifel, daß bei der Kappenplasmolyse eine weitgehende Lösung der Haftpunkte im Eiweißmicellargerüst erfolgen muß. Der Ref. ist aber nicht der Auffassung, daß durch einen solchen Befund die Haftpunkttheorie FREY-WYSSLINGS aufgegeben werden müßte (vgl. HÖFLER (1) S. 170). Auch sehr dünnflüssiges Plasma kann noch ein retikuläres System darstellen.

Nachdem H. SCHMIDT (vgl. Fortschr. Bot. 9, 117) an *Lamium* zeigen konnte, daß bei Trocken- und Feuchtkultur meßbare Änderungen der Plasmaviskosität zu beobachten waren, wird von SCHMIDT, DIEWALD und STOCKER der Versuch unternommen, die Frage zu klären, ob neben solchen phänotypischen Plasmaveränderungen zwischen dürreempfindlichen und dürreresistenten Sorten unserer Kulturpflanzen auch genotypisch bedingte Plasmaverschiedenheiten nachzuweisen sind. Unter Dürreresistenz wird aber dabei nicht die Austrocknungsfähigkeit im Sinne MAXIMOWS sondern „die Fähigkeit einer Sorte trotz verschärfter Trockenbedingungen relativ hohe Erträge zu liefern" verstanden. Zur Ermittlung von Viskositätsunterschieden an Versuchspflanzenplasmen wurde die WEBERsche Plasmolyse-Zeitmethodik in positiver Weise erfolgreich weiter ausgebaut. Da die Endplasmolysezeit nicht in wünschenswerter Schärfe zu erfassen war, wurde das zeitliche Vorschreiten des Auftretens der Perfektplasmolysen innerhalb kurzer Zeitabstände im Schnitt verfolgt. Das Ergebnis läßt sich graphisch darstellen (Ermittlung der Halbwertszeit). Die mittleren Fehler betrugen 2,5%. Gleichzeitig an den Versuchsmaterialien angestellte Zentrifugierungsversuche ergaben eine völlige Übereinstimmung der Ergebnisse mit den Plasmolysezeitmessungen, so daß an der Brauchbarkeit der Plasmolyse-Zeitmethode für Plasmaviskositätsmessungen am geeigneten Objekt nicht zu zweifeln ist. Versuche mit Hafer- und Weizensorten verschiedener Resistenz unter Trocken- und Feuchtkultur ergaben eindeutig das wichtige Resultat, daß innerhalb einer Sorte die Trockenpflanzen eine höhere Viskosität ihrer Plasmen besitzen als die Feuchtpflanzen. Das bestätigt die vorjährigen Befunde SCHMIDTs an *Lamium*. Nicht nur der phänotypische Plasmaviskositätsunterschied war zu beobachten. Es konnte klar gezeigt werden, daß die jeweilige dürreresistente Sorte unter gleichen Kulturbedingungen ein visköseres Plasma besitzt als die dürreempfindliche. Diese Untersuchungen sind ein schönes Beispiel dafür, wie durch einen sorgfältigen positiven Ausbau einer zellphysiologischen Methodik es heute schon möglich ist, genotypische Unterschiede zweier Plasmen messend zu erfassen. Gleichzeitig angestellte Nährstoffmangelversuche ergaben, daß durch K-Mangel die Plasmaviskosität in der Regel herabgesetzt wird, N-Mangel scheint viskositätserhöhend zu wirken. Die elektrische Ladung des Eiweißmicellargerüstes und die damit verknüpfte Hydratation können für solche Viskositätsunterschiede verantwortlich gemacht werden.

Bei Hymenophyllaceen konnte HÄRTEL (1) mit Hilfe der Zentrifugierungsmethodik eine deutliche Viskositätszunahme nach Austrocknen nachweisen. TAKAMINE (1) studierte eingehend die Kaliumchloridplasmolyse der Epidermiszellen der Zwiebelschuppe von *Allium cepa*. Bei sorgfältiger Präparation und bei gesundem Zellmaterial ergeben KCl-Lösungen eine längerdauernde Konkavplasmolyse. Im Gegensatz zu anderen Plasmolyticis ($CaCl_2$ und Rohrzucker) läßt KCl Verschiedenheiten des Materials und die Wirkung verschiedener Vorbehandlungen deutlicher erkennen. Mit zunehmender Azidität nimmt die Plasmolysezeit deutlich ab. Licht übt insofern einen starken Einfluß aus, als es die Plasmolysezeit herabsetzt. Diese Befunde scheinen mir methodisch wichtig zu sein. RUGE kommt bei seiner kritischen Beurteilung der Plasmolyseform und -Zeitmethode dagegen zu negativen Resultaten. Im Zusammenhange mit der Differenzierung der Blattzähne bei *Helodea* ergab sich aber doch mit Hilfe der Plasmolyse-, Form- und Zeitmethodik ein eindeutiges Ansteigen der Plasmaviskosität. Es ist wichtig, daß durch die Untersuchungen RUGEs auf die komplexen Schwierigkeiten dieses scheinbar so einfachen Objektes eingehend hingewiesen wird.

KAMIYA, SEIFRITZ u. KAMIYA konstruierten eine Doppelkammer, in welcher man an Plasmodien durch geeignete Druckdifferenzen ähnlich wie beim Kapillarviskosimeter messende Untersuchungen anstellen kann.

Über die Natur der Plasmodesmen gibt MEÊUSE eine erschöpfende Zusammenfassung.

Zur Frage des Vorkommens von ständigen Bakteriensymbionten in den lebenden Zellen höherer Pflanzen ist zu berichten, daß sich hier die Meinungen schroff gegenüberstehen. Was SCHANDERL als Bakterien anspricht wird von SCHAEDE als Stärkekörner nachgewiesen (*Galium*).

**b) Virusforschung.** Es zeigt sich immer wieder, daß die Virusproteine sich in vielen Zügen den wichtigsten Eiweißbestandteilen der lebendigen Zelle nähern, so daß sogar die Frage, ob Viruseiweißkörper als lebend angesprochen werden sollen, von einzelnen Autoren ernstlich diskutiert wird. Aufbauend auf den grundlegenden Ergebnissen von STANLEY hat im besonderen der botanische Sektor der Virusforschung im letzten Berichtsjahre an Bedeutung gewonnen. Schöne Zusammenfassungen lieferten BAWDEN (1939) und KAUSCHE (1). Mit Hilfe des Elektronenmikroskopes konnten die Stanleynadeln des TM-Virus von KAUSCHE und RUSKA (1) als micellare Aggregate erkannt werden. Von allgemeinem Interesse ist die direkte Beobachtung der Rotflockung des TM-Virus durch dieselben Autoren (2), KAUSCHE (2), mit Hilfe des Übermikroskopes. Zwischen den Goldteilchen und den Virusfäden wurde die elektrostatisch bedingte, $p_H$-abhängige Aggregation direkt verfolgt. Die elektronen-optisch ausgemessenen Größenordnungen der Virusteilchen (TM-Virus) (vgl. Fortschr. Bot. 9, 118) stimmen gut mit den Ergebnissen indirekter physikochemischer Methoden überein. PFANKUCH, KAUSCHE und STUBBE haben das TM-Virus mit Röntgenstrahlen und Gammastrahlen im natürlichen Milieu behandelt. Der sonst immer konstante Virusstamm zeigte nach Bestrahlung häufig Mutanten, welche sich sowohl biologisch (Symptombilder der Krankheit) als auch physikalisch-chemisch charakterisieren ließen. So konnten mit Hilfe nephelometrischer Messungen Verschiedenheiten der Hydratation und Löslichkeit festgestellt werden, auch Viskositätsunterschiede wurden beobachtet. Die Sedimentationsversuche mit Hilfe der Ultrazentrifuge lehrten, daß das Molekulargewicht der Mutanten nicht wesentlich abweichend ist. Ein Zerbrechen der Moleküle findet also bei Bestrahlung nicht statt. Vergleichende Elektrophoreseversuche ergaben, daß die Wanderungsgeschwindigkeit der Mutanten gegenüber dem Ausgangsmaterial eindeutig herabgesetzt ist. Bestimmungen des Phosphorsäuregehaltes machten es wahrscheinlich, daß die Entstehung der Mutanten auf eine Änderung des Nukleinsäureanteiles des Moleküls zurückzuführen ist. Die Strahlenmutanten sind nur im natürlichen Milieu (Pflanze) aufgetreten. Mit gereinigtem Virusprotein war dagegen kein Erfolg zu erzielen. Aus den neueren Versuchen von KAUSCHE u. STUBBE kann hervorgehen, daß die Virusmutanten nicht direkt entstehen, sondern daß primär durch die Röntgenstrahlen das plasmatische Substrat und dann erst das Virusprotein geändert wird (vgl. S. 161).

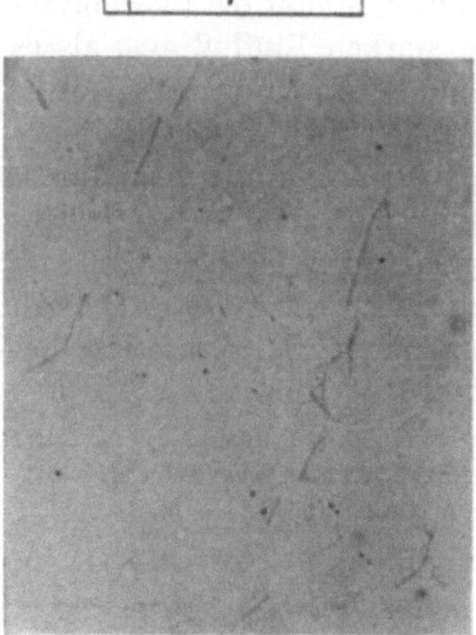


Abb. 34. Die elektronenmikroskopische Darstellung des „Tomatenmosaikvirus Dahlem 1940". (Aus TRURNIT und FRIEDRICH-FREKSA.)

Aus Tomaten gelang es MELCHERS einen neuen Virusstamm zu isolieren, welcher als „Tomaten-Mosaik-Dahlem-1940" bezeichnet wird. Da dieser Stamm dem TM-Virus sehr nahesteht, so erschien es wichtig, mit Hilfe aller zur Verfügung stehenden Methoden beide Viren vergleichend zu untersuchen. Ursprünglich stand nur ein Gemisch von TM-Virus und dem neuen Stamm zur Verfügung. MELCHERS gelang die Trennung der beiden Virusarten auf biologischem Wege. Die von SCHRAMM durchgeführte physiko-chemische Prüfung des neuen Stammes ergab viele Parallelen zum TM-Virus. So war die Sedimentationskonstante völlig gleich, lediglich die Wanderungsgeschwindigkeit im elektrischen Felde zeigte eindeutige Unterschiede. Die von TRURNIT und FRIEDRICH-FREKSA im Laboratorium M. v. ARDENNE durchgeführten elektronen-optischen Untersuchungen an den von MELCHERS und SCHRAMM erarbeiteten Material erbrachte den exakten Nachweis, daß schon im unverarbeiteten Saft infizierter Pflanzen das Virus elektronen-optisch nachweisbar ist. Gesunde Kontrollpflanzen lassen keine fadenförmigen Teilchen im Saft erkennen. Wenn man bedenkt, wie leicht ähnliche Eiweißriesenmoleküle (aus dem Plasma) im Rohsaft enthalten sein könnten, so kann man erst den wissenschaftlichen Wert dieser Kontrolle voll ermessen. Von besonderer Bedeutung ist die gelungene elektronen-optische Unterscheidung zwischen dem TM-Virus und dem neuen Dahlemer Stamm. Mit statistisch klar durchgearbeiteten Methoden ergeben sich eindeutige Längenunterschiede der Fadenmolekel. KAUSCHE und RUSKA (3) untersuchten die Plastidensubstanz mosaikkranker Tabakpflanzen im Elektronenmikroskop. Es konnten tatsächlich Teilchen des TM-Virus in den Chloroplasten nachgewiesen werden.

SCHRAMM und H. MÜLLER haben an gereinigtem TM-Virus durch Einleiten von Keten das Virusprotein schonend azetyliert. Die biologische Aktivität blieb zunächst erhalten. Bei weiterer Ketenwirkung werden nicht nur die freien Aminogruppen azetyliert, sondern auch die phenolischen Hydroxylgruppen, dann geht die Wirksamkeit verloren. Es gelang auch die Darstellung eines biologisch voll wirksamen Phenylcarbaminoderivates, so daß angenommen werden darf, daß die freien Aminogruppen für die Virulenz nicht verantwortlich gemacht werden können. Es besteht Hoffnung, auf diesem Wege tiefer in die Struktur des Virusproteins und in den Mechanismus seiner Aktivität einzudringen.

SHEFFIELD konnte mit Hilfe des Mikromanipulators die Einschlüsse in den Haarzellen viruskranker *Solanum*-Pflanzen auf ihre Konsistenz und Empfindlichkeit gegen chemische Eingriffe prüfen. Es ergaben sich auch in Bezug auf den Feinbau dieser Einschlüsse (Kristallnadeln mit plasmatischer Umgebung) neue Erkenntnisse.

DIEWALD beobachtete an einem Protisten, welcher den Spirochäten nahesteht (*Christispira balbianii*), Virusinfektionen. Die Krankheitssymptome und das Auftreten von Eiweißspindeln in den Zellen werden beschrieben.

**2. Zellkern.** Auch an feinzerteilter (in schwacher amoniakalischer Lösung gelöster und durch $CH_3COOH$ gefällter) Kernsubstanz hat MENKE mit Hilfe des Elektronenmikroskopes Untersuchungen angestellt. Es ließen sich stäbchenförmige Einzelteilchen ($30\ \mu\mu \times 15\ \mu\mu$) erkennen. Über den heutigen Stand der polarisationsoptischen Erforschung des Ruhekernes und der Chromosomen gibt W. J. SCHMIDT ein erschöpfendes und kritisches Sammelreferat. An den ruhenden und sich teilenden Kernen des Pollenkornes und Pollenschlauches von Liliaceen wird von MARQUARDT besonders die morphologische Kontinuität der Chromosomen im Ruhekern klar gezeigt. Wie wichtig die Pollenkornkultur für zukünftige karyologische Forschungen sein wird, geht aus der Mitteilung BRANSCHEIDTS hervor, dem es gelang, bei *Taxus* die Gesamtentwicklung vom Pollenkorn bis zu den reifen Sexualzellen in künstlicher Kultur im hängenden Tropfen zu verfolgen. Daß im Interphasenkern die Prochromosomen in entsprechender Anzahl klar beobachtet werden können, zeigte VIGNOLI an der Urticacee *Debregeasia salicifolia*. Von Interesse ist ferner die Beobachtung PAVULANS, nach welcher die Eikerne der Blütenpflanzen im Laufe ihrer Reife weitgehend ihren Thymonukleinsäuregehalt verlieren. Im Gegensatze dazu bleiben die Pollenkerne nuklealpositiv. Auch dieser Befund spricht für die relative Nichtbeteiligung der Nukleinsäuren beim Vererbungsgeschehen. An den Prothalliumzellen von *Adianthum capillus veneris* beobachteten SAVELLI und CARUSO eine im Licht auftretende Schwärzung des Kernes und besonders der Nukleolen mit der $AgNO_3$-Lösung nach GIROUD.

Durch die Weiterentwicklung der ABBEschen Theorie der mikroskopischen Abbildung hat ZERNICKE zeigen können, daß eine Steigerung der Kontrastwirkung durch die willkürliche Beeinflussung der Phase eines Lichtanteiles möglich ist. KÖHLER und LOOS haben dieses Phasenkontrastverfahren theoretisch und praktisch soweit ausgebaut, daß es für die Strukturforschung an Zellen im ungefärbten lebendigen Zustande gegenüber der üblichen Hellfeld- und Dunkelfelduntersuchung unbedingt im Vorteil ist. MICHEL konnte mit Hilfe des Phasenkontrastverfahrens die Chromosomen im lebendigen Zustande darstellen, als ob sie gefärbt wären. Auch die Auflösung der Scheibenstruktur der Speicheldrüsenchromosomen von *Chironomus* ist mit diesem Verfahren geglückt. Es besteht die begründete Hoffnung, daß durch diesen optischen Fortschritt die Filmung der Kernteilungsvorgänge in den Bereich der technischen Möglichkeit gerückt ist.

Die Vitalfärbung des Ruhekernes erfuhr im Berichtsjahre eine weitere Bearbeitung durch den Ausbau der fluoreszenzmikroskopischen Färbetechnik. Gleichzeitig haben BUKATSCH und HAITINGER einerseits, STRUGGER (1) andererseits auf die Brauchbarkeit des Acridinorange für die Vitalfärbung des Ruhekernes hingewiesen. Der Ref. hat den Färbevorgang physiko-chemisch und zytologisch analysiert und kommt dabei zum Schluß, daß es sich um die Anfärbung des Karyotins mit diesem basischen Farbstoff handelt. Die Färbung wird von den Zellen bestens ertragen. Mit demselben Farbstoff gelang die Vitalfärbung der Chromosomen. Während BUKATSCH (1) in einer kleinen Mitteilung darauf hinweist, daß an den jungen Blattzellen von *Tradescantia* eine Färbung der Chromosomen gelingt, hat gleichzeitig der Ref. (2) an den Staubfadenhaaren derselben Pflanze die Vitalfärbung der Chromosomen mit Acridinorange durch die direkte Beobachtung des Teilungsablaufes am vital gefärbten Material unter Beweis gestellt. Da es sich hierbei um eine Vitalfärbung der Eiweiß- oder Nukleinsäurekomponente der Chromosomen handelt, so gewinnt ein solcher Fortschritt im Hinblick auf die Erfolge DÖRINGS (1938), mit Hilfe von fluoreszierenden Substanzen auf photodynamischem Wege Lichtmutationen auszulösen, an Interesse.

Zur Physiologie der Meiosis ist im Rahmen der Untersuchungen der Freiburger Schule eine Arbeit von WIEBALCK erschienen, welche die Abhängigkeit des Meiosisablaufes vom Kohlehydrathaushalt der Pflanzen untersucht. Ist Mangel an Kohlehydraten vorhanden, so tritt eine Hemmung ein. Offenbar spielen osmotische Regulationen eine große Rolle, denn es konnte gezeigt werden, daß erhöhte osmotische Werte den Ablauf der Meiosis beschleunigen, während erniedrigte eine Verlangsamung bewirken. Dementsprechend wird auch die Bindungsweise der Chromosomen beeinflußt.

Über die Mechanik der schraubigen Aufrollung (Spiralisation ist dafür ein sehr unglücklich gewählter Ausdruck!) des Chromonemas liegen Angaben von SIGENAGA vor. Mit Hilfe abgestuft konzentrierter Lösungen von $KNO_3$ und NaCl erreichte dieser Forscher an den Pollenmutterzellen von *Tradescantia* eine künstliche Entrollung der Chromonemaschrauben. Dabei spielt die quellende Wirkung dieser Salze eine große Rolle. Es kann angenommen werden, daß auch im natürlichen Geschehen bei der Mitose und Meiose Quellungs- und Entquellungserscheinungen beim Form- und Strukturwechsel der Chromosomen führend beteiligt sind. KUWADA und NAKAMURA führten dies an einem schönen Beispiel vor Augen. Zellen mit Prophasenkernen, welche in Wasser gelegt wurden, erleiden innerhalb kurzer Zeit eine Teilungsumkehr. Infolge der Aufquellung wird der Ruhekern wieder rückgebildet.

WADA (1) weist auf ein schönes Untersuchungsobjekt für die Kernteilung in vivo hin. Prothallien von *Osmunda japonica* lassen im Leben sehr deutlich die absolute Trennung der Spindelfigur vom Zytoplasma erkennen.

Eine sehr ansprechende Hypothese zur Erklärung der Chromosomenkonjugation und der identischen Verdoppelung der Nukleoproteide bringt FRIEDRICH-FREKSA. Im IEP treten an den nukleinsäurehaltigen Stellen quer zur Längsachse der Chromosomen Dipolmomente auf. Ist wie bei allen Chromosomen die Verteilung dieser Dipolmomente gleich, so kommt es zur bevorzugten Anziehung der Chromosomen. Wenn die Nukleinsäure das positive Ladungssystem des Eiweißes mit negativer Ladung reproduziert, so könnte man sich vorstellen, daß diese negativen Stellen durch gesetzmäßige Anlagerung positiver Proteinbruchstücke, welche gerade passen, eine identische Verdoppelung der Proteinketten bewirken können. Nach dieser geistreichen Hypothese würde es sich um ein Reproduktionsverfahren über ein „Negativ" handeln. Für die Vermehrung des Virusproteins muß wohl auch eine ähnliche Vorstellung entwickelt werden.

WADA (2) untersuchte eingehend die Colchicinwirkung auf die sich teilenden Staubfadenhaarzellen von *Tradescantia*. Die Spindel bleibt sichtbar. Vielleicht handelt es sich um eine Änderung der Oberflächenaktivität der Spindelsubstanz. Im Gegensatz zu anderen Polyploidisierungsmitteln beeinträchtigt das Colchicin die Lebensfähigkeit der Zellen nicht. Es ist interessant, aus der Arbeit von LEVAN zu erfahren, daß Colchicin und Acennaphthen, welche in gleicher Weise auf die Mitose wirken, bei *Colchicum* sehr verschiedene Reaktionen hervorrufen. Colchicin ist im Gewebe von *Colchicum* völlig wirkungslos, während das Acennaphthen sehr wirksam ist. — Nach NISHINA, SINOTÔ und SATÔ bewirken

Neutronen (Cyclotron) an Wurzelspitzen von *Vicia faba* weitgehend gleiche Schädigungen der Mitose wie Röntgenstrahlen. — Für den Praktiker ist die Feststellung KOSTOFFS wichtig, nach welcher das fungizide Mittel „Granosan" (enthaltend 2 % Äthylmercurichlorid) abnormale Mitosen hervorruft. — Nach den Untersuchungen von KNAPP wird die Mutationshäufigkeit nach Röntgenbestrahlung mit zunehmendem Quellungszustand der Zellen (Samenmaterial) parallelgehend und reversibel erhöht (vgl. auch KAPLAN und WERTZ). Die strahlenempfindlichen Volumina erfahren durch die Quellung eine Vergrößerung. Einen ausgezeichneten zusammenfassenden Bericht über den heutigen Stand der biophysikalischen Analyse des Mutationsvorganges bringt TIMOFÉEFF-RESSOVSKY.

**3. Plastiden.** Nachdem im Laufe der letzten Zeit (vgl. Fortschr. Bot. 9, 121) unsere Kenntnis vom Feinbau der Chloroplasten so erweitert wurde, daß am lamellaren Bauprinzip nicht mehr zu zweifeln

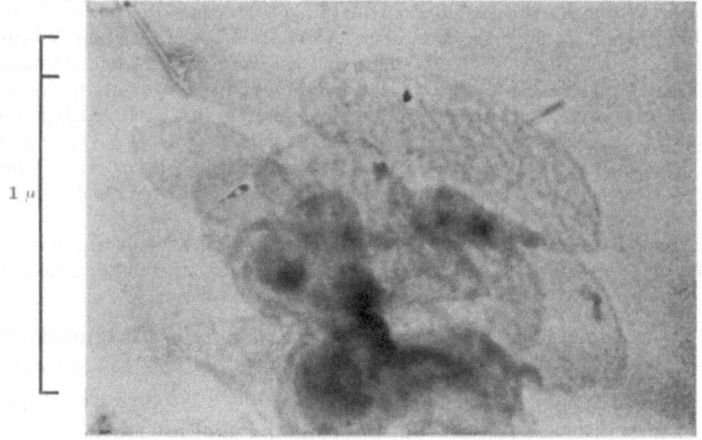


Abb. 35. Strukturierte Lamellen aus den Chloroplasten von *Aspidistra elatior*. Elektronenmikroskopische Aufnahme. Vergr.: 50000 : 1. (Aus MENKE.)

war, hat MENKE den Schritt zur elektronenmikroskopischen Untersuchung in diesem Berichtsjahre getan. Es wurden wässerige Suspensionen zertrümmerter Chloroplastensubstanz (Spinat u. a.) auf den Kollodiumfilm gebracht. Die Beobachtung und mikrophotographische Kontrolle ergab am häufigsten kreisrunde Lamellen von relativ geringer Massendichte mit wechselndem Durchmesser (50 μμ bis 5 μ, Dicke etwa 10 μμ). Außerdem traten Teilchen höherer Massendichte auf, welche demnach dunkler erscheinen. Das Chloroplastenstroma wird durch die hyalinen Lamellen aufgebaut. Die dunkler erscheinenden Teilchen sind rundlich und entsprechen den Grana oder ihren Zerfallsprodukten. Besonders am Spinatmaterial gelang es MENKE, den feineren Bau der Stromalamellen zu studieren, da dieses die Neigung besitzt, leicht zu zerfallen. Es zeigte sich, daß diese Lamellen aus stäbchenförmigen Grundelementen von molekularer Dimension aufgebaut sind. Dieselbe Tatsache ließ sich auch für die dunklere Granasubstanz feststellen. Extraktionsversuche mit Lipoidlösungsmitteln weisen darauf hin, daß alle aufgefundenen Strukturelemente nach der Extraktion erhalten bleiben und somit nicht in ihren Grundbausteinen lipoider Natur sind. Daraus kann der Schluß gezogen werden, „daß die abgebildeten Chloroplastenstrukturen im wesentlichen aus den unlöslichen Proteinen oder wahrscheinlicher Proteiden der Chloroplasten bestehen". Dieser Anfang einer elektronenoptischen Analyse der Chloroplasten ist zweifellos ermutigend und bestätigt unsere Anschauungen über die strukturbildende Rolle der Eiweißkörper im lebendigen Milieu. KAUSCHE und RUSKA (4) konnten die Angaben MENKES bestätigen.

Über die Konsistenz der Plastiden von *Mikrasterias* erhielt EIBL (1) bei Plasmolyseversuchen Aufschluß. Die Chromatophoren sind bei diesem Objekt relativ flüssig, doch konnten in verschiedenen Zellregionen auch Viskositätsunterschiede beobachtet werden.

Die pathologischen Veränderungen von Chloroplasten unter dem Einfluß äußerer Faktoren wurden nach verschiedenen Richtungen hin weiter verfolgt. So verwendeten YAMAHA und SUITA die pathologischen Formänderungen der Chromatophorenbänder in *Spirogyra*-Zellen zur Kennzeichnung der Anionenwirkung verschieden konzentrierter und zusammengesetzter Puffergemische. Oberflächenveränderungen, tropfiger Zerfall, Kontraktion der Schraubenwindungen wurden vielfach als Anionenwirkung festgestellt. Im allgemeinen vermindern Ca- und Mg-Salze die schädigende Wirkung der Puffergemische. Nach EIBL (2) bilden sich in einer 2proz. K-Oleatlösung an den Chromatophoren kleine Lipoidtröpfchen, welche allmählich größer werden und aus den Bändern (*Spirogyra*) austreten (Lipophanerose). Ein schönes Beispiel für eine vakuolige Degeneration der Plastiden beschreibt BIEBL (1, 2). Stark ausgewachsene etiolierte Pflänzchen von *Hookeria lucens* lassen blasig aufgetriebene Chloroplasten erkennen, die von einer semipermeablen Hülle umgeben sind. Demnach ist die Vakuolisation durch eine Plasmolysierung rückgängig zu machen. Die Folge einer mehrstündigen Bestrahlung mit Sonnenlicht hat GESSNER im Zusammenhange mit seinen Assimilationsstudien an Hymenophyllaceen beobachtet. Die Chloroplasten bleichen aus und neigen zur gegenseitigen Verklebung. Die Assimilationsleistung fällt dabei beträchtlich ab.

Die seinerzeit vom Ref. aufgeworfene Frage nach der Assimilationsfähigkeit von Chloroplasten, welche mit Rhodamin B vitalgefärbt sind, wird von PIRSON und ALBERTS an *Helodea canadensis* näher untersucht. Der Ref. konnte mit der Blasenzählmethode keine Assimilationshemmung an vitalgefärbten Helodeapflanzen beobachten. Die manometrischen Untersuchungen PIRSONS und ALBERTS an Blättern, welche in der Farblösung belichtet wurden, ergaben, daß ein allmählicher Abfall der Assimilationsleistung eintritt. Demnach hemmt also die Vitalfärbung der Chloroplasten mit Rhodamin B die Assimilation. Inzwischen konnte aber GESSNER[1] zeigen, daß es sich dabei lediglich um einen photodynamischen Effekt handelt. Werden nämlich vitalgefärbte Helodeapflanzen im Dunkeln längere Zeit belassen, so ist nach Eintritt der Belichtung die Assimilation zunächst normal und der Abfall tritt erst während der Belichtung ein. Somit fallen die kritischen Bedenken PIRSONS und ALBERTS gegen die vom Ref. festgestellte Inturbanz der Rhodamin-B-Färbung fort, da die Funktionstüchtigkeit der Chloroplasten durch die Färbung allein nicht beeinträchtigt wird.

Über die Bedeutung der Ascorbinsäure (Vitamin C) in den Chloroplasten für den Assimilationsvorgang sind die Meinungen noch immer auseinandergehend. Wichtig erscheint mir die Feststellung von BUKATSCH (2), daß im Extrakt aus zentrifugierter Chloroplastensubstanz in allen Fällen mit Hilfe der Dichlorindophenolreaktion Ascorbinsäure nachgewiesen werden kann. Das war auch bei *Vallisneria* und *Helodea* der Fall, welche bisher als Ausnahmen galten (vgl. Fortschr. Bot. 9, 122). WEBER (2) und auch BUKATSCH (2) konnten ferner zeigen, daß Albinos bzw. panaschierte Pflanzenteile gegenüber grünen einen herabgesetzten Vitamin-C-Gehalt aufweisen (Frischgewicht, bezogen auf Trockengewicht war das Verhältnis umgekehrt!). BUKATSCH griff seine Versuche über die Wirkung der Ascorbinsäure auf die photosynthetische Leistung der Plastiden erneut auf. Es ergab sich eindeutig eine steigernde Wirkung. BUKATSCH tritt daher auch entschieden für eine direkte Beteiligung der Ascorbinsäure bei der Photosynthese ein. WEISSENBÖCK ließ Pflanzen in $CO_2$-freier Atmosphäre und verglich den Ascorbinsäuregehalt dieser Pflanzen mit normal assimilierenden. Bei Hemmung der Assimilation nahm der Ascorbinsäuregehalt ab. Keimpflanzen mit Reservestoffvorräten ließen dagegen mit und ohne $CO_2$ keine Unterschiede erkennen. An ergrünten und nichtergrünten Rhizomknollen von *Stachys* konnte WEBER (3) im Zusammenhange mit dem Ergrünen eine Erhöhung des Ascorbinsäuregehaltes feststellen. Dagegen besaßen Keimpflanzen, die durch niedere Temperatur im Licht am Ergrünen verhindert waren, einen höheren Vitamin-C-Gehalt als die im Licht bei Zimmertemperatur ergrünten (WEBER [6]). Daß eine Steigerung der Zellaktivität mit einer Erhöhung des Vitamin-C-Gehaltes einhergeht, machen auch die Versuche WEBERS (4) an gefütterten Droserablättern wahrscheinlich. Über die gebundene Ascorbinsäure in Pflanzen geben Untersuchungen von HOLTZ und REICHEL Zahlenangaben. Bei der Kartoffel sind 30% vermutlich an Eiweiß gebunden.

**4. Vakuole.** Seit den Untersuchungen von GICKLHORN und WEBER (1926) sind in den Korollzellen von Borraginoideen Objekte bekannt geworden, welche sowohl bei Plasmolyse in Zuckerlösung, als auch bei der Vakuolenkontraktion einen erstarrten Zellsaft aufweisen. Das führt zur paradoxen Erscheinung, daß die Plasmolyseform solcher Zellen genau der Zellform entspricht und diese durch die Gestalt des Zellsaftes dem Protoplasten aufgezwungen wird. HOFMEISTER (1) hat mit Hilfe der Mikromanipulationstechnik die Konsistenz dieser Zellsafträume vor und nach der Plasmolyse näher geprüft. Stengel- und Korollzellen besitzen im normalen Zustande einen flüssigen Zellsaft. Wird in Zuckerlösung plasmolysiert, so bleibt der Zellsaft in den Stengelzellen flüssig und erleidet erst nach länger dauernder Plasmolyse eine leichte Ver-

[1] Briefliche Mitteilung.

festigung. In den Korollzellen dagegen tritt schon nach kürzerer Plasmolyse eine Verfestigung ein. Dabei sondert sich im Zellsaft ein äußerer fester Anteil von einem inneren flüssigen, wobei gleichzeitig die Hauptmenge des Anthocyans im äußeren verfestigten Anteil lokalisiert ist. In Kaliumnitrat plasmolysiert bleibt aber der Zellsaft flüssig. In Kalziumchlorid tritt eine Verfestigung ein. Eine mechanische Schädigung der Zellen bewirkt ebenfalls eine Verfestigung des Zellsaftes. Ganz anders dagegen reagieren die Zellsafträume auf die Vitalfärbung mit Neutralrot. Hier entsteht im Inneren des Zellsaftraumes eine verfestigte anthocyanreiche Inkluse, während in den peripheren Räumen der Vakuole flüssiger Zellsaft vorhanden ist. Während nach Plasmolyse eine Wiederverflüssigung des Zellsaftraumes möglich ist, so ist diese nach Neutralrotfärbung nicht mehr zu erzielen. Diese durch Neutralrotbehandlung bedingte Veränderung des Zellsaftes wurde seinerzeit von WEBER (1934) als Synärese gedeutet. Da HOFMEISTER durch Mikroinjektionsversuche mit Neutralrot und vielen anderen ringgeschlossenen, basischen Chinonfarbstoffen eine augenblicklich eintretende Fällungsreaktion in den Zellsafträumen beobachten konnte, ist wohl die Deutung als Synäresevorgang nicht mehr aufrechtzuerhalten. Es handelt sich vielmehr um eine spontane Fällungsreaktion im Zellsaft. Die Eigenschaft bei Plasmolyse, Wundreiz, Spontankontraktion und Vitalfärbung einen verfestigten Zellsaft zu liefern, ist nach diesen sorgfältigen Untersuchungen nur auf die Borraginoideen beschränkt. Die Gewebe einer Pflanze verhalten sich von einzelnen Ausnahmen abgesehen im Prinzip gleichartig. HOFMEISTER (2) unternahm den Versuch, auf histochemischem Wege die Natur der verfestigenden Substanzen zu prüfen. Er konnte es wahrscheinlich machen, daß es sich um Pektinstoffe handelt.

Durch Injektionsversuche an den Epidermiszellen der Zwiebelschuppe zeigt HOFMEISTER (3), daß eine Injektion von Neutralrot in diesem Zellmaterial keine Fällung hervorruft. Methylenblau hingegen erzeugte tropfenförmige Entmischungen. Schön ist der Versuch HOFMEISTERS (3), eine plasmolysierte Zelle durch $H_2O$-Injektion zur Wiederausdehnung zu bringen, wobei der Zellsaft verdünnt wird. Die Folge davon war der Eintritt einer abermaligen Plasmolyse.

Die Anthocyanophoren von *Pulmonaria* werden von HOFMEISTER den verfestigten Zellsäften der Borraginoideen gleichgesetzt. KÜSTER (1) untersuchte diese Objekte erneut. Im Gegensatz zur Anschauung WEBERS deutet KÜSTER die Anthocyanophoren als Ergebnis einer physiologischen Vakuolenkontraktion. In den Haaren von Solanaceen (*Hyoscyamus*-Arten) fand KÜSTER (2) sehr geeignete Objekte zum Studium der Vakuolenkontraktion nach Neutralrotfärbung, welche für plasmometrische Messungen besonders vorteilhaft sind. Als Folge der Neutralrotbehandlung beschreibt KÜSTER (3) das Auftreten von Myelinfiguren im Zellsaft der Mesophyllzellen der Korolle von *Veronica latifolia*.

**5. Zellmembran.** Dieses Kapitel wird im nächsten Berichtsjahre zusammenfassend besprochen.

**6. Stoffaufnahme.** a) Permeabilität. SCHMIDT, DIEWALD und STOCKER führten bei ihren Untersuchungen über die Trockenresistenz auch vergleichende Permeabilitätsmessungen durch. Trocken gehaltene Versuchspflanzen (Hafer) wiesen im Vergleich zu feucht gehaltenen eine Verminderung der Wasser- und Harnstoffpermeabilität auf, während die Glyzerinpermeabilität sich beim Übergang zur Trockenkultur erhöhte. Damit sind die Befunde SCHMIDTS an *Lamium* (vgl. Fortschr. Bot. 9, 125) bestätigt. Auch genotypisch festgelegte Unterschiede in der Trockenresistenz lassen sich im Permeabilitätsversuch unterscheiden. Die Plasmen der trockenresistenten Sorten zeigen gegenüber den empfindlichen Sorten eine erhöhte Permeabilität für Wasser, Harnstoff und Glyzerin. Kalimangelversuche ergaben eine eindeutige Erhöhung der Wasserpermeabilität. Die Autoren kommen zu der Überzeugung, daß mit der Porenpermeation allein die Ergebnisse nicht zu klären sind. Ein Lösungsmechanismus durch den lipoiden Anteil der Grenzschichten wird erörtert.

Im Zuge der Diskussion über die spezifischen Permeabilitätsreihen hat BOGEN als Antwort auf die seinerzeitigen Einwände des Ref. (vgl. Fortschr. Bot. 7, 185; 8, 175) die Harnstoff- und Glyzerinpermeabilität in ihrem Wesen weiter analysiert. Da $p_H$-Verschiebungen innerhalb der Plasmagrenzschichten schwer kontrollierbar sind, hat BOGEN für die Beweisführung zur Quellungsbeeinflussung der Glyzerin- und Harnstoffpermeabilität den Einfluß verschiedener Neutralsalze an den Epidermiszellen von *Rhoeo discolor* untersucht. Na, K, Mg, Ca und Al-Salze bewirken, angewandt in abgestuften Konzentrationen, eine Änderung der Harnstoff- und Glyzerinpermeabilität, deren Richtung und Ausmaß von der Ionenart und Konzentration bestimmt wird. Die methodisch und statistisch sorgfältig gesicherten Ergebnisse lehren, daß die Harnstoffpermeation nach der Adsorptionsreihe der Kationen, die Glyzerinpermeabilität nach der lyotropen Reihe geändert wird. Da beide Ionenreihen Quellungsreihen sind, welche „nur" durch eine Beeinflussung des Eiweißgerüstes der Plasmagrenzschichten zustandekommen können, schließt BOGEN auf eine Nichtbeteiligung der lipoiden Komponenten beim Permeationsvorgang. Harnstoff und Glyzerin können von sich aus den Quellungszustand der Grenzschichteneiweiße und damit die Permeabilität beeinflussen. Das Verhältnis der Permeationskonstanten für Harnstoff und Glyzerin ist demnach absolut genommen nicht spezifisch. Wie weit aber mit der Quellungsänderung des Eiweißsystemes auch eine Veränderung der lipoiden Phasen einhergeht, ist freilich noch sehr ungewiß. Der Ref. weist darauf hin, welch tiefgreifende Änderungen der Verteilung der Lipoide im Plasma Neutralsalze bewirken können (Myelinfiguren, Tonoplasten). Theoretisch gesehen istdurch die schönen Untersuchungen BOGENS eine Sekundärwirkung auf die lipoiden Komponenten noch nicht als ausgeschlossen zu betrachten, da auch Lipoide quellen können.

KREUZ untersuchte die Frage der Salzbeeinflussung der Harnstoff- und Glyzerinpermeabilität vergleichend an verschiedenen Objekten (Harnstoff- und Glyzerintypen). Pflanzenzellen, welche dem Harnstofftypus extrem zugehören, ergaben bei $CaCl_2$-Zusatz immer eine stärkere Hemmung der Harnstoffpermeabilität als die niedrig harnstoffpermeabler Objekte. Vorplasmolyse in $CaCl_2$ und Traubenzucker bewirkten eine Hemmung der Harnstoffpermeation, wodurch die Befunde SCHMIDTs erneut bestätigt werden konnten. Im Verhältnis 1 : 1 hemmt ein Ca-Zusatz die Harnstoffpermeation so stark, daß sie bei *Allium* nur mehr 57,8%, bei *Campanula* 16,5% und bei *Taraxacum* 11,5% gegenüber unbeeinflußtem Material beträgt. Während Ca-Zusatz demnach die Permeation der Anelektrolyte hemmt, wird dagegen die Permeation von $KNO_3$ eindeutig gefördert. Stellt man sich auf den Boden der Lipoidfiltertheorie, so muß man annehmen, daß bei dieser Salzbeeinflussung beide Mechanismen der Stoffpermeation beeinflußt werden.

Mit Hilfe der Leitfähigkeitsmethode untersuchte LEPESCHKIN (3) an Kartoffelscheiben den Einfluß ultravioletten Lichtes auf die Elektrolytexosmose. Primär war eine Verminderung, sekundär eine Verstärkung der Elektrolytexosmose zu beobachten.

L. und M. BRAUNER konnten mit Hilfe der gravimetrischen Methode an *Daucus carota*-Wurzelscheiben eine eindeutige Erhöhung der Wasserpermeabilität durch das sichtbare Spektrum feststellen. Bemerkenswert ist der Befund, daß in hypertonischen Zuckerlösungen die Geschwindigkeit des Wasseraustrittes durch das Licht nicht beeinflußt wird. Wahrscheinlich wird durch die Plasmolyse das sensitive System zerstört (Bildung einer neuen Grenzschicht). Überraschend niedrig ist der Temperaturkoeffizient für die Wasserpermeabilität ($Q$ 10 für 20—25° 1,0800). An Kartoffelgeweben haben L. BRAUNER, M. BRAUNER und M. HASMAN auf gravimetrischem Wege den Wassereintritt unter aeroben und anaeroben Bedingungen untersucht. Innerhalb der ersten 24 Stunden trat in beiden Fällen ein Anstieg des Frischgewichtes in Form einer logarithmischen Kurve in Erscheinung. Unter aeroben Bedingungen stieg die Kurve weiterhin linear an, während anaerob gehaltene Gewebestücke im weiteren Verlauf des Versuches ein Absinken der Kurve zeigten. Anaerob gehaltene Gewebe erfuhren im allgemeinen eine Verminderung der Wasserpermeation. Im Gegensatz dazu steigt die Glucosepermeation unter anaeroben Bedingungen beträchtlich an. Die Autoren konnten die Größenordnung der Wasserpermeation für Kartoffelprotoplasten berechnen. Sie beträgt 170 $\mu$/Std./Atm.

PETROVÁ setzte die Untersuchungen über die Beeinflussung der Permeabilität durch $\alpha$-Strahlen an *Zygnema*-Zellen fort. Sowohl auf plasmolytischem (Kaliumnitrat und Harnstoff), wie auf mikrochemischem Wege (Kaliumjodid) konnte festgestellt werden, daß die in den Schädigungsperioden auftretenden morphologisch gekennzeichneten

Zellen (Zellteilung!) gegenüber den Kontrollen eine Erniedrigung ihrer Permeabilität erfahren. BIEBL fand dagegen, daß nach starker $\alpha$-Strahlenbehandlung die Zellen von Moosblättchen eine erhöhte KCl-Permeabilität aufweisen.

Auf Grund seiner schönen Untersuchungen über die tagesperiodische Bewegung der Blattgelenke von *Phaseolus* kommt MOSEBACH zum Schluß, daß Permeabilitätsänderungen dabei eine entscheidende Rolle spielen.

b) Stoffspeicherung (Vitalfärbung). Mit Hilfe der fluoreszenzmikroskopischen Untersuchungsmethodik hat der Ref. (1) die Aufnahme und Speicherung des basischen Farbstoffes Acridinorange an den oberen Epidermiszellen der Zwiebelschuppe von *Allium cepa* systematisch untersucht. Das Acridinorange zeichnet sich dadurch aus, daß es eine von der Konzentration abhängige Fluoreszenzfarbe aufweist (Konzentrationseffekt). Im niedrigen Konzentrationsbereich fluoresziert es grün, im mittleren gelblich und in hoher Konzentration kupferrot. Auf Grund dieses Konzentrationseffektes gelang es dem Ref., eine neue Methode für die Bestimmung des IEP der Zellmembranen bei Verwendung eines Farbstoffes auszuarbeiten. Unterhalb des IEP werden die Zellmembranen nur imbibiert und sie fluoreszieren grün. Oberhalb des IEP dagegen werden die Farbkationen in der Membranoberfläche adsorbiert und die Membranen fluoreszieren gleißend kupferrot. Für das Zytoplasma und den Zellkern konnte gezeigt werden, daß im gesamten sauren und im schwach alkalischen Bereich eine Farbstoffspeicherung in grüner Fluoreszenzfarbe auftrat. Diese Färbung ist am einwandfrei lebenden Material zu erzielen. Totes oder auch nur lokal geschädigtes Protoplasma dagegen vermag größere Quantitäten des Farbstoffes zu binden, so daß es kupferrot fluoresziert. Damit ist eine brauchbare Methode gegeben, um lebendes von stark geschädigtem bzw. totem Protoplasma auseinanderzuhalten. Mit Acridinorange NO haben BUKATSCH und HAITINGER in schwach alkalischem Medium ebenfalls eine Lebendfärbung des Kernes und des Zytoplasmas erhalten. Selbst eine 18stündige Einwirkung einer Farblösung 1 : 10000 schädigt die *Allium*-Epidermen nicht.

Der Ref. (3) hat den so häufig angewandten Vitalfarbstoff Neutralrot zu fluoreszenzmikroskopischen Beobachtungen herangezogen. Das Neutralrot galt bisher in der Botanik als ausschließlicher Vakuolenfarbstoff. Diese Auffassung beruht darauf, daß alle Untersuchungen bei Hellfeldbeobachtung durchgeführt wurden. Die fluoreszenzoptische Untersuchung lehrte dagegen, daß das Neutralrot in Form seiner stark fluoreszierenden Base aus neutralen und schwach alkalischen Lösungen recht erheblich von den lipoiden Komponenten des Zytoplasmas gespeichert wird. Infolge der schwachen Eigenfärbung der Base mußte diese Plasmafärbung den Beobachtern bisher entgehen. In der Vakuole ist das Neutralrot dagegen in seiner nichtfluoreszierenden ionisierten

Form gespeichert, welche aber im Hellfelde den bisher bekannten Färbungsmodus liefert. Der Ref. warnt davor, aus der Speicherung der Farbbase im Zytoplasma eine alkalische Reaktion abzuleiten. Hier liegt zweifellos eine Lösungsmetachromasie vor.

KÜSTER (4) wirft erneut die Frage nach der Aufnehmbarkeit der sulfosauren Farbstoffe auf. Seine Beobachtungen an Phycomyces lehren, daß das Fuchsin eine Membran- und Vakuolenfärbung intravitaler Natur bewirkt. Der Satz COLLANDERS (vgl. Fortschr. Bot. 9, 128), daß pflanzliche Protoplasten für sulfosaure Farbstoffe undurchlässig seien, läßt sich kaum aufrechterhalten[1]. In seiner Auseinandersetzung mit dem COLLANDERschen Begriff der adenoiden Farbstoffaufnahme betont KÜSTER, daß eine Unterscheidung zwischen physikalischer und adenoider Aufnahme eines Stoffes nicht zweckmäßig erscheint.

SCHOPFER studierte mit Hilfe des Fluoreszenzmikroskopes die Aufnahme des Thiochroms (Dehydrierungsprodukt des Aneurins) durch die Epidermiszellen der Zwiebelschuppen von *Allium cepa*. Zellwände, Zytoplasma und die Vakuole speichern das Thiochrom.

LIESEGANG macht auf die Zusammenhänge zwischen Anfärbbarkeit und Struktur hochpolymerer retikulärer Systeme aufmerksam. Hier wird sich der Vitalfärbungsforschung in Zukunft noch ein weites und fruchtbares Gebiet eröffnen.

**7. Ionen-, Gift- und Strahlenwirkungen, Resistenz und Altern.** HÖFLER (1) weist mit Nachdruck daraufhin, daß zwischen dem osmotischen Wert des Zellsaftes und dem jeweiligen Quellungszustand des Plasmas keine eindeutige und durchgreifende Beziehung zu bestehen braucht. Das Plasma ist häufig bei der Aufquellung aktiv tätig und kann entgegen dem oft ansteigenden osmotischen Wert des Zellsaftes aufquellen. Die durch die Salze des K, Na und Li hervorgerufene Kappenplasmolyse ist für diese Auffassung ein ausgezeichneter Beleg. Die Alkalisalze intrameieren in das Mesoplasma und rufen eine abnorme Aufquellung desselben hervor. Wie PEKAREK zeigen konnte, wird dabei die Plasmaviskosität beträchtlich herabgesetzt. Ebenso sind die Resistenzeigenschaften solcher Zellen grundlegend verändert. Nach einiger Zeit treten in den Kappen Entmischungserscheinungen auf. Es sondert sich ein mikrosomenarmes und reiches Plasma. Zentrifugierungsversuche (KAISERLEHNER) lehrten, daß diese Anteile ein verschiedenes spezifisches Gewicht aufweisen. HÖFLER (2) und KAISERLEHNER untersuchten mit großer Sorgfalt die Reversibilität dieser pathologischen Alkalisalzaufquellung des Protoplasmas nach Behandlung mit Ca-Salzen. Nach 10—30 Stunden waren die Protoplasten völlig normal. Studien über den Ionenantagonismus ergaben, daß im molaren Verhältnis K : Ca 75 : 1 die Kappenquellung gerade noch möglich ist. Wird diese Schwelle überschritten, so ist die Lösung so aequilibriert,

[1] COLLANDER versteht diesen Satz nur im Hinblick auf die Farbstoffanionen. Die Durchlässigkeit für die Moleküle ist dagegen erwiesen und wird auch von COLLANDER als möglich angesehen.

daß die Alkalisalzquellung durch die antagonistische Wirkung des Ca aufgehoben ist. Es ist bemerkenswert, daß die verschiedenen Gewebe der Zwiebelschuppe von *Allium* dabei große Verschiedenheiten aufweisen. Die Rückquellung nach reiner Alkalisalzplasmolyse geht auch in einem K-Ca-Gemisch 1 : 1 oder 2 : 1 vor sich. Man hat die Mechanik des Ionenantagonismus sehr häufig in die äußersten Plasmagrenzschichten verlegt. Auf Grund der Analysen der Wiener Schule muß diese Auffassung dahin modifiziert werden, daß wir den Angriff der Salze im Plasmainneren (Mesoplasma) zu suchen haben. Auch das Ca-Salz muß ins Mesoplasma intrameieren können. HÖFLER vertritt die Auffassung, daß eine so weitgehende reversible Salzaufquellung des Protoplasmas mit der Haftpunkttheorie FREY-WYSSLINGS nicht vereinbar wäre.

HÖFLER und LEGLER untersuchten die Salzresistenz der Diatomeen einer Biocönose aus einem Mineralmoor. Die Zellen wurden in NaCl-Lösungen von steigender Konzentration eingebracht und auf ihr Verhalten sorgfältig untersucht. Die Salzresistenz der Diatomeen ist auffallend hoch, da sie einen raschen Rückgang der Plasmolyse aufweisen. Dabei verhalten sich die verschiedenen Formen wechselnd. Nach der Deplasmolyse trat nach einer gewissen Erholungszeit das Bewegungsvermögen der Zellen wieder zutage. *Anomoeneis sculpta* hatte eine relativ tief gelegene Resistenzschwelle (0,4—0,6 Mol). Dagegen ist *Anomoeneis sphaerophora* durch eine außerordentliche Salzresistenz ausgezeichnet. Selbst 1,8 Mol NaCl wird ertragen und die Zellen bewegen sich in dieser konzentrierten Salzlösung normal. Da der osmotische Wert dieser Zellen einer 0,13—0,18 molaren NaCl-Lösung entspricht, so bedeutet das eine Konzentrationssteigerung um das Zehnfache des Eigenwertes. Salzpermeabilität und Salzresistenz gehen dabei nicht antibat.

Der Einfluß von Elektrolyten auf die Zoosporendifferenzierung im Sporangium von *Phytophthora infestans* wurde von KRÜGER eingehend untersucht. Während die Nitrate der Alkalimetalle bei einer Konzentration von 0,0625—0,0312 Mol die Zoosporendifferenzierung hemmen, erwiesen sich die Schwermetalle wesentlich wirksamer (Pb 0,0000075 Mol, Cu 0,0000037 Mol). Kationen und Anionen ergeben dabei Wirkungsreihen, welche den lyotropen Reihen nahestehen.

Die Wirkung des Austrocknens auf den Inhalt lebender Pflanzenzellen wurde an Schnitten oder abgezogenen Epidermen vieler Pflanzen von ETZ beschrieben. Die Zellen der Konvexepidermis der Zwiebelschuppen von *Allium cepa* konnten eine Austrocknung in Zimmerluft etwa 2—3 Tage lang überleben. Die Semipermeabilität des Tonoplasten bleibt bis zum fünften Austrocknungstage erhalten. Die Schließzellen zeichnen sich gegenüber den Zellen anderer Blattgewebe durch eine geringe Trockenresistenz aus. Nach HÄRTEL (2) sind die Hymenophyllaceen trotz einer gewissen osmoregulatorischen Anpassung recht wenig trockenresistent. Nach Austrocknung in 90—75 % relativer Luftfeuchtigkeit sterben sie ab.

Die Wirkung der α-Strahlen auf die Pflanzenzelle wurde im Berichtsjahre eingehend weiter verfolgt. So bestrahlte BIEBL (2) die Zellen verschiedener Moosblättchen mit einem definierten Poloniumpräparat. Die letale Strahlendosis konnte festgelegt werden. Nach dem Verstreichen der Latenzzeit, welche im allgemeinen 24 Stunden beträgt, sterben die Zellen felderweise ab, so daß sich der Begriff der Halbwertszeit bei Strahlenversuchen an Gewebekomplexen kaum anwenden läßt. Zwischen der letalen Bestrahlungsdauer und der Stärke des Poloniumpräparates besteht eine klare umgekehrte Proportionalität ($i \times t =$ konst.). Die Empfindlichkeit verschiedener Moosarten ist wechselnd, aber recht konstant. An der Zwiebelepidermis von *Allium cepa* wurde nach Dauerbestrahlung eine so weitgehende Zerstörung der Zellulose beobachtet, daß die üblichen Reaktionen negativ verlaufen. Ein höchst eigenartiges Verhalten des Plasmas konnte während der Latenzzeit an Zwiebelepidermen festgestellt werden. Während an unbestrahlten Zellen nur mit hypertonischen Lösungen der Alkalisalze Kappenplasmolyse zu erzielen ist, tritt während der Latenzzeit auch in $MgSO_4$-, Harnstoff-, Zucker- und Glyzerinlösungen eine starke Kappenquellung des Plasmas auf. Im Vergleich zur normalen Kappenplasmolyse (s. oben) ist eine Entgiftung durch Calziumsalzlösungen nicht möglich. Demnach wird die Intrabilität des Plasmalemmas für die verwendeten Plasmolytica nach der Bestrahlung bedeutend erhöht. BIEBL stellte eindeutig fest, daß die α-Strahlenwirkung streng lokalisiert ist und sonach nur an direkt bestrahlten Zellen auftritt. HERČIK (1, 2, 3) studierte die Wirkung der α-Strahlen quantitativ. Zur Tötung der Epidermiszellen der Zwiebelschuppen von Allium cepa sind drei Treffer erforderlich. Die Größe des wahrscheinlich im Zellkern liegenden strahlenempfindlichen Bereiches errechnet HERČIK mit $3 \times 10^2$ Atomen.

Daß die Resistenz von Hefezellen gegenüber Äthylalkohol durch die Strahlen des Sonnenspektrums beeinflußt wird, konnte LEPESCHKIN (4) zeigen. Die Kurve der Lichtabhängigkeit der Giftwirkung deutet einerseits daraufhin, daß die Lichtabsorption der Eiweißkörper, andererseits die der Lipoide daran beteiligt ist. Die photodynamische Empfindlichkeit der grampositiven Bakterien gegenüber Eosin ist nach den Befunden von T'UNG größer als die der gramnegativen. Da durch eine Zugabe von Wasserstoffsuperoxyd die Wirkung verstärkt wird, kann man wohl die Beteiligung oxydativer Vorgänge annehmen. UV-Bestrahlung ruft an den Epidermiszellen der Zwiebelschuppen von Allium eine Erhöhung der Adhäsion des Protoplasten an der Membran hervor, was klar in einer Änderung der Plasmolyseform zu beobachten ist (TAKAMINE [2]).

Die praktisch überaus wichtige Frage nach der Ursache der Resistenz von Kartoffelgewebe gegenüber dem Befall durch *Phytophthora infestans* wurde durch zellphysiologische Untersuchungen von MEYER, MÜLLER und BÖRGER (kurze Zusammenfassung: MÜLLER) bearbeitet. Es entscheidet nicht der Zustand der Zelle, sondern vielmehr der Ablauf der Reaktion darüber, ob ein Kartoffelgewebe gegen Phytophthorabefall resistent ist. Bei anfälligen Genotypen bleiben nach der Infektion die befallenen Zellen merkwürdigerweise länger am Leben als bei den resistenten. Der Ablauf der Nekrose ist bei beiden Typen gleich (Membran-, Plasma- und Kernveränderung). Schließlich werden Gerbstoffmassen, erkenntlich an ihrer braunen Farbe, gebildet und es tritt der Zelltod ein. Der Parasit kann sich bei den nichtresistenten Geweben vollkommen entwickeln, während er bei den resistenten Geweben infolge des raschen Absterbens der Zellen und infolge der Bildung der als Antistoffe wirksamen Gerbstoffmassen unterdrückt wird. Hier liegt ein schönes Beispiel vor, wie die Methoden der Zellphysiologie der Praxis wertvolle Dienste zu leisten vermögen.

PAECH (1, 2) untersuchte den Alterungsvorgang an pflanzlichen Geweben mit Hilfe der Messung der elektrischen Leitfähigkeit. Narkotika bewirken zunächst eine Erhöhung des Widerstandes und dann einen Abfall. Mit fortschreitendem Alter des Gewebes wird der Widerstandsanstieg im Gewebe immer geringer.

**8. Protoplasmatische Anatomie.** RUGE widmet eine eingehende Studie der Untersuchung des Helodeablattes vom Standpunkte der protoplasmatischen Anatomie. Da bisher dieses Objekt weitaus die meisten Resultate zeitigte, ist es von Interesse, aus dieser kritischen Untersuchung zu erfahren, daß die Permeabilitätsverhältnisse der Membran offenbar dazu beigetragen haben, Verschiedenheiten der Protoplasten zu postulieren. Wenn auch manches Ergebnis durch die Befunde RUGEs unsicher geworden ist, so möchte sich der Ref. nicht dem Urteil RUGEs anschließen, daß das Helodeablatt für solche Untersuchungen völlig unbrauchbar wäre.

WEBER (5) untersuchte die Kurzzellen von Iris japonica. Es handelt sich um Spaltöffnungsmutterzellen, welche sich nicht zu Spaltöffnungsapparaten entwickelt haben. Vom Standpunkte der protoplasmatischen Anatomie war es wichtig, das Verhalten der typischen Schließzellen, Kurzzellen und Epidermiszellen vergleichend zu untersuchen. Der osmotische Wert und das Permeabilitätsverhalten gegenüber Harnstoff zeigten eindeutig, daß die Kurzzellen eine Mittelstellung zwischen den Schließzellen und den Epidermiszellen einnehmen. „Die Erwerbung der protoplasmatischen Schließzelleigenschaften setzt also schon sehr frühzeitig ein.“ Schöne Beispiele für die protoplasmatische Anatomie der Hymenophyllaceen-Wedel lieferte mit Hilfe von Plasmolyse- und Vitalfärbungsuntersuchungen HÄRTEL (1).

**9. Bewegungserscheinungen.** Nach FREUDENBERGER reagieren die Stomata auf $CO_2$-Gabe durch eine Öffnungsbewegung. Auch Schwankungen der $CO_2$-Konzentration, welche innerhalb der ökologisch bedeutsamen Grenzen liegen, sind wirksam. — KUSUNOKI konnte zeigen, daß die Plasmaströmung in den Zellen von *Hydrilla verticillata* nach dem Einlegen der Pflanzen in eine 10 % Rohrzuckerlösung (Grenzplasmolysewert) stark beschleunigt wird. Es soll nicht der Wasserentzug, sondern eine mechanische Reizwirkung dafür verantwortlich gemacht werden. KAMIYA und SEIFRITZ und KAMIYA haben in ihrer Doppelkammer mit Hilfe eines Luftüberdruckes die Plasmaströmung eines Plasmodiums mit einem Gegendruck von 20—25 cm Wasser kompensiert. Durch ständiges Kompensieren erreichten die Autoren eine quantitative Verfolgung der Strömungsrhythmik.

Diese ist nicht einfach sondern zusammengesetzt. Das Plasma der Myxomyceten ist demnach ein polyrhythmisches System. Wird mit einer Platinelektrode der Minuspol eines Akkumulators an den Agarboden in einer bestimmten Entfernung vom Frontteil eines kriechenden Myxomycetenplasmodiums angelegt, so wird die Rhythmik verstärkt, während sie nach Anlegen des Stromes in umgekehrter Richtung verkleinert wird (KINOSHITA).

Zur Klärung der Diatomeenbewegung erbringt HOFMEISTER (4) durch seine mikrurgischen Studien neue Tatsachen. Auf Grund der Beweglichkeit der Diatomeenzellen nach dem Festhalten in der Gürtelband- und Schalenansicht kann klar der Schluß gezogen werden, daß der Rhaphenstrom nicht aus Wasser sondern aus einem visköseren Material besteht. Wir sind zur Annahme gezwungen, daß es sich um extrazelluläres Plasma handelt. Denn der Rhaphenstrom ist eindeutig reizbar. Wird er mit einer Mikronadel berührt, so tritt augenblicklich eine Umkehr ein. Auf Grund der Beobachtung der Bewegungsrichtung von Fremdkörpern im Rhaphenstrom kommt MARTENS dagegen zur Überzeugung, daß die Plasmatheorie falsch sei.

## Literatur.

BAWDEN, F. C.: A. News series of plant science books 5 (Leiden) (1939). — BIEBL, R.: (1) Österr. bot. Z. **89**, 300 (1940). — (2) Protoplasma (Berl.) **35**, 187 (1940). — BOGEN, H. J.: Z. Bot. **36**, 65 (1940). — BRANSCHEIDT, P.: Ber. dtsch. bot. Ges. **57**, 495 (1940). — BRAUNER, L., u. M. BRAUNER: New Phytologist **39**, 104 (1940). — BRAUNER, L., M. BRAUNER u. M. HASMAN: Istanbul Univ. Fak. Mec. **5**, 266 (1940). — BUKATSCH, F.: (1) Z. ges. Naturwiss. (Ahnenerbe) **3/4**, 90 (1940). — (2) Planta (Berl.) **31**, 209 (1940). — BUKATSCH, F., u. M. HAITINGER: Protoplasma (Berl.) **34**, 515 (1940).

DIEWALD, K.: Zbl. Bakt. Parasitenkd. u. Infektionskrankh. II, **101**, 449 (1940).

EIBL, K.: (1) Protoplasma (Berl.) **33**, 531 (1939). — (2) Ebenda **34**, 343 (1940). — ETZ, K.: Ebenda **33**, 481 (1939).

FREUDENBERGER, H.: Protoplasma (Berl.) **35**, 15 (1940). — FRIEDRICH-FREKSA, H.: Naturwiss. **28**, 376 (1940).

GEITLER, L.: Naturwiss. **28**, 241 (1940). — GESSNER, F.: Protoplasma (Berl.) **34**, 102 (1940).

HÄRTEL, O.: (1) Protoplasma (Berl.) **34**, 117 (1940). — (2) Ebenda **34**, 489 (1940). — HERČIK, F., M. KLUSÁKOVÁ u. F. ZEMAN: (1) Strahlenther. **67**, 251 (1940). — HERČIK, F.: (2) Ebenda **64**, 655 (1939). — (3) Ebenda **68**, 63 (1940). — HOFMEISTER, L.: (1) Protoplasma (Berl.) **35**, 65 (1940). — (2) Ebenda **35**, 161 (1940). — (3) Z. Mikrosk. **57**, 273 (1940). — (4) Ebenda **57**, 259 (1940). — HÖFLER, K.: (1) Ber. dtsch. bot. Ges. **58**, 292 (1940). — (2) Protoplasma (Berl.) **33**, 545 (1940). — HÖFLER, K., u. FR. LEGLER: Bot. Zbl. **60** (Beih.), 327 (1940). — HOLTZ, P., u. CHR. REICHEL: Klin. Wschr. **1940** I, 461.

KAISERLEHNER, E.: Protoplasma (Berl.) **33**, 578 (1939). — KAMIYA, N.: Science (N. Y.) **92**, 462 (1940). — KAPLAN, R.: Biol. Zbl. **60**, 298 (1940). — KAUSCHE, G. A.: (1) Ber. dtsch. bot. Ges. **58**, 200 (1940). — (2) Biol. Zbl. **60**, 179 (1940). — KAUSCHE, G. A., u. H. RUSKA: (1) Biochem. Z. **303**, 221 (1939). — (2) Kolloid-Z. **89**, 21 (1939). — (3) Naturwiss. **28**, 303 (1940). — (4) Ebenda **28**, 303 (1940). — KAUSCHE, G. A., u. H. STUBBE: Ebenda **28**, 824 (1940). — KNAPP, E.: Fortschr. Röntgenstr. **60**, 1 (1939). — KINOSHITA, S.: Botanic. Mag. (Tokyo) **54**, 52 (1940). — KÖHLER, A., u. W. LOOS: Naturwiss. **29**, 49 (1941). — KOSTOFF, D.: Phytopatholog. Z. **13**, 91 (1940). — KREUZ, J.: Österr. bot. Z. **90**, 1 (1941). — KRÜGER, E.: Arb. biol. Reichsanst. Land- u. Forstw. **23**, 51 (1939). — KÜSTER, E.: (1) Cytologia **10**, 44 (1939). — (2) Ber. dtsch. bot. Ges. **58**, 413 (1940). — (3) Z. Mikrosk. **57**, 311 (1940). — (4) Ebenda **57**, 153 (1940). — KUSUNOKI, S.: Cytologia (Tokyo) **10**, 539 (1940). — KUWADA, J., u. V. NAKAMURA: Ebenda **10**, 492 (1940).

LEPESCHKIN, W. W.: (1) Protoplasma (Berl.) **34**, 161 (1939). — (2) Ebenda **35**, 95 (1940). — (3) Ebenda **34**, 55 (1939). — (4) Ebenda **34**, 3 (1940). — LEVAN, A.: Hereditas (Lund) **26**, 262 (1940). — LIESEGANG, R. E.: Z. Mikrosk. **57**, 307 (1940).

MARQUARDT, H.: Planta (Berl.) **31**, 670 (1941). — MARTENS, P.: Cellule **48**, 279 (1940). — MEÊUSE, A. D. J.: Protoplasma (Berl.) **35**, 143 (1940). — MELCHERS, G., G. SCHRAMM, H. TRURNIT u. H. FRIEDRICH-FREKSA: Biol. Zbl. **60**, 524 (1940). — MENKE, W.: Protoplasma (Berl.) **35**, 115 (1940). — MEYER, G.: Arb. biol. Reichsanst. Land- u. Forstw. **23**, 97 (1939). — MICHEL, K.: Naturwiss. **29**, 61 (1941). — MOSEBACH, G.: Jb. Bot. **89**, 20 (1940). — MÜLLER, K. O., u. H. BÖRGER: Arb. biol. Reichsanst. Land- u. Forstw. **23**, 189 (1939). — MÜLLER, K. O.: Nachrbl. dtsch. Pflanzenschutzdienst **1940**, Nr. 11.

NISHINA, Y., Y. SINOTÔ u. D. SATÔ: Cytologia (Tokyo) **10**, 406 (1940).

PAECH, K.: (1) Planta (Berl.) **31**, 265 (1940). — (2) Ebenda **31**, 295 (1940). — PAVULANS, J.: Protoplasma (Berl.) **34**, 22 (1939). — PEKAREK, J.: Ebenda **34**, 177 (1939). — PETROVÁ, J.: Bot. Zbl. **60**, 333 (1940). — PFANKUCH, E., G. A. KAUSCHE u. H. STUBBE: Biochem. Z. **304**, 238 (1940). — PFEIFFER, H.: (1) Protoplasma (Berl.) **34**, 347 (1940). — (2) Ebenda **35**, 265 (1940). — PIRSON, A., u. F. ALBERTS: Ebenda **35**, 131 (1940).

RUGE, U.: Flora (Jena) **34**, 311 (1940).

SAVELLI, R., u. C. CARUSO: Protoplasma (Berl.) **34**, 484 (1940). — SCHAEDE, R.: Planta (Berl.) **31**, 169 (1940). — SCHANDERL, H.: Gartenbauwiss. **15**, 1 (1940). — SCHMIDT, H., K. DIEWALD u. O. STOCKER: Planta (Berl.) **31**, 559 (1940). — SCHMIDT, W. J.: Protoplasma (Berl.) **34**, 237 (1939). — SCHOPFER, W. H.: C. r. Soc. Phys. Hist. natur. **57**, 1 (1940). — SCHRAMM, G., u. H. MÜLLER: Hoppe-Seylers Z. **266**, 43 (1940). — SEIFRITZ, W., u. N. KAMIYA: Science (N. Y.) **92**, 416 (1940). — SHEFFIELD, F. M. L.: Proc. roy. Soc. Lond. B **845**, 529 (1939). — SIGENAGA, M.: Jap. J. of Bot. **10**, 383 (1940). — STRUGGER, S.: (1) Jena. Z. Naturwiss. **73**, 97 (1940). — (2) Dtsch. tierärztl. Wschr. **48**, 645 (1940). — (3) Protoplasma (Berl.) **34**, 601 (1940).

TAKAMINE, N.: (1) Cytologia (Tokyo) **10**, 302 (1940). — (2) Ebenda **10**, 577 (1940). — TIMOFÉEFF-RESSOVSKY, N. W.: Nova Acta Leopold. **9**, 209 (1940). — T'UNG, T.: Chin. med. J. Suppl. **3**, 304 (1940).

VIGNOLI, L.: Malpighia **17**, 121 (1939).

WADA, B.: (1) Bot. Mag. (Tokyo) **54**, 89 (1940). — (2) Cytologia (Tokyo) **11**, 93 (1940). — WEBER, FR.: (1) Protoplasma (Berl.) **34**, 148 (1940). — (2) Ebenda **35**, 136 (1940). — (3) Ebenda **34**, 1 (1939). — (4) Ber. dtsch. bot. Ges. **58**, 370 (1940). — (5) Protoplasma (Berl.) **35**, 140 (1940). — (6) Ebenda **34**, 314 (1940). — WEISSENBÖCK, K.: Ebenda **34**, 585 (1940). — WERTZ, E.: Strahlenther. **68**, 287 (1940). — WIEBALCK, U.: Z. Bot. **36**, 161 (1940). — WULFF, H. D.: Ber. dtsch. bot. Ges. **58**, 400 (1940).

YAMAHA, G., u. N. SUITA: Cytologia (Tokyo) **10**, 371 (1940).

# 9. Wasserumsatz und Stoffbewegungen.

Von **BRUNO HUBER,** Tharandt.

Mit 2 Abbildungen.

**1. Allgemeines; osmotische Zustandsgrößen.** Die aus der Plasmastruktur leicht verständliche Abhängigkeit sogut wie aller Lebensvorgänge von der Wassersättigung (Hydratur) zeigt sich an immer neuen Beispielen. So berichtet KAPLAN über eine bedeutende Steigerung der Röntgenmutabilität von gequollenem gegenüber ungequollenem *Antirrhinum*-Pollen. Analoge Versuche an Gerstensamen (KNAPP, WERTZ) ergeben eine Steigerung der Bestrahlungsempfindlichkeit mit Quellungsdauer ($1^1/_2$—9 Stunden) und Temperatur. Auch die Befunde von MARQUARDT u. ERNST, die bei Röntgenbestrahlung von unreifem *Antirrhinum*-Pollen eine mehrmals höhere Mutationsrate erhielten als bei Bestrahlung von reifem Pollen, dürften auf dieser Quellungsabhängigkeit beruhen. Ebenso lassen sich die neueren Feststellungen der Freiburger Schule (ZÜRN, WIEBALCK) über den Einfluß von Plastidenfarbe, Assimilation und Kohlehydratgehalt auf den Ablauf der Reduktionsteilung mindestens zum Teil aus dem schon früher (Fortschr. Bot. 7, 197) festgestellten Einfluß des osmotischen Wertes und damit der Plasmaquellung verstehen.

Im Darmstädter Botanischen Institut sind umfangreiche vergleichend-physiologische Untersuchungen über dürreempfindliche und dürreresistente Sorten landwirtschaftlicher Kulturpflanzen im Gange, worüber eine erste Veröffentlichung vorliegt (SCHMIDT, DIWALD u. STOCKER); wir berichten darüber nach Erscheinen der weiteren, bereits angekündigten Arbeiten zusammenhängend. — Ein verdienstvolles Sammelreferat von UPHOF über Halophyten zeigt in erfreulicher Weise, daß das Salzpflanzenproblem seiner einstigen einseitigen Bindung an das Xerophytenproblem längst entwachsen ist und alle Lebensäußerungen zu erfassen sucht; der Schwerpunkt liegt dabei naturgemäß in der Resistenz gegen höhere Salzkonzentrationen, die den Wasser- und Landhalophyten gemeinsam ist und als einziges Kriterium bei der Definition des Halophytenbegriffes anerkannt wird; als gemeinsames Merkmal aller Halophyten erweist sich aber auch ein relativ hoher osmotischer Wert, der zu einem großen Teil auf dem Salzgehalt des Zellsaftes beruht.

Mehrfache Bemühungen, osmotische Werte bereits im lebenden Gewebe kryoskopisch zu bestimmen, hatten sich seinerzeit (Fortschritte Bot. 5, 172) nach WALTERS und WEISMANNS überzeugenden Ausführungen als grundsätzlich aussichtslos erwiesen, da die Eisbildung mechanisch so verlangsamt ist, daß es nicht zu einem Temperaturanstieg bis zum wahren Gefrierpunkt kommt, sondern untypisch tiefere Gefrierpunkte beobachtet und damit zu hohe osmotische Werte vorgetäuscht werden. LUYET u. SHEELEY bestätigen diese Ansicht auf Grund von Modellversuchen, bei denen Lösungen bekannten Gefrierpunktes in einem konstanten Kältebad bei Zusatz von 2,5%, 3,7%, 5%, 7,5% und 10% Gelatine zum Gefrieren gebracht werden. Während die drei niedrigsten Gelatinekonzentrationen zwar die Eisbildung um 2 bzw. 12 und 45 Minuten verzögern, aber dann immerhin eine genügend rasche Eisbildung mit Temperaturanstieg bis zum wahren Gefrierpunkt ermöglichen, erreicht bei 7,5% Gelatinezusatz der Temperaturanstieg diesen Gefrierpunkt nicht mehr und bei 10% kommt es überhaupt zu keinem Temperaturanstieg.

Aus einem Vortragsbericht von SHULL dürfte eine übersichtliche graphische Darstellung der Beziehungen zwischen relativer Feuchtigkeit, Temperatur und Saugkraft pädagogisch willkommen sein. Zwischen 50% und 40% relativer Feuchtigkeit überschreitet die Saugkraft der Atmosphäre bereits 1000, bei 10% relativer Feuchtigkeit 3000 Atmosphären. — Für die Konstanthaltung einer bestimmten Wassersättigung im Substrat, soweit es sich um Saugkräfte unter einer Atmosphäre handelt, sei auf die im vorigen Bericht von WALTER (Fortschr. Bot. 9, 269f.) ausführlich beschriebenen „Tensiometer" hingewiesen, die die Hubhöhe von Quecksilber messen; da die Vermeidung störender Luftblasen nicht ganz einfach ist, geben STOEKELER u. AAMODT für ihre Anwendung in Saatkämpen einige Anweisungen. Ref. findet, daß vor allem in der Samenkontrolle auf diese Weise eine etwas besser definierte Wasserversorgung angestrebt werden sollte.

**2. Wasser- und Nährsalzaufnahme.** Beim Studium der Wasser- und Nährsalzaufnahme fesselt immer wieder am meisten die starke und doch noch immer so ungeklärte vitale Komponente. LUNDEGÅRDH, der durch originelle Versuche und geistvoll verknüpfende Hypothesen die Analyse am weitesten vorwärts zu treiben versuchte (vgl. Fortschr. Bot. **4**, 204; **5**, 195; **6**, 188; **9**, 184), legt im Hinblick auf die Kritik von HOAGLAND u. STEWARD Belegmaterial und Gedankengänge seiner Theorie der Anionenatmung in wesentlich erweiterter Form dar[1]: Versuche mit Getreidesämlingen in verschieden konzentrierten und aus wechselnden Kationen und Anionen kombinierten Lösungen ergeben (vor allem auch im „Sukzedanversuch", d. h. beim Übergang von verdünnteren Lösungen bzw. Leitungswasser in konzentriertere) mit der Steigerung der Anionenaufnahme eine geradlinige Steigerung der Wurzelatmung („Anionenatmung"), während eine ähnlich klare Beziehung zur

[1] Anmerkung bei der Korrektur: In einer eben erschienenen Arbeit versucht ÅLVIK ohne neues Versuchsmaterial die Theorie der Atmungsarbeit bei der Salzaufnahme weiter vorwärtszutreiben („Atmungsarbeitstheorie").

Kationenaufnahme fehlt (Abb. 36)[1]. Bei fehlender Anionenaufnahme verbleibt naturgemäß eine von Objekt zu Objekt verschiedene „Grundatmung". Während diese bei Wurzeln verhältnismäßig niedrig ist und infolgedessen die Existenz einer mit der Anionenaufnahme steigenden Atmungskomponente nicht verschleiern kann, dürften sich stoffwechselträgere Gewebe (Speichergewebe?) anders verhalten; darin erblickt

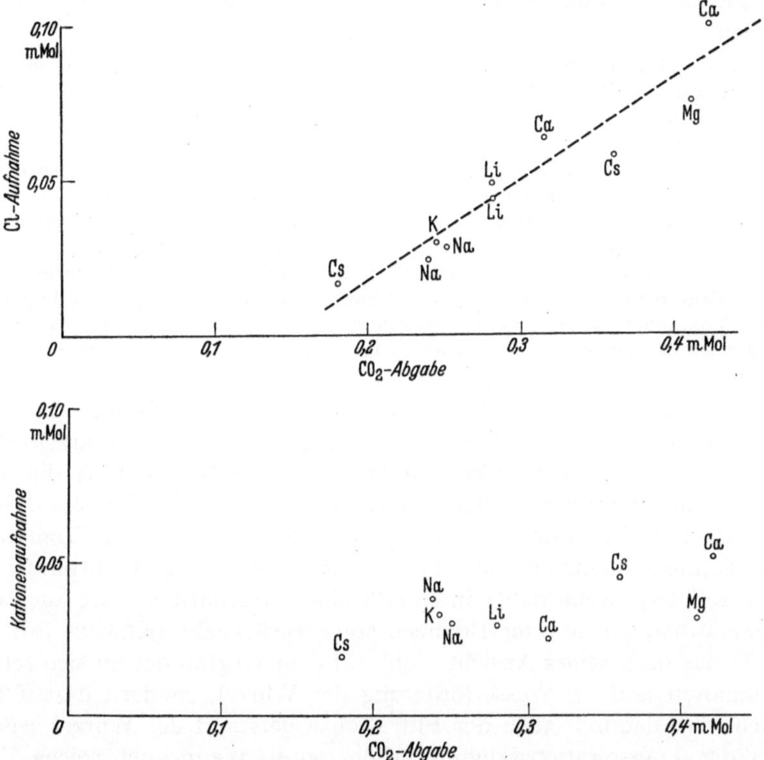


Abb. 36. Beziehung zwischen Ionenaufnahme und Atmung nach LUNDEGÅRDH und BURSTRÖM: Bei der Aufnahme verschiedener Chloride zeigt die Aufnahme des Chlors (oben), nicht aber die der Kationen (unten) deutliche Beziehungen zur Atmung; bei der Wahl anderer Anionen (z. B. $NO_3$) ergibt sich grundsätzlich dasselbe Bild. (Aus LUNDEGÅRDH [1].)

LUNDEGARDH eine der Ursachen für die Nichtbestätigung seiner Befunde durch STEWARD.

Da sich Grundatmung und Anionenatmung in ihrer Sauerstoffabhängigkeit, Narkotisierbarkeit und katalytischen Beeinflußbarkeit

[1] Trotz dieser physiologischen Unabhängigkeit, ja anscheinend sogar verschiedenen Mechanik der Kationen- und Anionenaufnahme muß, wie schon lange klargestellt, auf die Dauer annähernde Gleichheit in der Aufnahme der beiden Ionensorten bestehen, weil es sonst zu einseitigen elektrischen Aufladungen der Wurzel kommen müßte. Nur durch Ionenaustausch (d. h. Abgabe gleichgeladener Ionen) ist eine einseitig bevorzugte Aufnahme möglich.

unterscheiden, nimmt Verf. für beide eine grundsätzlich verschiedene Mechanik an. Er lehnt die Vorstellung ab, daß die Beziehung zwischen Anionenaufnahme und Atmung einfach darauf beruht, daß das Karbonation als Austauschion dient, und betont, daß einfache stöchiometrische Beziehungen zwischen Atmungskohlensäure und Zahl der aufgenommenen Ionen fehlen; die Anionenatmung scheint vielmehr als echte Energiequelle bei der Aufnahme zu dienen, da das Atmungsäquivalent mit sinkender Ionenbeweglichkeit steigt.

Die angedeuteten Befunde führen LUNDEGÅRDH zu neuen Vorstellungen über den Aufbau der die Stoffaufnahme vermittelnden Plasmagrenzschichten: Die schwach negative Eigenladung der Wurzeln soll auf Anwesenheit entsprechender Ionen (vermutlich Phosphorsäuregruppen) in der Plasmagrenzschicht beruhen; nach der Größe der Ladung braucht nur etwa 1 % der Fläche von solchen freien Säuren eingenommen zu sein (so daß der größte Teil der Fläche für anelektrolytische Permeationen freibliebe). Die negative Eigenladung muß die Aufnahme von Kationen begünstigen, während die Aufnahme von Anionen nur unter Aufwand zusätzlicher Energie, eben der Anionenatmung, möglich ist. Auch für deren Mechanik werden in Anlehnung an die Atmungstheorien bereits gewisse hypothetische Vorstellungen entwickelt. Wegen weiterer Einzelheiten dieser vielseitig anregenden Arbeit sei auf die Abschnitte „Zellphysiologie" und „Mineralstoffwechsel" verwiesen.

GESSNER zeigt mit einer einfachen Versuchsanordnung, daß die Blutung von *Boehmeria* bei Verdrängung der Luft im Wurzelballen durch Stickstoff stark sinkt, um bei Zutritt normaler Luft die alte Höhe wieder zu erreichen. KRAMER (1) bestätigt erneut die im deutschen Schrifttum wohlbekannte Tatsache, daß die Blutung von Tomaten- und Sonnenblumenstümpfen bestenfalls 1—5% des Transpirationswassers liefert; wenn daher in einer Kohlendioxydatmosphäre auch die Wasseraufnahme intakter Pflanzen stark zurückgeht (KRAMER [2]), so dürfte das nach seiner Ansicht nicht auf dem Wegfall der an sich schon belanglosen aktiven Wasserförderung der Wurzel, sondern darauf beruhen, daß dadurch auch der Filtrationswiderstand der Wurzel gegenüber der Transpirationssaugung erhöht wird. Wenn auch solche Vorstellungen nach den hier mehrfach referierten Erfahrungen BREWIGS naheliegen, so besteht doch auch die Möglichkeit, daß die Wurzel unter dem Reiz der Sproßsaugung eine höhere aktive Blutung aufweist als geköpfte Wurzelstümpfe.

In Anbetracht der starken Sauerstoffabhängigkeit der Wurzeltätigkeit kommt der Bestimmung des Sauerstoffgehaltes im Boden besondere Bedeutung zu. KARSTEN beschreibt für diesen Zweck eine geeignete Modifikation der eleganten polarographischen Methode. Diese beruht darauf, daß man mittels tropfendem Quecksilber als Kathode einen elektrischen Strom durch den Untersuchungskörper schickt, wobei die angelegte Spannung gleichmäßig fortschreitend erhöht wird; die gleichzeitig registrierte Stromstärke steigt aber nicht gleichmäßig, sondern stufenförmig an, weil jedesmal, wenn unter der zunehmenden Spannung eine neue Substanz ionisiert wird, Leitfähigkeit und Stromstärke sprunghaft zunehmen. Da für jedes Element eine bestimmte Reduktionsspannung charakteristisch ist, wird durch Lage und Höhe der Stufen im „Polarogramm" Art und Menge der betreffenden Stoffe gekennzeichnet. Die speziellen Grundlagen der polarographischen Sauerstoffbestimmung haben VITEK sowie PETERING u. DANIELS geschaffen; über eine Anwendung zur Atmungsbestimmung einzelner Avenakoleoptilen berichten DU BUY u. OLSEN. Eine allgemeine Einführung in die Polarographie gab seinerzeit HEYGROVSKY. Die Herstellung von Polarographen in Deutschland liegt in den Händen der Firma Leybolds Nachfolger, Köln, die auch Prospekte mit ausführlichem Schriftenverzeichnis führt.

3. **Wasserabgabe.** Auf dem Gebiete der Transpirationsforschung liegen u. a. neue Untersuchungen über die Wirkung des Windes (GRIEP), die Transpiration parasitischer Samenpflanzen (HÄRTEL; Transpiration normal, die der Wirtspflanzen aber infolge der Anzapfung stark herabgesetzt), die Transpirations- und Assimilationsunterschiede männlicher und weiblicher Exemplare zweihäusiger Pflanzen (WEILING) und weitere Bemühungen um die Erfassung der Transpiration von Pflanzenbeständen vor (WALTER, OELKERS). Auch Mizellarbau (ZIEGENSPECK) und Reaktionsweise der Spaltöffnungen (FREUDENBERGER) einschließlich der Bewegungen der Atemöffnungen von Marchantiaceen (WALKER u. PENNINGTON) lockten zur Untersuchung. Der Bericht über diese und verwandte Arbeiten soll im nächsten Jahre nachgetragen werden.

4. **Wasserleitung.** a) Radioaktive Indikatoren. In der Erforschung pflanzlicher Saftströme und Stoffbewegungen hat die Einführung geeigneter Bewegungsindikatoren immer wieder eine entscheidende Rolle gespielt. So waren die Fortschritte des letzten Jahrzehntes in erster Linie dem thermoelektrischen Verfahren (HUBER) und den fluoreszierenden Farbstoffen (SCHUMACHER, STRUGGER, ROUSCHAL) zu verdanken. In den letzten Jahren gewinnen daneben, besonders im amerikanischen Schrifttum, die radioaktiven Indikatoren steigende Bedeutung. Ihr besonderer Vorzug liegt in der außerordentlichen Empfindlichkeit ihres Nachweises, der dank der ausgesandten Strahlung schon wenige Atome erfassen läßt. HEVESY hatte auf diese Weise bereits 1923 die Verteilung von radioaktivem Blei in der Pflanze studiert, und HUBER (1) und BAUMGARTNER verwendeten Mesothoriumpräparate zur Bestimmung der Saftsteigegeschwindigkeit in abgeschnittenen Pflanzenstengeln (Feststellung mit dem Elektroskop bzw. Zählrohr). In diesen Fällen handelte es sich aber noch um die Einführung körperfremder Elemente.

Der physiologische Anwendungsbereich erweiterte sich ganz bedeutend, seit es den Fortschritten der Atomphysik gelungen ist, praktisch jedes Element für einige Zeit radioaktiv zu machen; physiologisch entscheidend ist dabei, daß die so erzielten Atome in ihrem chemischen Verhalten völlig den stabilen Elementen entsprechen, gleich ihnen wandern, verteilt und in Verbindungen eingebaut werden. So erscheint es erstmals grundsätzlich möglich, den Weg jedes einzelnen Elementes im Organismus zu verfolgen.

Die Herstellung künstlich radioaktiver Substanzen erfolgte anfänglich durch Bestrahlung mit natürlich radioaktiven Stoffen, heute mit viel größeren Ausbeuten durch extrem harte Röntgenstrahlen, Hochspannungsanlagen von Millionen Volt und vor allem durch das „Zyklotron", eine sinnreiche Kombination von elektrischen Hochfrequenz- und riesigen Magnetfeldern, in denen die Atome zu enormer Beschleunigung und elektrischer Aufladung gebracht werden. Freilich entstehen auch dabei i. a. nur unwägbar kleine Mengen wirklich radioaktiver Teilchen, doch reichen diese für den Nachweis aus. Eine größere Schwierigkeit bedeutet für den Physiologen die vielfach geringe Lebensdauer dieser induziert radioaktiven Stoffe, die sie dann nur für kurzfristige Versuche geeignet macht (die Lebensdauer wird bekanntlich in „Halbwertzeiten" angegeben, in denen die Hälfte der Substanz weiterzerfallen ist).

Mit diesem neuen Hilfsmittel haben auf unserem Gebiete, wie zum Teil bereits früher (Fortschr. Bot. 9, 151; 8, 214) berichtet, HOAGLAND u. a. die von CURTIS zu unrecht angezweifelte Wanderung lebenswichtiger Mineralstoffe im Transpirationsstrom erneut sichergestellt (CURTIS hatte eine Assimilierung und Überleitung in die Phloembahnen bereits in der Wurzel angenommen); erst sekundär erfolgt vom Holzkörper aus seitliche Ausbreitung in Kambium und Rinde; nur nach Beseitigung des Holzkörpers können manche Rinden etwas größere Mineralstoffmengen befördern. WENT stellt fest, daß gleichzeitig mit dem polaren Auxintransport in der Haferkoleoptile ein nichtpolarer Salztransport (radioaktives Br, Na, P) vor sich geht, der demnach — wie wohl niemand anders erwartet hat — einem anderen Bewegungsmechanismus folgt; für seine Hypothese, daß in der Pflanze alle Säuren basalwärts, alle Basen spitzenwärts wandern, sind die experimentellen Beweise, wie er selbst sagt, recht mager. Daß man mit radioaktiven Indikatoren trotz der schwierigeren Einbringung auch an Fragen des Assimilatstromes wird herantreten können, verspricht die erfolgreiche „Markierung" des Tabakvirus durch Einbau radioaktiven Phosphors (BORN, LANG, SCHRAMM u. ZIMMER; s. unten). Sogar die Aufnahme radioaktiver Kohlensäure bei der Assimilation, ihre der eigentlichen Assimilation (auch im Dunkeln) vorangehende Anreicherung durch Bildung von Bikarbonatlösungen, ihre Überführung in organische Substanz (nur zum kleineren Teil Kohlehydrate, zum größeren noch unbekannte lösliche C-Verbindungen) und ihre Wiederveratmung konnte trotz der kurzen Halbwertszeit des Kohlenstoffisotops $C^{11}$ (nur 20 Minuten) verfolgt werden (RUBEN, HASSID u. KAMEN, SMITH, vgl. auch SPOEHR sowie SPOEHR, SMITH, STRAIN u. MILNER). Wir stehen demnach wohl erst am Anfange der Ausnützungsmöglichkeit radioaktiver Indikatoren (vgl. auch die Sammelberichte von HEVESY [2] und HOAGLAND, über dessen Vortrag vor der Pazifischen Sektion der Amerikanischen

Botanischen und Pflanzenphysiologischen Gesellschaft leider erst ein kurzes Referat vorliegt; eine einschlägige Arbeit von BARANOW war mir nicht zugänglich).

b) Weitere Versuche mit fluoreszierenden Farbstoffen. STRUGGER und ROUSCHAL haben die Untersuchung des extrafaszikulären Transpirationsstromes fortgesetzt und stellen nunmehr Veröffentlichungen zum Problem der Wurzel- und Leitbündelscheiden in Aussicht. Was die anatomischen Grundlagen der von STRUGGER nachgewiesenen Imbibitionsströme in den Zellwänden betrifft, so konnten die von FREY-WYSSLING polarisationsoptisch erschlossenen Mikrokapillarsysteme nunmehr von RUSKA mit dem Elektronenmikroskop objektiv photographiert werden: Sie erscheinen als konvex (nicht konkav!) begrenzte Räume, die dem Querschnitt von Baumwoll- und Kunstfasern fast das Aussehen von Siebplatten verleihen; die Maße liegen mit 0,1—0,5 $\mu$ Durchmesser nahe an der mikroskopischen Sichtbarkeitsgrenze.

Auf dem Gebiete der Leitbahnuntersuchungen hat die Verbindung anatomischer und physiologischer Betrachtungsweisen ROUSCHAL einen neuen schönen Erfolg gebracht: Nachdem er im Vorjahr die auffallende Stockung des Transpirationsstromes (d. h. des Aufstieges fluoreszierender Farbstoffe) am Übergang vom Stengel in die Blattstiele auf Verbreiterung der Leitflächen in der rein tracheidalen (durchlaufender Gefäße entbehrenden) Zone des späteren Blattabwurfes zurückführen konnte, analysiert er nun die höchst eigentümliche Wasserleitung der Gräser, die durch die interkalaren Wachstumszonen förmlich blockiert ist. Die Leitflächen im ausgewachsenen Spitzenteil der Blätter sind etwa zehnmal größer und bestehen außerdem aus viel weiteren Gefäßen als an der embryonalen Basis; sie könnten etwa hundertmal so große Wassermengen befördern, als sie die Basis durchläßt. „Die Unterdimensionierung der Leitfläche in der basalen Embryonalzone stellt somit einen inneren begrenzenden Faktor im Wasserhaushalt der halbwüchsigen Blätter dar" und erklärt u. a. die Beobachtung von CONVAY, daß *Cladium mariscus* selbst in Wasser stehend bei übermäßiger Transpiration ausgesprochene Wachstumsstockungen zeigt; CONWAY vermutet, daß eine ähnliche Blockierung auch gegenüber organischen Stoffen vorliegt und bei Monokotylen verbreitet ist.

Von bemerkenswerten Einzelheiten der Arbeit ROUSCHAL sei noch hervorgehoben, daß die Längsnerven vieler Gramineen eine auffallende Arbeitsteilung zwischen weitlumigen Fern- und englumigen Kurzstreckenleitern zeigen, deren verschiedene Arbeitsweise im Fluoreszenzversuch besonders deutlich wird. Die die Leitbündel vieler Grasblätter begleitenden rhexigenen Interzellulargänge (vgl. die bekannte KNYsche Wandtafel vom Maisblatt) sind, wie schon STRASBURGER und BUCHHOLZ richtig angaben, gleichfalls an der Wasserfernleitung beteiligt. Die Angaben von HENRICI (1927) und ZIEGENSPECK, daß die Gräser zu Transpirationseinschränkung kaum befähigt sind (Spaltenstarre) und ihre oberirdischen Teile bei Trockenheit widerstandslos verdorren, werden bestätigt.

c) Sonstiges. Ein sehr wenig leistungsfähiges Wasserleitungssystem besitzen nach HÄRTEL die *Hymenophyllaceen*, die zweifellos den größten Teil ihres Wasserbedarfes durch vorgebildete (nicht kutinisierte) Stellen der Wedeloberfläche aus feuchter Luft oder durch Benetzung aufnehmen. Ihre Leitflächen betragen nur etwa 0,01 mm² pro Gramm Frischgewicht gegen durchschnittlich 0,5 mm²/g bei höheren Pflanzen. Immerhin halten Hymenophyllaceenwedel in Kammern konstanter Feuchtigkeit deutlich höhere Gleichgewichtswassergehalte, wenn sie durch ihre Stiele Wasser aufsaugen können. Da das wenig dichte Leitbündelsystem infolge der hohen Parenchymwiderstände nur die nächstliegenden Zellen ausreichend versorgt, zeigen diese (besonders die Wedelspitzen) eine stark geförderte Transpiration (Anreicherung von Indikatorfarbstoffen).

Das entgegengesetzte Extrem in der Entwicklung des Wasserleitungssystems bei Farnen erreichen einige *Pteridium*-Arten (*P. latiusculum* und *esculentum*), bei denen BLISS einwandfrei durchlaufende Tracheen mit leiterförmiger Gefäßdurchbrechung feststellt und durch ausgezeichnete Mikrophotographien belegt; die zahlreichen übrigen von ihm untersuchten Farne besitzen durchwegs ausschließlich Tracheiden, deren häufig leiterförmige Tüpfelung in keinem Falle mit echten leiterförmigen Durchbrechungen zu verwechseln ist.

Nachdem PRIESTLEY und Ref. die ringporigen Laubhölzer durch physiologische Untersuchungen als hochspezialisierte Typen mit hoher, aber nur wenige Vegetationsperioden erhalten bleibender Wasserleitfähigkeit gekennzeichnet hatten, bestätigt GILBERT durch vergleichend anatomische Untersuchungen diese abgeleitete Stellung der Ringporigen gegenüber den Zerstreutporigen: Die Ringporigkeit zeigt eine starke positive Korrelation zu sonstigen als Zeichen der Spezialisierung bekannten Merkmalen (reduzierte Fasertüpfelung, paratracheale Parenchymbänderung) und eine starke negative Korrelation zu primitiven Merkmalen wie leiterförmiger Gefäßdurchbrechung; auch in der Ontogenie bildet sich die Ringporigkeit vielfach erst allmählich aus und fehlt Keimlingen, einjährigen und Wurzelhölzern. Erdgeschichtlich hat sie während der tertiären Klimaverschlechterung auffallend zugenommen, ist aber noch heute vorwiegend auf die nördliche gemäßigte Zone mit Schwerpunkt im Submediterrangürtel beschränkt (Eichen-Hickory-Region Nordamerikas). — Daß die kurze Funktionsfähigkeit des Wasserleitungssystems Ringporiger in Krisenzeiten gefährlich werden kann, zeigte nicht nur das Ulmen- und Edelkastaniensterben, sondern bestätigt auch HOLDHEIDE, der berichtet, daß im Frühjahr 1940 Edelkastanien, Eschen und manche Eichenarten als Folge von Kambialerfrierungen mangelhaft austrieben oder nachträglich welkten; der noch strengere

Winter 1739/40 hatte nach HAUSENDORFF in großen Teilen Norddeutschlands ein jahrelang fortschreitendes Eichensterben zur Folge.

Mit der thermoelektrischen Methode des Ref. stellt WIENKE fest, daß Reben bei Begießen mit verdünnten Elektrolytlösungen einen viel rascheren Transpirationsstrom aufweisen als bei Begießen mit Leitungswasser; die nähere Analyse der Erscheinung sollen Untersuchungen über den gesamten Wasserhaushalt der Rebe bringen, deren erster Teil (Transpiration) bereits erschienen ist (BOSIAN); die Besprechung erfolgt nach Veröffentlichung des angekündigten zweiten Teiles. — Für diejenigen, die noch immer nicht an die Kohäsionstheorie glauben, zeigen DIXON u. BARLEE, daß die Aufrichtung gewelkter Blätter an scharf geklemmten Sprossen auch dann erfolgt, wenn die Sprosse im Vakuum unter Wasser abgeschnitten werden; hier ist bestimmt nicht der äußere Luftdruck, sondern die Saugkraft der Blätter für den Wasseraufstieg verantwortlich.

5. **Assimilatleitung.** Auf einer Tagung der pazifischen Sektionen der Amerikanischen Botanischen und Pflanzenphysiologischen Gesellschaft fand ein Symposium über Stoffwanderungsfragen statt, bei welchem Frl. ESAU über die anatomischen Grundlagen, BENNETT über Virus-, WENT über Hormontransport, HOAGLAND über radioaktive Indikatoren (s. oben), CURTIS über Plasmaströmung und CRAFTS über Stofftransport in den Siebröhren berichtete. Nach den bisher erschienenen kurzen Vortragsberichten halten die Vortragenden für Transpirations- und Assimilatstrom in den Fernleitbahnen Massenströmungen für bewiesen; sie werden vor allem auch für den Virustransport verantwortlich gemacht, während WENT beim Hormontransport einen Spreitungsmechanismus im Sinne VAN DEN HONERTS für wahrscheinlicher hält. Der Plasmaströmung wurde eine Bedeutung für die Beschleunigung von Stoffwanderungen in Parenchymen zugesprochen. In einer Sitzung der Deutschen Botanischen Gesellschaft erstattete HUBER (2) einen zusammenfassenden Bericht über „Gesichertes und Problematisches in der Wanderung der Assimilate", in dem er von den neuesten Versuchen ROUSCHALS Mitteilung machte, die die Massenströmung in den Siebröhren sicherstellen dürften (s. unten).

Nachdem sich schon im vorigen Bericht besonders in der Virus- und Hormonforschung die Befunde für einen passiven Massentransport im Assimilatstrom gehäuft hatten, zeigen neue Untersuchungen ROUSCHALS (2), daß *selbst die Fluoreszeinwanderung in den Siebröhren, die bisher als stärkste Stütze der Molekularwanderungslehre galt, auf einer passiven Verfrachtung durch eine Massenströmung beruht, was nur durch starke nachträgliche Adsorption des Fluoreszeins am plasmatischen Wandbelag verschleiert wird.* Verf. knüpft an die Beobachtung SCHUMACHERS über die *Polarität der Fluoreszeinwanderung* an, die in den Blattstielen abwärts, in den Stengeln von Pelargonium in unübersichtlicher Weise bald abwärts, bald aufwärts (knospenwärts) führt. Bei Objekten mit eindeutig gerichtetem Assimilatstrom erweist sich *diese Richtung der Fluoreszeinwanderung mit der des Assimilatstromes gekoppelt*: Sie geht in den Blattstielen abwärts, in Triebspitzen und Fruchtstielen des Kürbis stets aufwärts, in den Schäften von Bäumen während der Vegetationsperiode deutlich abwärts, während sie in der Vegetationsruhe langsam und nicht polarisiert ist. Das experimentum crucis, daß hier ein passiver Transport in einer Massenströmung vorliegt, erbrachte der gelungene Versuch, durch eine künstliche Saugung mit der Massenströmung auch die Fluoreszeinwanderung umzukehren: Spritzt man auf der der normalen Wanderrichtung abgekehrten Seite 35—40 cm von der Verabreichungsstelle des Fluoreszeins konzentriertes Glyzerin in die Markhöhle des Kürbis, so erfolgt in Fruchtstielen, Triebspitzen und zum Teil selbst den Blattstielen die Wanderung in der Richtung der osmotischen Saugung.

Die scheinbare Wanderung des Fluoreszeins im Plasma der Siebröhren würde demnach lediglich auf sekundärer Speicherung beruhen; mit dieser Vorstellung ist auch die von SCHUMACHER festgestellte Abhängigkeit der Wanderstrecke von Menge und Konzentration des dargebotenen Fluoreszeins vereinbar, da fernere Teile auch durch eine Massenströmung erst nach adsorptiver Absättigung der näheren Fluoreszein erhalten können.

Bemerkenswert ist noch die Beobachtung ROUSCHALS, daß gewisse extrafaszikuläre Siebröhren in jungen Trieben während des Streckungswachstums entgegen der allgemeinen Polarität Fluoreszein basal leiten und daß beim künstlichen Umkehrversuch auch im Außen- und Innenphloem der bikollateralen Leitbündel entgegengesetzte Strömungsrichtungen auftreten können; damit ist zum erstenmal eine entgegengesetzte Wanderrichtung in verschiedenen Siebröhren desselben Querschnittes beobachtet und eine Möglichkeit für die von PFEFFER geforderte und von verschiedenen Untersuchern der letzten Jahre gelegentlich festgestellte gleichzeitige unabhängige Wanderung verschiedener Stoffe in den Siebröhren eröffnet.

In der Streitfrage der Plasmolysierbarkeit reifer Siebröhren haben sich ROUSCHAL (2) und auf Grund der Versuche ROUSCHALS auch HUBER (2) der Ansicht SCHUMACHERS angeschlossen, daß auch die reifen Siebröhren einen semipermeablen und plasmolysierbaren Wandbelag aufweisen und daß gegenteilige Befunde lediglich der besonderen Empfindlichkeit dieses plasmatischen Wandbelages zuzuschreiben sind. Während SCHUMACHER seine Feststellungen auf enge Siebröhren von Blattstielen und ein- bis dreijährigen Zweigen gründet, gelingt ROUSCHAL trotz der hohen Längswegsamkeit in vielen Fällen auch die Plasmolyse der weiten Siebröhren von Baumstämmen, wenn er das Plasmolytikum in einer aufgeklebten Paraffinwanne auf die freigelegte Safthaut einwirken läßt und erst nachträglich Schnitte zur mikroskopischen Prüfung entnimmt. Auch CURTIS und ASAI berichten kurz über gelungene Siebröhrenplasmolysen und weisen vor allem darauf hin, daß ihre Feststellung, daß Siebröhrensäfte (*Fraxinus*, *Cucurbita*) auf die benachbarten Parenchymzellen plasmolysierend wirken, mit Sicherheit darauf deute, daß die osmotische Wirkung des Siebröhrensaftes in situ durch einen Gegendruck geschwächt wird. Somit darf das Vorhandensein eines semipermeablen Siebröhrenplasmas als entschieden und die Streitfrage als geklärt gelten.

Bestehen bleibt ein deutliches plasmatisches Sonderverhalten der reifen Siebröhren, zu dem neben der Empfindlichkeit gegen den plasmolytischen Eingriff, dem Kernschwund u. dgl. nach ROUSCHAL eine starke Hydratation und Lipoidverarmung gehören; eine Folge dieser Veränderungen ist die bereits bekannte Unmöglichkeit einer Vitalfärbung mit Neutralrot, die nach Fluoreszenzuntersuchungen nicht etwa nur auf einer Überführung des Farbstoffs in die Leukobase infolge des alkalischen Zellsaftes beruht.

Über die wichtigen Beziehungen zwischen Virustransport und Assimilatstrom wurde im Vorjahr ausführlich berichtet. Gute Gesamtüberblicke über das vorliegende Tatsachenmaterial bieten die neuesten Lehr- und Handbücher der Virusforschung (K. M. SMITH, BAWDEN). Das bei BAWDEN dargestellte Schema, wonach Vira aus Blättern stets erst basalwärts in die Wurzel dringen und erst von hier aus aufsteigend die Sproßspitzen infizieren könnten, wird von KUNKEL widerlegt: Eine unmittelbare Infektion von den Blättern nach den Sproßspitzen ist bei Tabak zweifellos möglich, so wie ja auch die Assimilatleitung unmittelbar aufsteigend erfolgen kann. Nach allen Erfahrungen können die Viren geradezu als Indikatoren für Assimilatströme, ihre Richtung und Geschwindigkeit dienen. Nachteilig ist dabei nur ihr verhältnismäßig umständlicher Nachweis, der i. a. die Prüfung des betreffenden Saftes auf Infektionsfähigkeit erfordert. Es verspricht daher für die Verfolgung solcher Fragen eine wesentliche Erleichterung, daß BORN, LANG, SCHRAMM und ZIMMER gewissermaßen eine „Markierung" des Tabakmosaikvirus durch Einbau radioaktiven Phosphors gelungen ist: Sie verabreichen der Wirtspflanze in einer P-Mangellösung radioaktiven Phosphor und stellen nach einigen Tagen fest, daß auch das gereinigte kristallisierte Virus entsprechend seinem P-Gehalt radioaktiv geworden ist.

Zur Klärung gewisser Widersprüche in den Angaben über Virusausbreitung kann die Feststellung BENNETTS (3, 4) beitragen, daß es neben dem raschen passiven Transport im Phloem eine für die einzelnen Viren verschiedene Wanderfähigkeit im Parenchym gibt, bei der außer Diffusion und Plasmaströmung auch aktives Viruswachstum eine entscheidende Rolle zu spielen scheint (Durchwachsen der Plasmodesmen). So ist die Kräuselkrankheit des Tabaks fast ausschließlich phloemmobil, während die Mosaikkrankheit auch eine verhältnismäßig gute Ausbreitungsfähigkeit im Parenchym besitzt.

Noch eine andere Gruppe von Parasiten des Siebröhrensaftes hat sich als wertvoller Mittler des physiologischen Experimentators erwiesen: die Siebröhrensaft saugenden und den Überschuß als Honigtau abspritzenden Blattläuse. LEONHARDT registriert auf einer rotierenden Uhrscheibe die Zahl der von einzelnen Tannenläusen stündlich abgespritzten Tröpfchen und findet dabei einen auffallenden Parallelismus zu dem von HUBER, SCHMIDT und JAHNEL 1937 festgestellten Tagesgang der Siebröhrensaftkonzentration (vgl. Fortschr. Bot. 7, 201); entsprechend der Konzentration des Saftes sinkt vormittags die Zahl der abgegebenen Tröpfchen, um beim Eintreffen der neuen Assimilatwelle wieder anzusteigen (Abb. 37)[1]. Daß diese Deutung des Tagesganges zutrifft, geht daraus hervor, daß Tiere, die an oberwärts verdunkelten Zweigen saugen, diesen Nachmittagsanstieg der Honigtauabsonderung nicht zeigen (gestrichelte Kurve). Es steht zu hoffen, daß sich auf diese Weise, indem man die Tiere in verschiedenem Abstand von den benadelten Trieben ansetzt, auch das basale Fortschreiten der täglichen Assimilatwelle verfolgen läßt; die von HUBER, SCHMIDT und JAHNEL entwickelte Methode der Geschwindigkeitsbestimmung würde auf diesem Umwege auch auf weniger saftergiebige Objekte, insbesondere Nadelbäume anwendbar.

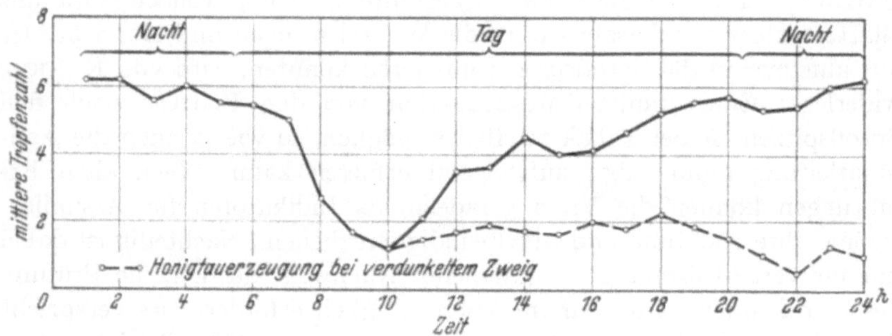


Abb. 37. Tagesgang der Honigtau-Abgabe von Tannenläusen nach LEONHARD (1). Ordinate: mittlere stündliche Tropfenzahl von 50 Versuchstieren; gestrichelt die Honigtau-Abgabe von Tieren die an oberwärts verdunkelten Zweigen saugen.

Daß der von den Bienen bekanntlich eifrig eingebrachte und daher besonders in Tannengebieten (Schwarzwald, Vogesen) wirtschaftswichtige Honigtau von den Bäumen nicht freiwillig sezerniert, sondern von Blattläusen aus den Siebröhren gewaltsam erbohrt wird, wobei der überschüssig aufgenommene Zucker zur Anreicherung anderer Nährstoffe wieder abgesondert wird, ist trotz der „ästhetischen" Hemmungen, die breite Imkerkreise dieser Erkenntnis gegenüber empfinden, nunmehr auch durch eine Reihe zoologischer Untersuchungen (FRANCKE-GROSSMANN, GEINITZ, LEONHARDT (2), Sammelbericht von BRAUN) zweifelsfrei gesichert, nachdem schon die sauberen Beobachtungen der Botaniker NÖRDLINGER, BÜSGEN und RAWITSCHER über diese Tatsache kaum einen Zweifel ließen. Bemerkenswert ist die Feststellung von GORBACH u. WINDHABER, daß im Tannenhonig und anderen aus Siebröhrensäften bzw. Honigtau erzeugten „Blatthonigen" spektralanalytisch eine erheblich größere Zahl von Elementen nachweisbar ist als in Blütenhonigen (23—25 gegen 11—20). Verf. glaubt dies auf stärkere Verarmung an Spurenelementen, die landwirtschaftliche gegenüber Waldböden aufweisen, zurückführen zu sollen; Ref. hält es aber, solange nicht vergleichende Preßsaftuntersuchungen das Gegenteil beweisen, für wahrscheinlicher, daß einfach der gewaltsam erbohrte Siebröhrensaft elementreicher ist als das freiwillige Pflanzensekret des Nektars. Vielleicht

[1] Ein ausgeprägtes Morgenmaximum der Honigtauerzeugung hatte ROMELL bereits 1935 festgestellt.

ist dieses Argument geeignet, daß Mißtrauen gegenüber dem „Laushonig" zu zerstreuen und ihm im Gegenteil eine ernährungsphysiologische Höherbewertung zu sichern.

Zum Schlusse noch einige vorläufig isoliert dastehende Beobachtungen: PHILLIS und MASON stellen bei Baumwolle mit steigenden Kaligaben ein steigendes Verhältnis $\frac{\text{Trockengewicht der Restpflanze}}{\text{Trockengewicht der Blätter}}$ fest und schließen daraus, daß das Kalium die Auswanderung der Assimilate begünstigen müsse; die Zusammenhänge sind aber wohl zu verwickelt, als daß eine solche einfache Korrelationsfeststellung mehr als eine Anregung zu weiterer Kausalitätsforschung bieten könnte. Steigende Stickstoff- und Phosphorgaben lassen eine solche Wirkung auf den „Verteilungskoeffizienten" nicht (N) oder höchstens undeutlich erkennen (P).

CLEMENTS bezweifelt die Ernährung der Früchte des bekannten afrikanischen Leberwurstbaumes (*Kigelia africana*) durch eine Massenströmung, da die von ihm unwahrscheinlich niedrig angegebene Konzentration des Siebröhrensaftes (angeblich nur etwa 1 % Zucker) Geschwindigkeiten von mehreren Stundenmetern erfordern würde. Auch den von MÜNCH postulierten Rücktransport des Lösungswassers im Xylem konnte er nicht feststellen. Was letzteren Punkt betrifft, so hat sich auch Ref. vergeblich bemüht, an halbierten Aesculus-Fruchtstielen und Kartoffel-Stolonen eine Blutung zu beobachten (die eine Hälfte blieb intakt und sollte die Assimilatzufuhr ermöglichen, aus der quer durchschnittenen anderen Hälfte erwartete ich den postulierten Austritt des rückströmenden Lösungswassers); das MÜNCHsche Schema der Fruchternährung steht also noch ohne experimentelle Stütze da. Trotzdem vermag Ref. in den quantitativen Bedenken des Verf. noch viel weniger eine Stütze für andere Anschauungen zu erblicken; die Korrektur der Zuckerkonzentration dürfte vielmehr ohne weiteres zu annehmbaren Strömungsgeschwindigkeiten führen.

## Literatur.

ÅLVIK. G., Bergens Museums Arbok 1941 Naturv. R. Nr 7 (1941).

BARANOW, F. C.: Ber. Akad. USSR., N. F. **24**, 945 (1939). — BAUMGARTNER, A.: Z. Bot **28**, 81 (1934). — BAWDEN, F. C.: Plant viruses and virus diseases. Leiden 1939. — BENNETT, C. W.: (1) Amer. J. Bot. **26**, 675 (1939). — (2) Plant Physiol. **14**, 839 (1939). — (3) J. agricult. Res. **60**, 361 (1940). — (4) Bot. Rev. **6**, 427 (1940) — BLISS, M.: Amer. J. Bot. **26**, 620 (1939). — BORN, H. J., A. LANG, G. SCHRAMM u. K. G. ZIMMER: Naturwiss. **29**, 222 (1941). — BOSIAN, G,: Wein und Rebe **22**, 170, 213 (1940). — BRAUN, R.: Z. angew. Entomol. **24** (1938).

CLEMENTS, H. F.: Plant Physiol. **15**, 689 (1940). — CONVAY, V. M.: Ann. of Bot., N. S. **4**, 151 (1940). — CRAFTS, A. S. s. ESAU. — CURTIS, O. F.: Plant Physiol. **14**, 839 (1939). — CURTIS, O. F., u. G. N. ASAI: Amer. J. Bot. **26**, 16s (1939).

DIXON, H. H., u. J. S. BARLEE: Proc. roy. Dublin Soc. **22**, Nr. 15 (1939). — DU BUY, H. G., u. R. A. OLSEN: Amer. J. Bot. **26**, 21s (1939).

ESAU, K., C. W. BENNETT, D. R. HOAGLAND, O. F. CURTIS, F. W. WENT u. A. S. CRAFTS: Plant Physiol. **14**, 839 (1939).

FRANCKE-GROSSMANN, H.: Tharandt. forstl. Jb. **88**, 1050 (1937). — FREUDENBERGER, H.: Protoplasma (Berl.) **35**, 15 (1940).

GEINITZ, B.: (1) VII. Internat. Kongr. Entomol. Berlin 1938, S. 1778 (1939). — (2) Dtsch. Imkerführer **14**, Nr. 213 (1940). — GESSNER, F.: Ber. dtsch. bot. Ges. **59**, 169 (1941). — GILBERT, S. G.: Bot. Gaz. **102**, 105 (1940). — GORBACH, G., u. F. WINDHABER: Z. Unters. Lebensmitt. **77**, 337 (1939). — GRIEP, W.: Z. Bot. **36**, 1 (1940).

HÄRTEL, O.: (1) Ber. dtsch. bot. Ges. **59**, 136 (1941). — (2) Protoplasma (Berl.) **34**, 117, 489 (1940). — HAUSENDORFF, E.: Z. Forst- u. Jagdw. **72**, 3 (1940). — HEVESY, G. v.: (1) Biochem. Z. **17**, 439 (1923); Ref. Z. Bot. **16**, 345 (1924). — (2) Ann. Rev. of Biochem. 9 (1940). — HEYGROVSKY, J.: In: BÖTTGER, W.: Physikalische Methoden der chemischen Analyse. Leipzig 1933. — HOAGLAND, D. R.: (1) Amer. J. Bot. **26**, 675 (1939). — (2) Plant Physiol. **14**, 839 (1939). — HOAGLAND, D. R., u. F. C. STEWARD: Nature **143**, 1031 (1939). — HOLDHEIDE, W.: Tharandt. forstl. Jb. **91**, 582 (1940). — HUBER, B.: (1) Ber. dtsch. bot. Ges. **50**, 89 (1932). — (2) Ebenda **59**, 181 (1941).

KAPLAN, R.: (1) Z. Abstammgslehre **77**, 568 (1939). — (2) Biol. Zbl. **60**, 298 (1940). — KARSTEN, K. S.: Amer. J. Bot. **26**, 855 (1939). — KNAPP, E.: Fortschr. Röntgenstr. **60** (1939). — KRAMER, P. J.: (1) Amer. J. Bot. **26**, 784 (1939). — (2) Ebenda **27**, 216 (1940). — KRAMER, P. J., u. T. S. COILE: Plant Physiol. **15**, 743 (1940). — KUNKEL, L. O.: Phytopathology **29**, 684 (1939).

LEONHARDT, H.: (1) Anz. f. Schädlingskde **16**, 85 (1940). — (2) Z. angew. Entomol. **27**, 208 (1940). — LUNDEGÅRDH, H.: (1) Lantbrukshögsolans Ann. **8**, 233 (1940). — (2) Nature **143**, 203 (1939); **145**, 114 (1940). — (3) Planta (Berl.) **31**, 184 (1940). — LUYET, B. L., u. S. M. SHEELEY: Amer. J. Bot. **26**, 16s (1939).

MARQUARDT, H., u. H. ERNST: Z. Bot. **35**, 191 (1940).

OELKERS: Mitt. Forstwirtsch. u. Forstwiss. **11**, 35, 143 (1940).

PETERING u. DANIELS: J. amer. chem. Soc. **60**, 2796 (1938). — PHILLIS, E., u. T. G. MASON: Ann. of Bot., N. S. **3**, 889 (1939).

RUBEN, S., W. Z. HASSID u. M. D. KAMEN: J. amer. chem. Soc. **61**, 661 (1939). — ROMELL, L.-G.: Sv. bot. Tidskr. **29**, 391 (1935). — ROUSCHAL, E.: (1) Planta (Berlin) **32**, 66 (1941). — (2) Flora (Jena) **135**, 135 (1941). — RUSKA, H.: Kolloid-Z. **92**, 276 (1940). — RUSKA, H., u. KRETSCHMER: Ebenda **93**, 163 (1940).

SCHMIDT, H., K. DIWALD u. O. STOCKER: Planta (Berl.) **31**, 559 (1940). — SHULL, CH. A.: Plant Physiol. **14**, 401 (1939). — SMITH, J. H. C.: Ebenda **15**, 183 (1940). — SMITH, K. M.: Handb. Virusforsch. **2**, 1324 (1939). — SPOEHR, H. A.: Carn. Inst. Wash. Year Book **39**, 141 (1940). — SPOEHR, H. A., J. H. C. SMITH, H. H. STRAIN O H. W. MILHER: Ebenda **39**, 147 (1940). — STOEKELER, J. H., u. E. AAMODT: Plant Physiol. **15**, 589 (1940).

UPHOF, J. C. TH.: Bot. Rev. **7**, 1 (1941).

VITEK, V.: (1) Chim. et Ind. **29**, 215 (1933). — (2) Coll. Czech. Chem. Comm. **7**, 537 (1935).

WALKER, R., u. W. PENNINGTON: New Phytologist **38**, 62 (1939). — WALTER, H.: (1) Ber. dtsch. bot. Ges. **59**, 114 (1941). — (2) Die Farmwirtschaft in Deutsch-Südwestafrika, ihre biologischen Grundlagen. Berlin 1940. — WEILING, J. F.: Jb. Bot. **89**, 157 (1940). — WENT, F. W.: Plant Physiol. **14**, 365 (1939). — WERTZ, E.: Strahlenther. **68**/2, 287 (1940). — WIEBALCK, U.: Z. Bot. **36**, 161 (1940). — WIENKE, L.: Planta (Berl.) **31**, 22 (1940).

ZÜRN, K.: (1) Jb. Bot. **85**, 706 (1937). — (2) Z. Bot. **34**, 273 (1939). — ZIEGENSPECK, H.: (1) Feddes Repert. **123**, 1 (1941). — (2) Bot. Zbl. **60 A** (Beih.), 483 (1941).

## 10. Mineralstoffwechsel.

Von **KARL PIRSCHLE**, Berlin-Dahlem.

**Grundnährstoffe.** Aus Leitfähigkeitsmessungen an hämolysierten Erythrozyten schließen TARUSOV u. BURLAKOVA, daß das ***Kalium*** nicht in freier Form im Plasma vorliegt, sondern an größere Moleküle, wahrscheinlich an Eiweiß, gebunden ist. Dieser Befund ist im Hinblick auf die Vorstellungen über den Zustand des K in Pflanzen (vgl. Fortschr. Bot. **9**, 185/86; **7**, 212; **6**, 172, 188; **2**, 178/79) beachtlich. Isolierte Chloroplasten enthalten nach MENKE K, Ca, Mg und P. K läßt sich bei der Dialyse leicht auswaschen, so daß NEISH wohl deshalb die Chloroplasten K-frei fand. Wenn dem K eine unmittelbare Bedeutung bei der Assimilation zukommt (vgl. Fortschr. Bot. **7**, 208), so kann sich diese Wirkung im Chloroplasten selbst auswirken. Über seine Untersuchungen an *Chlorella* hinsichtlich K und $CO_2$-Assimilation (vgl. Fortschr. Bot. **7**, 208) berichtet zusammenfassend PIRSON.

Ersatz von K durch Na (vgl. Erg. Biol. **15**, 77; Fortschr. Bot. **9**, 163; **5**, 187) hat gehemmtes Wachstum zur Folge (SAMOKHVALOV); wenn ein solcher Ersatz in späteren Entwicklungsstadien besser vertragen wird, so erklärt sich das wohl dadurch, daß Na den Transport des in der Pflanze schon vorhandenen K erleichtert. Nach WIENKE fördern K-Salze beträchtlich die Geschwindigkeit des Transpirationsstroms. ALTEN u. HAUPT finden mit steigenden K-Gaben den Argininggehalt bei *Avena* erhöht, bei *Lolium* erniedrigt, den Tryptophangehalt bei beiden erniedrigt, den Tyrosingehalt unverändert. Auch bei Kartoffel erhöht K-Düngung den Argininggehalt in Knollen und Blättern, dieser höhere Gehalt an Arginin dürfte mit ein Grund sein für den mit steigenden K-Gaben deutlich abnehmenden Befall durch *Phytophthora infestans* (ALTEN u. ORTH); nur mit NP gedüngte Parzellen zeigten die höchste Anfälligkeit. K-Mangelpflanzen von Tabak enthalten nach DAY weniger Stärke (vgl. Fortschr. Bot. **9**, 161). Unter Hinweis auf das parallele Ansteigen des K- und Stärkegehalts in der Kartoffel und in Getreidekörnern spricht SCHMORL von einer organischen Verknüpfung der natürlichen Stärke mit K- und Ca-Phosphaten.

Nach NOGUCHI nimmt bei Reis mit steigenden K-Gaben die Dicke des Halmes zu (vgl. Fortschr. Bot. **9**, 161, **7**, 211, usw.), ebenso die Verholzung der Zellwand (etwa 2% mehr Lignin), wodurch die Lagerfestigkeit verbessert wird. OUNSWORTH findet bei Sellerie durch K-Mangel vor allem die Wurzelbildung beeinträchtigt. Mehrjährige Wiesendüngungsversuche von SCHMITT bestätigen die gute Wirkung einer K-Düngung auf den Heuertrag und Eiweißgehalt, die hochprozentigen Kalisalze erwiesen sich dem Kainit überlegen. Nach AAMISEPP u. VAHER verkürzt K-Düngung die Kochdauer von Erbsen (P und Ca verlängert).

Von Hefe wird K parallel mit der Zuckeraufnahme bzw. -abgabe aufgenommen bzw. abgegeben (PULVER, PULVER u. VERZÁR), was auf enge Zusammenhänge hindeutet (CONWAY u. BOYLE), auch TANAKA betont den zeitlichen Zusammenhang zwischen stärkster K-Aufnahme und Alkohol- bzw. Milchsäureproduktion. Bei der Muskelkontraktion wird K abgegeben (VERZÁR u. SAMOGYI), so daß hier gleichfalls an enge Beziehungen zwischen K und Kohlehydratstoffwechsel zu denken ist (SAMOGYI u. VERZÁR), etwa an eine wesentliche Bedeutung des K bei der Phosphorylierung (vgl. hierzu und hinsichtlich der allgemeinen physiologischen Rolle des K FENN).

Eine Notwendigkeit von ***Kalzium*** für Grünalgen ist im allgemeinen bezweifelt worden (vgl. Erg. Biol. 15, 84/85; Fortschr. Bot. 9, 165; 7, 212). Für *Desmidiazeen* hat WARIS eine Notwendigkeit sehr kleiner Mengen nachgewiesen (Fortschr. Bot. 6, 174). Mit sorgfältiger Methodik zeigt nun STEGMANN, daß für *Chlorella vulgaris* var. *pyrenoidosa* Ca unentbehrlich ist, allerdings genügen schon winzige Mengen (0,1 $\gamma$ je 100 ccm) für optimales Wachstum. Derart hat Ca für *Chlorella* den Charakter eines „Spurenelements" (NOACK, PIRSON u. STEGMANN), es hat hier einen noch höheren Wirkungsfaktor als Zn und im Gegensatz zu diesem keinen spezifischen Einfluß auf die Chlorophyllbildung. Ein Ersatz von Ca durch Mn ist nur sehr beschränkt möglich, die Empfindlichkeit gegen Ca-Mangel ist $p_H$-abhängig und hat bei schwach saurer Reaktion ($p_H$ 5,8) ein Minimum. Im Stoffwechsel von *Chilomonas paramaecium* können sich Ca und Mg weitgehend vertreten, doch sind beide notwendig (MAST u. PACE); bei Fehlen von Ca oder Mg entstehen mehrkernige Mißbildungen, dann gehen die Kulturen ein, wenn sie die (auch in reinsten Präparaten vorhandenen) Spuren aufgebraucht haben. Nach ONDRATSCHEK ist Ca für *Chilomonas paramaecium* höchstens in Spuren notwendig, Fe ist unentbehrlich (und ferner Aneurin als Wachstumsfaktor, 1 $\gamma$% optimal, $10^{-5}$ $\gamma$% noch erkennbar).

Enge Parallelen zwischen Ca- und Oxalsäuregehalt findet OLSEN bei verschiedenen Pflanzen (vgl. Fortschr. Bot. 6, 174; 2, 161). In jenen Formen, welche Oxalsäure bilden, ist der größte Teil des Ca an diese Säure gebunden, in Buchenblättern liegen z. B. nur 9% in freier Form vor, in dem Oxalsäure nicht bildenden Huflattich dagegen 35%. An Sojabohnen beobachtet HAMNER bei Ca-Überschuß außer allgemeiner Wachstumshemmung Rotfärbung der Blattstiele und Mittelrippen, bei Ca-Mangel hellbraune Verfärbung der Blätter. Die Kalkchlorose der Lupine (vgl. Fortschr. Bot. 6, 177) führt PARSCHE auf Grund weiterer Untersuchungen darauf zurück, daß Ca den Verbrauch an Kohlehydraten beschleunigt und die dadurch behinderte Eiweißsynthese zu einer Ammoniakanhäufung führt, die die Fällung von Fe begünstigt. — Die außergewöhnlich hohe Zuckerpermeabilität der Diatomeen ist mit einer erstaunlich hohen Durchlässigkeit für Alkali- und Erdalkalisalze verbunden (HÖFLER), so daß „zum erstenmal an Pflanzenzellen die Permeation eines Ca-Salzes plasmometrisch faßbar und vergleichbar mit derjenigen der Alkalisalze und Anelektrolyte" war.

Kaulquappen scheiden bei Bestrahlung mit kurzwelligem Licht erhebliche Mengen Ca aus (MERKER), was mitspielen dürfte, daß feuchthäutige Tiere in kalkarmen Gewässern durch Licht mehr gefährdet sind als in kalkreichen. — Über die umdeterminierende Wirkung von *Li* auf Seeigeleier (Erg. Biol. 15, 76) vgl. neuerdings HÖRSTADIUS u. STRÖMBERG. LINDAHL macht besonders die Atmungshemmung durch Li (und als Folge davon Anhäufung saurer Zwischenprodukte und Veränderungen im Redoxpotential) für die Vegetativisierung der Keime verantwortlich.

***Magnesium.*** GRAČANIN (1) und CAROLUS u. BROWN beschreiben eingehend die Mg-Mangelschäden (chlorotische Flecken oder Streifen auf den Blättern) von Kulturpflanzen (vgl. Fortschr. Bot. 9, 165), auf Mg-armen Böden in Virginia hatte Mg-Düngung beachtliche Mehrerträge zur Folge. *Citrus*-Gewächse (Orange, Zitrone, Grapefruit) neigen leicht zu Mg-Mangelschäden (CAMP u. FUDGE). Chlorose als Folge von Mg-Mangel bei Salat beschreibt WOODMAN, bei Reis macht sich Mg-Mangel in einer Weißspitzigkeit der Blätter (white tip) bemerkbar (MARTIN). Nach ENGELS waren $^1/_5$ der untersuchten Böden, besonders saure und Sandböden, Mg-bedürftig und würden eine Mg-Düngung lohnen. Auf extremen Sandböden kommt das Mg leicht ins Minimum (SCHARRER u. SCHROPP), mit steigenden Mg-Gaben nahm der Mg-Gehalt der Pflanzen zu, der Ca-Gehalt ab (vgl. Fortschr. Bot. 9, 163, 185).

Bei *Aspergillus niger* ist Mg schon für die Sporenkeimung unbedingt erforderlich (KAUFFMANN-COSLA u. BRÜLL); K, Si, Fe, Zn, Cu sind für diesen ersten Entwicklungsschritt nicht nötig, aber nützlich. Nach BERNHAUER, IGLAUER, KNOBLOCH u. ZIPPELIUS beschleunigt Mg bei *Aspergillus* Atmung und Zuckerverbrauch, auch den Abbau der Zitronensäure.

Die von EULER, GÜNTHER u. ELLIOT in Erbsen und Hefe gefundene Isozitronensäuredehydrase wird durch Mg und Mn aktiviert (vgl. Fortschr. Bot. 7, 213; 6, 177; 1, 163). ROCHE u. BULLINGER gewinnen aus Pferdeerythrozyten eine Phosphomonoesterase $A_1$, die durch Mg stark aktiviert wird und wohl mit den Phosphatasen aus anderen Geweben identisch ist; in weitaus größerer Menge ist eine durch Mg nur wenig aktivierbare (und durch Fluorid ebenso wenig hemmbare) Monophosphatase $A_4$ vorhanden. Die Wirkung von Kochsaft und Adenylsäure auf die Glykogenphosphorylierung durch Muskelpulver wird nach BODNÁR u. TÁNKO durch Mg nur wenig verstärkt. Nach ELSDEN erhöht Mg allein den $O_2$-Verbrauch von Muskelbrei nur wenig, zusammen mit Dikarbonsäuren erfolgt eine starke (und nicht bloß additive) Steigerung der Atmung. — Die geradezu verheerenden Folgen einer (experimentell allerdings nicht ganz leicht realisierbaren) Mg-Mangelkost auf Ratten beschreiben DUCKWORTH, GODDEN u. WARNOCK: Mg-Schwund in den Knochen, Krämpfe, Vasodilatation, Spasmophilie, nach 12—15, höchstens 20 Tagen Absterben. Die entwicklungsanregende

Wirkung von UV-Strahlung auf Nereis-Eier wird durch Mg in bestimmten Konzentrationen gehemmt (WILBUR), Ca hebt die hemmende Wirkung des Mg auf.

***Phosphor.*** Nach Versuchen von MICHAEL u. HEIDECKER mit Spinat haben steigende P-Gaben fast ausschließlich ein Ansteigen des anorganischen P und der löslichen Phosphorsäureester zur Folge (vgl. Fortschr. Bot. 9, 167); junge Blätter sind reicher an Phosphatid- und Nukleoprotein-P als ältere. Auf den Eiweißgehalt wirkt zusätzliche P-Düngung nicht unbedingt fördernd (Versuche mit Gerste von SCHMITT u. SCHINEIS und SCHROPP u. ARENZ), es spielt die Wasserversorgung, die „Harmonie" der Nährstoffe u. a. mit. Am besten wirken P-Gaben zur Zeit der vegetativen Entwicklung bis zum Schossen (OVECHKIN). Bei Tabak nimmt mit steigenden P-Gaben der Wassergehalt zu, dagegen vermindert sich der Gehalt an organischen Säuren (WARD u. PETRIE).

Nach JAMES u. ARNEY steigert P-Zugabe die Atmung von isolierten Erbsenembryonen in Rohrzuckerlösung. Wenn ohne Zucker solche Atmungssteigerungen nicht immer zu beobachten sind und im Dunklen keimende Gerste überhaupt keine Steigerung aufweist, so ist daran der Mangel an Kohlehydraten schuld. In Untersuchungen über die P-Fraktionen in keimender Gerste findet ARNEY Phytin nur in kleinen Mengen, Kreatin- und Argininphosphat überhaupt nicht. Nach YOUNG u. GREAVES beträgt der Gehalt an Phytin-P 52,3—94,3% des Gesamt-P, die Unterschiede im Phytingehalt verschiedener Sorten sind größer als die durch verschiedene Düngung bedingten. Lebende und frisch getrocknete Hefe überführt Orthophosphat in Pyrophosphat und umgekehrt; bei $p_H$ 3,5 überwiegt die Spaltung, bei $p_H$ 7 die Bildung von Pyrophosphat, die übrigens durch Mazerationssaft nicht zu erzielen war (MALKOV u. KAL). Mit zunehmendem Alter (längere Aufbewahrung) nimmt die Fähigkeit der Muskeln zum Aufbau von Hexosediphosphorsäure oder Glyzerinphosphorsäure immer mehr ab, ferner wird die noch gebildete Hexosediphosphorsäure immer unvollständiger dismutiert (JITARIU u. LEHNARTZ).

Nach P-Gehalt, elektrischer Leitfähigkeit und H-Ionenkonzentration lassen sich zwei Gruppen von Stärke unterscheiden: eine Kartoffelgruppe (Stärke von *Curcuma*, *Canna*, Kartoffel, *Amorphophallus*, Winterrettich, *Musa*, *Colocasia*, *Maranta*, *Metroxylon*, *Arenga*, Roßkastanie, *Arum*, *Batatas*, *Manihot*, Edelkastanie, *Colchicum*, *Ipomoea*, Bohne, Linse, Buchweizen, Erbse, nach fallendem P-Gehalt geordnet) und eine Weizengruppe, die Weizen, Mais, Reis umfaßt (SAMEC, vgl. auch Fortschr. Bot. 9, 167). — Die organischen P-Verbindungen des Bodens haben große Ähnlichkeit mit den Nukleinsäuren, unterscheiden sich aber von diesen durch ihre Neigung, im Boden leicht zu zerfallen, obwohl sie gegen Bodenmikroorganismen sehr widerstandsfähig sind, auch gegen saure und alkalische Hydrolyse (WRENSHALL, DYER u. SMITH).

Der P-Bedarf von Gemüsepflanzen ist sehr hoch (GERICKE [1]), Stalldünger allein reicht bei weitem nicht aus und die meisten Sorten reagieren auf eine darüber hinausgehende P-Düngung mit beachtlichen Mehrerträgen. Auch für Kartoffel ist reichliche P-Düngung nötig (GERICKE [2]), um so mehr als nur bei reichlicher P-Zufuhr die N-Düngung gut ausgenützt wird; Knollengröße, Stärkegehalt und Stärkeertrag je ha werden durch reichliche P-Düngung günstig beeinflußt. VANSTONE u. KNAPMAN und WETZEL berichten gleichfalls über den großen Nährstoffentzug durch Gemüse (Spargelkohl, Blumenkohl), auch bei hohem Nährstoffgehalt des Bodens lohnt eine zusätzliche Düngung. Bei Weidepflanzen erhöht P-Düngung den P- und Eiweißgehalt, senkt den Gehalt an Al, Fe, Si (BROWN). Den P-Gehalt von Weizenkörnern finden DEMIDENKO u. BARINOWA (3) bei saurer, den K-, Ca- und Mg-Gehalt bei neutraler Reaktion der Nährlösung am höchsten. Die Kochdauer von P- auch Ca-gedüngten Erbsen finden AAMISEPP u. VAHER verlängert. Nach POSCHENRIEDER, SAMMET u. FISCHER fördert steigende P-Düngung die Zahl der Wurzelknöllchen (Sandkulturversuche mit Sojabohne), K-Düngung hat keinen Einfluß, auch die N-Bindung der Wurzelknöllchen wird durch P-Düngung erhöht, die übrigens mehr P, aber weniger K enthalten als die Wurzeln.

Der *Schwefel*gehalt von *Torula* ist nach FINK u. JUST im Durchschnitt höher als von Bierhefe, der Gehalt an Glutathion aber wesentlich niedriger, doch kann auch *Torula* Glutathion aus Zucker und Mineralsalzen aufbauen.

**Nitrate und Ammonsalze.** DEMIDENKO u. BARINOVA (3) finden in Wasserkulturen mit Weizen bei konstantem $p_H$ (fließende Nährlösungen) bei saurer Reaktion ($p_H$ 5,5) Ammonsalze schlechter ausgenützt als bei neutraler Reaktion ($p_H$ 7), am besten wirkten Nitrate bei saurer Reaktion (vgl. Fortschr. Bot. 7, 223; 6, 179; 5, 188). *Poa pratensis* zeigt in Abhängigkeit vom $p_H$ mit Ammon-N große Unterschiede, relativ bestes Wachstum bei $p_H$ 6,5, während mit Nitrat-N das Wachstum innerhalb $p_H$ 4,5—6,5 fast gleich und $NO_3$ auf jeden Fall überlegen war (DARROW). Düngung mit Ammonsulfat (nicht aber mit Harnstoff) erhöht den Nikotingehalt von Tabak (RÖMER). Mit steigenden N-Gaben nimmt der Eiweißgehalt von Weizen (Körner) zu, der Stärkegehalt ab, die höchsten Eiweißwerte wurden durch hohe $NH_4$-Gaben bei neutraler Reaktion, die höchsten Stärkewerte durch niedere $NO_3$-Gaben bei saurer Reaktion erzielt (DEMIDENKO u. BARINOVA [3]). WEIGERT u. GLEISSNER betonen die starke N-Ausnutzung von Raps, während Lein nur eine geringe N-Ausnutzung aufweist, ebenso Winterroggen und Sommerweizen, von Hackfrüchten spricht die Kartoffel auf N-Düngung mit hohem Stärkegehalt an. Hinsichtlich der starken Verlängerung des Wurzelsystems bei N-Mangel (vgl. Fortschr. Bot. 4, 195) besteht kein Unterschied zwischen Gramineen und Leguminosen (GRACANIN [2]). — Nach Versuchen von SPENCER nimmt der Virusgehalt von Tabakpflanzen (Tabakmosaikvirus) je Preßsaftmenge mit der Höhe der N-Ernährung zu, je Pflanze enthielten aber die normal ernährten Kulturen am meisten Virus. *Phytomonas stewartii*, den Erreger der Maiswelke, finden McNEW u. SPENCER aus N-reichen Pflanzen virulenter als aus N-armen, die auch bei künstlicher Infektion widerstandsfähiger sind.

Im wachsenden Pilzmyzel (*Aspergillus niger*) kann DE BOER kein $NO_3$ finden, es wird offenbar sofort assimiliert oder reduziert, Optimum bei $p_H$ 4. Als beste N-Quellen für *Aspergillus* bezeichnet STEINBERG (1) Nitrate, Ammonsalze und Salze der Nitrohydroxylaminsäure; Hydroxylamin, Nitrite, Hyponitrite, Hydrazin und Azide erwiesen sich als unbrauchbar. Für *Chlorella* sind Ammonsalze mit Nitraten gleichwertig, wenn durch kräftige Phosphatpufferung und kurze Kulturdauer die Versäuerung vermieden wird (NOACK u. PIRSON). — Aus Wurzelknoten von *Alopecurus pratensis* isolieren NOGTEV und MUDROVA stäbchenförmige Bakterien, welche angeblich den elementaren N assimilieren.

**Isotope.** Eine Zusammenfassung der Wirkung von Isotopen (P, K, Na, Fe) auf biologische Vorgänge, besonders auf Grund der Arbeiten von HEVESY, gibt POLICARD; neuerdings HEVESY u. HAHN. Über Stoffwechseluntersuchungen mit schwerem O, N und C sowie D (Deuterium, schwerer Wasserstoff) berichtet VAN HEYNINGEN, über die biologische Wirkung von Deuterium SILVESTRI. HEVESY, LINDERSTRØM-LANG, KESTON u. OLSEN zeigen an Wasserkulturen von Sonnenblumen mit Hilfe des Stickstoffisotopen $N^{15}$, daß auch im alten bereits ausgewachsenen Blättern noch ein lebhafter Eiweißwechsel vor sich geht, binnen 12 Tagen waren in solchen alten Blättern nicht weniger als 12 % des vorhandenen N ausgetauscht worden, noch lebhafter ist natürlich der Austausch in jungen Blättern. Über Stoffwechselversuche an Ratten mit $N^{15}$ enthaltenden Aminosäuren berichten DU VIGNAUD, COHN, BROWN, IRISH, SCHOENHEIMER u. RITTENBERG. Radioaktives $C^*O_2$ (mit dem Isotopen $C^{11}$) verwenden RUBEN, HASSID u. KAMEN bei Untersuchungen über die Photosynthese, auch von Hefezellen wird $C^*O_2$ gebunden. Radioaktives J* verwenden HAMILTON u. SOLEY bei Stoffwechselstudien, HERTZ, ROBERTS, MEANS u. EVANS speziell in der Schilddrüsenphysiologie. BORN u. TIMOFEEFF-RESSOVSKY lassen Mäuse radioaktives Cl* (Gas) einatmen und studieren die Anreicherung in Lunge, Niere, Leber und Hirn. BORN bestätigt die Befunde von HEVESY, daß P* in verschiedenen Geweben (Ratte) verschieden schnell eingetauscht wird, für Angaben über die „Verweilzeit“ eines Elements wird noch die verschieden schnelle Überlagerung von Einbau und Rücklösung genauer zu beachten sein. Nach BORN, LANG, SCHRAMM u. ZIMMER wird P* in das Tabakmosaik-Virusprotein eingebaut, das derart mit Radiophosphor markiert werden kann.

**Düngungsfragen, Zusammenwirken der Grundnährstoffe.** Einen Einfluß verschiedener Düngungen (Stallmist, NP, NPK) auf den Vitamin-C-Gehalt von Kartoffeln können SCHEUNERT, RESCHKE u. KOHLEMANN nicht feststellen (vgl. Fortschr. Bot. **9**, 171; **7**, 228). Auch SCHUPHAN betont, daß der gesundheitliche Wert von Gemüsen (Tomaten, Möhren) durch mineralische Düngung nicht vermindert wird. Über Erhaltung des Vitamingehalts in Nahrungsmitteln vgl. SCHUPHAN; immer größere Bedeutung gewinnt die Frischhaltung von Lebensmitteln durch Kälte (PAECH, KAESS, NICOLAISEN), „es ist ohne Schwierigkeiten möglich, Gefrierkonserven von Gemüse herzustellen, die einen höheren Vitamin-C-Gehalt aufweisen als die frische Marktware“ (PAECH). Den Carotingehalt armer Weiden findet MOON durch Ammonsulfat und Natronsalpeter um etwa ein Drittel erhöht, Düngung mit Kaliumsulfat oder Kalkung hatte nur geringen oder gar keinen Einfluß.

Nach KNOWLES u. WATKIN erhöht N-Düngung den K-Gehalt in allen Teilen der Kartoffelpflanze, N- und P-Düngung senken den K-Gehalt. Die Notwendigkeit einer ausgeglichenen Düngung mit den drei Grundnährstoffen wird besonders betont, ebenso OUNSWORTH bei Sellerie. Bei Nadelbäumen (Fichte) verringert einseitige N-Düngung den P-Gehalt der Nadeln, auf P-reichen Böden war ihr Si-Gehalt am geringsten, auf kalkreichen Böden war der N-Gehalt am höchsten (NĚMEC). Über Düngung von Waldbäumen vgl. auch BECKER-DILLINGEN. Nach Wasserkulturversuchen von HELGESON, HOPPER u. TAYLOR begünstigt P die Reife von Öllein, während N sie verzögert; auf die Menge des Öls hatte die Zusammensetzung der Nährlösung wenig Einfluß, nur P erhöhte die Jodzahl. Die toxische Wirkung, welche Phosphat als alleiniges Anion in Wasserkulturen ausübt, geht zurück, je mehr Nitrat zugesetzt wird (HAMNER, hier auch weitere Beobachtungen über Wechselwirkungen zwischen Anionen und Kationen). Nach ausgedehnten Feststellungen von WLASSYUK u. FEDOSSOVA an Zuckerrüben ist ausreichende Versorgung mit N, K, P schon für die ersten Wachstumsstadien wichtig, Mg, Fe, Mn gewinnen erst später Bedeutung; N-, Mg- und Mn-Mangel setzen den Chlorophyllgehalt heran. Chlorose als Folge von K-Mangel (vgl. Fortschr. Bot. 9, 161) trat in Versuchen von HAMNER besonders stark auf, wenn Ca oder Mg in großem Überschuß vorhanden waren, weniger bei gleichzeitiger Anwesenheit von Ca und Mg. Das Zurückdrängen der K-Aufnahme durch Steigerung der Ca-Gaben wird durch Mg noch verstärkt, die Mg-Aufnahme durch Ca-Mangel herabgesetzt, die Gesamtmenge der aufgenommenen Kationen (K, Na, Ca, Mg) blieb auch in verschieden zusammengesetzten Nährlösungen konstant (ALTEN u. ORTH).

Für die Verbreitungsökologie der Pflanzen ist nach ALBRECHT in Böden mit niedrigem P-Gehalt vor allem das K/Ca-Verhältnis wesentlich. Bei hoher Temperatur (25—30° gegen 13—17°) finden DEMIDENKO u. GOLLE besonders K-Mangel sehr ungünstig, da für die an sich viel schnellere Entwicklung bei erhöhter Temperatur zwar N und (weniger gut) P, nicht aber K im Boden entsprechend mobilisiert werden. Nach DEMIDENKO u. BARINOVA (1) wirkt sich N-Düngung bei hoher, K- und P-Düngung bei niederer Luftfeuchtigkeit günstiger aus, durch N werde die Transpiration herabgesetzt, durch K und P erhöht. BÖNING u. BÖNING-SEUBERT betonen besonders die Quellfähigkeit der Kolloide, N-Mangel bewirkt Zunahme, N-Überschuß Abnahme der Quellfähigkeit, die Ionen wirken gemäß ihrem Einfluß auf die Hydratation; je nach den Quellungseigenschaften der Kolloide führen Störungen in der mineralischen Ernährung zu Welke- oder Starrtracht. Für die Dürreresistenz halten SCHMIDT, DIWALD u. STOCKER — in Anlehnung an die Vorstellungen von KESSLER u. RUHLAND sowie FUCHS hinsichtlich Kälteresistenz — nicht den osmotischen Wert, sondern die Viskosität (Hydratation) des Plasmas für entscheidend, die wiederum durch die mineralische Ernährung beeinflußt wird: K-Mangel senkt den osmotischen Wert und vermindert die Plasmaviskosität, erhöht die Wasserpermeabilität, N-Mangel wirkt in allen Punkten umgekehrt. Es wird betont, daß der Einfluß von Außenfaktoren gegenüber den genotypischen Resistenzunterschieden gering ist, besonders werden resistente Formen wenig beeinflußt. — In homo- und heteroplastischen Pfropfungen mit einer Petunienrasse und ihrer (morphologisch stark abweichenden) monohybriden Mutante kann PIRSCHLE (1) einen nur sehr geringen Einfluß der Unterlage gegenüber der arteigenen Tendenz des Reises im Gehalt an N und Aschenstoffen feststellen. Auffallend gering erwiesen sich weiterhin die Unterschiede im Gehalt an N und Aschenstoffen zwischen dieser Petunienrasse DD und ihrer tetraploiden Form DDDD (PIRSCHLE [2]). In beiden Mitteilungen wird nachdrücklich darauf hingewiesen und gezeigt, wie verschieden sich die Verhältnisse bei einem Vergleich verschiedener Formen je nach Wahl der Bezugsgröße (Frischgewicht, Trockengewicht, Wassergehalt, Blattfläche usw.) gestalten können.

Amerikanischen Projekten über Wasserkulturen großen Stils zum Pflanzen-, speziell Gemüsebau („aquaculture", GERICKE; „soilless growth of plants", ELLIS u. SWANLY u. a.), kommt eine praktische Bedeutung im Hinblick auf die hohen Kosten wohl nur in besonderen Fällen zu, doch betonen ARNON u. HOAGLAND, daß Güte und Ertrag solcher Wasserkulturen (Tomaten) normalen Kulturen im Boden nicht nachstehen.

**Spurenelemente.** EMERSON u. LEWIS zeigen, daß die Quantenausbeute bei der $CO_2$-Assimilation durch Schwermetalle wie Fe, Mn, Cu, Zn erheblich verbessert wird und bis 0,33 (also nur 3 Quanten je Mol $CO_2$), unter besonders günstigen Umständen möglicherweise noch weiter gesteigert werden kann. Über die wesentliche Beteiligung von

Ferriverbindungen beim Zustandekommen des „physiologischen Redoxpotentials“ vgl. WARTENBERG. MORELLO untersucht auf mikrochemischem Wege die Verbreitung des ***Fe*** in Pflanzen; die Reaktion (mit Spartein-Rhodanid nach MARTINI) scheint verhältnismäßig gut lokalisiert zu sein.

Über die Dynamik der Fe- und Mn-Schichtung im eutrophen See vgl. EINSELE. — KUHN, SÖRENSEN u. BIRKOFER beschreiben das aus der Milz, dem zentralen Organ des tierischen Fe-Stoffwechsels, dargestellte eisenhaltige Proteid Ferritin. Nach OTIS u. SMITH speichern weibliche Ratten unabhängig vom Körpergewicht mehr Fe als männliche. AKAO schreibt dem ***Mn*** Bedeutung bei der Geschlechtsfunktion des Seidenspinners zu; auch Zn spielt eine wichtige, mit Mn aber nicht identische Rolle (besonders hoher Zn-Gehalt der Weibchen in den Ovarien und Spinndrüsen). Hühner (Legehennen) haben nach CHRISTIANSEN, HALPIN u. HART besonders im Winter, bei fehlendem Sonnenlicht, Mn nötig, um fruchtbare Eier zu legen (vgl. Erg. Biol. 17, 281).

Die Marschfleckenkrankheit (marsh spot, kwade harten) der Erbse beruht auf ***Mn***-Mangel (vgl. Fortschr. Bot. 9, 173); GLASSCOCK u. WAIN bestätigen, daß die Körner kranker Pflanzen in allen Teilen weniger Mn enthalten als gesunde. Typische Mn-Mangelerscheinungen bei *Citrus* (chlorotische hellgrüne Flecken auf den Blättern) lassen sich nach PARKER, CHAPMAN u. SOUTHWICK durch Spritzen oder Injektion von 1—1½% Manganchloridlösungen heilen. Die günstige Wirkung von Mn bei der $NO_3$-Ernährung der Zuckerrübe erklärt WLASSIUK so, daß durch Mn die Redoxprozesse in Richtung der Reduktion verschoben werden (vgl. Erg. Biol. 17, 277, 279). Kalk hemmt die Mn-Aufnahme (bei Weidepflanzen BROWN, bei Nadelbäumen NĚMEC), doch kann sie durch Kalk und besonders zusammen mit P unter Umständen auch gefördert werden (ALBRECHT u. SMITH).

Bei *Phycomyces Blakesleeanus* kann das an sich unentbehrliche Mg wenigstens in niederen Konzentrationen weitgehend durch ***Mn*** ersetzt werden (LOHMANN u. CHENG). Eine Notwendigkeit von Mn für Hefe kommt in den Versuchen von KIENE nicht zum Vorschein, ebensowenig von Cu und Mo, die schon in kleinsten Mengen giftig wirkten, dagegen erwiesen sich ***Fe*** und ***Zn*** als unentbehrlich. Die Nitratassimilation von Chlorella wird nach NOACK u. PIRSON durch Fe nicht beeinflußt, dagegen ist (bei mixo- und heterotropher Ernährung) Mn nötig, doch kann sich die $NO_3$-Assimilation bei Mn-Mangel auf ein anderes Schwermetall als Katalysator umstellen (vgl. Fortschr. Bot. 9, 173). Außer Fe und Mn ist für *Chlorella* von Schwermetallen noch ***Zink*** notwendig (STEGMANN), auch bei mixotropher Ernährung; 20 $\gamma$ je 100 ccm genügen für optimales Wachstum. B oder Cu können das Zn nicht ersetzen, Cu wirkt stark giftig. Die Zn-Wirkung ist im Gegensatz zur Ca-Wirkung $p_H$-unabhängig und richtet sich in erster Linie auf die Chlorophyll- bzw. Chloroplastenbildung, Zn-Mangelkulturen sind chlorotisch. Die wachstumsfördernde Wirkung von Zn auf *Aspergillus niger* ist mit gesteigerter Zuckeraufnahme verbunden (vgl. Erg. Biol. 17, 321/22), bei Abwesenheit von Zn sinkt der Zuckerverbrauch um 50 bis 85%, die optimale Zn-Konzentration steigt mit dem Glucosegehalt der Nährlösung (KAUFFMANN-COSLA u. BRÜLL).

Für Ratten ist *Zn* nach SUTTON erheblich weniger giftig als Cd oder Be (toxische Dosis 70 mg Zinksulfat, 15 mg Kadmiumchlorid, 18 mg Berylliumsulfat); 1% Zn-Zusatz zum Futter wirkte nach einigen Wochen tödlich, 0,5% bewirkte durch Fe heilbare Anämie, Wachstumsstillstand, Unfruchtbarkeit bei weiblichen bzw. Polyurie bei männlichen Tieren. Über den *Pb*-Gehalt des menschlichen Blutes berichten WILLOUGHBY u. WILKINS. Über den *Hg*-Gehalt von Blut und verschiedenen Organen vgl. BODNÁR, SZÉP u. WESZPRÉNY, die höchsten natürlichen Hg-Werte (durchweg höher als die von STOCK angegebenen) wurden nicht in den Nieren, sondern in der Milz gefunden. Über Mn, Pb, Sn, Al, Cu und Ag in biologischem Material, besonders tierischen und menschlichen Organen vgl. KEHOE, CHOLAK u. STORY.

In *Lithothamnium calcareum* finden LAGRANGE u. TCHEKIRIAN bei spektrographischer Prüfung Ag, As, Cu, Ge, Mn, Mo, Pb, Sn, Ti, V, Zn. Die Anreicherung von Metallen in Meerestieren im Vergleich zum umgebenden Seewasser ist nach NODDACK u. NODDACK sehr verschieden, am höchsten bei V (bis zum 280000fachen), dann folgt Fe, weiterhin Mn und Ni, an letzter Stelle steht Bi; auch reichern verschiedene Tiere die Metalle nicht in gleicher Reihenfolge an. Den *U*-Gehalt von Meerwasser bestimmen FÖYN, KARLIK, PETTERSON u. RONA zu etwa $1{,}7 \cdot 10^{-6}$‰, den *Ra*-Gehalt zu etwa $0{,}23$—$2{,}9 \cdot 10^{-13}$‰, den *Th*-Gehalt zu mindestens $0{,}5 \cdot 10^{-6}$‰; im Phyto- und Zooplankton wird Ra bis zum 100—1000fachen angereichert. In Erbsen findet BARANOV Ra bis zum 16fachen, Ac bis zum 160fachen, in Salat Ra bis zum 6fachen, RaTh bis zum 7fachen angereichert; auffallend ist die starke Speicherung des schwach radioaktiven Ac. Radiochemische Reaktionen sind nach ZIMMER an den biologischen Strahlenwirkungen in keinem erheblichen Maße beteiligt. — In den Versuchen von BALY über eine Modellphotosynthese (vgl. Erg. Biol. 17, 283) muß nach neuesten Angaben außer *Ni* noch Thoriumoxyd als Zusatzkatalysator anwesend sein (optimales Verhältnis 24 NiO : 1 $ThO_2$), vorteilhaft ist Adsorption des Mischkatalysators an Kieselgur; ferner muß das anscheinend sehr labile erste Produkt dieser künstlichen photokatalytischen $CO_2$-Reduktion durch Durchleiten von $SO_2$ vor der Oxydation geschützt werden, um nachweisbar zu sein.

Normalen Böden wird durch Hafer etwa 30—60 g ***Kupfer*** je Hektar entzogen (RADEMACHER); die Cu-Aufnahme des untersuchten Schwarzhafers (von Heide- und Moorböden Nordwestdeutschlands) war von Anfang an intensiver als bei Siegeshafer. MULDER (1) bestätigt erneut, daß Cu-Mangel die Ursache der Urbarmachungskrankheit ist (vgl. Erg. Biol. 17, 304), gegen diese Krankheit empfindliche Pflanzen wie Hafer, Gerste, Weizen brauchen sehr viel mehr Cu (50 $\gamma$ und mehr im Liter) als wenig empfindliche Pflanzen wie Roggen oder Kartoffeln. Bei einer Düngung mit $CuSO_4$ ist zu beachten, daß sie unter Umständen die (auf Mn-Mangel beruhende) Dörrfleckenkrankheit hervorrufen kann, da Cu die bakterielle Mn-Oxydation und -Festlegung im Boden fördert. Zur Beurteilung des Cu-Bedarfs von Böden ist *Aspergillus niger*, unter geeigneten Bedingungen auch *Azotobacter* und *Bact. prodigiosum* als mikrobiologischer Test brauchbar (MULDER [2]), auch zur Prüfung auf Mo-

und Mg-Mangel. Über die Eignung von *Aspergillus niger* zur Feststellung des Cu-Bedarfs von Böden (vgl. Erg. Biol. 17, 307) berichten weiterhin SMIT u. MULDER, über die Aspergillus-Methode für Bodenuntersuchungen überhaupt NIKLAS u. TOURSEL.

Die Giftwirkung von Cu auf Mikroorganismen macht sich nach KLEMM um so weniger bemerkbar, je konzentrierter die Nährlösung ist, in der Gärungsindustrie können also Kupfergefäße ohne Schaden verwendet werden, da nährstoffreiche Substrate vorliegen. — Auf trockengelegten Torfböden in der Ukraine erzielt PROSKURA mit einer Chalkopyrit-Düngung zu Zuckerrüben gute Erfolge. In Tomaten (Früchten) finden SHANNON u. ENGELS etwa 15—25 mg Cu je kg.

BORTNER u. KARRAKER zeigen, daß durch ***Thallium*** an Tabak zwar Chlorose hervorgerufen wird, aber nicht die für „frenching" charakteristischen Symptome. Tl kann also nicht der Grund für diese Krankheit sein, wie MCMURTREY und besonders SPENCER vermuteten (vgl. Erg. Biol. 17, 332). Übrigens rücken auch SPENCER u. LAVIN neuerdings von dieser Meinung ab, da sie in kranken Tabakpflanzen kein Tl finden.

Über günstige Wirkung von ***Ti*** und ***V*** auf das Pflanzenwachstum berichtet GERICKE (3, 4), GERICKE u. RENNENKAMPFF, zumindest wird das Mehrfache des Ti-Gehalts einer üblichen Thomasphosphatdüngung ohne Schaden vertragen. Beachtlich ist der Hinweis, daß bei einem Verbrauch von rund $2^1/_2$ Millionen t Thomasphosphat in Deutschland jährlich etwa 12000 t Ti und V in den Boden gelangen. In Wasserkulturen mit Mais finden MAZÉ u. MAZÉ ***Co*** und ***Ni*** sehr giftig, ***Cr*** indifferent, während Ti, V und Be günstig wirkten, angeblich nicht unmittelbar auf das Wachstum, sondern wegen ihrer antiinfektiösen Wirkung. Förderung des Wurzelwachstums von Mais und Erbse durch ***Sn*** (0,01—0,05 ppm) beschreibt COHEN, größere Mengen schädigten. — Bei Untersuchungen über den ***Ti***-Gehalt verschiedener Organe des Hundes finden CHUYKO u. VOYNAR außergewöhnlich viel (0,28 mg%) in den Haaren. Für den ***Hg***-Gehalt menschlicher Organe gibt SZÉP durchweg höhere Werte an als seinerzeit STOCK. Über den Gehalt der Leber (von Gesunden und Kranken) an verschiedenen Spurenelementen unterrichten ausgedehnte spektralanalytische Analysen von LUNDEGÅRDH u. BERGSTRAND.

**Schwermetalle und Fermente** (vgl. Fortschr. Bot. 9, 172, 173; 7, 216, 219). Nach SCHULTZE ist ***Cu*** (nicht aber Fe) für die Bildung der Zytochromoxydase in Herz und Leber der Ratte notwendig. Eine hochgereinigte Tyrosinase aus *Lactarius piperatus* enthielt 0,23% Cu (DALTON u. NELSON), bei unzureichender Reinigung war noch Fe vorhanden, das aber durch geeignete Adsorptionsmethoden entfernt werden kann. Die Ascorbinsäureoxydase muß wohl, entgegen der Ansicht von STOTZ, HARRER u. KING (vgl. Fortschr. Bot. 9, 175) als ein spezifisches Cu-Protein betrachtet werden (MATSUKAWA, vgl. auch RAMASARMA, DATTA u. DOCTOR). Proteine hemmen die Oxydation der Ascorbinsäure (zu Dehydroascorbinsäure), mit zunehmender Verdünnung wird aber dieser Schutz durch die oxydative Wirkung ihres Cu-Gehaltes überlagert (MYSTKOWSKI u. LASOCKA). Andererseits beruht die aktivierende Wirkung von Malonat, Zitrat und Oxalat auf Bernsteinsäuredehydrase nach HORECKER darauf, daß diese Säuren mit dem für das Enzym sehr giftigen Cu Komplexbildungen eingehen. Sehr empfindlich gegen Cu ist weiterhin Uricase; die reversible Hemmung durch Zyanid läßt vermuten, daß die prosthetische Gruppe dieses Enzyms ein Schwermetall enthält, in einem gereinigten Präparat wurden 0,025 % Fe und 0,13 % Zn gefunden (HOLMBERG). Die Zerstörung von Kobragift durch Wasserstoffperoxyd wird durch Cu wesentlich beschleunigt (BOQUET). Außerordentlich empfindlich gegen Cu erwies sich eine von MELNICK u. STERN hergestellte sehr reine Karboxylase, die schon durch Spuren vergiftet wird. Durch kleine ***Zn***-Mengen ($5 \cdot 10^{-5}$ bis $5 \cdot 10^{-3}$ Millimol) wird Karboxylase nach LOHMANN u. KOSSEL gehemmt, durch größere ($5 \cdot 10^{-3}$—$2 \cdot 10^{-3}$) aktiviert, durch noch höhere Konzentrationen dann irreversibel gehemmt; besonders bei sauer ausgewaschener Hefe, hier hebt Mn die Zn-Wirkung völlig auf. Ähnlich, aber quantitativ schwächer als Zn, wirken Cd, Ni, Co. „Alle Befunde scheinen darauf zu deuten, daß dem Zn eine Rolle im Kohlehydratstoffwechsel zukommt." Auf die Notwendigkeit von ***Mg*** oder ***Mn*** (außer Aneurinphosphat) für die Reaktivierung der Karboxylase aus alkalisch ausgewaschener Bierhefe hatten LOHMANN u. SCHUSTER schon früher hingewiesen. Nach MASCHMANN (2) wird die Dipeptidase des Hammelserums durch Co noch stärker aktiviert als durch Mn oder Mg, während Ni ohne Einfluß ist und Zn die Dipeptidase fördert, die Polypeptidasen hemmt. Es dürfte sich um „Enthemmungserscheinungen" handeln, je nach Art des Serums. Als Koenzym der Dipeptidasen anaerober Bakterien kann Fe in bestimmten Fällen vollwertig durch Mn ersetzt werden (MASCHMANN [1]). Die von THEORELL u. SWEDIN beschriebene aktivierende Wirkung von ***Mn*** auf eine Dioxymaleinsäureoxydase ist ein weiterer Beitrag zur Bedeutung von Mn für Oxydationsvorgänge (vgl. Erg. Biol. 17, 278/79). Die Dehydraseaktivität von Hefe-Mazerationssaft wird durch verschiedene Schwermetalle erhöht, am stärksten durch Mn (HOCK; vgl. Fortschr. Bot. 6, 179). ZEILE u. MEYER klären die prosthetische Gruppe des Cytochrom C weiter auf, besonders die räumliche Anordnung der N-haltigen Gruppen um das ***Fe***-Atom.

Auf die Farbstoffbildung eines von STAPP (1) isolierten *Bact. rubidaeum* nov. spec. hatten Spurenelemente wie Fe, Mn, Zn, Cu merkwürdigerweise keinen Einfluß, während sonst mehrfach Schwermetalle für die Pigmentbildung bei Bakterien und Schimmelpilzen notwendig gefunden wurden (vgl. Erg. Biol. 17, 324). Über gute Erfolge mit der A-Z-Lösung nach HOAGLAND u. BROYER (vgl. Fortschr. Bot. 3, 117) zu Tomaten, Sonnenblume, Rotkohl u. a. berichtet GESSNER, zu *Mentha piperita* in Wasserkulturen BODE, nach Tastversuchen scheinen für die Pfefferminze B, Co, Al, Sn und Cu notwendig zu sein. Zusätzlich zu einer A 4-Lösung (enthaltend B, Zn, Mn, Cu) erzielt ARNON mit einer B 7-Lösung (Mo, Ti, V, W, Cr, Co, Ni) noch beachtliche Wachstumssteigerungen bei Salat und Spargel, weiterer Zusatz einer C 13-Lösung

(Al, As, Cd, Sr, Hg, Pb, Li, Rb, Br, J, F, Se, Be) hatte keinen fördernden Einfluß mehr. Es sei daran erinnert, daß HOAGLAND u. SNYDER mit einer auf 26 Spurenelemente erweiterten A-Z-Lösung (statt ursprünglich 12) bessere Erfolge hatten (vgl. Fortschr. Bot. 5, 194). Das sollte aber nicht darüber täuschen, daß die meisten dieser Elemente zweifellos entbehrlich sind; wohl aber könnten im Zusammenwirken solcher in der angewandten Konzentration an sich sogar giftiger Elemente günstige Effekte zum Vorschein kommen, Ansätze über einen solchen „Synergismus" (und „Antagonismus") von Spurenelementen liegen bereits vor und wie bei den Grundnährstoffen wird auch hier eine gewisse „Harmonie" erforderlich sein. Für *Aspergillus* betont STEINBERG (1, 2) wieder die Notwendigkeit von Fe, Mn, Zn, Cu, Mo, Ga, unter Umständen sogar Sc, bei verschiedenen N- und C-Quellen.

Wenn RADERMACHER, KLAS u. VOUK in Wasserkulturen mit verschiedenen Pflanzen vorher erhitzte Nährlösungen günstig finden (*fervor effect*), besonders wirksam zweimal einstündiges Kochen im Autoklaven bei 137°, es genügt, das destillierte Wasser allein so zu behandeln, so ist dabei an in Lösung gehende Spurenelemente zu denken (BORESCH, Ref. in Ber. Biol. 56, 331). Nach Düngungsversuchen von RUKHLIADEWA u. DEMIDENKO zu Öllein wirkten Zn und Mn besser als B oder Cu, besonders der Fettgehalt der Körner wurde durch B im Gegensatz zu den Schwermetallen kaum erhöht; im übrigen ist es nicht gleichgültig, zu welcher Zeit (vor der Saat, während des Wachstums, zur Blüte) die Spurenelemente gegeben werden. Auch auf Weizen wirkte B am schwächsten bei früher, stärker bei später Gabe, und ebenso verbesserte Mn die Qualität bei später Gabe mehr (DEMIDENKO u. BARINOWA [1]).

Schwermetalle erhöhen die Mutationsrate durch Röntgenstrahlen, wohl infolge gesteigerter Adsorption der Strahlung durch die im Gewebe eingelagerten Metallatome (neuerdings BUCHMANN u. SYDOW, BUCHMANN u. ZIMMER nach Versuchen mit *Drosophila* und Fütterung mit Uranylazetat oder Eisenzucker). Über Mutationsauslösung durch einseitigen Nährstoffmangel (vgl. Fortschr. Bot 9, 169) berichtet zusammenfassend STUBBE; besonders macht sich ein Fehlen jener Elemente (N, P, S) bemerkbar, die am Aufbau der Chromosomensubstanz beteiligt sind, Ca-Mangel ließ keine eindeutige Erhöhung der Mutationsrate erkennen, Versuche mit K-Mangel fehlen noch. STEINBERG u. THOM bringen die durch verschiedene Chemikalien erzielten Mutationen bei *Aspergillus* in Zusammenhang mit einer Zerstörung oder Blockierung der Aminogruppen.

Aus Wasserkulturversuchen, teils mit ***Bor***zusatz, teils mit Heteroauxin, schließt EATON, daß das B bis zu einem gewissen Grade durch $\beta$-Indolylessigsäure ersetzt werden kann und die Bedeutung des B in der Pflanze wenigstens zum Teil in Beziehungen zur Wuchsstoffbildung steht; „the results suggest that boron is essential to the formation of auxin in plant". — Besonders empfindlich auf B-Mangel reagieren Sonnenblumen (SCHUSTER u. STEPHENSON, COLWELL u. BAKER). Rüben brauchen B besonders zur Zeit der stärksten Wurzelbildung (FERGUSON u. WRIGHT), B-Mangel hat vor allem Störungen in der Zellteilung und im Stofftransport zur Folge. Den optimalen B-Bedarf von Mais bestimmen MARSH u. SHIVE mit Hilfe fließender Nährlösungen zu 0,1—0,25 ppm; die Ca-Aufnahme wird durch B innerhalb weiter Grenzen nicht beeinflußt, wohl aber der Anteil an löslichem Ca (vgl. Erg. Biol. 15, 97 und MINARIK u. SHIVE), ferner scheint B Beziehungen zum Fettstoffwechsel zu haben. Über günstige Wirkung von B gegen die Herz- und Trockenfäule der Zuckerrüben (vgl. Erg. Biol. 15, 99, SCHARRER, S. 33ff.) berichtet wieder COX, gegen Knollenbräune bei Kohlrüben HUIZINGA, gegen Kork- und Trockenfleckigkeit von Äpfeln FERGUSON u. WRIGHT. MACARTHUR beschreibt die Symptome von auf B-Mangel (internal cork, corky-pit, drought spot) und von nicht auf B-Mangel (bitter pit) beruhenden Krankheiten der Apfelfrucht, die Stippigkeit ist keine B-Mangelkrankheit (MAIER). Über die Bedeutung von B für Gramineen (Kulturgräser) berichtet zusammenfassend SCHROPP. SCHARRER (S. 59ff.) stellt alle Angaben über die Notwendigkeit von B für Kulturpflanzen, nach Pflanzenfamilien geordnet, zusammen. Für Rispenhirse, Kanariengras, Zwiebeln und Futtermalve ist B unentbehrlich (SCHROPP u. ARENZ [3]), bei der kalkfeindlichen gelben Lupine verringert es die nachteilige Wirkung des Kalks (SCHROPP u. ARENZ [2]), auch bei der weniger kalkempfindlichen blauen Lupine, bei Ackerbohne verstärkt B die günstige Wirkung von Kalk auf den Körnerertrag. *Phaseolus* braucht zwar B, doch können beim feldmäßigen Anbau Mengen, wie sie zur Bekämpfung der Herzfäule bei Rüben angewendet werden, bereits zu Schädigungen führen (HUYSKES). SCHROPP u. ARENZ (1) beobachten eine gute Nachwirkung des zur Bekämpfung der Herz- und Trockenfäule bei Rüben gegebenen B auf andere Pflanzen (Getreide, Leguminosen). Günstige Wirkung von B auf Rotklee beobachtet HERZINGER, ebenso auf die Samenkeimung von *Sonchus* und *Crepis*, ferner auf die Mikroflora des Bodens, wobei aber Fadenalgen und noch mehr Blaualgen empfindlicher sind als andere Organismen.

Nach BERTRAND u. SILBERSTEIN (1) bewegt sich der B-Gehalt von Böden in engen Grenzen etwa zwischen 10—30 mg/kg, niedrigere und höhere Werte sind selten. Daß der B-Gehalt in den Griffeln und Antheren besonders hoch ist (vgl. Erg. Biol. 15, 90), wird bei *Nicotiana rustica* bestätigt (BERTRAND u. SILBERSTEIN [2]). In den Blättern (*Aesculus, Evonymus, Sorbus, Syringa, Abies*) fällt das Maximum des B-Gehalts in die Zeit des Streckungswachstums (BERTRAND u. SILBERSTEIN [3]). In den Blattknospen und jungen Blättern ist der B-Gehalt (je Trockensubstanz) erheblich höher als in alten Blättern (BERTRAND u. SILBERSTEIN [4]).

Für Tiere ist B anscheinend entbehrlich. Wenigstens können HOVE, ELVEHJEM u. HART an Ratten bei B-armer Diät keine Ausfallerscheinungen beobachten, der Minimalbedarf müßte denn unter 0,8 $\gamma$ je Tier und Tag liegen, große Mengen (1 mg) verursachen Sterilität. Beachtlich ist noch der konstant etwa zehnmal so hohe B-Gehalt des Eiklars gegenüber dem Dotter, was bei der leichten Diffusibilität von B-Verbindungen auf eine Bindung des B an Eiweiß hindeutet. — Der ***Brom***-Gehalt des menschlichen Blutes zeigt je nach der Gegend starke Schwankungen (Wien 0,30—0,54, Debrecen 1,07 mg%, STRAUB). Bei täglichen subkutanen Br-Gaben beobachtet MORUZZI an Ratten ein dauerndes

Absinken des Grundumsatzes, unterbrochen von einem Zwischenmaximum, das er so erklärt, daß Br zunächst im Blut das J verdrängt und durch die entstehende Hypojodämie die Schilddrüse zu einer erhöhten J-Ausschüttung veranlaßt wird; daher Wiederanstieg des Grundumsatzes, der aber, wenn der J-Gehalt der Schilddrüse erschöpft ist und keine weitere J-Zufuhr erfolgt, dann endgültig absinkt. Verschiedene Fraktionen von Jodthyreoglobulin (aus Schilddrüsen) wirken auf den Grundumsatz von Ratten verschieden, aber ohne Beziehung zu ihrem J-Gehalt (ABELIN u. KELLER). Die ***Jod***-Mangeltheorie der Kropfentstehung (vgl. Fortschr. Bot. **2**, 169; **4**, 200) lehnt LANG ab und will Parallelen zwischen Kropfbildung und Emanationsgehalt der Luft gefunden haben. FELLENBERG hatte nach Erhebungen in der Schweiz Beziehungen zwischen ***Fluor*** und Kropfhäufigkeit vermutet. Nach Untersuchungen von MAY in Bayern besteht ein solcher Zusammenhang nicht.

Die Hemmung der Hefeatmung durch F (vgl. Fortschr. Bot. **9**, 180) wird von RUNNSTRÖM, BOREI u. SPERBER so erklärt, daß ,,das Fluorid mit einem Überträger zwischen dem Zytochromsystem und den Dehydrasesystemen reagiert und infolgedessen die Oxydationsvorgänge hemmt", wahrscheinlich infolge Komplexbildung mit dem Schwermetall des betreffenden Überträgers. Auf den Zytochromoxydasekomplex oder das Zytochrom selbst hat F keinen Einfluß (BOREI). Hinsichtlich der Gärungshemmung durch F schließen sich die Autoren den Vorstellungen von LOHMANN u. MEYERHOF an. Unter Umständen kann die aerobe Gärung durch F angeregt werden bei gleichzeitiger Hemmung der Atmung (RUNNSTRÖM, BOREI u. SPERBER). Auf den aeroben Stoffwechsel von *Propionibacterium pentosaceum* hat Fluorid (0,02 mol) nach CHAIX u. FROMAGEOT keinen Einfluß; vollkommen hemmt es den anaeroben Abbau der Glucose und Milchsäure, die Brenztraubensäuregärung erst in höherer Konzentration. Auf den anaeroben Abbau der Zitronensäure durch *Aerobacter indologenes*, der durch Arsenit, Bisulfit und Monojodazetat völlig verhindert wird, hat F nur geringen Einfluß, die Gärung wird teilweise gehemmt (BREWER).

Injektion von J-JK-Lösung in Stengel von Sonnenblumen hat nach WERNER Abnahme des Zucker- und Stärkegehalts der Blätter zur Folge, ferner erfährt die Zusammensetzung des Fettes Veränderungen (anfangs mehr, später weniger ungesättigte Fettsäuren als in den unbehandelten Kontrollen). ***Chlorid***-Düngung zu Orangenbäumen führt nach JACOB, GOTTWICK u. SCHULTE zu Schädigungen, die in der Hauptsache auf der Verschiebung des Anionen/Kationen-Verhältnisses der aufgenommenen Mineralstoffe beruhen dürften (mehr Ca und Cl, weniger K und $SO_4$), ferner waren die osmotischen Werte niedriger und der Wassergehalt höher. Daß Cl-haltige Kalidüngemittel den Stärkegehalt von Kartoffeln senken, Cl-freie eher eine Steigerung bewirken (vgl. Fortschr. Bot. 9, 163; 6, 183), zeigt wiederum NĚMEC. Über die Anpassung von *Escherichia coli* an NaCl vgl. DOUDOROFF, über Halophytengesellschaften in Mitteleuropa ALTEHAGE u. ROSSMANN, an Halophyten des Neusiedlersees stellt REPP ökologisch-physiologische Untersuchungen an. Die Salzresistenz von Diatomeen aus dem Franzensbader Mineralmoor ist nach HÖFLER u. LEGLER sehr verschieden, am resistentesten erwies sich *Anomoeoneis sphaerophora*, welche in 1,8 mol NaCl noch nach 4 Tagen lebend und bewegungsfähig war.

***Silizium*** hat man im allgemeinen für entbehrlich gehalten. WAGNER zeigt nun an Wasserkulturen in paraffinierten Glasgefäßen, daß Si-Mangel sowohl bei Gräsern (Mais, Hafer, Gerste, Reis) als auch bei dikotylen Pflanzen (Gurke, Tomate, Tabak, Buschbohne) beträchtliche Wachstumsdepressionen zur Folge hat und dieses Element somit als lebenswichtig anzusehen ist. Ein Ersatz von P durch Si kommt nicht in Frage. Bei Si-Mangel werden Aschenelemente (Ca, K, Mg, P) angereichert, ferner transpirieren die Blätter stärker, doch bewirkt eine Erhöhung des Si-Gehaltes über den für ein normales Gedeihen ausreichenden Bedarf keine weitere Transpirationshemmung. Hervorzuheben ist die durch Si stark verminderte Anfälligkeit gegen Meltau (*Erysiphe graminis*).

Der hohe Si-Gehalt des Röchlingphosphats ist nach MICHAEL mitverantwortlich für die günstige Wirkung dieses Düngemittels. Dabei ist aber die gute Wirkung von Kieselsäure auf die P-Aufnahme der Pflanzen kein Sonderfall und für Si nicht spezifisch, sie kommt allen Agenzien und Umständen zu, die kalkbindend wirken und derart eine Festlegung der Phosphorsäure durch Ca verhindern. Silikagel erwies sich in Versuchen von BLANCK, MELVILLE u. BOCHT fast wirkungslos; nur künstlich hergestellte Silikate waren günstig, wohl wegen ihrer aufschließenden oder lösenden Wirkung auf die Bodenphosphate. — Erstaunlich hohe Mengen löslicher Kieselsäure (im Verhältnis zur Gesamt-$SiO_2$) finden JARETZKY u. DRIMBORN in Borraginazeen, z. B. in *Pulmonaria* 0,2—1 % unlösliche, 2,5—4,3 % lösliche $SiO_2$, in den Steinsamen von *Lithospermum* von 10 % Gesamt-$SiO_2$ 8 % lösliche $SiO_2$ usw. (vgl. Fortschr. Bot. 9, 177). Über Methoden zur Si-Bestimmung in Geweben und Körperflüssigkeiten vgl. KING. — Die Wirkung der *seltenen Erden* (La, Ce, Di, Pr, Nd) auf den tierischen Organismus studiert OELKERS, schon kleine Mengen (in vitro 100—150 mg%, in vivo 60—100 mg%) hemmen die Blutgerinnung, auf den Darmtonus wirkt vor allem *Th* sehr giftig.

***Molybdän*** (auch Mn) erhöht beträchtlich die „Wetterfestigkeit" von *Azotobacter* (BORTELS), die übrigens (vgl. Erg. Biol. 15, 133) nach dieser neuesten Mitteilung von BORTELS (1) nicht schlechthin mit Hoch- oder Tiefdruckwetterlage zusammenhängt; es muß noch ein übergeordneter Faktor mitspielen, möglicherweise solare Strahlungen im Sinne von DÜLL. Soweit *Nostocaceen*, wie BORTELS (2) wenigstens für einige Arten der Gattungen *Nostoc*, *Anabaena* und *Cylindrospermum* zeigt, den elementaren Luftstickstoff binden können, brauchen sie dazu, wie *Azotobacter*, Mo (etwa 0,001 % Natriummolybdat); auch V wirkt, in geringerem Maße, günstig. Ferner ist Mo für *Anabaena azollae* notwendig (BORTELS [2]), eine Trennung der offenbar sehr engen Symbiose mit *Azolla caroliniana* gelang nicht. Ein von STAPP (2) neu isolierter *Azotomonas insolita* braucht zu optimaler N-Bindung weniger Mo als *Azotobacter* (etwa 1 mg%), dagegen viel Fe (150 mg%), Mn und Si sind günstig, nicht dagegen Cu (vgl. Fortschr. Bot. 9, 177). DMITRIEV hatte beobachtet, daß sich eine Mo-Düngung zu Rotklee nur auswirkt, wenn gleichzeitig auch B gegeben wird. Derart führt BORTELS (3) die im letzten Jahr in einem Feldversuch mit Luzerne beobachteten Schädigungen auf B- und Mo-Mangel zurück. Nach STEINBERG (1) ist Mo bei *Aspergillus niger* nicht nur zur $NO_3$-Reduktion notwendig (vgl. Erg. Biol. 15, 134), sondern auch zur Assimilation von Nitrit und Nitrohydroxylamin. Ernährung mit verschiedenen C-Quellen ändert nichts an der Notwendigkeit von Fe, Zn, Cu, Mn, Mo und Ga für diesen Organismus (STEINBERG [2]), mit Glyzerin als alleiniger (und an sich schlechter) C-Quelle fördert **Sc** (Skandium) auffallend stark das Wachstum.

Das von der Pflanze aufgenommene **Selen** wird im Eiweiß anscheinend sehr fest gebunden und erst durch Brombromwasserstoff oder Wasserstoffsuperoxyd unter teilweiser Zerstörung des Eiweiß abgespalten (WESTFALL u. SMITH). Ein ausgesprochener Se-Speicherer (vgl. Erg. Biol. 15, 122) ist nach LAKIN u. HERMANN *Astragalus artemisiarum*. OLSON, SISSON u. MOXON finden auffallend hohe Se-Gehalte in *Grindelia squarrosa*, ferner in *Agropyron smithii*, *Stipa viridula* und *Helianthus* (Sonnenblume); durchweg wurde mehr Se als As aufgenommen, obwohl alle Böden mehr As enthielten. Auf die geringe **As**-Aufnahme durch Pflanzen weisen auch WILLIAMS u. WHETSTONE hin.

Die Giftwirkung von Se auf Ratten wird nach MOXON u. DUBOIS durch F, Cr, Mo, Cd, Zn, Co, Ni, U verstärkt, während W und noch mehr As die Symptome mildern. Besonders wirksam sind Na-Arsenit und -Arsenat, nicht dagegen As-Sulfide (DUBOIS, MOXON u. OLSEN), auch hoher Eiweißgehalt der Nahrung beugt gegen Se-Vergiftungen vor. — **Arsen** wirkt nach Gefäßversuchen von ROSENBAUM (im Hinblick auf die Rauchgase aus Hüttenwerken) schon unter 0,01 % schädlich, als besonders empfindlich erwies sich Lein.

## Literatur.

AAMISEPP, I., u. A. VAHER: Agronoomia **1940**, 676—689. — ABELIN, I.: Schweiz. med. Wschr. **1939 II**, 1241—1245. — ABELIN, I., u. A. KELLER: Helvet. chim. Acta **22**, 1365—1369 (1939). — AKAO, A.: Keijo J. Med. **6**, 49—60 (1935) (1). — (2) J. of Biochem. **30**, 303—349 (1939). — ALBRECHT, W. A.: J. amer. Soc. Agron. **32**, 411—418 (1940). — ALBRECHT, W. A., u. N. C. SMITH: Bodenkde u. Pflanzenern. **21/22**, 757—767 (1940). — ALTEHAGE, C., u. B. ROSSMANN: Bot. Zbl. **60** (Beih.), 135—180 (1939). — ALTEN, F., u. W. HAUPT: Bodenkde u. Pflanzenern. **17**, 265—293 (1940). — ALTEN, F., u. H. ORTH: Phytopathol. Z. **13**, 243—271 (1940); Ernährg d. Pfl. **36**, 13—16 (1940). — ARNEY, S. E.: Biochem. J. **33**, 1078—1086 (1939). — ARNON, D. I.: Amer. J. Bot. **25**, 322—325 (1938). — ARNON, D. I., u. D. R. HOAGLAND: Science (N. Y.) **89**, 512—514 (1939).

BALY, E. C. C.: Proc. roy. Soc. Lond. A **172**, 445—464 (1939). — BARANOV, V. L.: C. r. Acad. Sci. URSS. **24**, 951—954 (1939). — BECKER-DILLINGEN, J.: Ernährg d. Pfl. **36**, 37—43 (1940). — BERNHAUER, K., A. IGLAUER, H. KNOBLOCH u. O. ZIPPELIUS: Biochem. Z. **303**, 300—307 (1940). — BERTRAND, G., u. L. SILBERSTEIN: (1) Rev. Bot. appl. **19**, 516—517 (1939). — (2) C. r. Acad. Sci. Paris **210**, 70—73 (1940). — (3) Ann. Inst. Pasteur **64**, 87—89 (1940). — (4) Ebenda **64**, 264—268 (1940). — BLANCK, E., R. MELVILLE u. B. BOCHT: J. Landw. **87**, 309—325 (1940). — BODE, H. R.: Gartenbauwiss. **14**, 654—664 (1940). — BODNAR, J., u. B. TANKO: Biochem. Z. **303**, 391—397 (1940). — BODNAR, J., O. SZÉP u. B. WESZPRÉMY: Ebenda **302**, 384—392 (1939). — BÖNING, K., u. E. BÖNING-SEUBERT: Bodenkde u. Pflanzenern. **16**, 260—327 (1940). — BOER, S. DE: Proc. roy. Acad. Amsterdam **43**, 715—720 (1940). — BOQUET, P.: C. r. Soc. Biol. Paris **131**, 1207—1209 (1939). — BOREI, H.: Ark. Kem., Miner. Geol. **13 A**, 1—13

(1939). — BORN, H. J.: Naturwiss. **28**, 476 (1940). — BORN, H. J., u. H. TIMOFEEFF-RESSOVSKY: Naturwiss. **28**, 253—254 (1940). — BORN, H. J., A. LANG, G. SCHRAMM u. K. G. ZIMMER: Ebenda **29**, 222—223 (1941). — BORTELS, H.: (1) Arch. Mikrobiol. **11**, 155—186 (1940). — (2) Zbl. Bakter. II **103**, 129—133 (1941). — BORTNER, C. E., u. P. E. KARRAKER: J. Soc. Agron. **32**, 195—203 (1940). — BREWER, C. R.: Iowa State Coll. J. Sci. **14**, 14—16 (1939); Dissert. Ames 1939. — BROWN, B. A.: J. amer. Soc. Agron. **32**, 256—265 (1940). — BUCHMANN, W., u. G. SYDOW: Biol. Zbl. **60**, 137—142 (1940). — BUCHMANN, W., u. K. G. ZIMMER: Z. Vererbungslehre **78**, 148—154 (1940).

CAMP, A. F., u. B. R. FUDGE: Florida agr. exper. Stat. Bull. **335**, 27—31 (1939). — CAROLUS, R. L., u. B. E. BROWN: Virginia Truck exper. Stat. Bull. **89** (1940). — COLWELL, W. E., u. G. O. BAKER: J. amer. Soc. Agron. **31**, 503—512 (1939). — CHAIX, P., u. CL. FROMAGEOT: Enzymologia **7**, 253—361 (1939). — CHRISTIANSEN, J. B., J. G. HALPIN u. E. B. HART: Science (N. Y.) **90**, 356—357 (1939). — CHUYKO, V., u. A. VOYNAR: Biochem. Ž. **14**, 191—201 (1939). — COHEN, B. B.: Plant Physiol. **15**, 755—760 (1940). — CONWAY, E. I., u. P. I. BOYLE: Nature (Lond.) **144**, 709 (1939). — COX, T. R.: J. amer. Soc. Agron. **32**, 354—370 (1940).

DALTON, H. R., u. J. M. NELSON: J. amer. chem. Soc. **61**, 2946—2950 (1939). — DARROW, R. A.: Bot. Gaz. **101**, 109—127 (1939). — DAY, D.: Plant Physiol. **15**, 367—375 (1940). — DEMIDENKO, T. T., u. R. A. BARINOVA: (1) C. r. Acad. Sci. URSS. **26**, 183—186 (1940). — (2) Ebenda **26**, 291—293 (1940). — (3) Ebenda **26**, 297—299 (1940). — (4) Ebenda **27**, 259—263 (1940). — DEMIDENKO, T. T., u. V. P. GOLLE: Ebenda **25**, 324—327 (1939). — DMITRIEV, K. A.: Chem. social. Agric. **10**, 80—81 (1938). — DOUDOROFF, M.: J. gen. Physiol. **23**, 585—611 (1940). — DUBOIS, K. P., A. L. MOXON u. O. E. OLSON: J. Nutrit. **19**, 477—482 (1940). — DUCKWORTH, J., W. GODDEN u. GR. WARNOCK: Biochem. J. **34**, 97—108 (1940). — DUFAIT, R., u. L. MASSART: Enzymologia **7**, 337—108 (1939).

EATON, FR. M.: Bot. Gaz. **101**, 700—705 (1940). — EINSELE, W.: Naturwiss. **28**, 257—264, 280—285 (1940). — ELLIS, C., u. M. W. SWANLEY: Soilless growth of plants. New York 1938. — ELSDEN, S.: Biochem. Z. **33**, 1890—1894 (1939). — EMERSON, R., u. CH. M. LEWIS: Amer. J. Bot. **26**, 808—822 (1939). — ENGELS, O.: Ernährg d. Pfl. **36**, 61—62 (1940). — EULER, H. VON, E. ADLER, G. GÜNTHER u. L. ELLIOT: Enzymologia **6**, 337—341 (1939).

FENN, W. O.: Physiol. Rev. **20**, 377—415 (1940). — FERGUSON, W., u. L. E. WRIGHT: Sci. Agric. **20**, 470—487 (1940). — FINK, H., u. F. JUST: Biochem. Z. **303**, 234—241 (1939). — FÖYN, E., B. KARLIK, H. PETTERSSON u. E. RONA: Göteborgs Vet. Vitterh. San. Handl. B **6**, 1—44 (1939). — FUCHS, W. H.: Forsch.dienst **2**, 294—310 (1937).

GALL, O. E., u. R. M. BARNETTE: J. amer. Soc. Agron. **32**, 23—32 (1940). — GERICKE, S.: (1) Gartenbauwiss. **15**, 159—183 (1940). — (2) Pflanzenbau **16** 302—322, 342—359 (1940). — (3) Prakt. Bl. Pfl.bau **18**, 39—46 (1940). — (4) Umschau **1940**, 597—599. — GERICKE, S., u. E. VON RENNENKAMPFF: Bodenkde Pflanzenern. **18**, 305—315 (1940). — GERICKE, W. F.: (1) Amer. J. Bot. **16**, 862 (1929). — (2) Nature **141**, 536—540 (1938). — GERICKE, W. F., u. J. R. TAVERNETTI: Agr. Engin. **17**, 141—143 (1936). — GESSNER, F.: Z. ges. Naturwiss. **5** (1939). — GLASSCOCK, H. H., u. R. L. WAIN: J. agric. Sci. **30**, 132—140 (1940). — GRACANIN, M.: Rev. Sci. Agric. Zagreb **1939**, H. 3 u. 4.

HAMILTON, J. G., u. M. H. SOLEY: Amer. J. Physiol. **127**, 557—572 (1939). — HAMNER, CH. L.: Bot. Gaz. **101**, 637—649 (1940). — HARTMANN, H., E. CHYTREK u. R. AMMON: Z. physiol. Chem. **265**, 52—58 (1940). — HELGESON, E. A., T. H. HOPPER u. D. TAYLOR: Plant Physiol. **15**, 503—514 (1940). — HERTZ, S., A. ROBERTS, J. H. MEANS u. R. D. EVANS: Amer. J. Physiol. **28**, 565—576 (1940). — HEVESY, G., u. L. HAHN: Biol. Medd. Danske Vidensk. Selsk. **15** (1940). —

HEVESY, G., K. LINDERSTRØM-LANG, A. S. KESTON u. C. OLSEN: C. r. Trav. Labor. Carlsberg **23**, 213—218 (1940). — HEYNINGEN, W. E. VAN: Biol. Rev. Cambridge philos. Soc. **14**, 420—450 (1939). — HOCK, CH. W.: Plant Physiol. **14**, 797—807 (1939). — HÖFLER, K.: Ber. dtsch. bot. Ges. **58**, 97—120 (1940). — HÖFLER, K., u. FR. LEGLER: Bot. Zbl. **60** A (Beih.), 327—342 (1940). — HÖRSTADIUS, SV., u. ST. STRÖMBERG: Arch. Entw.mechan. **140**, 412/413 (1940). — HOLMBERG, C. G.: Biochem. Z. **33**, 1901—1906 (1939). — HORECKER, B. L.: Enzymologia **7**, 331 bis 332 (1939). — HOVE, E., C. A. ELVEHJEM u. E. B. HART: Amer. J. Physiol. **127**, 689—701 (1939). — HUIZINGA, T. S.: Tijdschr. plantenziekt. **46**, 141—145 (1940). — HUYSKES, J. A.: Ebenda **46**, 133—140 (1940).

JACOB, A., R. GOTTWICK u. E. SCHULTE: Angew. Bot. **22**, 301—308 (1940). — JAMES, W. O., u. S. E. ARNEY: New Phytologist **38**, 340—351 (1939). — JARETZKY, R., u. H. J. DRIMBORN: Veröff. Reichsarb.gem. f. Heilpfl.kunde, München **1938**, Nr. 3. — JITARIU, M., u. E. LEHNARTZ: Z. physiol. Chem. **263**, 206—215 (1940).

KAESS, G.: Naturwiss. **28**, 103—109 (1940). — KAUFFMANN-COSLA, O., u. R. BRÜLL: Arch. internat. Pharmacodynamie **63**, 326—335 (1939). — KAUFFMANN-COSLA, O., N. VASILIU u. R. BRÜLL: Rev. gén. Bot. **52**, 97—111 (1940). — KEHOE, R. A., J. CHOLAK u. R. V. STORY: J. Nutrit. **20**, 85—98 (1940); **19**, 579—592 (1940). — KESSLER, W., u. W. RUHLAND: Planta (Berl.) **28**, 159—204 (1938). — KIENE, E.: Vorratspfl. u. Lebensm.forsch. **3**, 446—457 (1940). — KING, E. J.: Biochem. Z. **33**, 944—954 (1939). — KLEMM, FR.: Zbl. Bakter. II **101**, 287—324 (1939). — KNOWLES, FR., u. J. E. WATKIN: J. agric. Sci. **30**, 159 bis 181 (1940). — KUHN, R., N. A. SÖRENSEN u. L. BIRKOFER: Ber. dtsch. chem. Ges. **73**, 823—837 (1940).

LAGRANGE, R., u. A. TCHAKIRIAN: C. r. Acad. Sci. Paris **209**, 58—59 (1939). — LAKIN, H. W., u. F. J. HERMANN: Amer. J. Bot. **27**, 245—246 (1940). — LANG, TH.: Münch. med. Wschr. **1940 I**, 150—156. — LINDAHL, P. E.: Arch. Entw.mechan. **140**, 168—194 (1940). — LOHMANN, K., u. C. T. CHENG: Naturwiss. **28**, 172 (1940). — LOHMANN, K., u. A. J. KOSSEL: Ebenda **27**, 595—596 (1939). — LOHMANN, K., u. PH. SCHUSTER: Biochem. Z. **294**, 188 (1937). — LUNDEGÅRDH, H.: Nature (Lond.) **1940 I**, 114—115; Planta (Berl.) **31**, 184—191 (1940). — LUNDEGÅRDH, H., u. H. BERGSTRAND: Nova Acta Soc. Sci. Upsalensis **12**, 1—46 (1940).

MACARTHUR, M.: Canad. J. Res. **18**, 26—34 (1940). — MAIER, W.: Gartenbauwiss. **15**, 427—452 (1941). — MALKOV, A., u. V. KAL: Biochem. Ž. **13**, 633—645 (1939). — MARSH, R. P., u. J. W. SHIVE: Soil Sci. **51**, 141—151 (1941). — MARTIN, A. L.: Amer. J. Bot. **26**, 846—852 (1939). — MASCHMANN, E.: (1) Naturwiss. **27**, 276—277 (1939). — (2) Ebenda **28**, 780—781 (1940). — MAST, S. O., u. D. M. PACE: J. cell. a. comp. Physiol. **14**, 261—279 (1939). — MATSUKAWA, D.: J. of Biochem. **32**, 257—264, 265—279 (1940). — MAY, R.: Z. exper. Med. **107**, 450—461 (1940). — MAZÉ, P., u. P. J. MAZÉ FILS: C. r. Soc. Biol. Paris **132**, 375 bis 377 (1939). — MCNEW, G. L., u. E. L. SPENCER: Phytopathology **29**, 1051 bis 1067 (1939). — MELNICK, J. L., u. K. G. STERN: Enzymologia **8**, 129—151 (1940). — MENKE, W.: Z. physiol. Chem. **263**, 100—103, 104—106 (1940). — MERKER, E.: Zool. Anz. Suppl. **12**, 142—148 (1939). — MICHAEL, G.: Bodenkde u. Pflanzenern. **19**, 338—346 (1940). — MICHAEL, G., u. L. HEIDECKER: Ebenda **17**, 358—372 (1940). — MINARIK, C. E., u. J. W. SHIVE: Amer. J. Bot. **26**, 826—831 (1939). — MOON, F. E.: J. agricult. Sci. **29**, 524—543 (1939). — MORELLO, M. AU.: Mikrochemie **28**, 245—253 (1940). — MORUZZI, G.: Naturwiss. **28**, 286 (1940). — MOXON, A. L.: Science (N. Y.) **88**, 81 (1938). — MOXON, A. L., u. K. P. DUBOIS: J. Nutrit. **18**, 447—457 (1939). — MUDROVA, A. A.: C. r. Acad. Sci. URSS. **25**, 161—162 (1939). — MULDER, E. G.: Z. Pflanzenkrkh. **50**, 230—264 (1940). — MYSTKOWSKI, E. M., u. D. LASOCKA: Biochem. J. **33**, 1460—1464 (1939).

NEMEC, A.: Bodenkde u. Pflanzenern. **17**, 204—235 (1940); **20**, 84—106 (1940).

— NICOLAISEN, N.: Vorratspfl. u. Lebensm.forsch. 3, 370—377 (1940). — NIKLAS, H., u. O. TOURSEL: Bodenkde u. Pflanzenern. 18, 79—107 (1940). — NOACK, K., u. A. PIRSON: Ber. dtsch. bot. Ges. 57, 442—452 (1939). — NOACK, K., A. PIRSON u. G. STEGMANN: Naturwiss. 28, 172—173 (1940). — NODDACK, I., u. W. NODDACK: Ark. Zool. 32 A, 1—35 (1939). — NOGUCHI, Y.: Ernährg d. Pfl. 37, 23—24 (1941). — NOGTEV, V. P.: C. r. Acad. Sci. URSS. 25, 159—160 (1939).

OELKERS, H. A.: Arch. exper. Pharm. 194, 477—492 (1940). — OLSEN, C.: C. r. Trav. Labor. Carlsberg 23, 101—124 (1939). — OLSON, O. E., L. L. SISSEN u. A. L. MOXON: Soil Sci. 50, 115—118 (1940). — ONDRATSCHEK, K.: Arch. Mikrobiol. 11, 239—263 (1940). — OTIS, L., u. M. C. SMITH: Science (N. Y.) 1940 I, 146—147. — OUNSWORTH, L. F.: Sci. Agric. 20, 329—343 (1940). — OVECHKIN, S.: C. r. Acad. Sci. URSS. 26, 170—174 (1940).

PAECH, K.: Naturwiss. 28, 97—108 (1940). — PARKER, E. R., H. D. CHAPMAN u. R. W. SOUTHWICK: Science (N. Y.) 1940 I, 169—170. — PARSCHE, FR.: Bodenkde u. Pflanzenern. 19, 55—80 (1940). — PIRSCHLE, K.: (1) Biol. Zbl. 59, 123—157 (1939). — (2) Planta (Berl.) 31, 349—405 (1940). — PIRSON, A.: Ernährg d. Pfl. 36, 25—31 (1940). — POLICARD, A.: Bull. Histol. appl. 16, 187—201 (1939). — POSCHENRIEDER, H., K. SAMMET u. R. FISCHER: Zbl. Bakter. II 102, 388—395, 425—432 (1940). — PROSKURA, S.: Ž. Inst. bot. Akad. Nauk 21/22, 421—427 (1939). — PULVER, R.: Verh. Schweiz. Physiol. 1940, 23. — PULVER, R., u. F. VERZAR: Helvet. chim. Acta 23, 1987 (1940).

RADEMACHER, B.: Bodenkde u. Pflanzenern. 19, 80—108 (1940). — RADERMACHER, A., Z. KLAS u. V. VOUK: Proc. nederl. Akad. Amsterdam 43, 1050—1060 (1940). — RAMASARMA, G. B., N. C. DATTA u. N. S. DOCTOR: Enzymologia 8, 108—112 (1940). — REPP, G.: Jb. Bot. 88, 554—632 (1939). — ROCHE, J., u. E. BULLINGER: Enzymologia 7, 278—291 (1939). — RÖMER, A.: Umsch. 1940, 699—701. — ROSENBAUM, H.: Bodenkde u. Pflanzenern. 19, 248—252 (1940). — ROUSCHAL, E., u. S. STRUGGER: Ber. dtsch. bot. Ges. 58, 50—69 (1940). — RUBEN, S., W. Z. HASSID u. M. D. KAMEN: J. amer. chem. Soc. 61, 661—663 (1939). — RUKHLIADEVA, N. M., u. T. T. DEMIDENKO: C. r. Acad. Sci. URSS. 26, 294—296 (1940). — RUNNSTRÖM, J., H. BOREI u. E. SPERBER: Ark. Kem., Miner. Geol. 13 A, 1—29 (1939).

SAMEC, M.: Kolloid-Z. 92, 1—8 (1940). — SAMOKHVALOV, G. K.: C. r. Acad. Sci. URSS. 25, 691—694 (1939). — SCHARRER, K.: Biochemie der Spurenelemente. Berlin: Verlag Parey 1941. — SCHARRER, K., u. W. SCHROPP: Ernährg d. Pfl. 34, 366—369 (1938). — SCHEUNERT, A.: Angew. Chem. 1940, 119—123; Biochem. Z. 305, 332—336 (1940). — SCHEUNERT, A., J. RESCHKE u. E. KOHLEMANN: Biochem. Z. 305, 1—3 (1940). — SCHMIDT, H., K. DIWALD u. O. STOCKER: Planta (Berl.) 31, 559—596 (1940). — SCHMITT, L.: Ernährg d. Pfl. 36, 77—81 (1940). — SCHMITT, L., u. W. SCHINEIS: Bodenkde u. Pflanzenern. 17, 293—310 (1940). — SCHMORL, K.: Ernährg d. Pfl. 36, 49—50 (1940). — SCHROPP, W.: Forsch.dienst 10, 138—160 (1940). — SCHROPP, W., u. B. ARENZ: (1) Bodenkde u. Pflanzenern. 16, 205—209 (1940). — (2) Ebenda 17, 55—67 (1940). — (3) Ebenda 17, 310—330 (1940). — (4) Ebenda 19, 160—166 (1940). — SCHULTZE, M. O.: J. of biol. Chem. 129, 729—737 (1939). — SCHUPHAN, W.: Ernährg d. Pfl. 5, 29—37 (1940); Biochem. Z. 305, 323—331 (1940). — SCHUSTER, C. E., u. R. E. STEPHENSON: J. amer. Soc. Agron. 32, 607—621 (1940). — SHANNON, W. J., u. D. T. ENGLIS: J. Assoc. off. agric. Chemists 23, 678—680 (1940). — SILVESTRI, S.: Fisiol. e Med. 10, 291—297 (1939). — SMIT, J., u. E. G. MULDER: Rec. Trav. chim. Pays-Bas 59, 623—628 (1940). — SOMOGYI, J. C., u. F. VERZAR: Arch. internat. Pharmacodynamie 65, 17—31 (1941). — SPENCER, E. L.: Plant Physiol. 14, 769—782 (1939). — SPENCER, E. L., u. G. I. LAVIN: Phytopathology 29, 502—503 (1939). — STAPP, C.: (1) Zbl. Bakter. II 102, 1—19 (1940). — (2) Ebenda II 102, 251—260 (1940). — STEGMANN, G.: Z. Bot. 35, 385—422 (1940). — STEINBERG, R. A.:

(1) J. agric. Res. **59**, 731—748 (1939). — (2) Ebenda **59**, 749—764 (1939). — STEINBERG, R. A., u. CH. THOM: J. Hered. **31**, 61—63 (1940). — STRAUB, J.: BIOCHEM. Z. **303**, 398—403 (1940). — STUBBE, H.: (1) Angew. Chem. **52**, 599—602 (1939). — (2) Scientia genetica **1**, 370—383 (1940). — (3) Biol. Zbl. **60**, 117—122 (1940). — SUTTON, W. R.: Iowa State Coll. J. Sci. **14**, 89—91 (1939). — SZÉP, O.: Biochem. Z. **307**, 79—81 (1940).

TANAKA, SH.: Mem. Coll. Sci. Kyoto A **22**, 129—156 (1939). — TARUSOV, B. N., u. E. V. BURLAKOVA: Bull. Biol. et Méd. exp. URSS. **7**, 400—401 (1939). — THEORELL, H., u. B. SWEDIN: Naturwiss. **27**, 95—96 (1939).

VERZAR, F., u. J. C. SOMOGYI: (1) Nature (Lond.) **144**, 1014 (1939). — (2) Verh. schweiz. Physiol. **1940**, 25—27. — (3) Helv. med. Acta **23** (1940). — DU VIGNAUD, V., M. COHN, G. B. BROWN, O. J. IRISH, R. SCHOENHEIMER u. D. RITTENBERG: J. biol. Chem. **131**, 273—296 (1939).

WAGNER, FR.: Phytopathol. Z. **12**, 427—479 (1940). — WARD, E. D., u. A. H. K. PETRIE: Austral. J. exper. Biol. a. med. Sci. **18**, 21—34 (1940). — WARTENBERG, H.: Biochem. Z. **302**, 262—276 (1939). — WEIGERT, J., u. F. GLEISSNER: Prakt. Bl. Pflanzenbau **17**, 197—208, 243—262 (1939). — WERNER, R. R.: C. r. Acad. Sci. URSS. **27**, 853—856 (1940). — WESTFALL, B. B., u. M. I. SMITH: Cereal Chem. **16**, 231—237 (1939). — WETZEL, A.: Ernährg d. Pfl. **36**, 81—83 (1940). — WIENKE, L.: Planta (Berl.) **31**, 22—31 (1940). — WILBUR, K. M.: Physiologic. Zool. **12**, 102—109 (1939). — WILLIAMS, K. T., u. R. R. WHETSTONE: U. S. Dept. agr. techn. Bull. **732** (1940). — WILLOUGHBY, C. A., u. E. S. WILKINS: J. of biol. Chem. **124**, 639—657 (1938). — WLASSYUK, P. A.: C. r. Acad. Sci. URSS. **28**, 181—183, 184—186 (1940). — WLASSYNK, P. A., u. A. F. FEDOSSOVA: Bot. Ž. **1**, 181—210 (1940). — WOODMAN, R. M.: Ann. appl. Biol. **27**, 5—16 (1940). — WRENSHALL, C. L., W. J. DYER u. G. R. SMITH: Sci. Agric. **20**, 266 bis 271 (1940).

YAMAFUJI, K., u. K. SO: Biochem. Z. **305**, 354—358 (1940). — YOUNG, S. M., u. J. E. GREAVES: Food Res. **5**, 103—108 (1940).

ZEILE, K., u. H. MEYER: Z. physiol. Chem. **262**, 178—198 (1939). — ZIMMER, K. G.: Fundam. radiol. **5**, 168—175 (1940).

## 11. Stoffwechsel organischer Verbindungen I.

### Photosynthese.

Von **André Pirson**, Berlin-Dahlem.

Der Beitrag folgt in Bd. XI.

## 12. Stoffwechsel organischer Verbindungen II.

Von **Karl Paech**, Leipzig.

**Einfache und zusammengesetzte Saccharide.** Die bisher in *Sedum spectabile, Sempervivum glaucum* und *Bryophyllum calycinum* aufgefundene Sedoheptose (vgl. Fortschr. Bot. 8, 233), von der man annimmt, daß sie eine Ketose ist, wurde nun auch in einer ganzen Reihe weiterer Sedumarten und in anderen Crassulaceen nachgewiesen, in *Sedum acre* in besonders großen Mengen (Nordal). Die Heptose ist zwar in dieser Familie weit verbreitet, aber nicht überall vorhanden. Das Reservekohlehydrat in Wurzeln von *Verbascum*-Arten, z. B. *Verbascum Thapsus*, die sog. Verbascose, hat sich als ein Pentasaccharid herausgestellt, das in Wasser leicht, in Alkohol schwer löslich ist, süß schmeckt, Fehlingsche Lösung nicht reduziert und die spezifische Drehung $[\alpha]_D^{20} = +170{,}2^0$ hat. Es besteht aus 3 Molekülen d-Galaktose, 1 Mol. d-Glucose und 1 Mol. d-Fructose (Murakami). In Birnen wurden unter dem bisher nicht identifizierten Rest der Kohlehydrate große Mengen Sorbit gefunden, der während der Lagerung stark abnimmt, dafür häuft sich Fructose an (Kidd, West, Griffiths u. Potter).

Die zunächst als etwas Außergewöhnliches angesehenen aus Ketosen aufgebauten Polysaccharide, z. B. die aus Fructosemolekülen aufgebauten Polyfructosane, bilden eine im Pflanzenreich sehr weit verbreitete Gruppe von Reservestoffen. Auch bei ihnen macht die Natur wie bei anderen Polyhexosanen reichlich von der Möglichkeit Gebrauch, durch wechselnde Ringgliederzahl, wechselnde Verknüpfungsstellen und wechselnde Stellung und Länge der Seitenketten aus gleichen Bausteinen eine große Mannigfaltigkeit von Polysacchariden aufzubauen. Die meisten der in recht großer Zahl bekanntgewordenen und genauer studierten natürlichen Polyfructosane lassen sich in zwei Gruppen einteilen, die sich durch die Art der Verknüpfung der einzelnen Fructosemoleküle grundsätzlich unterscheiden. In der Phlein-Gruppe, zu der außer dem Phlein selbst noch das Lävan, das Poain und Secalin gehören, findet sich die 2,6-Verknüpfung; in der Inulin-Gruppe (Inulin, Asparagosin, Graminin, Sinistrin) herrscht die festere 1,2-Bindung vor. Eine Sonderstellung nimmt bisher nur das Triticin ein, und beim Asphodelin ist es noch unsicher, ob es sich überhaupt um eine einheitliche Substanz handelt (SCHLUBACH und SINH). Maisstärke besteht zu 10—20% aus Amylose, deren Molekül eine unverzweigte Kette vom Mol.-Gew. bis 60000 bildet und durch $\beta$-Amylase vollständig verzuckert wird, und zu 80—90% aus Amylopektin mit stark verzweigten Molekülen vom Mol.-Gew. zwischen 50000 und 1000000. Diese Fraktion der Stärke wird durch $\beta$-Amylase nur bis zu den Rest- bzw. Grenzdextrinen (vgl. Fortschr. Bot. 9, 226) abgebaut (MEYER, BRENTANO und BERNFELD). Das Amylopektin enthält weiterhin den gesamten organisch gebundenen Phosphor der Stärke, das sind bei Weizen-, Reis-, Mais- und Kartoffelstärke 0,01 bis 0,08%, die Amylose der genannten Stärkesorten, die im Reis z. B. 9% der Gesamtstärke ausmacht, ist hingegen praktisch phosphorfrei (DAHL). Die Verzweigungsstelle der Stärkemoleküle befindet sich wahrscheinlich immer am Hydroxyl 6 der Glucose. Ungefähr jedes 20. Glucosemolekül in der Kette trägt außer der durch die normale 1,4-$\alpha$-Glucosidbindung (Maltosebindung) verknüpften Nachbarglucose ein weiteres Glucosemolekül an dem 6. C-Atom, wahrscheinlich auch durch eine $\alpha$-glucosidische Bindung (Isomaltosebindung) angeschlossen (MYRBÄCK und AHLBORG). Die ganze Stärkekette ist schraubenförmig angeordnet, jede Schraubenwindung besteht aus 8 Glucosemolekülen, die durch Wasserstoffbindungen zwischen den einzelnen Schraubenwindungen verzahnt sind (FREUDENBERG und Mitarbeiter, FREUDENBERG und BOPPEL). Die Glucose hebt sich unter allen Hexosen dadurch hervor, daß in ihrer Pyranoseform (6-Ring) die Ringsubstituenten in der etwas gewellten Ebene dieses Ringes liegen. Dieser Umstand befähigt die Glucose z. B. auch zu den intermolekularen Wasserstoffbindungen in der Zellulose, die vom Hydroxyl 6 zu den Hydroxylen 2 und 3 der nächsten Einheit in der Nachbarkette greifen. Bei der Stärke bestehen solche Wasserstoffbindungen also intramolekular, in der gleichen Kette des Stärkemoleküls. In der zuletzt genannten Arbeit finden sich instruktive Modellbilder für diese Bauverhältnisse.

Glykogen kommt nicht nur bei den niederen Organismen des Pflanzenreichs vor; aus verquollenen Maiskörnern wurde ein Polysaccharid durch Wasserextraktion gewonnen, das nach Reinigung als Glykogen identifiziert werden konnte (MORRIS und MORRIS).

Auf eine sehr interessante Weise ist man darauf gekommen, daß die Saccharase (das Invertin), die man bisher für eines der wenigen nicht in Apo- und Coferment zerlegbaren Fermente ansah, doch auch diesem dualistischen Bauprinzip unterworfen ist. Es gibt Hefen, z. B. die ursprünglich von WILDIERS zu seinen Biosuntersuchungen benutzte, die in

Nährlösungen mit Saccharose gar nicht, in solchen mit Hexosen aber sehr gut gedeihen. Setzt man dem Substrat nun Vitamin $D_2$ (Biosterin) zu, so gedeihen diese Hefen auch auf Saccharose. Das durch Kochen inaktivierte Invertin liefert ebenfalls die zur Assimilierung der Disaccharide nötigen Ergänzungsstoffe, die also direkt oder indirekt die Rolle eines Cofermentes für die Saccharase spielen (STOCQ). Das Verhältnis von synthetisierender Form der Saccharase zur hydrolysierenden verändert sich im Laufe des Tages in den Blättern und schafft so die Voraussetzung für die Speicherung und Ableitung von Zuckern (MOROZOV).

**Atmung und Gärung.** Atmung. Im Bericht des letzten Jahres war bereits auf die Unsicherheiten und Schwierigkeiten aufmerksam gemacht worden, die sich ergeben, wenn bei dem heutigen Stand unserer Kenntnisse dem Begriff „Atmung" ein genau bestimmter, einheitlicher Inhalt beigelegt werden soll. Weitere Verwirrung in dieser Hinsicht bringt die Existenz verschiedener „Atmungssysteme", die zum Teil in demselben Pflanzenorgan nebeneinander oder wenigstens nacheinander funktionieren. Ein besonders charakteristisches Beispiel dafür liefert die Atmung der Sporen von *Neurospora tetrasperma* (GODDARD und SMITH). Die durch kurzfristige Erhitzung zur Keimung angeregten Sporen durchlaufen ihrem Entwicklungszustand entsprechend im Gasstoffwechsel drei zunächst durch die Intensität gut voneinander zu trennende Phasen (vgl. Fortschr. Bot. 5, 223), deren Verhältnis zueinander nur durch das Alter der Sporen etwas modifiziert wird (vgl. Tabelle 1, GODDARD).

Tabelle 1. Sauerstoffverbrauch $\left(\frac{\text{mm}^3/\text{h}}{\text{mg Trockengewicht}}\right)$ der Sporen von *Neurospora tetrasperma* (nach GODDARD und SMITH).

| Sporenalter | ruhende Sporen | durch kurzes Erhitzen aktiviert | keimende Sporen 3—5 Std. nach der Aktivierung |
|---|---|---|---|
| 3 Wochen | 0,26 | 10,86 | 19,45 |
| 9 ,, | 0,56 | 4,84 | 9,62 |

Je nach dem Alter der Sporen atmen die durch Erhitzen auf 50° C aktivierten Sporen 8—40mal stärker als die ruhenden. Wenn ruhende oder aktivierte Sporen bei +4° gelagert werden, bleibt der $O_2$-Verbrauch einige Monate lang ungefähr bei 0,5 mm³ bzw. 5—6 mm³ konstant. Nach mehrmonatiger Aufbewahrung bei Zimmertemperatur sinkt hingegen die Sauerstoffaufnahme sehr stark ab, und gleichzeitig geht die Keimfähigkeit auf einige Prozent zurück.

Die äußerst geringe Atmung der ruhenden Sporen wird nun weder durch mangelnden $O_2$-Zutritt noch durch eine unzureichende $CO_2$-Diffusion verursacht. Überraschend tiefe Einblicke in die Gründe für das Unvermögen der ruhenden Sporen und für die außerordentliche Steigerung der Atmung in kürzester Frist nach Hitzebehandlung gewährte die Anwendung der bekannten Atmungsgifte Kohlenoxyd und Blausäure, denen gegenüber man im allgemeinen allerdings recht zurückhaltend sein soll, weil solche Eingriffe recht unphysiologische Gewaltmittel darstellen und nur bei vorsichtiger und schonender Anwendung Rückschlüsse auf den normalen Zustand erlauben. Die $O_2$-Aufnahme aktivierter und keimender Sporen ist viel weitergehend durch CO und HCN hemmbar als diejenige der ruhenden Sporen, die im Höchstfalle zu 50% durch HCN unterdrückt wird. Durch abgestimmte Konzentrationen der Atmungsgifte lassen sich 93—97% des Atmungszuwachses nach der Hitzeaktivierung wieder ausschalten, also die $O_2$-Aufnahme wird fast wieder auf den Stand der ruhenden Sporen herabgedrückt. Da die Vergiftung durch CO und HCN am Cytochromoxydaseschritt der Wasserstoffübertragung ansetzt, läßt sich aus den Versuchen entnehmen, daß dieser Teil des Atmungsmechanismus jedenfalls nicht begrenzend in den ruhenden Sporen wirkt und deren Atmung blockiert; entweder ist dieses Glied überhaupt nicht an der Ruheatmung beteiligt, oder aber die entsprechenden Verbindungen sind in so großem Überschuß vorhanden, daß auch nach Ausschaltung eines großen Prozentsatzes noch genügend für die aus ganz anderen Gründen so niedrig gehaltene Atmung der ruhenden Sporen bleibt. Der Weg der Atmung aktivierter und keimender Sporen hingegen führt zu einem wesentlichen Teil über das Cytochromsystem. Weiteren Aufschluß brachte die Vergiftung mit NaF, das in allen drei Phasen der Entwicklung stark hemmt. Entsprechend der Angriffsstelle dieses Giftes ließ das vermuten, daß in jedem Falle an der Atmung der Sporen Reaktionen teilhaben, die auch bei der Gärung eine Rolle spielen (s. jedoch Atmungshemmung durch NaF, S. 216). Ruhende Sporen sind nun nicht fähig, bei Sauerstoffausschluß (Anaerobiose) $CO_2$ zu entwickeln, während hitzeaktivierte und keimende eine rasche und starke anaerobe $CO_2$-Produktion aufweisen, die wiederum durch NaF zum größten Teil unterdrückt wird. Diese anaerobe NaF-Hemmung läßt sich durch Brenztraubensäure vollkommen aufheben, während auch Brenztraubensäuregabe bei ruhenden Sporen keine anaerobe $CO_2$-Bildung hervorrufen kann. Daraus folgt mit großer Sicherheit, daß die Carboxylase in den ruhenden Sporen inaktiv, in den angeregten hingegen aktiviert ist. Die Hitzeaktivierung der Sporen würde also auf dem Gebiet der Atmung eine Aktivierung bzw. Neubildung von Carboxylase zur Folge haben. In schönster Weise wird dieser Zusammenhang dadurch belegt, daß bei länger anhaltender Anaerobiose die $CO_2$-Bildung absinkt und gleichzeitig die Hitzeaktivierung der Sporen rückgängig gemacht wird; sie werden wieder ruhend und können dann ein zweites Mal durch Hitze angeregt werden. Als Gesamtergebnis läßt sich schließlich festhalten, daß in den ruhenden Sporen ein Atmungssystem vorliegt, das ohne Carboxylase funktioniert, während in den durch Hitze zur Keimung angeregten Sporen schon wenige Stunden nach dieser Aktivierung dieses Ferment in großem Umfang an der Atmung beteiligt ist, und zwar ist die Blockierung der Atmung in ruhenden Sporen gerade eine Folge der Carboxylaseinaktivität. Beide in diesem Punkte qualitativ verschiedenen Atmungssysteme können im übrigen den Phäohämin-Cytochromanteil oder andere Zwischenglieder gemeinsam haben.

Diese Untersuchungen sind hier etwas breiter dargestellt worden, um einmal an einem Beispiel zu zeigen, welche grundsätzlichen Änderungen sich hinter einer gesteigerten $O_2$-Aufnahme bzw. $CO_2$-Abgabe verbergen können und welcher mannigfaltigen Eingriffe es bedarf, um den äußerlich nur in einer graduellen Änderung der Atmungsintensität bemerkbaren Wandel des Atmungsmechanismus klarzulegen. Wieviel im Gasstoffwechsel beobachtete Atmungsverminderungen bzw. -steigerungen mögen nicht nur eine quantitative Ausdehnung oder Einschränkung, sondern eine qualitative Verschiebung des Atmungsmechanismus oder ein Überwechseln auf ein ganz anderes Atmungssystem bedeuten!

In ähnlicher Weise wie bei den eben beschriebenen Sporen beteiligen sich nach den Untersuchungen von MARSH und GODDARD (1) an der Atmung von Karottengewebe (*Daucus Carota*) zwei verschiedene Systeme, von denen das eine verwandt oder identisch mit dem Cytochromoxydasesystem ist und den größten Teil des Sauerstoffumsatzes der Wurzel und des jungen Blattes bestreitet. Das andere, das unempfindlich gegen HCN und CO ist, trägt einen Teil der Atmung der jungen Blätter und der Wurzel und die gesamte Atmung der älteren Blätter. Im normalen Zustand verbrauchen junge Blätter doppelt soviel Sauerstoff (auf Frischgewicht bezogen) wie alte; nach reversibler Vergiftung der jungen Blätter bleibt eine ungefähr ebenso hohe Sauerstoffaufnahme wie in alten Blättern bestehen. Vorausgesetzt, daß nicht die gerade bei Organen verschiedenen Entwicklungszustandes besonders fragwürdige Bezugsgröße des Frischgewichtes (vgl. dazu PAECH [1940]) ein zufälliges Übereinstimmen der beiden Atmungsintensitäten vortäuscht, könnte man daraus schließen, daß in den jungen Blättern zwei qualitativ verschiedene Atmungssysteme wirksam sind, von denen das eine (HCN- und CO-empfindliche), während der Entwicklung der Blätter verlorengeht oder außer Funktion gesetzt wird.

In anderer Beziehung bemerkenswert ist, daß in Karottengewebe die Atmung (= $O_2$-Aufnahme) bei 2,5 % Sauerstoff in der umgebenden Atmosphäre bereits stark vermindert ist und daß erst oberhalb von 5 % $O_2$ ungefähr die normale Intensität aufrechterhalten werden kann; 100 % Sauerstoff erhöht die Atmung in diesem Falle nur schwach über das normale Niveau. Der RQ (Atmungsquotient) steigt durch die HCN-Vergiftung von 0,82 im normalen Zustand auf 2,1—2,9 bei Herabsetzung der $O_2$-Aufnahme um 70—80 % (MARSH und GODDARD [2]). Daraus muß auf eine aerobe Gärung geschlossen werden, die nach Vergiftung eines Teiles des Atmungssystemes eingeleitet oder zum Vorschein gebracht wird. Die Atmungsintensität kann übrigens durch Senkung der $O_2$-Tension um fast 50% herabgesetzt werden, ehe der RQ anzusteigen beginnt. (Die hier beschriebenen Untersuchungen würden noch an Wert gewinnen, wenn das normalerweise von Luft umspülte Gewebe der Karotten im Versuch nicht in Flüssigkeiten untergetaucht worden wäre.)

Auch bei Gerstenblättern wurde mit Hilfe der Atmungsgifte ein Einblick in den Mechanismus der Atmung zu gewinnen versucht (JAMES und HORA). Dabei wird die $O_2$-Aufnahme durch KCN um ungefähr zwei Drittel reversibel herabgesetzt, die $CO_2$-Abgabe geht weniger stark zurück, der RQ steigt; also auch hier liegt offenbar neben der eigentlichen Oxydation eine aerobe Gärung vor. In Anaerobiose hat KCN während der ersten 24 Stunden, solange Kohlehydrate verfügbar sind, keinen Einfluß auf die $CO_2$-Ausscheidung, erst später bei fortschreitendem Hungern läßt sich die $CO_2$-Bildung auch in Anaerobiose durch KCN herabdrücken. In dieser Phase des Hungerns stehen kaum mehr Kohlehydrate zur Verfügung, sondern nur die „sekundären Atmungsmaterialien" KROTKOVS (vgl. Fortschr. Bot. 9, 234), deren Abbau also offenbar besonders sauerstoff- und KCN-empfindlich ist im Gegensatz zur Zuckeratmung, für die auch HCN-unempfindliche Wege (Glucoseoxydase?) offenstehen. Parallel zu der verminderten $CO_2$-Abgabe in den späteren Hungerstadien wird durch KCN auch das Vergilben verzögert; ein neuer Beleg dafür, daß als eine der Ursachen für das Fortschreiten des Vergilbens der oxydative Abbau von Eiweißspaltprodukten anzusehen ist (vgl. dazu MICHAEL).

Bei Darbietung von $CO_2$, welches radioaktive $C^{11}$-Atome enthält, wurde nicht nur nach Belichtung sondern auch nach Dunkelbehandlung ein radioaktives Kohlehydrat nachgewiesen. Allerdings besteht diese Dunkelreduktion der $CO_2$ nur, falls die Blätter vorher nicht allzu lange verdunkelt waren. Da ein direkter chemischer Austausch von C-Atomen bereits fertiger Kohlehydrate gegen die radioaktiven ohne Mitwirkung von Zellbestandteilen ausgeschlossen ist, müssen also einige der normalen Atmungs- bzw. Oxydationsprozesse in der Zelle unter Einbeziehung der $CO_2$ reversibel sein (RUBEN, HASSID und KAMEN). Diese Vermutung wird von der Tatsache gestützt, daß radioaktives $CO_2$ von zellfreiem Saft frischer Gerstenblätter, ja sogar von einem überhaupt nie photosynthetisch wirksamen System (Hefe) reduziert und in vorhandene Kohlehydrate bzw. andere organische Stoffe, die noch nicht identifiziert werden konnten, eingebaut wird. Dieser Dunkelaustausch ist sowohl bei Gerstenblättern als auch bei Hefe HCN-empfindlich. Bei den noch unbekannten, unter Einbau von $CO_2$ gebildeten Kohlenstoffverbindungen, die auch in tierischen Zellen aufgebaut werden können (RUBEN

u. KAMEN), handelt es sich möglicherweise um organische Säuren, denn Propionsäure- und Colibakterien vermögen, ebenso wie tierische Gewebe, aus $CO_2$ und Brenztraubensäure Oxalessig-, Bernstein- und andere Säuren zu synthetisieren (WOOD u. WERKMAN; KREBS u. EGGLESTON). Diese eigenartige, früher niemals vermutete „Assimilation" der $CO_2$ durch Kopplung mit der für den Kohlehydrat abbau charakteristischen Brenztraubensäure scheint ein sehr verbreiteter in den verschiedensten Organismen eingebauter Stoffwechselvorgang zu sein, der, wenn er auch in höheren Pflanzen nachgewiesen werden könnte, wohl einen bedeutenden Anteil an dem immer noch so rätselhaften Säurestoffwechsel besonders der *Crassulaceen* haben kann.

Bei einem Stamm von *Rhizobium meliloti*, bei dem außer $CO_2$ keine Zwischenprodukte der Kohlehydratoxydation anfallen, konnte durch Bilanzen eine „Grundatmung" bzw. Ruheatmung, die bei ruhenden jungen und nicht mehr wachsenden alten Kulturen vorliegt, von einem mit dem Wachstum zusammenhängenden Anteil der Atmung abgetrennt werden (HOOVER und ALLISON). Am Wachstum selbst sind zwei grundsätzlich verschiedene Typen von Stoffwechselvorgängen beteiligt. Die einen umfassen die Umwandlung von Zucker und anorganischem Stickstoff zu Bakteriensubstanz. Sie können durch bestimmte Summenformeln umschrieben werden (z. B. $\frac{21}{12}$ $C_{12}H_{22}O_{11} + 2NH_4OH \rightarrow C_{19}H_{32}N_2O_9 + 2CO_2 + \frac{99}{12}$ $H_2O$, wobei sich die Zusammensetzung der Bakteriensubstanz unabhängig vom Alter der Kultur und von der Art der Stickstoffquelle als sehr ähnlich erwiesen hat). Der andere Teil der mit dem Wachstum verbundenen Prozesse besteht in einer Oxydation des Zuckers zu $CO_2$ und $H_2O$. Ein Drittel bis ein Viertel des fürs Wachstum verbrauchten Zuckers wird auf diese Weise vollkommen oxydiert. Ob diese an einem Organismus mit so einfachem Stoffwechsel herausgestellten Beziehungen zwischen Atmung und Aufbau von Körpersubstanz auch bei dem verwickelten Stoffwechsel höherer Pflanzen in ähnlicher Weise bestehen, wird, solange man wegen der Fülle zum Teil noch unbekannter Zwischenprodukte keine vollständigen Bilanzen aufstellen kann, recht schwierig zu entscheiden sein.

Im Anschluß an die bekannten Untersuchungen von TAMIYA, in denen gefunden worden war, daß der Vorgang des Schimmelpilz wachstums (*Aspergillus oryzae*) bei Ernährung mit verschiedenen C-Quellen und anorganischem Stickstoff an und für sich ein exothermer Vorgang ist, wird jetzt gezeigt, daß auch bei Ernährung mit Aminosäuren als alleiniger C- und N-Quelle eine ähnliche bilanzmäßige Analyse des Wachstums möglich ist und daß auch daraus auf die exotherme Natur des Wachstumsvorganges zu schließen ist (TAMIYA und USAMI).

Nicht nur die Vergärung von Glucose sondern auch die Veratmung einer ganzen Reihe von Substraten durch lebende Bäckerhefe wird von

Fluorid gehemmt, wobei allerdings der Ort des Eingriffes noch unbekannt geblieben ist (RUNNSTRÖM, BOREI und SPERBER). Weder das Cytochromsystem (BOREI) noch die Dehydrasen, noch die Ausschaltung vorbereitender Spaltungsvorgänge des Substrates kommen in Frage. Es muß sich um ein „Überträgersystem" von den Dehydrasen auf das Cytochromsystem handeln, wobei wiederum die nicht fluoridempfindliche Diaphorase (vgl. Fortschr. Bot. 9, 258), die z. B. in Pollen eine wesentliche Rolle bei der Atmung spielt (OKUNUKI), ausscheidet. Bei der Gärung wird bekanntlich die Umwandlung von Phosphoglyzerinsäure in Phosphobrenztraubensäure von der Fluoridhemmung direkt betroffen.

Über eine hormonale Beeinflussung der Atmung (vgl. Fortschr. Bot. 9, 237) liegen weitere Angaben vor. Die Atmung von Kartoffelknollengewebe, auf welche weder Biotin und Aneurin (Bios II und III) noch andere bekannte „Wuchsstoffe" oder ähnliche Substanzen eine Wirkung ausüben, wird durch einen Extrakt aus *Fusarium* und aus Hefe stark gesteigert, ohne daß der RQ dabei verändert würde (HELLINGA). Selbst äußerst geringe Mengen des Extraktes rufen eine schnelle und konstante Zunahme der Atmungsintensität hervor. Der wirksame Stoff, der noch nicht isoliert werden konnte, ist eine thermostabile, nichtflüchtige, an Kohle adsorbierbare und eluierbare Verbindung. Zucker kommen nicht in Frage. Nach Behandlung von dekapitierten *Phaseolus*-Sprossen mit Heteroauxin steigt die Atmung stark an. An dem Ort der Wuchsstoffapplikation vermindern sich die löslichen Kohlehydrate teils durch die verstärkte Atmung, teils durch eine stärkere Bildung von säurespaltbaren Polysacchariden (ALEXANDER).

Gärung. Die zellfreie alkoholische Zuckervergärung verläuft in einem System, das aus „spezifischen Proteinen" (Apofermenten), Cofermenten, Metallionen (Mg- und Mn-Salzen) und Phosphorsäure besteht. Im frischen Hefemazerationssaft sind alle diese Bestandteile vorhanden. Durch Dialyse wird ein Teil davon entfernt, und die Gärung kommt erst wieder in Gang, wenn man zum dialysierten Saft Cozymase, Mg- und Mn-Salz, $NH_4$-Phosphat, Glucose und Spuren von Hexosediphosphat zusetzt (OHLMEYER [1]). Fehlen Mangan und $NH_4$-Phosphat, so kann die Gärung durch ein aus Hefekochsaft isoliertes „Komplement" angeregt werden, das am Übergang der Hexosemonophosphorsäure zur Hexosediphosphorsäure beteiligt ist, denn ohne dieses Komplement wird zwar aus zugesetzter Glucose Hexosemonophosphorsäure gebildet, sie wird aber nicht weiter verarbeitet (OHLMEYER [2]). Zu den Funktionen dieses Komplementes, das große Ähnlichkeit mit den bekannten Adeninnukleotiden zeigt (vgl. Fortschr. Bot. 9, 256), ohne mit ihnen identisch zu sein, gehört also mindestens die Übertragung eines zweiten Moleküls Phosphorsäure auf den Zucker.

Von den an der Gärung beteiligten Apofermenten (spezifischen Proteinen) war das reduzierende — nach WARBURGS Terminologie — schon früher kristallisiert gewonnen worden (NEGELEIN und WULFF), jetzt wurde auch das oxydierende rein dargestellt (WARBURG und CHRISTIAN), das bisher stets mit den beiden weitverbreiteten Fermenten Hexokinase und Isomerase verunreinigt war. Aus diesem Grunde war es gleichgültig, ob man von Hexosediphosphat, Dioxyazetonphosphorsäure oder 3-Phosphoglyzerinaldehyd (dem sog. FISCHER-Ester) ausging, man erhielt stets 3-Phosphoglyzerinsäure als Oxydationsprodukt. Nach Abtrennung der beiden genannten Fermente kann nun als bewiesen gelten, daß der FISCHER-Ester die Reaktionsform des Kohlehydrates bei der Gärung ist, nachdem vorher nur Spaltungs- und Umlagerungsvorgänge stattgefunden haben. Die einzelnen Schritte vollziehen sich also folgendermaßen:

(1) Hexosediphosphat $\xleftrightarrow{\text{Hexokinase}}$ 2 Triosephosphat

(2) Dioxyazetonphosphorsäure (Triosephosphat) $\xleftrightarrow{\text{Isomerase}}$ 3-Phosphoglyzerinaldehyd (Fischer-Ester)

(3) 3-Phosphoglyzerinaldehyd + Pyridinnukleotid + $H_2O$ $\xleftrightarrow[\text{(Glyzerinaldehyd-Dehydrase)}]{\text{oxydierendes Ferment}}$ 3-Phosphoglyzerinsäure + Dihydropyridinnukleotid

Im physiologischen System scheint vor dem Angriff des oxydierenden Fermentes noch Phosphat unter Bildung des 1,3-Diphosphoglyzerinaldehyds angelagert zu werden (NEGELEIN und BRÖMEL [1]). Aus der am Ende dieser Phase entstehenden Diphosphoglyzerinsäure wird in der lebenden Hefe die Hälfte des Phosphates frei, die andere Hälfte unter Bildung des Diphosphates auf Zucker übertragen. Wie hat man sich nun das Zusammenwirken des reduzierenden Fermentes der Gärung (Alkoholdehydrase) mit dem oxydierenden (Glyzerinaldehyd-Dehydrase) vorzustellen? Die Aldehydgruppe des phosphorylierten Glyzerinaldehyds wird zur Carboxylgruppe (Glyzerinsäure) oxydiert, während die Aldehydgruppe des Azetaldehyds zur Alkoholgruppe reduziert wird (Azetaldehyd entsteht bekanntlich durch weiteren Abbau der Phosphoglyzerinsäure über Brenztraubensäure). Diese gemischte Dismutation wird durch zwei Fermente mit dem gleichen Coferment bewirkt, und zwar ist die Codehydrase I (vgl. Fortschr. Bot. 6, 208) wirksam. An dem Protein (Apoferment) des einen Fermentes wird das Pyridin des Cofermentes durch den Wasserstoff des FISCHER-Esters hydriert, an dem Protein des anderen Fermentes (reduzierendes Ferment) wird dieses Dihydropyridin von Azetaldehyd dehydriert, womit der Anfangszustand in bezug auf das Fermentsystem wieder hergestellt ist, aber die beiden Aldehyde sind dismutiert, d. h. zum Äthylalkohol bzw. zur Glyzerinsäure umgewandelt. Die Codehydrase II (Triphosphopyridinnukleotid) ist in diesem System unwirksam, weil sie nicht an die Fermente durch eine dissoziierbare Verbindung geknüpft werden kann; beide Fermentproteine verbinden sich hingegen ungefähr gleich fest bzw. gleich locker mit Dihydro-Diphosphopyridinnukleotid (Codehydrase I $+ H_2$). Die Gefahr, daß der Azetaldehyd etwa an beiden Fermentproteinen reagieren, also zur Essigsäure oxydiert werden könnte, besteht deshalb nicht, weil er nur von dem einen (dem reduzierenden) Ferment gebunden wird. Die Ursache der so außerordentlich spezifischen Wirkung der Fermentproteine (Apofermente) liegt also in der spezifischen Bindung der Substrate oder Cofermente an diese Proteine. Schon von PASTEUR war als eines der vielen Nebenprodukte der Hefegärung Glyzerin gefunden worden. Diese Glyzerinbildung findet am Protein des reduzierenden Gärungsfermentes statt (NEGELEIN und BRÖMEL [2]). Von einer Reihe geprüfter Triosen reagiert mit der Dihydrocodehydrase I das Dioxyazeton am schnellsten, jedoch verläuft auch diese Reaktion noch 20000mal langsamer als die Reaktion der hydrierten Codehydrase am reduzierenden Ferment mit Azetaldehyd, so daß unter normalen Gärbedingungen keine nennenswerten Mengen Glyzerin entstehen, sondern der Wasserstoff fast restlos auf den Azetaldehyd unter Bildung des charakteristischen Gärungsalkohols, Äthylalkohol, übertragen wird. Fängt man hingegen den aus Brenztraubensäure entstehenden Azetaldehyd ab, so wird der Wasserstoff tatsächlich zum größten Teil zur Reduktion des Glyzerinaldehyds verwendet, ein Vorgang, den man schon während des Weltkrieges zur technischen Gewinnung des Glyzerins durch Gärung ausgewertet hat. Über den jetzigen Stand der technischen Darstellung und die Bedeutung des „Gärungsglyzerins" berichtet LECHNER. Die im Verlaufe der Gärung gebildete Brenztraubensäure wird zwar in der Hefe zum größten Teil zu Azetaldehyd dekarboxyliert, sie kann aber auch durch Reduktion oder Dismutation in Milchsäure umgewandelt werden, wobei aus zwei Molekülen Brenztraubensäure unter Eintritt eines Moleküls Wasser 1 Mol. Milchsäure, 1 Mol. Essigsäure und 1 Mol. $CO_2$ entstünden (EULER, AHLSTRÖM und HÖGBERG). Bekanntlich sind diese Säuren stets in kleinen Mengen als Nebenprodukte der Gärung beobachtet worden. Die Entstehung von Milchsäure unter bestimmten Bedingungen in anderen Pflanzen (z. B. MICHELS) deutet darauf hin, daß ein ähnliches Fermentsystem, das bei der Hefe zur Milchsäurebildung führt, weiter verbreitet ist, aber unter den „normalen" Bedingungen durch konkurrierende andere Systeme verdrängt wird, bzw. in seiner Leistungsfähigkeit gegen andere Mechanismen des Kohlehydratumsatzes zurücksteht.

Eine nichtfermentative Dekarboxylierung der Brenztraubensäure wurde, allerdings unter ganz unphysiologischen Temperaturen, bei Anwesenheit von verschiedenen Aminosäuren und Aneurin beobachtet (DIRSCHERL und NAHM). Aus naszierendem Azetaldehyd nach karboxylatischer Spaltung kann spontan optisch aktives Azetoin gebildet werden, es bedarf dazu keiner besonderen „Karboligase", deren Existenz auch aus anderen Gründen recht zweifelhaft geworden ist (DIRSCHERL).

Aus der Drehungsrichtung des durch verschiedene pflanzliche und tierische Gewebsbreie gebildeten Azetoins, das bei höheren Pflanzen rechts und bei tierischen Geweben links dreht, darf geschlossen werden, daß der dekarboxylierende Mechanismus, soweit er die Brenztraubensäure betrifft, in Hefe und in tierischen Zellen der gleiche aber in höheren Pflanzen davon verschieden ist (TANKO, MUNK und ABONYI).

Die Eigenschaften der Karboxylase sind nach der Reindarstellung des Fermentes nun genauer bekannt (GREEN, HERBERT und SUBRAHMANYAN). Das aus obergäriger Hefe in hochgereinigter Form gewonnene Ferment stellt ein Aneurindiphosphat-Magnesium-Protein dar. Das molare Verhältnis von Aneurindiphosphat (Cokarboxylase) zum Eiweiß scheint 1 : 1, das von Cokarboxylase zu Magnesium 1 : 5 zu sein. Nach gleichzeitig von anderer Seite erfolgter Reinigung scheint aber das Verhältnis Cokarboxylase zu Magnesium (Komplement) nur 1 : 1 zu sein (KUBOWITZ und LÜTTGENS). An die Stelle des Magnesiums können auch andere zweiwertige Kationen, wenn auch mit verschiedenem Grad der Wirksamkeit, treten, hingegen sind ein- und dreiwertige Kationen völlig unwirksam. Das zweiwertige Metallion scheint die Rolle einer „Zementsubstanz“ zu spielen, die das Coferment (die prosthetische Gruppe) an das Protein bindet. Je nach der Beschaffenheit der Umgebung kommen die drei Komponenten der Karboxylase in fest gebundener Form oder leicht dissoziierbar und dialysierbar vor. In allen bisher untersuchten Pflanzen liegt stets nur ein kleiner Teil des Aneurins (Vitamin $B_1$) in Form der Cokarboxylase vor (TAUBER). Eine Methode zur Bestimmung dieses freien Aneurins neben der Cokarboxylase wurde von OCHOA und PETERS angegeben und von WESTENBRINK modifiziert, so daß jetzt 0,00005 $\gamma$ Cokarboxylase neben 0,0005 $\gamma$ Aneurin erfaßt werden können. Nicht alle Wurzeln bedürfen des fertigen Vitamins $B_1$ oder seiner Teilstücke für das Wachstum; Karotten können aus rein synthetischer Nährlösung diesen Wirkstoff selbst aufbauen (NOBÉCOURT).

Trockenhefe mit intaktem Zymasesystem vergärt ähnlich wie frische Hefe und im Gegensatz zu autolysierter Hefe oder zu Preßsäften den Zucker vollständig ohne besonderen Phosphatzusatz und längs einer geradlinigen Gärkurve, also ohne Induktionsphase usw. Durch mancherlei Eingriffe (Erhitzen, Anwendung von Gallensäuren und organischen Lösungsmitteln usw.) kann aber der Gärungsverlauf in Trockenhefe so verändert werden, daß er den in Preßsäften ähnlich wird. Da es höchst unwahrscheinlich ist, daß diese Eingriffe die beteiligten Wirkstoffe inaktivieren oder zerstören, muß ihre Ansatzstelle eher an der Organisation oder Struktur der Hefezelle gesucht werden, welche die Voraussetzung für die normale Zuordnung der Teilvorgänge und somit für den in der lebenden Zelle harmonischen Gärablauf bildet. Diese Desorganisierung ist wahrscheinlich die direkte Folge der Auflösung von Lipoidanteilen des Plasmas (NILSSON und ALM).

**Stickstoffverbindungen.** Amide. Bisher sah man die natürlich vorkommenden Amide (Asparagin und Glutamin) nur im Hinblick auf die „Entgiftung“ bzw. Speicherung des $NH_3$ als besonders vorteilhafte und zweckmäßig gebaute Verbindungen an; sie ermöglichen unter Einsatz von verhältnismäßig wenig Kohlenstoff die Fixierung von recht viel Stickstoff. Durch die Entdeckung der „Umaminierung“ (vgl. Fortschr. Bot. 8, 232) haben aber gerade die Aminosäuren dieser natürlichen Amide als Ein- und Ausgangspforten für den $NH_3$ beim Eiweißstoffwechsel eine besondere Bedeutung erlangt. Die Speicherung von Amiden stellt also gleichzeitig einen leicht mobilisierbaren Vorrat der für den Aufbau aller Aminosäuren aus Ketosäuren nötigen Zwischenträger (Asparagin- bzw. Glutaminsäure) dar. Durch die Einsicht in den weiterreichenden Zweck der Amide wird der Blick immer wieder auf den Mechanismus ihrer Bildung gelenkt (vgl. Fortschr. Bot. 9, 247). Beim Hungern wird aus Eiweißabbauprodukten in Blättern zunächst vorwiegend Glutamin gebildet, das aber rasch wieder verschwindet, während das Asparagin noch weiter zunimmt, bei extremem Hungern verschwindet Glutamin u. U. wieder gänzlich, es zeigt überhaupt eine größere Labilität als das Asparagin (Mothes). Solange Blätter über Kohlehydratreserven verfügen, kann das Mengenverhältnis von Glutamin : Asparagin durch Darreichung der entsprechenden Aminosäuren von außen kaum beeinflußt werden. Erst in stark hungernden Blättern wird durch Zuführung der freien Aminosäure die Synthese des zugehörigen Amides gefördert. Danach ist also der Aufbau der Amide aus den Aminodikarbonsäuren möglich, andererseits wird aber auch aus dem $NH_4$-Salz der $\alpha$-Ketoglutarsäure Glutamin gebildet (vgl. Fortschr. Bot. 9, 248), wonach also als Variante oder als Vorstufe für die Aminosäure die entsprechende $\alpha$-Ketosäure dienen kann. Es kann aber auch eine Überführung von Asparaginsäure in Glutaminsäure und vice versa, ja sogar von Glutamin in Arparagin stattfinden, der Weg dabei ist allerdings noch völlig ungeklärt.

Eiweißumsatz. Durch Ernährung wachsender Pflanzen mit $NH_4$-Salzen, die einen Überschuß an dem schweren Isotop des Stickstoffs ($N^{15}$) enthielten, konnte im höchsten Grade wahrscheinlich gemacht werden, daß der durch die Wurzel aufgenommene Ammoniumstickstoff nicht nur zum Aufbau der im Zuge des Wachstums benötigten neuen Eiweiße verwendet, sondern auch in die in älteren Organen bereits fertigen Eiweiße durch Austausch gegen andere N-Atome eingeführt wird (Hevesy und Mitarbeiter; Vickery und Mitarbeiter). Dieser Austausch von N-Atomen in Eiweißen betrifft von allen Aminosäuren die Asparagin- und Glutaminsäure am stärksten, was offenbar mit deren spezieller Rolle als Überträger der $NH_2$-Gruppe in den Aminosäureaufbau zusammenhängen dürfte.

Wie im letzten Bericht bereits angedeutet (Fortschr. Bot. 9, 258), werden immer mehr Beziehungen zwischen den zunächst rein entwicklungsphysiologisch gewürdigten Wuchsstoffen und verschiedenen Sphären des Stoffwechsels aufgedeckt. Die primäre Wirkung des $\beta$-Alanins, eines „Hefewuchsstoffes", scheint im Eiweißumsatz zu liegen. Bereits 12 Stunden nach Zugabe des $\beta$-Alanins, wenn das Wachstum gemessen als Trockengewichtszunahme noch keine Förderung durch diese Aminosäure erfahren hat, ist der Gesamt-N-Gehalt der Versuchsportionen schon wesentlich höher als derjenige der Kontrollen, auch wesentlich höher als etwa dem ganzen zugesetzten Alaninstickstoff entspräche (NIELSEN und DAGYS). Da auch nach der Überführung ruhender Hefe in Bierwürze schon in wenigen Stunden eine Erhöhung des N-Gehaltes nachweisbar ist, während das Wachstum erst später einsetzt, dürfte die Wirkung dieses Wuchsstoffes sich auf die Aufnahme des Stickstoffes und weiter auf die Eiweißbildung erstrecken. Höchstwahrscheinlich überträgt das Alanin ähnlich wie Asparagin- und Glutaminsäure die Aminogruppe auf Ketosäuren unter Bildung von Aminosäuren und Brenztraubensäure, zumal COHEN dieses System Alanin-Brenztraubensäure als eines der wenigen Umaminierungssysteme bei tierischen Geweben schon erkannt hat.

Je nach der Art der N-Quelle bedarf die Hefe zur Eiweißbildung verschiedener Mengen bzw. Arten von „Wuchsstoffen" (SCHULTZ, ATKIN und FREY). Zum Beispiel braucht die mit Harnstoff ernährte Hefe mehr Biotin aber weniger $\beta$-Alanin als die mit $NH_4$-Salzen versehene. Eiweißsynthese aus Ammoniumsalzen unter anaeroben Bedingungen ist in der Hefe möglich, wenn auch in geringerem Umfange als in Luft (RUNNSTRÖM, BRANDT und MARCUSE). Die Eiweißbildung ist dabei eng an den Kohlehydratumsatz angeschlossen. Mit dem Aufhören der anaeroben Gärung wegen Mangel an Glucose bleibt auch die Assimilation des $NH_3$ aus. Eine ältere Vermutung, daß der Azetaldehyd beim Übergang von C-Gerüsten in den Eiweißaufbau eine besondere Rolle spielen könnte, ließ sich allerdings nicht bestätigen. Durch den Eiweißaufbau wird nicht der Betriebsstoffwechsel geschmälert, sondern die nötigen C-Gerüste werden aus dem sonst als Polysaccharid gespeicherten Kohlehydratanteil entnommen.

Es sind eine ganze Reihe pflanzlicher Proteasen bekannt geworden, die fast alle mehr oder weniger dem ursprünglichen Papain ähneln, ohne allerdings mit ihm identisch zu sein. (Zur Nomenklatur solcher Fermente wurde vorgeschlagen, den Gattungsnamen der Pflanze, aus dem die Protease zum ersten Male gewonnen wurde, mit dem Suffix -ain zu versehen, also z. B. Asclepain, Solanain usw.) Wesentlich anders als das Papain verhält sich das Solanain (aus *Solanum elaeagnifolium*), das z. B. nicht durch reduzierende Verbindungen aktiviert wird und ein besonders hohes $p_H$-Optimum (auf Hämoglobin bei 8,5) hat. Wahrscheinlich ist bei ihm anstatt der bei den eigentlichen Papainasen zur

Wirksamkeit nötigen Sulfhydrylgruppen dafür eine Phenolgruppe verantwortlich. Bisher nahm man an, daß Papain nur die neutrale Form der Eiweiße abbaut und deshalb beim isoelektrischen Punkt des Substrates die höchste Wirksamkeit entfalten kann. Die $p_H$-Abhängigkeit der Aktivität verschiedener pflanzlicher Proteasen macht es jedoch wahrscheinlich, daß die Intensität der Spaltung eher von der elektrochemischen Natur des Fermentes selbst als von der Dissoziation des Substrates bestimmt wird (GREENBERG und WINNICK).

Die lange umstrittene Frage, ob Cyanophyceen molekularen Stickstoff zu assimilieren vermögen, dürfte jetzt mit Sicherheit bejaht werden. *Nostocaceen* sind imstande, bei ausreichender Versorgung mit Wasser, mineralischen Nährstoffen einschließlich Molybdän, das für stickstoffbindende Organismen von besonderer Wichtigkeit ist, Licht und Luft beträchtliche Mengen molekularen Stickstoffs in organische Bindung überzuführen (BORTELS). *Oscillatoria*-Arten vermögen jedoch nicht $N_2$ zu fixieren (ALLISON, HOOVER u. MORRIS). Im Hinblick auf eine biochemische Phylogenie nehmen die Cyanophyceen also den wichtigen Platz von Organismen ein, die sowohl in bezug auf den Kohlenstoff als auch auf den Stickstoff nur auf die Bestandteile der Atmosphäre angewiesen sind, also keines gebundenen N bedürfen und somit wohl in den frühesten Perioden der Erdentwicklung existieren konnten, ja, wie schon BEIJERINCK vermutete, vielleicht sogar die ersten Lebewesen auf der Erde waren.

**Glykoside, Alkaloide und andere sekundäre Pflanzenstoffe.** Naphtochinone. Besonders nach Identifizierung des Vitamins K (bzw. $K_1$) als Abkömmling des Naphtochinons hat diese Körperklasse erhöhte physiologische Bedeutung erlangt. Das Vitamin $K_1$ oder Phyllochinon hat sich als 2-Methyl-3-Phytyl-1,4-Naphthochinon herausgestellt und ist also folgendermaßen gebaut (MACCORQUODALE und Mitarbeiter).

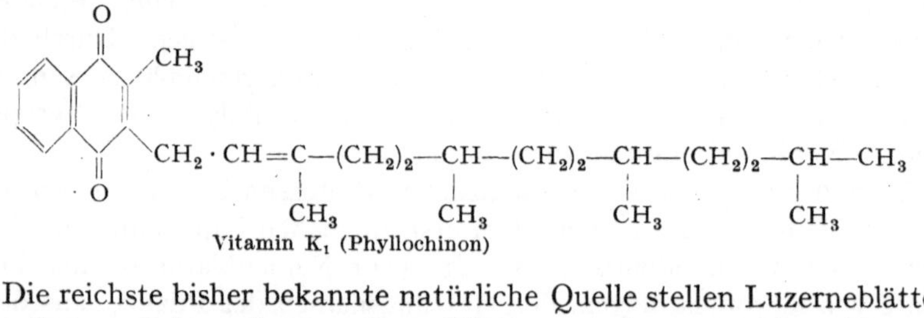

$$\text{(1,4-Naphthochinon, 2-}CH_3\text{)}-CH_2\cdot CH{=}\underset{\substack{|\\CH_3}}{C}-(CH_2)_2-\underset{\substack{|\\CH_3}}{CH}-(CH_2)_2-\underset{\substack{|\\CH_3}}{CH}-(CH_2)_2-\underset{\substack{|\\CH_3}}{CH}-CH_3$$

Vitamin $K_1$ (Phyllochinon)

Die reichste bisher bekannte natürliche Quelle stellen Luzerneblätter dar, aber auch in anderen grünen Blättern sind stets größere Mengen vorhanden. In der Hefe ist bis jetzt kein Phyllochinon gefunden worden, hingegen enthalten gewisse Bakterien recht viel des ähnlich gebauten Vitamins $K_2$, das an Stelle des Phytylrestes eine stärker ungesättigte aliphatische Seitenkette trägt. Keimende Erbsen bilden im Licht recht viel Vitamin $K_1$, die im Dunkeln keimenden jedoch nichts oder sehr wenig. Keimpflanzen, die auch im Dunkeln ergrünen (wie z. B. *Picea canadense*), synthetisieren auch ohne Licht Phyllochinon, wenn auch etwas weniger als bei Beleuchtung; es besteht in diesem Falle sogar eine annähernde Proportionalität zwischen Chlorophyllmenge und Vitamin-$K_1$-Gehalt; durch die Phytylgruppe, die beiden Verbindungen gemeinsam ist, dürfte dieser Zusammenhang genetisch begründet sein. In panaschierten Blättern, z. B. von *Codiaeum*, besteht jedoch keine direkte Proportionalität zwischen Chlorophyll- und Phyllochinongehalt der einzelnen Blattpartien, die Konzentration des Phyllochinons ist ungefähr im ganzen Blatt gleich hoch. Seine Entstehung ist offenbar nicht mit dem letzten Schritt der Chlorophyllbildung verknüpft, und ebenso wenig kann ihm zunächst eine aktive Rolle bei der Photosynthese zugeschrieben werden, obwohl es in den Blättern fast ausschließlich in Chloroplasten und nur als Spuren in Cytoplasma lokalisiert ist. Beim Vergilben nimmt es nicht ab. Phyllochinon fördert weder den Zuwachs von Hefe, noch verstärkt es die Atmung oder Gärung der Hefe (Dam, Glavind und Nielsen). Die therapeutische Spezifität des Phyllochinons ist übrigens nicht besonders ausgeprägt. Eine ganze Reihe anderer, zum Teil einfacherer Verbindungen von Chinoncharakter rufen dieselbe Wirkung wie das Vitamin K selbst hervor (normale Blutgerinnung bei Kücken), sowohl Naphthochinon selbst als auch Benzochinon (Kuhn und Mitarbeiter) wirken, und einzelne Naphthochinonderivate sind sogar stärker wirksam als das Phyllochinon (Sjögren). Über Chemie und therapeutische Verwendung der K-Vitamine berichtet Riegel.

Die Ansammlung von Juglon, einem Naphthochinonderivat in *Pterocarya* und anderen *Juglandaceen*, wird durch eine günstige Kohlehydratversorgung besonders gefördert, außerdem besteht in der genannten Gattung ein enger Zusammenhang zwischen Gerbstoff- und Naphthochinonumsatz, der es höchst wahrscheinlich macht, daß das Juglon ein Baustein der in der gleichen Pflanze gefundenen Gerbstoffe ist (Lang). In der lebenden Pflanze liegt das Juglon in *Juglandaceen* und das Naphtochinon in *Droseraceen* als $\alpha$-Hydro-Naphthochinon vor, das bei Zerstörung der Zelle unter Luftzutritt durch die vorhandenen Oxydasen sofort oxydiert wird. Die Naphthochinone in den beiden genannten Familien sind natürlicherweise nicht an Zucker gebunden, sie stellen also nicht Aglykone von Glykosiden dar. Es ist bemerkenswert, daß Naphthochinone auch an ganz anderen Stellen wichtige physiologische Funktionen ausüben. So gehört in diese Gruppe ein Farbstoff aus Seeigeln, der dort die Beweglichkeit der Spermatozoen hervorruft.

Glykoside. Chemisch nahe verwandte Verbindungen der Naphthochinone, nämlich Anthrachinonderivate (Oxymethylenanthrachinone), bilden die Aglykone verschiedener Glykoside des Rhabarbers und anderer

*Polygonaceen.* Über den Umsatz dieser Stoffe in der Pflanze liegt zunächst eine ausführlichere Untersuchung vor (HIEKE). Die Blattspitze enthält besonders viel der Glykoside, junge Blätter sind reicher daran als ältere (immer bezogen auf Frischgewicht), der absolute Gehalt nimmt allerdings mit dem Blattalter zu. Beim Vertrocknen der herbstlich vergilbten Blätter steigt der Anthrachinongehalt weiter an, in dieser Beziehung verhält sich übrigens das Naphthochinon in den Blättern der *Juglandaceen* ganz ähnlich (LANG). Die tägliche Veränderung des Anthrachinongehaltes entspricht im großen ganzen dem Gang der Assimilation. Im Blattstiel ist die gesamte Menge des Glykosides in den Siebteilen zusammengedrängt. Tastende Versuche über die Entstehung der Anthrachinone in den genannten Pflanzen machen es wahrscheinlich, daß sie im Verlaufe abbauender Vorgänge in jungen Blättern gebildet werden. Glucose, Saccharose und besonders Zitronensäure fördern ihre Entstehung. Es konnten jedoch keinerlei Anhaltspunkte dafür gefunden werden, daß die Anthrachinonglykoside etwa nach der PFEFFERschen Auffassung als Kohlehydratreserven dienen. Die einmal gebildeten Anthrachinone scheinen nicht wieder abgebaut zu werden, höchstens eine Kondensation kommt wohl in Frage. Obwohl es auf den ersten Blick recht fernliegend erscheinen mag, sollte bei der weiteren Verfolgung der Frage nach der Entstehung der Grundkörper dieser Aglykone im Hinblick auf die von FREY-WYSSLING aufgestellte Hypothese über die Genese der sekundären Pflanzenstoffe auch dem Eiweißumsatz Aufmerksamkeit geschenkt werden.

Hydrochinon bildet bekanntlich das Aglykon des Arbutins, das in *Ericaceen, Pirolaceen* und *Saxifraga*-Arten verbreitet ist. Die physiologischen Verhältnisse bei dessen Entstehung ähneln weitgehend denen, die eben für die Anthrachinonglykoside geschildert wurden (NAGEL; DANNER). Narkoseversuche machen es unwahrscheinlich, daß Hydrochinon als reines Abbauprodukt anfällt.

Alkaloide. Trotz der noch sehr spärlichen Kenntnisse über Genese und Physiologie der Glykoside, Alkaloide, Gerbstoffe, Farbstoffe usw. können wir wohl schon heute mit Bestimmtheit sagen, daß die Aufteilung in solche Gruppen mehr aus praktischen und äußerlichen Gründen als unter Rücksicht auf die Funktion dieser Stoffe in den Pflanzen getroffen worden ist. Das isolierte Studium dieser Gruppen von Stoffen führte vielleicht sogar zu einer hemmenden Verengung der Gesichtspunkte und ist zu seinem Teil schuld daran, daß uns diese sekundären Pflanzenstoffe trotz der Aufklärung ihrer chemischen Konstitution doch bislang recht rätselhaft in ihrer Bedeutung für die Pflanze selbst geblieben sind. Die alte Auffassung, daß alle solche Verbindungen nur Abfallprodukte, „Hobelspäne", und somit von geringem physiologischem Interesse sind, läßt sich wohl kaum durchgehend aufrechterhalten, nachdem sich so enge Beziehungen zwischen Alkaloidkörpern und den Bausteinen von Cofermenten und Vitaminen ergeben haben, wie z. B. bei der Nikotinsäure.

Als Vorläufer für beide heterozyklischen Bestandteile des Nikotins, sowohl den 5- als auch den 6gliedrigen Ring, kommt, wie früher schon vermutet, nur das Prolin in Frage, und zwar geht die Bildung offenbar über die Pyrrolidonkarbonsäure:

```
CH2—CO
|      \
|       NH
|      /
CH2—CH
     |
     COOH
```

Durch Verabreichung dieser Säure an die lebende Pflanze kann stets eine beträchtliche Neubildung von Nikotin erreicht werden (DAWSON).

Obwohl die einmal gebildeten Alkaloide (ähnlich auch das Anthrachinon, s. oben) physiologisch recht träge sind, wird bei der Keimung von Lupinen (*Lupinus luteus*) sowohl im Dunkeln wie im Licht nicht nur ein Teil der Alkaloide (Spartein und Lupinin) aus den Kotyledonen in die Achsenorgane übergeführt sondern auch unter bestimmten Bedingungen verbraucht (WALLERBROEK). Bei der Lichtkeimung findet zwar eine stetige Zunahme der Summe der Alkaloide in Kotyledonen + Achsenorganen statt, aber bei der Keimung im Dunklen geht der Alkaloidgehalt in den Kotyledonen, wenigstens in den ersten Tagen, stärker zurück als der Zunahme in Plumula + Radicula entspricht. Dieser Schwund kann entweder durch Einbau der Alkaloide in andere Verbindungen (Eiweiße?) oder durch einen Abbau zu einfacheren Körpern entstehen. Das sind aber wohl seltene Fälle, in denen Alkaloide nicht nur translokiert, sondern auf Grund einer Gesamtbilanz nachweisbar weiter verarbeitet werden. Über die Genese der Lupinenalkaloide kann auch nichts anderes gesagt werden, als daß wahrscheinlich Aminosäuren als Muttersubstanzen in Frage kommen. Interessant ist, daß, wenigstens bei Lupinen, die Alkaloide nicht etwa in den Kotyledonen beim Abbau der Eiweiße, sondern in der wachsenden Spitze der jungen Pflanze, wo Plasmaeiweiße gebildet werden, entstehen. Möglicherweise fallen bei der Synthese von neuen Aminosäuren die ganz ähnlich gebauten Alkaloide an, vielleicht aber fallen diese bei der Wiederverwendung bzw. Umschmelzung der aus dem Eiweißabbau stammenden Aminosäuren vor dem Neubau der Zelleiweiße ab. Auffallend ist die Parallele zur bevorzugten Bildung der Anthrachinone in den jungen Blättern (s. oben).

Der Alkaloidgehalt des Mutterkornes ist durch Umweltfaktoren nur sehr wenig willkürlich zu beeinflussen, aber erbliche Faktoren bedingen große Unterschiede im Gehalt der einzelnen Sklerotien (BEKESY). Die für die Erzielung des Höchstgehaltes veranlagten Pflanzen können jedoch den höchsten Ertrag nur unter günstigsten Umweltbedingungen bringen. Die besonders wichtige Gruppe der Mutterkornalkaloide ist in ihrem chemischen Bau insofern bemerkenswert, als alle zugehörigen Verbindungen Polypeptide, d. h. amidartig verknüpfte Aminosäuren, oder deren Abkömmlinge darstellen (SMITH und TIMMIS, JACOBS und CRAIG). Sie weisen deshalb besonders auf ihre Herkunft aus dem Eiweißumsatz hin. Die pharmakologisch hochwirksame Gruppe der linksdrehenden Verbindungen, deren Grundkörper die Lysergsäure ($C_{16}H_{16}O_2N_2$, Formel s. unten) ist und zu der das Ergotoxin, Ergotamin usw. gehören, steht der Gruppe der weniger wirksamen rechtsdrehenden Verbindungen Ergotinin, Ergotaminin usw. gegenüber, die mit je einem Glied der ersten Gruppe paarweise zusammengehören und die sich in der Struktur den ersten gegenüber nur durch die abweichende Lage einer Doppelbindung in der Lysergsäure (Isolysergsäure) unterscheiden. Wesentlich einfacher sind die spärlicher und unregelmäßiger vorkommenden Alkaloide Ergobasin und Ergobasinin gebaut, die im Gegensatz zu den anderen Mutterkornalkaloiden wegen ihres kleineren Moleküls auch wasserlöslich sind (STOLL und BURCKHARD; STOLL und HOFFMANN). Neben Lysergsäure sind am Aufbau des Paares Ergotoxin — Ergotinin Isobutylaminosäure, d-Prolin, l-Phenylalanin und $NH_3$ in folgender Form beteiligt (JACOBS und CRAIG). In anderen Paaren kommen Brenztraubensäure und l-Leucin vor.

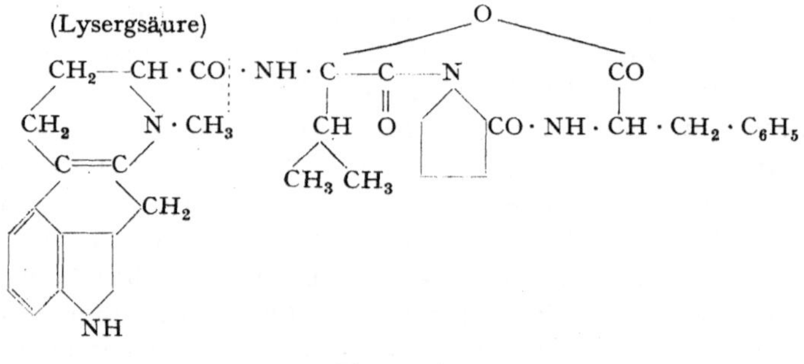

```
                                          O
(Lysergsäure)                     ________/ \________
CH2——CH·CO·NH·C——C——N                          CO
 /        \        |   ||  / \                  |
CH2        N·CH3   CH   O |   |CO·NH·CH·CH2·C6H5
 \C==C/           / \      |___|
      \CH2     CH3  CH3
  (Benzolring + Pyrrolring)
      NH
```

Ergotoxin

Kautschuk. In *Taraxacum megalorrhizon* wird der Milchsaftgehalt der Wurzeln sowohl beim Austreiben als auch beim längeren Verdunkeln der Blätter vermindert. Bis zum Einsetzen der Blüte nimmt der Kautschukgehalt zu, zur Zeit des Fruchtens nimmt er dann wieder ab (MAZANKO). Der Kautschuk ist also kein Exkret, von dem die Pflanze sich zu befreien sucht, sondern ein wichtiger Reservestoff, der wieder in den Stoffwechsel einbezogen wird. In derselben Richtung weisen Versuche, in denen nach Ernährung der ganzen Pflanze oder von Blättern mit Rohrzuckerlösungen Kautschukbildung beobachtet wurde (OSSIPOV).

## Literatur.

ALEXANDER, T. R.: Plant Physiol. **13**, 845 (1938). — ALLISON, F. E., u. Mitarbeiter: Bot. Gaz. **98**, 433 (1937).

BEKESKY, N. v.: Biochem. Z. **303**, 368 (1940). — BOREI, H.: Ark. Kem., Mineral., Geol. Ser. A **13**, Nr. 23 (1939). — BORTELS, H.: Arch. Mikrobiol. **11**, 155 (1940).

COHEN, P. P.: Biochem. J. **33**, 1478 (1939).

DAHL, O.: Hoppe-Seylers Z. **263**, 81 (1940). — DAM, H., J. GLAVIND u. N. NIELSEN: Ebenda **265**, 80 (1940). — DANNER, H.: Bot. Arch. **41**, 168 (1940). — DAWSON, R. F.: Plant Physiol. **14**, 479 (1939). — DIRSCHERL, W.: Hoppe-Seylers Z. **252**, 53 (1938). — DIRSCHERL, W., u. H. NAHM: Ebenda **264**, 41 (1940).

EULER, H. v., L. AHLSTRÖM u. B. HÖGBERG: Hoppe-Seylers Z. **267**, 154 (1940).

FREUDENBERG, K., u. H. BOPPEL: Ber. dtsch. chem. Ges. **73**, 609 (1940). — FREUDENBERG, K., u. Mitarbeiter: Naturwiss. **27**, 850 (1939).

GODDARD, D. R.: J. gen. Physiol. **19**, 45 (1935). — GODDARD, D. R., u. P. E. SMITH: Plant Physiol. **13**, 241 (1938). — GREEN, D. E., D. HERBERT u. V. SUBRAHMANYAN: J. of biol. Chem. **135**, 795 (1940). — GREENBERG, D. M., u. TH. WINNICK: Ebenda **135**, 761 ff. (1940).

HELLINGA, J. J. A.: Proc. roy. Acad. Amsterdam **43**, 267 (1940). — HEVESY, G., K. LINDERSTRØM-LANG, A. S. KESTON u. C. OLSEN: C. r. Lab. Carlsberg, Sér. Chim. **23**, 213 (1940). — HIEKE, K.: Bot. Archiv **41**, 113 (1940). — HOOVER, S. R., u. F. E. ALLISON: J. of biol. Chem. **134**, 181 (1940).

JACOBS, W. A., u. L. C. CRAIG: J. of biol. Chem. **110**, 521 (1935); **122**, 419 (1938). — JAMES, W. O., u. F. B. HORA: Ann. of Bot. **107** (1940).

KIDD, F., C. WEST, D. G. GRIFFITHS u. N. A. POTTER: Ann. of Bot., N. S. **4**, 1 (1940). — KREBS, H. A., u. L. V. EGGLESTON: Biochemic. J. **34**, 1383 (1940). — KUBOWITZ, F., u. W. LÜTTGENS: Biochem. Z. **307**, 170 (1941). — KUHN, R., u. Mitarbeiter: Naturwiss. **1939**, 518.

LANG, W.: Pharm. Zentralhalle **80**, 713 (1939). — LECHNER, R.: Forsch.dienst **10**, 586 (1940).

MACCORQUODALE, D. W., u. Mitarbeiter: J. of biol. Chem. **131**, 357 (1939). — MARSH, P. B., u. D. R. GODDARD: (1) Amer. J. Bot. **26**, 724 (1939). — (2) Ebenda **26**, 767 (1939). — MAZANKO, F. P.: C. r. Acad Sci. USSR. **27**, 838 (1940). — MEYER, K. H.: Naturwiss. **28**, 564 (1940). — MEYER, K. H., W. BRENTANO u. P. BERNFELD: Helvet. chim. Acta **23**, 845 (1940). — MICHAEL, G.: Z. Bot. **29**, 385 (1935). — MICHELS, H.: Ebenda **35**, 241 (1940). — MOROZOV, A. S.: C. r. Acad. Sci. USSR. **26**, 175 (1940). — MORRIS, D. L., u. C. T. MORRIS: J. of biol. Chem. **130**, 535 (1939). — MOTHES, K.: Planta (Berl.) **30**, 726 (1940). — MÜLLER, D.: Naturwiss. **28**, 516 (1940). — MURAKAMI, S.: Acta phytochim. (Tokyo) **11**, 213 (1940). — MYRBÄCK, K., u. K. AHLBORG: Biochem. Z. **307**, 69 (1940).

NAGEL, W.: Bot. Archiv **40**, 1 (1939). — NEGELEIN, E., u. H. BRÖMEL: (1) Biochem. Z. **301**, 135 (1939). — (2) Ebenda **303**, 231 (1939). — NEGELEIN, E., u. H. WULFF: Ebenda **293**, 351 (1937). — NILSSON, R., u. F. ALM: Ebenda **304**, 285 (1940). — NIELSEN, N., u. J. DAGYS: C. r. Lab. Carlsberg, Sér. physiol. **22**, 447 (1940). — NOBÉCOURT, P.: C. r. Soc. Biol. Paris **133**, 530 (1940). — NORDAL, A.: Arch. Pharmaz. **278**, 289 (1940).

OCHOA, S., u. R. A. PETERS: Biochem. J. **32**, 1501 (1938). — OHLMEYER, P.: (1) Biochem. Z. **301**, 189 (1939). — (2) Hoppe-Seylers Z. **267**, 264 (1941). — OKUNUKI, K.: Acta phytochim. (Tokyo) **11**, 249 (1940). — OSSIPOV, A. P.: Bull. Acad. Sci. USSR., Sér. biol. **1937**, 986.

PAECH, K.: Z. Altersforsch. **2**, 183 (1940).

RIEGEL, B.: Erg. Physiol. **43**, 133 (1940). — RUBEN, S., W. Z. HASSID u. M. D. KAMEN: J. amer. chem. Soc. **61**, 661 (1939). — RUBEN, S., u. M. D. KAMEN:

Proc. nat. Acad. Sci. USA. **26**, 418 (1940). — RUNNSTRÖM, J., H. BOREI u. E. SPERBER: Ark. Kem., Mineral., Geol., Ser. A **13**, Nr. 22 (1939). — RUNNSTRÖM, J., K. BRANDT u. R. MARCUSE: Ebenda Ser. B **14**, Nr. 8 (1940).

SCHLUBACH, H. H., u. OUAY KETU SINH: Liebigs Ann. **544**, 101 (1940). — SCHULTZ, A. S., L. ATKIN u. C. N. FREY: J. of biol. Chem. **135**, 267 (1940). — SJÖGREN, B.: Hoppe-Seylers Z. **262**, 1 (1939). — SMITH, S., u. G. M. TIMMIS: J. chem. Soc. Lond. **1937**, 396. — STOCQ, J.: Arch. internat. Physiol. **49**, 2 (1939). — STOLL, A., u. E. BURCKHARDT: Hoppe-Seylers Z. **250**, 1 (1937). — STOLL, A., u. A. HOFFMANN: Ebenda **251**, 155 (1937). — TANKO, B., L. MUNK u. J. ABONYI: Ebenda **264**, 91 (1940). — TAMIYA, H., u. S. USAMI: Acta phytochim. (Tokyo) **11**, 261 (1940). — TAUBER, H.: Proc. Soc. exper. Biol. a. Med. **37**, 541 (1937).

VICKERY, H. B., G. W. PUCHER, R. SCHOENHEIMER u. D. RITTENBERG: J. of biol. Chem. **135**, 531 (1940).

WALLERBROEK, J. C. J.: Rec. Trav. bot. néerl. **37**, 78 (1940). — WARBURG, O., u. W. CHRISTIAN: Biochem. Z. **303**, 40 (1939). — WESTENBRINK, H. G. K.: C. r. Lab. Carlsberg, Sér. chim. **23**, 195 (1940). — WOOD u. WERKMAN: Biochemic. J. **34**, 7, 129 (1940).

# 13. Ökologische Pflanzengeographie.

Von **HEINRICH WALTER**, Posen.

**1. Klimatische Standortsfaktoren.** MÖRIKOFER veröffentlicht seine kritische Übersicht der für die Ökologen in Frage kommenden Strahlungsmeßgeräte (vgl. Fortschr. Bot. 9, 265) nochmals an anderer Stelle. Besondere Berücksichtigung finden dabei die photoelektrischen Belichtungsmesser. Einige typische Tageskurven der Temperatur, Feuchtigkeit und Lichtintensität in einem tropischen Regenwald und auf einer Lichtung geben PARK, BARDEN und WILLIAMS wieder.

Die im Göttinger Institut durchgeführten Untersuchungen über den Einfluß des Windes auf die Transpiration setzt GRIEP fort. Uns interessieren hier hauptsächlich seine für die Ökologie der Pflanzen unter extremen Bedingungen bedeutsamen Ergebnisse. Es zeigt sich zunächst, daß in trockenem Boden die Transpiration durch die Wasseraufnahme begrenzt wird und eine fördernde Wirkung des Windes dadurch fast unterbunden wird. Bei starker Belichtung kann der Wind sogar eine Senkung der Transpiration bewirken, indem er die Übertemperatur des Blattes herabsetzt.

Die kühlende Wirkung des Windes kann auch DÖRR bei ihren Blatttemperaturmessungen am natürlichen Standort eines *Xerobrometums* bei Mödling (Wien) feststellen. Trotzdem verstärkt der Wind meist die Transpirationsintensität. Eine Hemmung kommt am Standort erst nach längerer Windwirkung zustande und ist auf Spaltenschluß zurückzuführen. Die Wirkung des Windes auf die Blattemperaturen ist jedoch im Vergleich mit der Bedeutung der Strahlung gering. Bei vollem Sonnenschein sind die Blattemperaturen der einzelnen Arten verschieden. Blätter von *Globularia, Hieracium, Potentilla* und *Teucrium* waren bis zu 10—15° C wärmer als die Luft. Bei *Onosma* und *Sanguisorba* betrug die Differenz 5—8° C und bei *Bupleurum, Cynanchum, Dorycnium, Fumana* und *Aster* kaum 5° C. Die höchsten gemessenen Temperaturen betrugen 50,2° bei *Sempervivum hirsutum* und 48,7° bei *Globularia.* Bei geringer Einstrahlung sind auch die Übertemperaturen geringer, und bei gleichzeitig guter Wasserversorgung können sich die Blätter sogar unter die Lufttemperatur abkühlen. Welke Blätter sind wärmer als frische, rote wärmer als grüne. Von großer Bedeutung ist die Stellung der

Blätter zu den einfallenden Lichtstrahlen. Bringt man Blätter aus der natürlichen Lage in eine senkrechte zum Strahleneinfall, so kann die Blattemperatur um 3° C steigen. Behaarung hemmt den Luftaustausch und dämpft Temperaturschwankungen ab. Die Temperatur des Wurzelhalses wird vorwiegend von der Temperatur an der Bodenoberfläche beeinflußt, kann jedoch von letzterer in der einen oder anderen Richtung abweichen.

**2. Edaphische Standortsfaktoren.** Noch vor kurzem wurde angenommen, daß in einem niederschlagsreichen Klima eine rasche Bodenversauerung eintritt und die Klimaxgesellschaften sich aus azidophilen Pflanzenarten zusammensetzen müssen. Eine Kartierung der Trockenrasengesellschaften der Albhochfläche durch FILZER ergab jedoch, daß die hier auf Jurakalken aufliegenden verlehmten und versauerten Böden mit Rasengesellschaften, die Übergänge zwischen den *Mesobrometen* auf Redzinaböden und *Nardeten* oder sogar subatlantischen Moorheiden bilden, nicht rezenter Entstehung sein können und auch keine direkten Beziehungen zu der heutigen Niederschlagshöhe zeigen. Ihre Bildung ist in eine Zeit vor dem Obermiozän zu verlegen. Infolgedessen darf auch die Reihe vom *Mesobrometum* zum *Nardetum* nicht als eine Sukzession gedeutet werden. Von saueren Klimaxgesellschaften kann auf der Schwäbischen Alb keine Rede sein.

In Bodenschichten, die unter der Einwirkung von Grundwasser stehen, bildet sich ein Gley-Horizont aus. Die Lage dieses G-Horizontes bestimmt die Tiefe der gutdurchlüfteten, durchwurzelten Schicht und ist deshalb für die Wälder, die zu einem großen Teil auf Gley-Böden stocken, von Bedeutung. WILDE schlägt eine Einteilung der Gley-Böden in $\alpha$-, $\beta$- und $\gamma$-Gley-Böden vor, je nachdem ob der G-Horizont sich in dem A-, B- oder C-Horizont des Bodenprofils bildet. $\alpha$-Gley-Böden sind typische Sumpfböden schlechtester Bonität. $\beta$-Gley-Böden sind periodisch naß und trocken, die durchwurzelte Schicht ist flach. Bei $\gamma$-Gley-Böden liegt der G-Horizont in $1^1/_2$—2 m Tiefe; sie bieten den Bäumen besonders günstige Verhältnisse, weil die durchwurzelte Schicht genügend tief ist und die Wurzeln noch das vom Grundwasser aufsteigende Kapillarwasser ausnutzen können. $\gamma$-Gley-Böden sind für den Waldbau vorteilhafter als die Böden ohne Grundwasser, von denen man sie nur nach Anlegen tiefer Profile unterscheiden kann.

Zu dem Problem der kalkholden und kalkfliehenden Arten nimmt ILJIN auf Grund seiner langjährigen Untersuchungen des Kalk- und Säuregehaltes der Pflanzen Stellung. Er findet, daß die für Kalkböden charakteristischen Arten meistens viel lösliches, an Apfelsäure gebundenes Kalzium enthalten. Er bezeichnet sie als „physiologisch kalziophil" oder „kalziotroph". Als Beispiel seien genannt *Gypsophila repens, Arabis alpina, Anthyllis, Biscutella, Sedum album* und *S. atratum, Sempervivum soboliferum, Salix reticulata, Globularia, Teucrium montanum, Scorzonera austriaca, Veronica spicata, Linaria genistaefolia.* Diese Pflanzen nehmen auch auf kalkarmem Boden relativ viel Kalzium auf. Daneben kommen jedoch auf Kalkböden in geringerer Zahl auch Arten vor, die man als „physiologisch kalziophob" bezeichnen muß; denn sie nehmen entweder sehr wenig Kalzium auf, wie z. B. *Gentiana asclepiadea, Gentiana verna, Polystichum lonchitis* oder fällen es im Gewebe durch Oxalsäure aus, wie *Melandrium album, Ballota nigra, Geranium Robertianum, Silene vulgaris* und *Rumex acetosa*. Eine Reihe von Arten nimmt eine Zwischenstellung ein, so z. B. *Aster alpinus* oder *Androsace lactea*. Was nun die kieselholden Pflanzen der Silikatböden anbelangt, so gehört von diesen die Mehrzahl der Arten zu den kalziophoben, nämlich 25 von 29 untersuchten Arten. Viel lösliches Kalzium enthielten nur die Sukkulenten, die sich auch durch hohen Apfelsäuregehalt auszeichnen. Unter den bodenvagen Arten sind beide physiologischen Gruppen vertreten. Diese Ergebnisse bilden sicher einen Ausgangspunkt für weitere Forschungen. Im einzelnen ist vieles in den Beziehungen zwischen Physiologie und Ökologie noch unklar und zum Teil widerspruchsvoll.

3. **Ökologie der $CO_2$-Assimilation.** In den Fortschr. Bot. 8, 247, wiesen wir darauf hin, daß man aus der Assimilationsintensität nicht ohne weiteres Rückschlüsse auf die Ertragshöhe ziehen darf. Ein sehr schönes Beispiel in dieser Hinsicht sind die Ergebnisse von SIMONIS, der einjährige Pflanzen in verschieden feuchtem Boden kultivierte. Es zeigte sich, daß die in trockenem Boden wachsenden Pflanzen eine größere $CO_2$-Assimilation im Vergleich zu den in feuchtem Boden gezogenen Pflanzen besitzen. Trotzdem sind die Erträge an Trockensubstanz bei letzteren höher, voraussichtlich weil sie ihre Assimilate in erster Linie zur Bildung neuer Blattfläche verwenden, während die Trockenpflanzen mehr Wurzelmasse bilden.

Die sehr lebhafte Assimilation der hochalpinen Pflanzen (*Ranunculus glacialis, Sieversia, Doronicum Clusii, Primula glutinosa* und *Salix herbacea*) kann CARTELLIERI gasanalytisch am Standorte nachweisen. Verf. betont, daß bei der sehr großen Streuung der Einzelwerte (Fehler $\pm$ 50%) nur eine Pflanzenart am Tage untersucht werden sollte, um dicht aufeinanderfolgende Bestimmungen durchführen zu können. Wird diese Forderung eingehalten, so tritt die Steuerung der Assimilation durch das Licht deutlich hervor. Es lassen sich auch die Tagesausbeuten berechnen. Schon in einem Sommermonat assimilieren die Pflanzen den in ihren gesamten oberirdischen Teilen enthaltenen Kohlenstoff. Sie reichen deshalb mit der kurzen Vegetationszeit von etwa $2^1/_2$—3 Monaten aus. An wolkenlosen Sommertagen ist bei 9—13% Wassersättigungsdefizit eine zeitweilige Transpirationseinschränkung festzustellen.

PRINTZ untersucht die $CO_2$-Assimilation der Meeresalgen in verschiedener Tiefe und findet, daß die Stoffproduktion im Winter und namentlich im Frühjahr bei noch niedrigen Wassertemperaturen am größten ist. Für die Tiefenverteilung ist die Farbe der Algen nur zum Teil bedeutungsvoll. Ebenso wichtig ist die Anpassung der Individuen an ihre ursprünglichen Standortsverhältnisse und die dadurch bedingte konstitutionelle Lichteinstellung. Zerteilte Formen mit großer Oberfläche zeigen einen kräftigeren Gaswechsel als kompakte.

**4. Ökologie des Wasserhaushaltes.** Im Anschluß an seine Messungen des Saftstromes bei Nadelhölzern führt SCHUBERT Transpirationsmessungen durch und versucht sie auch ökologisch auszuwerten, indem er den Wasserverbrauch von Nadelholzbeständen berechnet. Wählt man als Bezugseinheit 1 g Blattfrischgewicht, so zeigt die Lärche die höchsten Transpirationswerte, und zwar wurden folgende Zahlen an einem warmen Sommertage erhalten:

| | mittags in g pro Stunde | | in g pro Tag | |
|---|---|---|---|---|
| | 19./20. Juli | 5./6. August | 19./20. Juli | 5./6. August |
| Lärche | 0,513 | 0,468 | 4,72 | 4,41 |
| Fichte | 0,136 | 0,124 | 1,05 | 1,00 |
| Kiefer | 0,183 | — | 1,88 | — |
| Strobe | 0,183 | — | 2,05 | — |
| Buche | — | 0,336 | — | 4,14 |

Da jedoch die Blattmasse bei Bäumen mit gleichem Kronenraum verschieden ist (bei Fichte etwa 3mal größer als bei Lärche), so zeigt der Wasserbedarf ganzer Bäume keine so großen Unterschiede. SCHUBERT gibt an einem schönen Sommertage für etwa 60jährige Bäume einen Wasserverbrauch von 80—90 Liter an (Fichte etwa 60 Liter). Versucht man die Transpiration 60—100jähriger Bestände zu berechnen, so entspricht die Jahresverdunstung bei Lärchen 680 mm, bei Fichten 320 mm und bei Kiefern etwa 160 mm. Die Oberfläche der Nadeln erreicht im Lärchenbestand das 12fache der Bestandesfläche. Alle diese Zahlen können natürlich keinen Anspruch auf Genauigkeit erheben, sie geben uns aber doch gewisse Anhaltspunkte und zeigen, daß man den Wasserverbrauch bei der Holzartenwahl mit berücksichtigen muß.

Vergleichen wir die Werte von SCHUBERT mit denjenigen von PISEK und CARTELLIERI (Fortschr. Bot. 9, 273), so erkennen wir, daß die Tageswerte pro Gramm Frischgewicht gut übereinstimmen. Dagegen würde der Jahresverbrauch bei PISEK und CARTELLIERI für Lärche 380 (bis 530) mm, für Fichte 280 mm und für Kiefer 350 mm ergeben. Der letzte Wert erscheint uns zu hoch; sonst könnten die Abweichungen auf Standorts- oder Witterungsunterschieden beruhen. Ganz andere Werte führt WUNDT an. Die Jahrestranspiration wurde allerdings aus der Trockensubstanzerzeugung und den Zahlen des Wasserverbrauchs je Kilogramm Trockensubstanz berechnet. Man erhält dann als jährliche Transpirationsgröße folgende Mittelwerte: Grasflächen 228 mm, Kleegewächse 221 mm, Getreidefelder 107—205 mm, Hackfrüchte 169 mm, Laubwald 161 mm, Nadelwald 167 mm. Die Werte für die Wälder werden als vage bezeichnet; sie sind sicher viel zu niedrig. Für Nordamerika werden folgende Zahlen angegeben: Feldfrüchte 229 mm, Laubwald 204—305 mm, immergrüne Bäume 102 mm, niedrige Bäume und Buschwerk 153 mm. Auch hier scheinen uns die Werte für Wälder zu niedrig zu sein. Ein Wald verbraucht doch sicher mehr Wasser als ein Acker, das zeigen auch die in derselben Arbeit zusammengestellten Lysimeterwerte von BARTELS und FRIEDRICH:

| | 1930—32 | 1934—35 |
|---|---|---|
| Mittlerer jährlicher Niederschlag in mm . . . . | 673 | 594 |
| Verdunstung von nacktem Boden ohne Grundwasser in mm . . . . . . . . . . . . . . . . . | 178 | — |
| Verdunstung von Grünland ohne Grundwasser (Transpiration + Bodenverdunstung) . . . . | 366 | 332 |
| Verdunstung von jungem Kiefernbestand (Transpiration + Bodenverdunstung) . . . . . . . | — | 452 |
| Verdunstung von Grünland mit Grundwasser . . | — | 800 |
| Verdunstung der WILDschen Waage . . . . . . | 502 | 608 |

Der Wasserverbrauch von Grünland mit Grundwasser ist also größer als die Wasserabgabe einer freien Wasseroberfläche; bei einem Auen- oder Bruchwald dürfte die Differenz noch größer sein. Man ersieht daraus, wie unsicher bisher alle diesbezüglichen Angaben sind, obgleich sie für die Beurteilung des Wasserhaushaltes eines Landes und für alle kulturtechnischen Maßnahmen von allergrößter Bedeutung sind.

Da die Xeromorphie der Hochmoorpflanzen wiederholt mit dem Stickstoffmangel in Zusammenhang gebracht wurde, stellt MARTHALER durch Wasserkulturen fest, wie sich diese Pflanzengruppe verschiedenen Stickstoffgaben gegenüber verhält. Es zeigt sich zunächst, daß alle typischen Hochmoorpflanzen mit Ammonium-Stickstoff besser wachsen und Nitrat-Stickstoff zum Teil vielleicht gar nicht auszunutzen vermögen. Normaler Stickstoffgehalt der Nährlösung ist Hochmoorpflanzen durchaus günstig. Es liegt deshalb kein Anlaß zu der Annahme vor, daß sie durch den Stickstoffmangel im Hochmoor begünstigt werden. Sie können ihn wahrscheinlich nur besser vertragen als andere Pflanzen. Nur der Heidelbeere, die aber mehr eine Waldpflanze ist, bekommt ein höherer Stickstoffgehalt im Nährmedium schlecht. Was nun die Beeinflussung der anatomischen Eigenschaften durch eine verschiedene Stickstoffernährung anbelangt, so läßt sich eine ausgeprägtere Xeromorphie bei Stickstoffmangel nicht nachweisen. Die etwas verschiedene Blattgröße und gewisse anatomische Unterschiede sind nur darauf zurückzuführen, daß die Pflanzen bei besserer Stickstoffernährung ein stärkeres Wachstum aufweisen. Die von MOTHES an Mais und Tabak festgestellten Beziehungen zwischen N-Mangel und Xeromorphie können also für Hochmoorpflanzen nicht bestätigt werden.

Die Blattepidermis der extrem xeromorphen Mesembryanthemen untersucht ÖZTIG. Eine ökologische Auswertung der anatomischen Befunde konnte nicht durchgeführt werden.

Die Physiologie der ökologisch so interessanten Gruppe der *Hymenophyllaceen* wird von HÄRTEL und GESSNER (1) untersucht. Die *Hymenophyllaceen* stehen an der Grenze zwischen poikilohydren und homoiohydren Pflanzen. Ref. konnte sie in der Nebelwaldzone am Kilimandscharo als Epiphyten während der Trockenzeit in stark ausgetrocknetem Zustande sehen. Sie erinnern in dieser Hinsicht noch ganz an die Moose. Doch kann HÄRTEL (1) zeigen, daß die Membranen der Wedelflächen für Plasmolytika sehr impermeabel sind; auch gelang es ihm, an nicht entwässerten Querschnitten eine deutliche Kutikula nachzuweisen. Obgleich die

Blätter nur aus einer einzigen Zellschicht bestehen, assimilieren sie nach GESSNER an der Luft 6—10fach mehr als im Wasser, selbst wenn der $CO_2$-Gehalt des letzteren denjenigen der Luft mehrfach übertrifft. Im Zusammenhang mit der Transpiration und Wasseraufnahme bestimmt HÄRTEL (2) auch die Austrocknungsresistenz. Daß diese nicht groß sein kann, geht schon aus der Gebundenheit dieser Farngruppe an extrem feuchte Standorte hervor. Trotzdem erscheint die an Gewächshauspflanzen festgestellte Resistenz geringer, als man erwarten würde. Schon beim Austrocknen bei 90 % relativer Feuchtigkeit sterben viele *Hymenophyllaceen* ab. Nur bei wenigen liegt die Grenze tiefer (bei 75 %). Selbst im feuchtesten Urwald kann die Dampfspannung aber diese Grenzwerte vorübergehend unterschreiten.

5. **Halophytenproblem.** Eine ausführliche und sorgfältige Untersuchung der Ökologie Hiddenseer Halophyten verdanken wir POMPE. Im Gegensatz zu den bisher vorliegenden, ähnlichen Arbeiten handelt es sich im vorliegenden Falle um ein Meeresküstengebiet ohne Gezeiten und mit verhältnismäßig geringen Schwankungen des Wasserstandes, sowie relativ geringen Salzkonzentrationen (Außenwasser 0,75—1,06 %, im Mittel 0,81 %; Boddenwasser 0,77 %). Infolgedessen sind auch die Bodenkonzentrationen der Salzwiesen wesentlich andere als an der Nordseeküste. Die Salzverhältnisse hängen ab: von der Höhenlage über Mittelwasser, der Entfernung von der Boddengrenze und der Witterung. Sie bestimmen die Zonation der Gesellschaften.

Die Salzkonzentration des Bodens ändert sich auch in vertikaler Richtung erheblich. Dabei sind die Schwankungen an der Oberfläche besonders stark, während sie mit der Tiefe abnehmen. Für die Beurteilung der Standortsverhältnisse ist deshalb die Kenntnis der Wurzeltiefe für die einzelnen Arten unbedingte Voraussetzung. Einige Arten scheinen dabei die Fähigkeit zu besitzen, den „aktiven Wurzelhorizont" zu verlegen und jeweils die Wasseraufnahme aus dem Bodenhorizont mit der niedrigsten Salzkonzentration vorzunehmen. Im allgemeinen zeigte sich eine weitgehende Übereinstimmung zwischen der Salzkonzentration der Pflanze und des dazugehörigen Wurzelhorizontes. Nur an salzarmen Standorten ließ sich die für die Halophyten charakteristische Salzspeicherung erkennen. Im Gegensatz zu den Befunden von SCHRATZ konnte Verf. auch in den Samen der Halophyten nennenswerte NaCl-Mengen nachweisen. Bei starker Aussüßung des Substrates reagieren absalzende Halophyten durch Salzabscheidung, nichtabsalzende mit einer Wasseraufnahme. Die kutikuläre Exkretion scheint für den Salzhaushalt der Halophyten ohne Bedeutung zu sein. Die physiologische Seite der Salzwirkung und der Vorgang der Salzregulation bleiben ungeklärt.

6. **Verschiedenes.** Die eingehende Untersuchung der Ökologie von *Carex humilis* durch KRAUSE zeigt, daß diese Art keine sehr speziellen Standortsansprüche stellt. Wenn sie trotzdem meist an extremen Standorten wächst, so hängt es mit ihrer äußerst geringen Ausbreitungsfähig-

keit zusammen. Denn Voraussetzung für ihr Vorkommen ist ungestörte Wachstumsmöglichkeit. Eine Wiederbesiedlung zerstörter Standorte kommt kaum in Frage — *Carex humilis* ist also ein richtiges xerothermes Relikt[1].

Genaue Beobachtung zeigt, daß es allgemein nur wenige Sukzessionen gibt, die rasch verlaufen (bei großer Instabilität der Standorte, plötzlicher starker Änderung eines einzelnen Standortsfaktors usw.), während die meisten so langsam verlaufen, daß sie fast einem Stillstand gleichkommen. Sehr interessant ist die Feststellung, daß *Azotobacter* ein typischer Begleiter der kultivierten Böden ist. In jüngeren Brachen vermag er sich noch einige Zeit (6—20 Jahre) zu halten, verschwindet jedoch in dem Maße, wie die Trockenrasenpflanzen einwandern.

Einen wesentlichen Beitrag zur Frage der Sukzessionen bringen auch die Untersuchungen von LÜDI an Dauerflächen des Alpengartens Schinigeplatte. Innerhalb eines Jahrzehnts haben nur die durch frühere Übernutzung zum *Nardetum* vermagerten Frischwiesen eine wesentliche Veränderung erfahren, indem eine Rückentwicklung zur Frischwiese eintrat. Sonst handelt es sich nur um gewisse normale Schwankungen, die man nicht als einen Sukzessionsschritt bezeichnen kann. Erst weitere langjährige Beobachtungen können zeigen, ob diese Entwicklung in einer bestimmten Richtung weitergehen wird.

WEAVER und ALBERTSON nahmen 1939 die seit 7 Jahren durch die Dürre betroffenen Weideflächen des Mittelwestens in USA. auf. Dadurch, daß ein Teil der Great Plains umgeackert wurde, konnten die furchtbaren Staubstürme entstehen. In Oklahoma waren sie besonders schlimm, weil dort ein besonders großer Teil des Graslandes umgepflügt war. Durch Staubablagerung wurde benachbartes Grasland abgetötet und auch von diesen Flächen der Boden durch Wind erodiert. Heuschrecken vernichteten die noch verbliebenen Pflanzen. 25 % der Weideflächen sind heute Wüste mit 1 % und weniger Bodenbedeckung; die übrigen 75 % zeigen Deckungsgrade von 20—2 %. Sehr stark haben sich die *Opuntien* ausgebreitet. Auf angewehtem Staub sät sich das Unkraut *Salsola Kali* aus. Am stärksten geschädigt wurden die Flächen, die noch während der Dürrejahre beweidet wurden.

Auf die ökologische Bedeutung der Wasserbewegung für die Meeresalgen macht GESSNER (2) aufmerksam. Sowohl die Assimilation als auch die Atmung werden bei ihnen durch die Stagnation des Wassers stark gehemmt. Besonders deutlich macht sich das bei Oberflächenformen bemerkbar, die in stets stark bewegtem Wasser leben. Die Meeresalgen verhalten sich dabei ganz anders als

[1] Wir müssen unter den Pflanzenarten der Trockenrasen solche unterscheiden, die Neuland leicht besiedeln (*Festuca ovina, F. valesiaca, Brachypodium pinnatum, Koeleria pyramidata, Melica ciliata, Orchis purpureus, Sanguisorba minor, Euphorbia cyparissias, Thymus, Eryngium, Bupleurum falcatum, Scabiosa ochroleuca, Centaurea scabiosa, Cirsium acaule* und *Hieracium pilosella*) und anderen, die wie *Carex humilis* nur schwer auf Neuland übergehen (*Stipa*-Arten, *Sesleria, Anthericum*-Arten, *Pulsatilla, Adonis vernalis, Astragalus excapus, Helianthemum apenninum* und *canum, Seseli hippomarathrum, Teucrium montanum, Verbascum phoeniceum, Aster linosyris, Inula hirta, Scorzonera purpurea*).

Süßwasserpflanzen, die sich durch eine viel intensivere Atmung auszeichnen und diese, wie es scheint, noch bei sehr geringer $O_2$-Spannung aufrechterhalten können. Denn bei ihnen ruft eine Stagnation keine Atmungshemmung hervor.

Auf zwei in russischer Sprache erschienene Bücher sei besonders hingewiesen: Die physiologischen Grundlagen der Kälteresistenz werden von TUMANOW auf über 300 Seiten sehr ausführlich behandelt, wobei Verf. auch viele neue Ergebnisse der russischen Forschung bringt. Die biochemische Charakteristik der Dürreresistenz unter Auswertung eigener Versuche faßt SISAKJAN auf 130 Seiten zusammen. Auf den sehr interessanten Inhalt einzugehen, würde den Rahmen des Referates überschreiten.

**7. Vegetationskunde.** a) Allgemeines. Daß die heutige Pflanzensoziologie sich auf Grundlagen aufbaut, die schon vor über 30 Jahren von führenden Pflanzengeographen als allein richtig erkannt wurden, zeigt der unveränderte Neudruck von R. GRADMANNs Schrift „Über die Begriffsbildung in der Lehre von den Pflanzenformationen" (aus Engl. Bot. Jb. 43 [Beibl.], 99 [1909]) durch die Deutsche Arbeitsgemeinschaft für Pflanzensoziologie als Ehrengabe zu seinem 75. Geburtstage. Schon damals wies GRADMANN darauf hin, daß die Umgrenzung der Pflanzengesellschaften auf der floristischen Zusammensetzung basieren muß. Die floristische Methode ist die genaueste und die allgemein anwendbarste Methode, sie setzt die Kenntnis der Kausalbeziehungen nicht voraus, sondern schafft die Grundlage zu einer Vertiefung durch ökologische Untersuchungen, durch die allein das Endziel — das Verständnis der ursächlichen Zusammenhänge — erreicht wird. Gleichzeitig weist GRADMANN darauf hin, daß die einzelnen Gesellschaftstypen nur durch Vergleich möglichst zahlreicher Bestandesaufnahmen, d. h. vollständiger Artlisten von begrenzten Flächen erkannt werden können, wobei den größten diagnostischen Wert nicht die Dominanten, sondern die Leitpflanzen, die man heute als Charakterarten zu bezeichnen pflegt, besitzen. Nur von der Notwendigkeit auch der weiteren konsequenten Anwendung der floristischen Methode zum Aufbau eines Systems der Pflanzengesellschaften war GRADMANN noch nicht überzeugt. Aber ebenso wie die wissenschaftliche Botanik erst nach dem Ausbau eines Systems durch LINNÉ einen raschen Aufschwung nehmen konnte, so ist auch ein System der Pflanzengesellschaften die Voraussetzung für eine erfolgreiche Forschung auf vegetationskundlichem Gebiet und eine Notwendigkeit für die Durchführung der vom Reich gestellten Aufgabe einer Reichskartierung.

Dem gegenüber steht die Forderung von MEUSEL, auf ein System der Pflanzengesellschaften ganz zu verzichten. Nach ihm soll man zu einer natürlichen Gliederung der Pflanzendecke nur „aus der Überschau heraus" auf der Grundlage von Arealtypenspektren gelangen. Wenn jedoch MEUSEL als Ergebnis anführt, daß die Wälder „ein buntes, vielfach gestuftes Mosaik verschiedener Übergangsformen vorstellen" und daß die Verteilung der Pflanzengesellschaften „einer beweglichen Ordnung folgt", die eine strenge Abgrenzung einzelner Einheiten und eine bestimmungsmäßige Erfassung unmöglich macht, so ist dieses Ergebnis seiner Methode nicht gerade ermutigend. Eine karthographische Darstellung der Vegetation auf dieser Grundlage ist unmöglich. Man darf auch nicht vergessen, daß die Arealformen, die alle Übergänge aufweisen, nur durch stärkste Schematisierung sich zu Typen zusammenfassen lassen, ganz abgesehen davon, daß sie meist die weniger wichtigen Arealgrenzen und nicht das Verbreitungszentrum wiedergeben. Auch LINNÉ gegenüber wird man wohl seinerzeit den Einwand gemacht haben, daß die unendliche Formenmannigfaltigkeit der Pflanzenwelt sich nicht in ein System hereinpressen läßt. Und doch wäre ohne dieses die Entwicklung der wissenschaftlichen Botanik undenkbar. Das erst im Aufbau begriffene soziologische System hat wie jedes seine Schwächen. Da es ganz auf floristischer Grundlage aufgebaut ist, so wird man es kaum als so unnatürlich auffassen können wie etwa das LINNÉsche[1]. Genügend umfangreiches Tatsachenmaterial liegt bisher nur aus Nordwestdeutschland vor. Mit Erweiterung der Basis, namentlich nach Osten, werden ständig Verbesserungen vorgenommen. Die vergleichende Betrachtung der Arealtypen kann namentlich bei der nur vorläufigen Fassung der höheren Einheiten gewisse Anregungen geben. Nicht berechtigt erscheint uns auch, daß MEUSEL der Soziologie eine ganz einseitige Einteilung nach einem einzelnen Umweltsfaktor vorwirft. Und dieser Umweltsfaktor ist nach seiner Auffassung das Bodenprofil[2]!

Seine Untersuchungen der Grasheiden Mitteleuropas setzt MEUSEL (2) unter vergleichender Betrachtung der sie zusammensetzenden Florenelemente (vgl. Fortschr. Bot. 9, 283) auf breiterer Grundlage fort. Es ist sehr zu begrüßen, daß zahlreiche Arealkarten der Besprechung der Haupttypen beigefügt sind. Viele Einzelbeispiele aus Mitteldeutschland, dem Alpenvorland und dem östlichen Donauraum vervollständigen die Ausführungen.

Die anschließende Polemik von MEUSEL gegen die Soziologie und neuerdings auch gegen die Ökologie, der er fast jede Daseinsberechtigung absprechen will, ist dagegen nach des Ref. Meinung unproduktiv. Aus der genauesten Kenntnis der Areale heraus lassen sich keine Gesellschaften konstruieren. Die Arealform gibt z. B. keine Erklärung dafür, warum *Erica tetralix* oder *Helleborus foetidus* trotz ihrer atlantisch-subatlantischen Verbreitung nicht im Eichenbirkenwald Nordwestdeutschlands vorkommen. Das Verständnis für die Gesellschaften kann nur von der ökologischen Seite her erlangt werden.

---

[1] Der Einwand, daß die Bestandesaufnahmen ganz subjektiv beeinflußt sind, ist unbegründet. Bei Geländearbeiten mit Forschern verschiedenster Arbeitsrichtung zeigt es sich, daß — genügend Erfahrung vorausgesetzt — über die Auswahl der Probeflächen und die Bestandesaufnahme wohl niemals Differenzen bestehen. Schwieriger gestaltet sich dagegen die Zusammenfassung der Pflanzengesellschaften zu höheren Einheiten (vgl. dazu die kritischen Bemerkungen von GAMS). Daß zwischen diesen mehrdimensionale Beziehungen bestehen, kann kaum geleugnet werden. Trotzdem ist ein System schon aus technischen Gründen gezwungen, eine lineare Anordnung zu wählen.

[2] Bekanntlich beruhen die Beziehungen zwischen Pflanzengesellschaften und Bodenprofil darauf, daß beide von der Gesamtheit der Klimafaktoren beeinflußt werden, und daß Pflanzendecke und Boden in enger Wechselwirkung stehen. Das Bodenprofil ist also in gewisser Hinsicht ebenso als Indikator der gesamten Standortsbedingungen aufzufassen, wie die Artenkombination der Pflanzengesellschaften und keinesfalls als ein bestimmter Umweltsfaktor.

Dessenungeachtet sind Arealstudien auch vom Standpunkt der Vegetationsforschung durchaus zu begrüßen, wie überhaupt nur ein möglichst vielseitiges Studium der Pflanzengesellschaften uns einen tieferen Einblick gewähren kann. Wie wichtig z. B. historische Studien zur sicheren Beurteilung der Natürlichkeit von Beständen sein können, zeigen BREITENFELD und MOTHES durch ihre pollenanalytischen Untersuchungen der masurischen Wälder. Sie können den Nachweis erbringen, daß in diesem stets außerhalb des Buchenareals gelegenen Gebiete die Kiefer immer eine außerordentliche Entfaltung besaß, während der Laubholzanteil je nach der Bodenbeschaffenheit stark schwankte. Die heutigen Kiefernforste erscheinen danach nicht als so unnatürlich, wie man vielfach annimmt, wenn auch eine gewisse Unterdrückung des Laubholzes durch die moderne Wirtschaft unverkennbar ist. Man wird aber auch bei dieser bestandesgeschichtlichen Untersuchung stets bedenken müssen, daß die Methode für die praktische Auswertung ihre Grenzen hat. Sie gibt uns das Waldbild vor den Eingriffen des Menschen wieder. Durch die jahrhundertelange Bewirtschaftung sind jedoch die Böden zum Teil irreversibel degradiert. Das ursprüngliche Waldbild braucht also nicht den heute noch für die Forstwirtschaft vorhandenen Möglichkeiten zu entsprechen. Außerdem kann uns die Pollenanalyse meist nur das durchschnittliche Waldbild größerer Bezirke vermitteln, während für den Forstmann die Kenntnis des nach kleinen Standortseinheiten gegliederten Waldaufbaues viel wertvoller ist, namentlich im Gebirge. Daß in dieser Hinsicht die Pflanzensoziologie bei wirklich gründlicher Sachkenntnis der Forstwirtschaft von größtem Nutzen sein kann, beweist die kritische Arbeit von BARTSCH, die den natürlichen Gesellschaftsanschluß der Fichte im Schwarzwald und ihren künstlichen Anbau behandelt. Es zeigt sich, daß die Fichte die besten Leistungen zum Teil in Gesellschaften hervorbringt, in denen sie von Natur aus fehlen kann und daß andererseits ihre zu starke Begünstigung selbst bei natürlichem Vorkommen oft infolge von Bodenveränderungen für die Nachhaltigkeit der Kulturen gefährlich zu werden vermag.

Wie wichtig gerade für die Lösung praktischer forstwirtschaftlicher Probleme eine vielseitige Untersuchung ist, zeigt auch die Arbeit von KOCH, SCHAIRER und GAISBERG. Ein Buchengebiet der östlichen Schwäbischen Alb wird von ihnen in forstgeschichtlicher, bodenkundlicher und pflanzensoziologischer Richtung untersucht, um Anhaltspunkte für die beste zukünftige Bestandesgestaltung zu erhalten. Sie kommen zum Ergebnis, daß die Buche auf allen Böden, auch den kalkarmen, standortsgemäß ist, wenn auch früher die zeitweise stark heruntergewirtschafteten Wälder zum Teil kaum noch Buche aufwiesen. Besonders wichtig war es zu entscheiden, inwieweit Fichtenanbau im Reinbestand oder in Mischung mit Buche unter Wahrung der Nachhaltigkeit zulässig ist. Die Gefahr von Fichtenanbau besteht darin, daß sie namentlich auf ärmeren Böden zu einer Versauerung und der Ausbildung eines $A_0$-Horizontes (Auflagehumus) aus Moder führt. In diesem schwer abbaubaren Horizont werden die Nährstoffe festgelegt, die aus tieferen Bodenschichten stammen. Sie werden damit dem Kreislauf entzogen. Außerdem besitzt der Auflagehumus eine außerordentlich große Wasserkapazität. Er hält die Niederschläge zurück und verhindert eine gute Durchfeuchtung des Bodens. Alles das führt auch im Zusammenhang mit der Flachwurzlichkeit der Fichte zu einer physiologischen Flachgründigkeit des Bodens, die sich auf die Wuchsleistungen des Waldes nachteilig auswirkt.

Einbringung von Buche ist in diesem Falle ein nur wenig wirksames Mittel. Von allen Laubhölzern zeichnet sich die Buche durch den hohen Kieselsäuregehalt der Streu aus. Zudem hat sich ergeben, daß der Kalkgehalt der Buchenstreu nur auf kalkreichem Boden hoch ist, auf kalkarmem jedoch unter den Kieselsäuregehalt sinken kann und zur Entsäuerung der Fichtenstreu nicht beiträgt. Einbringung von Birke mit ihrer kieselsäurearmen und sehr leicht zersetzlichen Streu oder künstliche Kalkung des Bodens können besonders empfohlen werden.

Diese forstlich wichtigen Ergebnisse können durch eine pflanzensoziologische Aufnahme allein nicht erhalten werden. Es unterliegt jedoch keinem Zweifel, daß zur Standortscharakterisierung die soziologische Aufnahme den Arealstudien einzelner Arten bei weitem überlegen ist. Denn eine Artenkombination reagiert mit einer Änderung in ihrer Zusammensetzung viel feiner auf geringste Standortsunterschiede als noch so empfindliche Zeigerarten. Vor zu weitgehenden Rückschlüssen in bezug auf die waldbaulichen Probleme muß aber auf Grund von einer oft nur flüchtigen soziologischen Aufnahme allein gewarnt werden. Diese Forschungsrichtung ist noch zu jung, um sichere praktische Ratschläge erteilen zu können und mit einer Änderung oder Richtigstellung gewisser heute vertretener Ansichten muß in Zukunft gerechnet werden. Man darf jedoch nicht vergessen, daß die Praxis nicht bis zur sicheren Durcharbeitung der einzelnen Probleme warten kann, sondern sofort bestimmte konkrete Vorschläge verlangt. Die Mitberücksichtigung der Ratschläge von soziologischer Seite, selbst wenn sie noch nicht immer genügend gesichert sind, ist immer noch besser als ihre gänzliche Außerachtlassung. Bei der wissenschaftlichen Auswertung dagegen ist stets die strengste kritische Einstellung zu fordern.

Im Rahmen dieses Referates ist es uns nicht möglich, genauer auf die hydrobiologische Literatur einzugehen. Es sei nur auf die schöne Zusammenfassung von RUTTNER hingewiesen, in der sowohl die ökologischen Umweltsfaktoren der Süßwasserseen als Lebensraum und der Kreislauf der Stoffe, als auch die Lebensgemeinschaften, vor allen Dingen das Plankton, behandelt werden. Auch die Moore und die fließenden Gewässer werden kurz erwähnt. Außerdem sei die Bearbeitung der Ökologie und der Algenflora eines durch Abwässer stellenweise stark verunreinigten Flusses — der Mulde — von dem Quellgebiet im Erzgebirge bis zur Mündung in die Elbe unterhalb Bitterfelds durch SCHROEDER erwähnt. Besondere Berücksichtigung finden die Diatomeen, unter denen sich viele ökologisch wichtige Leitformen finden.

b) Spezielle Pflanzensoziologie: *Europa*. BARTSCH, ein ausgezeichneter Kenner des Schwarzwaldes, hat die Ergebnisse seines langjährigen Studiums in einer Vegetationskunde veröffentlicht. Nach einer einleitenden Behandlung des Klimas, des Bodens und der menschlichen Einflüsse werden die im Gebiet vorkommenden Pflanzengesellschaften eingehend und anschaulich in ihrem Aufbau und ihrer kausalen Abhängigkeit besprochen. Besondere Aufmerksamkeit wird den Wäldern und ihren Degradationsstadien geschenkt[1]. Die Fortschritte der Pflanzensoziologie in dem letzten Jahrzehnt werden einem besonders deutlich, wenn man diese Bearbeitung der Vegetation mit dem bekannten „Pflanzenleben des Schwarzwaldes" von OLTMANNS vergleicht.

Die Wälder der Liptauer Alpen (westliche Tatra) beschreibt SWOBODA. Diese Arbeit hat allgemeineres Interesse, weil in ihr vor allen Dingen die Einwirkung des Menschen auf die Wälder durch Beweidung und Brand sehr gründlich untersucht wird. Die Waldzerstörung ist im behandelten Gebiet sehr weit vorgeschritten. Am meisten haben die Fichtenwälder und die Knieholzzone gelitten, während die Lärche und die Kiefer durch Zurückdrängen ihres schwersten Konkurrenten, der Fichte, sogar an Ausbreitung gewonnen haben. Sehr eingehend werden die sekundären Sukzessionen behandelt: 1. die Degradation des Waldes zu *Nardeten* und Heiden durch Beweidung, wobei die Bültenbildung besonders charakteristisch ist, 2. die Sukzessionen auf Brandflächen und 3. die Rückentwicklung zum Walde nach Aufhören der Beweidung. Als Zwischenstadium tritt hier die Wachholderheide auf. Auf Kalkböden bilden sich in analoger Weise Haselnußbestände aus. Diese Beobachtungen lassen uns die verschiedenen Degradationsstadien der Wälder in Mitteleuropa, namentlich aus der Zeit vor der Forstbewirtschaftung besser verstehen. In ariden Gebieten weiß man, daß Eingriffe des Menschen zu einer Entwicklung führen, die einem trockeneren Klima entsprechen würden. In der subalpinen Stufe werden in analoger Weise ganz allgemein durch den Menschen die Vegetationsgrenzen gesenkt, wodurch bekanntlich eine Verschlechterung des Klimas vorgetäuscht werden kann.

Ein anderes Beispiel können wir aus der Schweiz anführen. Die ausgedehnten Grünerlenbestände in tiefer Lage des Oberhasli (Berner Oberland), sowie zahlreiche Lawinenzüge sind nicht auf natürliche Weise entstanden, sondern wie HESS auf Grund von archivalischen Studien nachweist, die Folge von Waldverwüstungen im Zusammenhang mit dem Betrieb von Schmelzöfen und darauffolgender Beweidung.

[1] Bei der Bedeutung, die gerade diesen Pflanzengesellschaften im Landschaftsbilde des Gebietes zukommt, wäre es vielleicht zweckmäßiger gewesen, sie gleich am Anfang zu behandeln. Die Anordnung nach der soziologischen Progression ist mehr für eine systematische Aufzählung als für eine landeskundliche Abhandlung geeignet.

Soziologische Untersuchungen, die auch ökologisch unterbaut werden, führt Volk an der Auenvegetation des Churer Rheintales durch. Er bespricht die Sukzessionen in Abhängigkeit vom Boden und der Absenkung des Grundwasserstandes und zeigt durch kryoskopische Messungen und Transpirationsbestimmungen, daß die Strauchvegetation auf trockenen Kiesrücken unter Wassermangel leidet.

Die Waldgesellschaften des böhmischen Mittelgebirges beschreibt Klika. Er berücksichtigt namentlich auch die Degradations- und progressiven Vegetationsstadien auf Felsen und Geröll. Eine knappe Übersicht der Wälder im ehemaligen Polen gibt Hueck. Waldaufnahmen aus der Münsterschen Bucht, die aber nicht nach den soziologischen Methoden verarbeitet werden, bringt Runge. Die Walddichte im Großdeutschen Reiche nach dem Stande von 1940 wird auf einem Kartogramm von Hesmer und Meyer (1) dargestellt. Die mittlere Walddichte beträgt 26 %. Ihr Wechsel in den einzelnen Landschaften ist auf die Verschiedenheit der standörtlichen Bedingungen (Klima und Boden, zum Teil auch Wirtschaft) zurückzuführen. Dieselben Autoren (2) geben außerdem noch eine Übersicht über die verschiedenen Arten der Waldkarten. Auch zeigen sie auf Übersichtskarten die heutigen Waldgroßlandschaften und Waldgebiete Deutschlands.

Eine ausgezeichnete, kurze Beschreibung der pannonischen Vegetation verdanken wir v. Soó. Er behandelt zunächst ihre Entwicklungsgeschichte seit dem Tertiär, um dann genauer auf die Frage der Klimaxgesellschaften einzugehen. Das eigentliche ungarische Tiefland — das Alföld — ist heute ein Kulturgebiet (93,7 % sind landwirtschaftlich genutzt). Die natürliche Vegetation wäre nicht, wie noch heute vielfach angenommen wird, die Steppe, sondern die Waldsteppe, d. h. ein lichter Eichenwald. Dafür sprechen auch die klimatischen Verhältnisse. Weite Gebiete wurden früher jedes Jahr von den Flüssen überschwemmt und waren mit Wiesen und Auenwäldern bedeckt. Erst die Waldverwüstungen, namentlich auch als Folge der Türkenherrschaft, und die Flußregulierungen haben das heutige Bild des Alfölds geprägt und zu der Ansicht von dessen Steppencharakter geführt. Denn mit der Trockenlegung der Überschwemmungsgebiete bildeten sich weite, versalzene Flächen (Szik-Böden), auf denen östliche Halophyten ihnen zusagende Standortsbedingungen fanden. Als Heimat der eigentlichen pannonischen Flora sind nicht etwa die südrussischen Steppen, sondern das ungarische Mittelgebirge anzusehen. Als Anhang gibt Verf. eine kritische Übersicht der Pflanzengesellschaften der pannonischen Vegetation. Er unterscheidet 90 Assoziationen, die er 38 Verbänden zuordnet. Eine Karte der Vegetation und der Florenprovinzen ist beigefügt.

Eine monographische Behandlung hat die Vegetation der alpinen Stufe in der Karpato-Ukraine durch Deyl erfahren. Die sehr fleißige Arbeit enthält eine große Zahl von mikroklimatischen Messungen. Ebenso wurden die Bodentypen der alpinen Stufe in verschiedenster Richtung auf ihre mikrobiologischen, physikalischen und chemischen Eigenschaften hin untersucht. Es ist zu bedauern, daß der Verf. in bezug auf Abgrenzung und Systematik der Pflanzengesellschaften seine eigenen Wege geht und nicht den Anschluß an die bereits aus den Alpen und Karpathen vorliegenden Bearbeitungen sucht. Die Produktivität der alpinen Vegetation wurde zu etwa 4,5—45 kg/ha bestimmt.

Einige Aufnahmen von charakteristischen Flechtengesellschaften an windexponierten Stellen der alpinen Stufe am Patscherkofel bringt LANGERFELDT. Er unterscheidet ein *Cladonia*-reiches und ein *Alectoria ochroleuca*-reiches *Loiseleurietum*.

Sehr eigenartig ist die alpine Vegetation des Ätna. FREI bringt synthetische Listen von drei typischen Assoziationen, die nichts mit den Gesellschaften der Alpen gemein haben und viele Endemismen enthalten.

Die Pflanzengesellschaften Schleswig-Holsteins mit vorwiegend atlantischem Einschlag beschreibt LIBBERT.

Eine Gliederung der *Sphagneta* Fennoskandiens nach der floristischen Methode nimmt SCHWICKERATH vor. Er wendet dabei eine übersichtliche graphische Darstellung an, die umfangreiche Tabellen ersetzt.

Die ökologischen Verhältnisse in einer Rietwiesengesellschaft (*Geranieto-Filipenduletum*) werden von MAYER untersucht. Besondere Berücksichtigung finden die Wurzelverhältnisse (vgl. Profilzeichnungen) und die chemischen Eigenschaften des Bodens, die aber sehr weite Streuung zeigen, ohne daß deutliche Beziehungen zur floristischen Zusammensetzung erkennbar sind. Karbonatfreie Böden zeigen sauere Reaktion. Genaue Wasserstandsmessungen im Laufe eines Jahres, die vielleicht ökologisch von größerer Bedeutung wären, wurden nicht durchgeführt.

Die meist vernachlässigte Vegetation von Tümpeln und Quellen versucht ROLL (1, 2, 3) soziologisch zu erfassen. Es handelt sich meist nur um Fragmente von Gesellschaften, für deren Zusammensetzung das Licht von besonderer Bedeutung ist. Bei den Quellen machen sich die ausgeglichenen Temperaturverhältnisse bemerkbar. Bei Moortümpeln kann durch umliegendes Kulturland eine Eutrophierung eintreten: *Utricularia*, *Scheuchzeria* und *Drosera* verschwinden; dagegen wandern *Lemna*, *Potamogeton natans* und *Bidens cernuus* ein.

Eine monographische Bearbeitung hat der seichte (nur 2 m tiefe) See Takern in Schweden erfahren. Die Gefäßpflanzenvegetation behandelt DU RIETZ, wobei die Gliederung nach Synusien vorgenommen wird.

NORDHAGEN schildert sehr anschaulich die Veränderungen und Sukzessionen auf den Tang- und Driftwällen der norwegischen Küste. Er gibt eine Übersicht über die entscheidenden ökologischen Faktoren und beschreibt die wichtigsten nitrophilen Gesellschaften, die er den Verbänden *Polygono-Chenopodion polyspermi*, *Atriplicion litoralis* und *Agropyro-Rumicion crispi* zurechnet. Verf. macht auf die Verdienste von WARMING aufmerksam, die sich dieser um diese Strandgesellschaften erworben hat und die in Vergessenheit geraten sind. Er hat die Absicht, die Rolle der einzelnen ökologischen Faktoren ($p_H$, $H_2S$, Bedeutung der Muschelschalen und der Süßwasserzufuhr) in Zukunft noch genauer zu untersuchen.

Die Halophytenvegetation der binnenländischen Salzstellen Mitteldeutschlands beschreiben ALTEHAGE und ROSSMANN. Die Gesellschaften zeigen eine deutliche Abhängigkeit von der Salzkonzentration der Bodenlösung. Den höchsten Salzgehalt mit 4,4 % weist das *Salicornietum* auf. Anschließend besiedelt die erhöhten Stellen die *Puccinellia maritima*-Assoziation, die Niederungen dagegen die *Aster tripolium*-Gesellschaft. Über die *Triglochin maritima-Scorzonera parviflora*-Gesellschaft auf nur schwach salzhaltigem, aber feuchtem Boden führt die Reihe zur Fettgraswiese mit *Lotus tenuifolius*. Die Artenkombination der Gesellschaften weist weniger Parallelen zu der Wattbesiedelung als vielmehr zu der südosteuropäischen Salzsteppe auf. Kulturmaßnahmen durch einfache Drainage führen häufig nicht zu einer Verbesserung, sondern zu gänzlich gestörten Vegetationsflächen.

Die Ökologie küstennaher Brackwässer (Großer Jasmuder Bodden) unter Berücksichtigung des Planktons, der Bodenflora und -fauna untersucht TRAHMS (1, 2).

*Asien.* Das natürliche Pflanzenkleid Anatoliens wird vom geographischen Standpunkte aus eingehend durch LOUIS geschildert. Insbesondere wird die Abhängigkeit der Verbreitung der Steppen, verschiedener Waldformationen und der alpinen Region von klimatischen und orographischen Faktoren besprochen und auf Übersichtskarten, sowie Profilen dargestellt. Auch die beiden mehr für die Praxis bestimmten Arbeiten von SAVAS über die Waldweide in der Türkei und von KAYACIK über die Möglichkeiten der Aufforstung in der Türkei enthalten viele pflanzengeographisch interessante Angaben.

Eine schwierige Aufgabe hat sich WENT mit der soziologischen Behandlung der Epiphyten des tropischen Urwaldes gestellt (Tjibodas, Java). Die Eigenart dieser Pflanzengesellschaften setzt eine besondere Methode der Beobachtung mit Feldstecher und Fernrohr voraus. Eine scharfe Abgrenzung der Sukzessions- und Dauerstadien war nicht möglich. Ein Baum unterteilt in Stamm und Krone wurde als einheitlicher Standort behandelt. Von den Klimadaten seien erwähnt eine mittlere Temperatur von etwas über 17° C, 3400 mm Jahresniederschlag, sehr hohe Feuchtigkeit und häufiger Nebel. Die anschauliche Beschreibung des Witterungsablaufes erinnert jeden an seine eigenen Erlebnisse in den Tropen[1]. In einer Tabelle zusammengestellt ist der Bewuchs von 86 Bäumen mit 58 Epiphytenarten, deren Abundanz geschätzt wurde.

[1] Der Bergwald von Tjibodas nimmt mit Ostafrika verglichen, etwa eine Mittelstellung zwischen dem Urwald von Amani (T = 20° C) und dem Nebelwald am Kilimandscharo (T = 16° C) ein. Die Epiphytenflora hat mit ersterem die vielen Orchideen und bestimmte Farne gemein, mit letzterem die *Hymenophyllaceen*, *Lycopodium* und *Peperomien*.

Bei 30 Epiphyten wurde die Abhängigkeit vom Humusgehalt und von den Lichtverhältnissen des Standortes geprüft. Bei einzelnen Epiphyten kann eine Bindung an bestimmte Trägerarten festgestellt werden. Verf. denkt dabei an chemische Einwirkungen von Rindenbestandteilen, wie er auch im Velamen der Orchideen ein Gewebe sehen will, das die Aufnahme von Nährstoffen sicherstellt und weniger ein Wasserabsorptionsorgan ist. Der Humus dient den Epiphyten hauptsächlich als Wasserspeicher. Viele Epiphyten gehen mit zunehmender Höhenlage auf den Boden über, einerseits weil der Boden humushaltiger wird und andererseits weil die Lichtverhältnisse am Boden mit zunehmender Lichtung der Pflanzendecke günstiger werden.

*Afrika.* Kurze Vegetationsbeschreibungen liegen vor von den Azoren (DA CUNHA und SOBRINHO) und von der Insel San-Thomé (CHEVALIER).

Vegetationsbilder aus Zentralafrika, insbesondere des Gebietes der Virunga-Vulkane bringt ORTH. Eine ausgezeichnete Vegetationskarte von Angola veröffentlichen GOSSWEILER und MENDOÇA. Der ausführliche Begleittext ist in portugiesischer Sprache geschrieben. In einer Arbeit, die die Grundlagen der Farmwirtschaft in Deutsch-Südwestafrika behandelt, geht WALTER in Heft 1 auf das Klima, insbesondere die Niederschlagsverhältnisse, die scheinbaren Anzeichen eines Austrocknens des Landes und die Fragen der Klimaperioden und Klimaänderung durch künstliche Maßnahmen (Seenprojekt, Aufforstung) ein. In Heft 2 werden die Änderungen, die die Pflanzendecke durch Beweidung erleidet, sowie die zweckmäßigsten Maßnahmen zur Erhaltung der natürlichen Vegetation und der Bekämpfung der Bodenerosion besprochen. Heft 3 schließlich behandelt ökologische Fragen der Trockenkultur und der Bewässerungskultur. Zwei weitere Hefte werden folgen. Die Zusammenhänge zwischen Böden und Vegetation werden von VAGELER für das Tschad-Tiefland aufgezeigt.

*Amerika.* Eine floristisch-soziologische Aufnahme eines etwa 15 ha großen Restbestandes des tropischen Urwaldes in Florida veröffentlicht PHILLIPS. Im Gegensatz zu der Ansicht von GRISEBACH herrscht hier zum weitaus überwiegenden Teile (82% der Arten) das westindische Florenelement vor.

LARSON erbringt durch Studien alter Berichte den Beweis, daß die Kurzgrasprärie eine richtige Klimaxgesellschaft ist. Die Zahl der Bisons war früher so groß, daß ein Eindringen höherer Präriegräser durch dauernde Beweidung verhindert wurde, schon zu Zeiten, als noch kein Vieh im Gebiet vorhanden war.

## Literatur.

ALTEHAGE, C., u. B. ROSSMANN: Bot. Zbl., Abt. B **60** (Beih.), 135 (1940).

BARTSCH, J. u. M.: (1) Allg. Forst- u. Jagdztg **117**, 29 (1941) — (2) Vegetationskunde des Schwarzwaldes (in Pflanzensoziol. 4). Jena 1940. — BREITENFELD, E., u. K. MOTHES: Schr. physik.-ökon. Ges. **71**, 239 (1940).

CARTELLIERI, E.: Sitzber. Akad. Wiss. Wien, Abt. 1 149, 95 (1940). — CHEVALIER, A.: Boll. Soc. Broter. 13, 101 (1939). — CUNHA, DA, A. C., u. L. G. SOBRINHO: Ebenda 14, 1 (1940).

DEYL, M.: Op. Bot. Čech. 2 (Prag 1940). — DÖRR, M.: Bot. Zbl., Abt A. 60 (Beih.), 679 (1941).

FILZER, P.: Z. Bot. 35, 321 (1940). — FREI, M.: Ber. geobot. Forschungsinst. Rübel 1940, 86.

GAMS, H.: Bot. Archiv 42, 201 (1941). — GESSNER, F.: (1) Protoplasma (Berl.) 34, 102 (1940). — (2) Jb. Bot. 89, 1 (1940). — GOSSWEILER, I., u. F. A. MENDONÇA: Carta fitogeografica de Angola. Lissabon 1939. — GRADMANN, R.: Dtsch. Arbeitsgem. f. Pflanzensoz., Hannover 1940. — GRIEP, W.: Z. Bot. 36, 1 (1940).

HÄRTEL, O.: (1) Protoplasma (Berl.) 34, 117 (1940). — (2) Ebenda 34, 489 (1940). — HESMER, H., u. J. MEYER: (1) Forstarchiv 16, 225 (1940). — (2) Waldkarten als Unterlagen waldbaulicher Planung. Hannover 1939. — HESS, E.: Veröff. geobot. Inst. Rübel 1940, H. 16. — HUECK, K.: Z. Ges. Erdk. Berlin 1940, 43.

ILJIN, W. S.: Abh. russ. Forschungsges. Prag 10, 75 (1940).

KAYACIK, H.: Dissert. Dresden 1941. — KLIKA, J.: Bot. Zbl., Abt. B 60 (Beih.), 249 (1939). — KOCH, SCHAIRER u. GAISBERG: Mitt. d. Württ. Forstl. Versuchst. 1939. — KRAUSE, W.: Planta (Berl.) 31, 91 (1940).

LANGERFELDT, I.: Rep. spec. nov. regnis veget. Beih. 121, 72 (1940). — LARSON, F.: Ecology 21, 113 (1940). — LIBBERT, W.: Rep. spec. nov. regni veget., Beih. 121, 92 [1940). — LOUIS, H.: Geogr. Abhandl., 3. Reihe 1939, H. 11. — LÜDI, W.: Ber. geobot. Forschungsinst. Rübel 1940, 93.

MARTHALER, H.: Jb. Bot. 88, 723 (1939). — MAYER, M.: Beitr. geobot. Landesaufn. d. Schweiz 1939, H. 23. — MEUSEL, H.: (1) Ber. dtsch. bot. Ges. 59, 69 (1941). — (2) Bot. Archiv 41, 357, 419 (1940). — MÖRIKOFER, W.: Ber. geobot. Forschungsinst. Rübel 1940, 13.

NORDHAGEN, R.: Bergens Mus. Årbok 1939/40.

ÖZTIG, Ö. F.: Flora (Jena) 134, 105 (1940). — ORTH, R.: Vegetat. Bild. 25, H. 8 (1940).

PARK, O., A. BARDEN u. E. WILLIAMS: Ecology 21, 122 (1940). — PHILLIPS, W.: Ebenda 21, 166 (1940). — POMPE, E.: Bot. Zbl., Abt. A 60 (Beih.), 223 (1940). — PRINTZ, H.: Skrift. Norske Vidensk.-Akad. 1. Oslo 1940.

DU RIETZ, E.: Acta phytogeogr. Suecica 12 (1939). — ROLL, H.: (1) Arch. f. Hydrobiol. 36, 424 (1940). — (2) Ebenda, Suppl.-Bd. X, 573 (1940). — (3) Bot. Jb. 70, 429 (1940). — RUNGE, F.: Abh. Landesmus. f. Naturk. Prov. Westf. 11, H. 2 (1940). — RUTTNER, F.: Grundriß der Limnologie. Berlin 1940.

SAVAS, K.: Dissert. Dresden 1941. — SCHROEDER, H.: Pflanzenforsch. (Jena) 1939, H. 21. — SCHUBERT, A.: Thar. forstl. Jb. 90, 821 (1939). — SCHWICKERATH, M.: Arch. f. Hydrobiol. 37, 598 (1941). — SIMONIS, W.: Ber. dtsch. bot. Ges. 59, 52 (1941). — SISAKJAN, N. M.: Biochemitscheskaja charakteristika sassuchoustojtschiwosti rasstenij. Moskau u. Leningrad 1940. — SOÓ, R. VON: Nova Acta Leopold. 9, Nr. 56 (1940). — SWOBODA, P.: Op. bot. Čech. 1. Prag 1939.

TRAHMS, O.-K.: Arch. f. Hydrobiol. 35, 529; 36, 1 (1939). — TUMANOW, I. S.: Fisiologitscheskie ossnowy simostojkosti kulturnych rasstenij. Leningrad 1940.

VAGELER, P.: Mitt. Gruppe dtsch. Kolonialwirtsch. Untern. 2, 69 (1940). — VOLK, O. H.: Jb. naturforsch. Ges. Graubündens 76, 1 (1938/39).

WALTER, H.: Die Farmwirtschaft in Deutsch-Südwestafrika, Teil I—III. Berlin 1940. — WEAVER, J. E., u. F. W. ALBERTSON: Ecology 21, 216 (1940). — WENT, F. W.: Ann. Jard. bot. Buitenzorg 50, 1 (1940). — WILDE, S. A.: Ecology 21, 34 (1940). — WUNDT, W.: Kulturtechniker 42, 195 (1939).

# D. Physiologie der Organbildung.

## 14. Vererbung.

Von FRIEDRICH OEHLKERS, Freiburg i. Br.

Der Beitrag folgt in Bd. XI.

## 15. Zytogenetik.

Von JOSEPH STRAUB, Berlin-Dahlem.

Mit 1 Abbildung.

### 1. Polyploidie.

Das Polyploidieproblem hat wieder eine starke Bearbeitung, besonders in zweierlei Richtung erfahren. Der eine Teil der Veröffentlichungen des Berichtsjahres beschäftigt sich erneut mit der Verbreitung natürlicher Polyploider, aber im Gegensatz zu bisherigen Untersuchungen ist die Fragestellung klarer gefaßt, und damit läßt sich jetzt in besserer Weise als bisher beleuchten, welche Rolle die Genomvermehrung innerhalb einer Gattung oder Sektion gespielt hat. Auf der anderen Seite sind in einer Reihe von Veröffentlichungen die physiologischen Eigenschaften von experimentell ausgelösten Polyploiden untersucht worden. Beides verknüpft wird dazu führen, daß die Art der Entstehung natürlicher Polyploider besser erkannt werden kann.

LEHMANN gibt auf Grund seiner systematisch-geographischen sowie zytologisch-genetischen Untersuchungen innerhalb der Gattung *Veronica* einen Einblick in die Rolle, welche Faktor- und Genommutationen bei der Entwicklung und Verbreitung der einzelnen *Veronica*-Arten spielten. Indem LEHMANN und seine Schule mehrere Sektionen der Gattung *Veronica* recht eingehend analysieren, ergibt sich hier zum erstenmal ein wünschenswert klares Bild vom Wert der Polyploidie bei der Ausbreitung der Arten einer Gattung. Es zeigt sich: Die Genomvermehrung ist sicherlich ein Faktor, der zur Erweiterung eines Areals oder zur Eroberung eines schwierigen Lebensraumes wesentlich sein kann. Besonders, wenn man beim Vergleich in einem kleineren Verwandtschaftskreis bleibt — und nur auf diese Weise haben die Vergleiche ja einen Sinn —, besitzen die Polyploiden in der Mehrzahl der Fälle die größere Verbreitung. Dies gilt auch für die Ackerunkräuter dieser Gattung. Aber die diploiden Formen können ebenso große Verbreitungsgebiete erlangen, ein Zeichen, daß Faktormutationen den gleichen Selektionswert verkörpern können wie die Genommutationen. Schließlich enthalten die Untersuchungen noch das wesentliche Resultat, daß sich in polyploiden Arten immer eine besonders große Variantenzahl vorfindet. Am besten läßt sich dieser Befund erklären, wenn man für die Polyploiden heterozygote Ausgangsformen annimmt. Wir kommen später darauf zurück.

Die Rolle von Faktormutationen, chromosomalen Mutationen und Genommutationen bei der Artbildung innerhalb einiger Sektionen von *Stachys* zeigt LANG: Polyploidie trifft man nur bei der Sektion *Betonica* an. Die genetische und zytologische Analyse einiger Bastarde beweist, daß bei *Stachys* Faktormutationen und strukturelle Chromosomenänderungen die Hauptlieferanten für die Auslese waren. Besonders bei den *Germanicae* haben Faktormutationen im Verband mit Bastardierungen eine Fülle neuer Formen entstehen lassen; aus der Kreuzung von *lanata* × *alpina* erhält man eine Reihe von Pflanzen, die von natürlich vorkommenden *Germanica*-Biotypen nicht zu unterscheiden sind. Aus den geographischen Verhältnissen läßt sich der Schluß ziehen, daß die heute räumlich getrennten Arten *alpina* und *lanata* infolge klimatischer Schwankungen zur Berührung kamen und dabei durch die Bastardierung die neuen Typen in den Regionen entstehen ließen, welche heute von den Eltern nicht mehr besiedelt sind. Schließlich erwähnen wir die zusammenfassende Darstellung von FREISLEBEN über die phylogenetische Bedeutung asiatischer *Gersten*. Hier wird auf Grund eines großen Samenmaterials dem Ursprung und den Wegen der Kulturgersten nachgegangen. Es wird klar, daß die Evolution der Gerstearten und -rassen sich in keinem Falle der Polyploidie bedient hat.

Neu durchgeführte Chromosomenzählungen bei *Spartina* und *Andropogon* (CHURCH) ergeben eine Reihe von hochpolyploiden Formen. Bei *Andropogon* sind vor allem die über ein weites Gebiet verbreiteten Präriearten durch Polyploidie ausgezeichnet. KÖNIG zählt die Chromosomen der deutschen *Salicornien*. Die *Salicornien* des Binnenlandes besitzen diploid 18 Chromosomen, die des Watts und der Flugsandplatten durchweg 36. HAGERUP setzt seine Studien über die Bedeutung der Polyploidie durch Untersuchung der Gattung *Oxycoccus* fort. *Ox. microcarpus* ist mit $2n = 24$ diploid, sie geht weiter nach Norden als die tetraploide *quadripetalus*. Von der letzteren existiert eine Varietät *microphyllus*, die ebenfalls bis Grönland vorzudringen vermag. Auch die Untersuchung von FLOVIK über den Prozentsatz an Polyploiden in Spitzbergen läßt im Prinzip dasselbe erkennen: 80% der Pflanzen sind tetraploid, aber in einzelnen Fällen gehen die diploiden (*Chrysosplenium alternifolium* und *Cochlearia officinalis*) doch weiter nach Norden als die Polyploiden derselben Art.

Es wird demnach immer gesicherter, daß die Genomvermehrung einen Faktor darstellt, welcher für die Selektionsfähigkeit wesentlich ist, und zwar im positiven Sinne. Vergleichen wir damit, was im Berichtsjahr an Neuem über die morphologischen und physiologischen Eigenschaften Polyploider erarbeitet wurde. BERGSTRÖM erhält aus der Kreuzung einer Di- und Triploiden *Populus tremula* neben vielen Aneuploiden eine Tetraploide. Sie zeigt im Wuchs Gigascharakter, entwickelt sich jedoch langsamer. GREIS untersucht autotetraploide *Gerste*. Der Massenertrag ist bei den $4n$-Pflanzen größer als bei den Diploiden, das Trockengewicht bezogen auf das Frischgewicht jedoch kleiner; auch N % des Trockengewichts ist bei $4n$ kleiner (1,12 % bei $4n$, 2,1 % bei $2n$). Das Aschengewicht soll bei den Tetraploiden dagegen größer sein. Keimdauer und Reifezeit sind bei $4n$ verlängert. Die Tetraploiden zeigen einen erniedrigten osmotischen Wert (0,346 Mol Rohrzucker statt 0,516). PIRSCHLE befaßt sich eingehend mit dem Chlorophyllgehalt Autopolyploider von *Epilobium collinum* ($2n$, $3n$, $4n$), 2 Standortsippen von *Epilobium alpinum* ($2n$, $3n$, $4n$), *Torenia Fournieri* ($2n$, $4n$, $8n$), *Antirrhinum majus* ($2n$, $4n$) sowie von 2 Farbmutanten der *Impatiens balsamina* ($2n$, $4n$). Auf das Frischgewicht bezogen enthalten die Polyploiden stets weniger Chlorophyll (90 %). Pro Blatt und Blattfläche besitzen die Polyploiden meistens mehr. Dabei zeigen die verschiedenen Gattungen aber andere Beziehungen. Bei *Impatiens* z. B. findet sich im $4n$-Blatt gleich viel Chlorophyll wie in einem diploiden, bei *Epilobium* dagegen doppelt so viel. Das kann mit Sicherheit zum Teil auf die bei den einzelnen Gattungen verschiedenen morphologischen Beziehungen von di- und tetraploiden Blättern zurückgeführt werden, hängt also stark mit der Größe der Zunahme des Blattvolumens zusammen. Das Mengenverhältnis der einzelnen Chlorophyllkomponenten ist nicht verschoben. Ähnliche Verhältnisse findet STRAUB hinsichtlich des Farbstoffgehaltes polyploider Blüten ($n$, $2n$, $3n$, $4n$, $6n$ und $8n$ von *Antirrhinum majus Sippe 50*; $2n$, $3n$, $4n$, $6n$, $8n$ *Torenia Fournieri*).

Überblicken wir diese Resultate, so ergibt sich wieder der Gegensatz in den Leistungen dieser Autopolyploiden gegenüber denen natürlicher Polyploider. Er wird noch verstärkt durch den Gegensatz bezüglich der Fertilitätsverhältnisse: ARENKOVA findet bei $4n$-*Pamicum miliaceum* auf 50 % herabgesetzte Fertilität (bei bedeutend erhöhtem Samengewicht), VON SENGBUSCH weist auf die starke Fertilitätssenkung bei $4n$-Roggen hin, STRAUB berichtet von stark verminderter Fertilität des $4n$-*Pisum* (bei erhöhtem Samengewicht).

Die Differenz gegenüber den natürlichen Polyploiden ist nunmehr klarer als früher gefaßt. Läßt sie sich auch schon erklären und damit praktisch überwinden? F. VON WETTSTEIN hat dieser Frage eine eingehende Studie gewidmet, der zahlreiche Messungen von Zell- und Organgrößen polyploider Moose und Blütenpflanzen zugrunde liegen. Sie zeigen die Abhängigkeit dieser Größen von Genen und dem Genotypus. Daß die Folgen der Genomvermehrung für die gleiche Eigenschaft bei verschiedenen Zuchtsorten derselben Art ganz anders sind, beweist auch eine mehr vorläufige Mitteilung über die erhöhte Trauben- und Beerengröße sowie das Mostgewicht und den Säuregrad von Weinen tetraploider *Reben* (SCHERZ). Dasselbe behauptet KASPARYAN hinsichtlich der Organgrößen tetraploider *Teepflanzen* verschiedener Sorten. Für bestimmte Eigenschaften mag bereits mit der tetraploiden Stufe das Optimum der Genomvermehrung überschritten sein. Die triploide *Oenothera franciscana* hat nach OEHLKERS (1) eine bessere Restitutionsfähigkeit der Keimlingshypokotyle als die tetraploide. VON WETTSTEIN weist darauf hin, daß die Allopolyploiden eine geringere Zellgrößensteigerung und damit eine weniger verminderte Vitalität besitzen als die vergleichbaren Autopolyploiden. Es ergibt sich damit die wichtige Frage, ob die natürlichen Polyploiden aus heterozygoten Formen entstanden sind, und ob damit die Differenz zwischen natürlichen Polyploiden und experimentell ausgelösten Autopolyploiden hinfällig wird. KOSTOFF (1) weist für die australischen und amerikanischen *Nicotiana*-Arten nach, daß sie durchweg extrem allopolyploiden Ursprungs sind. In der Nachkommenschaft einer allotetraploiden *Mentha piperita* findet GLOTOV eine Form, die bei guter Fertilität im Gegensatz zur Ausgangspflanze winterfest ist. Sicherlich lösen sich die meisten Rätsel der natürlichen Polyploiden, wenn man allopolyploiden Ursprung annimmt. Die Selektion setzt nach dieser Anschauung an der für Tetraploide stets erhöhten Variabilität (v. WETTSTEIN, KOSTOFF) ein. Damit ist nun nicht gesagt, daß Eigenschaften, die nur durch die Genomvermehrung zustande kommen, bei den natürlichen Polyploiden keine Rolle spielen. STRAUB weist bei der autopolyploiden ($n$, $2n$, $3n$, $4n$, $6n$, $8n$) *Antirrhinum majus Sippe 50* auf die zunehmende Vertiefung der Blütenfarbe, die Vergrößerung der Blüten und die prinzipiell veränderte Blütengestalt und Staubblattstellung hin, alles Eigenschaften, die positiv selektionsfähig sind oder werden können. TANAKA findet bei *Carex siderostatica* di- und tetraploide Formen, und zwar in der Natur. Die natürliche $4n$-Form entwickelt sich langsamer, ein Zeichen, daß auch natürliche Polyploide Eigenschaften besitzen können, die uns bei künstlich ausgelösten geläufig sind.

Es bleibt die Frage nach dem Grad der Heterozygotie, die vorhanden sein muß, wenn die Genomvermehrung positiven Selektionswert besitzen soll. Die Fixierung des Heterosiseffektes, die für den

Selektionswert von Polyploiden wesentlich sein kann (v. WETTSTEIN), wird dann am sichersten erfolgen, wenn die Genomvermehrung in asynaptischen Bastarden eintritt. Damit wird die Fertilität in den $4n$-Pflanzen eine 100proz. werden. Solche Verhältnisse sind ohne Zweifel bei der Polyploidisierung der *Baumwollbastarde* gegeben, und darin liegen die günstigen Voraussetzungen dieser Züchtungsmethoden bei *Gossypium* (KASPARYAN [2]). Aber auch normal paarende Formen können zu fertilen Polyploiden führen. MÜNTZING und PRAKKEN berichten von einer *Phleum pratense*-Form, die drei identische Chromosomensätze besitzt. Sie bildet fast nur Bivalente aus. MÜNTZING und PRAKKEN führen dies auf eine genotypische Kontrolle zurück, die für Bivalentenpaarung Sorge trägt. UPCOTT untersucht autotetraploide *Tulpen* in der Meiosis und findet sehr deutliche Bivalentenpaarung; sie führt dies auf eine Selektion von Formen mit geringer Chiasmahäufigkeit zurück. Damit läßt sich auch die Feststellung von KOSTOFF (2) vereinigen: Langchromosomige Formen geben stärker sterile Autotetraploide als kurzchromosomige (*Festuca* großchromosomig 46,6%, *Nicotiana* mittelgroßchromosomig 23,5%, *Beta* kleinchromosomig 4,1% Sterilität). Eine hohe Chromosomengröße beeinflußt zwar die Fertilität, aber sie ist sicherlich kein Hindernis zur Genese von voll fertilen Tetraploiden. Es steht also nirgendwo etwas im Wege, um normal paarende Bastarde als Ausgangsformen für selektionsfähige Polyploide bzw. Polyploidnachkommenschaften anzunehmen.

---

Wir müssen hier die Ergebnisse einer zytogenetischen Untersuchung einschieben, die nur mittels polyploider Formen möglich war und dabei sehr wertvolle Erkenntnisse zeitigte (WESTERGAARD). Es handelt sich um die Polyploidisierung von männlichem und weiblichem *Melandrium album* und die damit verbundene Analyse der Geschlechtschromosomen. Die Kreuzung einer weiblichen tetraploiden *Melandrium* (44 Autosomen + XXXX) mit einer männlichen (44 + XXYY) ergab 18 $4n$-Weibchen, 327 $4n$-Männchen und zwei Intersexe. Unter 95 $4n$-Männchen befanden sich 89 mit der Konstitution 44 + XXXY, 4 mit 44 + XXYY, 1 mit 44 + XXY und 1 mit 44 + XXXXY. Die letzte Pflanze ist besonders interessant. Sie beweist, daß die männlichen Pflanzen bestimmt sind durch ein stark männlich bestimmendes Element im Y-Chromosom, dessen Wirkung im Gleichgewicht steht mit der des weiblichen Elementes von X und den — wie aus autosomal veränderten Formen wahrscheinlich gemacht werden kann — weiblich tendierenden Elementen der Autosomen. Die Verhältnisse liegen also wesentlich anders als bei *Drosophila*. Der Überschuß an männlichen Pflanzen mit 44 + XXXY über die mit 44 + XXYY erklärt sich aus den Paarungsverhältnissen der Geschlechtschromosomen in der Meiosis. Das Y-Chromosom ist das größere der beiden Geschlechtschromosomen und ist isobrachial, das kleinere X ist heterobrachial. Durch die Unterscheidungsmöglichkeit von X und Y kann WESTERGAARD an den Konfigurationen der Quadrivalenten in der Meiosis von Tetraploiden XXXY- und XXYY-Pflanzen feststellen, welche Teile der Geschlechtschromosomen homolog sind, und mit welcher Häufigkeit in den einzelnen Armen Chiasmen gebildet werden. Es ergibt sich: das X-Chromosom ist mit seinem längeren Arm einem großen Armstück von Y homolog. Der kürzere Arm von X ist verschieden von dem anderen Y-Arm, er paart mit diesem nicht. Dadurch müssen in der Meiosis Konfigurationen entstehen, die die Verteilung von $\frac{\text{xx—yy}}{\text{xx—yy}}$ weitgehend bevorzugen gegenüber $\frac{\text{xy—xy}}{\text{xy—xy}}$. Der noch übrigbleibende Arm des y-Chromosoms enthält ein kurzes, paarendes Stück, in dem vermutlich die männlich bestimmenden Faktoren liegen. Wahrscheinlich ist der größere Teil dieses y-Arms genetisch inert. Unter Zuhilfenahme der Gesetzmäßigkeiten im Verhalten einiger geschlechtsgekoppelter Merkmale können wir die relative Lage einiger Gene angeben und damit folgendes schematisches Bild von der Zytogenetik der x-y-Chromosomen von *Melandrium* gewinnen:

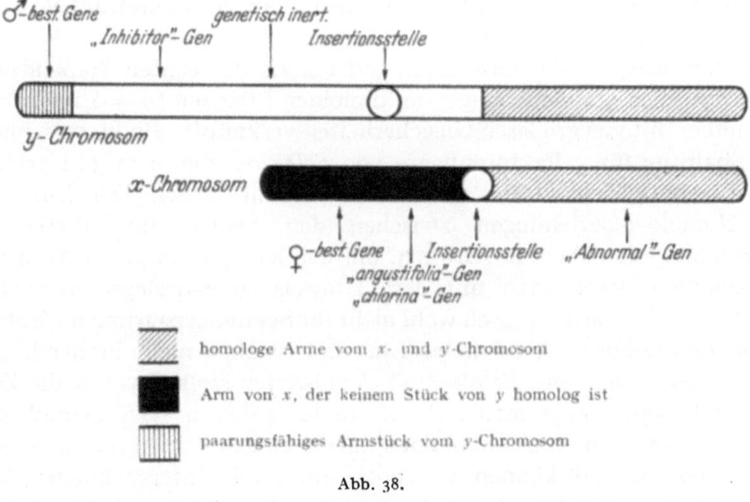


Abb. 38.

## Haploidie und Grundzahl.

Bezüglich der Auslösung von Haploiden ist eine Methode von KIHARA als neu zu nennen. Sie beruht darauf, daß man verzögert bestäubt. Bei *Triticum monococcum* entstehen spontan 0,5% Haploide. Wird aber erst 6 oder 8 Tage nach dem Kastrieren, also bedeutend später als normal, mit *Triticum aegilopoides* bestäubt, so entstehen 20 bzw. 28% Haploide. Offenbar entwickeln sich bei *Tr. monococcum* die

Eizellen parthenogenetisch, sterben jedoch ab, wenn man nicht durch Befruchtung des Embryosackkernes die Entwicklung des Nährgewebes in Gang setzt.

Bei drei Haploiden wurde dem Ablauf der Meiosis Aufmerksamkeit gewidmet, nämlich bei *Antirrhinum majus Sp. 50* ($n = 8$) durch ERNST, bei *Godetia Whitneyi* ($n = 7$), durch HAKANSSON und *Bletilla striata* ($n = 16$) durch MIDUNO. In allen 3 Fällen zeigen sich neben viel Univalenten Bivalente und höhere Verkettungen. Wenn man sich auch bei manchen Bildern, in denen eine Paarung fast oder überhaupt aller Chromosomen gezeigt wird, nicht des Eindrucks erwehren kann, daß eine „Fixierungspaarung" künstlich gemacht wurde, so beweisen diese Untersuchungen doch, daß innerhalb des haploiden Genoms in allen Fällen „Homologiebeziehungen" vorhanden sein müssen. Damit läßt sich innerhalb gewisser Grenzen die eigentliche „Grundzahl" der betreffenden Art ermitteln[1]. ERNST kann durch Analyse des Pachytäns im haploiden *Antirrhinum* beweisen, daß ähnliche Chromomerenfolgen in sich paarenden Chromosomen vorliegen. Auf Grund der Analyse der Nukleolenchromosomen im diploiden *Antirrhinum* kommt RESENDE zu ähnlichem Resultat. ERNST kann durch Auszählen der Uni- und Polyvalente weiterhin wahrscheinlich machen, daß die Grundzahl von Antirrhinum 6 oder 7 beträgt.

Die Festlegung der Grundzahl (oder auch der echten Haploidzahl) auf Grund von Untersuchungen an diploiden Pflanzen ($n = 12$) ist demgegenüber mit viel größeren Unsicherheiten verknüpft. PROPACH schließt aus Spaltung für 3 Faktorenpaare von *Solanum*, die nach 3 : 1 erfolgt, daß die echte Haploidzahl, d. h. die Grundzahl, 12 sei. Den Einwand, die Homologiebeziehungen zwischen den beiden (hypothetischen) 6-Genomen seien eben zu schwach, um bei der Spaltung zum Ausdruck zu kommen, kann man mit dem Hinweis zu widerlegen versuchen (PROPACH), daß sie dann doch wohl nicht für Sekundärpaarung noch stark genug sein können. Aber dieser Einwand ist eben nicht bindend. Bei verschiedenen *Weizen-*, *Secale-* und *Oryza*-Arten stellt PATTAK die Zahl der Nukleolenchromosomen fest. Er findet 4 davon. Der Schluß, daß dann 2 Chromosomen des haploiden Satzes homolog seien, ist unberechtigt. Abschließend können wir noch auf zwei Untersuchungen hinweisen, die zeigen, zu welchen Auswüchsen die Suche nach der Grundzahl bereits geführt hat. SUGIUVA und YASUI untersuchen die Familie der *Papaveraceen* bzw. *Papaver somniferum* auf ihre Chromosomenzahl, bzw. die „Bivalent-Assoziationen" der Diakinese. Die Haploidzahl 6

[1] Die Pollenmitose der haploiden *Bletilla striata* zeigt Kernteilungen mit nur 2 oder 3 ($n = 14$!) Chromosomen. Es ist ungewiß, ob dies nur eine Eigentümlichkeit der im Verband verbleibenden Tetradenzellen der *Orchideen* ist. Bei *Tradescantia* hat CONGER in der Pollenmitose allerdings auch Mitosen mit ($n$-1)-Chromosomen nachgewiesen.

soll sekundär aus 3 + 3 entstanden sein, damit die Zahl 7 aus 4 + 3 erklärt werden kann. Die Zahl 11 entstand dann aus 3 + 4 + 4. So löst sich diese Forschung in reiner Zahlenspielerei auf. Sie wird durch eine phantasievolle Deutung von Diakineseassoziationen künstlich zu rechtfertigen versucht. Es wäre schade, wenn durch solche Arbeiten das Suchen nach der Grundzahl verwässert würde. Denn ihre Feststellung ist eine Grundaufgabe der experimentellen Artbildungslehre.

## 2. Chromosom und Gen.

Von den zytologischen Untersuchungen über die Röntgenwirkung scheinen uns zwei Veröffentlichungen bedeutsam zu sein. W. HOFFMANN und E. KNAPP bestrahlen *Hanfsamen*. Unter den entsprechenden Pflanzen treten monözische Formen und maskulinisierte Weibchen auf. Individuen mit Gabelästen zeigen männliche und weibliche Äste, aber auch maskulinisierte weibliche Äste. Dieser Umstand macht es äußerst wahrscheinlich, daß eine echte, das Geschlecht beeinflussende Mutation vorliegt. Man kann erwarten, daß mit Hilfe der Röntgenbestrahlung auch rein monözische *Hanfpflanzen* erhalten werden können. MARQUARDT und ERNST untersuchen bei *Antirrhinum* eine Röntgen-$F_1$ zytologisch und können insofern die Natur der sog. „$F_1$-Abweicher" weiter klären, als sie nachweisen, daß diese meist Formen mit Deletionen, reziproken Translokationen und anderen chromosomalen Mutationen sind.

Eine aufschlußreiche Untersuchung über die phylogenetische Bedeutung der Translokationen hat GERASSIMOVA durchgeführt. Es gelingt, durch langjährige Züchtungsarbeit bei *Crepis tectorum* ($n = 4$) Formen zu erhalten, die für drei Translokationen homozygot sind. Das bedeutet, daß eine solche Form keines der ursprünglichen Chromosomen in intakter Form enthält. Die neue *Crepis tectorum* ist fertil, läßt sich aber mit der alten nur sehr schwer kreuzen. Damit kann sie den Ausgang für weitere Mutationsvorgänge bilden, die die neue Form schließlich absolut von der Ursprungsform trennen.

Eine ähnliche Isolation von Mutationsformen, aber auf ganz anderer Grundlage, zeigt SWANSON für *Tradescantia*. Natürliche *Tradescantia*-Bastarde beweisen, daß die betreffenden *Tradescantia*-Arten mehrere interstitiell liegende Inversionen besitzen. Sie sind ziemlich klein und durch lokalisierte Chiasmen vor dem Crossover geschützt. Sie schaffen damit Genblocks. Diese Formen sind nun gleichzeitig selbststeril. Dadurch wird die Rekombination der Gene begünstigt. Aber indem mehrere Sterilitätsgene vorhanden sind, welche wahrscheinlich in den invertierten Stücken liegen, und welche nur in bestimmter Zusammenstellung wirksam sind, kommt es zu einer gleichen Wirkung wie bei den Komplexheterozygoten: Es werden bezüglich bestimmter Chromosomenstücke Komplexe vererbt, wobei die Komplexbildung auf einer Kombination von stabilisierten Inversionen mit Sterilitätsgensätzen beruht.

CLELAND analysiert auf Grund zytogenetischer und geographischer Untersuchungen die gegenseitige Verwandtschaft der 5 großen *Oenothera*-Gruppen *Hookeri*, *irrigua*, *strigosa*, *biennis* und *grandiflora* in Nordamerika. Im Westen wohnen die bivalentbildenden *Hookeri*-Formen, im Osten vor allem die 14-Ringformen, dazwischen die *Irrigua*-Gruppe mit mittelstarker Verkettung. Es ergibt sich mit großer Wahrscheinlichkeit, daß die Herausbildung der hohen Verkettung für die Pflanzen dadurch einen Vorteil bedeutete, daß bei Erhaltung der Fertilität die Heterosis fixiert wurde. Durch die Translokationen entstanden also Ringtypen, welche die Bivalentformen an vielen Stellen ganz ausmerzen konnten.

Zwei Untersuchungen über Trisome bei *Oenothera* ergaben interessante Einblicke in wesentliche zytogenetische Einzelheiten sowohl hinsichtlich dieser Komplexheterozygoten selbst wie bezüglich allgemeiner Chromosomenfragen. O. RENNER und G. HERZOG haben sie durchgeführt. Die Trisomen von *Oenothera Lamarckiana* und *biennis*, nämlich *cana*, *dependens*, *macilenta*, bzw. *scintillans* und *incana* werden beschrieben. Die drei erstgenannten haben alle ein Chromosom mit einem 3-Ende überzählig. Auf dem entsprechenden Chromosomenstück liegt das Faktorenpaar P-p. Dieses zeigt in den Trisomen erhöhtes Crossing-over. Damit ist bewiesen, daß bei *Oenothera* das Hinzufügen eines Chromosoms den Crossover-Wert steigert (vgl. Fortschr. Bot. 9, Abschnitt Crossing-over). Ein weiterer interessanter Befund aus diesen Untersuchungen bei *Oenothera* besteht in der Feststellung, daß bei Selbstbestäubung der Trisomen *dependens* aus *Oe. rubivelutina* fast nur *dependens*-Trisome entstehen. Die zytologische Analyse ergab: Neben einer 13-Kette ist regelmäßig ein freies Paar vorhanden. Man kann daraus schließen, daß die beiden identischen Chromosomen (3 · y) ein Bivalent bilden, durch dessen regelmäßige Verteilung immer wieder *dependens* in hohem Prozentsatz entstehen muß. Eine solche konstante Trisomie ist nur möglich, weil das überzählige Chromosom in einer Komplexheterozygoten vorhanden ist.

Die Analyse der Chiasmabildung bzw. des Crossing-overs wurde vor allem in Hinsicht auf die physiologische Bedingtheit dieser Vorgänge fortgesetzt. Eine Studie von POLIAKOVA beschäftigt sich dabei mit dem Temperatureinfluß ($0^0$, $5^0$, $9^0$, $41^0$, $44^0$, $47^0$ und $50^0$) bei der Chiasmabildung von *Allium cepa*. Bei $44^0$ soll ein Maximum liegen, darüber wie auch bei $5^0$ bis $0^0$ sinkt die Zahl ab. Da die Behandlungsdauer jeweils 2 Stunden betrug, ist der Zusammenhang von Chiasmabildung und Temperatur in dieser Untersuchung ganz undeutlich herausgearbeitet. Die „Untersuchungen zur Physiologie der Meiosis" von OEHLKERS und seiner Schule haben eine wertvolle Erweiterung erfahren durch die Feststellung des Zusammenhangs von Reifeteilung und Kohlehydratspiegel der Pflanze (WIEBALCK). *Campanula persicifolia* und *Lilium candidum* dienten als Objekte. Der Kohlehydratspiegel wurde durch Dunkel- und Lichtkulturen, Glucoselösung- und Ammoniakzugaben zu verändern versucht. Kultur in Kälte und Wärme ließ dabei die Wirkungen stärker oder schwächer werden. Es zeigte sich, daß ein Mangel an Kohlehydraten die Chiasmaverhältnisse nur schwach beeinflußt, wenn der Wasserhaushalt normal bleibt, daß jedoch die Zahl der Chiasmen stark absinkt, wenn ein Mangel an Kohlehydraten mit einem erhöhten osmotischen Wert verbunden ist. Auch bei erhöhtem Kohlehydrathaushalt kann es zur Senkung der Chiasmabildung kommen, wenn nämlich der osmotische Wert gleichzeitig gestiegen ist, wenn also der Wassergehalt relativ gesunken ist. Die fortlaufende zytologische Analyse ermöglicht es auch, Zusammenhänge des osmotischen Wertes der reduzierenden Zellen mit Meiosisgeschwindigkeit und echtem Chiasmabildungsausfall (= Asynapsis) bzw. frühzeitiger Chiasmalösung (= Desynapsis) festzulegen. Es bleibt nach dieser Untersuchung noch ungeklärt, ob die Unterschiede der Chiasmazahlen bei grünen und gelben *Oenotheren*, also solchen mit verschiedenem Chlorophyllgehalt, allein auf den durch die Plastiden veränderten Kohlehydratspiegel zurückführbar sind, oder ob sie auch mit einer Veränderung des osmotischen Wertes in Zusammenhang stehen. Schließlich wäre es möglich, daß das Auftreten von Desynapsis, die für die Meiosisverlangsamung charakteristisch zu sein scheint, den Vergleich von Chiasmazahlen gerade hier unmöglich macht. Jedenfalls ist bei *Oenothera* der Einfluß der Plastiden bzw. des Kohlehydratspiegels — sehen wir davon ab, ob direkt oder indirekt — auf den Bindungszustand der Diakinesechromosomen ganz eindeutig. OEHLKERS (2) gibt darüber einen zusammenfassenden Bericht: starker Unterschied in den Diakinesebindungsverhältnissen bei vergleichbaren grünen und gelben *Oenotheren*. Grüne und gelbe Zweige derselben Pflanze geben unter sich keine Differenz, die Wirkung muß also über den Kohlehydratspiegel der Pflanze gehen. Gewisse gelbe Pflanzen zeigen aber keine Senkung des Bindungszustandes gegenüber grünen; diese gleichen die Senkung der Assimilationsleistung durch verminderte Atmung aus.

Der Zusammenhang von Chiasmabildung und Cross-over-Wert wird durch OEHLKERS (3, 4) immer klarer herausgearbeitet. Die Co-co-Spaltung bei einer *Oenothera albicans* × $^h$ *Hookeri* ermöglicht es festzustellen, inwieweit die Werte des Koppelungsbruches den zytologisch gefundenen Chiasmazahlen parallel gehen. Dabei beweisen sowohl die Versuche mit Kälte wie mit Trockenheit, daß das genetische Cross-over im Chiasmabildungsprozeß das zytologische Korrelat besitzt. Es kann weiter gezeigt werden, daß sowohl in den Mikro- wie Makrosporenmutterzellen die gleichen Gesetzmäßigkeiten vorliegen. Wie klar diese Untersuchungen sind, erhellt z. B. der Befund, daß die gleichen Einwirkungen die Eizellen in Blüten treffen, die älter sind als diejenigen, in welchen der Pollen die Wirkung aufweist. Das erklärt sich daraus, daß die Makrosporenmutterzelle in älteren Blüten die Meiosis durchläuft. Cross-over-Werte und Chiasmazahlen laufen aber nun über eine längere Periode nicht parallel. Mit dieser Feststellung ist ein sehr wichtiger Anhaltspunkt für die weitere Analyse gewonnen. Es ist nämlich damit die Frage gestellt, ob vielleicht ein zweiter Vorgang, die Terminalisation der Chiasmen, die Auszählung der Chiasmen als gebildete Chiasmen fälscht. Da die Terminalisation das Cross-over nicht beeinflussen kann, müßte dann dieses den Bewegungen des Bindungsausfalles nicht so stark folgen, d. h. an einer bestimmten Stelle der Kurve müßten die Chiasmawerte z. B. fallen, die Cross-over-Werte aber unverändert bleiben. Das ist nun tatsächlich der Fall.

Die eben besprochenen Experimente von OEHLKERS sind nicht abgeschlossen. Wie wichtig ihre weitere Verfolgung ist, können wir am besten durch den Hinweis auf zwei Veröffentlichungen dartun, welche ebenfalls die Chiasmabildung zum Gegenstand haben. Die eine von MATHER beschäftigt sich wieder mit der Lage der Cross-over-Punkte und der Terminalisation. Eine Terminalisation (während Diplotän und Diakinese) soll sehr selten sein. Indem damit ein wesentlicher Pfeiler der Vorstellungen DARLINGTONS über Chiasmabildung und Terminalisation angegriffen wird, illustriert sie die Unsicherheit, die bezüglich dieser Vorgänge besteht. MATSUURA schließlich stellt sich das Zustandekommen des Crossing-overs ganz anders vor, als es die herrschende Meinung ist. Aus der Beobachtung, daß bei *Trillium* im Chromosom der frühen Metaphase umschlungene Chromatiden, in der späten Metaphase dagegen frei trennbare liegen, schließt MATSUURA, daß das Cross-over durch Durchbrechen und falsches Verheilen der Chromatiden in der Metaphase zustande komme. Danach würde das Cross-over zu einer anderen Zeit und zwischen anders gelagerten Elementen eintreten, als man es sich bisher vorstellte. MATSUURA lehnt die Möglichkeit, daß die umschlungenen Chromatiden durch Entwinden frei trennbar werden könnten, aus bestimmten Gründen ab. Wir möchten allerdings darauf hinweisen, daß diese nicht ganz stichhaltig sind. Auch der indirekte Beweis, den MATSUURA dadurch zu führen versucht, daß er besondere Fragen über Cross-over-Verhältnisse, die zunächst nicht leicht zu erklären sind, mit seiner Vorstellung ganz einfach löst, ist in allen Punkten nicht stichhaltig. Ein Beispiel dafür: die zur S.F.A. symmetrische Lage von Cross-over-Punkten soll sich aus den gleich großen Spiralwindungen und der Eigenschaft des Centromers, den Mechanismus des Chromatidtrennens einzuleiten, erklären. Dazu ist zu sagen: die alte Ansicht, nach der die Chiasmen durch Umwinden der Chromosomen im frühen Diplotän entstehen, macht dies genau so verständlich.

Kappert schildert einen interessanten Fall von Beeinflussung der Cross-over-Häufigkeit durch strukturelle Änderung im entsprechenden Chromosom. In verschiedenen *weißgelben* Sippen immerspaltender *Levkojen* ist die Anzahl weißgefüllter Neukombinationen charakteristisch verschieden. Kreuzungen zwischen Stämmen mit verschiedener Häufigkeit beweisen, daß ein unabhängiges Gen für die Regulation der Austauschvorgänge nicht in Frage kommt. Auch plasmatische Bedingtheit kann ausgeschlossen werden. Es bleibt nur übrig, strukturelle Änderungen im S-Chromosom verantwortlich zu machen. Sie konnten noch nicht näher analysiert werden, aber sicher ist, daß sie gleichgeartet, in den einzelnen Sippen jedoch verschieden groß ausgeprägt sind. In derselben Veröffentlichung weist Kappert nach, daß der Koppelungswert der beiden Gene *S* und *W* vom Geschlecht beeinflußt wird.

Von verschiedenen Seiten wurde im Berichtsjahr auch wieder zur Frage nach der Natur des Gens Stellung genommen. Stubbe weist einleitend zu einer zusammenfassenden Betrachtung über neue Forschungen zur experimentellen Erzeugung von Mutationen auf die Krise hin, die hinsichtlich des Begriffs der Genmutation entstand; von einigen 3 : 1-mendelnden Mutationen wurde bekannt, daß ihnen kleinste Chromosomenmutationen zugrunde liegen. Da aber in der Mehrzahl dieser Fälle die chromosomale Defizienz mit einer Fertilitätsstörung verbunden ist, und für die große Zahl der 3 : 1-mendelnden Mutationen, die nicht mit Fertilitätsstörungen verbunden sind, eine chromosomale Störung nicht nachgewiesen ist, glaubt Stubbe, daß kein Grund vorhanden ist, den Begriff der Genmutation als einer intramolekularen Änderung aufzugeben. Er schlägt vor, die Gruppe der monohybrid spaltenden Mutationen als Mendelmutationen zu bezeichnen. Darunter können sich echte Genmutationen, submikroskopische und sichtbare Chromosomenmutationen befinden. Singleton und Mangelsdorf zeigen für *Zea mays* (wieder) einen Fall, bei dem ein Gen *sp* (*sp*-Pollen ist hinsichtlich der Konkurrenz gegenüber +-Pollen behindert. $\frac{+}{sp}$-Pflanzen sind gegenüber $\frac{+}{+}$-Pflanzen behindert, $\frac{sp}{sp}$-Pflanzen letal), das die Charakteristika einer haplolebensfähigen Defizienz besitzt, nicht mit irgendeinem Anzeichen eines Stückausfalls in der entsprechenden Gegend des betreffenden Chromosoms (nahe bei *su* im Chromosom 4) verbunden ist. Dasselbe gilt für das Gen *lo* (ebenfalls nahe *su* im Chromosom 4), welches einen gametisch letalen Effekt in den Makrosporen, dagegen keinerlei Wirkung in den Pollen ausübt. Von einer ganz anderen Seite rückt Kappert an das Problem über die Natur des Gens heran.

Bei MATTHIOLA bewirkt die Mutation „deformis", die auf dem *S*-Chromosom eingetreten ist, eine Cross-over-Erhöhung. Da diese Mutation gleichzeitig eine Anzahl von Merkmalen abändert (Fertilität, Blätter, Fruchtknoten), könnte sie eine Komplexmutation darstellen. Sie wirkt austauschfördernd, und deshalb liegt ihr wohl kein Stückausfall zugrunde, sondern eher eine echte Genmutation an einem bestimmten Lokus des *S*-Chromosoms.

Es ist in diesem Zusammenhang von Interesse, daß für mehrere charakteristische Gattungsunterschiede zwischen *Mais* und *Euchlaena* das einfache Mendeln nachgewiesen wird (LANGHAN). Zwar ist die zytologische Grundlage dieser „large-scale mutations" noch nicht näher analysiert, aber wir wissen, daß die Chromosomenmorphologie der beiden Gattungen ganz erheblich verschieden ist. Man kann danach wohl sagen, daß die Bildung der Gattung *Zea mays* aus *Euchlaena* durch einzelne mendelnde Mutationen vor sich ging, daß aber der Zusammenbau der neuen Gattung gleichzeitig mit morphologischen Veränderungen im Chromosomenbau verbunden war.

Wie im Vorjahr können wir diesen Bericht durch eine hübsche Studie über die zytologische Grundlage von spontanen Farbmutationen abschließen. Eine *G*-Monosome von *Nicotiana tabacum* enthält statt des fehlenden Chromosoms ein Fragment in Ringform (STINO). In den Karminblüten der Pflanzen kommen weiße Streifen vor. Es läßt sich nachweisen, daß dieselben Vorgänge, die MCCLINTOCK für die Fleckenbildung im Endosperm von *Zea mays* verantwortlich machen konnte, hier maßgebend sind: Indem der Faktor für Karminbildung im Ringchromosom liegt, geht er für einzelne Zellen verloren. Die entsprechenden Blüten zeigen weiße Streifen. Bei der Teilung in Zellen mit Ringchromosomen kann es aber auch vorkommen, daß die Tochterkerne einen Doppelring erhalten. Tatsächlich finden sich außer den weißen Streifen in den Karminblüten auch tief dunkle Streifen. Sie sind aus Zellen aufgebaut, die durch den Doppelring den Karminfaktor zweimal enthalten.

## Literatur.

ARENKOVA, D. N.: C. r. Acad. Sci URSS. **29**, 332—335 (1940).

BERGSTRÖM, INGRID: Hereditas (Lund) **26**, 191—201 (1940).

CHURCH, G. L.: Amer. J. Bot. **27**, 263—271. — CLELAND, R.: Genetics **25**, 636—644 (1940). — CONGER, A.: J. Hered. **31**, 339—341 (1940).

ERNST, H.: Z. Bot. **35**, 161—189 (1940).

FLOVIK, K.: Hereditas (Lund) **26**, 430—440. — FREISLEBEN, R.: Züchter **12**, 257—272.

GERASSIMOVA, H.: C. r. Acad. Sci. URSS., n. s. **25**, 148—154 (1939). — GLOTOV. V.: Ebenda **28**, 450—453 (1940). — GREIS, H.: Züchter **12**, 62—73.

HAGERUP, O.: Hereditas (Lund) **26**, 399—410. — HÅKANSSON, A.: Ebenda **26**, 411—429. — HERZOG, G.: Flora (Jena), N. F. **34**, 377—432 (1940). — HOFFMANN, W., u. E. KNAPP: Züchter **12**, 1—9.

KAPPERT, H.: Z. Abstammgslehre **76**, 273—293 (1940). — KASPARYAN, A. S.: (1) C. r. Acad. Sci. URSS. **27**, 1017—1019 (1940). — (2) Ebenda, N. S. **26**, 163—165 (1940). — KIHARA, H.: Botanic. Mag. (Tokyo) **54**, 178—183 (1940). — KÖNIG, O.: Planta (Berl.) **29**, 361—375 (1939). — KOSTOFF, D.: (1) Genetica ('s-Gravenhage) **22**, 215—230. — (2) J. Hered. **31**, 33—34 (1940). — (3) Nature (Lond.) **1939**, 868—869.

LANG, A.: Biblioteca Botanica H. **118**, 1—94 (1940). — LANGHAM, D. G.: Genetics **25**, 88—107 (1940). — LEHMANN, E.: Jb. Bot. **89**, 461—542 (1940). — LATTIN, G. DE: Züchter **12**, 225—231.

MARQUARDT, H., u. H. ERNST: Z. Bot. **35**, 191—223 (1940). — MATHER, K.: J. Genet. **39**, 205—223. — MATSUURA, H.: Cytologia **10**, 390—405. — MIDUNO, T.: Ebenda **11**, 150—177 (1940). — MÜNTZING, A., u. R. PRAKKEN: Hereditas (Lund) **26**, 462—501.

OEHLKERS, F.: (1) Z. Bot. **35**, 271—295 (1940). — (2) Naturwiss. **28**, 219—222 (1940). — (3) Biol. Zbl. **1940**, 337—348. — (4) Z. Abstammgslehre **76**, 157—186 (1940).

PATTAK, G. N.: J. Genet. **39**, 437—467. — PIRSCHLE, K. H.: Naturwiss. **29**, 45—46 (1941). — POLIAKOVA, T. F.: C. r. Acad. Sci. URSS. **27**, 594—597 (1940). — PROPACH, H.: Z. Abstammgslehre **78**, 115—128 (1940).

RENNER, O.: Flora (Jena), N. F. **34**, 257—310.

SCHERZ, W.: Züchter **12**, 212—225 (1940). — SENGBUSCH, R. v.: Ebenda **12**, 185—189. — SINGLETON, W. R., u. P. G. MANGELSDORF: Genetics **25**, 366 bis 390 (1940). — STINO, K. R.: J. Hered. **31**, 19—24 (1940). — STRAUB, J.: (1) Biol. Zbl. **60**, 659—669 (1940). — (2) Ber. dtsch. bot. Ges. **58**, 430—436 (1940). — STUBBE, H.: Biol. Zbl. **60**, 113—129. — SUGIURA, T.: Cytologia **10**, 558—576 (1940). — SWANSON, C. R.: Genetics **25**, 438—465.

TANAKA, N.: Cytologia **11**, 282—310 (1940).

UPCOTT, M.: J. Genet. **37**, 303—339 (1939).

WETTSTEIN, F. v.: Ber. dtsch. bot. Ges. **58**, 374—388 (1940). — WIEBALCK, U.: Z. Bot. **36**, 161—212.

YASUI, K.: Cytologia **10**, 551—557 (1940).

# 16. Wachstum und Bewegung.

Von **Hermann von Guttenberg**, Seestadt Rostock.

## 1. Wuchsstoff und Wachstum.

Eine Verbesserung der Test- und Gewinnungsmethoden wurde von mehreren Seiten versucht. H. Funke bestätigt, daß es für die Auxingewinnung vorteilhaft ist, Gewebestücke erst auf feuchtes Filterpapier und dann erst auf Agar zu übertragen (Overbeek [1938]). Offenbar saugt das Papier Oxydasen auf. Abgeschnittene und dann 24 Stunden im Dunkeln belassene Koleoptilen werden für Wuchsstoffgaben viel empfindlicher, was sich wohl aus der Abnahme von Eigenauxin erklärt. Eine erhöhte Wirkung zeigt aber nur das Auxin selbst, während bei Heteroauxin die Steigerung gering ist. Thimann und Schneider spalten dekapitierte Koleoptilen in vier Längsstreifen, die an der Basis verbunden bleiben. In Wasser spreizen diese Stücke, bei Zusatz von Heteroauxin (= H.A.) 1 $\gamma$/l steigt der Effekt, Erhöhung der Konzentration mindert ihn und führt schließlich zur Krümmung nach innen. Mit dieser Methode lassen sich Verdünnungen bis $10^{-11}$ nachweisen, somit ist der Test etwa so empfindlich, wie der von Segelitz (1938) vorgeschlagene Wurzeltest. Linser (1, 2) gewinnt durch Heißextraktion mit 96proz. Alkohol aus Spinatblättern und anderem Material bedeutend mehr Wuchsstoff als bei Verwendung von Äther. Er zeigte, daß die Extrakte das Wachstum von Koleoptilen in gleicher Weise steigern, wie entsprechend konzentriertes H.A. Mit diesem sind aber höhere Krümmungswinkel zu erreichen. Verschiedene Pflanzen enthalten den Wuchsstoff in außerordentlich verschiedenen Konzentrationen. Eine zweite Studie bringt darüber nähere Angaben. Mit Hilfe der Diffusionsmethode ist stets nur ein geringer Teil des Auxins zu erfassen, nämlich die Menge, die vom Produktionsort abgegeben wird. Die tatsächliche durch Extraktion erfaßbare Menge ist viel größer, aus Schätzungen geht hervor, daß gewisse Pflanzen enorme Wuchsstoffmengen enthalten, so z. B. Kohlrabi, der sich somit zu Gewinnung größerer Auxinmengen eignen würde.

Über die Bildung des Auxins in der grünen Pflanze stellte Zhdanova Versuche an. Zunächst wird der Auxingehalt von drei Sprossen einer *Hydrangea* geprüft. Ein Sproß ist unverändert, der zweite entblättert, der dritte entknospt. Aus den Sproßspitzen der ersten beiden Proben läßt sich nach 5—6 Tagen Auxin abfangen, nicht aber aus der dritten.

Nimmt man aber der ganzen Pflanze die Blätter weg, so sind sie auxinfrei, auch wenn man ihnen die Knospen beläßt. Daraus muß man schließen, daß die Knospen der Produktionsort des Auxins sind und nicht die Blätter, wie man nach den Versuchen von AVERY annehmen mußte. Der Verlust aller Blätter der Pflanze unterdrückt die Auxinbildung allerdings auch, doch meint die Verf., daß sich das einfach aus dem eintretenden Zuckermangel erklärt. Die Blätter wären also nur Zuckerlieferanten, und die Knospen würden aus diesem Zucker Auxin bilden. Das Blattauxin stamme aus den Knospen. Tatsächlich wird gezeigt, daß dekapitierte Pflanzen nach 10 Tagen in der ganzen Pflanze, also auch in den Blättern, nur noch sehr geringe Auxinmengen besitzen. Dementsprechend sinkt auch der Blattgeotropismus der Pflanzen stark ab. Die Tatsache, daß bei Verdunklung der Blätter die Auxinproduktion aufhört, wird bestätigt. Werden aber Blätter im Dunkeln mit Glucose versorgt, so erscheint Auxin in der Pflanze, ebenso, wenn Zucker dem Sproß zugeführt wird. Danach besteht sicher ein Zusammenhang zwischen Zuckervorrat und Auxinbildung, wenn auch kaum anzunehmen ist, daß er so einfach ist, wie die Verf. annimmt.

Versuche von MOUREAU führen zu einer anderen Auffassung. An *Coleus*-Stecklingen ist die erste H.A.-Wirkung eine beschleunigte Bildung von interfaszikulärem Kambium. Da in diesem die Beiwurzeln erst viel später entstehen, ist anzunehmen, daß die Wurzelbildung ein sekundärer Effekt ist, also nicht direkt durch das H.A. bewirkt wird, sondern eine Folge der erhöhten Kambiumtätigkeit ist. Hierbei müssen wieder besondere Faktoren die Wurzelbildung auslösen. Die schon bekannte Tatsache, daß solche Beiwurzeln nur bei Vorhandensein von Laubblättern am Licht entstehen, wird bestätigt. Im Gegensatz zu ZHDANOVA konnte MOUREAU die Blattwirkung nicht dadurch ersetzen, daß er durch die Stiele der abgeschnittenen Blätter Saccharose zuführte; wohl aber kann Zuckerzufuhr bei Erhaltung der Blätter den Effekt steigern. Daraus zieht MOUREAU den Schluß, daß die für die Wurzelbildung verantwortlichen Stoffe in den Blättern am Licht und in Abhängigkeit von der jeweiligen Zuckermenge entstehen. RAPPAPORT findet, daß bei Stecklingen von *Skimmia* der Wuchsstoffgehalt von der Anzahl der erhaltengebliebenen Blätter abhängt, und nimmt an, daß diese „Rhizokalin“ produzieren.

STEWART (1) fand, daß junge Bohnenpflanzen, die mit einer 2proz. Naphthalinessigsäurepaste in der Mitte des ersten Internodiums behandelt wurden, schon nach 2 Stunden einen Zuwachs von freibeweglichem Wuchsstoff in den Knospen und Hypokotylen zeigen, nicht aber in den Blättern. Der Ätherextrakt des ersten, behandelten Internodiums zeigt auch erhöhte Wirksamkeit, andere Teile der Pflanze aber enthalten störende Hemmstoffe. An unbehandelten Pflanzen ergibt die Knospe die höchste Ausbeute gebundenen Auxins. Die wichtige Frage, ob der neugebildete „Wuchsstoff“ Auxin ist, oder ob die Naphthalinessigsäure eindrang, wurde nicht geklärt.

Aus Lebermoosen ließ sich bisher kein Wuchsstoff gewinnen. Nunmehr zeigt v. WITSCH, daß auch sie solchen enthalten. Es wurden Brutknospen von *Calypogeia trichomanes* auf saurem Mineralagar kultiviert, bei alkalischer Reaktion des Substrates kommt es nicht zur Keimung. Aus den herangewachsenen Pflänzchen konnte mit angesäuertem Alkohol Wuchsstoff extrahiert werden, der auf Koleoptilen stark wirkte. Dementsprechend konnte auch durch Zusatz von H.A. 5 $\gamma$/l eine deutliche Förderung des Wachstums erzielt werden, ab 100 $\gamma$/l blieb die Entwicklung aber schon gegenüber Kontrollen zurück. Die optimalen Dosen fördern sowohl die Teilungsintensität der Scheitelzelle, wodurch das Stämmchen verlängert wird, als auch die Zellenzahl der Blättchen. Die Zellgrößen hingegen bleiben unverändert.

TAUJA-THIELMAN und PELĖCE studieren den Einfluß des H.A. auf isoliert kultivierte Wurzelspitzen. Es wird gezeigt, daß sich Mais- und Tomatenwurzeln recht verschieden verhalten. Diese benötigen Hefeauszug zum Wachstum, jene nicht; doch wirkt er auch hier fördernd, und zwar besonders zusammen mit höheren H.A.-Konzentrationen. Bei Maiswurzeln soll eine Konzentration von $10^{-8}$ Mol optimal wirken, bei der Tomate liegt das Optimum bei $10^{-11}$ Mol, bei $10^{-12}$ wurde hier ein Wirkungsabfall beobachtet, bei $10^{-10}$ ein neuer Anstieg und ab $10^{-8}$ Mol eine deutliche Hemmung. Die Verf. wollen dieses Verhalten auf die Wirkung zweier antagonistischer Faktoren zurückführen. Indessen sind die Schwankungen des Gesamtzuwachses innerhalb einer Versuchsserie so groß, daß sich m. E. keine sicheren Schlüsse ziehen lassen. H.A. wirkt bei Wurzeln mit schwächerem Wachstum am ausgiebigsten, wohl deshalb, weil sich hier der Wuchsstoff im Minimum befindet.

D. M. BONNER setzte mit J. BONNER und mit GREENE seine Versuche über die Wirkung von Wachstumsfaktoren auf ganze Pflanzen fort. Vitamin $B_1$, $B_6$ und besonders Nikotinsäure befördern, der Nährlösung zugesetzt, auch hier das Wurzelwachstum, das Wurzeltrockengewicht wird vermehrt. Die bessere Entwicklung der oberirdischen Pflanzenteile erklärt sich indirekt, sie ist einfach Folge der besseren Bewurzelung. Dies gilt z. B. für *Cosmos*- und *Brassica*-Pflanzen. Tomate, Erbse und Weizen zeigen keine Förderung des Wurzelsystems, produzieren also wohl die nötigen Vitamine selbst in optimalen Mengen. Es läßt sich auch zeigen, daß Tomate dreimal soviel, Erbse zweimal soviel Vitamin $B_1$ enthält als andere Pflanzen. Wird den Wurzeln Vitamin $B_1$ zugesetzt, so steigt der $B_1$-Gehalt der Blätter.

Eine weitere Arbeit über Hormone des Blattwachstums führte D. M. BONNER mit HAAGEN-SMIT und WENT aus. Die Autoren gehen von der Beobachtung aus, daß bei Erbsen Eintauchen der Kotyledonen in Wasser dazu führt, daß das Wachstum der im folgenden gebildeten Blätter abnimmt. Demnach ist anzunehmen, daß bei der Behandlung ein für das Wachstum der Blätter notwendiger Stoff aus den Kotyledonen in das umgebende Wasser diffundiert. Für diese Annahme läßt sich auch ein Beweis erbringen, indem man aus Erbsensamen ein Wasserdiffusat herstellt, das, eingedickt, einen wachstumsfördernden Einfluß auf Blattstückchen zeigt, die in zuckerhaltiger Nährlösung kultiviert werden. Ein entsprechend wirkender Stoff kann auch aus verschiedenen Laubblättern und aus Hefe gewonnen werden. Es handelt sich dabei nicht um Vitamin $B_1$ oder C, auch nicht um Biotin, da diese Stoffe nicht fördernd wirken. Somit soll ein noch unbekannter Stoff vorliegen, doch wird, scheint mir, vorläufig die Möglichkeit, daß es sich um Auxin oder Proauxin handelt, nicht ausgeschlossen. Daß Vitamin $B_1$ auch die Entwicklung sproßbürtiger Wurzeln an Stecklingen fördern kann, zeigen KINOSHITA und KASAHARA. Bei *Roripa* z. B. hat H.A. nach Vitamin-$B_1$-Zusatz viel stärkere Wirkung. Wenn andere Pflanzen, wie z. B. ein *Chrysanthemum*, auf $B_1$ nicht reagieren, so erkläre sich das aus höherem Eigengehalt. Vermutlich ist dieser bei allen leicht wurzelnden Pflanzen ein reichlicherer als bei solchen, die sich schwer bewurzeln.

Über die Beteiligung des Auxins bei der Kambiumtätigkeit liegen weitere Arbeiten vor. SÖDING studierte das Auftreten des Kambiums an ganz jungen *Helianthus*-Pflanzen, die dekapitiert und an der Schnittfläche mit verschiedenen Wuchsstoffpräparaten in Agar versorgt wurden. Als solche wurden gewählt: H.A. 80 $\gamma$/l und 200 $\gamma$/l, Haferkoleoptilenauxin, Kambiumhormon von *Acer platanoides*, das Anfang Juni teils von der Holzseite („Holzkambiumhormon"), teils von der Rindenseite („Rindenkambiumhormon") durch Abschaben gewonnen wurde. Die Bildung von Faszikular- und Interfaszikularkambium wurde mikroskopisch kontrolliert. Die schwächere H.A.-Konzentration und Haferdiffusat von 3—4 Koleoptilspitzen ergaben gleiche Krümmungswinkel im *Avena*-Lichttest und in den Versuchen eines Jahres keine Kambiumbildung. Holzkambiumhormon, das im *Avena*-Test etwa gleiche Wirkung hatte, rief deutliche Teilungen hervor und es kam zu normaler Holzausbildung. Ganz ähnlich wirkte die stärkere H.A.-Lösung. Rindenhormon regte das Kambium auch an, doch war dabei die Differenzierung des Holzteils schlechter und die Gefäße waren oft verharzt. Aus den Versuchen folgt, daß das Kambiumhormon des Ahorns offenbar noch andere Stoffe als Auxin enthält, die teilungsfördernd an *Helianthus*-Kambien wirken, nicht aber das Streckungswachstum von *Avena* beeinflussen. Da Holzkambiumhormon nicht anders wirkte, als eine stärkere Auxinlösung, kann wenigstens auf diesem Wege die Existenz besonderer gefäß- oder holzbildender Stoffe nicht erwiesen werden. In einem anderen Jahr wirkte indessen schon die schwächere H.A.-Konzentration und das Diffusat aus wenigen Koleoptilen kambiumbildend.

Da sich nur in der Nähe der behandelten Zone eine Wirkung zeigt, und eine solche in tieferen Stengelteilen fehlt, scheiden Irrtümer aus. Aber auch jetzt hatte Holzkambiumhormon von gleichem Streckungswert einen viel deutlicheren Einfluß auf die Kambiumbildung. Immerhin ist nunmehr erwiesen, daß bereits ganz geringe Wuchsstoffmengen die Kambiumbildung auslösen, so etwa H.A. 80 $\gamma$/l, das bei Koleoptilen eine Krümmung von nur 15° ergibt. Mit dem verfeinerten *Avena*-Test von FUNKE zeigt SÖDING dann, daß auch ruhende Winterknospen von Roßkastanie und Blutahorn Wuchsstoff enthalten. Im Mai und Juni wurde bei verschiedenen Baumarten der höchste Kambiumwuchsstoffgehalt festgestellt, bald darauf erfolgt ein Abfall auf sehr geringe Werte. Doch kann es im Verlaufe des Sommers zu neuen Anstiegen kommen. GOUWENTAK und MAAS finden, daß das Kambium zu verschiedenen Jahreszeiten verschieden auf Auxin reagiert. Eschentriebe, denen die Knospen weggenommen sind, bilden im Frühjahr bei Auftragen von 35 $\gamma$ H.A. bis einige Zentimeter abwärts Frühjahrsholz, im Spätherbst nur wenige Millimeter Spätholz. Im Frühling 1939 befanden sich Triebe von Esche, Pappel und Weide noch in Nachruhe ohne kambiale Teilungen. Basale H.A.-Zufuhr kann daran nichts ändern, nur lokal kommt es zu einigen Teilungen. Wird aber bei der Esche auf die apikale Schnittfläche Wuchsstoffpaste aufgetragen, so kommt es über die ganze Zweiglänge zu intensiver Frühholzbildung. Ebenso verhielten sich Pappelsprosse, Weidenzweige reagierten langsamer. Wenn andere Autoren solche Ergebnisse bisher noch nicht erzielten, so muß man annehmen, daß der Zeitpunkt der Wuchsstoffzufuhr von ihnen ungünstig gewählt war. Offenbar sind die Kambien am Ende der Ruheperiode zu einem bestimmten Zeitpunkt teilungsbereit, und wenn in diesem Augenblick Wuchsstoff künstlich zugeführt wird, kommt es zu Teilungen über die ganze Länge. Für die Teilungsbereitschaft ist ein besonderer Faktor verantwortlich zu machen, über dessen Natur vorläufig nichts ausgesagt werden kann.

Auch neue Studien von JOST über die Gefäßbildung im *Phaseolus*-Epikotyl beweisen die Notwendigkeit des Auxins für die Kambiumtätigkeit. Dekapitierte Epikotyle bilden in den Blattspuren nur kleine Primärgefäße aus. Diese Reduktion beschränkt sich aber auf die Nähe der Operationsstelle, weiter unten wird im Epikotyl normales Metahadrom gebildet. Durch apikale Zufuhr von H.A. wird zwar die Kambiumtätigkeit unterhalb der Schnittstelle stark angeregt, aber es entsteht Wundholz, erst weiter unten kommt es zu vermehrter Bildung normaler Gefäße. Werden Epikotyle dekapitiert und abgeschnitten weiter kultiviert, so läßt sich auch an ihnen eine nach unten fortschreitende kambiale Tätigkeit mit Gefäßbildung beobachten. Das spricht deutlich dafür, daß das Kambium nicht nur dann Wuchsstoff produziert, wenn es dazu durch Auxinzufuhr angeregt wird, sondern daß es von sich aus dazu in der Lage ist, und daß es Wuchsstoff nach unten abgibt. Auch aus JOSTS Versuchen ist zu entnehmen, daß der Wuchsstoff nur die Kambiumtätigkeit anregt, also die Teilungen auslöst, daß er aber nicht der Faktor ist, der die Gefäßbildung ermöglicht. Hierfür muß ein anderer noch unbekannter Stoff verantwortlich gemacht werden. Daß die Bildung determinierender Stoffe irgendwie mit der Wuchsstoffkonzentration zusammenhängt, geht wieder recht deutlich aus Versuchen von ZIMMERMANN und HITCHCOCK hervor. Werden Stammstecklinge von *Hibiscus syriacus* völlig entknospt, so bringen sie zahlreiche Beisprosse hervor, die bis gegen das basale Sproßende reichen. Nur zu unterst entstehen Wurzeln. Das läßt sich zwanglos damit erklären, daß durch die Entfernung der Knospen die Hauptwuchsstoffquelle weggenommen wurde, und sich nur basal etwas mehr Wuchsstoff ansammelte. Ein Beweis dafür liegt darin, daß durch Einwirkung künstlicher Wuchsstoffe, die die Autoren jetzt in Dampfform anwenden, an Stelle von Beisprossen Beiwurzeln entstehen. Die Verfasser schließen aus ihren Versuchen auf das Vorkommen sproßbildender Faktoren neben den schon bekannten wurzelbildenden. Der erste Effekt sind überall Zellteilungen. Ich möchte meinen, daß die teilungsanregenden Stoffe, wenn sie in geringerer Konzentration vorliegen, sproßbildende Faktoren mobilisieren, in höherer Konzentration dagegen wurzelbildende. Versuche von GUTHRIE verliefen in ähnlichem Sinne. Behandelt man knospentragende Stücke nichtruhender Kartoffeln mit höheren H.A.-Konzentrationen, so wird das Austreiben der Knospen gehemmt. Augenlose periphere Kartoffelstücke bilden bei Zusatz von H.A. Wurzeln. Die Knollen selbst enthalten sehr wenig Wuchsstoff. Äthylenchlorhydrin hebt die Ruheperiode der Kartoffel auf, und es läßt sich zeigen, daß in ihnen dann eine Vermehrung von Wuchsstoff eingetreten ist. Die Ruheperiode selbst wird also keinesfalls durch hohen Auxingehalt der Knolle bewirkt, und wieder scheinen geringe Konzentrationen bei nichtruhenden Kartoffeln die Sproßbildung, hohe dagegen die Wurzelbildung zu fördern. Überraschend ist nur, daß eine Nachbehandlung von Knollen, die durch H.A. gehemmt waren, mit Äthylchlorhydrin die Hemmung beseitigt. Durch eine solche Behandlung müßte ja die Wuchsstoffmenge sogar noch erhöht werden. Danach kann die hemmende Wirkung des H.A. nicht nur eine Konzentrationsfrage sein.

KISSER und LINDENBERG untersuchen die Wirkung verschiedener Teerprodukte und von 1,2-Benzpyren auf Pflanzensprosse. Bei Tabak- und Tomatenpflanzen entspricht die Wirkung dieser Substanzen durchaus der des H.A. Es entstehen kallöse Teilungen und aus diesen reichliche Beiwurzeln, und zwar in Übereinstimmung mit den Befunden DORNS (1938) in der normalen Entwicklungsfolge. Die verwendeten Substanzen wirken also als Reizstoffe und erzeugen bei der Pflanze organisierte Gebilde, während sie bei Tieren unorganisierte Tumoren hervorrufen.

Gautheret (1, 2, 3) berichtet in einigen kurzen Mitteilungen über sehr bemerkenswerte Ergebnisse der Gewebekultur, die mit denen von White im Prinzip übereinstimmen. Das beste Ausgangsmaterial ist Kambiumgewebe. Bei *Ulmus campestris* entstehen in zuckerhaltigen Nährlösungen aus kultiviertem Kambium Laubknospen, die sich zu Sprossen entwickeln können. Reichliche Knospenbildung und weitere Entwicklung tritt aber nur am Licht ein, im Dunkeln ist die Zahl der Knospen gering, und sie bleiben klein. Läßt man bei Dunkelkulturen den Zucker fort, so unterbleibt jede Knospenbildung, dagegen ist Zucker am Licht für diese entbehrlich. Die Wirkung verschiedener Zuckerarten ist sehr verschieden. Saccharose und Maltose ergeben bei 4% reichste Knospenanlage, Glucose dagegen ist in diesem Konzentrationsbereich schädigend, bei 10% tötet sie die Kulturen. Geringe Konzentrationen bis 1% wirken fördernd, aber schwächer als die Disaccharide. Für die Knospenförderung durch das Licht sind die vom Chlorophyll absorbierbaren Strahlen verantwortlich zu machen. Zuckerzufuhr ist also Voraussetzung für die Knospenanlage, am Licht wird Zucker selbst erzeugt, indessen wird die weitere Entwicklung offenbar durch einen anderen am Licht entstehenden Faktor bedingt. Daß keine Wurzeln entstanden, möchte ich dahin deuten, daß der Auxingehalt zunächst gering sein dürfte. An Gewebekulturen der Karotte ließ sich zeigen, daß solche in mineralischer Nährlösung nur wenig wachsen und am Licht zu assimilieren scheinen. Glucosezusatz fördert die Entwicklung, noch ausgiebiger ist sie, wenn zusätzlich Wirkstoffe zugeführt werden, von denen besonders H.A., Vitamin $B_1$ und Zystein Erfolg hatten. Dann kam es auch zu reichlicher Wurzelbildung. Wichtig sind auch Beobachtungen an kultivierten Wurzelhaubenzellen der Lupine. Solche lösen sich leicht von der Wurzel ab und können dann in Nährlösungen weiter am Leben erhalten werden. Sie vergrößern sich dabei nicht, auch nicht bei Zusatz von H.A. Wird aber auch die Wurzelspitze in die Nährlösung gebracht, so wachsen die Zellen, und dieses Wachstum läßt sich jetzt durch Zusatz von H.A. beträchtlich steigern. Die Wurzel bildet also offenbar einen besonderen Stoff, der das Wachstum anregt, und dessen Abgabe durch H.A. gesteigert wird. Danach wäre H.A. kein eigentlicher Wuchsstoff, eine Vermutung, die Ref. schon im Vorjahre für alle künstlichen Wuchsstoffe äußerte.

Auch das Problem der Wachstumshemmung hat weitere Bearbeitung erfahren. Snow (1, 2) hält es, wie schon in früheren Jahren hier ausgeführt wurde, für notwendig, zur Erklärung der Knospenhemmung einen besonderen Hemmstoff anzunehmen. Es gelingt ihm nun tatsächlich, aus Erbsenblättern einen Stoff zu extrahieren, der an Koleoptilen positive Krümmung hervorruft, deren Wachstum also hemmt. Diesen Stoff findet er aber auch in Blättern dekapitierter Pflanzen, deren Achselknospen austreiben, er kann also keinesfalls der Faktor sein, der die Knospenhemmung bewirkt. In anderen Versuchen wird gezeigt, daß das bekannte Phänomen der Sproßhemmung über einem Pastenring nur dann eintritt, wenn unterhalb des Ringes noch Blätter vorhanden sind. Das legt den Schluß nahe, daß der Ring das Aufsteigen spezifischer Substanzen verhindert, die von den Blättern produziert werden und für die Streckung notwendig sind. Schon im Vorjahre äußerte ich zu ähnlichen Versuchen den Gedanken, daß die Blätter einen für den Umsatz Proauxin-Auxin notwendigen Aktivator bilden, der zu den Stellen stärkster Wuchsstoffbildung strömt, und dort festgehalten wird. SNOW indessen denkt an ein Zusammenwirken des Faktors mit dem gebotenen H.A.

SKOOG versorgt wurzellose Erbsenkeimlinge mit den nötigen Nährstoffen, Glykokoll und Vitamin $B_1$ und kultiviert sie im Dunkeln, wobei sie gut wachsen. Wird H.A. zugesetzt, so kommt es schon bei recht niederen Konzentrationen zu einer Knospenhemmung, die nach Entfernung des H.A. wieder verschwindet. In diesem Fall scheint das H.A. also direkt hemmend zu wirken, denn mit Aufbaustoffen sind die Knospen reichlich versorgt, und die Annahme, daß diesen durch den auxinhaltigen Hauptsproß Stoffe entzogen werden, kann hier nicht zutreffen. Werden abgeschnittene dekapitierte Sprosse an der oberen Schnittfläche mit H.A. versorgt, so rufen die Pasten, die das Knospenwachstum am stärksten hemmen, auch die stärksten Verdickungen hervor. SKOOG meint, daß die Einstellung des Längenwachstums einen geringeren Stoffverbrauch bewirke, den Knospen also jetzt mehr Baustoffe zur Verfügung stünden, somit ihr Austreiben zu erwarten gewesen wäre. Die Annahme, daß es sich bei dem Phänomen der Knospenhemmung einfach um Stoffentzug handle, verliert durch diese Versuche noch mehr an Bedeutung. Solange aber über die Wuchsstoffverteilung in derart behandelten Pflanzen nichts bekannt ist, kann man auch keine weiteren Schlüsse ziehen.

Daß es Hemmstoffe gibt, die die Auxinwirkung aufheben, zeigt LINSER (2). Mischt man Gewebebreie von Pflanzen, die reichlich Wuchsstoffdiffusat abgeben, mit solchen, die das nicht tun, so wird die Wirkung des erstgenannten Breies nicht zerstört, somit kommt dem zweiten Brei keine zerstörende Wirkung zu. Einige Pflanzen, z. B. Flieder und Maiglöckchen, wirken in ihren Extrakten aber stark hemmend auf den Zuwachs von Koleoptilen, somit müssen sie einen Hemmstoff enthalten. Dieser setzt in geeigneten Konzentrationen die Wirkung zugefügten H.A.s sowohl bezüglich des Zuwachses als auch des Krümmungswinkels von Koleoptilen herab. Zuwachs und Krümmung ändern sich bei Zusatz von Hemmstoffen auf verschiedene Weise. Das läßt sich daraus erklären, daß für die Krümmung vor allem die Größe des Quertransportes maßgebend ist. Bei geringem Quertransport kann auch dann noch eine negative Krümmung auftreten, wenn der Extrakt den geradlinigen Zuwachs hemmt. An Wurzelscheiben von *Cochlearia armoracea* bilden sich in Kultur zahlreiche Beiwurzeln. Ihre Anzahl läßt sich durch H.A.-Zusatz sehr stark steigern, wird aber überdies noch *Syringa*-Hemmstoff geboten, so sinkt die Zahl auf das Normalmaß herab. Da LINSER die Wirkung der gewonnenen Hemmstoffe stets auf anderen Pflanzenarten ausprobte, ist schwer zu sagen, worin ihre Wirkung eigentlich besteht. Diese wäre wohl klarer zu erfassen, wenn sie an den Pflanzen studiert würde, von denen die Extrakte stammen. Nach den Vorversuchen wird ja nicht das Auxin selbst beeinflußt, sondern die Pflanzenzelle, und es ist anzunehmen, daß sich die Zellen verschiedener Pflanzen dabei verschieden verhalten. Auch STEWART (2) kann aus Kotyledonen und jungen Blättern des Rettichs und anderer Pflanzen mit Äther einen Stoff ausziehen, der das Koleoptilwachstum hemmt. Dieser Stoff wird durch Säuren zerstört und durch Basen so hydrolysiert, daß er das Wachstum fördert, also zu negativer Koleoptilkrümmung führt, woraus STEWART schließt, daß es sich um eine Vorstufe des Auxins handle, der die Karboxylgruppe fehlt. Der Hemmstoff wandert im Gewebe richtungslos, nicht polar wie das Auxin, und läßt sich so von diesem trennen. Die Tatsache, daß der Hemmstoff in einigen Versuchen, so im *Pisum*-Test, wie Auxin, also fördernd, wirkt, will STEWART damit erklären, daß er an Schnittflächen hydrolysiert wird.

BORGSTRÖM hatte gezeigt, daß die Wirkungen des Äthylens eine einfache Erklärung finden, wenn man annimmt, daß unter dem Einfluß dieses Gases der Wuchsstoff seine normalen Leitbahnen, die Siebröhren, verläßt und seitlich austritt. Es erscheint sehr einleuchtend, daß eine solche Wuchsstoffüberschwemmung zu abnormer Verbreiterung der Organe unter Hemmung des Längenwachstums und unter Ausschaltung der Tropismen führt. BORGSTRÖM verallgemeinert jetzt diese Ergebnisse in einer sehr ausführlichen, auf umfangreicher Literatur und eigene Versuche begründeten Studie. Eine ganze Reihe von Außenfaktoren, deren Reizwirkung bekannt ist, wie Licht, Schwerkraft, Feuchtigkeit, Temperatur, chemische und mechanische Reize, und von inneren Faktoren das Altern sollen übereinstimmend den normalen Längsstrom der Wuchsstoffe stören, und durch transversale Ausbreitung zu transversalen Reaktionen führen. BORGSTRÖM hält die schon mehrfach geäußerte Hypothese (CZAJA [1935]), daß die Zellwände sich in der Richtung des Wuchsstoffstromes verlängern, für erwiesen. Jede quere Ausbreitung des Stromes soll zu einer Verbreiterung, jede Längsausbreitung zu einer Verlängerung der Zellen führen. Es muß vorwegbemerkt werden, daß diese Hypothese wohl in Übereinstimmung mit vielen anatomischen Bildern steht, aber unbewiesen ist, und BORGSTRÖM auch keine neuen Beweise für sie erbringt. Im einzelnen sei aus der Arbeit folgendes angeführt: Da Licht zu querem Wuchsstofftransport führt, sind grüne Organe gegenüber etiolierten im ganzen und in ihren Zellen verbreitert und verkürzt. Der positive Phototropismus komme dadurch zustande, daß die quere Auxinausbreitung auf der Lichtseite zu einer Verbreiterung der Zellen und dadurch zur Verkürzung führe, was anatomisch bestätigt werden kann. Auch die Gewebespannung soll sich daraus erklären: Die inneren Pflanzenteile erhalten weniger Licht und heben infolgedessen ein erhöhtes Längenwachstum; dem ist entgegenzuhalten, daß die Markzellen meist kürzer sind als die Rindenzellen. Die Verdickung kontraktiler Wurzeln sei auch eine Folge queren Transportes, für den freilich der bewirkende Faktor unbekannt bleibt. Auch erhöhte Feuchtigkeit fördere die transversale Auxinausbreitung, daraus erkläre sich der positive Hydrotropismus der Wurzeln. Das Dickenwachstum der Pflanzen beginnt im allgemeinen nach Erlöschen des Längenwachstums, wieder sei der dann erfolgende quere Auxinaustritt die Ursache. Die Seitenwurzelbildung lasse sich auch auf diesem Wege erklären; denn Hemmung des Längenwachstums, der Einfluß von Licht und Feuchtigkeit und andere „Transversalfaktoren“ führen zu vermehrter Bildung dieser und anderer Seitenorgane. Beim Geotropismus ergibt sich für Borgström eine Schwierigkeit. Eine Betrachtung der antagonistischen Seiten zeigt nämlich, daß sich die Zellen der Unterseite verlängern, während oberseits das Längenwachstum abnimmt, ohne daß es aber zu einer Verbreiterung kommt. Somit begnügt sich Borgström mit der bekannten Tatsache erhöhter Auxinanhäufung auf der Unterseite. Er weist dabei darauf hin, daß für das Licht ein Gefälle in der Pflanze herrscht, nicht aber für die Schwerkraft. Auch zur Statolithentheorie nimmt Borgström Stellung. H.A. 1 : 1000 löst die Stärke in Wurzelhauben. Das Vorhandensein von Stärke in diesen und in den Koleoptilspitzen sei also ein Beweis lokalen Auxinmangels. Diese Annahme ist äußerst überraschend — die Koleoptilspitze zum mindesten ist doch gerade der Sitz der Wuchsstoffbildung. Quere Auxinausbreitung soll dann einen Teil der Stärke lösen und so Zucker liefern, ferner die restliche Stärke vielleicht beweglicher machen. Transversalfaktoren sollen auch die Epinastie bewirken. Normalerweise besitzt die Unterseite mehr Auxin als die Oberseite, die genannten Faktoren führen zu querem Übertritt auf die Oberseite, die damit gefördert wird. Wenn dem so ist, wäre aber nach Borgström zu erwarten, daß sich die Oberseite verbreitert — in Wirklichkeit wächst sie in die Länge. Die Rankenkrümmung soll dadurch zustande kommen, daß sich die Zellen der Kontaktseite durch kontaktbewirkten Auxinquerstrom radial strecken, während sich die Konvexseite hauptsächlich verlängert. Auf die morphogenetischen Probleme sei hier nicht eingegangen, sondern nur noch auf die Knospenhemmung. Diese wird dadurch erklärt, daß bei intakter Sproßspitze der Längsstrom der Auxine weitaus vorherrscht; nach Dekapitation komme es zum Querstrom, der die Knospen versorge. Ich habe im Vorhergehenden die Arbeit bis auf einige Bemerkungen nur referiert.

Einwendungen ließen sich wohl zu jedem Punkt machen, doch würde dies hier zu weit führen. Daß quer- und längsverlaufender Wuchsstoff zu verschiedenen Effekten führt, wird niemand bezweifeln wollen, wohl aber, daß die Dinge so einfach liegen, wie der Verfasser annimmt. Zum mindesten bietet die Arbeit eine Fülle von Anregungen für weitere Forschung.

## 2. Bewegungserscheinungen.

MOSEBACH versucht mit neuer Methodik den Turgormechanismus der Blattgelenke von *Phaseolus*, also die Mechanik der Schlafbewegung, zu klären. Er geht davon aus, daß über diesen Vorgang heute zwei einander widersprechende Auffassungen existieren, eine „osmotische Hypothese", für die sich der Ref. mit seinem Schüler WEIDLICH sowie ZIMMERMANN und neuerdings DE GROOT einsetzten, und eine „Permeabilitätshypothese", für die LEPESCHKIN und BÜNNING Beweise zu erbringen suchten. Die erste Hypothese beruht auf Versuchen, in denen gezeigt wurde, daß die osmotischen Werte tagesperiodisch schwanken. Eine einseitige Vermehrung der osmotischen Substanzen bedinge ein erhöhtes Saugvermögen und führe so zur Ausdehnung, während sich auf der Gegenseite die Vorgänge umgekehrt abspielen. Dies bewirke Hebung und Senkung des Blattes. Dagegen nimmt BÜNNING an, daß eine erhöhte Wasserpermeabilität der Oberseite diese zu bevorzugter Wasseraufnahme befähige und damit die Senkung veranlasse, und daß entsprechende Vorgänge auf der Unterseite die Ursache der Hebung seien. MOSEBACH betont mit Recht, daß die plasmolytische Methode, deren sich WEIDLICH bediente, mit großen Mängeln behaftet ist, er und BÜNNING irren sich aber, wenn sie meinen, WEIDLICH hätte bei seinen Messungen den Außendruck (die Gewebespannung) vernachlässigt. Seine Schnitte waren radial durch das g a n z e Gelenk geführt, somit war die Wirksamkeit der Gegenseite bei der Messung der Zellsaugkräfte (Szn.) unverändert vorhanden, nur der Einfachheit halber wurden Außendruck und Wanddruck als Wn zusammengefaßt. Gegen BÜNNING mußte ich einwenden, daß steigende Wasserpermeabilität ebenso die Wasserzufuhr als die Wasserabgabe erleichtert. Es ist also nicht einzusehen, wie eine Erhöhung der Durchlässigkeit zum einseitigen Wassereintritt in die Zelle führen soll. Bei dieser Divergenz der Meinungen war es sehr zu begrüßen, daß MOSEBACH die hierfür noch nicht benützte kryoskopische Methode zur Bestimmung der Inhaltssaugkraft der Zellen (Sin) anwendete. Das erste Ergebnis war in der Tat von großer Bedeutung. Zu jeder Zeit wurde der Druck der Lösungen (On, Sin) für jede Seite gleich gefunden, oberseits mit etwa 7,9, unterseits mit etwa 9,4 Atm., also hier um 1,5 Atm. höher. Da die Konzentrationen konstant bleiben, während das Volumen wechselt, muß es bei jeder Vergrößerung einer Gelenkhälfte zu einer Vermehrung, bei jeder Verkleinerung zu einer Verminderung der osmotischen Substanz kommen. Aus Volumenmessungen BÜNNINGS und seinen eigene Preßsaft- (On-) Werten berechnet MOSEBACH den Zuwachs des Og-Wertes der Oberseite bei der Blattsenkung mit 5,5 Atm., bei gleichzeitiger Abnahme der Unterseite um 4,7 Atm. WEIDLICH, BÜNNING und ZIMMERMANN fanden im Prinzip das gleiche Verhalten. Die Angabe BÜNNINGS, daß diese Og-Zunahme allein nicht genüge, „um die Si-Werte auf der alten Höhe zu erhalten", ist nunmehr durch die genaueren Sin-Angaben MOSEBACHS widerlegt. Es herrscht also Übereinstimmung darin, daß sich in jeder schwellenden Gelenkshälfte die Menge der osmotischen Substanz vermehrt, und daß sie in jeder abschwellenden Hälfte abnimmt. Nach MOSEBACH wird dabei stets so viel Wasser aufgenommen oder abgegeben, daß die Inhaltssaugkraft unverändert bleibt. Die Zellsaugkraft (Szn) muß dann natürlich beim Schwellen abnehmen, da mit der Dehnung der Wanddruck zunimmt, umgekehrt muß sie beim Abschwellen zunehmen, und der Turgor sinken. MOSEBACH meint nun, daß es zu einer Senkung des Blattes nur kommen könne, wenn das Saugvermögen der Oberseite das der Unterseite übertrifft, was unbewiesen sei. Und BÜNNING war der Ansicht, daß, wenn periodische Saugkraftschwankungen die Ursache der Bewegung wären, jede Lageänderung „durch eine Änderung in der Größe und Richtung der Saugkraftdifferenz zwischen Ober- und Unterseite des Gelenkes eingeleitet werden" müßte. Das treffe aber nicht zu, diese Differenz sei tagsüber konstant, gleiche sich erst während der Senkbewegung aus, verschiebe sich schließlich zugunsten der Unterseite, und obwohl jetzt die untere Saugkraft größer geworden sei, senke sich das Blatt noch weiter.

Meines Erachtens muß die Frage zu ihrer Lösung aber anders angepackt werden. Gehen wir von der stundenlang anhaltenden Tagesstellung aus. Während dieser Zeit herrscht zwischen beiden Gelenkhälften eine ausgeglichene Spannung (W + A oben = W + A unten, oder T oben = T unten), andernfalls müßte ja eine Bewegung eintreten, und da nach MOSEBACH die Inhaltssaugkraft oben 8, unten 9,5 Atm. beträgt, muß die Zellsaugkraft oben um 1,5 Atm. größer sein (T = Sin — Szn). Trotz verschiedener Zellsaugkräfte herrscht also Gleichgewicht! Dieses Gleichgewicht kann gestört werden und zur Senkung führen, wenn entweder oben die Menge der osmotischen Substanz zunimmt oder, wie BÜNNING meint, oben wegen Erhöhung der Permeabilität mehr Wasser eintritt. Die Entscheidung bringt MOSEBACHS Befund, daß oben die Inhaltssaugkraft konstant bleibt. Das ist nur möglich, wenn entsprechend der Vermehrung der osmotischen Substanz Wasser aufgenommen wird. Nach BÜNNINGS Annahme indessen, müßte sich der Inhalt verdünnen, also Sin oben sinken. Wie wird nun der Widerstand der unteren Hälfte überwunden? Zunächst, indem ihr Wasser entzogen wird. Das müßte an sich zu einer Erhöhung der Inhaltssaugkraft führen, die den oberseitigen Anstieg bald kompensieren würde. Nach MOSEBACH bleibt aber Sin auch unten konstant, d. h., nach Maßgabe des Wasserverlustes vermindert sich die Menge der osmotischen Substanz. Da der Vorgang laufend fortschreitet, werden die Zellen oben durch Wasseraufnahme immer mehr gespannt, nachts sinkt hier somit die Zellsaugkraft, während sie unterseits entsprechend steigt. Während der Tagstellung ist die Saugkraftdifferenz konstant und wie erwähnt die Zellsaugkraft oben höher. Während der Senkbewegung kommt der Moment, wo infolge der Expansion der Oberseite und der Kontraktion der Unterseite die Zellsaugkräfte einander gleich sind. Die Bewegung wird aber trotzdem fortschreiten müssen, denn immer noch vermehrt sich oben die Menge der osmotischen Substanz, während sie unten sinkt, oben tritt also weiteres Wasser ein, unten weiteres aus: Beweis, die fortschreitenden Volumenveränderungen bei Konstanz der Inhaltssaugkraft. MOSEBACH zieht aber ganz andere Schlüsse. Er meint, daß zwar eine Abnahme von osmotischen Stoffen unterseits zu Wasseraustritt führen würde, „niemals könnte es aber ohne zusätzlichen Wasserentzug gleichzeitig zu einer Erhöhung des Saugvermögens kommen". Dieser Satz ist mir unverständlich. Wenn eine Zelle Wasser verliert, so verkleinert sie sich doch und erhöht damit ihre Saugkraft und zwar auch dann, wenn die Inhaltssaugkraft konstant bleibt. Verf. zeigt überdies, daß entgegen einer Angabe von LEPESCHKIN, die bei der Schwellung einer Gelenkhälfte zusätzlich auftretende osmotische Substanz nicht von der Gegenseite stammen kann, sondern in der Hälfte selbst gebildet wird. Über die Natur der osmotischen Stoffe teilt MOSEBACH mit, daß in Kochsäften, die Elektrolytmengen unterseits etwa 6, oberseits etwa 5,5 Atm. entsprechen, also etwa $^2/_3$ des Gesamtwertes. Leider fehlen Angaben über den Elektrolytgehalt gespannter und ungespannter Gelenkhälften. An Zuckern wurde nur sehr wenig gefunden, und der prozentuale Gehalt soll beim An- und Abschwellen keine Änderung erfahren. Immerhin hat der Gesamtzucker in den schwellenden Hälften etwas zugenommen. Ich halte es daher für wenig wahrscheinlich, daß die Elektrolyte periodisch schwanken und meine, daß es, wie sonst überall bei solchen Schwankungen, die Zucker sind. Diese sind zweifellos durch die Kochmethode nicht voll erfaßt worden, es fehlt ja tatsächlich etwa $^1/_3$ der Gesamtmenge der osmotischen Substanzen. Die schwerer permeirenden Zucker können erfahrungsgemäß nur aus gepulvertem Material einigermaßen vollständig gewonnen werden. MOSEBACH untersucht dann die $p_H$-Werte der Preßsäfte. Ganze Gelenke haben um 24 Uhr einen etwas niedrigeren Wert als solche um 12 Uhr, allem Anschein nach bedingt durch erhöhten $CO_2$-Gehalt. Die Änderung geht in beiden Hälften gleichmäßig vor sich. MOSEBACH meint nun, daß die Ansäuerung der Unterseite zu Plasmaquellung und damit zur Permeabilitätserhöhung führe. Es käme zur Exosmose osmotischer

Stoffe und zum Abschwellen des Gelenkes, umgekehrt sei das „morgendliche Schwellen eine Folge des Rückganges der vorübergehend erhöhten Exosmose, wenn auch nicht dieser allein". MOSEBACH nimmt weiter an, daß nur die Unterseite so reagiere, die Oberseite nicht, wofür er aber keinerlei Beweise erbringen kann. Solange solche fehlen, muß man indessen für die Oberseite das gleiche annehmen, und wenn auch die Oberseite nachts exosmiert, fällt die ganze Hypothese. Dazu kommt, daß bekanntlich bei Inversstellung die Gelenke umgekehrt reagieren, also die morphologische Unterseite sich nachts ausdehnt und die Oberseite sich kontrahiert. Wie soll es schließlich unterseits in Normalstellung am Morgen zur Endosmose kommen? MOSEBACH will das darauf zurückführen, daß unterseits eine erhöhte Inhaltssaugkraft vorliegt, die der oberen Hälfte Wasser entzieht. Dann soll oben und unten die Menge der osmotischen Stoffe sinken und steigen. Dagegen ist zu sagen, daß die Inhaltssaugkraft-Differenz dauernd besteht und nicht ausgeglichen wird, und wenn man schon eine „regulatorische" Vermehrung und Verminderung der osmotischen Substanz annimmt, so ist das doch nichts anderes als eine Bejahung der „osmotischen Hypothese", für die mir MOSEBACHS Versuche einen neuen, entscheidenden Beweis zu liefern scheinen.

STOPPEL (1, 2) beschäftigt sich nochmals mit dem vielumstrittenen Problem der Ursachen der Nyktinastie. Die Schlafbewegung von *Phaseolus multiflorus* vollzieht sich auch in dauernder Dunkelheit im Tag/Nachtwechsel und entspricht der Ortszeit des Versuchsortes auch bei Saatgut fremder Herkunft. Für diesen Dunkelrhythmus hat STOPPEL einen noch unbekannten physikalisch-energetischen Faktor von entsprechendem Rhythmus verantwortlich gemacht, erblich festgelegt sei nur das Bewegungsvermögen, während Versuche von BÜNNING dafür sprechen, daß der Bewegungsrhythmus autonom und selbst erblich fixiert ist, wobei aber die Notwendigkeit besteht, daß einmal ein Außenreiz, besonders eine kurzdauernde Beleuchtung den endogenen Rhythmus auslöst. Demgegenüber stellt STOPPEL nunmehr fest, daß eine täglich einstündige Beleuchtung oder auch Temperaturschwankungen den Tagesrhythmus von Dunkelpflanzen nicht ändern. Weitere Versuche ergaben dann, daß im Licht ergrünte Pflanzen sich völlig anders verhalten als die etiolierten Dunkelpflanzen. Bringt man solche 3—5 Tage in Dauerlicht, so haben ihre Blätter schon eine dunkelgrüne Farbe angenommen. Nunmehr werden sie wieder verdunkelt. Dies führt zu einer Senkbewegung, die sich nun alle 24 Stunden vom Zeitpunkt der Verdunklung an gerechnet, wiederholt. Ob mit der Beleuchtung morgens oder abends begonnen war, ist gleichgültig. Es gibt also einen „Chlorophyllrhythmus" und einen „Dunkelrhythmus". Für den letztgenannten ist der obengenannte Faktor X verantwortlich zu machen, für den ersten ein chemischer mit der Chlorophyllbildung zusammenhängender. In der

Natur verlaufen die beiden Rhythmen synchron. Bei Dauerverdunklung grüner Pflanzen verdrängt der Rhythmus der Dunkelheit bald den des Chlorophylls. Durch entsprechende Verdunkelung kann man es erreichen, daß von den beiden Primärblättern das eine dem einen, das andere dem anderen Rhythmus folgt, auch kann man beide grünen Blätter durch Verdunklung, die 12 Stunden hintereinander erfolgt, dazu bringen, entgegengesetzt zu schwingen. Wie schon lange bekannt, sind die Bewegungen von der Schwerkraft abhängig, sie verlaufen bei Inversstellung umgekehrt. STOPPEL zeigt nun, daß, wie zu erwarten, senkrecht orientierte Spreiten überhaupt nicht reagieren. Eine transversale Schwerewirkung ist also Voraussetzung für den Vorgang, auch bestimmt sie die Richtung, nicht aber den Rhythmus der Bewegung. Die Verf. zeigt, daß viele Widersprüche in der Literatur darauf zurückzuführen sind, daß teils mit etiolierten, teils mit grünen Pflanzen gearbeitet wurde, die, wie man jetzt weiß, miteinander nicht vergleichbar sind.

SMALL und MAXWELL versuchen die Ursachen der Stomatabewegung weiter zu klären, und zwar prüfen sie den von WEBER angenommenen Zusammenhang zwischen $C_H$ und Öffnungsweite. Sie arbeiten mit abgezogenen Blattepidermen, ihr Hauptversuchsobjekt war *Coffea arabica*. Der natürliche $p_H$-Wert der Stomata dieser Pflanze läßt sich mit Indikatoren am Licht mit 5,9—6,2, im Dunkeln mit 4,4—5,2 bestimmen. Liegen die Streifen 1—2 Stunden in Pufferlösungen, so nehmen sie deren $p_H$-Werte an. Die Maximalöffnung der Stomata war dann in den einzelnen Pufferlösungen bei verschiedenen $p_H$-Werten zu beobachten, in Citrat bei $p_H$ 5,6, Azetat $p_H$ 5,7, Phosphat 6,6. Diese Werte stimmen durchaus überein mit den optimalen $p_H$-Werten der Speichelamylase. Daraus läßt sich schließen, daß die Öffnungsweite der Spalten durch das von der Amylasewirkung bestimmte Stärke-Zucker-Verhältnis bedingt wird, und daß primär Veränderungen in der $C_H$ den Vorgang steuern. Tatsächlich ließ sich auch in Azetat bei $p_H$ 5,7—5,9 Stärkeschwund in den Schließzellen beobachten und in Phosphat zwischen 6,7 und 7,2. Bei anderen Pflanzen wurden andere Werte gefunden, was man durch das Auftreten artspezifischer Amylasen erklären könne. Der besondere Einfluß der einzelnen Puffersubstanzen ist nicht immer zu beobachten, so nicht bei Tulpen und Narzissen. Worauf er beruht, ist noch nicht bekannt.

Unsere Kenntnis vom Phototropismus der Wurzeln wird durch Arbeiten von NAUNDORF und STEINKE erheblich erweitert. Wie HUBERT und FUNKE (1937) gezeigt haben, reagieren sehr viele Wurzeln negativ phototrop, wenige positiv und wieder viele gar nicht phototropisch. Keimwurzeln von *Helianthus annuus* geben bei einseitiger Beleuchtung negative Krümmungen bis zu $40^0$ (Optimum 2400 Lux). Empfindlich ist nur eine Spitzenzone von etwas über 1 mm Länge, wovon wieder das erste Drittel die höchste Empfindlichkeit zeigt. Entsprechend krümmen sich dekapitierte Wurzeln nicht, sie tun es aber nach Wiederaufsetzen der Spitze, nicht aber, wenn die Spitze durch Wuchsstoffagar ersetzt wird. Da isolierte Wurzeln sich ebenso verhalten wie an der Frucht befindliche, kommt diese als Wuchsstoffquelle nicht in Betracht, sondern nur die Wurzelspitze. Dies stimmt mit den Beobachtungen von SEGELITZ (1938) an *Zea mays* überein, ebenso die Tatsache, daß sich der Wuchsstoffgehalt beleuchteter Wurzeln erhöht. Mit einem besonderen Wurzelteiler hergestellte Hälften ergaben einen höheren Wuchsstoffgehalt der Lichtseiten gegenüber den Schattenseiten, also die umgekehrte Verteilung wie beim Wurzelgeotropismus oder Sproßphototropismus. Blaues Licht erzielt den stärksten Effekt und die stärkste Wuchsstoffvermehrung auf der Lichtseite. Die Negativität der Krümmung steht in Übereinstimmung mit der Tatsache, daß die *Helianthus*-Wurzeln am Licht schneller wachsen als im Dunkeln. Bei *Zea* fand SEGELITZ das Umgekehrte. NAUNDORF hat nun zweifellos recht, wenn er meint, daß solche widersprechende Erscheinungen eine einfache Erklärung durch den jeweiligen Eigengehalt der Wurzeln an Auxin erfahren. Ist dieser suboptimal, so muß lichtbedingte Auxinvermehrung das Wachstum fördern (*Helianthus*). Besitzen Wurzeln aber von sich aus optimalen Gehalt (*Zea*), so muß jede Auxinvermehrung durch das Licht hemmen. *Helianthus*-Wurzeln werden tatsächlich schon bei $10^{-9}$ Mol H.A. gefördert, ihr eigener Gehalt entspricht nur $10^{-13}$ Mol H.A. SEGELITZ hingegen konnte bei *Zea*-Wurzeln eine Förderung durch Konzentrationserhöhung nicht mehr erzielen, und in der Tat sind diese Wurzeln nach HUBERT und FUNKE aphototrop. NAUNDORF schließt aus dem Ganzen, daß die negative Krümmung nicht — oder wenigstens nicht in der Hauptsache — durch eine Wuchsstoffquerverschiebung zustande kommt, sondern einfach dadurch, daß die Lichtseite mehr Auxin produziert. Wenn andere Wurzeln, so die von *Vicia Faba* positiv auf Licht reagieren, so erkläre sich dies einfach daraus, daß hier von vornherein die Auxinkonzentration überoptimal ist, jede Zufuhr also hemmen muß. Bei nichtphototropen Wurzeln sei das Ausbleiben der Krümmung dadurch zu erklären, daß die eigene Auxinmenge knapp unter dem Optimum liegt, und daher eine Vermehrung keine nennenswerte Vergrößerung oder Verringerung der Wachstumsgeschwindigkeit mehr hervorrufen kann. Eine Bestätigung seiner Theorie sieht NAUNDORF darin, daß *Helianthus*-Wurzeln in H.A.-Lösungen von hemmender Konzentration sich positiv phototrop krümmen und bei etwas geringerer Konzentration gar nicht. Es mag zunächst unwahrscheinlich dünken, daß die sonst überall beobachtete Querpolarisation bei den Wurzeln fehlen soll. Ich möchte aber dafür die höhere Lichtdurchlässigkeit der Wurzel und die Strahlenkonzentration auf der Schattenseite verantwortlich machen. Wenn auch nach DU BUY und NUERNBERGK trotz dieser die Gesamthelligkeit auf der Lichtseite höher ist, so wird doch der Beleuchtungsunterschied beider Seiten nur sehr gering sein und damit auch die Querpolarisation. Dies ist wohl mit eine Ursache dafür, daß viele Wurzeln aphototrop sind.

Aus METZNERS Versuchen war bekannt, daß aphototrope Wurzeln durch Aufnahme fluoreszierender Farbstoffe zu positivem Phototropismus befähigt werden. STEINKE zeigt, daß auch *Helianthus*-Wurzeln bei solcher Behandlung positiv reagieren. Erythrosin z. B. hemmt an sich schon im Dunkeln das Wachstum, allseitiges Licht führt zu weiterer Hemmung, einseitiges zu einseitiger und damit zu einer positiven Krümmung. Diese ist ungemein stark, kann bis zu 156° führen und geht dann wieder auf 90° zurück. Die weitgehende Krümmung erklärt sich daraus, daß Erythrosin den Geotropismus ausschaltet. Die Verf. verzichtet auf eine weitere Deutung. M. E. liegt folgender Gedanke nahe: Erythrosin führt zu diffuser Wuchsstoffverteilung, daher kann es nicht zu einer geotropen Reaktion kommen und das Längenwachstum wird gehemmt. Im Licht wird bei Gegenwart fluoreszierender Stoffe Auxin zerstört, daher erfolgt weitere Hemmung, die bei einseitigem Lichteinfall zu positiver Krümmung führt.

Den negativen Phototropismus der Lebermoosrhizoide untersuchte DASSEK. Verwendet wurden Brutknospenrhizoide von *Marchantia* und *Lunularia*, die in Luft, Teichwasser oder Paraffinöl wuchsen. In Luft wurde ein Schwellenwert von etwa 6 MK beobachtet, wirksam sind nur kurzwellige Strahlen. Nur die äußerste noch wachstumsfähige Spitzenzone perzipiert den Reiz. Bei allseitiger Beleuchtung zeigen die Haare eine negative Lichtwachstumsreaktion. Daß sie trotzdem bei einseitigem Licht negativ reagieren, erklärt sich aus der Linsenwirkung der durchsichtigen Spitze. Dementsprechend kehrt sich der Effekt in Paraffinöl um, und in Wasser gibt es keine oder negative Krümmung. Die Rhizoide verhalten sich also umgekehrt wie *Phycomyces*-Sporangienträger, und zwar einfach deshalb, weil bei diesen die Photowachstumsreaktion positiv ist.

Die bekannte Tatsache, daß halbseitig beschattete Blätter seitliche Bewegungen ausführen, studiert YAMANE an *Fatsia japonica* weiter. Ältere Blätter wenden sich zur Lichtseite (+). junge bei starkem Licht zur Schattenseite (—), mittelalte Blätter zeigen keine Bewegung. Der Wuchsstoffgehalt ist jeweils auf der Seite größer, von der sich das Blatt wegbewegt, also auf der konvexen Seite des Blattstiels. Ref. möchte folgende Erklärung versuchen: Im jungen Blatt wird am Licht Wuchsstoff produziert, somit wird die Reaktion (—), im alten Blatt, wo das nicht mehr so ausgiebig der Fall ist, dürfte Wuchsstoff von der Licht- zur Schattenseite wandern. KONINGSBERGER würde annehmen, daß jetzt am Licht Auxin zerstört wird, gegen seine Theorie sprechen nunmehr aber auch die oben geschilderten Untersuchungen NAUNDORFS. In einer zusammenfassenden Darstellung des Phototropismus meint OVERBEEK, daß Zerstörung und Verschiebung von Auxin gleichzeitig stattfinden könnte und beides für den Phototropismus verantwortlich zu machen sei. STEWART und WENT zeigen aber nochmals, daß sowohl das in der Pflanze frei bewegliche Auxin als auch ein Ätherextrakt des Gesamtauxins durch das sichtbare Licht nicht zerstört werden kann. Beleuchtete *Avena*-Pflanzen geben aber bei Ätherextraktion meist eine etwas geringere Ausbeute als dunkle, es dürfte in der Pflanze also gebundenes Auxin durch das Licht zerstört worden sein. Bei der zerstörten Substanz kann es sich nicht um das Lakton handeln, sonst müßte der Abfall viel größer sein, es soll ja nach KÖGL im Gleichgewicht mit dem sauren Auxin stehen; auch wird das Lakton durch sichtbares Licht nicht angegriffen, eher sei ein Aktivator in der Pflanze anzunehmen, etwa ein Licht absorbierendes Karotinoid, unter dessen Mitwirkung gebundenes Auxin zerstört werde.

## Literatur.


BONNER, D., u. J. BONNER: Amer. J. Bot. **27** (1940). — BONNER, J., u. I. GREENE: Bot. Gaz. **101** (1939/40). — BONNER, D. M., A. J. HAAGEN-SMIT u. F. W. WENT: Bot. Gaz. **101** (1939/40). — BORGSTRÖM, G.: The transverse reactions of plants. Lund 1939.

DASSEK, M.: Beitr. Biol. Pflanz. **26** (1939).

FUNKE, H.: Jb. Bot. **88** (1939).

GAUTHERET, R.: (1, 2) C. r. Acad. Sci. Paris **210** (1940). — (3) C. r. Soc. Biol. Paris **132** (1939). — GOUWENTAK, C. H., u. W. L. MAAS: Med. Landbouwhoogesch. Wageningen **44** (1940). — GUTHRIE, J. D.: Contrib. Boyce-Thompson Inst. **11** (1940).

JOST, L.: Z. Bot. **35** (1940).

KINOSHITA, S., u. Z. KASAHARA: Botanic. Mag. (Tokyo) **53** (1939). — KISSER, J., u. L. LINDENBERG: J. Bot. 89 (1940).

LINSER, H.: (1) Planta (Berl.) **29** (1939). — (2) Ebenda **31** (1940).

MOSEBACH, G.: J. Bot. **89** (1940). — MOUREAU, J.: J. Bull. Soc. Roy. Sci. Liège **8** (1939).

NAUNDORF, G.: Planta (Berl.) **30** (1940).

OVERBEEK, S. VAN: Bot. Review **5** (1939).

RAPPAPORT, I.: Natuurw. Tijdschr. **21** (1939).

SKOOG, F.: Amer. J. Bot. **26** (1939). — SMALL, J., u. K. M. MAXWELL: Protoplasma (Berl.) **32** (1939). — SNOW, R.: (1) Nature (Lond.) 1939 II. — (2) New Phytologist **38** (1939). — SÖDING, H.: J. Bot. **36** (1940). — STEINKE, L.: Planta (Berl.) **30** (1940). — STEWART, W. S.: (1) Bot. Gaz. **101** (1939/40). — (2) Ebenda **101** (1939/40). — STEWART, W. S., u. F. W. WENT: Ebenda **102** (1940). — STOPPEL, R.: (1) Acta med. scand. (Stockh.), Suppl. **108** (1940). — (2) Planta (Berl.) **30** (1940).

TAUJA-THIELMANN u. E. PELĒCE: Arch. exper. Zellforsch. **24** (1940). — THIMANN, K. V., u. CH. J. SCHNEIDER: Amer. J. Bot. **26** (1939).

WITSCH, H. v.: Planta (Berl.) **30** (1940).

YAMANE, G.: Botanic. Mag. (Tokyo) **54** (1940).

ZHDANOVA, L. P.: C. r. Acad. Sci. URSS. **29** (1939). — ZIMMERMANN, P. W., u. A. E. HITCHCOCK: Contrib. Boyce-Thompson Inst. **11** (1940).

# 17. Entwicklungsphysiologie.

Von **Anton Lang** und **Fritz von Wettstein**, Berlin-Dahlem.

Mit 1 Abbildung.

## Das Determinationsproblem.

### a) Idiotypische Grundlage.

**Heterosis.** An verschiedenen *Oenothera*-Kombinationen bearbeitet Oehlkers (3) Heterosiseffekte. *Oe. franciscana* × *Hookeri* z. B. zeigt sich kräftiger und blüht früher mit reichlicherem Fruchtansatz. Die Restitutionsfähigkeit der Hypocotyle ist gesteigert. Im einzelnen sind die Heterosiseffekte verschieden abgestuft. Es findet sich u. a. ein reziproker Unterschied der Restitutionsfähigkeit. Die Ursachen der Effekte dürften also auch verschiedenartig sein. Erinnert wird an die größere Chromosomen-Bindungsresistenz bei Bastarden nach Haselwarter, die hier als Heterosiseffekt gedeutet wird. Auch bei polyploiden Oenotheren sind Heterosiseffekte nachweisbar. Interessant ist die hier entwickelte Vorstellung, daß die dauernde Komplexheterozygotie der Oenotheren Heterosiseffekte bewirken kann, die eine erhöhte Selektionsfähigkeit besitzen, ähnlich wie bei anderen Gattungen die Allopolyploidie. Tatsächlich sind die *Oenotheren*, die am weitesten von dem Ausgangsgebiet Kalifornien entfernt sind, in Europa und Kanada Komplexheterozygoten. — Sveschnikova untersucht Heterosis-Effekte bei verschiedenen *Vicia*-Bastarden. Von der Auffassung ausgehend, daß die Heterosis eine Folge bestimmter Genkombinationen ist, werden in den $F_2$-Serien der Bastarde nicht nur „plus-Heterosis"-Pflanzen, sondern auch „minus-Heterosis"-Typen, also gehemmte Formen, erwartet und gefunden. — Auch die heterotischen Tomaten wurden wieder mehrfach untersucht. Am interessantesten eine eingehende Bearbeitung der Vegetationspunkte durch Whaley. Die Meristeme sind bei den heterotischen Bastarden nicht größer. Die Heterosis geht vor allem auf stärkere Entwicklung kurz nach der Keimung zurück. Ein langsameres Absinken der Zellgrößen zu Ende der Entwicklung kommt dazu. Hatcher untersucht eingehend die Frucht- und Samengrößen verschiedener Tomaten-Bastarde. Samen und Embryogröße ist natürlich stark abhängig von der Samenzahl. Die Embryogröße ist zuerst stark mütterlich bedingt, später reziprok gleich mit Dominanz der großfrüchtigeren Sippen. Die Heterosis der Bastarde wird durchaus als Folge günstiger Genkombinationen betrachtet. — Die zahlreichen Arbeiten über das Heterosisproblem in den letzten Jahren führen überwiegend zur Auffassung der Heterosis als Folge günstiger genetischer Kombinationen, vor allem sich ergänzender, nicht alleler, dominanter Gene aus den Eltern. — Eine Untersuchung von STUBBE und PIRSCHLE bringt einen Fortschritt, als bei *Antirrhinum* eine Heterosis-Wirkung an einer monohybriden Heterozygoten gefunden wurde. Wüchsigkeit, Verzweigung, Chlorophyllgehalt, Gewicht u. a. der Heterozygoten übertreffen zum Teil wesentlich beide Homozygoten. Dieser Fall könnte die alte von EAST und HAYES 1912 entwickelte Vorstellung, daß der heterozygote Zustand selbst stimulierend wirkt, wieder stützen und ist darum sehr beachtlich. Freilich läßt sich formal auch an den Rückmutanten durch Annahme eines enggekoppelten zweiten Genpaares dieser Befund noch in die alte Kombinationsvorstellung einordnen. Wenn die Eltern jeweils ein dominantes und ein rezessives eng gekoppeltes Gen enthalten, wird die Heterozygote die doppelt dominante Wirkung bekommen. Die enge Koppelung sorgt für scheinbare Monohybridie. Spaltungsversuche an den Rückmutanten müssen folgen. Das Heterosisproblem als Problem der Genwirkung erscheint aber durch diese Versuche von neuem Interesse.

**Interessante Gene.** Eine Erörterung über die Lebenswichtigkeit der verschiedenen Loci bei *Drosophila* gibt DEMEREC. Bei kleinsten Deficiencies findet man einerseits homozygote Letalität, andererseits Fälle mit nur kleinen Merkmalsänderungen oder sogar ohne jeden feststellbaren Effekt. Zur Erklärung könnten kleine Duplikationen angenommen werden. Sind solche dem ursprünglichen Zustand noch relativ ähnlich, kann die Lebensfähigkeit trotz einem deficiency gesichert bleiben. Sind solche Duplikationen aber schon stark abgewandelt, tritt die letale Wirkung des deficiency deutlich hervor. — LAWRENCE und PRICE geben noch einmal eine eingehende Zusammenstellung über die Genetik und Chemie der Blütenfarben. — Über die Gene für Wachsbildung und Verteilung der Wachsüberzuges bei der Erbse bringt LAMPRECHT das bisher bekannte Wesentliche. — GUSTAFSSON und ÅBERG beschreiben zwei interessante Mutationen bei der Gerste. Die eine bewirkt die Entwicklung von zwei Blüten statt einer in den Ährchen der mittleren Reihe. Die Blüten sind aber steril. Die andere verursacht deckspelzenartige Verbreitung der Hüllspelzen, die dann auch zwei Grannen mit verschiedener Länge haben. Diese Mutanten sind fertil und haben besonders große Körner.

Genabhängige Wirkungen. Der durch Pfropfung übertragbare, genabhängige „Wirkstoff d" von Petunia ist nach PIRSCHLE nicht artspezifisch. Er läßt sich durch Pfropfungen in seiner Wirkung auch auf *Nicotiana*, *Lycopersicum* und *Hyoscyamus* nachweisen. Pfropfungen mit anderen Partnern außerhalb der Solanaceen schlagen fehl. — Bei *Antirrhinum majus mutatio filiforme* findet SCHIEMANN Chimären mit einer Epidermis, die zu *graminifolia* mutiert ist. Die subepidermalen Schichten sind genisch unverändert *filiforme*, was die Nachkommenschaftsprüfung sichert. Trotzdem sind unter dem Einfluß der abgeänderten Epidermis auch die inneren Blattzellschichten verändert. Dies könnte auf Einflüsse von Gewebe zu Gewebe, die genisch kontrolliert sind, hindeuten. Solche Chimären bieten auch Interesse, weil es sich um genetisch bedingte, phänotypisch sehr deutliche Abänderungen handelt, die in der Nachkommenschaft nicht wieder auftreten, da die genetische Abänderung nur in der Epidermis lokalisiert ist. Für genetische Analysen und Mutationsversuche wird dies zu vermerken sein. — Eigenartige Befunde bringen zwei Arbeiten an Pfropfungen. Heteroplastisch eingepfropfte Augen bei Kartoffeln sollen sich nach KUZMENKO zu Trieben entwickeln, die bis zum Blühen den Habitus der Unterlage und später auch noch deutlich bis zur Knollenbildung den Einfluß der Unterlage zeigen. POPESCO arbeitet mit *Lycium* auf Tomaten. Auch er findet Beeinflussung des Reises durch die Unterlage, eine Beeinflussung, die sogar auf die Nachkommen übertragen werden soll. Vielleicht handelt es sich um Fälle von übertragbaren Nachwirkungen. Eine Überprüfung bleibt abzuwarten.

**Zusammenwirken von Genom und Plasmon.** Besonders die Bearbeitung des Zusammenwirkens der Idiotypenteile bei *Epilobium* wurde von verschiedenen Autoren eifrig fortgesetzt. So hat vor allem MICHAELIS (1) ein großes Material von *E. hirsutum* vorgelegt. Einmal geht es um die Analyse von Einzelgenen im Zusammenwirken mit verschiedenen Plasmonen. An Kreuzungen von *E. hirsutum* aus Kew mit zahlreichen anderen, vor allem aus Wien, München und Gießen, ließen sich 2 Genwirkungen analysieren, die mit den verschiedenen Plasmonen abgeändert werden. Gene (wahrscheinlich 3) beeinflussen die Anthocyan- und Chlorophyllausfärbung. Ihre Wirkung wird je nach Plasmon verstärkt oder abgeschwächt, am stärksten ist sie z. B. mit Plasmon „Gießen", schwächer mit Plasmon „Wien". Ein Gen „deformatum" bewirkt Blütenreduktion an den Petalen und Antheren. Es spaltet monohybrid. Seine Manifestierung ist mit Plasmon „Wien" stark, mit „Gießen" schwächer. — Andere Sippenkreuzungen von *E. hirsutum* wurden vor allem auf die zahlreich auftretenden Hemmungen hin geprüft (MICHAELIS [2]). Als Testpflanze in allen Kreuzungen ist eine Sippe „Jena" verwendet. Je nach Einkreuzen verschiedener Genome finden sich mit dem Plasmon „Jena" sehr verschieden abgestufte Hemmungen aller möglichen Organe. Von 38 untersuchten Sippen zeigen 15 keine oder geringfügige Hemmungen mit „Jena"-Plasmon. 15 andere weisen mehr oder weniger starke Verkürzung der Sproßachse, allerhand Störungen an den Blättern, in der Blütenbildung und Pollenfertilität auf. Eine dritte Gruppe mit 8 Sippen zeigt sehr starke Mißbildungen, Zwergpflanzen in allen Abstufungen bis zu letalen Typen in den ersten Embryonalstadien. Bei allen diesen Untersuchungen tritt immer wieder die besonders starke Modifikabilität aller dieser Merkmale durch die Einwirkung äußerer Bedingungen hervor. — Die Konstanz dieser Plasmone wird mit dem bekannten Rückkreuzungsverfahren an verschiedenen Sippen überprüft (MICHAELIS [3]). Es ließ sich in allen untersuchten Fällen bisher keine Änderung der Plasmone erzielen. Zur Überprüfung der Auxin-Nachwirkungshypothese LEHMANNS wurden gemeinsam mit ROSS interessante Pfropfungsversuche und Heteroauxin-Versuche unternommen. Zwar lassen sich manche Wachstumshemmungen durch künstliche Auxin-Zufuhr vorübergehend modifikatorisch mildern oder beseitigen. Eine Nachwirkung auf die nächste Generation ließ sich aber nie feststellen.

Das Plasmon bleibt unverändert. Auch durch Pfropfung zweier im Plasmon verschiedener Typen läßt sich eine Änderung nicht erzielen. Eine Weitergabe genomabhängiger Stoffe durch das Plasmon läßt sich also nicht nachweisen. — Die in den *E.-hirsutum*-Sippen analysierten Gene (MICHAELIS [4]) sind auf das Zusammenwirken mit fremden Plasmonen verschieden empfindlich. Es gibt stark plasmonempfindliche, also mit anderen Testplasmonen sehr stark abweichend reagierende, und recht indifferente, die mit allen Plasmonen arbeiten können. Interessant ist der Nachweis, daß manche Gene mit dem Testplasmon zunächst keine reziproken Unterschiede geben. Bei Rückkreuzung treten solche auf, weil sie erst im homozygoten Zustand diese Hemmungswirkung zeigen. Trotzdem der Grad der Hemmung an verschiedenen Organen und Eigenschaften oft gleichförmig steigt und sinkt, zeigen doch vielfache, mühevolle Kreuzungen, daß zahlreiche Gene im Spiele sind, die das komplexe Zusammenspiel untereinander und mit den Plasmonen ahnen lassen. Sehr eingehend hat FÜRTAUER an den Materialien von MICHAELIS die verschiedensten physiologischen Leistungen in ihrer Genom-Plasmon-Abhängigkeit untersucht, z. B. Nährsalzaufnahme mit Mangelkulturen, Verhalten gegen Licht und Temperatur, photoperiodische Reaktionen u. a. Auch hier zeigt sich wieder die starke Modifikabilität der Leistungen, wenn die Genome mit fremden Plasmonen zusammenkommen. — Weitere Untersuchungen an *E. hirsutum* durch BRÜCHER (1) beschäftigen sich ebenfalls mit den verschiedenen Hemmungen je nach dem eingeführten Plasmon. Auch er stellt die Konstanz der Plasmone nach mehrjährigem Einlagern fremder Kerne fest. Eigenartig ist dem gegenüber die Beobachtung (BRÜCHER [2]) an einem *E.-hirsutum-*×*parviflorum*-Bastard, der zunächst sehr gehemmt zwergig war. Es handelt sich um das Auftreten von normal hochwachsenden Seitensprossen, die von da ab konstant normal bleiben. Der Fall ist für die Frage der Plasmonkonstanz von hohem Interesse. Zur Erklärung wird zunächst eine Übertragung väterlichen Plasmamateriales und Entmischung am Vegetationskegel angenommen. — Weitere Befunde über reziprok verschiedene Bastarde verschiedener *Epilobium*-Arten bei ZÜNDORF.

Auch an dem durch OEHLKERS (1) für die genetische Plasmaforschung erschlossenen Objekt *Streptocarpus* wurde die Analyse weiter vorgetrieben. Abgesehen von den so interessanten Gen-Analysen an den Bastarden zwischen unifoliaten und rosulaten *Streptocarpus*-Arten, die im Abschnitt Genetik besprochen werden müssen, beschäftigt uns hier auch wieder das Zusammenwirken von Genom und Plasmon. Das Plasmon des rosulaten *Str. Rexii* vermännlicht mit dem Genom von *Str. Wendlandii* die Blüten; die Fruchtknoten werden reduziert. Die reziproke Kombination läßt die Staubblätter reduzieren, die Blüten werden weiblich, stark weiblich bei immer einheitlicherem Einlagern des

*Rexii*-Genom im *Wendlandii*-Plasmon, indem die Antheren zu Nebenfruchtknoten umgebildet werden. Diese Befunde zeigen, daß sich das Zusammenwirken fremder Plasmone und Genome nicht nur in Hemmungserscheinungen äußert, sondern auch richtig neue Merkmalsbildung erreicht werden kann. Die vergleichende Analyse mehrerer verschiedener *Streptocarpus*-Arten ist begonnen.

Noch nicht weiter gediehen ist die Frage, wie weit die Idiotypenteile des Plasmon und Plastom zu trennen sind. Wichtig ist hier der Befund von OEHLKERS (2), daß die Konstitution der Plastiden so wesentlich auch für den Ablauf der Meiosis, der Bildung der Chiasmata ist. Es zeigt dies, wie sehr die Plastiden über die engeren Assimilationsprozesse hinaus ganz andersartige Leistungen beeinflussen. Auch die früher erwähnte Beobachtung BRÜCHERS, die vorerst als Entmischung gedeutet wird, muß in diesem Zusammenhang vermerkt werden. Auch sei hier auf die analytischen Arbeiten MENKES an Chloroplasten hingewiesen. Der Gehalt an Nukleinsäure in den Chloroplasten ist für die genetische Auffassung dieser Organe nicht zu vernachlässigen. Schließlich bringen die Arbeiten von CASPERSSON über die Wechselwirkung beim Eiweißneuaufbau im Kern und Plasma höchst interessante neue Einblicke, die auch zu der hier besprochenen Frage des genetischen Kern-Plasma-Verhältnisses wohl Wichtiges beitragen werden.

Einen hübschen Fall von Prädetermination analysiert SIRKS bei *Datura stramonium*. Zwei Sippen mit Unterschieden der Verzweigung (kurz als dichasialer und sympodialer Typ bezeichnet) spalten monohybrid mit Dominanz der sympodialen Form. Die Ausbildung wird aber durch die Mutter prädeterminiert, so daß die $F_1$-Pflanzen den jeweiligen Müttern gleichen. Erst in der $F_2$ von rezessiv $\times$ dominant zeigt sich eine Spaltung, weil das dominante Gen die Prädetermination des Plasmas ausklingen läßt, die in $F_1$ die Manifestation des dominanten Genes verhindert. Auch einige weitere Abweichungen der Erwartung an den späteren Generationen und Rückkreuzungen lassen sich mit dieser Annahme deuten.

## b) Keimung und Ruhe bei Blütenpflanzen.

Die meisten Arbeiten des Berichtsjahres über diese Gebiete befassen sich mit dem Verhalten von Samen, wobei aus Keimungs-, meist Keimprozentversuchen, Rückschlüsse auf die bei der Keimung beteiligten Faktoren gezogen werden.

Mit den Grenzen und methodischen Fehlermöglichkeiten solcher Versuche befaßt sich in einer theoretischen Studie RESÜHR (1). Die Grenzen ergeben sich vor allem aus dem Alles-oder-Nichts-Charakter des Radicula-Durchbruches, als der sichtbaren Testreaktion. Dieser Charakter hat zur Folge, daß unter den einen Umständen geringfügige Veränderungen große Unterschiede in der Reaktionsstärke bedingen, während unter den anderen selbst relativ starke Hemmungs- oder Förderungsfaktoren nicht zum Ausdruck kommen — das erste, wenn die übrigen Bedingungen, die die Keimung beeinflussen, in ihrer Kombination nahe dem Schwellenwert der sichtbaren Reaktion liegen, das zweite, wenn sie in einer die Keimung stark fördernden oder hemmenden Kombination vorliegen. Daß eine einseitige Verwendung der Keimprozentmethode Gefahren in sich birgt, ergibt sich auch aus Untersuchungen von VERHOEFF an *Linum*-Samen (reine Linien). Es zeigt sich, daß die Temperaturoptima für Keimprozent, maximale Keimungsgeschwindigkeit und schnellstes Einsetzen der Keimung verschieden liegen ($8^0$, $29^0$ bzw. $31^0$); die Keimung kann danach keinesfalls als einheitlicher, durch eine dieser drei Reaktionen allein voll erfaßbarer Vorgang angesehen werden. —

Die bei der Samenkeimung beteiligten Faktoren lassen sich zur Übersicht in zwei Kategorien teilen. Die primären betreffen Keimungsbereitschaft und Keimung unmittelbar durch Beeinflussung der im Samen ablaufenden Prozesse; unter ihnen sind in der üblichen Weise innere und äußere Faktoren zu unterscheiden. Die sekundären Keimungsfaktoren beeinflussen, von außen einwirkend, die durch die primären geschaffenen Bedingungen der Keimung, ohne auf das Zustandekommen dieser Bedingungen selbst einen Einfluß zu haben; es sind Milieufaktoren im weiteren Sinne.

Von den inneren, primären Faktoren ist der Reifungszustand der Samen am deutlichsten; in diesen Komplex ist auch die Erscheinung der „Ruhe" vieler Samen zu ordnen, die darauf beruht, daß gewisse, für die Keimungsbereitschaft notwendige Prozesse abgeschlossen werden müssen. Das Wesen dieser Vorgänge ist freilich durchaus unklar. Die Reifungsprozesse verlaufen sowohl während des Zusammenhanges von Same und Mutterpflanze als auch weiter nach Lösung dieses Zusammenhanges. Das geht wieder hervor aus einer Arbeit von HERMANN und HERMANN, nach der Samen (Früchte) von *Agropyrum cristatum* einerseits um so besser keimen, je weiter die Reifung an der Mutterpflanze fortgeschritten ist, andrerseits, je weiter die Nachreife durch Lagerung der Samen vor sich gehen konnte. Ähnliches ergibt sich aus Befunden von F. H. TOOLE und COFFMANN an *Avena fatua*: Die Samen keimen $14^d$ nach der Ernte viel schlechter als nach 9monatiger Lagerung; außerdem unterscheiden sich Samen verschiedener Herkunft in ihrer Keimfähigkeit, was zum Teil auf genetische Unterschiede, zum Teil aber auch auf verschiedene Erntezeiten zurückzuführen ist.

Bezüglich der äußeren Faktoren der Keimung liegen Untersuchungen über Temperatur, Feuchtigkeit und Licht vor. Der keimungsfördernde Einfluß tiefer Temperatur wird bestätigt (z. B. CHOATE für *Echinocystis lobata*, BURTON für *Trifolium repens*); SPRAGUE an *Poa*-Arten und V. K. TOOLE an *Panicum obtusum* und *Setaria macrostachya* finden Wechseltemperaturen besonders wirksam. Bei nicht nachgereiften Samen von Tabak, Sorte *Odurama*, haben umgekehrt hohe Temperaturen einen fördernden Einfluß, sogar solche ($70^0$), die bei voll nachgereiften Samen schon schädigend wirken (MASUMOTO). BURTON versucht auf Grund sehr umfangreicher Keimungsversuche mit *Trifolium repens*, die Keimungsbereitschaft allgemein mit der Fähigkeit des Samens zur Wasseraufnahme in Zusammenhang zu bringen. Die keimungsfördernde Wirkung tiefer Temperatur ist damit freilich kaum zu erklären; als zusätzlicher Faktor mag das Wasseraufnahmevermögen — das mit der Testastärke in keiner Beziehung steht — eine Rolle spielen. ALBRECHT findet bei Tomaten eine keimungsfördernde Wirkung von Ca-Salzen ($CaCl_2$).

Über den Einfluß von Licht verschiedener Wellenlängen (gewonnen mit Hilfe Jenaer Farbfiltergläser) liegt eine eingehende Arbeit von RESÜHR (2) an den Dunkelkeimern *Amarantus caudatus* und *Phacelia tanacetifolia* vor. Es wird das Vorhandensein keimungsfördernder (d. h. lichtbedingte Keimungshemmungen ganz oder teilweise aufhebender), keimungshemmender (Lichtkeimung ganz oder teilweise unterbindender, bei Dunkelkeimern den Keimprozent unter den in Dunkelheit zu erreichenden herabsetzender) und indifferenter Bezirke festgestellt. Besonders für *Amarantus* ergibt sich eine auffallende Übereinstimmung in der Lage solcher Bezirke mit dem Lichtkeimer *Lactuca sativa* (von FLINT und MCALISTER 1936 untersucht); sie ist sogar größer als diejenige zwischen *Amarantus* und *Phacelia*.

Die physiologische Wirkungsweise der genannten Faktoren ist offenbar recht verwickelt. Der Mechanismus der Keimungshemmung scheint in vielen Fällen auf den mechanischen Widerstand von Samenschale und Endosperm zu beruhen; er kann dann durch Entfernung oder auch durch bloßes Anritzen und sonstige Beschädigung der Schale (*Amarantus* und *Phacelia*: RESÜHR [2], *Trifolium repens*: BURTON, u. a.) oder Entfernung des Endosperms (v. VEH bei Obstarten) beseitigt werden. In anderen Fällen haben diese Maßnahmen keine Wirkung; die Keimungsunfähigkeit liegt im Embryo selbst, der morphologisch durchaus gut entwickelt sein kann (CHOATE bei *Echinocystis*). Aber auch dann, wenn die Keimungshemmung auf dem Widerstand von Schale und Endosperm beruht, ist über die inneren Ursachen noch nichts gesagt, da dieselben Embryonen nach erreichter Reife, evtl. unter dem Einfluß äußerer Faktoren, das Vermögen erlangen, den Widerstand zu überwinden; die Frage lautet hier: Welche Veränderungen befähigen den Embryo, den Durchbruch durch Schale und Endosperm zu vollführen, und in welcher Beziehung stehen sie zur Wirkung äußerer Faktoren? Versuche, die Keimfähigkeit in Zusammenhang mit gewissen physiologischen Prozessen zu bringen, werden von STALEY und von ANELI gemacht; sie finden einen mehr oder weniger engen Parallelismus zwischen Keimwilligkeit einer-, Enzym- (Katalase- und Oxydasen-)Tätigkeit, Atmungsintensität und Fettumsatz der Samen andrerseits; kausale Zusammenhänge lassen sich den Befunden aber nicht entnehmen. RESÜHR (2) nimmt auf Grund seiner Resultate an, daß bei der Gesamtreaktion der Samen auf die Wirkung von weißem Licht bei Licht- wie bei Dunkelkeimern teilweise die gleichen lichtabsorbierenden Stoffe wirksam sind, wobei der Embryo selbst mit großer Wahrscheinlichkeit als Ort der wirksamen Perzeption gelten kann. Die Existenz eines einheitlichen, überall auftretenden Keimungshormons hält der Verfasser andrerseits auf Grund der Unterschiede in der Wirkung verschiedenwelligen Lichts auf die Keimung verschiedener Samen für unwahrscheinlich; auch die Verschiedenartigkeit der Agenzien, mit denen Keimungsanregung hervorgerufen werden kann, spricht nach Ansicht RESÜHRS dagegen. Bei der Wirkung des Lichts unterscheidet RESÜHR einen primären und einen sekundären Effekt. Primär wird wahrscheinlich ein Stoff oder System beeinflußt, dessen Anwesenheit das Vermögen des Sameninnern bedingt, den zur Sprengung der Schale erforderlichen Druck zu ertragen; sekundär hemmt Licht die Keimung, weil in nicht keimenden, aber gequollenen Samen allgemein keimungshemmende Veränderungen auftreten. Diese Veränderungen dürften auch die „Dunkelhärte" der Samen von Lichtkeimern und die „Lichthärte" derjenigen von Dunkelkeimern bewirken; für letzte bringt VAKULIN in der Labiate *Lallementia iberica* ein neues Beispiel. Daß die keimungshemmende Wirkung von Licht auf Zerstörung von Auxinwuchsstoff beruht, ist trotz gewisser dahin deutender Befunde (keimungshemmende Wirkung der Wellenlängen, in denen die Absorption von Carotin liegt) unwahrscheinlich (RESÜHR [2]). Direkte Beeinflussung der Keimung ruhender wie nicht ruhender Samen durch synthetische Wuchsstoffe (Heteroauxin, Kalium-$\alpha$-Naphthylacetat u. a., zum Teil in Lösung, zum größeren in Pulverform geboten) hatte keinen oder nur ganz geringfügigen Effekt (BARTON [1 u. 2], YUODEN u. a.).

Unsere Kenntnisse von die Keimung beeinflussenden sekundären Faktoren erfahren durch Untersuchungen von BORRISS eine teilweise überraschende Erweiterung. Versuche mit *Vaccaria pyramidata, Agrostemma Githago* u. a. Caryophyllaceen ergeben, daß die unter bestimmten Bedingungen (höhere Temperatur) vorhandenen Keimungshemmungen der Samen vieler dieser Arten, die durch Adsorbentien (Erde, Kohle) beseitigt werden können, nicht, wie zunächst angenommen werden konnte, auf sameneigenen Hemmstoffen beruhen, sondern auf „Störstoffen", die aus der Luft der Keimräume stammen und nach Aufstellung der Keimschalen im Keimbett und in den Samen selbst angereichert werden. Da

Dämpfe von Lackfarben und ihren Bestandteilen (Leinöl, Terpentinöl) die Keimung stark hemmen, ist es wahrscheinlich, daß die „Störstoffe" wenigstens großenteils aus den Farbanstrichen der Keimräume stammen. Die Befunde haben praktisches wie theoretisches Interesse. Das erste liegt darin, daß bei Keimversuchen Kontrollen auf Störstoffe unerläßlich sind, da der Gehalt derselben in verschiedenen Keimräumen sehr verschieden ist und überdies jahreszeitliche Schwankungen zeigt. Theoretisch von Bedeutung ist, daß die Befunde eine Neuuntersuchung der Frage sameneigener Hemmstoffe nötig machen; die bisherigen Hinweise auf die Existenz solcher Stoffe verlieren durch den Nachweis der „Störstoffe" viel von ihrem Wert. Die Existenz von sameneigenen Hemmstoffen bleibt trotzdem, auch durch die Untersuchungen BORRISS', wahrscheinlich. Vorbehandlung der Samen unter ungünstigen Keimbedingungen setzt die Keimwilligkeit herab. An diesem „Hartwerden" sind die Störstoffe zwar mitbeteiligt, die Ausbildung des „Hemmungsprinzips" im Sinne GASSNERS erfolgt im wesentlichen aber durch den Einfluß der primären Keimungsfaktoren auf die Stoffwechselprozesse im Samen. Andererseits finden sich auch Hinweise auf keimungs*fördernde* Stoffe: bei einigen Arten (*Silene pendula* und *Silene noctiflora*) hatten Adsorbentien eine keimungs*hemmende* Wirkung, die vielleicht auf adsorptiver Bindung von Förderungsstoffen beruht.

Zu den sekundären Keimungsfaktoren können auch die keimungshemmenden Stoffe von Früchten gerechnet werden. Zu diesem Problem setzt TETJUREV (3) seine Untersuchungen fort. Nachdem er bereits früher (s. Fortschr. 9) wahrscheinlich gemacht hatte, daß es keinen spezifischen keimungshemmenden Stoff in saftigen Früchten gibt, die keimungshemmende Wirkung des Saftes vielmehr durch alle darin enthaltenen Substanzen, voran die organischen Säuren, ausgeübt wird, erhärtet er diesen Punkt durch die Feststellung, daß aus Früchten, die freie Säuren *nicht* enthalten (gewisse Cucurbitaceen), mit Schwefeläther kein keimungshemmender Stoff zu extrahieren ist. Damit dürfte der Nachweis, daß das — als spezifisches keimungshemmendes Hormon (Blastokolin: KÖCKEMANN) angesprochene — mit Schwefeläther extrahierbare keimungshemmende Prinzip saftiger Früchte mit organischen Säuren identisch ist, ziemlich geschlossen sein. Da aber auch der Saft säurefreier Früchte keimungshemmend wirkt, ergibt sich erneut, daß keiner der üblichen Bestandteile des Fruchtsaftes allein für die keimungshemmende Wirkung verantwortlich ist, sondern daß viele Bestandteile daran beteiligt sind.

Abschließend seien die Arbeiten von FRÖSCHEL (1, 2) und KASERER und FRISCH genannt, obgleich das Wesen der beobachteten Erscheinungen vorerst durchaus unklar ist. FRÖSCHEL weist, vor allem in Untersuchungen mit *Beta vulgaris*, die Anwesenheit von Stoffen in Samen nach, die die Keimung anderer Samen sehr stark hemmen. Nach vorläufigen Schätzungen liegt die Wirksamkeitsgrenze in der Größenordnung von $1\,\gamma$. KASERER und FRISCH stellen in den Spelzen von Dinkel, Saatweizen und Hafer das Vorhandensein von Stoffen fest, die die Keimung und das Wachstum der Samen dieser Arten *fördern*. Ob es sich um spezifische Wirkungen und spezifische Stoffe handelt, bedarf der Untersuchung. Im Falle der keimungshemmenden Stoffe (FRÖSCHEL) ist Spezifität weniger wahrscheinlich, weil schlechte Samen eine besonders starke keimungshemmende Wirkung zeigen; es liegt nahe anzunehmen, daß es sich um schädliche Stoffwechselprodukte handelt. Da die Stoffe sich leicht mit Wasser ausziehen und auch in Agar abfangen lassen, erscheint eine Klärung gut möglich. Extraktion der fördernden Stoffe aus den Spelzen gelang dagegen nicht; die Untersucher bezeichnen diese Stoffe daher als „inhärent".

### c) Anlage und Determination von Organen.

#### α) Vegetative Organe.

Einige Arbeiten befassen sich wieder mit der Rolle der Auxinwuchsstoffe bei der Wurzelbildung. HOWARD vertritt die Auffassung, daß das Auxin bei der Determination von Meristemen zu Sproß- oder Wurzelanlagen eine direkte, bestimmende Rolle spiele, derart, daß bei niedriger Auxinkonzentration eine Sproß-, bei hoher eine Wurzelanlage gebildet wird. Abgesehen davon, daß solche qualitative Wirkung bei nur quantitativen Unterschieden des determinierenden Wirkstoffes schwer verständlich wäre, ist das Experimentalmaterial noch durchaus unzureichend. MOUREAU sucht demgegenüber nachzuweisen, daß der Wuchsstoff bei der Wurzelbildung keine determinierende Funktion hat. Behandlung von *Coleus*-Stecklingen mit Heteroauxin (1) ruft eine starke Beschleunigung der Kambiumbildung in den jungen Internodien und eine verstärkte Bildung meristematischer Gewebenester aus Markstrahlzellen hervor; die Unterschiede gegenüber unbehandelten Kontrollen sind aber nur quantitativ. Aus den Meristemnestern gehen Wurzelanlagen hervor, jedoch nur teilweise und zum Teil verspätet, wenn die Wuchsstoffwirkung schon abgeklungen ist. Es wird geschlossen, die Wirkung des Heteroauxins bestehe nur in einer Verstärkung der Meristemtätigkeit; die Determination der Meristeme zu Wurzeln erfolge dagegen durch andere, spezifische Faktoren. Weitere Versuche (2) zeigen, daß die Heteroauxinwirkung auf Wurzelbildung von der Anwesenheit von Blättern sowie Licht abhängig ist. Zufuhr von Zucker kann weder das eine noch das andere vollwertig ersetzen; Zuckerzufuhr von beblätterten, in Licht befindlichen Stecklingen steigert die Heteroauxinwirkung dagegen wesentlich. MOUREAU folgert, daß die spezifischen, „wurzelbildenden“ Faktoren in den Blättern in Licht und nach Maßgabe der verfügbaren Kohlehydrate gebildet werden; in Dunkelheit werden sie verbraucht oder inaktiviert. Daß die Anwesenheit von Blättern die Förderung der Wurzelbildung durch Heteroauxin begünstigt, bestätigen auch Versuche von RAPPAPORT mit *Skimmia*-Stecklingen; auch hier wird das mit Produktion spezifischer Substanzen als Hauptfaktor gedeutet. Die referierten Arbeiten schließen sich an die Rhizokalin-Hypothese von BOUILLENNE und WENT an, sie bringen aber z. B. gegenüber den schon 3 Jahre zurückliegenden Untersuchungen von BOUILLENNE und BOUILLENNE wenig Neues. Diese hatten ergeben, daß bei an Nährstoffen verarmten, als Stecklinge gezogenen *Impatiens*-Hypokotylen Heteroauxin gegenüber einer Lösung von Saccharose, Aminosäuren und Vitamin $B_1$ keine Verstärkung der Wurzelbildung auslöst; bei normalen Hypokotylen tritt eine Verstärkung zwar ein, aus der in diesem Falle großen Streuung der Wurzelzahlen wurde aber geschlossen, daß eine bestimmte Menge Heteroauxin nicht immer die gleiche Wirkung ausübt, vielmehr ein individueller Faktor vorhanden sein muß. Wie hier fehlen jedoch auch in den neuen, aus derselben Schule stammenden Arbeiten genügende Anhaltspunkte zur Entscheidung, wie weit in den einzelnen Versuchen das Heteroauxin, der hypothetische spezifische Faktor und bloße Ernährungsverhältnisse begrenzend wirken; Zufuhr von Zucker usw. kann natürlich den Wegfall von Blättern oder das Fehlen von Licht keinesfalls vollwertig kompensieren, so daß aus solchen Versuchen gezogenen Schlüssen die letzte Beweiskraft fehlt.

Die Anlage von Sproß- und Wurzelprimordien wird eingehend von LINDNER bei der Meerrettichwurzel untersucht. Beide Arten von Anlagen werden nur von Seitenwurzelspuren aus gebildet. Die Abhängigkeit von äußeren Bedingungen (Temperatur) ist verschieden, ebenso diejenige von inneren Faktoren, da für die Entstehung von Wurzelanlagen nur Rindengewebe, für Entstehung von Sproßknospen auch inneres Gewebe vorhanden sein muß. Extraktionsversuche deuten im Fall der Sproßknospen auf Mitwirkung definierbarer chemischer Stoffe.

Hinzuweisen ist auf Untersuchungen von GAUTHERET (1 u. 2) über Knospenbildung an in vitro kultiviertem Meristemgewebe. Kambialgewebe der Ulme, in isoliertem Zustand auf glukosehaltigem Nährmedium gezogen, bildet zahlreiche Sproßknospen, die im Dunkeln klein bleiben, in Licht zu beblätterten Trieben auswachsen. Vitamin $B_1$ und Heteroauxin waren ohne positiven Einfluß auf den Vorgang (Heteroauxin in höheren Dosen wirkt hemmend); es besteht eine gewisse Polarität in der Längsrichtung, indem am physiologisch oberen Ende mehr Knospen entstehen als am unteren, dagegen keine transversale, indem an Innen- wie Außenfläche gleich viele Knospen gebildet werden.

### β) Blütenbildung.
### Vernalisation, Photoperiodismus, Blühhormone.

**Allgemeines. Grundlagen.** Es sind einige wichtige Fortschritte zu verzeichnen — offenbar die erste Folge davon, daß die bisher noch überwiegende extensive Arbeitsrichtung mehr und mehr zugunsten einer intensiveren zurückzutreten beginnt. Die Arbeiten über die Anlage von Blüten sind denen über Anlage und Determination vegetativer Organe gegenüber im Vorteil dadurch, daß der analysierte Vorgang in ganz spezifischer Abhängigkeit von bestimmten Faktoren, die unter den Begriffen Vernalisation und Photoperiodismus zusammengefaßt ist, steht; dies macht es möglich, ihn weit schärfer aus dem Gesamtkomplex der im Organismus sich abspielenden Prozesse herauszulösen.

Zunächst sei auf die Arbeiten von ALLARD und GARNER sowie POST und WEDDLE, die eine große Zahl von Arten auf ihr photoperiodisches Verhalten prüfen, die letzten unter Berücksichtigung der Temperatur, hingewiesen. Bei einigen Farnen (Polypodiaceen und *Ceratopteris thalictroides*), ferner bei *Marchantia polymorpha* und *M. emarginata* untersucht KAUFHOLD die Wirkung der Tageslänge. Eine photoperiodische Reaktion ist nicht festzustellen. Bei den Farnen ist im wesentlichen die Menge des zugeführten Lichts entscheidend. Bei den Marchantien ist zwar die tägliche Belichtungsdauer für die Bildung der Sexualorgane sehr wichtig, ihre Bedeutung hebt sich aber nicht über die von Lichtintensität sowie Temperatur heraus; es handelt sich offenbar um keine dem Photoperiodismus der Blütenpflanzen entsprechende Erscheinung, um so mehr, als die tropische *M. emarginata* ebenso wie *polymorpha* in Langtagbedingungen am schnellsten fruktifiziert. Ganz ähnliche Befunde an *Marchantia* machten auch VOTCH und HAMNER.

Wichtiger sind eingehendere Untersuchungen an einzelnen Arten mit bestimmter Reaktionsweise sowie Vergleiche verschiedener Formen einer Art, das letzte besonders in Hinblick auf die genotypischen Grundlagen. HARDER und VON WITSCH (1, 2) analysieren in *Kalanchoë Bloßfeldiana* ein handliches, freilich ziemlich langsam wachsendes Objekt. Die Art ist Kurztagpflanze; ältere Exemplare blühen aber auch in Tageslängen, in denen jüngere vegetativ bleiben: 3 Monate alte Pflanzen (nach Vorkultur in Langtag) nur in $9^h$-Tag und darunter, 5 Monate alte auch in $12^h$-Tag, 7 Monate alte bei Vorkultur in $12^h$-Tag sogar in Dauerlicht. Die Untersucher sehen *Kalanchoë* als Vertreter eines neuen photoperiodischen Reaktionstyps, der „tagvariablen" Pflanzen, an, bei denen sich die Tageslängenabhängigkeit mit dem Alter ändert.

J. VOSS berichtet über Schoßversuche mit Kälte bei verschiedenen Futter-, Zucker- und Kohlrübensorten. BORTHWICK und PARKER (1) untersuchen mehrere Sojasorten. Bei einigen, und zwar durchweg frühreifen, Formen werden Blüten auch in Langtag, einschließlich Dauerlicht, angelegt, bei anderen, durchweg späten, nur in Kurztag; Weiterentwicklung findet aber fast immer nur in Kurztag statt.

Das letzte deutet bereits an, daß der photoperiodische Effekt keine einheitliche Erscheinung ist und daß zwischen den verschiedenen Tageslängenwirkungen strenger unterschieden werden muß als bisher. Die Begriffe „Lang-" und „Kurztagpflanzen" sollten ausschließlich für die Tageslängenabhängigkeit des Eintritts der reproduktiven Entwicklung, erkennbar an der Bildung von Blütenanlagen (Blütenprimordien) am Vegetationspunkt, vorbehalten bleiben. GERHARD bringt dafür ein besonders sinnfälliges Beispiel: *Ullucus tuberosus* bildet in Kurztag Ausläufer und Knollen und wird, da die meisten Untersucher diese Reaktion als Test verwendeten, als Kurztagpflanze angesehen. Blüten werden aber nur in Tageslängen von mehr als $15^h$ gebildet; die Art ist also eine ausgesprochene Langtagform. Nötig scheint es auch, die Definition der Begriffe selbst exakter zu handhaben, als es häufig geschieht. Das entscheidende Kennzeichen photoperiodisch reagierender Pflanzen ist, wie schon GARNER und ALLARD gezeigt haben, das Vorhandensein einer kritischen Dauer der Tageslänge. Bei Langtagpflanzen erfolgt die Blütenbildung — ausschließlich oder bevorzugt — nur in Tageslängen oberhalb der kritischen Dauer, bei Kurztagpflanzen nur unterhalb derselben. Da die kritische Periode ein art- und rassenspezifisches Merkmal darstellt, ist es nicht möglich, den Charakter einer Pflanze einfach danach zu bestimmen, ob sie in einer gegebenen Tageslänge blüht oder nicht; z. B. können sowohl die Kurztagpflanze *Xanthium* (HAMNER und BONNER 1938) als auch die Langtagpflanze Spinat (MOŠKOV [2]) bei $15^h$ Tageslänge Blüten bilden; ausschlaggebend ist, daß bei dem ersten Objekt eine Heraufsetzung, beim zweiten eine Herabsetzung der Lichtdauer zum Ausbleiben der Blütenbildung führt.

Die Spezifität der durch Vernalisation und photoperiodische Einwirkung bedingten Veränderungen bestätigen erneut Untersuchungen von GERHARD, PARKER und BORTHWICK und LVOV und OBUHOVA. GERHARD zeigt, daß bei Weizen Vernalisation und Tageslänge die entscheidenden Entwicklungsfaktoren sind, und daß andere Faktoren, wie die Kulturweise, demgegenüber weit zurücktreten. Die amerikanischen und die russischen Autoren untersuchen bei Soja (Kurztagpflanze) bzw. Radies (Langtagpflanze) zahlreiche morphologische Eigenschaften und physiologische Vorgänge (Sproßlänge, Internodienzahl, Blattfläche, Frisch- und Trockengewicht, Kohlehydrat- und Stickstoffwechsel, Assimilatableitung u. a.) in ihrer Beeinflussung durch die Tageslänge, PARKER und BORTHWICK mit gleichzeitigen Variationen der Temperatur; in keinem Falle sind auf kausale Zusammenhänge hindeutende Beziehungen zur photoperiodischen Reaktion (Blütenbildung) festzustellen.

**Vernalisation.** TETJUREV (1, 2) stellt fest, daß bei Vernalisation von Getreiden (Winterweizen) die tiefe Temperatur nicht ununterbrochen zu wirken braucht, sondern täglich einige Wärmestunden eingeschaltet werden können. Entscheidend scheint zu sein, daß die für eine gegebene Form nötige Kältezeit *in summa* erreicht wird. Angesichts der Verhältnisse in der Natur war der Befund zu erwarten; für die zweijährige Rasse von *Hyoscyamus niger* hatten Versuche von MELCHERS schon 1937 dasselbe gezeigt. Daß die Kältewirkung bei Getreide allein am Embryo angreift, bestätigen Transplantationsexperimente mit Embryonen und Endospermen vernalisierter und nicht vernalisierter Weizensamen (GERHARD); sogar Fragmente von Embryonen lassen sich vernalisieren, wenn auch schlechter als intakte Keime (PURVIS bei Winterroggen). Die Sauerstoffbedürftigkeit der Vernalisationsprozesse wird erneut erwiesen (FILIPPENKO), ebenso die Möglichkeit, die Vernalisation durch hohe Temperaturen wieder rückgängig zu machen (EFEJKIN [1] bei Winterweizen). Die Wirkung der Temperatur nimmt mit steigender Dauer in Form einer exponentiellen Kurve zu, die „Devernalisation" folgt also den üblichen Gesetzmäßigkeiten physiologischer Prozesse (EFEJKIN [3]); schon $1^d$ hoher Temperatur (um $30^0$) setzt dabei den Erfolg der Vernalisation um etwa 70% herab. Verminderung der schoßauslösenden Wirkung der Kälte durch hohe Temperatur beobachtete auch Voss.

**Photoperiodismus.** a) Bedeutung von Licht und Dunkelheit. Für Kurztagpflanzen wird endgültig die Vorstellung bestätigt, daß die Dunkelheit nicht der allein wichtige Faktor der Tageslänge sei, daß es vielmehr auf das Zusammenwirken von Dunkelheits- und Lichtperioden bestimmter Dauer ankommt. Moškov (2) stellt fest, daß Chrysanthemen nur in Tageslängen von mindestens 5 und höchstens $14^h$ Licht blühen, *Perilla nankinensis* von mindestens 2, höchstens $12^h$ (vgl. a. Fortschr. Bot. 9, 381). Ersetzung einer zur Auslösung der Blütenbildung voll ausreichenden Kurztagbehandlung (z. B. 10 $10^h$-Tage bei Chrysanthemen) durch eine kontinuierliche Dunkelheitsperiode von entsprechender Dauer ($140^h$) bleibt ohne jede Wirkung. Daß es sich bei dem Lichtbedürfnis

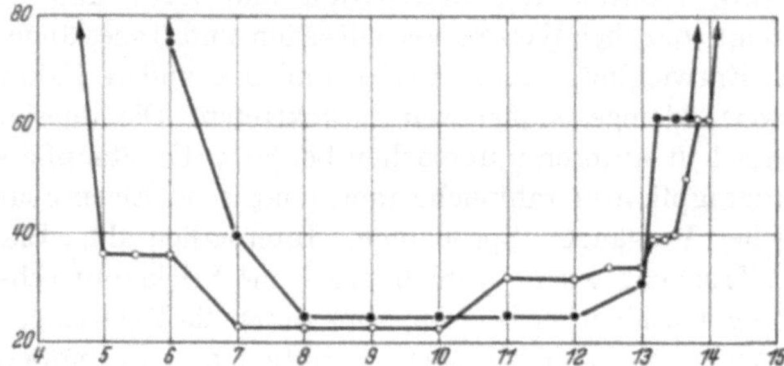


Abb. 39. Entwicklungszeit (Ordinate: Tage bis zum Erscheinen von Knospen) bei zwei *Chrysanthemum*-Sorten in Abhängigkeit von der Tageslänge (Abszisse: Lichtstunden täglich). (Konstruiert nach Moškov [2].)

nicht um eine rein ernährungsphysiologische Frage handelt, ergibt sich schon daraus, daß die Chrysanthemen bei 3 und $4^h$ Licht täglich noch befriedigend wachsen. Erhärtet wird es durch Versuche mit Behandlung einzelner Blätter: Kurztagbehandlung eines Blattes (an Pflanzen, an denen 3 Blätter und eine Achselknospe belassen wurden) ruft regelmäßig Blütenbildung hervor, Dunkelhaltung selbst bei monatelanger Dauer nie. Die Reaktion auf die Tageslänge nähert sich, wie in großen Zügen schon bekannt, dem Charakter eines Alles-oder-Nichts-Vorganges, indem innerhalb des Optimalbereiches der Photoperiode Variationen derselben keine Wirkung auf die Reaktionszeit haben, mit Annäherung an die kritische Periode dagegen schon minimale Unterschiede, wie $10^{min}$, dieselbe entscheidend beeinflussen. Bei *Chrysanthemum* ergibt sich dabei ein sehr eigenartiger Kurvenverlauf (Abb. 39), der, wenn er bestätigt wird, bei der weiteren Arbeit zu berücksichtigen sein wird. Bei *Perilla* wurde keine so große Variation der Reaktionszeit gefunden, es wurde aber auch mit größeren Intervallen gearbeitet. — In sehr schönen Versuchen weist Hamner für Sojabohnen (*Biloxi*) nach, daß für die Anlage von Blüten Perioden von mindestens $10^1/_2$ Stunden

Dunkelheit und $4^h$ Licht nötig sind. Die Dunkelheit beeinflußt die Reaktion dabei qualitativ, wieder im Sinne eines Alles-oder-Nichts-Ereignisses, indem bei $12^h$ schon das Maximum erreicht ist. Das Licht wirkt dagegen quantitativ entsprechend einer Maximumkurve mit dem Gipfel zwischen 10 und $12^h$ (bei konstanter Intensität und konstanter Dunkelperiode); bei Lichtperioden von 20 Stunden und mehr bleibt Blütenbildung auch bei optimaler Dauer der Dunkelperiode aus. Zur Wirksamkeit sind mindestens zwei geeignete Zyklen ($9^h$ Licht und $15^h$ Dunkelheit) nötig; mit steigender Zahl von Zyklen (bis zu 7) nimmt die Wirkung streng linear zu. Auch für *Xanthium*, bei dem Blütenbildung schon durch eine einzige Dunkelperiode von ausreichender Dauer induziert wird (HAMNER und BONNER, s. Fortschr. Bot. **8**, 323), kann erwiesen werden, daß die vorangehenden Photoperioden für die Reaktion nicht ohne Bedeutung sind, indem durch geeignete Vorbehandlung die Reaktionsbereitschaft der Pflanzen auf die Dunkelheit aufgehoben werden kann. Für alle genannten Objekte, und höchstwahrscheinlich für alle Kurztagpflanzen, gilt somit, daß die zur Blütenbildung führenden Prozesse teils in Dunkelheit, teils in Licht vor sich gehen, und daß beide Faktoren gegenseitig begrenzend wirken. Die Dunkelprozesse werden erst von einem gewissen Schwellenwert an wirksam; bevor dieser erreicht ist, sind sie lichtempfindlich, derart, daß schon ganz kurzfristige Lichteinwirkungen ihre Auswirkung völlig oder nahezu völlig aufheben; eine Nachwirkung unterschwelliger Dunkelperioden ist nicht (Soja) oder in nur geringfügigem Ausmaß (*Xanthium*) nachzuweisen (LONG). Die Lichtprozesse werden ebenfalls erst von einer gewissen Grenze ab wirksam, ihre Wirksamkeit nimmt aber proportional der Lichtdauer zu. Die Wirkungsweise der Licht- und Dunkelprozesse deutet HAMNER so, daß sie sich summieren und erst ihre Summe oder Resultante die sichtbare Reaktion auslöst; formal sind derzeit aber auch andere Deutungen möglich. Wichtig ist, daß, wenn die zur Blütenbildung führenden Prozesse einmal wirksam geworden sind, dieser Zustand irreversibel ist: werden Kurztag-induzierte *Perilla*-Pflanzen durch Entfernen der Vegetationspunkte an der Ausbildung von Blüten selbst verhindert, so lösen sie in Pfropfungen mit nicht-induzierten Exemplaren an letzten auch noch nach $14^d$ Dauerlichtkultur Blütenbildung aus (MOŠKOV [1]).

Der Nachweis, daß bei Kurztagpflanzen Dunkelheit und Licht für die Blütenbildung notwendig sind, macht das Verhalten eines neuartigen Reaktionstyps, der sog. „Mitteltagpflanzen", verständlich. Diese blühen nur in Tageslängen, die nach unten wie nach oben begrenzt sind; der Typ wurde 1938 von ALLARD beschrieben, ALLARD und GARNER geben mehrere Beispiele, auch MOŠKOV (2) findet in *Parthenium argentatum* eine solche Mitteltagform. Es handelt sich hierbei offensichtlich nur um Kurztagpflanzen mit relativ langer Lichtperiode, also um einen quantitativ, aber nicht qualitativ neuen Typ. Die wirksame Tageslänge kann sehr eng sein; eine Rasse von *Saccharum spontaneum* blüht z. B. nur in $12$—$14^h$-Tag, Formen von *Parthenium* vielleicht in einem noch engeren Bereich.

Für die Aufklärung des Wesens der photoperiodischen Reaktion von Langtagpflanzen liefern möglicherweise Untersuchungen von LANG und MELCHERS sowie LANG neue Ansätze. Pflanzen der ⊙ Rasse von *Hyoscyamus niger* und ebenso kälteinduzierte Exemplare der ⊙ Rasse kommen in beblättertem Zustand nur in Langtag zur Blüte; in entblättertem legen sie auch in Kurztag und selbst in völliger Dunkelheit Blüten am Vegetationspunkt an. Andererseits ist für Lang- wie Kurztagpflanzen erwiesen, daß die Blätter die Organe für die Perzeption der photoperiodischen Einwirkung sind; zuletzt wurde das von HAMNER und NAYLOR bei Dill (Langtagpflanze), HARDER und VON WITSCH (1) bei *Kalanchoë* und BORTHWICK und PARKER (2) bei Soja (Kurztagpflanzen) bestätigt; die letztgenannten Autoren stellen fest, daß gerade voll ausgewachsene Blätter am aktivsten sind und daß in diesem Entwicklungszustand schon eines der drei Fiederblättchen eines Sojablattes maximale Reaktion vermittelt (ähnlich schon MOŠKOV 1937 bei *Chrysanthemum*). Durch Aufpfropfung einzelner Blätter induzierter Exemplare auf nicht induzierte können letzte zur Blütenbildung gebracht werden; auch die Induktionsvorgänge sind somit in den Blättern lokalisiert (LONG bei *Xanthium*). Die Gegenüberstellung der Befunde an *Hyoscyamus* zwingt zur Schlußfolgerung, daß bei der Blütenbildung bei diesem und ähnlich reagierenden Objekten zweierlei Vorgänge zu unterscheiden sind: 1. die eigentlichen, zur Blütenbildung führenden, primären Pozesse, die von der Tageslänge, möglicherweise sogar — natürlich nur unmittelbar — von Licht überhaupt, sowie von der Anwesenheit von Blättern unabhängig sind; 2. sekundäre, in den Blättern lokalisierte Vorgänge, die den primären entgegenarbeiten, also den Charakter von Hemmprozessen haben. Die photoperiodische Reaktion der Art beruht auf diesen sekundären Prozessen. Ihr Wesen ist so zu verstehen, daß sie, um wirksam zu werden, einen bestimmten Grenzwert erreichen müssen, und daß sie lichtempfindlich sind; wird der Grenzwert vor Einwirkung von Licht nicht erreicht, so bleibt die Hemmung aus. In Zyklen mit relativ langer, oberhalb eines Schwellenwertes liegender Dunkelperiode, d. h. in Kurztagbedingungen, wird daher die Blütenbildung einer Langtagpflanze wie *Hyoscyamus* unterdrückt; in Zyklen mit kurzen Dunkelperioden, d. h. in Langtagverhältnissen, kommen die Pflanzen zur Blüte. So betrachtet ist bei Langtagpflanzen die Dunkelheit der entscheidende Faktor der photoperiodischen Reaktion. Der „Alles-oder-Nichts"-Charakter dieser Reaktion, der auch für Langtagformen gilt (Entwicklungszeit von Spinat in $14^h$-Tag: $61^d$, $15^h$: $29^d$, $16^h$: $25^d$, $17^h$ bis Dauerlicht: $23^d$; MOŠKOV [2]), steht mit der Annahme, daß die Reaktion von zwei Vorgängen, einem fördernden und einem hemmenden, abhängt, gut in Einklang; Alles-oder-Nichts-Reaktionen sind dann zu erwarten, wenn an einem Vorgang gegenläufige Prozesse beteiligt sind.

Einen Ansatz für die Weiterarbeit bietet die Feststellung, daß die angenommenen sekundären Hemmprozesse temperaturabhängig sind, derart, daß *Hyoscyamus*-Pflanzen bei 5° auch in Kurztag Blütenanlagen bilden können (LANG). Am einfachsten ist das so zu verstehen, daß die Prozesse durch die tiefe Temperatur verlangsamt sind und in der verfügbaren Dunkelzeit die Wirksamkeitsgrenze nicht erreichen; d. h., durch die Temperatur würde die kritische Periode verschoben erscheinen.

In Zukunft wird vor allem zu klären sein, ob die Deutung der photoperiodischen Reaktion als einer sekundären Reaktion von Hemmungscharakter auf andere Objekte, besonders auch auf Kurztagpflanzen, übertragen werden kann. Einige Anzeichen sprechen dafür. ROBERTS und STRUCKMEYER fanden bei Untersuchung zahlreicher Pflanzen in vielen Fällen eine Abhängigkeit der photoperiodischen Reaktion von der Temperatur, die den Verhältnissen bei *Hyoscyamus* (soweit ein Vergleich schon angängig ist) sehr ähnlich ist. Levkojen und *Tropaeolum* blühen bei tiefer Temperatur (Minimum etwa 13°) in Lang- und Kurztag, bei mittlerer (19°) nur in Langtag, bei hoher (25°) weder in Langtag noch in Kurztag. *Nicotiana Tabacum „Maryland Mammut"*, die als typische Kurztagpflanze bekannt ist, zeigt ausgesprochenen Kurztagcharakter nur in mittlerer Temperatur, in tiefer blüht sie in Lang- wie in Kurztag, in hoher weder in der einen noch der andern Photoperiode. Wenn man voraussetzt, daß bei „Langtagformen" die Blütenbildung durch an Dunkelheit, bei „Kurztagpflanzen" durch an Licht gebundene Prozesse gehemmt wird, so entspricht diese Temperaturabhängigkeit ganz den Befunden bei *Hyoscyamus* (bei den Kurztagformen müßte man, da photochemische Prozesse temperaturunabhängig sind, eng gekoppelte Folgereaktionen als verantwortlich annehmen). Dafür, daß die Blätter in nicht gemäßen Tageslängenverhältnissen eine hemmende Wirkung auf die Blütenbildung haben, spricht auch der häufig festgestellte, aber meist nicht weiter beachtete hemmende Einfluß erwachsener Blätter bei Übertragung des photoperiodischen Impulses von einem Pflanzenteil oder, in Pfropfversuchen, einem Pfropfpartner zum andern; von MOŠKOV (1) wird diese Hemmwirkung nochmals, in speziellen Versuchsserien, deutlich nachgewiesen.

Andere Beobachtungen fügen sich diesen Vorstellungen vorerst freilich nicht ein. Als entscheidender Unterschied zwischen Lang- und Kurztagpflanzen bleibt einstweilen vor allem ihre verschiedenartige Beziehung zur Dunkelheit bestehen. Bei Langtagformen ist die Blütenbildung primär von Dunkelheit völlig unabhängig; Langtagpflanzen können ihre gesamte Entwicklung in Dauerlicht durchführen (HAMNER für Dill, MOŠKOV für Spinat). Bei den Kurztagpflanzen ist dagegen, wie berichtet, ein periodischer Wechsel von Licht und Dunkelheit erforderlich. Dabei laufen in der Dunkelheit Prozesse ab, die in ihrem Charakter den lichtempfindlichen, sekundären Hemmprozessen bei *Hyoscyamus* zwar sehr ähnlich zu sein scheinen, die aber zur Blütenbildung irgendwie in einem fördernden, positiven Verhältnis stehen. Das wird erhärtet durch Temperaturversuche von PARKER und BORTHWICK sowie LONG, die gleichzeitig zeigen, daß die Temperaturabhängigkeit der photoperiodischen Reaktion von Kurztagpflanzen nicht immer so ist, wie von ROBERTS und STRUCKMEYER bei *Maryland-Mammut*-Tabak beobachtet. PARKER und BORTHWICK finden bei Soja, daß unter Kurztagbedingungen Temperaturvariationen während der Lichtperiode auf die Reaktion nur geringen, während der Dunkelperiode dagegen sehr großen Einfluß haben; unter Langtagbedingungen waren die geprüften Temperaturen (13—30°) ohne jede Wirkung, indem Blütenbildung bei allen Varianten ausblieb. LONG stellt fest, daß bei *Xanthium* die Länge der zur Induktion nötigen Mindestdunkelperiode mit abnehmender Temperatur steigt (von $8^1/_3$ Stunden bei 21,5° auf $11^h$ bei 5°). Soweit ein Vergleich mit den Befunden von ROBERTS und STRUCKMEYER überhaupt durchführbar ist (in den Versuchen dieser Autoren wurden die Pflanzen dauernd in Temperaturen verschiedenen Niveaus gehalten), liegt hier gerade eine umgekehrte Temperaturabhängigkeit vor wie bei *Maryland Mammut*; in tiefer Temperatur ist zur Blütenbildung ein kürzerer Tag nötig als in normaler. Unter den von ROBERTS und STRUCKMEYER untersuchten Objekten selbst findet sich außerdem ein Fall, der allen schon erwähnten wieder entgegengesetzt ist: *Ipomea* blüht in mittlerer Temperatur nur in Kurztag, in hoher in Kurz- wie Langtag, in tiefer nur in Langtag (verspätet).

b) Bedeutung der Lichtqualität. Über das „photoperiodische Wirkungsspektrum" legen WITHROW und WITHROW mit verbesserter Methodik erhaltene Ergebnisse vor. Es wurde die Wirkung von rotem (640—900 $\mu\mu$), gelbgrünem (Quecksilberdampflicht, Linien 546 $\mu\mu$ und 577/579 $\mu\mu$) und blauem (Hg-Linien 405 und 436 $\mu\mu$) Licht, als Zusatzlicht zu Kurztag gegeben, geprüft. Wirksam war nur das langwellige Licht, bei Langtag- ebenso wie bei Kurztagpflanzen, bei jenen in förderndem, bei diesen in hemmendem Sinne. Mit den methodisch besten älteren Befunden (KATUNSKIJ 1937) stimmt das gut überein (KATUNSKIJ fand auch in Blau eine gewisse, gegenüber Rot und Gelb aber geringere Wirksamkeit), weniger mit den schon im vorjährigen Bericht genannten Ergebnissen von ULLRICH und CANEL an *Isaria*-Gerste (Langtagpflanze), die als wirksam eine grüne und orange Linie des Hg-Spektrums (546 bzw. 615 $\mu\mu$) angeben, nicht dagegen die gelbgrünen Linien (579/577 $\mu\mu$) und auch nicht rotes Licht (650—700 $\mu\mu$). Eine Nachprüfung ist dringend erwünscht. Der aus seinen Befunden gezogene Schluß ULLRICHS, der bei der Aufnahme der photoperiodischen Lichteinwirkung beteiligte absorbierende Körper müsse orange gefärbt sein, bleibt nach dem bisher vorhandenen Material eine Vermutung. Sicherer erscheint nach den Ergebnissen von WITHROW und WITHROW, ebenso wie denen von KATUNSKIJ, daß dieser Körper bei Lang- und Kurztagpflanzen identisch ist.

c) Rolle der Stickstoffernährung. Eine Untersuchung der Bedeutung der Stickstoffernährung für die Blütenbildung bei photoperiodisch reagierenden Formen führt VON DENFFER (I) durch; als der erste Versuch, in exakter Weise diese beiden Fragenkomplexe in ihren gegenseitigen Beziehungen zu erfassen, ist die Arbeit sehr zu begrüßen. Lang- und Kurztagpflanzen (verwendet werden Formen mit quantitativen Reaktionsdifferenzen) verhalten sich nach den Ergebnissen grundsätzlich verschieden. Bei jenen beschleunigt Stickstoffmangel, ganz im Sinne der Vorstellungen von KLEBS, den Eintritt der reproduktiven Phase (Blütenanlage), und die Entwicklung kann selbst bei weitgehendem Stickstoffentzug fortgeführt und sogar beschleunigt abgeschlossen werden; bei diesen wird die Anlage von Blüten nicht oder nur wenig, und dann verzögernd, beeinflußt, ihre Weiterentwicklung dagegen, offenbar infolge allgemeiner Wachstumsschwächung, erheblich verlangsamt. Nähere Zusammenhänge mit den Vorgängen der photoperiodischen Reaktion lassen sich begreiflicherweise noch nicht aufzeigen. Für Förderung der Blütenbildung durch N-Mangel sprechen indirekt auch Beobachtungen von KNOTT, der bei Spinat Abnahme der Zahl von Schossern bei reichlicher Stickstoffdüngung feststellte. Dagegen beobachtete J. VOSS, daß N-Mangel die Schoßneigung bei Rübenarten verringert.

d) Zusammenhänge mit der „endonomen Rhythmik". Die Analyse der photoperiodischen Erscheinungen im Zusammenhang mit der inneren („endonomen") Rhythmik der Pflanzen führt BÜNNING (I) fort. Seine Vorstellung ist bekanntlich die, daß die photoperiodische Reaktion durch Einwirkung von Licht auf die verschiedenen Phasen der inneren Rhythmik zustande kommt. Licht in der Morgenphase dieser Rhythmik fördert die reproduktive Entwicklung, Licht in der Abendphase hemmt sie. Lang- und Kurztagpflanzen unterschieden sich dadurch, daß die ersten eine relativ lange Morgen-, die letzten eine relativ lange Abendphase haben. Auf einer Reise nach Java und Sumatra findet BÜNNING seine Auffassung bei vielen tropischen Pflanzen, durchweg von Kurztagcharakter, bestätigt. Voraussetzung zu einer Aufklärung des Photoperiodismus von dieser Seite her wäre dann eine Analyse der endonomen Rhythmik. BÜNNING untersucht Veränderungen des Säuregrades, der Kohlensäureproduktion, der Enzymtätigkeit (Amylase) sowie des kolloidalen Zustandes der Chloroplasten und entwirft unter Zusammenfassung der Beobachtungen folgendes Bild: Der bei normalem Licht-Dunkel-Wechsel nachmittags, in der Dunkelkammer während der Abendphase der inneren Rhythmik herrschende Kolloidzustand der Chloroplasten ist mit Freisetzung von Amylase aus einer adsorptiven Bindung verbunden; in den Chloroplasten wird Stärke abgebaut, Zucker gebildet, und die $CO_2$-Produktion wird gefördert. Die Kohlensäureanreicherung, die mit einer Aziditätsänderung verknüpft ist, führt dann allmählich zum Umschlagen des Kolloidzustandes, wobei Amylase adsorptiv gebunden wird und Zuckerproduktion und $CO_2$-Konzentration wieder abnehmen, bis nach einem weiteren Halbtag wieder der erste Zustand erreicht ist. Das Licht kann in den Gang der inneren Rhythmik entscheidend eingreifen, indem es durch Einschaltung der Assimilation die $CO_2$-Konzentration beeinflußt; bei den tiefgreifenden Verschiedenheiten des Zustandes der Chloroplasten in den beiden Phasen der endonomen Rhythmik ist es verständlich, daß die Wirkung des Lichts während Morgen- und Abendphase ganz verschieden ist. In dieser Richtung ist nach Ansicht BÜNNINGS offenbar die Klärung der „Photoperiodizität" zu suchen. Da der Verfasser infolge der Zeitumstände sein Material bisher nicht eingehend veröffentlichen konnte, ist eine Auseinandersetzung mit seinen Auffassungen vorerst zurückzustellen.

**Blühhormone.** Die auf SACHS zurückgehenden Vorstellungen über die Existenz spezifischer blütenbildender Stoffe, die durch Pfropfversuche zwischen blühfähigen und nicht blühfähigen Pflanzen eine starke Stütze erfahren hatten, sind neuerdings in ein kritisches Stadium getreten. Die erste Komplikation ergab sich durch die im letztjährigen Bericht besprochene Feststellung von MELCHERS, daß die Kurztagpflanze *Maryland-Mammut*-Tabak an erstjährigen Exemplaren der ⊙ *Hyoscyamus*-Rasse auch in Langtagbedingungen Blütenbildung auslöst. Als nächstliegende Deutung wurde die Existenz zweier Hormone angenommen, von denen eines bei ⊙ Formen nur nach Kälteeinwirkung, bei ⊙ ohne solche, das zweite bei photoperiodisch empfindlichen Pflanzen nur in der zusagenden Tageslänge gebildet würde. Wenn dies richtig ist, so müssen auch Langtagpflanzen in Kurztagbedingungen an nicht induzierten ⊙ Formen Blütenbildung hervorrufen. In Pfropfungen mit ⊙ *Hyoscyamus* stellten MELCHERS und LANG jedoch fest, daß dies nicht der Fall ist. Allerdings ist, nachdem dieselben Autoren das Vorhandensein einer aktiven Hemmwirkung der Blätter von Langtagpflanzen in der nicht gemäßen Photoperiode nachgewiesen haben, dies Resultat nicht mehr voll beweiskräftig; es ist denkbar, daß die aufgepfropften Blätter zwar imstande sind, Hormone zu produzieren, die Hemmwirkung des Kurztages die Produktion oder das Wirksamwerden aber verhindert. Die ganze Frage muß als offen gelten. — Ebenso unentschieden bleibt, ob zur Übertragung der „Blühhormone" eine Verwachsung der Gewebe nötig ist oder nicht. Über positive Befunde berichtet GERHARD; durch Aufsetzen von Blättern Kurztag-induzierter *Chrysanthemum*-Pflanzen auf die Blattstiele nicht induzierter wurde an letzten Bildung von — allerdings unvollständigen — Infloreszenzen ausgelöst (vgl. a. HARDER). Leider fehlen exakte Kontrollen (Aufsetzen von Blättern nicht induzierter Pflanzen). Demgegenüber kommt MOŠKOV (I) neuerdings zu der Auffassung, daß zur Übertragung des photoperiodischen Impulses Verwachsung unerläßlich sei. In gleicher Richtung weisen auch umfangreiche Untersuchungen von MELCHERS und LANG (unveröffentlicht), in denen Filter verschiedener Porenweite zwischen die Pfropfpartner geschaltet wurden: eine Reaktion am nicht blühfähigen Partner trat ohne feste Gewebeverwachsung niemals ein. Extraktionsversuche (MELCHERS und LANG, s. a. HARDER) blieben nach wie vor völlig erfolglos. Der einzige Fall, in dem Beeinflussung der Blütenbildung durch Zuführung eines Extraktes gelungen wäre, bleibt die Angabe ULLRICHS, wonach bei *Isaria*-Gerste durch *Crocus*-Extrakte die Anlage von Blütenprimordien gefördert oder ausgelöst sein soll. MELCHERS und LANG konnten in einer Nachprüfung dieser Versuche am gleichen Objekt, unter Verwendung von mehreren verschiedenen Safranherkünften, den Befund nicht bestätigen; gegen den Test ULLRICHS bestehen Bedenken.

Daß eine Extraktion der wirksamen Stoffe auf Schwierigkeiten stößt, ist nach den neueren Feststellungen über das Wesen der photoperiodischen Vorgänge an sich nicht erstaunlich; besonders der Umstand, daß unter der nicht gemäßen Tageslänge, in der die Testpflanzen ja stets gehalten werden müssen, aktive Hemmwirkungen bestehen können, kann methodisch ein außerordentlich ernstes Hindernis darstellen. Andrerseits ist nicht zu vergessen, daß die Grundversuche für die Blühhormonhypothese durch diese neuen Befunde nicht erschüttert werden. Wenn sich die Annahme, daß die Tageslängenwirkung eine sekundäre Hemmwirkung sei, allgemein bestätigen sollte, so würde man die Blühstoffbildung eher mit den primären, von der Photoperiode unabhängigen Vorgängen der Blütenbildung in Beziehung bringen.

Mit diesem Vorbehalt behalten alle früheren und neuen Arbeiten über „Blühhormon"-Wirkungen ihren Wert. ČAJLAHJAN (1—3) setzt seine Untersuchungen über den Transport der Blühstoffe fort. Die Versuche werden grundsätzlich so ausgeführt, daß ein Teil einer Pflanze photoperiodisch beeinflußt und die Reaktion an einem andern Teil abgelesen wird. Bei *Perilla nankinensis* wird gefunden, daß im Blatt der Transport im Parenchym erfolgt, da Ausschneiden eines Stückes der Mittelrippe an der Basis die Reaktion nicht beeinflußt[1]. Im Stengel erfolgt die Weitergabe, wie Versuche mit Längsspaltung desselben ergeben, in Abwärts-, Aufwärts- und Querrichtung; auch im Wurzelgewebe können die Stoffe geleitet werden (Längsspaltung bis in die Wurzel hinein). ČAJLAHJAN versucht, die Geschwindigkeit des Transportes zu ermitteln (Formel: Länge des Weges, dividiert durch die Differenz zwischen Gesamtreaktionszeit und Reaktionszeit des eigenen Achselsprosses eines Kurztag-behandelten Blattes). Für den Sproß kommt er zu Werten von etwa 2 cm täglich, für die Wurzel, in der der Transport langsamer erfolgt, etwa 0,5 cm. HARDER und v. WITSCH (7) finden bei *Kalanchoë* in Versuchen mit Kurztagbehandlung einzelner Blätter, daß die Blühstoffe vornehmlich in Aufwärts-, dagegen nur schwer in Querrichtung geleitet werden.

### d) Entwicklung und Ausgestaltung der Organe. Korrelationen.

#### α) Vegetative Organe.

**Allgemeine Entwicklungsvorgänge.** Wirkung äußerer Faktoren. Einige Arbeiten bringen durch Belichtungsversuche an etiolierten Sämlingen wertvolle Beiträge zu einem vertieften Verständnis der form-

[1] Der Annahme ROUSCHALS (Fortschr. Bot. **9**, 155), der Blühhormontransport erfolge in der Mittelrippe, scheint ein Irrtum zugrunde zu liegen.

bildenden Wirkung von Licht. ARAKI analysiert den Einfluß von Licht auf das Wachstum des Mesokotyls einiger Gramineen; als sehr lichtempfindliches und einfaches Organ ist dasselbe für die Untersuchung der Lichtabhängigkeit der Wachstumsvorgänge besonders geeignet. Es werden mehrere Reaktionstypen unterschieden. Bei dem ersten (z. B. *Avena sativa, A. byzantina*) beruht die Hemmung des Mesokotylwachstums in frühen Stadien auf irreversibler Hemmung der Zellteilung, in darauffolgenden auf reversibler, in späteren (3—4$^{d}$ alte Pflänzchen) auf irreversibler Hemmung der Zellstreckung. Beim zweiten Reaktionstyp (*Oryza*-Varietäten) werden Teilung und Streckung sofort irreversibel gehemmt; beim dritten (*Zea, Andropogon*) hat das Licht auf beide Vorgänge nur schwachen Einfluß.

Tiefer in die physiologischen Zusammenhänge führen Arbeiten von WENT (2) und von BÜNNING (2) ein. WENT stellt bei Erbsensämlingen fest, daß die Lichtwirkung auf das Sproßwachstum mindestens eine zweifache ist. Bei kurzfristiger Einwirkung wird das Wachstum durch Rot und Orange gehemmt; bei längerer Aufzucht in diesen Spektralbereichen ist es gegenüber in weißem und blauem Licht aufgewachsenen Pflanzen hingegen gefördert. Der erste Befund ist durchaus neu, da bisher nur eine Etiolementsverhinderung durch blaues Licht bekannt war. Da aber die bisherigen Versuche mit älteren Pflanzen durchgeführt wurden, ist kein Widerspruch vorhanden; die Befunde WENTS bei längerer Aufzucht der Pflanzen in verschiedenen Spektralbereichen fügen sich wieder in den Rahmen des Bekannten ein. Man muß annehmen, daß zwischen einem Rot-Etiolement und einem Dunkel-Etiolement zu unterscheiden ist. Bei der etiolementsverhindernden Wirkung des langwelligen Lichts ist die Intensität der Einstrahlung wirksamer als die Zeitdauer; auch für die Lichtwachstumsreaktion der subapikalen bzw. basalen Teile der *Avena*-Koleoptile gilt die gleiche Abweichung vom Reizmengengesetz. Das Blattwachstum wird durch Rot und Orange gefördert; dabei ist die Reaktion nur der Menge des auf die Blätter fallenden Lichtes proportional. Die Lichtabhängigkeit von Sproß- und Blattwachstum erwies sich als verschieden. Das Stengelwachstum wird durch blaues, das Blattwachstum durch grünes Licht (Quecksilberdampfspektrum) am wenigsten beeinflußt. Phototropische Reaktionen traten dagegen nur in Blau und Grün ein. Der erste Schritt, die Lichtabsorption, erfolgt für jeden der drei Vorgänge offenbar unabhängig von den anderen. Bei kurzfristiger Belichtung sind bei Sproß wie Blatt die im intensivsten Wachstum befindlichen Teile am stärksten betroffen; im Falle des Stengels kann durch verstärktes Wachstum der Internodien über der verkürzten Zone die Wachstumshemmung insgesamt kompensiert werden. Intermittierende Belichtung kann dabei durchaus anders wirken als kontinuierliche von gleicher Gesamtdauer. — Die Versuche BÜNNINGS bilden in vielen Punkten eine Ergänzung und

Weiterführung derjenigen von WENT; gewisse Widersprüche sind allerdings noch zu klären. An jungen *Sinapis-alba*-Keimpflanzen wird festgestellt, daß — ähnlich wie bei WENT — langwelliges Licht (Orangerot; Filterung durch Glasfilter) wachstumshemmend wirkt; entgegen WENT und in Übereinstimmung mit älteren Befunden ist blaues allerdings ebenso wirksam. Bei älteren Pflanzen ist Blau dagegen allein wirksam. Offenbar ist die formative Wirksamkeit von Licht bei jüngeren und älteren Pflanzen verschieden. Bei jungen Pflanzen scheint die Absorption der wirksamen Strahlung in den gelben Pigmenten und im Chlorophyll zu erfolgen, bei den älteren nur in den gelben. Der Mechanismus der Lichtwirkung besteht im ersten Falle offenbar in einer Inaktivierung von Auxin — das bei jungen Pflanzen noch im Überschuß vorhanden ist —; bei belichteten *Sinapis*-Sämlingen war die in Agar abzufangende Wuchsstoffmenge erniedrigt (*Avena*-Test); auch die Feststellung, daß die Perzeption der wirksamen langwelligen Strahlung auf die Blätter (Keimblätter) beschränkt ist, während kurzwellige auch direkt auf den Sproß (Hypokotyl) wirkt, deutet in dieser Richtung. Bei älteren Pflanzen, bei denen die Wachstumshemmung von einer Auxinverminderung nicht begleitet ist, scheint es sich hingegen um eine Erniedrigung des Reaktionsvermögens auf Auxin zu handeln, bei deren Zustandekommen Erregungsvorgänge mitwirken: durch mechanische Reizung konnte bei *Phaseolus*-Sämlingen die gleiche Etiolementsverhinderung erreicht werden wie durch Licht. Wie weit diese zweifache Reaktion auf Licht gilt, ist noch zu untersuchen; MCILVANE und POPP fanden bei $3^1/_2$ oder $7^d$ alten *Brassica-nigra*-Keimpflanzen eine Wachstumshemmung und Wuchsstoffreduktion nur in kurzwelligem Licht. Das Blattwachstum war in den Versuchen BÜNNINGS mit *Sinapis* durch lang- wie auch kurzwelliges Licht gefördert; bei *Phaseolus* blieb es durch mechanische Reizung aber unbeeinflußt. Das spricht im Sinne WENTS dafür, daß die Lichtwirkungen auf Sproß- und Blattwachstum unabhängig erfolgen.

Wuchsstoffwirkungen. Die Befunde BÜNNINGS leiten schon zur Frage über, welche Rolle Wuchsstoffe bei der Formbildung der Pflanzen spielen. Den Versuch einer umfassenden Erklärung unter Heranziehung alles vorliegenden Experimentalmaterials macht WENT (1). Er unterscheidet bei allen Wuchsstoffwirkungen — Wachstumsreaktionen (*Avena*-Test, *Pisum*-Test), Knospenhemmung, Wurzelbildung, Änderung der Kohlehydratverteilung — „vorbereitende" und die eigentlichen Wachstums- oder Formbildungsprozesse. Auf die Existenz der ersten weist vor allem die Möglichkeit hin, durch Stoffe, die selbst keine Wuchsstoffwirkung entfalten, die Reaktionsbereitschaft auf nachfolgende Wuchsstoffbehandlung zu steigern. Aus Versuchen mit verschiedenen solcher „Hemi-Auxine" wird geschlossen, daß die vorbereitenden Reaktionen für Wachstums- und für Knospenhemmung unter sich identisch sind, während für Wurzelbildung eine andersartige Reaktion anzunehmen ist; unter den eigentlichen Wachstumsreaktionen ist je eine spezifische für Streckungswachstum und Wurzelbildung zu unterscheiden, während die Knospenhemmung durch die vorbereitende Reaktion allein bedingt ist. Das Wesen der vorbereitenden Reaktion besteht nach WENT in einer Verteilung anderer, spezifischer, Wachstumsfaktoren (Kaline). Die eigentliche Wachstumsreaktion ist wahrscheinlich eine chemische Reaktion, bei der auf 1 Molekül Wuchsstoff ein konstanter Zuwachsbetrag kommt; werden sekundäre Faktoren eliminiert, so zeigt sich, daß alle Wuchsstoffe etwa die gleiche molare Aktivität entfalten. Die Gesamtvorgänge bei der Wuchsstoffwirkung stellen sich nach WENT dann folgendermaßen dar:

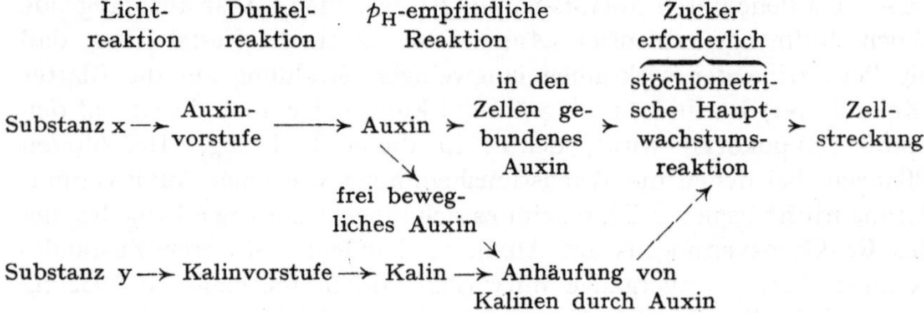


Für die Weiteruntersuchung der formativen Auxinwirkung ist vielleicht die Feststellung von STEWART und WENT von Bedeutung, daß nur das in den Zellen gebundene Auxin durch Licht zerstört (inaktiviert) wird, nicht das frei bewegliche (mit der Diffusionsmethode nachzuweisende). Mit dem Befund BÜNNINGS (2), daß bei belichteten *Sinapis*-Sämlingen gerade die Menge des in Agar abzufangenden Auxins verringert ist, ist diese Feststellung freilich schwer zu vereinbaren.

Unwidersprochen wird WENTS gesamte Hypothese nicht bleiben. Besonders die Frage der Wuchsstoffwirkung bei der korrelativen Knospenhemmung ist umstritten. WENT erklärt sie so, daß das aus der Endknospe strömende Auxin für das Knospenwachstum nötige Stoffe zur Endknospe lenkt und die Seitenknospen aus Mangel an diesen Stoffen nicht austreiben. Dieser Theorie stehen entgegen die „direkte“ Theorie, nach der das Auxin in supraoptimaler Konzentration die Hemmung unmittelbar bewirkt, und die Theorie von SNOW, nach welcher die korrelative Hemmung durch ein spezifisches Hormon verursacht wird, das im Hauptsproß entsteht und aufwärts in die Seitenknospen wandert; das Auxin hebt diese Hemmung auf; normalerweise, d. h. bei intakten Pflanzen, gelangt es aber nicht oder nicht in genügender Menge in die Seitenknospen. SNOW (1, 3) legt neue Beweise für seine Auffassung vor, u. a. methodisch sehr schöne Versuche an *Pisum*, in denen Weitergabe der Hemmwirkung einen Sproß abwärts, einen anderen aufwärts und über eine Verbindungsstelle — aber ohne feste Verwachsung, also über eine protoplasmatische Diskontinuität — hinweg in eine andere Pflanze gezeigt wird. Eine Ablenkung von für das Knospenwachstum nötigen Stoffen durch Auxin im Sinne WENTS ist hier schwer vorzustellen. Eine genauere Charakterisierung des „Hormons für korrelative Hemmung" ist bisher nicht gelungen; von den in letzter Zeit von mehreren Autoren (SNOW [2] selbst, STEWART, LARSEN, LINSER, H. VOSS) nachgewiesenen verschiedenartigen „Wuchsstoffantagonisten" ist, wie aus einem Vergleich der Eigenschaften hervorgeht, damit keiner identisch.

Daß Wuchsstoff (Heteroauxin) andererseits Knospenwachstum u. U. offenbar direkt hemmen kann, zeigen Versuche von SKOOG. Isolierte Erbsenembryonen, nach Entfernung der Wurzelanlage auf künstlichem Nährmedium gezogen, werden durch Heteroauxin in Konzentrationen oberhalb 0,016 mg/Liter gehemmt, die Hemmung ist reversibel, beruht also nicht auf Giftwirkung; bei Überführung auf auxinfreies Medium fällt sie sogleich fort, bei niedrigeren Heteroauxinkonzentrationen wird sie durch eine Förderung abgelöst. Da die Kulturen wochenlang bei konstanter Geschwindigkeit wachsen können, die Vegetationspunkte also mit allen nötigen Substanzen ausreichend versorgt werden, ist eine indirekte Wirkung des Wuchsstoffes durch Beeinflussung der Zufuhr irgendwelcher Substanzen unwahrscheinlich. Die Mitwirkung weiterer Faktoren bei korrelativer Knospenhemmung wird damit natürlich nicht ausgeschlossen. — (Vgl. auch das Kapitel Wachstum, S. 260.)

**Spezielle Formbildungsprozesse.** Interessante Befunde zur Formgestaltung eines speziellen Pflanzentyps, sukkulenter Pflanzen, liefern Arbeiten von HARDER und VON WITSCH (3—5). Bei *Kalanchoë Bloßfeldiana* werden außer der Blütenbildung auch habituelle und physiologische Merkmale durch die Tageslänge stark beeinflußt, und zwar derart, daß die Pflanzen in Kurztag morphologisch wie physiologisch den Charakter echter Sukkulenten annehmen (dickere Blätter, rosettige Stauchung der Achse, höhere Austrocknungsresistenz u. a.). v. DENFFER (2) konnte ähnliches für mehrere andere Crassulaceen (*Kalanchoë*-, *Sedum*- und *Bryophyllum*-Arten) feststellen. Daß es sich um eine Wirkung der Tageslänge handelt, beweist, daß Herabsetzung der Lichtintensität der Kurztagwirkung entgegenarbeitet. Wird nun bei *Kalanchoë* ein einzelnes Blatt kurztagbehandelt, so geht davon eine Wirkung auf andere Teile der Pflanze, und zwar vorwiegend auf die darüberstehenden Blätter der gleichen Blattzeile, aus, indem auch diese Blätter erhöhte Sukkulenz annehmen. Auxinwirkungen konnten als maßgebender Faktor ausgeschlossen werden, ebenso Zusammenhänge mit der Blütenbildung, u. a., da *Sedum* sich als Langtagpflanze verhält, aber dieselbe habituelle Beeinflussung durch Kurztag zeigt wie *Kalanchoë*. Die Autoren nehmen daher ein neues, formbeeinflussendes Hormon, ein *Metaplasin*, an, dessen Bildung von der Tageslänge abhängt und das in der Pflanze sich vornehmlich einseitig und in Aufwärtsrichtung ausbreitet. Das letzte entspricht dem Blühhormontransport bei dem Objekt (s. oben); eine anatomische Untersuchung desselben erscheint unter diesen Umständen lohnend.

### β) Reproduktive Organe.

Während die Arbeiten über die Anlage von Blüten heute schon ein recht einheitliches, in sich abgerundetes Gebiet darstellen, liegen über die Weiterentwicklung derselben nur einzelne, unter sich nicht zusammenhängende Untersuchungen vor. Die Ausbildung der Anthocyanfärbung (Gesamtfärbung sowie Musterung) von Blüten untersucht bei mehreren Arten FLOREN. Der entscheidende Faktor ist bei den einen Formen die Temperatur, bei anderen Licht. Dabei liegt in manchen Fällen eine sensible Periode im Knospenstadium vor, die mit demjenigen Entwicklungsstadium, in dem die betreffende Färbung oder Zeichnung angelegt wird, zusammenfällt, und die — entsprechend diesem Entwicklungsstadium — für verschiedene Teile der Färbung einer Blüte und für verschiedene Musterungstypen einer Art verschieden sein kann; in anderen Fällen erfolgt die Farbausbildung während der Anthese. Bei *Tagetes* scheint die Blütenfärbung von Ernährungseinflüssen abhängig zu sein; bei Gloxinien gelang eine Beeinflussung der Blütenfärbung überhaupt nicht. — Auf die Mitwirkung innerer Faktoren bei der Blütenmusterung weisen Untersuchungen von HARDER und VON WITSCH (6) hin, die Veränderung der Scheckung bei *Petunia* infolge Korrelationsstörungen feststellen konnten.

Wuchsstoffwirkung bei Blüten und Infloreszenzen behandeln Arbeiten von WEINLAND und von KIENDL. Die erstgenannte Untersucherin zeigt, daß der Wuchsstoff für das Wachstum der Hypanthien von Oenotheren — die bei manchen Arten außerordentliche Längen erreichen — hauptsächlich von den Antheren geliefert wird; sie ist daraufhin geneigt, den Antheren auch in der Wuchsstoffversorgung von Infloreszenzschäften durch die Infloreszenz die führende Rolle zuzuschreiben. Auch der Griffel wird von den Antheren mit Wuchsstoff versorgt, wobei der Wuchsstoff durch die Wand bzw. die Spaltöffnungen der Antheren und durch die Epidermis des Griffels in den letzten diffundiert. KIENDL erzielte Postflorationsbewegungen durch Behandlung des Fruchtknotens und Blütenstieles mit Heteroauxin; bei dem entsprechenden natürlichen Vorgang dürfte Wuchsstoffzufuhr oder -aktivierung durch den Pollen erfolgen. Da auch einseitige Wuchsstoffdarbietung die Postflorationserscheinungen auslöst, scheinen Wuchsstoffverschiebungen stattzufinden.

HARDER und VON WITSCH (7) finden bei ihren schon besprochenen Beobachtungen über die Blühhormonleitung bei *Kalanchoë Blossfeldiana* (S. 297), daß an solchen Partien der Pflanzen, zu denen das Blühhormon infolge seiner Wanderungsweise in nur geringen Quantitäten gelangen kann, z. B. auf der Gegenseite eines Kurztag-behandelten Blattes, schwächer entwickelte und verlaubte Infloreszenzen entstehen; die Verlaubung von Infloreszenzen beruht danach auf unzureichender Blühstoffversorgung.

Arbeiten über Auslösung von Parthenokarpie durch Wuchsstoff (GARDNER und MARTH, HUBERT und MATON u. a.) bringen kaum etwas Neues.

## Altern, Regeneration.

Zur Frage des Alterns von Samen liefern Untersuchungen von SCHWEMMLE einen wichtigen Beitrag. Er kann bei *Oenotheria Bertheriana* und *Oe. odorata* nachweisen, daß die mit zunehmendem Alter immer schlechtere Keimung der Samen auf Anhäufung keimungshemmender Stoffwechselprodukte beruht, da Extrakte sowie Brei von älteren Samen ausgesprochen keimungshemmend wirken. Die Arbeit bringt auch einen Ansatz für die Analyse der genotypischen Bedingtheit der Erscheinung; die Keimungshemmungen sind besonders an den l-Komplex der *Oe. Berteriana* (die zwei Arten sind Komplexheterozygote) gebunden. Mitwirkung des Plasmas ist wahrscheinlich, Mitwirkung der Plastiden war in dem untersuchten Fall nicht nachzuweisen.

Die Frage, ob ein „Altern" von Meristemen stattfindet, untersucht EFEJKIN (2) bei Tomaten. In geschickt angesetzten Kombinationen wird gefunden, daß Stecklinge aus entwicklungsgeschichtlich alten und jungen Teilen einer Pflanze sich gleichartig entwickeln; etwaige Differenzen beruhen nur auf anatomisch-morphologischen Unterschieden.

Für vegetative Vermehrung und Regeneration sei auf ein Sammelreferat von SWINGLE hingewiesen.

## Entwicklungsphysiologie der Fortpflanzung.

Sexuelle Differenzierung. Eine neue Zusammenstellung über die Vererbung des Geschlechtes bei Angiospermen mit Übersichten über Geschlechtschromosomen und vielen Einzelheiten der experimentellen Befunde, aber ohne neue Untersuchungen gibt ALLEN. — Das alte Problem der Kreuzung zwischen monözischen und diözischen Pflanzen bearbeitet MURRAY bei *Amaranthaceae*. 14 Kreuzungen diözischer *Acnida*-Arten als ♀ mit monözischen *Amaranthus*-Arten als ♂ geben in $F_1$ lauter ♀; 15 Kreuzungen der umgekehrten Verbindungen spalten 1 : 1 auf. Die Verhältnisse liegen also wie bei *Bryonia* nach CORRENS. Die Männchen sind auch hier heterogametisch. Andere Kreuzungen mit monözischen Arten, bei denen die ♀- und ♂-Blüten in getrennten Blütenständen stehen, gelingen schwerer und geben unklarere Resultate, wohl weil hier monözisch über diözisch epistatisch ist. Die Sterilität ist groß. Unter den Nachkommen finden sich auch blütenlose Individuen. Es scheint die Blütenlosigkeit von einem dominanten, autosomalen Gene bedingt zu sein. — Die Geschlechtsbestimmung bei *Mercurialis* untersucht noch einmal GABE. Sie findet dasselbe, was KUHN schon geklärt hat. Die ♀ sind homogametisch. Selbstungen der subdiözischen ♀ geben nur ♀. Geselbstete ♂ spalten im Verhältnis 1 ♀ : 3 ♂, unter den letzteren $^2/_3$ heterozygote ♂ und $^1/_3$ homozygote, anormale ♂. (Zahlen unter 602 $F_1$-Pflanzen: 179 [29,7 %] ♀, 296 [49,1 %] normale ♂, 127 [21,2 %] anormale ♂.) — Starke Sippenverschiedenheit in bezug auf das Geschlechtsverhältnis ist für Spinat von NICOLAISEN u. HANOW, für Hopfen von HOLUBINSKY bearbeitet. — Sekundäre Geschlechtscharaktere sind sehr eingehend an *Bryonia dioica* durch BAȘARMAN untersucht. Deutliche Unterschiede finden sich in der Blattmorphologie, an den Ranken, am Befall durch Schnecken infolge von Kalkinkrusten, am früheren Blühen der ♂ im ersten Jahre. Deutliche Heterosis der Bastarde *Br. dioica* × *alba*. WEILING bearbeitet nach dieser Richtung die Assimilation und Transpiration einiger Diözisten. Bei *Rumex acetosa* ist die Assimilation bei ♀ im frühen Rosettenstadium intensiver, beim Spinat ♀ steigt die Assimilation bis zur Blütenbildung, dann Abfall und wieder Anstieg während der Fruchtbildung. Beim ♂ ist ein Maximum im Knospenstadium, dann Abnahme. *Mercurialis annua* assimiliert im Weibchen stärker bei Blühbeginn. Bei *Rumex* und *Mercurialis* wurde kein Unterschied der Transpiration, bei *Spinacia* ♀ vom Beginn der Blütenbildung an stärkere Transpiration gefunden.

ERNST-SCHWARZENBACH untersucht den sexuellen Dimorphismus der Sporen an 35 *Macromitrium*-Arten (Laubmoose). Die synözischen haben einheitliche Sporen, die meisten heterözischen dimorphe. Die kleineren entwickeln sich zu Zwergmännchen, die großen zu weiblichen Pflanzen. — ARENS bearbeitet die

Geschlechterverteilung von zahlreichen *Splachnaceae*. Bivalente Regenerate von *Splachnum rubrum* und *Sp. vasculosum* waren nur ♀. — Für *Botrydium granulatum* findet MOEWUS (1) eine heterözisch-anisogame und zwei monözisch-isogame Sippen mit verschiedenen Temperaturbereichen der Kopulation. Auch hier sind wie bei *Chlamydomonas* geschlechtsbestimmende Stoffe aufgezeigt. Ihre Analyse ist im Gange.

Selbststerilität, Pollenphysiologie. E. KUHN gibt eine Übersicht über die neuere Problematik der Selbststerilität. Von EAST erschien eine nachgelassene Zusammenfassung über das gleiche Thema. — SAVELLI sowie SAVELLI und CARUSO finden die Güte der Pollenkeimung und den Keimprozent in Kulturen abhängig von der Anzahl der Pollenkörner (1 bis mehrere Tausend), bei wenigen Körnern starke Hemmung. Bei Gemischen artverschiedener Pollenkörner (z. B. *Nicotiana* und *Gladiolus*) richtet sich die Keimung nur nach der Zahl der einen Testsorte; Ersatz durch die andere fördert nicht. Dies spricht für fördernde Stoffe, und zwar nach dem letzten Versuch für spezifische, nicht allgemein verbreitete, wie Auxin. — Beim Mais gibt es große und kleine Pollenkörner. Letztere sind bei Konkurrenzbestäubung fast immer stark unterlegen. Den Grad der Konkurrenzfähigkeit findet SINGLETON sehr stark beeinflußt von der Sippe, die bei der Bestäubung als ♀ dient.

Apomixis. FAGERLIND versucht von neuem die Terminologie der Apomixisvorgänge einheitlich festzulegen. — Das amphimiktische *Hieracium leiophanum* und das apomiktische *H. gothicum* wurden von CHRISTOFF durch *Colchicin polyploid* gemacht. Letzteres bleibt apomiktisch, ersteres wird stark steril, Apomixis tritt nicht ein. Die Apomixis ist also nicht direkte Folge der Polyploidie. — Auch GENTSCHEFF und GUSTAFSSON studieren erneut die Entwicklung sexueller und apomiktischer Hieracien. Die interessanten Befunde führen zur Erörterung der Meiosis-Mitosis-Probleme (vgl. Zytologie). — Von besonderem Interesse sind Untersuchungen von RENNER über die Embryosackentwicklung isogamer und heterogamer *Oenotheren*. Auch bei ersteren muß nicht immer die oberste Gone zum Embryosack werden. Es wurde Entwicklung der untersten und auch Gonenkonkurrenz beobachtet. Bei heterogamen Formen finden sich Fälle mit wesentlich weniger als 50 % untauglichen Samenanlagen. Das spricht für eine Bevorzugung des mikropylaren Spindelpoles durch den einen Genomkomplex, also für eine Polarisierung der Meiosisspindel! An Pflanzen mit zwei Pollenkomplexen (diplarrhene Verbindungen) sind beide Komplexe unfähig, Embryosäcke zu bilden. In normalen heterogamen Pflanzen fördert also wohl die Unfähigkeit des Pollenkomplexes auch die Bevorzugung des Eizellkomplexes. Bei den diplarrhenen Verbindungen trat eine voll fertile, dickfruchtige Pflanze auf. Sie entstand möglicherweise durch Faktorenaustausch und Einlagerung einer ♀-Aktivität in einen der Pollenkomplexe.

Physiologie der Befruchtung. Zu den in Fortschr. 9, S. 388[1], berichteten Untersuchungen von KUHN und MOEWUS sind inzwischen ausführlichere Veröffentlichungen erschienen (KUHN und MOEWUS, MOEWUS [2 u. 3]). Die Untersuchungen werden besonders nach der genetischen Seite durch Einbeziehung von Mutationsexperimenten ausgebaut. Ein eingehender Bericht über den Fortschritt erfolgt im nächsten Jahr. Zusammenfassende Darstellungen des bisher hier schon Referierten sind von HARTMANN (1, 2) und KUHN erschienen.

[1] Ein sinnstörender Fehler sei hier berichtigt: In Fortschr. Bot. 9, S. 389, muß die Zeile 18 von unten lauten: „ähnliche Substanz, vielleicht Safranal verestert mit Gentiobiose oder . . .“

## Literatur.

ALBRECHT, W. A.: J. amer. Soc. Agron. 33, 153—155 (1940). — ALLARD, H. A.: J. Agric. Res. 57, 755—789 (1938). — ALLARD, H. A., u. W. W. GARNER: Techn. Bull. U. S. Dep. Agric. Nr. 727, 64 S. (1940). — ALLEN, C. E.: Bot. Review 6, 227—300 (1640). — ANELI, N. A.: C. R. Acad. Sci. USSR. 28, 267—269 (1940). — ARAKI, T.: Jap. J. Bot. 10, 69—112 (1939). — ARENS, P.: Ber. dtsch. bot. Ges. 57, 486—494 (1939).

BARTON, LELA V.: (1) Contrib. Boyce Thompson Inst. 11, 181—205 (1940). — (2) Ebenda 229—240 (1940). — BAŞARMAN, MEHPARE: Rev. Fac. Sci. Univ. Istambul 4, 200—232 (1939). — BETTS, EDWIN M., and SAMUEL L. MEYER: Amer. J. Bot. 26, 617—619 (1939). — BORRISS, H.: Jb. Bot. 89, 254—339 (1940). — BORTHWICK, H. A., und M. W. PARKER: (1) Bot. Gaz. 101, 341—365 (1939). — (2) Ebenda 806—817 (1940). — BOUILLENNE, R., et M. BOUILLENNE: Bull. Soc. Roy Belgique 71, 43—67 (1938). — BRÜCHER, H.: (1) Flora (Jena), N. F. 34, 215—2.28 (1940). — (2) Z. Vererb.lehre 77, 455—487 (1939). — BÜNNING, E.: (1) Forsch.dienst 10, 550—553 (1940). — (2) Ber. dtsch. bot. Ges. 59, 1—9 (1941). — BURTON, G. W.: J. amer. Soc. Agron. 32, 731—738 (1940).

ČAJLAHJAN, M. H.: (1) C. r. Acad. Sci. URSS 27, 160—163 (1940). — (2) Ebenda 253—256 (1940). — (3) Ebenda 370—373 (1940). — CASPERSSON, TORBJÖRN: (1) Chromosoma (Berl.) 1, 562—604 (1940). — (2) Ebenda 1, 605—619 (1940). — (3) Naturwiss. 1941, 33—43. — CHOATE, HELEN A., Amer. J. Bot. 27, 156—160 (1940). — CHRISTOFF, M.: Planta (Berl.) 31, 73—90 (1940).

DEMEREC, M.: Sci. genet. (Torino) 1, 123—128 (1939). — v. DENFFER ,D.: (1) Planta (Berl.) 31, 418—447 (1940). — (2) Jb. Bot. 89, 543—573 (1941).

EAST, E. M.: Proc. amer. philos. Soc. 82, 449—518 (1940). — EFEJKIN, A. K.: (1) C. r. Acad. Sci. USSR. 25, 308—310 (1939). — (2) Ebenda 28, 453—457 (1940). (3) Ebenda 30, 656—658 (1941). — ERNST-SCHWARZENBACH, MARTHE: Arch. Klaus-Stiftg. 14, 361—474 (1939).

FAGERLIND, FOLKE: Hereditas (Lund) 26, 1—22 (1940). — FILIPPENKO, A. J.: C. r. Acad. Sci. USSR. 28, 167—169 (1940). — FLOREN, GERDA: Flora (Jena) 135, 65—100 (1941). — FRÖSCHEL, P.: (1) Natuurwetensch. Tijdschr. 21, 93—116 (1939). — (2) Biol. Jaarboek Dodonaea 7, 73—116 (1940). — FÜRTAUER, R.: Jb. Bot. 89, 412—460 (1940).

GABE, D. R.: C. r. Acad. Sci. USSR., N. S. 23, 478—481 (1939). — GARDNER, F. E., a. P. C. MARTH: Bot. Gaz. 101, 226—229 (1939). — GAUTHERET, R.: (1) C. r. Acad. Sci. Paris 210, 632—634 (1940). — (2) Ebenda 744—746 (1940). — GENTSCHEFF, G., and Å. GUSTAFSSON: Hereditas (Lund) 26, 209—249 (1940). — GERHARD, E.: J. Landw. 87, 161—203 (1940). — GUSTAFSSON, ÅKE, and EWERT ABERG: Hereditas (Lund) 26, 257—261 (1940).

HAMNER, K. C.: Bot. Gaz. 101, 658—687 (1940). — HAMNER, K. C., u. A. W. NAYLOR: Bot. Gaz. 100, 853—861 (1939). — HARDER, R.: Ber. dtsch. bot. Ges. 58, 69—75 (1940). — HARDER, R., u. H. v. WITSCH: (1) Gartenbauwiss. 15, 226—249 (1940). — (2) Planta (Berl.) 31, 192—208 (1940). — (3) Jb. Bot. 89, 354—411 (1940). — (4) Planta (Berl.) 31, 523—558 (1940). — (5) Nachr. Ges. Wiss. Göttingen (Biol.) 3, 255—258 (1940). — (6) Ebenda 225—237 (1940). — (7) Ebenda 4, 84—92 (1941). — HARTMANN, M.: Naturwiss. 28 (1940). — (2) Bremer Beiträge z. Naturwiss. (1940). — HATCHER, E. S. J.: Ann. of Bot., N. S. 4 (1940). — HERMANN, ELIZABETH MC.KAY, u. W. HERMANN: J. amer. Soc. Agron. 31, 876—885 (1939). — HOLUBINSKY, J. N.: C. r. Acad. Sci. USSR, N. S. 25, 414—418 (1939). — HUBERT, B., u. J. MATON: Natuurwetensch. Tijdschr. 21, 339—348 (1940). — HOWARD, H. W.: Ann. Bot., N. S. 4, 589—594 (1940).

KASERER, H., u. A. FRISCH: Anz. Ak. Wiss. Wien, Math.-Naturw. Kl. 77, 52—54 (1940). — KAUFHOLD, A. W.: Beih. Bot. Zbl. 60A, 641—678 (1941). —

KIENDL, H.: Planta (Berl.) 31, 230—243 (1940). — KNOTT, J.: Plant Physiol. 15, 146—148 (1940). — KUHN, ECKHARD: Naturwiss. 1940, 1—9. — KÜHN, RICHARD: Angew. Chem. 1940, 1—6. — KUHN, R., u. FRANZ MOEWUS: Ber. dtsch. chem. Ges. 73, 547—559 (1940). — KUZMENKO, A. A.: C. r. Acad. Sci. USSR., N. S. 25, 802—804 (1939).

LAMPRECHT, HERBERT: Hereditas (Lund) 25, 459—471 (1939). — LANG, A.: Biol. Zbl. 61, 427—432 (1941). — LANG, A., u. G. MELCHERS: Naturwiss. 29, 82—83 (1941). — LARSEN, P.: Planta (Berl.) 30, 160—167 (1939). — LAWRENCE, W. J. C., a. J. R. PRICE: Biol. Rev. Cambridge philos. Soc. 15, 35—58 (1940). — LINDNER, R. C.: Plant Physiol. 15, 161—181 (1941). — LINSER, H.: Planta (Berl.) 31, 32—59 (1940). — LONG, E. M.: Bot. Gaz. 101, 168—188 (1939). — LVOV, S. D., u. OBUHOVA, Z. N.: Acta Inst. Bot. Ac. Sci. URSS., IV, Bot. Exp. 5, 163—197 (1941).

McILVANE, H. R. C., u. H. W. POPP: J. Agricult. Res. 60, 207—215 (1940). — MASUMOTO, S.: J. Sci. Hirosima Univ., Ser. B 2, 3 (10/15), 165—190 (1939). — MELCHERS, G., u. A. LANG: Biol. Zbl. 61, 16—33 (1941). — MENKE, WILHELM: Hoppe-Seylers Z. 263, 104—106 (1940). — MICHAELIS, P.: (1) Z. Vererb.lehre 77, 548—567 (1939). — (2) Ebenda 78, 187—222 (1940). — (3) Ebenda 78, 295 bis 337 (1940). — MOEWUS, FRANZ: (1) Biol. Zbl. 60, 484—498 (1940). — (2) Arch. Protistenkde 92, 485—526 (1939). — (3) Biol. Zbl. 60, 143—166 (1940). — MOSKOV, B. S.: (1) C. r. Acad. Sci. USSR. 24, 489—491 (1939). — (2) Sovjetskaja Bot. 1940 (4), 32—45. — MOUREAU, J.: (1) Bull. Soc. Roy. Sci. Liège 8, 561—571 (1939). — (2) Ebenda 9, 41—52 (1940). — MURRAY, MERRITT J.: Genetics 25, 409—431 (1940).

NICOLAISEN, N., u. R. HANOW: Z. Pflanzenzüchtg. 23, 476—484 (1940).

OEHLKERS, F.: (1) Ber. dtsch. bot. Ges. 58, 76—91 (1940). — (2) Naturwiss. 1940, 219—222. — (3) Z. Bot. 35, 271—297 (1940).

PARKER, M. W., u. H. A. BORTHWICK: Bot. Gaz. 101, 145—167 (1939). — PIRSCHLE, K.: Biol. Zbl. 60 (1940). — POPESCO, CONSTANTIN T.: C. r. Inst. Sci. Roum. 3, 600—603 (1939). — POST, K., u. CH. L. WEDDLE: Proc. Amer. Soc. Hortic. Sci. 37, 1037—1043 (1940). — PURVIS, OLIVE N.: Nature 145, 462 (1940).

RAPER, JOHN R.: Amer. J. Bot. 26, 639—650 (1939). — RAPPAPORT, J.: Natuurwetensch. Tijdschr. 21, 356—359 (1939). — RENNER, O.: Flora (Jena), N. F. 34, 145—158 (1940). — RESÜHR, BR.: (1) Ber. dtsch. bot. Ges. 57, 315—325 (1939). — (2) Planta (Berl.) 30, 471—506 (1939). — ROBERTS, R. H., a. E. B. STRUCKMEYER: J. agricult. Res. 59, 693—709 (1939).

SAVELLI, R.: C. r. Acad. Sci. Paris 210, 546—548 (1940). — SAVELLI, R., et CARMELA CARUSO: C. r. Acad. Sci. 210, 184—186 (1940) — SCHIEMANN, E.: Z. Abstammgslehre 79, 50—82 (1940). — SCHWEMMLE, J.: Z. Bot. 36, 225—261 (1940). — SINGLETON, W. RALPH: Proc. nat. Acad. Sci. USA. 26, 102—104 (1940). — SIRKS, M. J.: Genetica ('s-Gravenhage) 22, 197—214 (1940). — SKOOG, F.: Amer. J. Bot. 26, 702—707 (1939). — SNOW, R.: (1) New Phytol. 38, 210—223 (1939). — (2) Nature 1939 II, 206. — (3) New Phytol. 39, 177—184 (1940). — — SPRAGUE, V. G.: J. amer. Soc. Agron. 32, 715—721 (1940). — STALEY, KATHRYN: Plant Physiol. 15, 625—644 (1940). — STEWART, W. S.: Bot. Gaz. 101, 91—108 (1939). — STEWART, W. S., a. F. W. WENT: Bot. Gaz. 101, 706—714 (1940). — STUBBE, H., u. K. PIRSCHLE: Ber. dtsch. bot. Ges. 58 (1940). — SVESCHNIKOVA, I. N.: J. Hered. 31, 349—360 (1940). — SWINGLE, CH. F.: Bot. Rev. 6, 301—355 (1940).

TETJUREV, V. A.: (1) C. r. Acad. Sci. USSR. 25, 627—629 (1939). — (2) Bot. Ž. SSSR. 25, 514—519 (1940). — (3) Ebenda 505—510 (1940). — TOOLE, F. H., a. F. A. COFFMANN: J. amer. Soc. Agron. 32, 631—638 (1940). — TOOLE, VIVIAN K.: J. amer. Soc. Agron. 32, 503—512 (1940).

ULLRICH, H.: Ber. dtsch. Bot. Ges. 57, (40)—(52) (1939).

VAKULIN, D. J.: C. r. Acad. Sci. USSR. **23**, 845—847 (1939). — v. VEH, R.: Züchter **11**, 249—255 (1939). — VERHOEFF, O.: Amer. J. Bot. **27**, 225—231 (1940). — VOSS, H.: Planta (Berl.) **30**, 252—285 (1939). — VOSS, J.: Züchter **12**, 34—44, 73—74 (1940). — VOTCH, P. D., a. K. C. HAMNER: Bot. Gaz. **102**, 169—205 (1940).

WEILING, J. F.: Jb. Bot. **89**, 157—207 (1940) u. Münster i. W.: Diss. 1940. — WEINLAND, HELENE: Z. Bot. **36**, 401—430 (1941). — WENT, F. W.: (1) Proc. Kon. Nederl. Akad. Wetensch. **42**, 581—591 u. 731—739 (1939). — (2) Amer. J. Bot. **28**, 83—95 (1941). — WHALEY, W. G.: Amer. J. Bot. **26**, 682—690 (1939). — WITHROW, R. B., a. ALICE P. WITHROW: Plant Physiol. **15**, 609—624 (1940).

YOUDEN, W. J.: Contr. Boyce Thompson Inst. **11**, 207—218 (1940).

ZÜNDORF, W.: Z. Vererb.lehre **77**, 533—547 (1939).

# E. Ökologie.

## 18. Blütenbiologie, Symbiosen u. a.

Von THEODOR SCHMUCKER, Göttingen.

**Blütenbiologie.** Jener von der älteren Blütenbiologie wenig beachtete, ökologisch aber besonders bedeutungsvolle Faktor, die Selbststerilität, hat durch EAST eine zusammenfassende Bearbeitung des heutigen Wissens über seine Bedingtheit erfahren, während BRANSCHEIDT und PHILIPPI eine gründliche Bearbeitung eines Sonderfalles vorlegen, wobei die phänologisch-praktische Seite im Vordergrund steht. Sie fanden unter 18 untersuchten Pflaumensorten 9 selbstfertile. Bei stark selbstfertilen Sorten liefert Bestäubung mit eigenen Pollen höchsten Ertrag. Fremdbestäubung durch andere Sorten ergibt keineswegs immer Befruchtung. Für eine selbststerile Sippe z. B. waren unter 16 Sorten nur 8 gute Pollenspender, weitere 4 mäßige und 4 blieben wirkungslos. Sie selbst konnte nur 5 der untersuchten Sorten befruchten. Reziproke hohe Fertilität wurde nur zwischen 2 Sorten festgestellt. Es wird auch erwähnt, daß Windbestäubung unter günstigen Bedingungen wohl möglich sei.

Die alte Beobachtung, daß Pollenkörner bei Aussaat in künstlichem Substrat oft weit besser keimen, wenn Massenaussaat vorliegt, wurde neuerdings bei verschiedenen Objekten bestätigt, so von SAVELLI und CARUSO für Tabakpollen, von BRANSCHEIDT für Pollen von *Taxus*. Offenbar liegt gegenseitige Beeinflussung vor, nach den italienischen Autoren wohl chemischer Art. Sie wurde zuweilen zurückgeführt auf unspezifische Stoffe, z. B. Auxin. SAVELLI kann dem nicht zustimmen und denkt, freilich ohne strengen Beweis, an spezifische Stoffe. BRANSCHEIDT, dem es gelang, die ganze Entwicklung des Pollenschlauches von *Taxus* von der Keimung an zu verfolgen, konnte zeigen, daß die Bedingungen für das Pollenschlauchwachstum und die Differenzierungserscheinungen im Pollenschlauch recht verschieden sind.

Einige besonders interessante Arbeiten befassen sich mit dimorphen Formen. A. ERNST (1) untersuchte 166 *Primula*-Arten aus 30 der 32 bekannten Sektionen und fand 21 homostyle Arten, die sich auf 8 Sektionen verteilen. In allen Sektionen, außer zwei sehr kleinen, überwiegen dimorphe Arten durchaus. Die näher untersuchte Sektion *Candelabra* (untersucht 18 Arten von 26 bekannten) zählt 16 dimorphe Arten neben

8 monomorphen, während 2 (*chungensis* und *Poissonii*) in mono- und dimorpher Sippe auftreten. Die monomorphen tragen Narben und Staubbeutel entweder am Kronsaum oder in halber Höhe und sind stark selbstfertil. Mit den Chromosomenzahlen hat das nichts zu tun. Von den homostylen leiten sich stammesgeschichtlich die heterostylen Arten ab. Die monomorphen Arten kommen überwiegend am Rand des (westchinesischen) Verbreitungsgebietes vor. Es scheint, daß an besonders feuchten Stellen primitive, homostyle Zwergarten und -sippen gehäuft auftreten. Die berühmte *Primula imperialis* Javas muß, wie ERNST (2) in einer sehr eingehenden Arbeit darlegt, von *Pr. prolifera* (Ostbengalen) als eigene Art abgetrennt bleiben. IVERSEN fand bei *Armeria vulgaris* zwei blütenmorphologisch (bezüglich Narbenausgestaltung und Pollenoberfläche) verschiedene Linien, die selbststeril sind. Diese Dimorphie dürfte sehr alten Ursprungs sein; denn sie findet sich bei fast allen Gattungen und Arten der ganzen Unterfamilie der *Staticoideae*. Nur einige *Armeria*-Arten sind monomorph und selbstfertil. Sie werden (anders als ERNST für *Primula* annimmt) als sekundär abgeleitet angesehen, durch Verlustmutation entstanden. Im hohen Norden Eurasiens und Nordamerikas, sowie auf den Anden und im äußersten Süden Südamerikas gibt es nur die monomorphen Arten, in ökologischem Zusammenhang mit der erleichterten Befruchtung durch Selbstung (Insektenarmut; ungeeignete Pollenbeschaffenheit für Windverbreitung). Auch bei diesem Dimorphietyp bestehen keine Beziehungen zu Polyploidieerscheinungen.

Beiträge zur wenig bekannten Blütenbiologie unserer Bäume lieferte wieder DENGLER. Er fand, daß die weiblichen Blüten der Kiefer etwa 10—12 Tage lang empfängnisfähig sind und zwar offenbar schon in sehr jungem; äußerlich nicht voll entwickeltem Zustand. Die männlichen Blüten eines Baumes stäuben, entgegen andersartigen Behauptungen, keineswegs schon vor der Zeit der weiblichen Anthese. Zur Ausbildung der Zapfen ist anscheinend Bestäubung, aber nicht Samenausbildung nötig. (Bezüglich Angaben über Temperaturen in Tüten, wie man sie zum Schutz vor Fremdbestäubung verwendet, weist DENGLER auf eine Arbeit von N. WEGER hin: Bioklim. Beibl. d. Meteorolog. Z. 1939). W. v. WETTSTEIN kann im allgemeinen die Befunde von DENGLER bestätigen. Die Kiefer ist nach ihm oft weitgehend selbststeril (Rassenunterschiede?). Es scheint, daß in Beständen Einkreuzung von weither recht unwahrscheinlich ist, was praktisch mit Rücksicht auf die gerade in der Forstwirtschaft brennende Rassenfrage von Wichtigkeit wäre. Daß Kiefernpollen in großer Menge aber auch recht weit fliegen kann, beweisen neuerdings pollenanalytische Befunde von VARESCHI, der im Tiroler Hochgebirge reichlichst Kiefernpollen, offenbar aus den tiefen Tälern stammend, vorfand. Im Vergleich damit ist eine Angabe von GRABHERR von Interesse. Er fand in Beständen von *Rhododendron ferrugineum* in den Tuxer Voralpen reichlich den Bastard *Rh. ferrufineum* × *hirsutum*; obwohl weit und breit *Rh. hirsutum* fehlt. Wirksamer Pollen- (oder Samen-?) Transport vom nächsten Standort her, der etwa 12 km entfernt ist, scheint das Wahrscheinlichste.

Besonders hochgradig spezialisierte, z. B. extrem langröhrige Formen, werden ganz besonders häufig von Insekten „vorschriftswidrig", durch Einbruch, besucht und ausgebeutet. Solche Blütentypen scheinen nach WERTH überspezialisiert zu sein, keineswegs durch Selektion direkt gezüchtet, denn die ausschließliche, extreme Anpassung an einen ganz engen Besucherkreis unter Ausschluß aller übrigen muß mehr Schaden als Nutzen bringen. Tatsächlich wurden oft genug ganz überwiegend „Einbrecher" festgestellt. Auch die altbekannte Kleistogamie der Sommerblüten von *Viola*-Arten hat mit irgendwelcher direkten Anpassung nichts zu tun. BORGSTRÖM konnte den überaus interessanten Befund erheben, daß hier einfach eine photoperiodisch bedingte Morphose vorliegt. Bei relativ kurzem Tag bilden die *Violae* nur chasmogame Blüten (Frühjahr!), bei langem Tag von etwa 15 Stunden nur kleistogame Blüten (Sommer!).

GONTARSKI weist darauf hin, daß der zweifelsfrei als Ausscheidung von tannenbewohnenden Gleichflüglern erkannte Immenhonig wirtschaftlich bei uns eine recht erhebliche Rolle spielt. Im Schwarzwald ist der Ertrag besonders in heißen, trockenen Jahren, vor allem nach einem warmen Herbst, sehr erheblich. In mehreren Arbeiten geht LEONHARDT auf die Erzeugung des Tannenhonigs näher ein. Aber der bei weitem meiste Honig stammt eben doch direkt aus Blüten und nur dieser ist blütenökologisch wichtig. Darum war es dankenswert, daß BEUTLER und SCHÖNTAG die Honigerzeugung quantitativ untersuchten. Sie stellten fest, daß Menge und Konzentration des Honigs in Blüten weitgehend ein Sippenmerkmal ist, mit anderen Worten, daß Außenfaktoren, abgesehen von extremen, nicht allzu viel ändern. Obstbäume erzeugen je Tag und Blüte 2—5 mg Nektar (0,3—2 mg Zucker); Birnen weniger als Äpfel und Pflaumen. Höchstwerte ergibt der Pfirsich, dessen Honig aber anscheinend von Bienen nicht oder doch nur wenig angenommen wird. Außerordentlich leistungsfähig ist die Himbeere, deren Blüten es auf 70 mg Nektar bzw. 25 mg Zucker bringen. Ein Rapsfeld von 1 ha Größe kann wochenlang täglich 6 kg Zucker im Nektar liefern, im ganzen an 150 kg. Es erübrigt sich im allgemeinen, besondere große „Bienenweiden" anzulegen; landläufige Nutzpflanzen ergeben reichlichen Ertrag. Die Zuckerkonzentration des Nektars (7—76%) liegt meist über der Annahmeschwelle der Biene. KUGLER weist auf die hohe Bedeutung der Furchenbienen (*Halictus*) als Blütenbestäuber hin. Sie haben in ihrem Wirken und Verhalten viel Ähnlichkeit mit Honigbienen, sind z. B. blumenstet mit sehr gutem Unterscheidungs- und Merkvermögen für verschiedene Blütentypen. Manche Arten beuten nur gewisse Pflanzen aus, andere ohne ersichtlichen Grund nicht. Verf. meint mit Recht, man sollte bei blütenbiologischen Überlegungen mehr daran denken, daß die Bienen nicht nur Nektar, sondern auch Pollen sammeln.

VAN D. PIJL zeigt, daß *Gentiana quadrifaria* der javanischen Hochgebirge, die unserem alpinen *Gentiana*-Typ weitgehend gleicht, sich auch bezüglich Temperaturreaktion ähnlich verhält: Die Blüten schließen sich bei Abkühlung (bei 30° genügt ein Rückgang um 10°). Freilich ist die Reaktion nicht ganz einfach und bedarf anscheinend eines besonderen (mechanischen?) Anstoßes. Doch ist seismonastische Empfindlichkeit kaum vorhanden.

**Symbiosen.** Im Vordergrund des Interesses könnte die Frage nach der Bedeutung der innerhalb der pflanzlichen Gewebe lebenden Bakterien stehen, wenn die ganze Sache nicht noch so unsicher wäre. SCHANDERL selbst gibt neuerdings wieder an, im Gewebe Bakterien gefunden zu haben, bei *Phaseolus multiflorus* sogar eine zyklische Symbiose. Stickstoffbindung soll erheblich sein. Seine Schüler HENNIG und VILLFORTH wollen gleichfalls aus 28 Arten höherer Pflanzen Bakterien isoliert haben, die Symbionten sein sollen. Wenn damit mehr ausgedrückt sein soll als das räumliche Zusammenleben, so fehlt es für die Berechtigung des Ausdruckes an Beweisen. Andere Autoren (BURCIK, RIPPEL, SCHAEDE) konnten keine derartigen Bakterien finden, auch nicht mit SCHANDERLS Methoden und seinen Hauptobjekten. In recht enger Symbiose scheinen nach Untersuchungen von BORTELS (1) die *Anabaenen* in *Azolla* zu leben. Ihre freie Kultur gelang nicht; dagegen wurde Stickstoffbindung nachgewiesen. Molybdän ist auch hier dabei nötig, wie in anderen ähnlichen Fällen.

Die Bakteriensymbiosen von Insekten, und zwar der Untergruppe *Fulguroideae* der *Zikaden*, behandelt ausführlich und erfolgreich MÜLLER. Alle untersuchten 186 Arten enthalten Symbionten, die Mehrzahl davon sogar mehr als eine symbiontische Art, einzelne gleichzeitig sogar bis zu fünf. Die 25 gefundenen symbiontischen Mikrobenarten sind bis auf eine, anscheinend eine Hefe, durchweg Bakterien. BUCHNER hebt in einer Zusammenfassung einige neuerdings gesicherte Tatsachen besonders hervor. Durch das Fehlen der normalen Abwehrreaktionen nur in ganz bestimmten Körperbezirken des Wirts wird die Symbiose erst möglich und geordnet. Die symbiontischen Mikroben, die nicht einfach als dienstbar gemachte Parasiten zu betrachten sind, werden durch den Wirt nach Entwicklung und Gestaltung weitgehend beherrscht. Die Ausbildung der ganzen, mit soviel Besonderheiten ausgestatteten Symbioseeinrichtungen ist stammesgeschichtlich bemerkenswert genug. Nach GOETSCH und STOPPEL ist nicht, wie man bisher nach MOELLERS Angaben annahm, *Rozites gongylophora* (*Basidiomycet*) jene Pilzart, die die Blattschneiderameisen in ihren unterirdischen Nestern züchten, sondern es handelt sich dabei um *Askomyceten* (*Hypomyces* und *Fusarium*). *Rozites* ist nur eine Art Verunreinigung der Pilzzuchten.

Experimentell zeigte BURGES, daß im inneren Gewebe der *Orchideen*wurzeln die symbiontischen Pilzhyphen an Lebenskraft abnehmen. Die sog. Eiweißhyphen, ja auch Übergangsbildungen dazu, sind nach Isolierung nicht mehr wachstumsfähig. Auszüge aus Wurzeln oder direkt entnommener Zellsaft schädigen künstliche Kulturen des Pilzes. Sie enthalten proteolytische Enzyme. Von Antikörpern im engeren Sinne möchte BURGES aber doch nicht sprechen.

Seit der Entdeckung der Wirkstoffe ist die Notwendigkeit des Zusammenlebens bzw. die dadurch erzielte Förderung in vielen Fällen verständlicher geworden. Freilich fehlt es meist noch an genügender Analyse im einzelnen. RONSE teilt wieder einen Fall von Förderung einer grünen Alge durch Bakterien im Substrat mit. *Cosmarium* entwickelt sich in bakterienfreier Kultur viel langsamer. In Betracht kamen vor allem *Chromobakterien*, aber auch andere wirkten ähnlich. SADAVISAN züchtete verschiedene Pilze in Mischkultur und konnte keineswegs immer gegenseitige Hemmung durch Konkurrenz finden, jedenfalls nicht bei nährstoffreichem Substrat, sondern auch gegenseitige Förderung. Deren Art und Ausmaß hängt stark ab von der Natur des Substrates im Zusammenhang mit der Substratänderung durch die Pilze. ZYCHA, der nach einer Übersicht über einschlägige Arbeiten eigene Befunde mitteilt, kommt zu der Ansicht, daß bei Holzzerstörung durch Pilze zuerst Arten wirken, die hauptsächlich Eiweiß und lösliche Kohlenhydrate verzehren und selbst Aneurin (Vitamin $B_1$) bilden können. Erst nach ihnen erscheinen die eigentlichen Holzzerstörer, die selbst kein Aneurin zu bilden vermögen. SAPPA fand, daß bei der Keimung der Trüffelsporen Mikroben des Waldbodens insofern beteiligt sind, als sie fermentativ das Epispor angreifen.

Nachdem die erstaunlichen Befunde über schroffe Unverträglichkeit vieler höherer Pflanzen nebeneinander kritischer Nachprüfung meist nicht standgehalten haben, zeigen neue Arbeiten doch, daß in manchen Fällen solche Beeinflussung möglich ist. BODE stellte fest, daß *Artemisia Absinthium* durch die Kutikula Stoffe ausscheidet, die vom Regenwasser abgewaschen, das Wachstum verschiedener Pflanzen in Nähe der ersteren stark hemmen. Es handelt sich um organische Stoffe, aber keineswegs nur um ätherische Öle. Bei jungen Keimpflanzen von *Lolium perenne* wirkte dichte Anordnung auf dem Keimbett (Fließpapier) deutlich fördernd (SCHUYTEN).

Über die Epiphytenflora des tropischen Urwalds im Gebirge Westjavas berichtet WENT. Die meisten dort vorkommenden Waldpflanzen sind entweder typische Epiphyten oder Bodenpflanzen; Übergangsformen sind vorhanden, aber relativ selten. Als wesentliche Standortbedingung kommt neben Licht, Humusauflage, Rauhigkeit der

Rinde usw. ganz wesentlich der Gehalt des herabrinnenden Wassers an Stoffen in Betracht, die aus der Borke gelöst wurden und daher für jede Baumart charakteristisch sind. Die Farnart *Ophioglossum* wächst fast ausschließlich in den großen Blatttrichtern des epiphytischen Farns *Asplenium Nidus*, aber dort in Mengen. Auch *Trichosporum pulchrum* hat dort das Optimum, wobei es unverständlich bleibt, warum diese Pflanze trotz enormer Erzeugung sehr kleiner, flugfähiger Samen nicht häufiger ist. Ebenso ist nicht recht verständlich, warum im Gegensatz zu allen anderen terrestrischen *Rhododendren* und *Vaccinien* des Biotops die gemeine, sehr anspruchslose, aber lichtbedürftige Art *Vaccinium varingiifolium* nie als Epiphyt erscheint. Eine ganz andere Form des Epiphytismus untersuchte Frau ERNST-SCHWARZENBACH. Die Zwergmännchen heterosporer Moosarten finden ihr optimales Auskommen anscheinend gerade an bestimmten Stellen der oberen Blätter der weiblichen Sprosse, die für weibliche Protonemen offenbar ungünstig sind. Entscheidend dabei ist neben den Wasserverhältnissen vielleicht Art und Menge der aus den Blättern im Sinne der Theorie von ARENS ausgewaschenen anorganischen Ionen.

**Tier und Pflanze.** Beweidung ist ein mächtiger Faktor in der Vegetationsentwicklung. Die recht charakteristische Gesellschaft des *Lolieto-Cynosuretums* kommt nach TÜXEN auf verschiedensten Böden und unter recht verschiedenen Klimaverhältnissen vor. Sie ist künstlich und das Ergebnis nicht zu intensiver Beweidung durch Großvieh. DAUBENMIRE beschreibt, wie eine Büschelgrasprärie mit *Agropyron* als Dominante im trockenen Washington bei Beweidung sich völlig verändert. Es entwickelt sich eine niedere, ziemlich dichte Kräutergesellschaft, in der die einst dominanten Gräser fast völlig fehlen. Sie ertragen das Abweiden nicht. Der Viehtritt ist nicht so entscheidend, wie man vermuten könnte. Für die Ansiedlung der Kräuter ist der Wegfall der Konkurrenz der Büschelgräser wichtig. Nach LARSON sind die heutigen Kurzgrasflächen der Great-Plains nicht künstlich entstanden, sondern sie bildeten sich durch Einwirkung der oft großen Herden wilder Büffel, sind also natürlich.

Aus einer wichtigen Arbeit von ULRICH geht hervor, daß der Generationswechselablauf bei der Gallmücke *Oligarces paradoxa* keineswegs starr festgelegt ist, sondern von Außenbedingungen bestimmt wird. In den Zuchten war letzten Endes Menge und Zustand des als Nahrung gebotenen Pilzes (*Penicillium*) entscheidend. FRIESE legt dar, wie innerhalb der Gattung *Euglossa* die Entwicklung zum Typ der Honigbiene stattfindet. Er vermutet, daß als Veranlassung zur Höherentwicklung des Nestes und damit des Staates der Kampf gegen Schimmelpilze in Betracht kommt.

Nach ROHMANN und Mitarbeitern könnten in oberbayerischen Seen ohne Raubbau am Plankton je Hektar ungefähr 1000 kg erzielt werden, während man heute dieser Zahl zwar in einzelnen Seen nahekommt, in den meisten aber viel weniger erntet, oft nur 100 kg. Das Wachstum der Fische hängt entsprechend der Theorie von WAGLER ganz vorwiegend von der Temperatur ab.

**Verbreitung.** Die Untersuchung der Verbreitungseinheiten der südostasiatisch-australischen Cyperaceengattung *Gahnia* durch BENL ergab Befunde von großem allgemeinen Interesse. Die Staubblattfilamente werden nach der Anthese hart, nachdem sie sich vorher meist noch sehr erheblich zu langen, schmalen Gebilden gestreckt haben. Sie verwachsen unten mit der Basis der Früchte. Ihre distalen Enden bleiben irgendwie an der Rispe haften, so daß die abgelöste Frucht zwar exponiert wird, sich aber nicht völlig von der Rispe löst. Das Merkwürdige ist nun, daß der gleiche Erfolg bei den verschiedenen Arten auf vier recht verschiedenen Wegen erreicht wird: Einklemmen der Filamente in die zusammengerollten Spelzenspitzen der gleichen Blüten bzw. Verflechtung der sehr hygroskopischen Filamente mit Filamentenden anderer Blüten bzw. Verkleben damit oder endlich Ausbildung eines Spreizmechanismus. Es sieht so aus, als ob ein bestimmter „Zweck" erreicht werden „sollte" und dazu verschiedene Wege beschritten würden. Etwas für theoretisch-philosophische Betrachtungen, zumal dergleichen im Reich der Organismen nicht selten ist! Was bei *Gahnia* der „Zweck" ist, ließ sich nach dem bearbeiteten Herbarmaterial nicht ermitteln. Anscheinend handelt es sich um einen Ökologismus für Verbreitung durch Vögel. In anderer Hinsicht wichtig ist eine Arbeit von KRAUSE. *Carex humilis* ist in Thüringen keineswegs sehr eng an spezielle Standorte bzw. Vereine gebunden, wie behauptet wurde. Sondern ihre ganz sporadische Verbreitung beruht auf der sehr geringen Wanderfähigkeit bzw. geringe Ausbreitung der Samen im Zusammenhalt mit der Geschichte des Gebietes. Die Kenntnis derartiger Befunde könnte manchmal sehr segensreich sein. Nach MC. QUILKIN ist in den Südoststaaten der Union für das Wiedererscheinen von Kiefern auf Brachländern neben günstiger Witterung eine genügende Anzahl guter Samenbäume in der Nähe entscheidend. Die Bodenbedingungen treten dagegen stark zurück. Kurz hingewiesen sei noch auf eine Arbeit von MUNGER. Im Nordwesten der Union verdanken ausgedehnte Bestände von *Pseudotsuga* ihr Dasein nur dem Wirken von Feuern (und Kahlschlägen) und werden im natürlichen Verlauf ziemlich rasch durch die schattenertragende *Tsuga* verdrängt.

**Verschiedenes.** Um die Bedeutung exakt physiologischer Untersuchungen für die Ökologie herauszustellen, seien zwei Arbeiten hier genannt: HOGETSU, der die Verteilung der submersen Blütenpflanzenvegetation durch Untersuchungen über den Kompensationspunkt beleuchtete; GESSNER, der das verschiedene Verhalten submerser *Ranunculus*-Arten gegen Brackwasser auf Verschiedenheiten der Protoplasmadurchgängigkeit für Salze zurückführen konnte. Derartige Arbeiten, zweckmäßig angelegt, exakt ausgeführt, maßvoll ausgewertet, sind der wissenschaftlichen Ökologie bitter nötig.

Wenn BORTELS (2) feststellt, daß *Azotobacter* rascher wächst und mehr Stickstoff assimiliert, falls ein Tiefdruckgebiet der Atmosphäre vorhanden ist oder auch nur heranzieht, so sieht er darin nichts Mystisches, sondern die Wirkung eines beide Erscheinungen beeinflussenden Faktors.

## Literatur.

BENL, G.: Flora (Jena) **31**, 369—386 (1937). — BEUTLER, R., u. A. SCHÖNTAG: Z. vergl. Physiol. **28**, 254—285 (1940). — BORGSTRÖM, G.: Nature (Lond.) **2**, 514—515 (1939). — BORTELS, H.: (1) Arch. Mikrobiol. **11**, 155—186 (1940). — (2) Zbl. Bakter. II **102**, 129—153 (1940). — BRANSCHEIDT, P.: Ber. dtsch. bot. Ges. **57**, 495—505 (1940). — BRANSCHEIDT, P., u. E. PHILIPPI: Gartenbauwiss. **14**, 561—590 (1940). — BUCHNER, P.: Symbiose und Anpassung. Nova Acta Leopold. (Halle/S.) **1940**. 118 S. — BURCIK, E.: Planta (Berl.) **30**, 683—688 (1940). — BURGES, A.: New Phytologist **38**, 273—283 (1939).

DAUBENMIRE, R. F.: Ecology **21**, 55—64 (1940). — DENGLER, A.: Z. Forst- u. Jagdwesen **72**, 48—54 (1940).

EAST, M.: Proc. amer. philos. Soc. **82**, 449—518 (1940). — ERNST, A.: (1) Ber. schweiz. bot. Ges. **48**, 85—238 (1940). — (2) Ergebnisse der Indo-Malayischen Forschungsreise v. Prof. Dr. A. ERNST u. Dr. M. ERNST-SCHWARZENBACH, Nr. 12, 99—161. Leiden 1940. — ERNST-SCHWARZENBACH, M.: Arch. d. Julius-Klaus-Stift. Zürich **14**, 361—474 (1939).

FRIESE, H.: Zool. Jb., Abt. system. Ökol. Geog. **74**, 157—160 (1940).

GESSNER, F.: Protoplasma (Berl.) **34**, 593—600 (1940). — GOETSCH, W., u. R. STOPPEL: Biol. Zbl. **60**, 393—398 (1940). — GONTARSKI, H.: Z. angew. Entomol. **27**, 321—332 (1940). — GRABHERR, W.: Österr. bot. Z. **90**, 53—62 (1940).

HENNIG, K., u. F. VILLFORTH: Biochem. Z. **305**, 299—309 (1940). — HOGETSU, K.: Bot. Mag. (Tokyo) **53**, 428—442 (1939).

IVERSEN, J.: Biol. Medd. danske Vidensk. Selsk. **15**, Nr. 8, 1—40 (1940).

KRAUSE, W.: Planta (Berl.) **31**, 91—168 (1940). — KUGLER, H.: Ebenso **30**, 780—799 (1940).

LARSON, F.: Ecology **21**, 113—121 (1940). — LEONHARDT, H.: (1) Z. angew. Entomol. **27**, 208—272 (1940). — (2) Angew. Schädlingskde **16**, 85—90 (1940).

MCQUILKIN, W. E.: Ecology **21**, 135—147 (1940). — MÜLLER, H. J.: Zoologica (Stuttg.) **36**, 1—220 (1940). — MUNGER, TH. T.: Ecology **21**, 451—459 (1940).

PIJL, L. VAN D.: Ann. Jard. bot. Buitenzorg **49**, 89—98 (1940).

RIPPEL, K.: Planta (Berl.) **30**, 806—808 (1940). — ROHMANN, L., u. Mitarbeiter: Internat. Rev. d. Hydrobiol. **39**, 546—599 (1940).

SAVELLI, R.: C. r. Acad. Sci. Paris **20**, 546—548 (1940). — SAVELLI, R., u. C. CARUSO: Ebenda **210**, 184—186 (1940). — SCHAEDE, R.: Planta (Berl.) **31**, 169—170 (1940). — SCHANDERL, H.: Gartenbauwiss. **15**, 1—27 (1940).

TÜXEN, R.: Arb. Zentralstelle f. Veg.-Kartierung d. Reiches. Hannover Nr. 5, 17—25 (1940).

ULRICH, H.: Naturwiss. **28**, 569—576, 586—591 (1940).

VARESCHI, V.: Z. ges. Naturwiss. **6**, 62—74 (1940).

WENT, F. W.: Ann. Jard. bot. Buitenzorg **50**, 1—98 (1940). — WERTH, E.: Ber. dtsch. bot. Ges. **58**, 527—546 (1940). — WETTSTEIN, W. v.: Z. Forst- u. Jagdwesen **72**, 404—408 (1940).

ZYCHA, H.: Natur u. Volk **70**, 477—484 (1940).

# Sachverzeichnis.